区域构造内倾斜中厚破碎
金矿床安全高效
绿色开采技术

Safe and Efficient Green Mining Technology for Inclined Medium-thick Fractured
Gold Deposits within Regional Tectonic Zone

王元民　彭康　编著

中南大学出版社
www.csupress.com.cn
·长沙·

编写委员会 ∧∧

前 言

Foreword

浅成低温热液型金矿床是全球金矿床的主要类型之一，是地壳上部几千米范围内金矿资源的主要内源。成矿热液在容矿构造内沉淀沉积以及与周围围岩发生物质的带入带出，发生水岩反应，会形成蚀变岩。河南嵩县九仗沟金矿床位于华北陆块南缘的熊耳山金矿化集中区，区域构造、岩浆活动强烈，成矿地质背景好，具有明显的构造控矿特征，属构造蚀变岩型中低温热液矿床。矿体严格受断裂构造破碎带控制，多赋存于断裂带及蚀变带内，其中 NNE 向 F1 断裂构造是良好的成矿构造。坐落于河南的嵩县山金矿业有限公司金矿床便是赋存于 M1 构造蚀变破碎带中，矿区内岩石主要为英安岩、流纹岩，岩石硬度大，强度高，裂隙发育程度低，稳固性好。蚀变带内矿石类型主要为蚀变岩类和蚀变构造角砾岩类，构造蚀变带内构造滑动面发育，岩石破碎，稳固性较差。矿体总体走向 20°，倾向 NW，倾角 51°~55°，属倾斜中厚破碎矿体。

黄金是重要的战略资源，兼具商品和货币属性，主要应用于金融储备、珠宝首饰、电子信息等重要领域，在满足人民生活需要、保障国家金融和经济安全等方面具有重要作用。"十三五"期间，黄金资源量逐年稳定增长。截至 2020 年底，全国黄金资源量 14727 t，较"十二五"末增长约 27%。2020 年，全国生产成品金 479.50 t，其中国内原料产金 365.34 t，已连续 14 年位居全球第一。"十三五"期间，全国累计生产成品金 2547 t，比"十二五"期间增长 12.31%，其中国内原料产金 2026 t，比"十二五"下降 3.23%。黄金行业积极拓展产业链，继续稳步推进"以金为主，多金属并举"战略，在持续输出黄金资源量发挥着重要的贡献，嵩县山金对金矿资源的开发利用便是这黄金行业典型的代表，该矿区范围构造蚀变带下的矿体共查明储量可利用矿石量 2610000 t，黄金金属量 10341 kg，平均品位 3.96 g/t，属高价值破碎矿体，开采意义重大。

嵩县山金矿床位于区域构造破碎带内，矿体和围岩均较破碎，稳固性较差，矿体沿走向和倾向上变化显著，分支复合情况比较复杂。同时，下盘脉外运输巷道和穿脉工程中的部分区段内围岩破碎严重，尽管进行了梯形工字钢支护，但是仍然存在明显的支架和围岩位移和塌落。破碎严重的区域导致穿脉和天井无法正常施工，塌落的矿岩范围较大，无法完全清除，局部区域还存在整个中段上盘含泥夹层滑落的现象。因此，如何合理利用矿岩自身支撑能力，选择适当的支护方式，使得原岩应力和松脱地压能够不影响正常的采矿作业，是矿山需要首先解决的技术难题。除此之外，矿体与破碎带交错共存，裂隙水发育。通过初步的探矿工程发现，矿体与破碎带之间空间位置复杂，有时候破碎区域出现在下盘，有时候出现在上盘，两者属于交错共存。这就为采准工程的布置增加了很大的难度，必须保证采准工程不受破碎带的影响，不然势必对正常回采产生影响。同时，矿石具有遇水泥化的特性，使得矿石的损失贫化率极大，要想安全和有效地进行开采，必须解决矿岩泥化严重的问题。

此前矿山沿用的采矿方法是分段空场法，但分段空场法在区域构造带内倾斜中厚矿体应用后存在如下问题：(1) 分段空场采矿法回采过程中需要预留顶柱、间柱、底柱等保安矿柱，实际回采过程中，由于矿体破碎，严重影响了上部中段残采工程的施工，顶柱的厚度由原来的 5 m 变为 10~15 m，再加上间柱和底柱的损失，损失率远远超过设计参数指标的 7.5%，达到 25% 左右；(2) 由于上盘围岩极破碎，无法施工上盘脉外巷及出矿穿，只有施工下盘出矿穿，出矿过程中在矿体下盘容易形成出矿死角，进一步加大了损失率；(3) 由于岩石稳固性差，在回采过程中，经常出现下盘围岩垮塌，废石混入采下的矿石内，造成贫化率指标急剧上升，达到 18% 左右；(4) 采准切割周期较长，单个采场采准切割周期在 3~5 个月，在此期间，整个采场都不具有采出矿能力，采场个数少，采场接续存在很大的问题，采矿能力无法达到设计的需求。

采出矿石后需要对矿石进一步加工处理，并及时对地下空区进行治理。矿山矿石中金属矿物呈微细粒包裹嵌布，属难选冶矿石，所需磨矿粒度细，在对采空区进行充填治理时，采用细粒级尾砂存在如下问题：(1) 充填含量细粒级多的尾砂，采用普通硅酸盐水泥的固化效果不明显，加之矿石本身就有一定程度泥化，严重影响了充填体强度；(2) 矿区矿体赋存于蚀变带中，受蚀变构造的影响，采用普通硅酸盐水泥作为胶结材料时，充填体早期强度不高，所需固化时间长，导致在矿石回采和铲运过程中部分充填体混入其中，矿石贫化率加大；(3) 矿石中的水泥在与矿石一起运至溜矿井时，会使这部分充填体在溜矿井中固结，从而导致溜矿井堵塞；(4) 充填时，充填体搅拌不充分，导致水泥与尾砂混合不均匀，严重影响了充填体强度；(5) 分级尾砂地表堆置困难,随着矿山的逐年开采,尾矿库浸润线过长,尾矿库库容不足。

鉴于此,嵩县山金矿业有限公司联合中南大学、重庆大学、北京科技大学、中国矿业大学(北京)等高校对矿山岩体力学、支护技术、采矿方法、选矿和充填工艺以及尾废处理等方面开展了长达八年的技术攻关,形成了区域构造带内倾斜中厚破碎矿体安全高效绿色开采成套技术,不仅使企业扭亏为盈,利润逐年上涨,还顺应了我国用新发展理念指导绿色矿山建设,推动矿产资源开发利用与生态环境保护协调发展的时代潮流。与此同时,区域构造带内倾斜中厚破碎矿体在矿产资源开发中所占比例不断提升,已成为一道不可避免的难题!因此,完成区域构造带内倾斜中厚破碎矿体安全高效绿色开采,是实现矿山建设新时代的重要环节。

本书重点介绍了九仗沟金矿区域破碎矿体采矿方法、爆破、通风、选矿、似膏体充填,对矿区地质和资源禀赋充分了解的基础上(第1章),提出了适合于九仗沟金矿现场实际的区域构造破碎围岩支护设计(第2章),并精确测量了矿区地应力以提供矿岩破碎机理分析的边界开采技术条件(第3、4章);针对不同围岩等级"因矿生法",提出了精细化C料尾砂上向进路充填法应用于构造带内较稳固矿岩的开采,优化了C料尾砂下向进路充填采矿法应用于构造带内较破碎矿岩的开采(第5章);基于嵩县山金可爆性分级研究,优化九仗沟金矿凿岩台车爆破参数和控制爆破设计方案,实现爆破精确设计,规范化施工参数与工艺(第6章);根据嵩县山金现有开采方式,还对井下整体通风系统进行全面优化和分析模拟,提高了矿井通风效率,极大改善了井下作业环境(第7章);对采出的地表矿石,阐述和总结了九仗沟金矿微细粒包裹金选矿工艺,并进一步优化这项技术,提出浮选柱与浮选机联合工艺技术,将适宜矿石特性的工艺流程及与流程相适配的工艺条件紧密结合(第8章)。最后,通过对充填材料的全面研究,设计了一套C料高浓度充填系统,并对原充填系统进行了多方面优化改造。此外,制定了一系列资源的综合利用措施,创新性地将细粒级尾砂与当地黏土按7:3的配比,实现了细尾砂压滤制砖,达到了嵩县山金的无废开采(第9章)。

公司通过技改技措、优化改造等系列措施,内挖潜力提高动能,全面提升采选能力。研究改进的C料尾砂胶结充填的上向进路法以及下向进路法针对区域构造带内倾斜中厚破碎矿体的开采得到全面的推广应用,在矿区面积仅$0.3557~km^2$条件下,得到整体矿区生产能力由450 t/d提升至800 t/d,损失率由25%降低到2.4%,贫化率由18%降低到2.5%的先进经济技术指标。特别是针对微细粒包裹体的黄金矿种回收方面的研究,获得较大的提高,实现了由原设计浮选回收率78%到当前92.31%的提高。简单工艺的尾矿高浓度充填技术的突破,也在业内取得领先地位。此外,矿区的尾废资源也得到了 100%综合利用，使得尾矿地表堆置难题和采空区坍塌隐患得到有效治理，并在 2021 年嵩县山金矿业有限公司已完成国家级绿色矿山建设。公司通过全方位推进区域构造带内倾斜中厚破碎矿体的安全高效绿色开采技术，使黄金产量和利润连续实现了新的突破，截至 2019 年底，公司资产总额 5.10 亿元，累计黄金产量 21.54 万两。多年以来，在省市县各级政府和部门的支持帮助下，企业经济效益和社会贡献能力都有长足的提升，2017—2022 年连续五年在嵩县工矿企业税费贡献排名第一，仅 2021 年的纳税额占嵩县税收总额的 13%。目前，嵩县山金矿业有限公司正以昂扬的姿态向建设成为技术高新化、经营精细化、管理集约化、效益高效化的"业内领先、国际一流的黄金矿业企业"和现代化卓越型矿山企业奋进。

　　编写本书的目的，是总结开发实践中的经验教训、成套技术，为矿业教学、设计研发和矿山生产提供借鉴。本书九个章节涵盖的创新性采矿方法、精细化爆破方案、微细粒包裹金浮选工艺、分级尾砂充填案例能为其他企业提供借鉴经验，拉近理论与读者间的距离，对读者也具有一定的启发性。谨以本书，与嵩县山金矿业有限公司发展中做出贡献的历任工程技术人员和一线工作人员共同回顾我们劳动的艰辛和奋斗的自豪，向关心嵩县山金矿业有限公司的历任领导，向为嵩县山金矿业有限公司发展付出心血的高等院校、科研院所、设计单位、协作单位的设计人员致以敬意！本书在编写过程中，参考了许多教材、专著、论文和研究报告，虽然在参考文献中已经列出，但仍可能有遗漏，在此谨向这些文献资料的作者表示衷心的感谢！

　　由于作者水平受限，书中不妥之处，敬请读者指正。

编者
2023 年 2 月

目 录 ʌʌ
Contents

第 1 章

九仗沟金矿资源开发利用条件

1.1　矿山概况

嵩县山金矿业有限公司前身为河南嵩县九仗沟金矿，成立于 2002 年，为黄金采、选联合企业。2008 年 9 月 20 日，山东黄金集团通过股权收购成为控股股东。公司目前由 4 个股东构成：山东黄金有色矿业集团有限公司持股 70%，河南省山水地质勘查有限公司持股 20.63%，河南省地质矿产勘查开发局第二地质矿产调查院持股 6.56%，嵩县玲珑金银珠宝行有限公司持股 2.81%。

1.1.1　采矿权概况

嵩县山金矿业有限公司 2008 年 12 月 9 日成立，2021 年 7 月 6 日法定代表人由唐振江变更为王元民，营业期限为长期，经营范围为金属矿产品开采、加工（选冶）、购销，矿山设备及配件购销，建材产品生产、销售（须依法批准的项目，经相关部门批准后方可开展经营活动）。

2016 年 9 月，山东黄金集团烟台设计研究工程有限公司编制了《嵩县山金矿业有限公司采选 450 t/d 改扩建工程初步设计》（以下简称《初步设计》）、《嵩县山金矿业有限公司采选 450 t/d 改扩建工程采矿工程安全设施设计》（以下简称《安全设施设计》）。

2018 年 1 月，中钢石家庄工程设计研究院有限公司编制了《嵩县山金矿业有限公司采选 450 t/d 改扩建工程采矿工程初步设计变更》（以下简称《初步设计变更》）、《嵩县山金矿业有限公司采选 450 t/d 改扩建工程采矿工程安全设施设计变更》（以下简称《安全设施设计变更》）。

2018 年 2 月，山东黄金集团烟台设计研究工程有限公司根据矿山实际，对原设计有关内容进行了变更，编制了《嵩县山金矿业有限公司采选 450 t/d 改扩建工程采矿工程安全设施设计变更（第二次）》。

2018 年 6 月，洛阳金基矿山安全技术有限公司编制了《嵩县山金矿业有限公司采选 450 t/d 改扩建工程采矿工程安全验收评价报告》。2018 年 9 月 12 日，河南省应急管理厅颁发了安全生产许可证。2021 年 8 月 9 日，河南省应急管理部颁发了安全生产许可证，目前，该矿山为正在生产矿山。

嵩县山金矿业有限公司于 2019 年通过河南省"绿色矿山"评审，公司位于嵩县大章镇，该矿是已建矿山，矿区范围由 4 个拐点圈定，矿区面积为 0.3557 km²，开采深度为−20 m 至+580 m 标高，开采方式为地下开采，开采矿种为金矿。该矿山生产能力为 14.85×10⁴ t/a，有效期限自 2016 年 6 月 12 日至 2027 年 8 月 12 日。矿区范围由 4 个拐点组成，坐标见表 1-1。

表 1-1　F1 构造蚀变带土壤地球化学异常特征值表

拐点号	西安 80 坐标		国家 2000 坐标	
	X	Y	X	Y
1	3770998.32	37585712.99	3771002.46	37585828.68
2	3771005.43	37586482.40	3771009.57	37586598.09
3	3770543.12	37586486.60	3770547.26	37586602.29
4	3770536.12	37585717.19	3770540.26	37585832.88
标高：从+580 m 至−20 m				

1.1.2　探矿权概况

嵩县山金矿业有限公司为了延长所属矿山服务年限，找寻−20 m 以下可接替矿产资源，于 2021 年 4 月 2 日取得矿山深部探矿权，探矿权有效期：2021 年 4 月 2 日至 2023 年 4 月 2 日。嵩县山金矿业有限公司委托河南省地质矿产勘查开发局第二地质矿产调查院对其进行勘探，其野外工作于 2021 年 8 月结束。2021 年 10 月，嵩县山金矿业有限公司委托地矿二院编写了《河南省嵩县山金矿业有限公司深部详查报告》，共查明金矿产资源矿石量为 417965 t，金金属量为 1347 kg，金平均品位为 3.22 g/t。其中，控制资源量矿石量为 206157 t，金金属量为 818 kg，金平均品位为 3.97 g/t，占总资源量的 60.73%；推断资源量矿石量为 211808 t，金金属量为 529 kg，金平均品位为 2.5 g/t，占总资源量的 39.27%。在圈定的工业品位金矿体中估算的伴生银金属量为 7733 kg，银平均品位为 18.50 g/t。另估算金低品位推断资源量矿石量为 151374 t，金金属量为 268 kg，平均品位为 1.77 g/t，估算低品位金矿石伴生银金属量为 2800 kg，银平均品位为 18.50 g/t。该详查报告提交的资源储量数据被本次设计依据的《河南省嵩县山金矿业有限公司资源储量核实（合并）报告》采用。

1.1.3　位置与交通

嵩县山金矿业有限公司金矿项目位于河南省嵩县南部，行政区划隶属嵩县大章镇管辖。其地理坐标为：东经 111°55′44.8″至东经 111°56′15.1″，北纬 34°03′30.1″至北纬 34°03′45.1″。矿区距大章镇约 20 km，位于嵩县南偏西 60°，距嵩县县城约 24 km，距洛阳市约 120 km。洛（阳）—栾（川）公路从距矿区南部约 3 km 处经过，至矿区有简易公路相通，交通便利，地理位置见图 1-1。

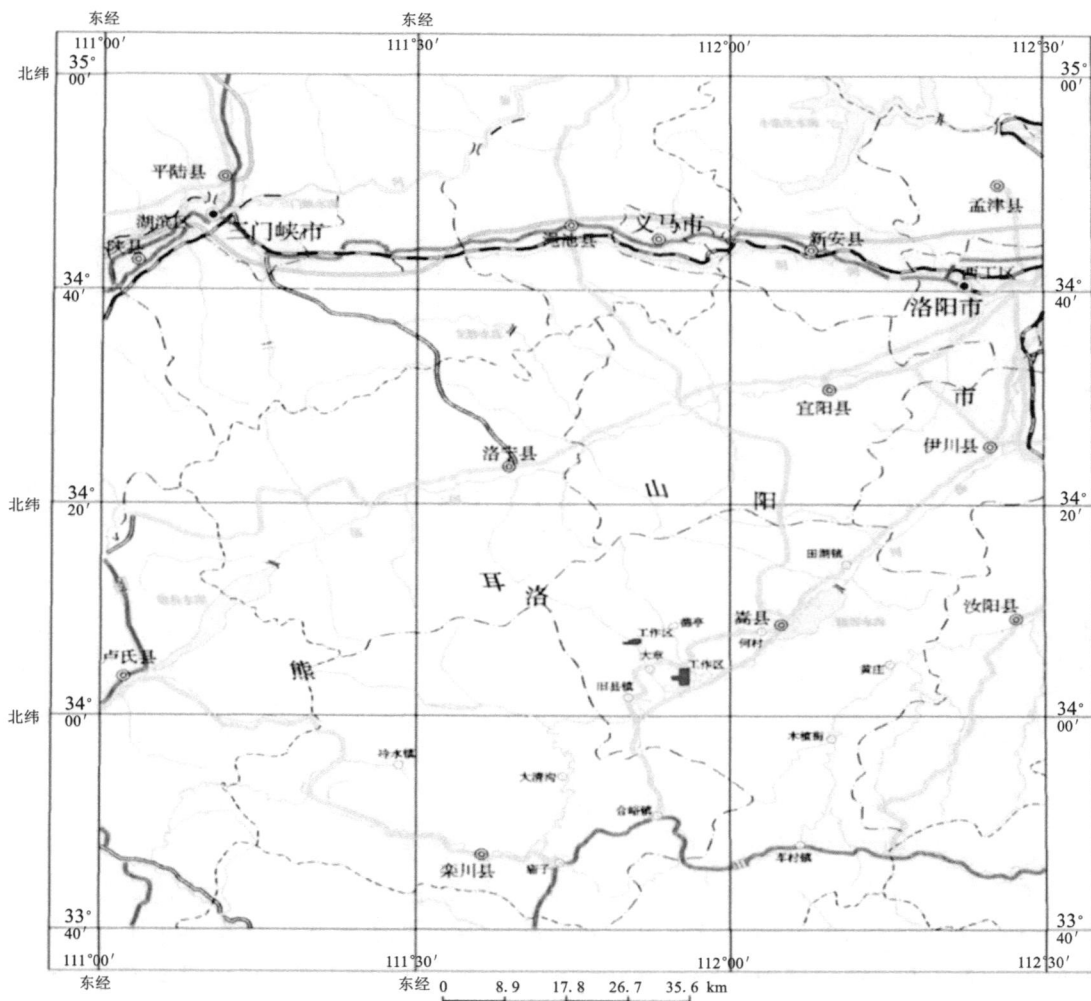

图 1-1　矿区交通位置

1.1.4　自然概况

（1）气候

嵩县气候属大陆性季风气候，四季分明，年最高气温为 35.1 ℃，最低气温为 −16.7 ℃，年平均气温为 14 ℃，11 月份至次年 3 月份为降雪冰冻期，最大结冻深度为 50 cm，全年无霜期为 216 天。年降水量为 500~800 mm，年平均降水量为 760 mm，日最大降水量为 186 mm。大气降水主要集中在 6—8 月，易造成山洪暴发，河水暴涨；年蒸发量为 1340.0~1349.3 mm。冻土深度为 8~10 cm。主导风向：夏季为东风、东南风；冬季为西风、西北风。全年主导风向为东北风，多年平均风速为 1.3 m/s，最大风速为 24 m/s。

（2）水文

嵩县境内主要河流有伊河、汝河、白河，分属黄河、淮河、长江 3 大水系。伊河是嵩县境内最大的河流，其发源于栾川县伏牛山北麓，在嵩县境内总长 80 km，流域面积 1731 km²。矿区周边水系分布见图 1-2。

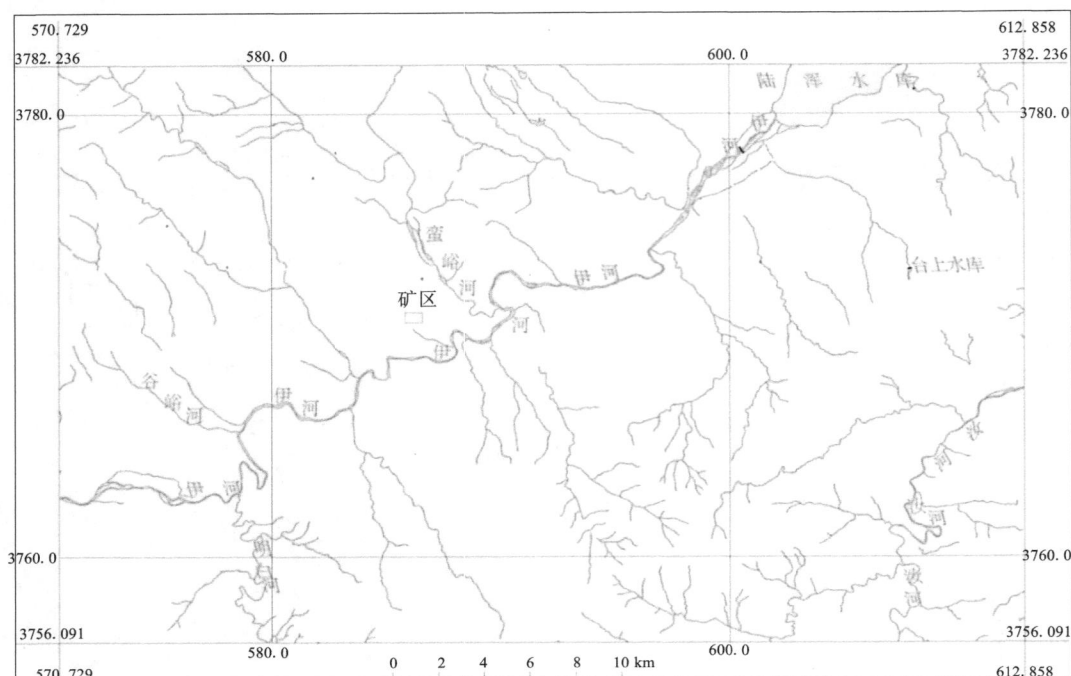

图 1-2　矿区周边水系图

矿区内水系属黄河流域伊河水系，矿区附近主要河流为伊河，由西向东流过矿区南部。伊河属常年性河流，水流量为 0.325~10 m³/s，洪水期水流量可达 511.46 m³/s。矿区内地表水体为九仗沟，由北向南穿过矿区，其常年为干沟，仅在雨季形成短暂溪流，流量直接受降水量控制，动态变化明显，向南汇入伊河。

（3）地形地貌

矿区内最高点海拔标高 734.7 m（黑山槐），最低点海拔标高 393.4 m（九仗沟沟口），最大相对高差 341.3 m，为矿区最低侵蚀基准面，矿区地形属低山丘陵。山坡植被多为灌木和杂草，植被覆盖面积占 80%以上。矿区地形地貌图见图 1-3。

主井工业场地及选矿厂位于丘陵顶部较平坦区域，在建设时对地表进行平整，破坏了地表植被，其地面标高为+583~+611.5 m，高差 28.5 m。矿山道路连接主井工业场地及选矿厂，修路砌坡造成植被破坏、山体破损，削坡高度为 1~6 m，矿山道路宽 4 m，标高+580~+601 m，高差 21.0 m。废石顺沟谷边坡堆放，覆盖了沟谷边坡，造成植被破坏，并且破坏了沟谷边坡地形，边坡坡度为 45°~50°。尾矿库位于沟谷处，压占破坏了原有植被，改变了原有的地形地貌景观，致使沟谷谷底标高增加 22.5~52.5 m（图 1-3）。

(a) 矿区地形地貌(朝向西)　　　　　　　(b) 矿区地形地貌(朝向西南)

(c) 矿区废渣堆地形(朝向东南)　　　　　(d) 矿区尾矿库地形(朝向东)

图 1-3　矿区地形地貌

（4）植被

矿区林地覆盖率为 70%~80%(图 1-4)。植物群落主要由旱生树组成，树种以栎树、青冈及针叶松、杨树、刺槐为主；经济林以柿子等为主；灌木以连翘、荆条、酸枣刺等为主；草类主要为黄背草、蓑草、野菊花、羊胡子草、黄蒿、白蒿等；药用植物有连翘、柴胡、桔梗等。农作物以小麦、玉米为主，间种红薯、豆类和谷类等。

（5）土壤

矿区所在地为低山丘陵，地势较高，土壤类型主要为红黏土和山地褐土。矿区地处山坡、山顶及沟谷中，土层较薄，土地肥力一般。根据矿区历年调查数据，耕种褐土 0~50 cm 的有机质为 10~20 g/kg，局部地区可达 30 g/kg，全氮平均含量为 0.97 g/kg，速效磷平均含量为 23.1 mg/kg，速效钾平均含量为 130 mg/kg，土壤含水量为 5%，土壤孔隙度为 52%，pH 为 7.6，腐殖质含量为 2.5%。土体内无钙积层出现，基本无石灰反应，典型土壤剖面如图 1-5 所示。

图 1-4 矿区植被(朝向西南)

图 1-5 典型土壤剖面

1.1.5 社会经济概况

(1)县域经济

嵩县位于河南省西部,东接汝阳、鲁山,南邻南召、内乡,西依栾川、洛宁,北与宜阳、伊川接壤。地理坐标范围:东经 111°24′至东经 112°22′,北纬 33°35′至北纬 34°21′。嵩县东西最宽处宽约 62 km,南北长约 86 km,总面积为 3008.9 km²。

嵩县辖 16 个乡镇,嵩县自然资源极其丰富。其已探明的黄金储量为 420 t,年产黄金 7000 kg,是全国十大产金县之一,"高都赤金"以其成色足赤蜚声海内外;萤石、重晶石、花岗岩、钼等矿藏均有可观的开发价值。嵩县素有"中药宝库"之称,药材有 1294 种,特别是"嵩胡"年产 3.5 万 kg,是全国唯一野生变家种基地。银杏、木耳、核桃、板栗等土特产品闻名遐迩。全县有林面积 335 万亩,林木蓄积量 1063 万 m³。拥有草场 296 万亩,载畜量 114 万个羊单位。嵩县旅游业已成为嵩县经济的一大支柱。嵩县工业基础稳固,门类齐全,以采矿、制药、建材、化工和农副产品加工为主导的工业体系业已形成。农、林、牧、副、渔业全面发展,既是全国最大的银鱼卵生产基地,也是国家商品粮基地县。

(2)镇域经济

大章镇位于河南省洛阳市嵩县,辖 17 个行政村,人口 3.56 万。

大章镇矿产资源丰富,其中黄金、萤石、钾长石、石英、铅、锌、钼等储量丰富,素有"黄金大乡、萤石大乡、钾长石大乡和石英大乡"之称,已有 4 家大型黄金企业,4 家矿石加工企业。

当地经济以农业为主,粮食基本能够自给,工副业生产不发达,劳动力充足。近年来,当地矿业的开发,带动了村民的劳务活动。

通过咨询及查阅政府国民经济与社会发展统计报告,大章镇 2018 年至 2020 年社会经济概况见表 1-2。

表 1-2　大章镇 2018—2020 年社会经济概况

年份/年	耕地面积/hm²	农业人口/万人	粮食总产量/t	人均生产总值/元	人均耕地/亩	农村居民人均可支配收入/元	财政收入/万元
2018	2150	2.56	14356	31610	0.98	12500	2879
2019	2163	2.57	12781	32936	0.98	12978	3494
2020	2174	2.67	12497	36142	0.98	13820	3564

（3）矿区经济

矿区内自然村镇较为稀少，人口密度也不大，矿区东侧村庄较小。矿井所在地主要农作物为小麦、玉米及红薯。村民经济来源主要是外出打工或在附近金矿上班。

1.1.6　矿山及矿山周围其他人类重大工程活动

（1）永久基本农田

矿区内分布有部分永久基本农田，面积 2.75 hm²，占矿区总面积的 5.96%。由《嵩县土地利用现状图》（2019 年）可知，工业场地及开采沉陷区内，矿山已损毁区域及拟损毁区内均没有永久基本农田。

（2）"三区两线"

矿区范围内无省级以上自然保护区、省级以上风景名胜区、县级以上城市规划区等，重要居民集中区周边无高速铁路、高速公路、国道、省道等重要交通干线。

（3）村庄和工业建筑

嵩县大章镇赵岭村部分位于矿区范围内。矿区工业建筑仅为本矿山的工业场地及选矿厂。矿区外围东南侧为该矿山尾矿库，距采选工业场地约 300 m。

（4）其他

矿区范围内没有国家规划和拟建的重大工程建设项目。

1.1.7　矿山及周边矿山地质环境治理与土地复垦案例分析

经现场调查和资料收集，目前，周边矿山企业未实施矿山地质环境保护与土地复垦治理工程项目。本矿山地质环境治理与土地复垦工程将严格按照相关文件精神及技术规范标准来设计、施工、验收、养护。

嵩县山金矿业有限公司矿产资源开采与生态修复方案采用已成熟措施，施工难度不是很大，技术已趋于成熟。根据当地的实际情况、开采所使用的方式、损毁地形的种类，参考以前其他矿山的复垦治理经验，有条不紊、经济合理地去进行该矿山地质环境治理工程及植被重建工程。

1.1.8　土地资源

矿区涉及的土地属嵩县大章镇所有，结合嵩县自然资源局所提供的土地利用现状图（2019 年，比例尺 1∶10000），得出矿区的土地利用统计数据，嵩县山金矿业有限公司的矿区面积为 35.57 hm²，土地类型有旱地、其他林地、村庄用地和采矿用地（图1-6）。矿区土地利用现状见表1-3。

(a)耕地(朝向北)

(b)有林地(朝向东)

(c)采矿用地(朝向西北)

(d)村庄用地(朝向东南)

图1-6　矿区工地类型

表1-3　矿区土地利用现状一览表

一级地类		二级地类		面积/hm²		占比/%	
编码	名称	编码	名称	小计	合计	小计	合计
01	耕地	013	旱地	2.75	2.75	7.73	7.73
03	林地	031	有林地	25.30	25.30	71.13	71.13
20	城镇村及工矿用地	203	村庄用地	0.69	7.52	1.94	21.14
		204	采矿用地	6.83		19.20	
合计				35.57	35.57	100	100

1）耕地：矿区耕地为旱地，面积 2.75 hm²。

土壤质地为轻壤，表土层厚度为 0~50 cm，pH 为 7.6，有机质含量为 10~20 g/kg，局部达 30 g/kg，有机质含量较低，适宜种植小麦、玉米、花生、烟叶等粮食和经济作物。目前矿区内耕地多种植小麦、玉米，亩产量大约 400 kg。

2）林地：矿区林地为有林地，面积 25.30 hm²，土壤质地为轻-中壤，表土层厚度为 10~30 cm。

3）城镇村及工矿用地：面积 7.52 hm²，其中村庄用地面积为 0.69 hm²，村庄用地涉及水沟村及山峡村，采矿用地面积为 6.83 hm²。

1.1.9　开采历史

（1）矿区以往工作概况

1）1980—1983 年，河南省地矿局地调一队进行了 1:5 万大章幅、合峪北半幅的水系沉积物测量，圈出了以金为主的多处异常区域。

2）1986 年，河南省地矿局地调二队、区测队对全区进行了第二轮 1:20 万水系沉积物测量。

3）1987—1990 年，河南省地矿厅地调一队在区内开展了 1：5 万区域地质调查研究，提交了 1：5 万区域地质调查报告。该报告系统地提供了完整的地质、矿产资料等。

4）2001 年 6 月提交了《河南省嵩县东湾金矿普查区九仗沟矿段储量报告》，该报告提供了矿区的地质资料。

5）2007 年 10 月，河南省地质矿产勘查开发局第二地质队编写了《河南省嵩县九仗沟金矿资源储量核查报告》，对矿区的资源储量进行了详细核查。

6）2007 年 12 月，河南省冶金规划设计研究院有限责任公司编写了《河南省嵩县九仗沟金矿采、选工程可行性研究报告》，工程号为（Y518-FA）。

7）2013 年 2 月，河南省地质矿产勘查开发局第二地质矿产调查院编写了《河南省嵩县山金矿业有限公司（九仗沟）金矿生产勘探报告》，对矿区的资源储量进行了详细勘查。

8）2015 年 4 月，山东黄金集团烟台设计研究工程有限公司编写了《嵩县山金矿业有限公司金矿产资源开发利用方案》。

9）2021 年 12 月，河南省地质矿产勘查开发局第二地质矿产调查院提交了《嵩县山金矿业有限公司矿产资源开采与生态修复方案》。

10）2021 年 12 月，河南省资源环境调查二院编制了《河南省嵩县山金矿业有限公司资源储量核实（合并）报告》，对矿区浅部及深部的资源量进行了详细核查。

（2）矿山开采历史

九仗沟金矿的开采分为民采、九仗沟金矿矿山开采、嵩县山金矿业有限公司开采 3 个阶段。

1）民采阶段：开采时间为 1996—2002 年，由于当时的地质工作程度低、矿产管理措施不到位，该阶段为无证采矿阶段。开采标高为+466~+570 m，动用矿石量 83955 t，金金属量 323 kg。

2）九仗沟矿山开采阶段：开采时间为 2003—2008 年，由嵩县九仗沟金矿矿山开采，开采标高为+395~+466 m。2007 年新采矿许可证核准的矿山开采规模为 4.5×10⁴ t/a，开采标高为-20~+580 m。矿区面积为 0.3557 km²，采矿方法为浅孔留矿法。原九仗沟金矿矿山开采损失率为 25%~30%，贫化率为 15%~20%。

3）嵩县山金矿业有限公司开采阶段：嵩县山金矿业有限公司通过协议受让成为控股股

东,并于 2009 年 6 月 19 日获得该矿区采矿许可证,开采标高为-20~+580 m。开采方式为地下开采,开拓方式为竖井开拓方式,采矿方法采用机械化盘区上向水平分层尾砂充填采矿法,矿石损失率为 8%,贫化率为 10%,选矿回收率为 70%~80%。

该矿区 2009—2011 年一直未动用,2012 年该矿山为巷道出矿。2013—2018 年嵩县山金矿业有限公司动用块段均在 M1-Ⅱ、M1-Ⅲ 矿体的+220 m 中段和+260 m 中段,2019 年嵩县山金矿业有限公司动用块段在 M1-Ⅱ、M1-Ⅲ 矿体的+180 m、+140 m 中段,2020 年嵩县山金矿业有限公司动用块段在 M1-Ⅱ、M1-Ⅲ 矿体的+180 m、+140 m、+100 m 中段。

1.1.10 开采现状及已有工程

(1)矿山生产能力及工作制度

矿山生产规模为 14.85 万 t/a。

矿山工作制度为年工作 330 天,每天 3 班,每班工作 8 小时。

目前主要开采矿体为 M1-Ⅱ、M1-Ⅲ 矿体,开采中段为+180 m、+140 m、+100 m 中段。+220 m 及以上中段 M1-Ⅱ 矿体已基本回采结束。

(2)工业场地

矿山工业场地集中布置在主竖井井口及 PD465 平硐硐口附近。自上而下设置选矿工业场地、行政生活区及采矿工业场地等。采矿工业场地位于矿区东部荒山上,工业场地和地表设施均布置在设计确定的矿区地表移动界线 200 m 外。

在主竖井附近,设有井口房、提升机房、地表调车场、坑口变电所、充填站、变电所、井口原矿仓、粗碎车间等场所、设施。其他辅助设施和场所有空压机房、柴油发电机房、坑口仓库、坑口浴室、生产技术楼、材料堆场、维修间、采矿生产水池等,沿地势布置。场地占地面积为 1.11 hm²。

竖井东侧设置了选矿工业场,主要布置了原矿堆场、运输皮带、中间矿仓、破碎厂房、筛分厂房、选矿变电所、粉矿仓、磨矿分级车间、浮选厂房、φ12 m 浓缩机、精矿脱水厂房、总降压变电所、高位水池、锅炉房、办公楼、化验室、材料仓库、维修设施。场地占地面积 2.23 hm²。

风井工业场地设置于 PD465 平硐硐口附近,占地面积为 0.2 hm²,设置了变电室、配电室及值班室。

矿山废石堆场设在采矿工业场地北侧,为建设期和生产期废石堆放场地。废石场采用单台阶堆放,井下充填不了的废石经竖井提升至地表,然后由电机车运至废石场卸载,再由装载机采用边缘式堆置。废石场下游建有浆砌石挡渣坝,可防止废石滑落。废石场占地面积为 1.38 hm²。

矿山炸药库位于距采矿工业场地北侧约 300 m 处的山坳内,该处布置了炸药库、爆破器材库、雷管库、消防设施、值班室等,周围布设土堤等防护设施,占地面积为 0.67 hm²。

矿山选矿厂尾矿库位于大东沟内,距采选工业场地约 300 m。其筑坝特点:山谷狭长,库容量大,可满足服务要求。尾矿库占地面积约为 6.02 hm²。

(3)开拓运输

矿山采用竖井开拓,主要工程有九仗沟主竖井、+465 m 回风平硐,一级、二级盲风井,采用侧翼对角式通风系统。

九仗沟主竖井：位于矿区东北角矿体下盘岩石移动界线外，井筒净直径为 4.5 m，井筒中心坐标 $X = 3770976.61$，$Y = 37586585.60$，井口标高+583 m，井底标高-20 m，井筒深 603 m。下设+300 m、+260 m、+220 m、+180 m、+140 m、+100 m、+60 m、+30 m 及+5 m 共 9 个中段，其中+300 m 中段设单向马头门；+220 m、+100 m 和+5 m 中段为集中运输中段，设双向马头门；其他中段为盲中段。井筒内设梯子间和管缆间，作为进风井及井下安全出口。

斜坡道及天井：各采矿中段与集中运输中段采用斜坡道连接，斜坡道断面规格为 2.6 m(宽)×2.6 m(高)，承载中段辅助运输、人通行和通风等功能；中段天井断面规格为 1.5 m(宽)×2.0 m(高)，倾角 58°，天井内设梯子间，作为中段应急状态下人员逃生第二安全通道。

+465 m 回风平硐：位于矿区 5~7 号勘探线之间，断面规格 2.4 m×2.6 m，该平硐连接一级、二级盲风井，起矿区回风作用；并利用 PD465 绕道兼做井下应急安全出口。

一级盲风井：位于 PD465 平硐内 5 号勘探线附近，井筒净直径为 3.5 m，井筒中心坐标：$X = 3770599.33$，$Y = 37586188.50$。井口标高+465 m，井底标高+210 m，井深 255 m。井筒内装配提升机，设人行梯子间，兼做应急安全出口。

二级盲风井：位于+220 m 中段内 7 号勘探线附近。井筒净直径为 3.5 m，井筒中心坐标：$X = 3770601.81$，$Y = 37586087.48$。井口标高+222.6 m，井底标高-5.0 m，井深 227.6 m。井筒内装配有提升机，设人行梯子间，兼作应急安全出口。

开拓系统南段+5 m 中段至+30 m 中段通过人行回风斜井连通。中段间通过人行通风斜井及斜坡道连通。

(4)采矿工艺

矿山采矿采用设计的机械化盘区上向水平分层充填法及浅孔留矿嗣后充填采矿法回采。

(5)提升运输系统

竖井采用 JKMD-2.8×4(Ⅰ)E 卷扬机、GDG1/6/2/2 双层单罐笼配平衡锤提升方式。井筒内设梯子间和管缆间，罐道为方钢罐道。首绳为 6V×34+FC 型 ϕ28 mm，尾绳为 34×7+FC 型 ϕ40 mm。

坑内采用有轨运输方式。井下设+220 m、+100 m、+5 m 集中运输中段，各生产中段矿(废)石通过盘区溜井下放到相应的运输中段后，由电机车牵引运至竖井中段车场，由主竖井提升至地表；集中运输中段采用 ZK3-6/250 架线式电机车牵引 5 辆 YCC2-6 单侧曲轨侧卸式矿车运输。其他各生产中段采用前、后 2 辆 CTY5/6GB 型蓄电池式电机车牵引 5 辆 YCC2-6 单侧曲轨侧卸式矿车运输。

集中运输中段运输巷道采用 22 kg/m 的轻轨、4# 道岔，整条线路沿重车方向 3‰ 下坡。其他中段运输巷道采用 15 kg/m 的轻轨。

一级盲风井设有 JTP-1.6×1.2 型提升绞车，采用单钩 GLS1/6/1/1 单层罐笼的提升方式，一次可提升 6 人，防坠器型号为 BF-122。井筒内设梯子间和管缆间、钢丝绳罐道。提升钢丝绳为 6×19S+FC 型 ϕ24 mm。

二级盲风井设有 2JTP-1.6×0.9 型提升绞车，采用 GLM1/6/1/1 单层罐笼配平衡锤的提升方式，一次可提升 9 人，防坠器型号为 MF-111。井筒内设梯子间和管缆间，罐道为红松木罐道。提升钢丝绳为 6×19S+FC 型 ϕ24 mm。

（6）防排水系统

矿山井下正常涌水量约为 85.82 m³/h，最大涌水量约为 97.82 m³/h，生产回水量约为 100 m³/d，充填回水量约为 50 m³/d。

矿区井下排水采用接力排水方式，在+220 m 中段建有永久水仓、泵房，将井下涌水排至竖井口生产高位水池或选矿厂生产高位水池；在+5 m 中段建有永久水仓、泵房，将井下涌水排至+220 m 中段水仓后，由+220 m 泵房接力排至竖井井口东侧高位水池或选矿厂高位水池。

矿山+220 m 中段泵房现有 1 台 D160-120×4 型水泵、3 台 D85-80×7 型排水泵，流量为 85 m³/h，扬程为 560 m，电机功率为 250 kW，一用二备一检修。2 条排水管路敷设在竖井筒内，排水管为 2 条 ϕ133×6 无缝钢管。

矿山在+220 m 中段车场附近设有容积为 1089 m³ 的水仓，分内、外两条水仓布置形式。

矿山在+5 m 中段泵房设有 3 台排水泵，其中 2 台为 D85-80×4 型排水泵，水泵流量为 85 m³/h，扬程为 320 m，配套电机功率为 132 kW；另 1 台为 MD85-67×5 型排水泵，水泵流量为 85 m³/h，扬程为 335 m，配套电机功率为 132 kW。排水泵可满足井下排水要求，正常涌水时，1 台工作，1 台备用，1 台检修，最大涌水时 2 台同时工作。排水管路敷设在竖井筒内，排水管为 2 条 ϕ133×6 无缝钢管。

+5 m 中段水仓设在中段车场附近，容积为 1489 m³，分内、外两条水仓布置形式。

（7）通风防尘系统

矿山采用侧翼对角式机械通风系统，新鲜气流由主竖井、中段间人行通风井、斜坡道进入生产中段，清洗工作面后，污浊空气经上阶段回风巷道、风井、+465 m 回风平硐排出地表。风机设于 PD465 平硐口风机房内。

为使矿山通风顺畅，矿山 PD465 绕道内设有自动双向钢制风门。矿山在井下生产中段端部设有自动调节风门，强制使气流通过采场。矿山对影响通风的废弃巷道进行了砖混凝土封闭。

矿山主扇风机型号为 DK40-6-№.17，为矿山主通风机，额定风量为 26.5~63.5 m³/s，静压 491~2171 Pa，电机功率 2×75 kW。另需两台电机作为备用。风机采用远程控制系统，通过停开传感器检测风机动态。硐室上方设起吊设施，备有 2 t 手动葫芦，便于快速更换电机。

（8）充填系统

矿山建有 1 座 450 m³ 立式砂仓，2 座 50 t 水泥仓，站内安装 ϕ2000×H 2200 mm 的高浓度搅拌槽 1 台。在砂仓至搅拌槽之间的放砂管上及搅拌槽至充填钻孔之间的充填管上均安装有浓度计、流量计，以检测充填料浆的浓度和流量。充填设备生产能力为 65 m³/h。充填制备站实行单班作业，充填作业时间为 4~5 h/d。

充填料为选矿厂分级尾砂中的粗尾砂，细砂自流进入尾矿库，水泥选用充填 C 料。充填时，风水联合造浆，自流放入搅拌槽，水泥通过螺旋给料机输送入搅拌槽。尾砂与水泥在搅拌槽内搅拌均匀后通过充填钻孔，自流到井下采场，充填料浆质量分数为 73% 左右。

自地表有 2 条充填钻孔至+300 m 中段主运输巷道，每条钻孔长 275 m，钻孔内采用耐磨陶瓷管,井下充填主干管采用高分子聚乙烯管或钢编聚乙烯管,向下敷设到各中段采场充填天井上口,在各采场充填天井中铺设高分子聚乙烯管或钢编聚乙烯管,与上部中段的充填主干管连接,进行充填作业。充填倍线在 2.3 至 4.0 之间。

（9）矿山电气系统

矿山除提升、通风设备,坑内排水和应急照明为一级负荷外,其他均为三级用电负荷。

矿山供电电源共有两路:一路为"T",接自嵩县—德亭 35 kV 供电线路;另外一路来自柴油发电机组,柴油发电机组为 2 台 10 kV、1200 kW 的柴油发电机组,经并车后总容量为 2400 kW,满足一级负荷要求。

矿区已建有 35/10.5 kV 变电站,35 kV 线路采用单母线、10.5 kV 线路采用单母线分段接线方式,负责向各车间 10/0.4 kV 变电所和 10 kV 用电设备供电,供电方式采用放射式。站内设置 KYN28A-12 移开式金属开关柜 20 台、高压电容补偿装置 2 套,主变为 2 台,一台型号为 SFZ13-6300/35,另一台型号为 SZ9-4000/35（备用）,变压器至配电柜电缆型号为YJV-3×150。继电保护设备采用微机综合保护装置,开关操作电源采用 220 V 直流电源。

（10）地表现状

本矿山采用地下开采方式,目前矿山正在开采 M1-Ⅱ、M1-Ⅲ矿体的 100 m 中段、140 m 中段。工业场地已征地,为永久性建设用地。地表发现 1 处废渣堆（长 70 m,宽 35 m,高 20 m）,未见地裂缝及地面塌陷。尾矿库坝顶库面设计标高为 513 m,目前坝顶标高为 503 m,占地面积为 7.31 hm²。矿区全貌见图 1-7(a)。

1.1.11　周边环境

（1）村庄

矿山附近有水沟村沙岭组、山峡组、万岭组、花庵组等村组,村庄距离岩石移动范围在 200 m 以上,矿区社会秩序较好。

（2）周边矿权

嵩县山金矿业有限公司采矿许可范围南部为嵩县金牛矿业公司赵岭矿区,两矿区矿体属于同一个脉系（M1 矿脉）。在安全设施设计之前,赵岭矿区施工的+340 m 中段、+300 m 中段和+260 m 中段与本矿区相应中段贯通。为了保证双方开采相互不受影响,安全设施设计确定双方各自撤回至矿界内,在矿权边界各留出 30 m 宽的隔离保安矿柱并随时检查。在取得安全生产许可证之后,嵩县山金矿业有限公司对两矿区贯通部位进行了永久性封闭,并对本矿区的采空区进行了尾砂充填,目前已经形成了安全隔离区。同时嵩县山金矿业有限公司对历史遗留的采空区进行了充填封堵治理。据矿方核实,赵岭矿区已将工作重点转入其矿区南部,进一步远离本矿区,赵岭矿区目前开采活动对本矿区暂时没有较大的影响,相邻矿山分布图如图 1-7(b)所示。

嵩县山金矿业有限公司采矿许可范围南部为嵩县金牛矿业公司采矿区,北部与嵩县东湾矿区毗邻（东湾矿区为详查区,矿权人为嵩县鑫荣矿业开发有限公司,目前没有任何开采活动）。

（3）其他

嵩县山金矿业有限公司矿区周围 1 km 范围内无自然保护区、风景名胜区和受保护的文物古迹,也不在国家、省、市重点保护单位及国家禁止开采的其他区域内。经现场勘查,

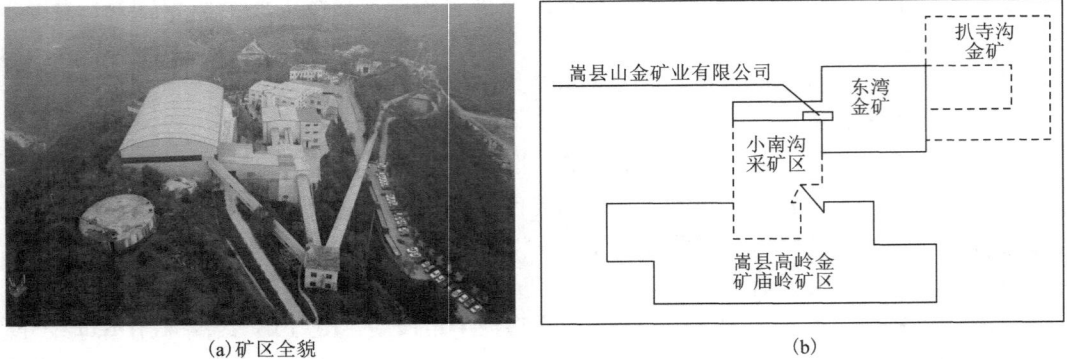

(a)矿区全貌   (b)

图 1-7　矿区全貌和矿区示意图

矿山岩石移动范围之内无村庄等需要保护的重要设施,且矿区范围内未见有新的地表塌陷及山体滑坡现象。

1.2　区域地质

研究区位于华北克拉通南缘,与秦岭褶皱系毗邻,属华熊台隆二级构造单元,三级构造单元熊耳山断隆与潭头—嵩县新生代断陷盆地的接合部位,地壳具有明显的地台型基底和盖层二元结构。区内地层呈单斜产出,断裂构造发育,岩浆活动剧烈,成矿地质条件十分优越(图 1-8)。

区内矿产资源丰富,矿种类型多样,金属矿产主要有金、钼、银、铅、铁等,非金属矿产有萤石、重晶石、滑石、钾长石等,其中,又以金矿普遍发育为显著特征。

1.2.1　区域地层

区域地层属华北区、豫西—东南分区、渑池—确山小区,地层自老至新为:新太古界太华岩群,中元古界长城系熊耳群、蓟县系高山河群,中生界白垩系,新生界古近系、新近系和第四系(据《中华人民共和国区域地质调查报告》:大章幅 I-49-68-D,河南省地矿厅,1990)。

1)新太古界太华岩群($Ar_3T.$):在区域西南部、北部出露,岩性为变粒岩、斜长角闪片岩、黑云斜长片麻岩、角闪斜长片麻岩等。前人研究认为,该套地层可能为本区金矿形成提供了主要的物质来源。

2)中元古界长城系熊耳群(ChX):区内大面积出露,自下而上分为许山组(Chx)、鸡蛋坪组(Chj)、马家河组(Chm)、龙脖组(Chl)。与下伏地层呈角度不整合接触。

许山组(Chx):岩性为安山岩、辉石安山岩、安山玄武岩,夹少量英安岩、火山碎屑岩,地层厚 3656 m。

鸡蛋坪组(Chj):岩性为石英斑岩、流纹斑岩、英安斑岩,夹少量安山岩、珍珠岩等,地层厚 1588 m。该组为研究区内的主要赋矿地层。

马家河组(Chm):岩性为安山岩、辉石安山岩,夹流纹岩、英安岩、火山碎屑岩、碎屑

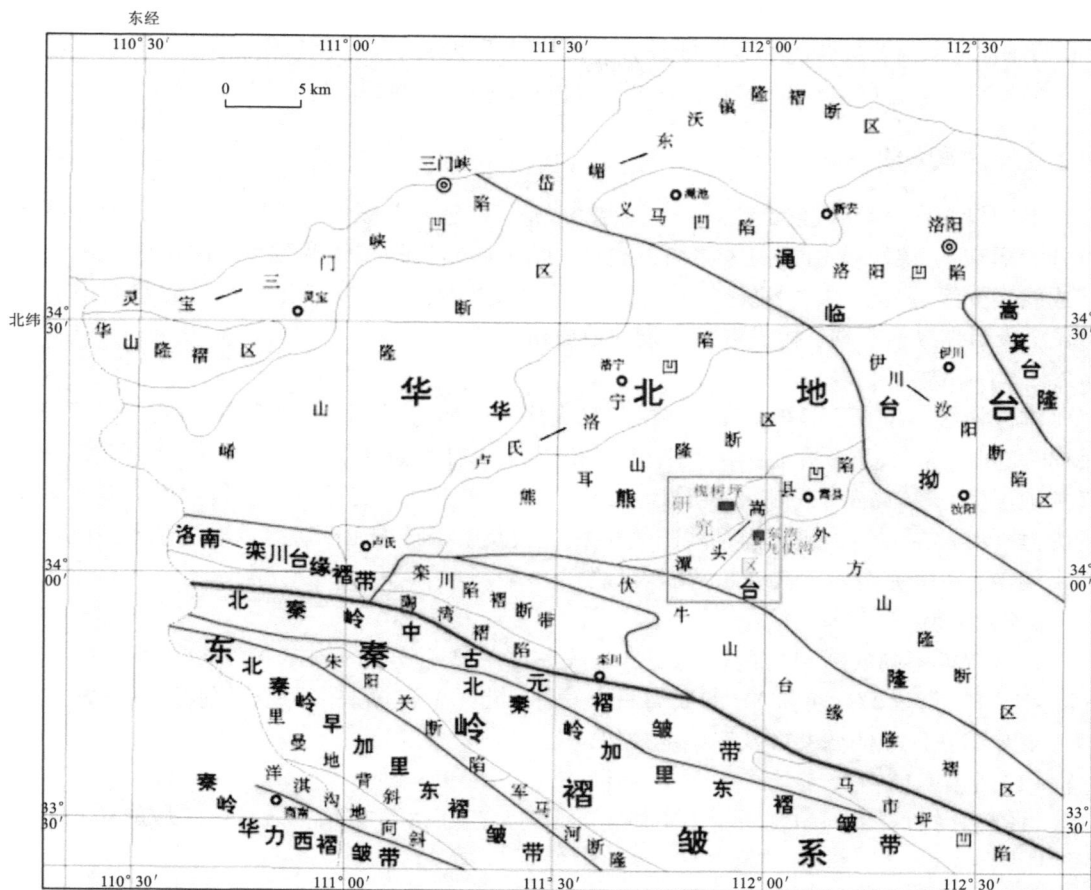

图 1-8　研究区大地构造位置

岩、迭层石灰岩等，地层厚 2322 m。

3）中元古界蓟县系高山河群（JxG）：在区域西部零星出露，地层下部以（含砾）石英砂岩为主，夹紫红色页岩、碱性火山岩；中部以紫红色泥岩为主，夹薄层石英砂岩；上部以灰白色、紫红色石英砂岩为主，夹紫红色泥岩。与下伏熊耳群地层呈角度不整合接触。

4）中生界白垩系上统九店组（K_1j）：仅在区域东北角出露，为一套火山喷发—沉积岩系，主要岩性为紫红、灰白色凝灰岩，夹多层砂砾岩。地层厚 30~200 m。该地层与下伏熊耳群马家河组地层呈断层接触，与上覆新近系中新统洛阳组呈不整合接触。

5）新生界：分布于潭头—大章新生代断陷盆地，出露地层自下而上为古近系古新统高峪沟组（E_1g）和大章组（E_1d）、始新统潭头组（E_2t）、渐新统石台街组（E_3st）及新近系中新统洛阳组（N_1l）。与下伏地层呈角度不整合或断层接触。

高峪沟组（E_1g）：紫红色黏土岩、灰色砂质砾岩等。

大章组（E_1d）：黄色巨厚层或厚层状砾岩、砂质砾岩。

潭头组（E_2t）：灰黄色厚层砂砾岩与泥岩互层，夹深灰、黑灰色薄层碳质黏土岩及有机质黏土岩薄层和透镜体。

石台街组(E_3s)：杂色砂砾岩和黏土岩。

洛阳组(N_1l)：灰白色中厚层砂砾岩夹薄层泥质粗砂岩及红色砂质黏土。

6）第四系：在区内少量分布于沟谷及山顶，为黄土、冲积砂砾石层。

1.2.2　区域构造

本区自太古代至今经历了多期构造活动改造，构造事件复杂，按构造的产出形态不同可分为褶皱、断裂、火山机构3类构造类型，其中以断裂构造最为发育，区域内金矿床直接或间接受断裂控制。主干断裂为横贯全区的马超营深大断裂带和熊耳山北麓的山前断裂，次级断裂纵横交错，构成本区复杂的地质格局。

1.2.2.1　褶皱

本区褶皱不发育，形态明显的褶皱仅见大庄—中胡背斜，该背斜形态简单，宽缓开阔，轴向为NEE向，向NE方向倾伏，倾伏角30°左右；轴面近于直立，微向北倾，倾角86°；南翼地层倾角25°~40°，北翼地层倾角20°~30°；核部由鸡蛋坪组流纹岩构成，南北两翼均为熊耳群地层。该褶皱区内轴线长约7km，波及整个外方山断隆区，轴线在大庄以西略向南偏转，在康家沟附近被马超营断裂截断。

1.2.2.2　断裂

本区规模不同的断裂构造极为发育，按方向大致可分为近EW向、NE向、NNE向、NW向四组，以近EW向和NE向断裂最为发育。近EW向断裂多为成矿前断裂，NW向断裂主要分布在区域的西北部及断陷盆地以北。

（1）近EW向断裂

近EW向断裂以马超营断裂为主体，自北向南近于平行排列，分布于区域的中、南部（图1-9）。

马超营断裂带：位于华北克拉通最南缘，是熊耳山南坡最大的EW向区域性大断裂。属于潘河—卢氏—马超营断裂带的东段，东起潭头盆地以东，与伏牛山北缘断裂带相接，西经狮子庙、马超营，在卢氏与潘河—卢氏断裂带相连，长50km，走向270°~300°，倾向北，倾角50°~80°。据地球物理资料，断裂带在物探剖面的居里面上显示的深度为34~37km，壳下切深度达10km。其主要由4条逆冲断层组成，自北向南为康山—南坪断层（F34）、铁岭—白土—下雁坎断层（F35）、马超营—狮子庙—红庄断层（F36）和南天门断层，宽度达4km以上。主断层之间又有3~5条次级断层平行分布，并在走向上和主断层分支复合。各断层向西收敛，呈近东西向，向东撒开并向南偏转，总体呈NWW-SEE向。马超营断裂形成时间早，经历了多期构造运动改造，具有复杂的构造演化背景，对本区地壳演化及成岩、成矿作用起着重要的控制作用。

河南省区域地质志（1989）认为马超营断裂带形成于新太古界太华岩群基底之上。中元古代（距今14~18亿年），华北克拉通南缘受伸展作用裂解，在豫、陕、晋接壤区形成陆间三叉裂谷带，马超营断裂带相当于裂谷边缘断裂，对裂谷两侧的火山活动、沉积分布具有明显控制作用。在漫长的地质演化过程中，受不同时期地球动力背景影响，马超营断裂经历了多期复杂的构造叠加改造。根据前人研究结果，马超营断裂带先后经历的构造运动可能包括以下几方面。

①中元古代华北克拉通南缘伸展裂解，马超营断裂带初始形成，沿断裂带分布了一系

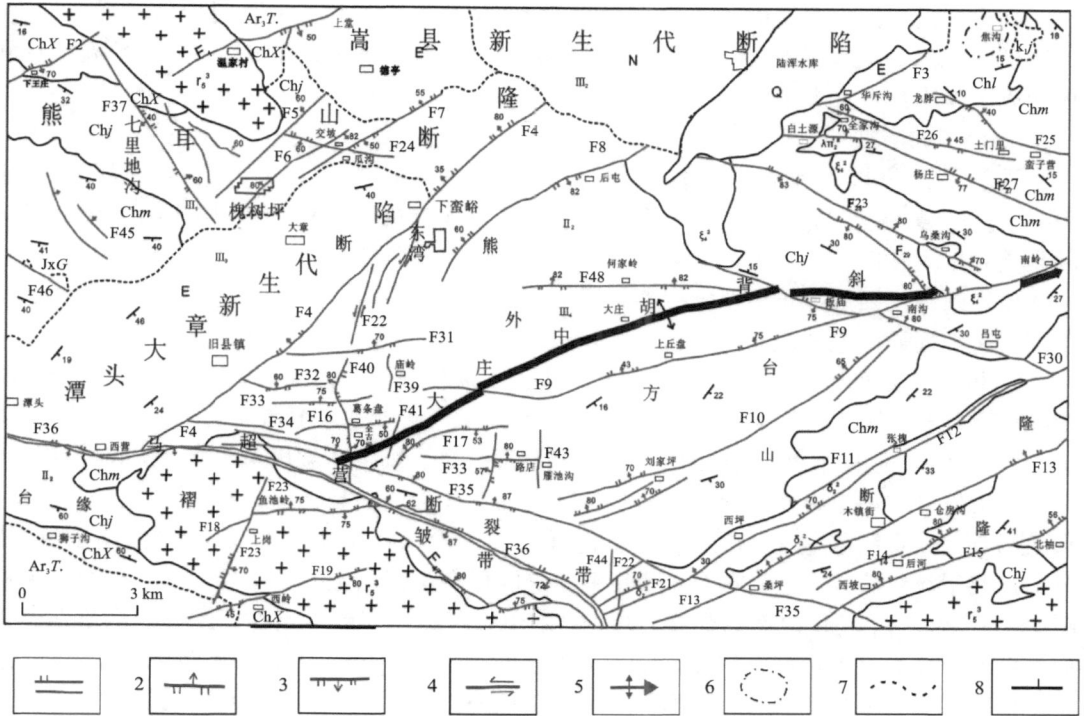

1 ▭　2 ▭　3 ▭　4 ▭　5 ▭　6 ▭　7 ▭　8 ▭

Q—第四系；N—新近系；E—古近系；K₁j—下白垩统九店组；JxG—蓟县系高山河群；Chl—长城系龙脖组；
Chm—长城系马家河组；Chj—长城系鸡蛋坪组；Chx—长城系许山组；Ar₃T.—新太古界太华岩群；
γ₅³—燕山晚期花岗岩；ξ₄²—华力西期正长岩；δ₃²—中元古代闪长岩；λπ₂²—中元古代石英斑岩；
Ⅱ₂—二级构造单元及编号；Ⅲ₄—三级构造单元及编号；F5—断层及编号；1—区域性大断层；2—逆断层；
3—正断层；4—平移断层；5—倾覆背斜；6—构造盆地；7—不整合地质界线；8—岩层产状。

图 1-9　区域构造纲要图

列古火山机构，形成 1 个三级火山喷发带，反映该断裂为一基底断裂，该断裂控制火山及沉积建造的分布，断裂带以北堆积了厚度巨大的熊耳群火山岩系，而断裂带以南熊耳群迅速变薄或尖灭。②中生代加里东期商丹大洋俯冲，南北向挤压，马超营断裂逆冲—走滑运动，形成宽几百米乃至上千米的韧性剪切带。③早三叠世秦岭主造山期南北向挤压，马超营断裂逆冲—走滑→晚三叠世主造山后伸展，马超营断裂伸展滑脱拆离→燕山早期陆内挤压俯冲，马超营断裂逆冲推覆→燕山晚期构造体制转换，马超营断裂伸展滑脱剥离。④加里东期到燕山期断裂主要表现为南盘强烈上升的逆冲活动，形成了台缘褶皱带地层分布北老南新的地质构造格局。⑤喜山期断裂主要显示张性活动，控制了第三系断陷盆地的沉积。⑥第三系形成以后，该断裂仍继续活动，主要表现为逆冲性质。以上说明该断裂为一长期活动的古老断裂。

由于断裂多次强烈活动，形成几百米甚至上千米的构造带。断裂带内主要由两类动力变质岩组成，一类为塑性变形的挤压片理、流劈理及糜棱岩、千糜岩；另一类为广泛发育的断层角砾岩、碎裂岩、碎粉岩、断层泥及构造透镜体等脆性构造岩类。构造现象十分复杂。

马超营断裂带为多期构造活动，热液蚀变及矿化极为发育，沿断裂带已发现多处金、铅锌矿床（点），是熊耳山主要的贵金属及多金属成矿远景区带，对熊耳山地区地壳发育和成岩成矿作用具有十分重要的控制意义。

（2）NE 向断裂

马超营断裂北盘（上盘）发育一系列区域性 NNE—NE 向剪切断裂带，自西向东有康山—上宫断裂、焦园断裂、旧县—下蛮峪断裂（即 F4 断裂）、槐树坪—瑶沟断裂束和杨寺断裂。它们大致以 15~18 km 的距离等距分布。

该组断裂主要形成于白垩纪—新生代，具有正断层性质，表现为强烈的拉张特征，仅个别断裂晚期显示逆冲现象。该组构造控制了本区几个新生代断陷盆地的形成。

F4 断裂：分布于潭头—大章断陷盆地东侧，规模较大，因受 NW 向马超营断裂带所限，南起上湾，向北东经旧县、下蛮峪、张凹后被第三系砂砾岩覆盖，全长 13.5 km，总体走向 50°~60°，倾向 NW，倾角 50°~70°，断裂面较陡，每条断裂内可见多条（组）扭裂面，其断面上发育水平擦痕及镜面，显示逆时针扭动特征。该断裂上盘（北西盘）大规模下落，形成旧县—大章断陷盆地，盆地内充填古近系杂色砂砾岩及黏土岩系。下盘（南东盘）抬升出露鸡蛋坪组流纹岩、英安岩。断裂平面走向形态呈舒缓波状，断层泥颜色多样，晚期断层角砾岩发育，角砾之间为泥质充填，显示出该断裂多期活动及晚期断裂继承早期断裂面活动的特点。盆地边缘有平行该断裂的次级断裂发育，同样表现为正断层性质，导致第四纪地貌陡崖的形成。此外，一般认为这组构造与东西向马超营断裂带的交切、复合部位，为岩浆活动和含矿热液活动提供了有利场所。康山、红庄、星星印、前河等金矿床的产出定位应当与此有关。

槐树坪—瑶沟断裂束：分布于潭头—大章断陷盆地西侧，该断裂束由多条走向近于平行的断裂组成。间距一般为 0.5~1 km，波及宽度 4~5 km。单条断裂发育长度不等，规模较大的断裂有 3 条（即 F5、F6、F7），长 5~7 km。总体走向 50°~60°，局部可向北、向南偏转。倾向 NW 或 SE，倾角 45°~80°。断裂在空间展布上具分支复合的特征。断裂宽度在 10~20 m 之间，最宽可达 60 m。该组断裂矿化蚀变强烈，主要为强硅化、钾化、绢云母化、高岭土化及碳酸盐化等，并形成宽度为几十米的硅化带及硅化石英脉。矿化可见金矿化、黄铁矿化、黄铜矿化、方铅矿化及褐铁矿化等。槐树坪矿区老代庄一系列 NE 向金矿化带、窑沟金矿区就分别位于该断裂组 F6、F7 断裂内。

（3）NNE 向断裂

区域内该方向断裂不是很发育，以 F22 万岭断裂组为代表。

F22 万岭断裂组：位于万岭一带，由 3 条大致平行的断裂组成。地表出露长度大于 5 km，波及宽度 500~600 m，单条断裂宽 10~20 m，地表断续延长 2~5 km，断裂间距 100~150 m；走向 20°~30°，倾向 NW，倾角 50°~85°。断裂面陡而平直，每条断裂内可见多条（组）扭裂面，其断面上发育水平擦痕及镜面，显示逆时针扭动特征。

断裂带内角砾岩、碎裂岩发育，局部见断层泥和劈理化带。断裂带内热液蚀变强烈，主要发育硅化、钾化、方铅矿化、黄铁矿化及褐铁矿化等。断裂带内已发现多处规模不等的金矿体或矿化体。伊河以南该断裂带可能受东西向构造的影响，断裂走向变为 NNE 向，主断裂带宽 5~10 m。该断裂带切割整个熊耳群鸡蛋坪组，向南与马超营断裂带相交。

该组断裂是本区内最主要的控矿断裂之一，断裂内部约 5 km 内，自南向北依次产出

有店房金矿、庙岭金矿、刘坪金矿、赵岭金矿、九仗沟金矿、东湾金矿、盘龙山金矿(图
1-10)。

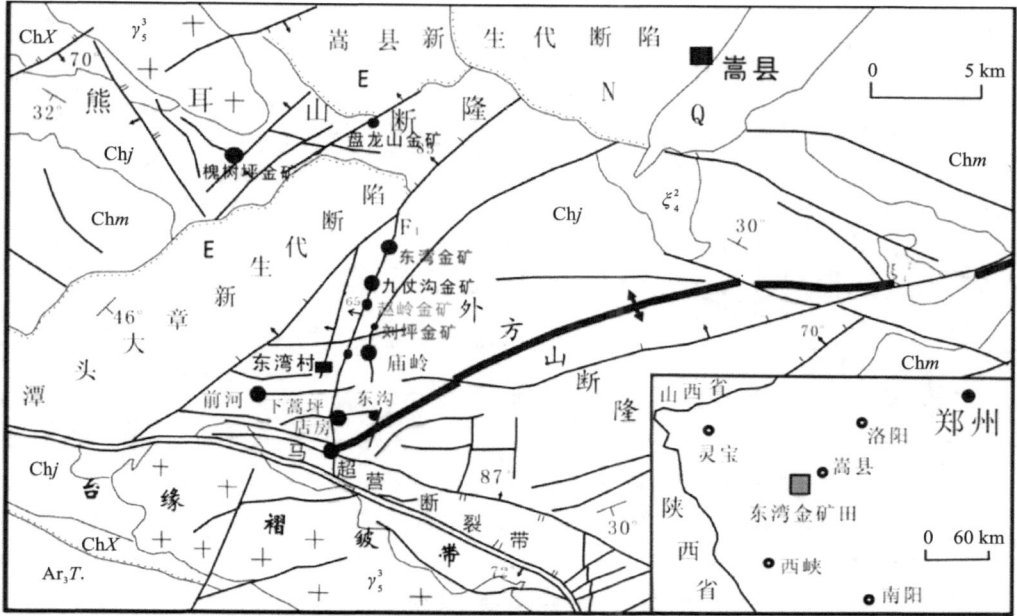

Q—第四系；N—新近系；E—古近系；Chm—熊耳群马家河组；Chj—熊耳群鸡蛋坪组；
Chx—熊耳群许山组；Ar₃T.—新太古界太华岩群；γ₅³—燕山晚期花岗岩；ξ₄²—华力西期正长岩；
1—区域性大断层；2—逆断层；3—正断层；4—背斜；5—不整合界线；6—金矿床；7—金矿点。

图 1-10　东湾金矿田区域地质图

(4)NNW 向断裂

区域内 NNW 向断裂分布在大章北部，切穿熊耳群，但规模一般较小，主要分布于潭
头—大章断陷盆地以西的熊耳山断隆区，主要有 F37、F38；走向 310°~350°，倾向 NE，倾
角 60°~75°，宽 1 m 左右，局部可达 5 m，主要由构造角砾岩组成。该组断裂的主要特征是
矿化蚀变强烈，常见硅化、铁白云石化蚀变，可见黄铁矿化、褐铁矿化及金矿化。槐树坪
矿区的 M29 矿化带、七亩地沟金矿点和范疙瘩金矿均受该组断裂控制。

(5)变质核杂岩

目前已有越来越多的研究者认为小秦岭—熊耳山地区金成矿时间及成矿动力学背景
与中国东部晚白垩世区域构造体制转换作用有关。区域上该期断裂构造广泛发育，形
成伸展剥离断层系统。滑脱拆离断层具有多层次、多期次和大幅度拆离的特点。整个滑
脱拆离系包括主滑脱拆离带和盖层中一系列次级滑脱断层，这在熊耳山北麓表现得最清
楚(图 1-11)。

主滑脱拆离带位于太华岩群和熊耳群 2 个主滑层之间，出露宽度为数 10 m 至 200 m，
产状平缓稳定，倾角 15°~30°，主拆离带分带清楚，自下而上为糜棱岩带、糜棱岩化带、绿
泥石片理化带、角砾岩带和碎裂岩带。前 3 个带发育在下拆离盘内，在发育程度不等的面
型长英质糜棱岩、超糜棱岩和糜棱岩化片麻岩内，可观察到清晰的韧性变形特征，主要为

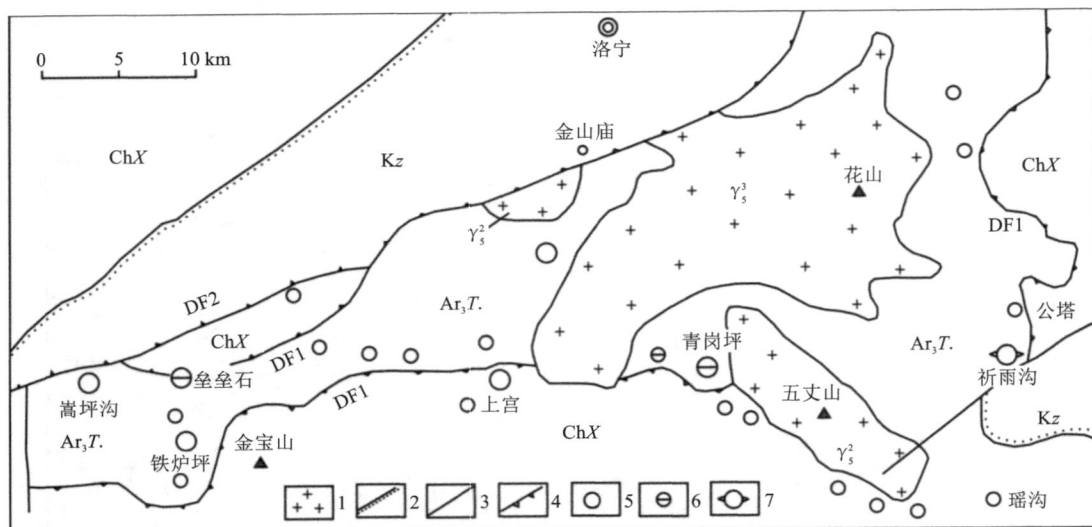

Kz—新生界；ChX—熊耳群；Ar₃T.—新太古界太华岩群；γ₅³—燕山晚期花岗岩；

γ₅²—燕山早期花岗岩；DF1—早期拆离断层；DF2—晚期拆离断层；1—花岗岩；2—不整合界线；

3—断层；4—拆离断层；5—构造蚀变带；6—层间破碎带型金矿；7—爆破角砾岩型金矿。

图 1-11　熊耳山北麓滑脱断层示意图

强烈塑性流变形成的面理密集的片理化带。镜下标志主要有 S-C 面理及拉伸线理，石英亚晶条带和核幔构造，石英糜棱岩带中的"σ"形、"δ"形碎斑系，石英-绢云母丝带构造，弯曲的长石双晶及云母（绿泥石）等。依 S-C 面理及剪切褶曲的运动学标志，可判断拆离的剪切指向为上盘向 NW 向剪切，同时拆离带还具有左旋特征。绿泥石片理化带宽度较大，由片理化的糜棱片麻岩、混合岩组成，同时沿岩石的裂隙有明显的绿泥石化、绿帘石化，且蚀变交代的强度向上逐渐加强。滑脱拆离带最上面 2 个带属于脆性变形域，由强绿泥石化的安山质角砾岩和硅化碎裂岩、角砾岩组成，部分地段出现有绢云片岩、变质石英砂岩和碳质千枚岩。沿滑脱拆离带普遍可见后期热液蚀变现象，局部见强烈的硅钾交代和多金属硫化物矿化。强烈的拉伸拆离作用，造成上拆离盘熊耳群底部大古石组含砾长石的石英砂岩的全部或大部分缺失以及许山组安山岩的部分缺失。

次级滑脱拆离断层位于盖层拆离滑脱系中。主滑面有两个，一个位于熊耳群与上覆官道口群之间，滑动面产状较缓，厚度不大，主要由碎裂岩、角砾岩等组成，下盘熊耳群中可见片理化。另一个主滑面位于熊耳群、官道口群等元古宇盖层与第三系含砾红层之间，产状较陡，出露宽度也不大，主要由铁染的大小不等的张性角砾岩组成。此外，在盖层中还有成组出现的犁式断层，与主拆离断层比较，它们规模较小、变形较弱，脆性变形特征更加明显。在磨沟、崇阳沟等处可见断裂自上而下产状逐渐变缓，且上部数条断层向下汇聚成一条断层的构造现象。

拆离断层按形成时间可分为早晚两期，早期拆离断层出现在主拆离带内。晚期拆离断层切割早期拆离断层，其下盘可以是太华岩群变质岩，也可以是熊耳群、官道口群甚至燕山晚期花岗岩，上盘多为第三系砂砾岩。晚期拆离断层的代表是位于熊耳山和洛宁盆地之间的山前大断裂。槐树坪矿区缓倾斜断裂组即为盖层剥离断层系统的组成部分。

1.2.3　火山机构

　　本区火山机构多达数 10 个，且多数保存完整、喷发旋回清晰，受基底断裂控制明显，以中心式喷发为主，裂隙式喷发次之，呈串珠状沿区域切壳深大断裂展布。古火山构造是寻找爆破角砾岩型金矿的首选地段，受古火山构造控制的古火山口或其周边的中性、中酸性次火山岩脉(墙)是寻找钼、金、铅、锌等多金属矿产的有利部位，矿床形成受其影响(图 1-12)。

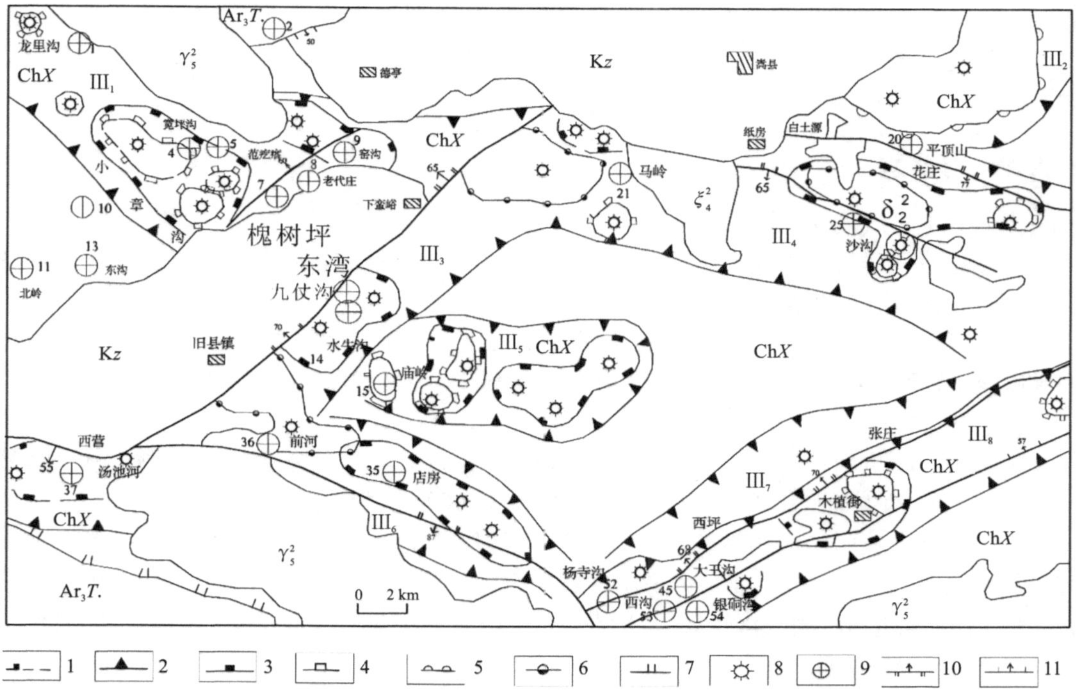

Kz—新生界砂砾岩；ChX—熊耳群火山岩；Ar₃T.—新太古界太华岩群变质杂岩；γ_5^2—燕山中期花岗岩；

ξ_4^2—华力西中期正长岩；δ_2^2—中元古代闪长岩；Ⅲ₃—三级火山构造编号；1—闪长岩界线；

2—三级火山构造带界线；3—四级火山构造界线；4—中心式喷发相火山口；5—喷溢相熔岩穹丘；

6—中心式喷溢相火山口；7—喷发火山岩颈；8—古火山口；9—矿(床)点及编号；10—逆断层；11—正断层。

图 1-12　区域火山机构与金矿床(点)的分布

　　1)庙岭—上秋盘火山机构：位于研究区中部，呈近椭圆形分布在庙岭—上秋盘东西向火山喷发带内，自西向东，由 3 个火山喷发群构成，每个火山喷发群内部由 1~3 个火山喷发中心组成。整体上火山喷发带(三级火山机构)呈 EW 向分布，火山喷发群(四级火山机构)呈 NE 向分布，火山喷发中心(五级火山机构)呈 NE 向、近 SN 向和 NW 向分布。火山机构分布的上述特征，揭示出断裂级序对本区火山机构级序的控制作用，其中，近 EW 向与马超营断裂平行的区域性断裂控制了火山喷发带的分布，区域性 NE 向断裂控制了火山群分布，局部 NE 向、SN 向、NW 向断裂控制了火山喷发口的分布。庙岭金矿产出于该火山喷发机构的西侧火山喷发群，内部已确定火山喷发中心 1 处，该火山喷发中心呈 SN 向延长的椭圆形，充填岩性以火山角砾岩为主，火山集块岩、晶屑凝灰岩次之，围岩为鸡蛋坪组流纹斑岩；矿体产于火山口东侧边缘构造带中，矿化以蚀变凝灰岩为最好。除庙岭金矿区外，金牛、九仗沟、东湾等金矿区也位于该火山机构影响范围之内。

2）小章沟火山机构：位于研究区西北部，火山喷发带呈 NW 向带状展布，向南倾没于潭头—嵩县新生代断陷盆地内部，向北进入洛宁境内。喷发带内包括 1 个火山喷发群、5 个火山喷发中心，火山喷发群整体呈椭圆状，长轴与火山喷发带展布方向一致，喷发中心形状呈近圆形，火山喷发中心连线方向与火山喷发带长轴方向一致，向南靠近新生代盆地方向，两个火山喷发中心连线为 NE 向，可能与此处发育的 NE 向断裂有关。沿该火山机构内部及边缘已发现槐树坪、老代庄、瑶沟、范疙瘩、七亩地沟和宽坪沟等多个小型金矿床(点)。

1.2.4　岩浆岩

岩浆岩主要表现为火山喷发和岩浆侵入活动，具长期性、多期次性活动的特点。中元古代长城纪熊耳群火山岩此前已述及。侵入岩呈岩基、岩枝或岩脉产出。印支期以碱性花岗岩为主，燕山期花岗岩发育程度远大于印支期花岗岩。

矿区西北的五丈山花岗岩体距离槐树坪矿区较近，与研究区零星出露的正长岩脉、辉绿岩脉以及个别钻孔中揭露的斑状二长花岗岩和云煌岩脉有成因联系，对成矿有重要意义。

（1）印支期岩浆岩

早—中三叠世的秦岭造山带主期造山运动结束了长期以来扬子板块与华北板块隔海（秦岭洋）相望的古地理构造格局，统一的中国大陆开始形成。黄汲清将这次规模巨大、影响整个中国及东亚的区域构造运动命名为印支构造运动。伴随这次构造运动的是大规模的构造岩浆活动，岩浆岩主要集中产出在造山带内部及其附近边缘，如北秦岭造山带宝鸡岩体群，南秦岭造山带中的东江口、五龙、光头山三大岩体群，岩浆活动时期主要发生于 245 Ma 至 200 Ma 之间。

研究区处于华北克拉通南缘，不在秦岭造山带内，本次构造运动在本区并未出现大规模的岩浆活动。从收集到的前人研究资料来看，本期构造运动在本区的岩浆活动主要表现为一些小规模的碱性岩、碱性花岗岩、A 型花岗岩和煌斑岩脉的侵入。如嵩县磨沟霓辉正长岩（U-Pb 208 Ma）。碱性岩、碱性花岗岩、A 型花岗岩和煌斑岩产于拉张环境，是一个构造岩浆旋回演化后期的最终产物，是挤压造山运动结束的标志。早—中三叠世为秦岭主造山期，研究区岩浆活动较弱，而造山后伸展阶段本区岩浆活动相对增强，形成了一系列碱性侵入岩。

本区印支期岩浆活动虽然有限，但碱性岩浆活动对本区金矿床形成的作用还是相当明显的，如上宫金矿［（242±11）Ma，蚀变绢云母 Rb-Sr，（222.83±24.91）Ma，硅化石英^{40}Ar-^{39}Ar 坪年龄］，庙岭金矿（245.83~179.79 Ma，硅化石英^{40}Ar-^{39}Ar 坪年龄）和北岭金矿（216.04 Ma，硅化石英等时线年龄）均应与本次岩浆活动有关。

（2）燕山期岩浆岩

燕山期花岗岩浆的强烈活动是本区岩浆活动的主要形式。自西向东、自北向南，依次产出有花山、五丈山、祈雨沟；上方沟、南泥湖、合峪、太山庙等花岗岩体。其中，花山、合峪岩体规模巨大，呈岩基出现，其他岩体呈小岩株状产出。五丈山岩体距离矿区最近。

五丈山岩体：位于区域西北部五丈山一带，整体呈 NW-SE 向舌状产出，出露面积近 60 km^2。西部及南部与熊耳群呈侵入不整合接触，接触面呈港湾状，内倾，倾角 60°～80°；东北部与太华岩群侵入接触，接触面平直，整体外倾，倾向 70°，倾角 50°。岩性主要为中粗粒二长花岗岩、花岗闪长岩、钾长花岗岩等，含少量的镁铁质包体。

花山岩体：位于五丈山岩体的西北，侵位于太华岩群地层，总体呈 NE-SW 向产出，局部与五丈山岩体接触。主要岩性为斑状二长花岗岩，含钾长石大斑晶，矿物组合及含量与合峪岩体相近，局部出现镁铁质包体。

合峪花岗岩体：位于区域的东南部的合峪—磨沟一带，是豫西地区最大的燕山期花岗岩基，北部紧邻马超营断裂带，呈 NW-SE 向哑铃状侵位于熊耳山火山岩中，接触面较陡，倾角 50°～80°，面积约 784 km^2。合峪岩体形成于燕山中期，为 4 期岩浆侵入作用形成的复式岩体，各期侵入接触关系明显，矿物成分基本相同，具有斑状或似斑状结构。其岩性为斑状黑云二长花岗岩，常见围岩捕房体，斑晶较大，主要为微斜长石和条纹长石，粒径一般为 3～4 cm，局部为 6～10 cm。

另外，区域内已发现众多由同源岩浆作用形成的爆破角砾岩体，呈 NW-SE 向带状分布，可分为王庄—祁雨沟带、德亭川带和沙土洼带。其中槐树坪矿区北部的王庄—祁雨沟爆破角砾岩带最为发育，著名的祁雨沟爆破角砾岩型金矿即位于该带中。

太山庙岩体：位于研究区南部，合峪岩体之东，呈岩株状产出。岩性主要为富钾花岗岩，自中心向边缘，钾长石粒径从粗粒向中粒→细粒逐渐过渡。矿物组成及含量为：条纹长石（50%～60%）、钠斜长石（10%～15%）、石英（25%）和少量角闪石。副矿物有磁铁矿、锆石和萤石。显微孔洞较为发育，揭示其浅成侵位的性质。镁铁质包体罕见。

最新的高精度同位素年代学测试结果显示，合峪岩体年龄［（131.8±0.7）Ma，黑云母^{40}Ar-^{39}Ar 坪年龄，（132.5±1.1）Ma，黑云母等时线年龄；（127.2±1.4）Ma，锆石 SHRIMP U-Pb］，花山岩体年龄［（130.7±1.4）Ma，锆石 SHRIMP U-Pb］和太山庙岩体年龄［（115±2）Ma，锆石 SHRIMP U-Pb］，雷门沟岩体［（136.2±1.5）Ma，锆石 SHRIMP U-Pb］，南泥湖岩体［（158.2±3.1）Ma，锆石 SHRIMP U-Pb］和上方沟岩体［（157.6±2.7）Ma，锆石 SHRIMP U-Pb］。

五丈山岩体的年龄差异较大：前人获得的五丈山岩体的侵位年龄集中在燕山中期［（156±1.1）Ma，角闪石^{40}Ar-^{39}Ar 坪年龄，（156.8±3.1）Ma，角闪石等时线年龄，（156.8±1.2）Ma，锆石 SHRIMP U-Pb］。本次研究在五丈山岩体距接触边界 0.5～2.0 km 处按 2.0～500 km 间距取得样品，样品分布比较均匀，获得的 6 个锆石 U-Pb 年龄均在（177.2±1.7）Ma 至（177.5±1.5）Ma 之间，平均年龄为 177.3 Ma，明显早于前者，这说明五丈山岩体形成于燕山早期。

岩石地球化学研究表明，研究区燕山期岩浆活动早期形成的五丈山岩体具有高 Ba-Sr 花岗岩特征，中期形成的合峪岩体、花山岩体具有钙碱性 I 型花岗岩特征，晚期形成的太山庙岩体具有 A 型花岗岩特征。从早期→中期→晚期，其所对应的花岗岩岩石地球化学特征，揭示本区花岗岩成岩构造环境经历了一个从造山后岩石圈地壳增厚到迅速减薄的过程，从地壳增厚，下地壳重熔形成高 Ba-Sr 花岗岩→岩石圈伸展，软流圈上升，地壳减薄，形成同熔 I 型花岗岩→岩石圈持续伸展,岩石圈减薄裂解,形成 A 型花岗岩。本区燕山期花岗岩岩石学、岩石地球化学特征及其所揭示的成岩构造环境与我国东部大别山地区、胶东地区相似,共同揭示了中国大陆自中—晚三叠世印支期造山后伸展动力学机制下,造山期增厚岩石圈不断拆沉、软流圈上升、地壳持续减薄的过程。

本区燕山期花岗岩成岩构造环境的研究清楚表明,研究区自距今 177 Ma 以来(以五丈山花岗岩体为代表),已经进入到造山期后大规模伸展动力学背景之下,本区燕山期花岗岩浆活动及其伴随形成的金矿床都必然受此构造背景控制。

1.2.5 区域地球化学

九仗沟金矿位于 1∶50000 水系沉积物东湾 11-丙-Au 异常区和 15-丙-Mn、Ba、Ni 东湾—庙岭异常区,成矿地质背景好(图 1-13)。

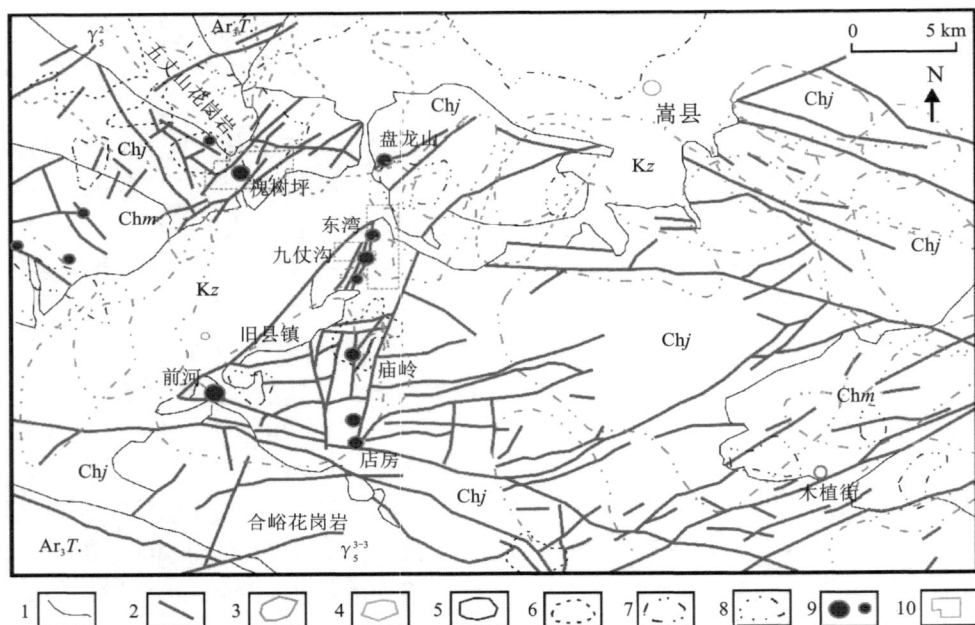

Kz—新生界砂砾岩及松散堆积;Chj—长城系熊耳群鸡蛋坪组英安质火山岩;Chm—长城系熊耳群马家河组英安质火山角砾岩;γ_5^2—燕山中期五丈山中粗粒二长花岗岩-花岗闪长岩;γ_5^{3-3}—燕山晚期合峪中粗粒花岗岩;1—地质界线;2—断层;3—1/5 万水系沉积物 Au 及 Pb、Zn、Mo、Cu 等元素组合次生晕异常;4—1/5 万水系沉积物 Ag、Zn、Pb 等除 Au 外的其他金属元素组合次生晕异常;5—自然金、辰砂等矿物重砂异常;6—甲级异常;7—乙级异常;8—丙级异常;9—矿床及矿点;10—重点研究矿区范围。

图 1-13 区域地质及化探异常图

1.2.5.1 区域化探异常

区域较重要的 1∶5 万水系沉积物测量异常有 9 处,分别是 4-甲-Au、Mo、Pb、Cu、Ba、Mn、Ni、Co、Cr、Ti、Zn 异常,3-甲-Mo、Au、W、Pb、Cu、Bi 异常,2-丙-Ni、Co、Ba、Cu、Ca、Ti 异常,6-乙-Mo、W、Ni、Ba、Au、Pb 异常,7-丙-Au 异常,8-丙-Pb、As 异常,

10-丙-Mo、Au、V、Pb 异常，11-丙-Au 异常，15-丙-Mn、Ba、Ni 异常。

1）4-甲-Au、Mo、Pb、Cu、Ba、Mn、Ni、Co、Cr、Ti、Zn 异常：位于大章乡牛头沟柿树底—德亭乡金鸡山一带，异常围绕五丈山细粒斑状黑云二长花岗岩呈不规则半环带状分布，面积为 98.3 km^2，异常由 11 个单元素组成。Au 异常面积大、强度高，有明显的浓度梯度变化，一、二级异常连续，三级异常近等距排列，东部元素组合复杂，同时有 3-甲-Mo、Au、W、Pb、Cu、Bi 异常，2-丙-Ni、Co、Ba、Cu、Ca、Ti 异常叠加，西部元素组合简单。异常区先后发现柿树底金矿、范疙瘩金矿、瑶沟金矿及金、银、钼矿点，Mo、Au 异常与钼矿化和金矿化有关。异常区位于五丈山岩体的内外接触带，断裂构造带发育，围岩蚀变强烈，具有较好的找矿前景。

2）6-乙-Mo、W、Ni、Ba、Au、Pb 异常：位于东北部的何家岭一带。异常形态呈 NE 向展布的长条状，向东未封闭，面积为 11.2 km^2。最高强度值：Mo 50×10^{-6} GHz、W 20×10^{-6} GHz、Ni 150×10^{-6} GHz、Ba 5000×10^{-6} GHz、Pb 300×10^{-6} GHz。平均值：Mo 15.7×10^{-6} GHz、W 20×10^{-6} GHz、Ni 85×10^{-6} GHz、Ba 230×10^{-6} GHz、Pb 106×10^{-6} GHz。该异常面积较大，各元素套合较好，伴生元素种类较多。

3）7-丙-Au 异常：位于下蛮峪一带。异常形态呈圆状，面积 4.1 km^2。Au 最高强度值为 0.034×10^{-6} GHz，平均值为 0.0158×10^{-6} GHz，元素组合单一，有断裂从异常中心通过，成矿地质条件有利。

4）8-丙-Pb、As 异常：位于研究区中南部的高岭—下元湾一带。其形态为不规则状，向东未封闭，面积 16.1 km^2。最高强度值：Pb 300×10^{-6} GHz，As 15×10^{-6} GHz。平均值：Pb 106×10^{-6} GHz，As 10×10^{-6} GHz。该异常元素组合简单，浓度较低，但面积较大，与其他异常部分重合。有断裂从异常中间通过。

5）10-丙-Mo、Au、V、Pb 异常：位于中南部的郭家村一带，异常形态呈 NW 走向的椭圆状，大部分在古近系地层中。

6）11-丙-Au 异常：位于中南部的万岭—沙岭一带，主要在九仗沟金矿普查区内。异常形态呈 NW 走向的椭圆状，面积 4.1 km^2。Au 最高强度值为 0.043×10^{-6} GHz，平均值为 0.0168×10^{-6} GHz。本区 F22 含矿构造蚀变带从异常 NW 端通过，已发现有九仗沟金矿。

7）15-丙-Mn、Ba、Ni 异常：位于南部的东湾—庙岭一带。其形态呈近南北向的不规则长条状分布，面积 6.6 km^2。最高强度值 Mn 1500×10^{-6} GHz，Ba 3600×10^{-6} GHz，平均值 Mn 1167×10^{-6} GHz，Ba 1413×10^{-6} GHz。该异常大部分与其他异常重合。该异常区内已发现有店房金矿、庙岭金矿。

1.2.5.2　区域重砂异常

区内较重要的重砂异常有 5 处。

1）4-乙-自然金、铅族、铋族、白钨矿、辰砂异常：位于五丈山岩体东部及其外围，面积为 12 km^2。该异常特征：Ⅳ自然金 8 粒，Ⅲ铅族 0.008 g，Ⅲ铋族、Ⅲ白钨矿、Ⅱ辰砂。异常内 NE 向断裂及小构造发育，异常与蚀变矿化断裂有关，具进一步开展金矿普查的价值。

2）6-甲-自然金、铅族、辰砂、铋族异常：位于七亩地沟一带，异常区处于五丈山岩体的外接触带，面积 7 km^2。异常内 NW 向断裂带上的金异常由金矿化引起，异常与岩浆岩、断裂构造关系密切，异常区已发现范疙瘩金矿。

3）7-甲-自然金、铅族、重晶石、石榴子石异常：位于下蛮峪—旧县 NE 向断裂带与 EW 向断裂带交汇部位，断裂构造极为发育，断裂规模大，蚀变矿化强烈；异常区火山角砾岩发育，面积为 7 km²。该异常特征：Ⅳ自然金 7 粒，Ⅲ铅族、Ⅲ重晶石、石榴子石。异常区内成矿地质条件良好，瑶沟金矿就位于此异常区内。

4）8-乙-自然金、铅族、黄铁矿、辰砂、重晶石异常：位于下蛮峪一带，与 7-丙、6-乙金异常重合或部分重合，面积 6 km²。异常特征：Ⅱ自然金 2 g，Ⅲ铅族 0.03 g、Ⅱ黄铁矿、Ⅳ辰砂、Ⅳ重晶石。该异常与蚀变矿化断裂带有关。

5）10-乙-自然金、铅族、黄铁矿、钛族、金红石异常：位于研究区东部的高岭一带，面积为 4 km²，与 11-丙-Au 及 8-丙-Pb、As 水系沉积物异常相吻合。该异常特征为：Ⅱ自然金 1.3 粒，Ⅲ铅族 0.045 g，Ⅱ黄铁矿，Ⅲ钛族，Ⅲ金红石。异常特征为断裂发育，异常原因由矿化断裂带引起。

1.2.6　区域岩石物性特征

本区岩性标本电性参数测试结果见表 1-4。

表 1-4　岩(矿)石电性参数测定结果统计表

序号	岩石分类	岩石名称	η_s /%	ρ_s /($\Omega \cdot$ m)	测量地点	η_s /%	ρ_s /($\Omega \cdot$ m)
1	强矿化矿石	强黄铁矿化强硅化矿石	19.58	0.65	铁驴皮沟	9.9	534.9
2		强黄铁矿化强硅化弱铅锌矿化矿石	27.05	1.69	铁驴皮沟		
3		强黄铁矿化强硅化矿石	5.53	7.71	铁驴皮沟		
4		强黄铁矿化强硅化矿石	6.76	6.0	铁驴皮沟		
5		强黄铁矿化弱硅化矿石	14.75	4425.6	铁驴皮沟		
6		弱黄铁矿化弱硅化矿石	1.11	139.5	铁驴皮沟		
7		强黄铁矿化强硅化矿石	0.4	24.3	铁驴皮沟		
8		强黄铁矿化硅化矿石	2.66	13.4	孟沟		
9		强黄铁矿化弱硅化矿石	11.32	2.59	孟沟		
10		强黄铁矿化硅化矿石	4.73	542.6	孟沟		
11		强黄铁矿化弱铅锌矿化矿石	3.94	114.1	孟沟		
12		强黄铁矿化弱铅锌矿化矿石	21.03	1140.4	孟沟		
13	中等矿化矿石	黄铁矿化硅化矿石	20.67	45.68	铁驴皮沟	27.06	2471.2
14		黄铁矿化硅化矿石	21.91	6865.9	铁驴皮沟		
15		黄铁矿化矿石	38.6	502.0	孟沟		

续表1-4

序号	岩石分类	岩石名称	η_s /%	ρ_s /($\Omega \cdot$ m)	测量地点	η_s /%	ρ_s /($\Omega \cdot$ m)
16	弱矿化矿石	弱黄铁矿化矿石	2.99	10639.6	铁驴皮沟	4.0	4928.5
17		弱黄铁矿化矿石	9.49	6440.27	铁驴皮沟		
18		弱黄铁矿化强硅化矿石	4.46	10791.5	铁驴皮沟		
19		弱黄铁矿化碎裂石英脉	3.36	2289.2	孟沟		
20		弱黄铁矿化碎裂石英脉	1.1	4312.1	孟沟		
21		弱褐铁矿化矿石	6.17	1293.5	孟沟		
22		弱褐铁矿化矿石	6.5	1513	孟沟		
23		弱硅化矿石	1.06	2576	孟沟		
24		粗粒花岗岩(围岩)	0.6	4501.3	铁驴皮沟		
25	围岩	粗粒花岗岩(围岩)	0.4	6529.7	铁驴皮沟	1.3	4996.8
26		斜长角闪花岗岩(围岩)	0.59	3890.2	铁驴皮沟		
27		粗粒花岗岩(围岩)	1.04	12086.6	铁驴皮沟		
28		安山岩(围岩)	2.25	2179.6	孟沟		
29		安山岩(围岩)	3.4	3786	孟沟		
30		细粒花岗岩(围岩)	1.9	4257.1	孟沟		
31		石英脉(脉岩)	1.5	8569.9	孟沟		
32		细粒花岗岩(围岩)	0.12	4298.6	孟沟		
33		安山岩(围岩)	0.96	1604.2	孟沟		
34		斜长角闪片麻岩(围岩)	0.25	1507.4	孟沟		
35		斜长角闪片麻岩(围岩)	0.74	540.8	孟沟		
36		鞍山玢岩(围岩)	1.2	7180.1	孟沟		
37		石英脉(脉岩)	2.15	8528.7	孟沟		

资料来源：河南省地矿局第一地质矿产调查院，2016.

区内各类岩(矿)石 η 值随其金属硫化物的含量增多而升高；各类岩(矿)石标本测定的 η 值普遍大于露头上的测定值，这主要是由于地表岩石多风化淋滤，金属硫化物氧化所致。

受矿化蚀变作用的各类岩石因含金属硫化物而形成低阻高极化体，与高阻低极化的未蚀变原岩形成明显的导电性和激电特性差异，为电法找矿提供良好的地球物理条件。

1.3　矿床地质

研究区位于嵩县西北部，熊耳山断隆与谭头—嵩县新生代断陷盆地的接合部位，出露地层简单,以熊耳群安山岩为主,呈 SE 向单斜产出,断裂构造发育,岩浆活动强烈,成矿地质条件好。矿床的空间分布主要受燕山期浅成侵入花岗斑岩体和断裂构造带控制,断裂构造是主要的控矿因素。区内目前已探明的金矿床有槐树坪大型金矿,东湾、庙岭中型金矿和瑶沟、刘坪、盘龙山小型金矿。

按断层倾角不同可将控矿构造分为两组:一组为英安岩的层间挤压破碎带,产状较缓,倾角一般为 $10° \sim 30°$,在大章地堑以北、五丈山岩体周围广泛发育,控制层间挤压破碎带—石英脉型金矿体的就位,典型矿床为槐树坪大型金矿床;另一组为陡倾斜断裂构造,倾角一般在 $60°$ 以上,控制构造蚀变岩型金矿体的产出,主要发育于大章地堑以南,如控制九仗沟金矿、赵岭金矿、东湾金矿、刘坪金矿的 F1 断裂蚀变带,以九仗沟金矿床最为典型。由于赵岭金矿主矿体向深部侧伏进入九仗沟矿区,与九仗沟金矿 M1-1 主矿体实际为同一条工业矿体;九仗沟金矿 M1-1 矿体与东湾金矿 M1-1 金矿体为走向上尖灭再现关系。为便于研究,本书将这 3 个实体矿合称为九仗沟金矿床,将赵岭、九仗沟金矿区 M1-1 矿体和东湾金矿区 M1-2、M1-3 金矿体分别称为 K1、K2、K3 金矿体。

槐树坪金矿床受英安岩层间挤压破碎带控制,以缓倾斜石英脉型矿体为主;九仗沟金矿、东湾金矿,受 F1 区域性的断层破碎带控制,矿体产状陡倾。

1.3.1 地质概况

区域性的 F1 断裂,南自店房,北至水沟,其中的赵岭—水沟段含矿构造蚀变带,自北向南依次控制着东湾、九仗沟、赵岭金矿床。赵岭金矿主矿体向北侧伏进入九仗沟矿区,与九仗沟金矿的主矿体为同一条工业矿体;东湾金矿位于 F1 蚀变带内九仗沟金矿的北侧走向延长线上,两者在走向上尖灭再现,为盲矿体。赵岭和九仗沟金矿区的主矿体在空间上是相连的(图 1-14)。九仗沟金矿控制金资源/储量 15.2 t;赵岭金矿 1994 年开采以来,累计开采量预计约 10 t,东湾金矿控制金资源量 6.8 t,前两者合计达 25 t,达到大型矿床规模。以九仗沟金矿 K1 金矿体最为典型。

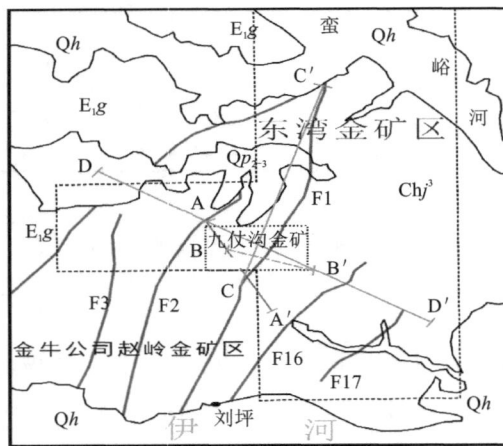

Qh—第四系全新统;Qp_{2-3}—第四系中上更新统;E_1g—古近系古新统高峪沟组;Chj^3—长城系熊耳群鸡蛋坪组上段;F1—断层及编号;A-A′、B-B′、C-C′—原生晕剖面位置;D-D′—物探剖面位置。

图 1-14 矿区地质及工作布置图

矿区出露地层主要为熊耳群鸡蛋坪组英安岩、流纹英安岩及安山岩，这些岩石均遭受了自变质作用热液期的脱玻化蚀变。

区内以 NNE 向断裂构造为主，主要有 F1~F4 4 条。主要控矿构造为区域性的店房—庙岭—九仗沟 F1 断裂带，走向 20°~30°，倾向 NW，倾角 50°~75°，出露长度大于 20 km，总体呈上陡下缓的舒缓波状延伸。F1 的万岭段构造蚀变带是主要的赋矿区段，宽 80~100 m，主要由构造角砾岩、碎裂岩和蚀变岩组成，原岩成分为流纹英安岩、硅化英安岩、英安岩和流纹质凝灰岩等，角砾大小不等，多为 2~10 mm。部分角砾强烈硅化为硅质岩。角砾间常分布着一些 0.2~1 mm 的小岩屑，碎屑间充填有大量的由隐晶-微粒热液石英集合体、碳酸盐、褐铁矿、黄铁矿等组成的胶结物。破碎带中有石英-黄铁矿细脉穿插。井下可见蚀变的花岗斑岩矿化，常在局部构成工业矿体，说明成矿前或成矿期有脉岩顺断层侵入，并对成矿有重要贡献。

热液活动受构造破碎带控制，从断裂带中心向两侧，交代蚀变强度逐渐减弱，具有一定的分带性(图 1-15)。

图 1-15　F1 断裂带地表蚀变分带

1.3.2　化探异常特征

研究人员曾在九仗沟—阴坡沿 F1 构造破碎带进行过 1:10000 土壤地球化学剖面测量，剖面间距 100 m，共布置土壤剖面 23 条，控制地表长度 2300 m，分析了 Au、Ag、Cu、Pb、Co、Ni、As、Bi、Hg 等元素。通过数据处理确定 F1 构造蚀变带中的微量元素异常下限(表 1-5)。其中 Au、Ag、Cu、Pb、As、Hg 等元素具有较好异常显示，这些元素沿构造带形成了阴坡、万岭、张家沟、九仗沟 4 个比较明显的异常，各浓集区长 300~500 m，位于 F1 断裂蚀变带及其两侧，以九仗沟异常强度最大(图 1-16)。

(1)阴坡异常

阴坡异常位于阴坡村南，浓集区长度为 350 m 左右。由 9-丙$_1$Au-Hg-Ag-Pb、10-乙$_1$Au-Ag-Hg-Cu-Pb、11-乙$_1$Au-Hg-Cu-Pb 等异常组成。异常元素为 Au、Ag、Cu、Co、Hg，其最高强度值分别为 Au 30×10^{-9} GHz、Ag 660×10^{-9} GHz、Cu 123×10^{-6} GHz、Co 26×10^{-6} GHz、Hg 214×10^{-6} GHz。该浓集中心由两个浓度带构成，分布于构造蚀变带的顶、底板附近。经后期工程验证，在构造带中发现较好的金矿体。

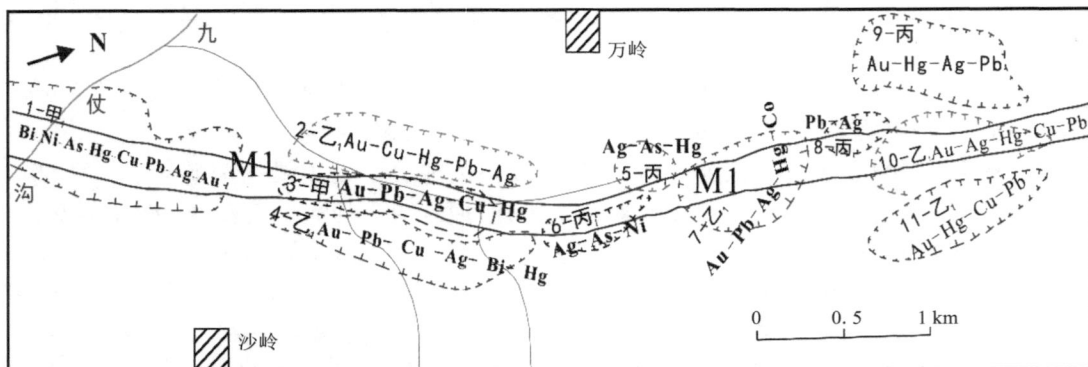

图 1-16　F1 构造带与土壤测量地球化学综合异常的关系

（2）万岭异常

万岭异常位于万岭村东约 300 m，浓集区长约 100 m。异常断裂长度 600 m。由 6-丙$_1$Ag-As-Ni、5-丙$_1$Ag-Hg-As、7-乙$_1$Au-Pb-Ag-Hg-Co 等异常组成。异常元素为 Au、Ag、Pb、Co、Hg，其最高强度值分别为 Au 30×10^{-9} GHz、Ag 360×10^{-9} GHz、Pb 408×10^{-6} GHz、Co 22×10^{-6} GHz、Hg 142×10^{-6} GHz。浓集区基本上包括了构造及其蚀变带。经后期工程验证，在构造带中发现矿体。

（3）张家沟异常

该异常位于老和尚沟与张家沟的交汇处，浓集区长度近 500 m。由 2-乙$_1$Au-Cu-Hg-Pb-Ag、3-甲$_1$Au-Pb-Ag-Cu-Hg-Bi-As 和 4-乙$_1$Au-Pb-Cu-Ag-Bi-Hg 3 个异常组成。主要由 Au、Ag、Cu、Pb 4 种元素组成，其最高强度值分别为 Au 208×10^{-9} GHz、Ag 2000×10^{-9} GHz、Cu 157×10^{-6} GHz、Pb 230×10^{-6} GHz。该浓集中心由 3 个浓度带组成，在顶、底板分别形成 1 个异常，在构造带中形成了 1 个与主构造斜交的异常带。经后期工程验证，在构造带中发现隐伏的金矿体。

（4）九仗沟异常

位于沙岭南，浓集区长 300 m，向南未封闭。由 1-甲$_1$Au-Ag-Pb-Cu-Hg-As-Bi-Ni 异常组成，主要元素为 Au、Ag、Cu、Pb、As，其最高强度值分别为 Au 300×10^{-9} GHz、Ag 2062×10^{-9} GHz、Cu 204×10^{-6} GHz、Pb 1532×10^{-6} GHz、As 48.60×10^{-6} GHz。另外 Co、Bi、Hg 也有较好的显示。经工程验证，在九仗沟异常浓集区内构造带中发现较好的金矿体。

表 1-5　F1 构造蚀变带土壤地球化学异常特征值表

元素	样品数	平均值	标准离差	确定背景值	确定异常下限	异常浓度分带		
						外带	中带	内带
Au	363	5.690	4.298	3.0	6.0	(6.01, 12.0]	(12.0, 24.0]	>24.0
Ag	369	0.140	0.074	0.10	0.20	(0.2, 0.4]	(0.4, 0.8]	>0.8
Cu	358	27.620	9.366	25.0	45.0	(45, 90]	(90, 180]	>18.0

续表1-5

元素	样品数	平均值	标准离差	确定背景值	确定异常下限	异常浓度分带		
						外带	中带	内带
Pb	330	44.959	23.574	40.0	90.0	(90, 180]	(180, 360]	>360
Co	397	12.390	3.679	14.0	20.0	(20, 40]	(40, 80]	>80
Ni	398	21.253	8.928	20.0	40.0	(40, 80]	(80, 160]	>160
As	393	11.890	5.146	12.0	20.0	(20, 40]	(40, 80]	>80
Bi	383	0.393	0.128	0.4	0.7	(0.7, 1.4]	(1.4, 2.8]	>2.8
Hg	389	0.055	0.030	0.03	0.07	(0.07, 0.14]	(0.14, 0.28]	>0.28
备注	(1)样品数为逐步剔除含量值大于 $\bar{X}+3S$ 后的剩余样品数；(2)Au 背景值以直方图分布特征确定；(3)元素含量中，Au 为 10^{-9}，其他元素为 10^{-6}							

1.3.2.1　矿化及围岩蚀变分带

金矿床赋存于熊耳群鸡蛋坪组上段（Ch_j^3）的中酸性火山岩内，与围岩产状基本一致的缓倾斜层间挤压破碎带控制了含金石英脉的产出，而陡倾斜断裂构造控制着蚀变岩型金矿体的空间展布。前者围岩蚀变除钾化分布范围较宽外，矿体自石英脉向两侧的蚀变分带不明显或较窄；后者围岩蚀变带宽度为 3~10 m，矿体自中心向两侧围岩依次出现黄铁绢英岩化—硅化—钾化蚀变带，不同蚀变在空间上可相互叠加。

（1）主要矿化蚀变类型

主要蚀变类型有硅化、绢云母化、钾长石化、高岭石化、碳酸盐化、绿帘石化、绿泥石化；金矿化和黄铁矿化是主要的金属矿化，其次是方铅矿化和黄铜矿化。与金矿化关系密切的为黄铁矿化、碲铅矿化和方铅矿化。

自然金：颜色呈亮金黄色，异常非均质性，它形粒状，粒度为 0.005~0.02 mm。常与碲铅矿或方铅矿连生或分布在其中。常见的矿物生成顺序为金红石-黄铁矿-闪锌矿、方铅矿、自然金、碲铅矿、自然碲。说明金铅与碲关系较密切。

碲铅矿：颜色为白色微绿，较亮，偶见黄色、锖色，硬度（中）低，均质，无内反射。形态呈它形粒状或不规则状，粒径 0.01~0.40 mm，偶见包裹黄铁矿，常与方铅矿连生。

自然碲：颜色为白色，较亮，硬度低，显著非均质性，无内反射。形态呈它形粒状或不规则状，粒径 0.01~0.15 mm，常与碲铅矿连生。

黄铁矿化：是主要的金属硫化物，普遍发育。黄铁矿早期呈粗粒立方体状；晚期常呈团块状、浸染状、细脉状、网脉状分布于矿体及近矿围岩中，与成矿关系密切。地表及近地表黄铁矿多被氧化为褐铁矿。黄铁矿的原生粒度较粗，多数碎裂，导致粒度细化，粒度主要集中在 0.1~0.5 mm，粒度≥0.074 mm 的占 86.50%，属于粗粒嵌布。与黄铁矿关系密切的脉石矿物主要是石英和绢云母。

黄铜矿化：黄铜矿较为发育。多呈条带状、带状以及浸染状分布于矿石或围岩中。

褐铁矿化：褐铁矿量少，呈土状、蜂窝状隐晶质集合体，分布于地表或近地表。多为不规则状，也有部分呈黄铁矿的立方体假象，多为黄铁矿氧化的产物，多分布在黄铁矿的边缘，构成交代残余结构，与黄铁矿紧密共生，粒度一般为 0.006~0.15 mm。

磁铁矿化：量少，多为它形粒状，呈浸染状分布在矿石中，粒度 0.03~0.45 mm。

硅化：在研究区普遍发育，是最主要的蚀变类型，从成矿早期到成矿晚期均有出现，常呈团块状、脉状、细脉状以及细脉浸染状石英产出，各阶段硅化的强度、规模、伴生矿物组合以及与成矿的关系均有差异。

钾长石化：为最早出现的蚀变矿物，普遍发育，有时整个钻孔均可见到。一般为交代斑晶呈星点状分布于围岩中，偶见呈细脉状充填于围岩裂隙中。

绢云母化：较为发育。早期绢云母化多为热液交代围岩中的长石所致，常呈土状；晚期绢云母化为热液交代角砾岩胶结物的产物，一般呈鳞片状与高岭石、石英、绿帘石等蚀变矿物共存，形成蚀变矿物集合体。

高岭石化：早期高岭石化为交代斜长石的产物，呈粒状产出；晚期高岭石化为交代角砾岩胶结物的产物，呈粉状、集合体状或细脉状产出；表生期形成的高岭石多已风化，呈土状。

碳酸盐化：早期碳酸盐化主要表现为方解石与绢云母、绿帘石等蚀变矿物集合体交代角砾岩的胶结物；晚期方解石呈细脉状充填于矿体或围岩裂隙中，常伴生石英及黄铁矿化。

绿帘石化、绿泥石化：是矿区的次要蚀变类型，多发生于成矿早期，主要是交代原岩中的角闪石形成的，在成矿期也有与高岭石、绢云母一起交代胶结物而成蚀变矿物集合体。

除此之外，还有方铅矿化、褐铁矿化、黄铜矿化及斑铜矿化等矿化蚀变。

（2）围岩蚀变分布

热液活动受构造破碎带控制，热液从断裂带中心向两侧交代蚀变，蚀变强度逐渐减弱，具有一定的分带性。蚀变带根据矿化、蚀变强度及蚀变矿物组合划分为内蚀变带和外蚀变带，以蚀变岩型矿体最为典型(图 1-17)。

分布在构造破碎带内。蚀变带的宽度与破碎带宽度基本一致。带内蚀变强度大，矿物蚀变类型复杂，主要矿化及蚀变有硅化和金属硫化物矿化，次有高岭石化、绢云母化、绿帘石化、碳酸盐化、钾长石化等。金矿体分布于内蚀变带的近底板的部位。

①内蚀变带。

内蚀变带分布在构造破碎带内。蚀变带的宽度与破碎带宽度基本一致。带内蚀变强度大，矿物蚀变类型复杂，主要矿化及蚀变有硅化和金属硫化物矿化，其次有高岭石化、绢云母化、绿帘石化、碳酸盐化、钾长石化等。金矿体分布于内蚀变带的近底板的部位。

②外蚀变带。

外蚀变带分布于构造破碎带以外的一定范围内，主要蚀变类型为绢云母化、绿帘石化及钾长石化等。由顶、底板向外蚀变逐渐减弱，蚀变宽度受围岩裂隙发育程度控制，一般宽度为 10~20 m。

1.3.2.2 金矿体特征

金矿体受陡倾斜构造蚀变带控制明显。矿体基本产于破碎带的中部，硅化蚀变强烈，说明在矿体形成之后又经历了多次构造运动，后期构造运动使该组矿体两侧的围岩被强烈破碎，有时破碎带宽度可为矿体的 5~10 倍。

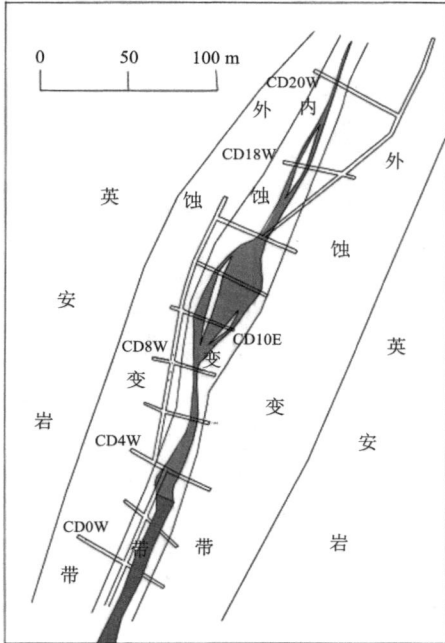

(1) 300 m中段蚀变带　　　　　(2) 4勘探线剖面蚀变带

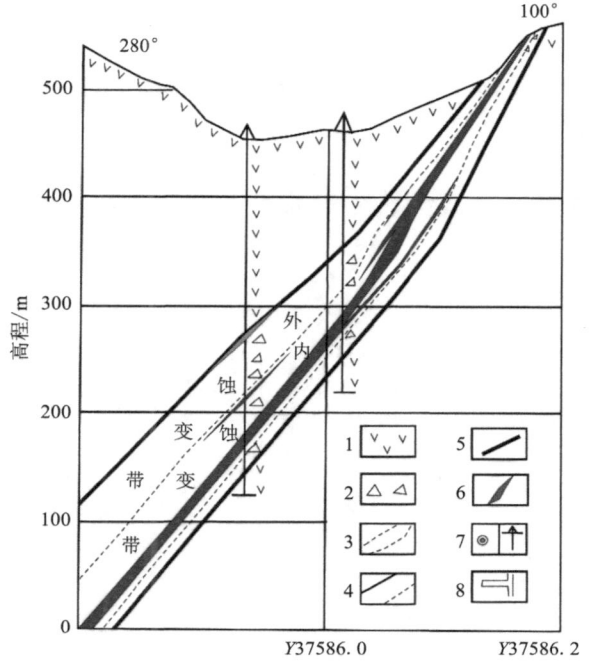

图 1-17　九仗沟金矿 300 m 中段及 4 勘探线剖面围岩蚀变分带

该组矿体产状较陡，倾角一般为 65°~85°，主矿体为九仗沟 K1 矿体。

K1 矿体：赋存于 F1 构造蚀变带中，并严格受构造破碎带控制，矿体呈脉状产出。勘查报告划分的 I、II、III 三条矿体，实际上是分支复合产出的同一条工业矿体，合称 K1 矿体，其资源量占已经探明资源量的 97.2%(图 1-18)。

金矿体严格受 F1 构造蚀变带控制，主矿体位于构造带中心的内蚀变带内，成矿有利地段为断裂带的膨大部位和构造走向转弯部位。矿体分支复合、膨大收缩现象普遍，总体有向北西方向侧伏的趋势。金以微-细粒自然金为主，以角砾状、脉状及浸染状构造，粒状结构为主。矿体浅部为氧化矿，435 m 水平以下逐步过渡到原生矿。K1 矿体地表有民采，其深部与矿区南部金牛公司赵岭金矿区的主矿体相连。矿体沿走向控制长度 280 m，倾斜延深大于 620 m(至-20 m 以下)，沿倾向呈舒缓波状赋存于构造蚀变带的中下部，产状与 F1 构造蚀变带基本一致，总体走向 20° 左右，倾向 NW，倾角 54°~70°。单工程矿体最大厚度为 23.31 m(水平厚度为 30 m)，最小厚度为 0.49 m(水平厚度为 0.60 m)，平均厚度为 6.45 m(水平厚度为 8.30 m)，厚度变化系数为 91.4%，属不稳定状态。矿体内金品位 1.14~14.97 g/t，品位变化系数为 56.9%，较均匀。该矿体浅深部工程控制间距为 40~60 m，深部工程控制间距(80~120)×(120~160) m。查明金金属量为 15 t，金平均品位 4.13 g/t。在矿体垂直纵投影图上，矿体具明显的侧伏特征，侧伏方向为 NW 向(约 340°)，侧伏角约 50°。矿体南北两端及深部均未封闭，因此仍有一定的增储潜力。

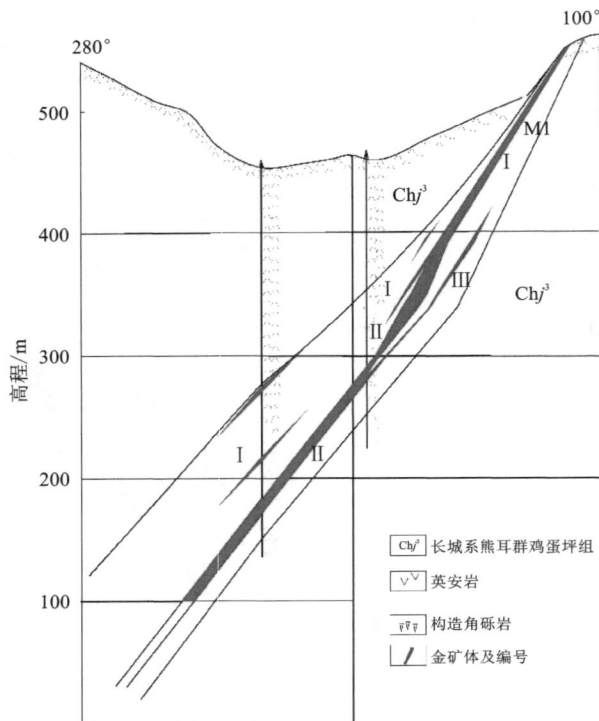

图 1-18 九仗沟金矿 5 勘探线剖面示意图

1.3.2.3 矿石特征

（1）矿石物质组成

组成金矿石的矿物种属有 20 余种。金属矿物以黄铁矿、褐铁矿、方铅矿、闪锌矿、自然金为主，有少量自然银；脉石矿物以石英、钾长石、方解石、白云石为主，有少量绢云母、高岭石、绿帘石、绿泥石，其他矿物为微量。

根据区内矿石化学全分析、组合分析及光谱半定量全分析结果，矿石氧化物成分包括 SiO_2、Al_2O_3、Fe_2O_3、FeO、CaO、MgO、MnO、TiO_2、K_2O、NaO、P_2O_5，成矿元素以 Au 为主，伴生有用组分为 Ag、S、Pb、Zn、Cu 等。矿石中 SiO_2 含量为 68.02%～70.12%，K_2O+Na_2O 含量为 1.07%～1.25%。说明在热液交代蚀变过程中 SiO_2 被带入，K、Na 离子被带出。

（2）金的赋存状态

矿石中的金以自然金为主，并有少许银金矿，其形态不规则，呈角砾状、板片状、麦粒状和浑圆状，以它形粒状为主，半自形粒状次之。自然金粒度细小，多与其他矿物呈嵌布关系。经光片、砂光片高倍镜下仔细查找及重砂样查找，仅发现 38 粒可见金（>0.074 mm），由此认为该矿区的可见金颗粒数较少，其中以微粒金（<0.01 mm）为主，占 89.76%，细粒金占 10.24%。金的赋存状态以包裹金为主，占 73.68%，其中又多为黄铁矿包裹金，占 63.16%，次为粒间金，裂隙金少见。金的最大粒度为 0.12 mm，微粒金（<10 μm）占 32.56%，细粒金（10～38 μm）占 38.15%，中粒金（38～54 μm）占 25.57%，粗粒金（54～74 μm）和可见金（>74 μm）仅占 2.24% 和 1.38%。

上部自然金粒度较粗，向深部粒度有变小的趋势。矿石中所见金的嵌布形态比较简单，主要以浑圆粒状、棱角粒状为主，其次为麦粒状和叶片状，其他形态含量较少。金矿物主要以粒间金为主，占 67%（硫化物和脉石矿物粒间金占 45%，脉石粒间金占 12%），包裹金占 29%（脉石矿物包裹占 9%，被硫化物包裹占 20%），裂隙金主要为脉石裂隙金，占 4%。本次发现的自然金与碲铅矿关系密切。

（3）自然金与其他矿物的连生关系

矿石的可见金与黄铁矿、碲铅矿、自然碲、方铅矿、白云石、褐铁矿关系密切。黄铁矿作为主要载金矿物，其中含可见金的黄铁矿占总量的 65.79%，且含少量的不可见金。本区黄铁矿呈散粒状或聚粒状不均匀分散分布，呈浸染状产出，由于受应力破碎作用，黄铁矿常呈碎裂状，粒度大小不等。大颗粒裂隙发育，沿其裂隙充填细脉状方铅矿或褐铁矿，偶尔充填自然金。黄铁矿包裹自然金为该金矿自然金赋存状态的主要形式，占 63.16%，黄铁矿微裂隙金占 2.63%，与黄铁矿相关的金达 65.79%，说明黄铁矿与自然金关系密切。

方铅矿在矿石中含量甚微，呈它形粒状，少量呈碎裂状，与方铅矿相关的金占 5.26%。白云石为矿石中的次生矿物，占矿物总量的 4%，呈自形-半自形粒状，与白云石相关的可见金占 5.26%，主要为粒间金和包裹金。褐铁矿为次生矿物，一种呈它形粒状或棉絮状，另一种为交代黄铁矿所致，与褐铁矿相关的金占 2.63%。

（4）矿石中的伴生组分

根据组合分析和光谱半定量分析（表 1-6、表 1-7）结果，矿石中的伴生组分有 Ag、Cu、Pb、Zn、As 及微量元素 W、Mo 等，仅部分 Ag 含量达到伴生组分指标。

表 1-6　矿石组合分析结果表

样品号	伴生组分含量/（Ag 为 g·t^{-1}，其他单位为 10^{-6}）				
	Ag	As	Cu	Pb	Zn
CD1-1-1	1.5	49.45	79.5	5107	1388
CD1-2-1	1.0	45.26	73.5	1570	1620
CD1-3-1	1.03	40.68	84.50	1190	952
CD1-5-1	0.86	64.87	60.50	1719	1160
Ym2-11-1	2.0	58.28	41.25	1540	876
Ym2-13-1	1.29	54.05	629.17	1988	2640
Ym2-19S-2-1	1.44	45.4	76.50	902	1774
Ym2-19-2	1.22	42.91	574	1672	920
Yms-5-2	1.7	62.39	50.4	2043	2910
Cm2A-1	1.8	52.71	213	2035	1747
Cm0-6	1.38	31.92	17.83	484	984
Cm1A-1	2.0	55.04	411	1550	1960

(5)矿石结构、构造

1)矿石结构。

矿石中常见的结构有自形-半自形晶粒状结构、它形晶粒状结构、斑状结构、交代残余结构和碎裂结构这5种。

自形-半自形晶粒状结构：矿石中的少量黄铁矿呈立方体及五角十二面体的自形晶、半自形晶形状，构成自形-半自形晶粒状结构。

它形晶粒状结构：矿石中部分浸染状黄铁矿及其他金属硫化物均呈细粒不规则状，构成它形晶粒状结构。

交代残余结构：主要是褐铁矿交代黄铁矿所形成的交代残余，构成交代残余结构。

2)矿石构造。

常见的构造有角砾状构造，浸染状、细脉-浸染状构造，脉状-网脉状构造等，地表可见蜂窝状构造。角砾状构造普遍。

浸染状构造：矿区大部分矿石具有这种构造，黄铁矿呈细粒或微细粒集合体，以疏密程度不等的浸染状分布于矿石中，构成矿石的浸染状构造特征。

细脉-浸染状构造：为介于浸染状与细脉状之间的一种构造形式，在矿石中为细粒-微粒状黄铁矿。一部分呈疏密程度不等的浸染状；另一部分呈断续的细脉，两者同存于矿石中，构成细脉-浸染状构造。

脉状-网脉状构造：一部分黄铁矿分布在蚀变岩的网状裂隙和矿化角砾岩的胶结物中，形成网脉状构造；另一部分黄铁矿和石英组成石英黄铁矿细脉，同晚期形成的方解石方铅矿细脉一起叠加充填在网脉状矿石中，形成脉状-网脉状构造。

蜂窝状构造：地表或近地表矿石在表生作用下，原生的硫化物发生诸如氧化、迁移、流失后形成蜂窝状构造。

表1-7 矿石光谱半定量分析结果表

样品编号	矿石类型	光谱呈现，λ/nm								
		W	B	Ba	V	Mn	Zr	Y	Yb	Ga
GP-1	网脉状矿石	150	3	100	200	1050	50			20
GP-2	浸染状矿石	50	3	500	200	1050	50	1	1	20
GP-3	网脉状矿石	100	3	100	400	1500	30			20
GP-4	浸染状矿石	50	3	300	300	1000	30			20

3)矿石类型。

本区金矿石的自然类型，按氧化程度不同可分为原生硫化物型金矿石和氧化型金矿石，以前者为主。根据其结构、构造及矿石矿物的共生组合特征可细分为浸染状、细脉-浸染状和脉状-网脉状金矿石(表1-8)。

矿石工业类型属高硫型金矿石。金矿石中金属矿物以硫化物为主，黄铁矿占矿物总量的13%左右，可回收的有用矿物为自然金。

表 1-8　原生硫化物型金矿石类型及特征

矿石类型	结构	构造	矿物共生组合
浸染状金矿石	细粒状结构，自形-半自形及它形粒状结构	浸染状构造	黄铁矿、石英、绢云母及高岭石
细脉-浸染状金矿石	细粒结构，半自形和它形粒状结构	细脉-浸染状构造	黄铁矿、石英、绢云母及高岭石
脉状-网脉状金矿石	细-中粒结构，自形-半自形粒状结构	脉状-网脉状构造	黄铁矿、石英、绢云母、高岭石及少量方解石

1.3.2.4　成矿期次及阶段划分

根据各种蚀变矿物的交代穿插关系将矿区成矿划分为成矿期前（蚀变期）、热液成矿期和表生期 3 个时期 5 个阶段。蚀变期和成矿期密切相连，蚀变期是成矿期的先导。石英-黄铁矿阶段和多金属硫化物阶段是主要的成矿阶段（图 1-19）。

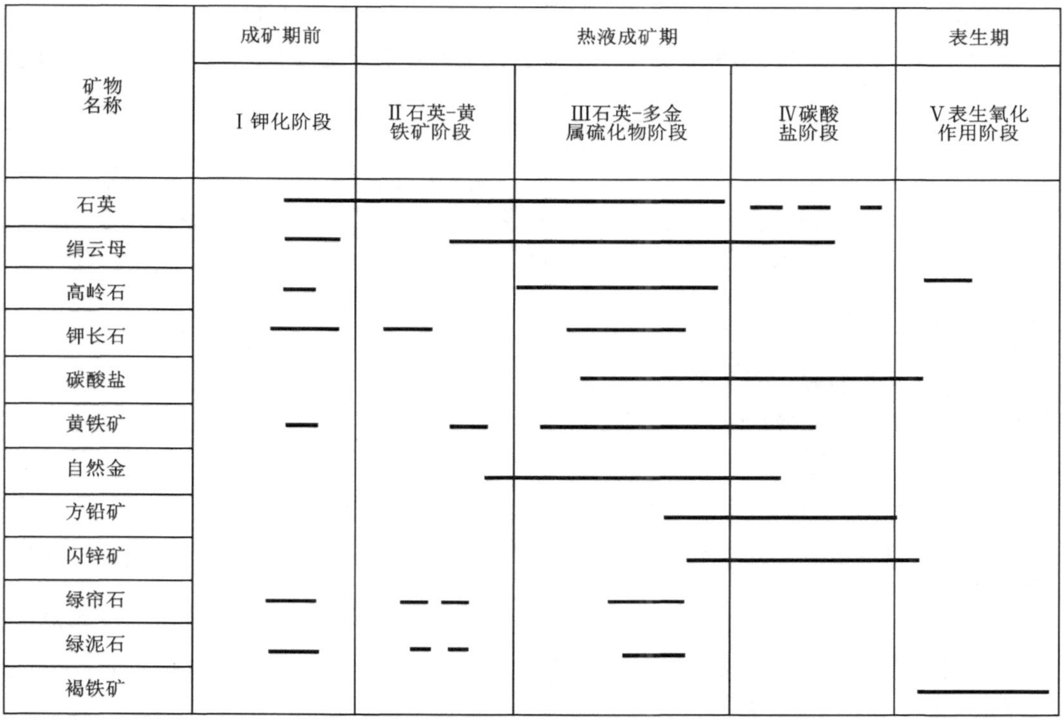

图 1-19　矿物生成顺序

（1）成矿期前（蚀变期）

成矿期前是成矿的过渡期。英安岩受后期五丈山酸性岩浆侵入及大章地堑形成地质作用的影响，生成多组裂隙系统，热液在高温、高压作用下向破碎变形带聚集。在碱性氧化条件下，发生钾化等碱交代，金被活化、迁移。该期生成的蚀变矿物有钾长石、钠长石、部分绢云母、赤铁矿、绿泥石、石英等。在弱酸性、弱还原环境中，绢英岩化生成绢云母、石英、黄铁矿等蚀变矿物，伴随部分矿化。表现为早期的热液活动，是成矿的前奏。包括

1 个成矿阶段。

钾化阶段（Ⅰ）：主要表现为钾长石化。钾化带蚀变范围宽，规模及强度大，钾长石常呈斑块状、细脉状散布在矿体及围岩中，有时整个钻孔中都可见到；本期伴随团块状硅化或乳白色石英脉，有稀疏的浸染状黄铁矿化，黄铁矿颗粒较粗（粒度为 2 mm 以上）。由于矿化较弱，本阶段一般没有工业意义。

（2）热液成矿期

是热液大规模活动的时期和主要成矿时期。包括 3 个成矿阶段。

弱黄铁矿-石英阶段（Ⅱ）：是次要成矿阶段。在酸性、还原条件下，由先前的以交代作用为主转化为以充填作用为主。成矿热液沿层间挤压破碎带、陡倾斜断裂带及较大的裂隙充填，胶结早期的岩石，富硫热液沿裂隙充填，形成黄铁矿-石英脉组合，叠加在早期形成的蚀变碎裂岩、碎裂石英脉及钾化带之上，构成矿体或矿化体，规模较大，所含黄铁矿晶体细小，但金品位一般较低，局部富集地段可构成工业矿体。金以包体金、裂隙金为主。

金-石英-多金属硫化物阶段（Ⅲ）：是主要成矿阶段。大量成矿物质沉淀后，成矿热液中富含 Cu、Pb、Sb、Ag、As、S 等，S 浓度大大降低，As、Sb 等含量升高，富含 Cu、Pb、Zn、Fe、S 等组分流体沿裂隙充填成矿，可富集形成浸染状、细脉状、网脉状方铅矿、闪锌矿、黄铜矿组合。该阶段与早期的成矿叠加，可形成富矿体。金矿物主要以裂隙金的形式产出。

碳酸盐阶段（Ⅳ）：成矿的晚期，热液中 Fe、S、Cu、Zn、Pb 等组分已沉淀完毕，以富含 Ca、Mg、Fe、CO_3^{2-} 为特征，碳酸盐矿物主要以方解石的形式叠加在早期形成的矿岩之上，是成矿期结束的标志。由于受 Ca 质来源的限制，造成本阶段不发育。碳酸盐矿物载金能力较低，析出的金矿物也相应较少。碳酸盐脉本身不构成矿体。

（3）表生期

次生氧化作用阶段（Ⅴ）：原生矿物氧化成多种氧化物，如黄铁矿氧化成褐铁矿或赤铁矿，可在地表局部形成带状氧化（矿体）露头，与石英脉一起构成重要的找矿标志。

1.3.2.5　主要找矿标志

主要找矿标志有构造标志、蚀变矿化标志和物化探异常标志。

1）物化探异常标志：各种地球化学、地球物理的异常是有效、间接的找矿标志，金矿范围一般不超出异常范围。

2）构造标志：金矿体严格受断裂构造控制，断裂构造带既是成矿热液的运移通道，也是控矿和容矿场所。特别是多期活动的构造，更容易成为成矿的最有利部位，是主要的找矿标志之一。

3）蚀变矿化标志：含矿断裂构造带常具有明显的蚀变和矿化现象，一般硅化、钾长石化、黄铁矿化、铅锌矿化等都是找矿的直接标志。容矿断裂构造带在地表常见褐铁矿化，同时民采遗迹也是直接或间接的找矿标志。

4）岩浆岩标志：九伏沟金矿井下，矿体边缘的花岗斑岩脉往往矿化较好，局部可形成富矿，因此，脉岩的存在既是热液活动的标志，也是找矿的有利靶区。

5）其他标志：容矿断裂构造带在地表常见褐铁矿化，是最常见的找矿标志。另外，民采硐以及岩石因强烈硅化蚀变，变得坚硬，耐风化，形成突出的正地貌，也是可靠的直接找矿标志。

1.4　工程地质

矿区出露地层以变质岩和第四系冲洪积、残坡积物为主，岩性较简单，无软弱夹层。根据岩(土)石成因、岩性、结构特征、结构面发育程度和分布特点，以及岩石物理力学性质和矿山开采的影响程度等，把矿区岩石划分为如下工程地质岩组。

(1)第四系冲洪积、残坡积物岩组

该岩组由风化、坡积、崩塌、河流冲洪积作用形成，主要在山坡、沟谷呈面状分布，分布厚度不均，随地形而变，厚度一般变化大。该岩组结构疏松，孔隙度大，结构强度低，富含腐殖质，是区内次要工程岩组，该岩组对矿山建设影响不大。但遇集中大气降水，特别是雨季的山洪暴发，则可能形成滑坡、泥石流等地质灾害，应加以防范。

(2)变质岩类岩组

矿区出露的变质岩类岩组以长城系熊耳群鸡蛋坪组英安岩为主，英安岩结构致密坚硬，硬度大，裂隙不发育，工程强度高。该岩组是区内主要工程岩组。

(3)构造破碎带岩组

该岩组由构造应力对地层的破坏作用形成，并受其控制。区内大地构造多呈多期活动特性，构造带内容纳物结构较疏松，岩石单轴抗压强度为 106 MPa，软化系数为 0.8，岩石单轴(饱水)抗压强度 84.8 MPa。

1.5　水文地质

矿区位于华北古板块南缘华熊地体中部的熊耳山隆起带，熊耳山隆起与嵩县断陷盆地的接合部位，黄河流域伊河水系西北侧。矿区位于嵩县断陷盆地水文地质区，该水文地质单元东、南部以伊河水系作为边界，西部边界为以花岗岩形成的地层为界，北部边界以北部地表分水岭为界，构成隔水边界。区域地下水运移方向为由北、东、西三面的分水岭向中部汇集后，再由北西向南东方向径流。矿区位于嵩县断陷盆地水文地质区西部，处于水文地质区的排泄区。矿区所在水文地质单元北部为地表分水岭，东西两侧为片麻岩和花岗岩形成的局部分水岭，是基岩裂隙水的补给径流区，分水岭中脊构成了地下水的补给径流边界。区内第四系孔隙水、基岩风化带裂隙潜水均以自然沟谷为隔水边界。矿区内地势西高东低，北高南低，地下水流向自北向南径流排泄出矿区。

1.5.1　区域水文地质单元划分及边界条件分析

根据含水介质的岩性组合特征，赋存空间的成因性质，可将区域地下水划分为松散岩类孔隙含水岩组、碎屑岩类孔隙裂隙含水岩组和基岩裂隙含水岩组。根据含水层的成因及差异、地质单元的地貌、微地貌所处的含水层组(段)将松散岩类孔隙水划分为山间盆地孔隙水和黄土孔隙水两个亚类；将碎屑岩类孔隙裂隙水分为半固结层裂隙孔隙水和层状砂岩孔隙裂隙水两个亚类；根据含水层岩性将基岩裂隙水划分为岩浆岩裂隙水和变质岩裂隙水。

（1）松散岩类孔隙水

水量中等区主要分布在伊河河谷和德亭川冲积谷地以及花果乡冲积谷地中。该区靠近山前或丘陵岗地，呈条带状分布，由第四系冲积相的粉质黏土、黏土、砂层、砂卵石层组成，厚度 30~50 m，厚度由条带中间向两侧含水层逐渐变薄，颗粒逐渐变细。含水层主要为砂层、砂卵石层构成，颗粒相对较粗，总厚度为 2~10 m，局部大于 10 m。地下水位埋深为 3~14 m，个别大于 20 m，地下水接受大气降水、侧向径流及灌溉回渗补给，季节变化较大。据抽水试验资料，降深 5 m 时单井涌水量为 85.65~791.24 m³/d。水化学类型以 HCO_3^-Ca 型为主，局部为 $HCO_3^-Ca \cdot Mg$、$HCO_3^- \cdot SO_4^{2+}Ca$ 型，溶解总固体 200.28~960 mg/L。

（2）碎屑岩类孔隙裂隙水

碎屑岩类孔隙裂隙水主要分布在矿区南部丘陵中和侵蚀剥蚀低山中，按地层时代及岩性可划分为半固结层裂隙孔隙水和层状砂岩孔隙裂隙水。

半固结层裂隙孔隙水主要分布在南部丘陵中，在冲积平原和谷地的松散层的下部亦为半固结层裂隙孔隙水。含水层以新近系弱胶结砂岩、砂砾岩为主，一般厚度较小，累计厚度为 6~15 m，富水条件较差。地下水位埋深为 3~12 m，局部仅 1 m 左右。地下水接受大气降水、侧向径流及灌溉回渗补给，季节变化较大。据抽水试验资料，工作区内机民井降深 5 m 时单井涌水量为 57.29~96 m³/d。水化学类型以 HCO_3^-Ca 型为主，矿化度为 578~760.15 mg/L。

层状砂岩孔隙裂隙水主要分布在侵蚀剥蚀低山中，该地层主要为砂岩、砾岩和黏土岩，在区域南部大面积出露。受构造运动的影响，该地层发育不均匀的节理裂隙，大气降水入渗后形成基岩构造-风化裂隙水。但由于基岩山区侵蚀切割强烈，山高谷深，不利于地下水补给和储存，因而其富水性极差，仅在构造有利部位存在相对富水带。

（3）基岩裂隙水

基岩裂隙水主要分布在侵蚀剥蚀的中山、低山和丘陵中，岩性主要为中元古界安山岩、英安岩、安山玢岩、流纹斑岩及中太古代太华群片麻岩和变质侵入岩。根据岩性特征，基岩裂隙水分为岩浆岩裂隙水和变质岩裂隙水。

1）岩浆岩裂隙水。

岩浆岩在矿区所在区域大面积分布，岩浆岩侵入体原生裂隙发育，浅部风化裂隙发育，受构造运动的影响，岩浆岩发育不均匀的节理裂隙，大气降水入渗后形成基岩裂隙水。其岩性主要为花岗岩和二长岩，大面积裸露于地表，中等-强风化，局部可见全风化，风化深度为几米到几十米不等。因岩石具粒状结构，较易风化，在某些地形低洼地段，甚至强烈风化成粗粒砂，富水性较好。据机（民）井调查、抽水试验，当水位降深为 5 m 时，涌水量一般小于 100 m³/d。水化学类型以 HCO_3^-Ca、$HCO_3^-Ca \cdot Mg$ 型为主，矿化度为 128.09~640 mg/L。

2）变质岩裂隙水。

地层岩性为中太古代太华群混合岩化或部分混合岩化片麻岩和变质侵入岩片麻状二长花岗岩、片麻状石英闪长岩、马家庄超镁铁质岩。经长期构造变动和风化剥蚀作用，风化裂隙、构造裂隙和片理较发育，但开启程度较差。近地表发育有厚度不等的风化壳，据收集资料，风化壳厚度为 3.73~39.02 m，这是风化裂隙潜水赋存的主要场所。在某些断裂破碎带也有构造裂隙水富集，主要是张性断裂破碎带和压扭性断裂旁侧的裂隙带富水，地下水径流模数为 $0.67 \sim 1.29$ L/(s·km^2)。水化学类型以 HCO_3^-Ca、$HCO_3^-Na \cdot Mg$ 型为主，矿化度 $179.72 \sim 754.86$ mg/L。

1.5.2　区域地下水的补给、径流、排泄条件

(1)松散岩类孔隙水

1)补给。

松散岩类孔隙水的主要补给来源为大气降水入渗补给、侧向径流补给以及灌溉回渗补给。

大气降水入渗补给：大气降水入渗补给是松散岩类孔隙水的主要补给来源，平原、山间盆地地形相对平坦，地面坡降相对较小，地下水位埋藏浅，甚至小于 4 m，包气带岩性多为粉质黏土、砂或者砂卵石层，有利于大气降水的入渗补给。

侧向径流补给：松散岩类孔隙水分布区周围分布着基岩裂隙水和碎屑岩类裂隙孔隙水，地势较高，通过地下水径流向孔隙水进行侧向补给。

灌溉回渗补给：松散岩类孔隙水分布区地形相对平坦，地下水量相对较大，可以满足农田灌溉，因此，灌溉回渗是孔隙水的又一补给来源。

2)径流。

松散岩类孔隙水含水层颗粒较粗，渗透性较好，加上地形坡度较大，地下水径流条件较好。松散岩类孔隙水等水位线的变化与地形变化相吻合，地下水流方向与地形倾向基本一致，水力坡度与地形坡度基本一致，即从河谷的上游流向下游，由西北流向东南。

3)排泄。

松散岩类孔隙水的排泄方式主要为人工开采排泄，其次为侧向径流排泄、河流排泄及蒸发排泄。

人工开采排泄：松散岩类孔隙水分布区，也是人类活动主要分布区，水量相对较好，生活饮用水和部分灌溉用水主要通过开采地下水获得，人工开采是地下水的主要排泄形式。

侧向径流排泄：松散岩类孔隙水由河谷上游向下游径流，上下游地势差别较大，且含水层岩性以中粗砂、砂卵石为主，有利于侧向径流排泄，侧向径流排泄亦是地下水排泄的一种形式。

河流排泄：松散岩类孔隙水多分布于沟谷地区，河流切割深度大，局部河床出露基岩，河水位均低于两侧地下水位，两侧地下水在接受径流补给后，部分汇入河流，河流排泄亦是地下水的主要排泄途径之一。

蒸发排泄：蒸发量大小严格受水位埋深、包气带岩性、气候条件控制，工作区内地下水位多大于 4 m，蒸发较微弱，仅在冲积谷地上游，地下水位埋深小于 4 m，蒸发相对较强。

(2)碎屑岩类孔隙裂隙水

碎屑岩类孔隙裂隙水所处地势较高，地形复杂，起伏较大，山高坡陡，水文地质单元南部地下水主要补给来源为大气降水，除构造有利的汇水地带可储存一定量的地下水外，其他地区均不利于大气降水渗入补给，大气降水多形成地表水流走。

（3）基岩裂隙水

岩浆岩裂隙水和变质岩裂隙水在区域内广泛分布，所处地形复杂，起伏较大，山高坡陡，沟谷深切，除构造有利的汇水地带可储存一定量的地下水之外，其他地区均不利于大气降水入渗补给，大气降水多形成地表水流走。

基岩裂隙水流向由基岩山区分水岭沿山坡而下，径流条件很好。地下水在山洼、构造切割地带从基岩裂隙中或风化残积物中以泉的形式排泄。在地势低洼处和构造有利部位，地下水则以人工开采的形式排泄，是主要供水水源。

1.6 环境地质

（1）地震

矿区处于汾渭地震带和华北地震带的南端，地质构造较复杂，地震活动较为频繁。据当地地震资料记载，区域内发生有感地震 11 次，其中破坏性地震 3 次。依据《中国地震动参数区划图》（GB 18306—2015），矿区所在地地震加速度值为 $0.05g$，地震烈度为Ⅵ度，抗震设防烈度为Ⅵ度。

（2）固体废物排放

矿山开采过程中采出的废石选择在斜井北侧的小沟内堆放。废石场下部设有拦石坝，废石场北侧设有排洪沟，有较强的防洪和防泥石流能力，对矿区生产和人身安全无影响。

选厂堆浸后的尾矿选择在九仗沟西侧宽缓的场地进行堆放，对周围环境影响很小。

（3）工业废水

嵩县山金矿业有限公司的选矿废水经处理后进行了循环利用，基本上无废水排放，故工业废水对区域地质环境影响不大。

（4）地下水、地表水

地下水、地表水在后面矿山地质环境保护与土地复垦现状评估中进行了评价。

（5）尾矿库

根据矿山地质环境现状调查结果，尾矿库总面积为 6.02 hm^2，尾矿库的压占破坏了原有植被，改变了原有的地形地貌景观，对地形地貌景观破坏严重。考虑到环保问题，主隧洞中部修建了浆砌石挡墙，挡墙底宽 0.5 m，顶宽 0.3 m，高 1.5 m，挡墙与支隧洞相接，将上游汇水与库区内汇水分开处理，以做到清污分流。库区汇水直接进入下游集水池，上游汇水可直接外排。

（6）放射性元素污染问题

据伽马强度测量资料，各类岩石放射性强度均在正常范围内变化，故不存在放射性元素污染问题。

（7）地质灾害

经野外调查，在现状条件下，矿内未发现滑坡、崩塌、泥石流、地面塌陷、地裂缝及地面沉降等地质灾害。矿山地质灾害危害性较小，危险性小，对矿山地质环境影响程度较轻。

综上所述，依据《矿区水文地质工程地质勘探规范》（GB 12719—2021），矿区为第一类地质环境类型。若大规模采矿，则应对选冶方法、废矿石处理等问题采取措施，以防扩散、渗失。

1.7　本章小结

　　本章节围绕 6 个部分展开说明,第一小节矿山概况重点说明矿山的自然资源、经济条件以及开采历史与现状,旨在让读者对矿山及周边土地有大致的了解;第二小节区域地质讲到该区域断裂构造发育,岩浆活动强烈,成矿地质条件十分优越,该节也是九仗沟矿产普查的基础,为国土规划和区域经济发展战略的制定提供科学依据,是该重大工程的先行;紧接着第三小节矿床地质是研究矿床开采阶段为保证矿山有计划持续正常生产、资源合理利用以及扩大矿山规模、延长服务年限所需进行的各项地质工作的基本原理和方法,让读者更加清晰明了地认识九仗沟金矿;第四小节工程地质分析和预测在自然条件和工程建筑活动中可能发生的各种地质作用和工程地质问题;第五小节分析了区域水文地质单元划分及边界条件,并点明区域地下水的补给、径流、排泄条件;第六小节环境地质概述了地区的地质灾害情况,人类与环境污染状况。

参考文献

[1] 王炳文,熊庭永,崔向宇,等. 九仗沟金矿上向进路采场结构参数优化[J]. 中国矿业, 2019, 28(7): 110–113.

[2] 山东黄金矿业股份有限公司大步前进的数字化矿山[J]. Mining & Processing Equipment, 2019, 47(8): 82–83.

[3] 秦军强,曲伟勋,周宇乐,等. 河南省嵩县九仗沟金矿地质特征及深部找矿前景[J]. 地球科学前沿(汉斯), 2019(6): 429–436.

[4] 柴世刚. 河南灵宝金渠金矿区矿床成因及成矿机制探讨[J]. 黄金科学技术, 2004, 12(2): 22–26.

[5] 张参辉,郭玉溪,白德胜,等. 河南嵩县槐树坪金矿矿体富集规律与电性特征的关系[J]. 现代矿业, 2018, 34(4): 46–51.

[6] 杨怀辉,张凯涛,康亚利,等. 河南槐树坪矿区 M#1-Ⅰ金矿体特征及地质意义[J]. 现代矿业, 2018, 34(9): 74–78.

[7] 刘小虎. 前河金矿地质特征及成矿条件分析[J]. 世界有色金属, 2018(14): 137.

[8] 王光耀,张苗苗,千新涛,等. 豫西五丈山岩体南部金矿地质特征[J]. 长春工程学院学报(自然科学版), 2018, 19(3): 67–71.

[9] 白德胜,陈良,王滑冰. 河南嵩县槐树坪金矿床地质特征及成因[J]. 地质与勘探, 2018, 54(3): 479–489.

[10] 刘振超,李丽,景丽媛,等. 河南省嵩县大章-德亭金矿床控矿地质因素及找矿标志[J]. 四川有色金属, 2018(4): 18–21, 39.

[11] 张天继,张文峰,丛殿阁,等. 青海同德地区谷芒金钨矿矿床地质特征及成因分析[J]. 中国矿业, 2019, 28(S1): 130–134.

[12] 刘耀文,蒋永芳,冯绍平,等. 广域电磁法在上宫金矿集区的应用研究[J]. 物探与化探, 2020, 44(5): 1085–1092.

[13] 刘星宇,刘向东,孙建伟,等. 豫西某金矿泥石流发育特征研究[J]. 地质装备, 2022, 23(3): 38–40.

[14] 周栋,赵太平,赵鹏彬,等. 豫西瑶沟金矿床辉钼矿 Re-Os 年龄及其地质意义[J]. 地质科技情报,

2018，37（5）：162-167.

[15] 何永东，汪为. 北山交叉沟东矿区金银铅多金属矿矿床地质特征研究[J]. 中国锰业，2020，38（5）：66-69

[16] 岳强. 甘肃省狼娃山银金矿地质特征及找矿标志[J]. 世界有色金属，2021（4）：74-75.

[17] 李雪峰，张春磊，孟庆斌. 孙吴正阳钼矿床矿石结构构造和矿石类型探讨[J]. 消费导刊，2018（7）：59-60.

[18] 李俊生，白德胜，王滑冰，等. 河南嵩县槐树坪金矿床综合找矿模型[J]. 地质找矿论丛，2019，34（1）：47-53.

[19] 刘振超，李丽，景丽媛，等. 河南省嵩县大章-德亭金矿床控矿地质因素及找矿标志[J]. 四川有色金属，2018（4）：18-21.

[20] 马晓熙，卫建征，周勉，等. 对小秦岭小河岩体南缘董家垴银矿地质特征及成因的初步认识[J]. 资源环境与工程，2019，33（1）：37-41.

[21] 方芳. 河南省嵩县南沟金（萤石）矿床地质特征及找矿前景[J]. 河南科学，2019，37（9）：1503-1511.

[22] 朱随洲，储照波，金刚，等. 河南九仗沟金矿地质特征及成因机制探讨[J]. 中国锰业，2022，40（2）：72-78.

[23] 李肖龙，申硕果，黄丹峰，等. 豫西熊耳山地区北岭金矿 Pb、S 同位素特征及其地质意义[J]. 地质与勘探，2020，56（2）：253-264.

[24] 王柏义，王昊. 河南省嵩县槐树坪金矿床地质特征及找矿标志[J]. 矿产与地质，2018，32（5）：800-809.

[25] 孔令菲，王光耀，段世轻. 河南省嵩县龙潭沟金矿地质特征及矿床成因[J]. 现代矿业，2021，37（12）：98-102.

[26] 温守钦，唐铁乔，谢伟，等. 氧、硫逸度对岫岩红旗铅锌矿床矿物组合共生分异的制约[J]. 东北大学学报（自然科学版），2020，41（7）：999-1007.

[27] 陈建立，陈英男，陈金铎，等. 桐柏—大别造山带老湾金矿造山型成因及找矿前景[J]. 金属矿山，2021（2）：127-138.

[28] 丁世先，陈曦，耿咏梅. 河南省露宝寨银铅矿床地质特征及找矿标志[J]. 河南科学，2019，37（11）：1848-1854.

第 2 章

矿区岩体质量评价与支护参数研究

2.1　岩石力学试验

在工程项目中，岩石力学试验是最基本的力学试验，也是获得岩石力学特性参数必须要进行的工作，在一个工程项目中起着至关重要的作用，精细准确的岩石力学试验是工程项目后续工作能否有效进行的重要保证。虽然地质报告中已经粗略地给出了一些岩石的力学参数，但由于岩体的非均质性和各向异性，只有通过大量的物理力学基础试验，才能准确得出岩石的各种力学参数，继而对岩体进行等级划分及进行后续的数值模拟计算等工作。

2.1.1　试验设备

本试验执行中华人民共和国国家标准《工程岩体试验方法标准》（GB/T 50266—1999）、《煤和岩石物理力学性质测定方法》（GB/T 23561—2009）。岩石的抗压强度、弹性模量和泊松比等参数采用 MTS815 液压伺服测试系统进行测定，岩石的抗拉和抗剪强度采用岛津 AG-250 试验机进行测定。

单轴抗压试验设备采用了美国 MTS 公司生产的 MTS815 型液压伺服测试系统，该系统主要用于测试高强度、高性能固体材料在复杂应力条件下的力学性质以及固体材料的渗流特性。该设备轴向最大加载荷载为 2800 kN，最大围压为 80 MPa，最大孔压为 80 MPa，最高温度为 200 ℃。其测试精度高，性能稳定，可以进行高低速数据采集，采用力、位移、轴向应变、横向应变等控制方式，可开展抗拉试验、单轴压缩试验、三轴压缩试验（常规三轴试验和高温高压三轴压缩试验）、渗流试验和蠕变试验。试验系统如图 2-1 所示。

抗拉试验和劈裂拉伸试验采用岛津材料试验机进行，该试验机为日本岛津的 AG-250 试验机，采样间隔为 1.25 ms、5 ms、10 ms、50 ms、100 ms、150 ms，主要功能包括拉伸、压缩、弯曲（三点、四点）、剥离、蠕变、拉伸循环、压缩循环、弯曲循环（三点、四点）。采用精度为 ±0.5% 的 250 kN 和 500 kN 载荷传感器高精度载荷测量，该试验机如图 2-2 所示。

图 2-1　MTS815 液压伺服测试系统　　　　图 2-2　岛津 AG-250 试验机

　　为了解嵩县山金矿区域构造内巷道围岩的力学参数特性，以便对岩体质量进行评价和分类，研究人员通过室内的岩石物理力学试验获得了岩石的相关力学参数，结合节理裂隙调查结果，对矿区水文地质情况等条件进行综合考虑，完成了对工程岩体质量和稳定性的评判和分类。

　　工作人员在完成现场工程地质调查之后，开展了岩石力学性质常规测试试验，主要试验内容：①矿区深部巷道围岩主要现场岩石取样；②常规单轴抗压试验；③常规单轴抗拉强度试验；④常规剪切强度试验；⑤弹性模量、泊松比分析与测定；⑥内聚力、内摩擦角分析与测定等。

2.1.2　岩石单轴抗压强度试验

　　岩石的单轴抗压强度是指岩石的标准试样在单轴压缩状态下承受的破坏荷载与其承压面面积的比值。抗压强度是反映岩块基本力学性质的重要参数，它在岩体工程分级、建立岩体破坏判据中都是必不可少的。对所取的岩样，选取具有代表性的试样进行抗压强度试验，岩石单轴抗压强度试验设备为 MTS815 液压伺服测试系统。试验操作步骤包括以下几个方面：试样制备，试样描述，测量试样尺寸，试样安装、加载，数据采集，岩石的单轴抗压强度计算。

　　按式(2-1)计算岩石的单轴抗压强度，部分岩石岩样照片及应力-应变曲线如图 2-3 所示。

$$\sigma_c = \frac{P}{A} \tag{2-1}$$

式中：σ_c 为试样单轴抗压强度，MPa；P 为试件破坏荷载，N；A 为试件初始承压面积，mm^2。

　　通过计算，可以得到各岩石的单轴抗压强度，如表 2-1 所示。

(a)

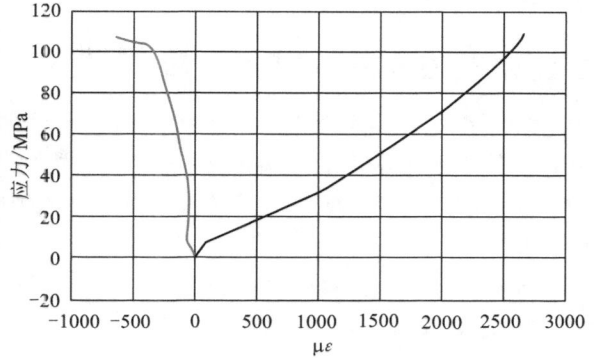

(b)矿石5号应力-应变曲线

图 2-3　部分岩石试样照片及应力-应变曲线

表 2-1　岩石抗压强度记录表

岩石名称	采样深度/m	试件编号	直径/cm	高度/cm	载荷/kN	抗压强度/MPa	抗压强度平均值/MPa
角砾岩	[9.0, 10.5)	9	3.31	6.52	89.6	104.13	59.43
		10	3.41	6.89	43.4	47.52	
	[12.0, 13.5)	12	3.29	6.96	53.0	62.34	
	[13.5, 15.0)	15	3.41	6.92	62.6	68.54	
		18	3.38	5.21	39.4	43.91	
	[15.0, 16.5)	20	3.41	6.87	36.3	39.75	
	[18.0, 19.5)	27	3.41	6.84	45.5	49.82	
矿体	[21.0, 22.5)	36	3.39	7.36	104.5	115.78	79.19
		37	3.40	6.69	90.6	99.79	
	[30.0, 31.5)	56	3.39	5.72	43.7	48.42	
		57	3.40	6.19	73.9	81.39	
	[31.5, 33.0)	59	3.41	6.72	46.2	50.59	
英安岩	[36.0, 37.5)	70	3.41	6.53	60.8	66.57	93.36
		73	3.41	6.63	82.8	90.66	
	[45.0, 47.5)	85	3.42	5.76	85.3	92.86	
	[47.5, 48.0)	86	3.42	6.54	156.4	170.25	
		88	3.42	6.97	72.1	78.49	
	[48.0, 49.5)	92	3.42	6.58	95.2	103.63	
	[49.5, 51.0)	95	3.41	5.47	46.6	51.03	

　　经过统计分析,采样深度为[9.0,19.5)m 的角砾岩平均抗压强度为 59.43 MPa,采样深度为[21.0,33.0)m 的矿体平均抗压强度为 79.19 MPa,采样深度为[36.0,51.0)m

的英安岩平均抗压强度为 93.36 MPa。

2.1.3　岩石单轴抗拉强度试验

　　岩石在单轴拉应力作用下被破坏时所承受的最大拉应力称为岩石的抗拉强度。测定岩石抗拉强度最常用的方法是劈裂法(巴西法),劈裂法是在圆柱体试样的直径方向上,施加相对的线性载荷,使之沿试样直径方向破坏的试验。选取具有代表性的试样进行抗拉强度试验。

　　加载设备为岛津 AG-250 试验机。

　　按式(2-2)计算岩石的抗拉强度:

$$\sigma_t = \frac{2P}{\pi DH} \tag{2-2}$$

式中:σ_t 为岩石的抗拉强度,MPa;P 为试件破坏时的最大荷载,N;D 为试件的直径,mm;H 为试样的高度,mm。

　　采用算术平均值计算并确定抗拉强度,通过计算,可以得到各岩石的抗拉强度(表 2-2)。

表 2-2　岩石抗拉强度结果表

岩石名称	采样深度/m	试件编号	直径/cm	高度/cm	载荷/kN	抗拉强度/MPa	抗拉强度平均值/MPa
矿体	[6.0, 7.5)	1	3.41	2.44	4.20	3.21	3.21
角砾岩	[9.0, 10.5)	9	3.39	1.69	6.00	6.67	11.05
		11	3.41	2.26	8.90	7.35	
	[12.0, 13.5)	12	3.38	1.86	6.80	6.89	
	[13.5, 15.0)	15	3.41	1.65	12.40	14.03	
		18	3.44	1.67	8.00	8.87	
	[15.0, 16.5)	20.1	3.39	1.63	14.20	16.36	
		20.2	3.41	2.28	23.20	19.00	
	[18.0, 19.5)	23	3.41	2.36	19.80	15.66	
		26	3.41	2.46	14.10	10.70	
		26.1	3.41	2.50	6.05	4.52	
		27	3.41	2.32	15.20	12.23	
	[19.5, 21.0)	28	3.40	2.22	5.60	4.72	
	[21.0, 22.5)	34	3.39	1.79	15.20	15.95	
		35.2	3.41	2.18	17.50	14.99	
		35	3.39	1.79	6.60	6.92	
		36	3.39	1.79	11.30	11.86	

续表2-2

岩石名称	采样深度/m	试件编号	直径/cm	高度/cm	载荷/kN	抗拉强度/MPa	抗拉强度平均值/MPa
矿体	[24.0，25.5)	43	3.42	2.17	7.21	8.40	10.67
	[28.5，30.0)	53	3.38	2.26	16.50	13.75	
	[30.0，31.5)	56	3.41	2.51	11.40	8.48	
		57	3.39	1.79	9.80	10.28	
	[31.5，33.0)	59	3.42	2.21	15.70	13.22	
		60	3.42	1.58	8.40	9.90	
英安岩	[34.5，36.0)	67	3.42	2.16	12.10	10.43	11.93
	[36.0，37.5)	71	3.42	2.53	14.30	10.52	
	[45，47.5)	84	3.44	2.30	16.70	13.44	
	[47.5，48.0)	87	3.42	2.05	12.10	10.99	
		88	3.42	1.85	14.20	14.29	

经过统计分析，采样深度为[6.0，7.5) m 的矿石抗拉强度为 3.21 MPa，采样深度为[9.0，22.5) m 的角砾岩平均抗拉强度为 11.05 MPa，采样深度为[24.0，33.0) m 的矿体平均抗拉强度为 10.67 MPa，采样深度为[34.5，48.0) m 的英安岩平均抗拉强度为 11.93 MPa。

2.1.4　岩石抗剪强度试验

岩石的抗剪强度是指岩石在一定的法向应力作用下所承受的最大剪应力。选取具有代表性的试样进行直剪试验，测得剪切破坏时的剪应力 τ，然后根据库仑定律计算得出各岩层岩块的抗剪强度(c, ϕ)。使用的加载设备为岛津 AG-250 试验机，试验结果分析按式(2-3)、式(2-4)分别计算岩石各法向载荷下的法向应力和剪应力：

$$\sigma = \frac{P}{A} \tag{2-3}$$

$$\tau = \frac{Q}{A} \tag{2-4}$$

式中：σ 为作用于剪切面上的法向应力，MPa；τ 为作用于剪切面上的剪应力，MPa。

通过计算，可以得到各岩石的抗剪强度，如表 2-3 所示。

表 2-3 岩石抗剪强度结果表

岩石名称	采样深度/m	直径/cm	高度/cm	法向荷载/kN	剪切荷载/kN	法向应力/MPa	剪应力/MPa	内聚力 c/MPa	内摩擦角 φ/(°)
角砾岩	[6.0, 7.5)	3.41	6.92	1	11.03	1.09	12.08		
	[9.0, 10.5)	3.31	6.8	2	14.69	2.32	17.07	10.8	64.53
	[13.5, 15.0)	3.39	6.12	3	15.84	3.32	17.55		
		3.38	5.21	4	18.6	4.46	20.68		
		3.39	6.17	5	19.64	5.54	21.76		
	[18.0, 19.5)	3.43	6.87	1	10.11	1.08	10.94	9.09	67.75
		3.41	6.74	2	14.11	2.19	2.19		
		3.42	7.19	3	16.01	3.27	17.43		
		3.41	7.16	4	17.55	4.38	19.22		
矿体	[21.0, 22.5)	3.39	6.59	4	21.7	4.43	24.04	12.9	67.48
		3.39	6.68	3	17.64	3.32	19.54		
		3.41	6.6	2	17.9	2.19	19.6		
	[22.5, 24.0)	3.41	5.71	1	13.74	1.09	15.04		
	[24.0, 25.5)	3.41	5.34	1	12.96	1.09	14.19		
	[28.5, 31.5)	3.4	5.4	2	16.98	2.2	18.7		
	[31.5, 33.0)	3.41	6.31	4	16.63	4.38	18.21	23.07	67.95
		3.41	5.5	5	25.51	5.47	27.93		
英安岩	[33.0, 34.5)	3.42	5.08	1	12.28	1.09	13.37	11.44	59.80
	[34.5, 36.0)	3.41	5.1	2	15.13	2.19	16.57		
		3.42	6.18	3	13.03	3.27	14.18		
		3.42	6.75	4	18.68	4.35	20.33		
		3.41	5.47	5	19.06	5.47	20.87		
	[37.5, 38.0)	3.41	6.14	1	8.77	1.09	9.6	11.89	65.99
	[45.0, 47.5)	3.42	4.79	2	21.06	2.18	22.93		
		3.43	6.52	3	20.58	3.25	22.27		

2.1.5 岩石变形试验

岩石的变形试验是指岩石在外荷载作用下，内部颗粒间相对位置变化而产生岩石宏观大小的变化，反映岩石变形性质的参数常用的有弹性模量和泊松比。岩石变形试验是将岩石试样置于压力机上加压，同时用应变计或位移计测定不同压力下岩石的变形值，求得应力-应变曲线，然后通过该曲线求得岩石的弹性模量和泊松比。弹性模量和泊松比是反映岩块基本力学性质的重要参数，它在岩体工程分级、建立岩体破坏判据中都是必不可少的。选取具有代表性的试样进行变形试验。

1）按式（2-5）计算各级应力

$$\sigma = \frac{P}{A} \tag{2-5}$$

式中：P 为垂直载荷，N；A 为试样横断面面积，mm^2。

2）应力-纵向应变曲线、应力-横向应变曲线及应力-体积应力曲线绘制。体积应变按式（2-6）计算：

$$\varepsilon_v = \varepsilon_a - 2\varepsilon_1 \tag{2-6}$$

式中：ε_v 为某一级应力下的体积应变；ε_a 为同一级应力下的轴向应变；ε_1 为同一级应力下的横向应变。

3）求变形模量及泊松比。

在应力-应变曲线上，作原点与抗压强度50%的连线，变形模量按式（2-7）计算：

$$E_{50} = \frac{\sigma_{50}}{\varepsilon_{150}} \tag{2-7}$$

取应力为抗压强度50%时的纵向应变和横向应变值，按式（2-8）计算泊松比：

$$\mu_{50} = \frac{\varepsilon_{a50}}{\varepsilon_{150}} \tag{2-8}$$

式中：E_{50} 为岩石割线模量，MPa；μ_{50} 为岩石泊松比；σ_{50} 为相当于抗压强度50%的应力值，MPa；ε_{150} 为应力为 σ_{50} 时的纵向应变；ε_{a50} 为应力为 σ_{50} 时的横向应变。

岩石变形试验结果见表2-4。

表2-4　岩石变形试验结果表

岩石名称	采样深度/m	试件编号	弹性模量/GPa	弹性模量平均值/GPa	泊松比	泊松比平均值
角砾岩	[9.0, 10.5)	9	64.63	25.25	0.20	0.22
		10	15.24		0.10	
	[12.0, 13.5)	12	17.43		0.24	
	[13.5, 15.0)	15	25.00		0.37	
		18	19.55		0.34	
	[15.0, 16.5)	20	9.65		0.10	
	[18.0, 19.5)	27	25.22		0.17	
矿体	[21.0, 22.5)	36	68.65	56.65	0.22	0.26
		37	47.73		0.28	
	[30.0, 31.5)	56	114.52		0.30	
		57	1.79		0.30	
	[31.5, 33.0)	59	50.58		0.22	

续表2-4

岩石名称	采样深度/m	试件编号	弹性模量/GPa	弹性模量平均值/GPa	泊松比	泊松比平均值
英安岩	[36.0, 37.5)	70	58.99	57.73	0.10	0.19
		73	59.17		0.10	
	[45.0, 47.5)	85	35.20		0.27	
	[47.5, 48.0)	86	82.72		0.28	
	[48.0, 49.5)	92	52.56		0.18	

经过统计分析可得,采样深度为9.0~19.5 m的角砾岩弹性模量平均值为25.25 GPa,岩石泊松比平均值为0.22;采样深度为21.0~33.0 m的矿体弹性模量平均值为56.56 GPa,岩石泊松比平均值为0.26;采样深度为36.0~49.5 m的英安岩弹性模量平均值为57.73 GPa,岩石泊松比平均值为0.19。

2.1.6 岩石力学试验结果

通过现场取样,在室内将矿岩试件进行加工,对矿岩的物理力学参数进行详细的测试,并对岩石力学试验结果进行汇总分析,按不同岩性分类汇总给出各组岩石的力学参数(表2-5)。

表 2-5 不同岩性岩石力学参数表

岩石名称	块体密度/(g·cm⁻³)	抗压强度/MPa	抗拉强度/MPa	抗剪参数		变形参数	
				内聚力/MPa	内摩擦角/(°)	弹性模量/GPa	泊松比
角砾岩	2.65	59.43	11.05	9.94	66.14	25.25	0.22
矿体	2.63	79.19	10.67	17.99	67.71	56.65	0.26
英安岩	2.64	93.36	11.93	11.67	62.89	57.73	0.19

将所有岩样参数进行分析整理,不考虑不同中段埋深对岩样岩性造成的细微差别,统计结果如表2-5所示,结论如下:

1)角砾岩的单轴抗压强度为59.43 MPa,抗拉强度为11.05 MPa,弹性模量为25.25 GPa,泊松比为0.22,内聚力为9.94 MPa,内摩擦角为66.14°,块体密度为2.65 g/cm³。

2)矿体的单轴抗压强度为79.19 MPa,抗拉强度为10.67 MPa,弹性模量为56.65 GPa,泊松比为0.26,内聚力为17.99 MPa,内摩擦角为67.71°,块体密度为2.63 g/cm³。

3)英安岩的单轴抗压强度为93.36 MPa,抗拉强度为11.93 MPa,弹性模量为57.73 GPa,泊松比为0.19,内聚力为11.67 MPa,内摩擦角为62.89°,块体密度为2.64 g/cm³。

2.2　岩体质量分级

2.2.1　岩体工程质量和稳定性评价理论与方法

岩体工程质量是岩体所固有的、影响工程岩体稳定性的最基本属性，岩体基本质量由岩石坚硬程度和岩体完整程度所决定。岩体工程质量是复杂岩体工程地质特性的综合反映。它不仅客观地反映了岩体结构固有的物理力学特性，而且为工程稳定性分析，岩体的合理利用以及正确选择各类岩体力学参数等提供了可靠的依据。岩体稳定性是指处于一定时空条件的岩体，在各种力系（自然的、工程的）的作用下可能保持其力学平衡状态的程度。岩体承受应力导致其在体积、形状或宏观连续性方面发生变化，当宏观连续性无显著变化时称为变形，否则称为破坏。岩体稳定性是工程地质分析中的一个中心问题，应对上述变化和效应做出论断和预测，并评价它们对人类活动可能造成的影响。

岩体工程质量和岩体稳定性评价与岩体工程设计、施工是相互作用、相辅相成的关系。在岩体工程设计之前，对岩体质量和稳定性进行评价是必不可少的一项工作。正确地对工程岩体稳定性做出评价，是岩体开挖和加固支护设计、快速施工，以及保证生产安全不可或缺的条件。因此岩体工程质量和稳定性评价是采矿工程设计及施工方案选择的基础，也是矿山进行科学管理和评价经济效益的关键，目的是更科学地指导岩体工程设计和施工。评价的准确性将直接影响采矿方法的选择、设计、优化。岩体工程设计施工要以岩体工程质量和稳定性评价为依据，采矿方法、采场设计参数的合理选择，采场的合理布置，都直接建立在岩体质量的工程分类上，以保证开采工程的安全性、可行性、经济性。

工程岩体分级是评价工程岩体稳定性的前提。目前，国内外对岩体工程质量（稳定性）评价颇为流行的做法是对岩体工程（质量）分级。岩体稳定性评价中的工程岩体分级是建立在以往工程实践经验和大量岩石力学试验基础上，在综合考虑影响岩体稳定性的各种地质条件和岩石物理力学特性的基础上，进行地质勘察（节理裂隙、断层、地下水、地应力等）和岩石力学试验，据此确定岩体级别，做出稳定性评价。岩体质量评价研究经历了近一个世纪的发展，地下工程岩体质量评价研究较其他工程开展得更早，也更完善。岩体分类从早期的较为简单的岩石分类，发展到多参数的分类，从定性的分类到定量、半定量的分类，经过了一个发展过程。早期岩体质量主要的分类方法见表 2-6。

20 世纪 70 年代，岩体质量分类方法由定性向定量，由单因素向多因素方向发展，20 世纪 70、80、90 年代主要的分类方法见表 2-7。

总的来说，岩体质量分级的传统方法既有简单的单因素分级法，如 RQD 分类法、弹性波速法、岩石抗压强度分级法等，又有工程界应用广泛的多因素分级法，如 Q 系统分类法、RMR 分类法、Z 分类法等。多因素分级法考虑的因素较多，比单因素分级法更接近实际，因而在具体工程中应用较广。

同时新的科学技术方法和理论，诸如分形理论、神经网络、模糊理论等一些非线性理论也被引入地下岩体工程稳定性评价中，并得到了广泛的应用，大大提高了岩体质量分级研究的数字化和智能化水平，促进了岩土工程学科发展。

表 2-6 岩体质量分类方法（早期）

年份	国籍	发明者	分类方法	级数	备注
1926	苏联	普罗脱亚克诺夫	普氏系数 f 分类	10	按岩石坚固系数进行分类
1936	苏联	Ф. М. Садренский	岩石单轴抗压强度分类	4	按岩石单轴抗压强度进行分类
1941	苏联	Н. Н. Маспов	岩石地质技术分类	5	对岩石强度、可溶性、坝基变形性质、透水特性进行定性描述
1946	苏联	Terzaghi	以岩石种类描述和岩石载荷相结合的分级方法	10	按岩石坚硬程度对原状岩石到膨胀岩石进行分类
1958	奥地利	Lauffer	Lauffer 分类	7	按照岩石自稳时间进行定性描述
1959	美国	Deere	RQD 分级方法	5	按岩石强度和岩体完整性分类
1969	日本		土研式岩体分类	4	对岩石强度和节理性状进行定性描述

表 2-7 岩体质量分类方法（20 世纪 70—90 年代）

年份	国籍	发明者	分类方法	级数	备注
1973	南非	Bieniawski	RMR 分类	5	以岩石的单轴抗压强度、RQD、不连续面方向和间距、不连续面性状以及地下水条件为参数
1974	美国	Wickham	岩石结构评价（RSR）分类	5	以岩石强度、岩体结构、地质构造影响、节理发育程度、节理产状与工程轴线之间的关系
1974	挪威	Barton	巴顿岩体质量分类（Q 类）	9	以岩石质量指标、节理组数、节理粗糙度系数、节理蚀变影响系数、节理水折减系数、应力折减系数为参数，计算岩体质量 Q 值
1979	中国	谷德振、黄鼎成	岩体质量系数 Z 分类	5	用岩体完整性系数、结构面抗剪强度和坚强性计算岩体质量系数 Z
1979	中国	陈德基	块度模数分类（Mk）	4	用各级块度所占百分数和裂隙性状系数计算，表征不同尺寸块体组合及其出现的概率
1980		国际岩石力学协会	岩体地质力学分类（ISRM）	7	用结构面的迹长来描述和评价结构面的连续性
1980	中国	王思敬等	弹性波指标 Za 分类法	5	以岩体完整性系数、岩石变形模量和岩体弹性波速为参数，用积商法对岩体进行分类

续表2-7

年份	国籍	发明者	分类方法	级数	备注
1982	西班牙	A. F. Macos、C. Tommillo	不均匀岩体分级系统的改进	6	是对基库奇提出的方法的改进，以岩石单轴抗压强度、纵波波速、弹性模量、水力断裂为参数
1990	中国	王思敬	质量系数 Q 分类		以岩体力学性能为参数
1997	中国	曹永成、杜伯辉	CSMR 法	5	对 RMR-SMR 体系进行修改
1999	中国	水利部	HC 分类法	5	以岩石强度、岩体完整性、结构面状态、地下水和主要结构面产状五项因素之和的总评分为基本判据

2.2.1.1　地下岩体工程质量和稳定性评价方法与对比研究

目前，在国内地下岩体工程中应用较多的岩体分级方法主要有巴顿岩体质量 Q 系统分类、岩体的岩土力学分类（RMR 分类）、我国工程岩体 BQ 分级标准（GB 50218—1994）和水利水电工程地质勘察规范地下硐室围岩 HC 分类。

各分级方法考虑的因素如表 2-8 所示。

表 2-8　地下岩体质量分级方法所考虑的因素一览表

分级方法	考虑的因素														
	结构面节理特征					岩体结构完整性		地质因素				岩体强度指标		工程因素	
	节理间距	节理宽度	节理组数	节理粗糙度	节理走向	岩石质量指标 RQD	岩体完整性系数	结构面状态	地应力	地下水	风化蚀变系数	单轴抗压强度	点载荷强度	结构面产状	施工方法	工程尺寸
Q 分级	★		★			★			★	★	★					
RMR 分级	★	★		★	★	★				★		★	★			
HC 分级							★	★		★		★		★		
BQ 分级							★		★	★		★		★		

注：★表示该方法所考虑的因素

（1）巴顿岩体质量分类（Q 分类）

Q 分类由挪威的地质学家巴顿等人提出，采用 6 个参数，即岩体的质量指标 RQD、节

理的组数系数 J_n、节理的粗糙度系数 J_r、节理的蚀变影响系数 J_a、节理水折减系数 J_w、应力折减系数 SRF。利用上述 6 个参数，巴顿等人提出了一个表示工程岩体质量好坏的 Q 值，按式(2-9)计算：

$$Q = \frac{RQD}{J_n} \times \frac{J_r}{J_a} \times \frac{J_w}{SRF} \tag{2-9}$$

式中：RQD 为岩石完整性质量指标；J_n 为节理组数；J_r 为最脆弱的节理的粗糙度系数；J_a 为最脆弱节理面的蚀度程度或充填情况；J_w 为裂隙水折减系数；SRF 为应力折减系数。

式(2-9)的 6 个参数反映了岩体质量的 3 个方面，即 $\frac{RQD}{J_n}$ 表示岩体的完整性；$\frac{J_r}{J_a}$ 表示结构面的形态、充填物特征及其次生变化程度；$\frac{J_w}{SRF}$ 表示水与其他应力存在时对质量的影响。

Q 值的范围为 0.001~1000，代表围岩从极差的岩石到极好的坚硬完整岩体，分为 9 个质量等级(表 2-9)，岩体质量分级见表 2-10。

表 2-9　围岩质量等级(Q 分类)

Q 值	0.001	0.1	1	4	10	40	100	400	1000
等级	特别差	极差	很差	差	一般	好	很好	极好	特别好

表 2-10　岩体质量分级(Q 分类)

Q 值	>40	(10, 40]	(1, 10]	(0.1, 1]	≤0.1
围岩类别	I	II	III	IV	V

(2)岩体地质力学分类(RMR)

岩体的岩土力学分类给出一个总的岩体评分值(RMR)作为衡量岩体工程质量的"综合特征值"。岩体的 RMR 值取决于 5 个通用参数和 1 个修正参数，5 个通用参数分别为：岩石抗压强度 R_1、岩石质量指标 R_2、节理间距 R_3、节理状态 R_4 和地下水状态 R_5，修正参数 R_6 则取决于节理方向对工程的影响。把上述各个参数的岩体评分值相加就得到岩体的 RMR 值：

$$RMR = R_1 + R_2 + R_3 + R_4 + R_5 + R_6 \tag{2-10}$$

式中：R_1 为岩石抗压强度；R_2 为岩石质量指标；R_3 为节理间距；R_4 为节理状态；R_5 为地下水状态；R_6 为节理方向修正值。

得到总分 RMR 的初值后，根据节理裂隙的走向修正 RMR 值，修正的目的在于进一步强调节理，裂隙对岩体稳定性产生的不利影响。

根据以上 6 个参数之和求得的 RMR 值，岩土力学的分类把岩体的质量好坏划分为 5 级，见表 2-11。RMR 法分类指标及其评分值见表 2-12。

表 2-11　岩体质量分级(RMR 分类)

评分值/分	81～100	61～80	41～60	21～40	<20
分级	I	II	III	IV	V
岩体质量描述	非常好	好	一般	较差	非常差
平均稳定时间	15 m 跨度 20 年	10 m 跨度 1 年	5 m 跨度 1 周	2.5 m 跨度 10 h	1 m 跨度 30 min
内聚力/kPa	>400	(300, 400]	(200, 300]	(100, 200]	≤100
岩体内摩擦角/(°)	>45	(35, 45]	(25, 35]	(15, 25]	≤15

1)单轴抗压强度 R_1 项的修正。

RMR 分类法的 R_1 项是根据抗压强度(或点荷载强度指标)对岩体进行评分,把岩体的抗压强度(MPa)分为 ≤1、(1, 5]、(5, 25]、(25, 50]、(50, 100]、(100, 250]、>250 这 7 个区间,每个区间给予不同的评分值。这种"跳跃式"评分方法虽然简单,但会造成分值的"突变"。当室内岩石单轴抗压强度 $\sigma_{ucs}=251$ MPa 时,其分值 $R_1=15$;当 $\sigma_{ucs}=249$ MPa 时,其分值 $R_1=12$。但实质上两种岩石的抗压强度并无太大差别,两权值却相差 3 分。再如 $\sigma_{ucs}=249$ MPa 和 $\sigma_{ucs}=101$ MPa,两者得分均为 12 分,这显然不合理。因此,通过对岩体的抗压强度和评分值进行分析、细化修正,指标的评价边界值可以由一范围值转变成一个具体点值,从而消除原有评价标准的模糊性。

为了进一步避免 RMR 评分值发生突变,采用连续评分的方式对岩体抗压强度进行评价,细化修正表如表 2-13 所示。根据细化修正表,采用多项式拟合回归方法,得到评价指标与其评分值之间的连续性方程,其函数关系见式(2-11),单轴抗压强度连续性修正曲线如图 2-4 所示。

$$R_1 = -0.0003\sigma_{ucs}^2 + 0.135\sigma_{ucs} + 0.9023 \qquad (2-11)$$

表 2-12　RMR 法分类指标及其评分值

分类参数			参数范围						
R_1	完整岩石强度	点荷载度	>10	4～10	2～4	1～2	对强度较低的岩石宜采用单轴抗压强度		
		单轴抗压强度/MPa	>250	(100, 250]	(50, 100]	(25, 50]	(5, 25]	(1, 5]	≤1
	评分值/分		15	12	7	4	2	1	0
R_2	RQD/%		(90, 100]	(75, 90]	(50, 75]	(25, 50]	≤25		
	评分值/分		20	17	13	8	3		
R_3	节理间距/cm		>200	(60, 200]	(20, 60]	(6, 20]	≤6		
	评分值/分		20	15	10	8	5		

续表2-12

分类参数		参数范围				
节理条件		节理面很粗糙，节理不连续，节理宽度为0，节理面岩石坚硬	节理面稍粗糙，宽度小于1mm，节理面岩石坚硬	节理面稍粗糙，宽度小于1mm，节理面岩石软弱	节理面光滑或含厚度小于5mm的软弱夹层，张开度为1~5mm，节理连续	含厚度大于5mm的软弱夹层，张开度大于5mm，节理连续
评分值/分		30	25	20	10	0
R_4 具体结构面分类指标	结构面长度/m	≤1	(1, 3]	(3, 10]	(10, 20]	>20
	评分值/分	6	4	2	1	0
	张开度/mm	无	≤0.1	(0.1, 10]	(1, 5]	>5
	评分值/分	6	5	4	1	0
	粗糙程度	很粗糙	粗糙	微粗糙	光滑	擦痕
	评分值/分	6	5	3	1	0
	充填物情况	无	硬充填物	硬充填物	软充填物	软充填物
	评分值/分	6	4	2	2	0
	风化程度	未风化	微风化	中风化	高风化	崩解
	评分值/分	6	5	3	1	0
R_5 地下水条件	每10m长的隧道涌水量/(L·min⁻¹)	0	≤10	(10, 25]	(25, 125]	>125
	节理水压力与最大主应力之比	0	≤0.1	(0.1, 0.2]	(0.2, 0.5]	>0.5
	总条件	干燥	潮湿	只有湿气（裂隙水）	中等水压	水的问题严重
评分值/分		15	10	7	4	0

R_6 裂隙走向	走向与巷道轴垂直				走向与巷道轴平行		与走向无关
	沿倾向掘进		反倾向掘进				
倾角/(°)	(45°, 90°]	(20°, 45°]	(45°, 90°]	(20°, 45°]	(20°, 45°]	(45°, 90°]	(0°, 20°]
影响程度	非常有利	有利	一般	不利	一般	非常不利	不利
评分值/分	0	-2	-5	-10	-5	-12	-10

在深部工程中,高地下水压增强了地下水对岩块的软化和泥化、离子交换、溶解、水化和水解、溶蚀以及孔隙动、静水压等水岩相互作用,故实际工程中的岩块强度往往低于常规室内试验所确定的岩块强度。因此,须对 RMR 法中完整岩石强度指标进行地下水弱化修正。定义岩石强度水弱化系数 K_W 为:

$$K_W = \sigma_{ucsw}/\sigma_{ucs} \tag{2-12}$$

式中: σ_{ucs} 为室内岩石单轴抗压强度; σ_{ucsw} 为水弱化后的岩石单轴抗压强度。

表 2-13　单轴抗压强度细化修正表

σ_{ucs}/MPa	>250	175	100	75	50	37.5	25	15	1	<1
R_1 评分值/分	15	13.5	12	9.5	7	5.5	4	2.5	1	0

有关文献报告,随岩石含水率变化,岩石强度不断变化,故 K_W 是岩石含水率函数。随着矿区越往深部开采,地温越来越大。由于岩石是由不同矿物所组成的非均质体,各种矿物在高温条件下的热膨胀系数各不相同,故岩体在高温环境下其内部常存在结构热应力,一般温度每变化 1 ℃,应力可产生 0.4~0.5 MPa的变化。此时,岩体往往会因热胀冷缩而破碎,从而工程围岩的质量变差,故须对 RMR 法中完整岩块强度进行热弱化修正。定义岩石热弱化系数 K_T 为:

$$K_T = \sigma_{ucst}/\sigma_{ucs} \tag{2-13}$$

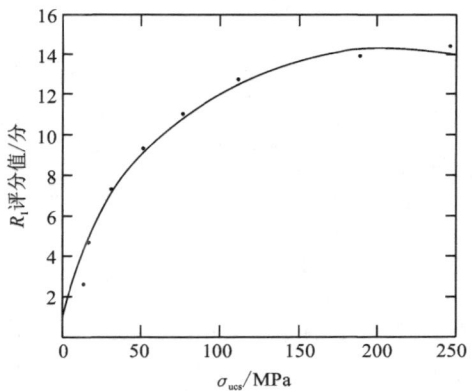

图 2-4　单轴抗压强度连续性修正曲线

式中: σ_{ucst} 为热弱化后的岩石单轴抗压强度。

综合式(2-11)~(2-12),可得考虑地下水和地热弱化作用时完整岩石强度的 RMR 分值计算式,如式(2-14)所示:

$$R_1 = -0.0003(K_W K_T)\sigma_{ucs}^2 + 0.135 K_W K_T \sigma_{ucs} + 0.9023 \tag{2-14}$$

2)岩石质量指标(RQD 值) R_2 项的修正。

RMR 分类对于 RQD 同样采取的是"跳跃式"的评分方式,即把 RQD 分为 5 个区间,每个区间给予不同的权值。采用连续的评分方式可对其进行修正,将 RQD 指标和评分值联系起来,如表 2-14 所示。根据 RQD 细化修正表,采用多项式拟合,得到 RQD 评价指标与其评分值之间的连续性方程,其函数关系见式(2-15), RQD 连续性修正曲线如图 2-5所示。

$$R_2 = 0.0012 I_{RQD}^2 + 0.0692 I_{RQD} + 1.23 \tag{2-15}$$

表 2-14　RQD 细化修正表

I_{RQD}/%	100	95	90	82.5	75	62.5	50	37.5	25	0
R_2 评分值/分	20	18.5	17	15	13	10.5	8	5.5	3	1.5

3）节理间距评分值 R_3 的修正

节理间距分为 <6、6~20、20~60、60~200、>200 共 5 个区间，采用"跳跃式"评分，同样将造成评分的不合理，故对其进行修正，采用连续的评分方式将节理间距指标和评分值联系起来，见表 2-15。

根据修正细化表，采用自动拟合回归曲线，得到 R_3 项与其评分值之间的连续评分方程，其函数关系式如式（2-16）所示。

$$R_3 = 3.5411 \ln J_v + 16.6617 \qquad (2-16)$$

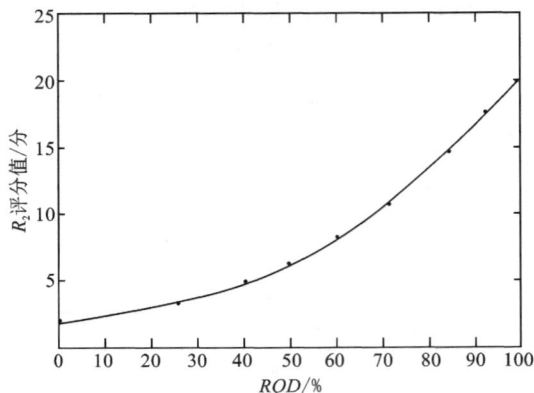

图 2-5 *RQD* 连续性修正曲线

表 2-15 R_3 修正细化表

节理间距 J_v/m	>2	1.3	0.6	0.4	0.2	0.13	0.06	0.045	0.03	<0.03
R_3 评分值/分	20	17.5	15	12.5	10	9	8	6	4	3

4）地应力值评分 R_7 的修正。

深部岩体最显著的特点之一是存在高地应力，这是深部岩体工程围岩产生破坏失稳的一个主要原因。试验结果表明，深部工程中原岩压力明显增大，在深度为 1.6 km 处压力可为 40 MPa 以上，地应力中构造成力的作用显著增强，两水平地应力普遍大于垂直地应力。

高地应力的存在使深部岩体的力学性质发生了重要变化。给水平地应力不同而强度相同的岩体同样的分值使评价的结果具有不合理性。因此，对深部岩体工程围岩进行稳定性评价时，须考虑地应力的影响，而这一点正是 *RMR* 法所欠缺的。

针对嵩县山金矿开采的情况，必须根据工程实际情况考虑地应力因素，并对其进行修正，为此将岩石强度特征与岩体中地应力的比值定义为岩体损伤系数 Z，探求岩体损伤系数与岩体评分值之间的修正关系。

可参照我国在 1997 年提出的地下硐室的岩体分类《工程岩体分级标准》对地应力影响进行修正，如表 2-16 所示。

表 2-16 地应力影响修正评分值

地应力状态	极高地应力	高地应力	低地应力
R_7 评分值/分	-15	-10	0

注：极高地应力指 $R_c/\sigma_{max} < 4$，高地应力指 $R_c/\sigma_{max} = 4 \sim 7$，低地应力指 $R_c/\sigma_{max} > 7$，σ_{max} 为垂直硐轴线方向平面内的最大天然地应力

鉴于对地应力修正的评分值也采用"跳跃式"的标准，故对地应力影响采用连续的评分方式将岩体损伤系数 Z 与评分值联系起来进行修正，如表 2-17 所示。

表 2-17 考虑地应力影响对岩体质量评分值的修正

Z	[1, 2)	[2, 3)	[3, 4)	[4, 5)	[5, 6)	[6, 7)	>7
R_7 评分值/分	-15	-12	-9	-7	-5	-3	0

根据地应力影响细化修正表，采用自动回归拟合，得到 R_7 项与其岩体损伤系数 Z 之间的连续评分方程，其函数关系见式(2-17)。

$$R_7 = 3Z - 18 \tag{2-17}$$

地应力连续性修正曲线如图 2-6 所示。

(3)工程岩体质量 BQ 分级

我国在 1994 年 11 月颁布了国家工程岩体分级标准。按照该标准，工程岩体分级分两步进行。首先从定性判别与定量测试两个方面分别确定岩石的坚硬程度和岩体的完整性，计算出岩体基本质量指标 BQ。然后结合工程特点，考虑地下水、初始应力场以及软弱结构面走向与工程轴线的关系等因素，对岩体基本质量指标 BQ 加以修正，以修正后的岩体基本质量指标 BQ 作为划分工程岩体级别的依据。

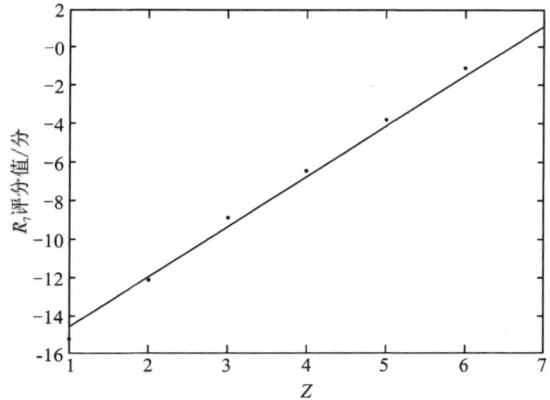

图 2-6 地应力连续性修正曲线

岩体基本质量指标 BQ 用下式表示：

$$BQ = 90 + 3\sigma_{cw} + 250K_V \tag{2-18}$$

式中：σ_{cw} 为岩石单轴饱和抗压强度，MPa；K_V 为岩体完整性系数；$K_V = (\frac{\nu_{pm}}{\nu_p})^2$；$\nu_p$ 和 ν_{pm}，分别为岩石与岩体纵波速度。对于缺少声波资料的岩体，可由岩体单位体积内结构面条数 (J_V) 与 K 查表求得；(J_V) 由式(2-19)求得。

$$(J_V) = (110.4 - RQD)/3.68 \tag{2-19}$$

在使用时，应遵守两点限制条件：①$\sigma_{cw} > 90K_V + 30$ 时，应以 $\sigma_{cw} = 90K_V + 30$ 代入上式计算 BQ 值；②$K_V > 0.04\sigma_{cw} + 0.4$ 时，应以 $K_V = 0.04\sigma_{cw} + 0.4$ 计算 BQ 值。

岩体的基本质量指标主要考虑组成岩体岩石的坚硬程度和岩体完整性。按 BQ 值和岩体质量定性特性将岩体划分为 5 级，如表 2-18 所示。

岩体工程的稳定性，除与岩体基本质量的好坏有关外，还受地下水、主要软弱结构面、天然地应力的影响。

应结合工程特点，考虑各影响因素来修正岩体基本质量指标。对地下工程岩体基本质量指标 BQ 修正值按式(2-20)计算：

$$[BQ] = BQ - 100(K_1 + K_2 + K_3) \tag{2-20}$$

式中：K_1 为主要结构面产状影响修正系数；K_2 为地下水影响修正系数；K_3 为天然地应力影响修正系数。

表 2-18　岩体质量分级（*BQ* 分类）

岩体基本质量级别	岩体质量的定性特性	岩体基本质量指标 *BQ*
Ⅰ	坚硬岩，岩体完整	≥500
Ⅱ	坚硬岩，岩体较完整；较坚硬岩，岩体完整	[451, 550)
Ⅲ	坚硬岩，岩体较破碎；较坚硬岩或软、硬岩互层，岩体较完整；较软岩，岩体完整	[351, 450)
Ⅳ	坚硬岩，岩体破碎；较坚硬岩，岩体较破碎或破碎；较软岩或较硬岩互层，且以软岩为主，岩体较完整或较破碎；软岩，岩体完整或较完整	[251, 350)
Ⅴ	较软岩，岩体破碎；软岩，岩体较破碎或破碎；全部极软岩及全部极破碎岩	<250

（4）《水利水电工程地质勘察规范》地下硐室围岩 HC 分类

《水利水电工程地质勘察规范》规定：水电围岩分类以岩石强度、岩体完整性、结构面状态、地下水和主要结构面产状 5 项因素之和的总评分为基本判据，围岩强度应力之比为限定判据，并符合表 2-19 的规定。

表 2-19　岩体质量分级（HC 分类）

围岩类别	围岩稳定性	围岩总评分 *T*/分	围岩强度应力比 *S*	支护类型
Ⅰ	稳定。围岩可长期稳定，一般无不稳定体	>85	>4	不支护或局部锚杆或局部喷薄层混凝土。跨度大时，喷混凝土、系统锚杆加钢筋网
Ⅱ	局部稳定性差。围岩强度不足，局部会产生塑性变形，不支护可能产生塌方或变形破坏。完整的较软岩，可能暂时稳定	(65, 85]	>4	
Ⅲ	局部稳定性差。围岩强度不足，局部会产生塑性变形，不支护可能产生塌方或变形破坏。完整的较软岩，可能暂时稳定	(45, 65]	>2	锚杆加钢筋网。跨度为 20~25 m 时，浇筑混凝土衬砌，喷混凝土，系统锚杆喷混凝土、系统锚杆加钢筋网，并浇筑混凝土衬砌
Ⅳ	不稳定。围岩自稳时间短，规模较大的各种变形和破坏可能发生	(25, 45]	>2	
Ⅴ	极不稳定。围岩不能自稳，变形破坏严重	≤25		

（5）地下岩体工程质量及稳定性评价方法对比分析研究

综述以上地下岩体工程质量及稳定性评价方法，得出如下结论。

　　1)Q 分类方法强调节理组数(J_n)、节理面粗糙度(J_r)及节理蚀变(J_a)等因素比节理方向因素的影响更重要,因此若考虑节理方向时,该方法就会显得不太合适。在给节理面粗糙度(J_r)及节理蚀变(J_a)评分时,节理的张开度和充填物与 HC 分类标准描述的不同,这也会导致分类结果的差异。另外它只考虑了岩体自身的完整性而未考虑岩块强度和工程因素,故对岩体质量分类会造成一定影响。

　　2)RMR 采用 RQD(岩芯完整度)作为评价围岩完整性的定量指标之一,但 RQD 值要通过使用 75 mm 的双层岩芯管金刚石钻头钻取才可获得,而我国对金刚石钻头的使用还未普及。现场不具备条件时,RQD 值可通过现场计取岩体单位体积中的节理数量 J_v,按 RQD=115-3.3J_v(J_v 为每立方米岩体中的节理总数)进行换算求得,但岩体单位体积节理数 J_v 的测量统计应遵守 GB 50218—1994 的规定。

　　RMR 分类方法重视节理条件,如节理宽度、节理间距、节理粗糙度,但对节理组数、地应力等未加考虑,而且对结构面产状的修正没有给出明确的建议,仅将结构面的走向简单地分为与巷道轴线垂直和平行两种。

　　另外,RMR 方法对岩体强度、RQD 以及节理间距的评分是采用先对各参数进行区段划分,然后对不同的区段给予不同的分值的方式。例如节理间距为 6~20 cm,其分值为8 分,间距为 20~60 cm,分值为 10 分,但是根据此种划分,节理间距为 6 cm 和 60 cm 的分值只相差 2 分,但是其间距相差 10 倍,这种不连续的取值方式对岩体质量的划分造成了一定的影响。

　　实践表明,RMR 法能较好地反映中等坚固的岩体质量,但对较软岩体的质量评价则欠佳,而且 RMR 法的评价结果有时太过于保守。

　　3)BQ 分类方法主要以岩石饱和抗压强度和岩体完整性系数为岩体质量的判定因素,以地下水、主要结构面产状和地应力为修正因素,其分类结果对岩体的强度过于敏感。另外,结构面节理的组数、间距及性状对于硐室的围岩质量影响较大,BQ 方法对这些因素未给予足够的考虑,这些会影响对岩体质量进行准确的判断。

　　4)HC 分类方法以岩石强度、岩体的完整性以及结构面的状态为基本判定因素,以地应力、地下水、结构面方位为修正因素。HC 方法对在中、低地应力区的围岩分级适用性较好,但是对在高地应力区,特别是在岩爆区对围岩分类,适用性相对较差。究其原因,主要是因为 HC 分类方法对于地应力的考虑过于简单,只是根据围岩的强度应力比 S 对岩体级别进行简单的降一级处理,未进行量化,且没有区分高地应力段、中岩爆段和非岩爆段岩体质量的差异。

　　由于工程条件与地质的复杂性,每种岩体质量分级方法所考虑的因素有各自的侧重点,在选取工程岩体分级方法时可选取多种适用该工程的方法对比分析,多种方法一起综合使用,可以相互借鉴,相互补充,更加真实地反映岩体的质量。任何工程都有其复杂的地质体系统,每种岩体质量评价方法,都有其不足之处,不足以满足每个具体工程的需要。对于每个地质工程在采取某种岩体质量评价方法时,还需要根据工程自身的条件对其进行修正。

2.2.2　岩体工程质量和稳定性评价一般步骤

　　1)对工程地质条件进行调查,包括对工程沿线地区的气象、水文、地形地貌、地层岩性、地质构造,地震及新构造运动,植被及生态环境进行详细分析。

2) 工程现场岩体采样, 对岩石进行力学试验, 分析其物理力学特性参数。分析岩体质量的影响因素, 包括岩性、结构面条件、岩体结构、地震及爆破、地质构造、地下水的影响。

3) 全面展开区域工程岩体节理裂隙(节理间距、节理倾向、节理倾角等)、断层、地下水等情况的调查, 完成矿区岩体质量与稳定性评价的基础数据。

4) 调研国内外岩体质量分级体系, 并对各种分级方法进行对比分析, 根据区域工程现场实际情况, 在采用数理统计理论的基础上, 对工程原始数据进行合理统计计算, 结合经验判断, 将现有体系分级结果与经验判断结果作对比分析, 提出适用于该工程岩体质量分级的新系统。

5) 依据新系统评价结果进行工程岩体稳定性分析, 选取典型样本对新系统进行检查校验, 使分级系统更具实用性, 并提出与新系统相对应的防护措施, 以指导工程设计、应用。

岩体工程质量评价流程如图 2-7 所示。在估算岩体强度参数的时候, 基于 Hoek-Brown 准则, 一般采用巴顿岩体质量 Q 系统分类和岩体的岩土力学分类(RMR 分类)两种分类方法, 使用其对应的岩体质量指标计算岩体的强度参数。

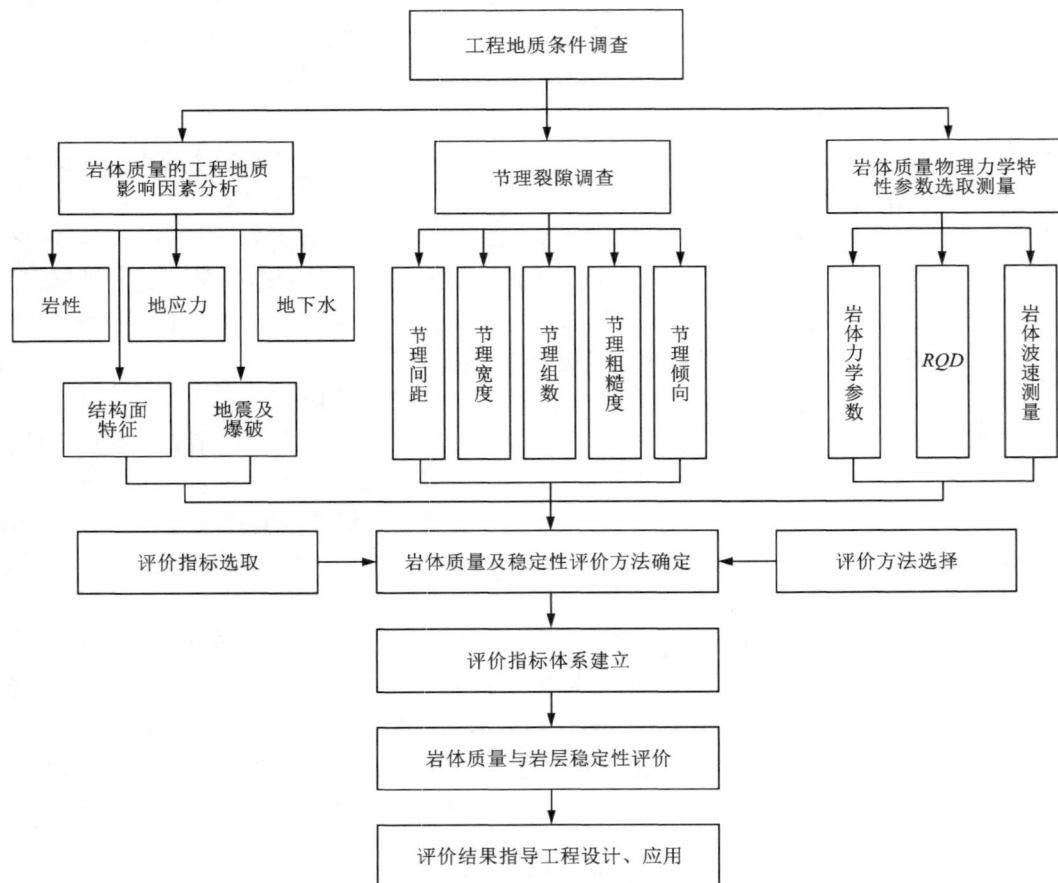

图 2-7　一般岩体工程质量和稳定性评价流程

2.2.3 岩体质量与稳定性评价体系建立

2.2.3.1 巴顿岩体质量(Q)分类法评价

采用巴顿岩体质量(Q)分类评价方法。此指标 Q 值由式(2-9)确定。

(1)节理组系数

节理组是指在一次构造作用统一应力场中形成的,产状基本一致和力学性质相同的一群节理。一般说来,节理组数越多,岩石质量越差。本次测量统计的结构面信息主要为比较明显的节理组,忽略了迹线延长较短的节理。本次统计调查主要在 110 分段,从测量统计过程可以发现,各测线距上盘矿体节理数占大多数,下盘矿体和围岩节理数少。由此可知,上盘岩体由于结构面的影响,其矿岩的构造最发育,岩体质量相对较差,靠近下盘矿体的构造相对来说最简单。

节理组数 J_n 可按表 3-6 进行取值,取值原则是:在一个分类段中节理裂隙少于等于 6 条,并且分散分布时看作是很少节理,J_n 取 1;少于或等于三条或无节理,n 值取 0.5。当一个分类段存在 6 条或 6 条以上节理裂隙时,在一个方向多于或等于 3 条算为一组,少于 3 条则为随机节理。根据表 2-20 所示的节理组系数评分表确定节理组系数,各个调查地点节理分布及评分如表 2-21 所示。

表 2-20 节理组系数 J_n 评分表

节理组系数	J_n
完整节体(没有或极少节理)	0.5~1.0
一组节理	2
一组节理和一些不规则节理	3
两组节理	4
两组节理和一些不规则节理	6
三组节理	9
三组节理和一些不规则节理	12
四组或多于四组节理,不规则的严重节理化的立方体	15
碎裂岩石	20

表 2-21 调查地点岩体节理组系数列表

位置	节理信息	1135N4 矿房	1135N6 矿房	1134N10 矿房	110131 矿房	110133 矿房	116042 矿房
矿体	节理组	3+无规则	3 组节理	3+无规则	3 组节理	3+无规则	2+无规则
	节理组系数	12	9	12	9	12	6
下盘矿岩	节理组	2+无规则	3 组节理	2+无规则	3+无规则	3 组节理	3+无规则
	节理组系数	6	9	6	12	9	12

（2）节理面粗糙度

节理面粗糙程度归纳为平直型、波浪型、锯齿型、台阶型四种类型。节理面的形态，主要是研究凹凸度与强度的关系。根据规模大小，可将它分为两级。第一级凹凸度称为起伏度，第二级凹凸度称为粗糙度。起伏角 i 越大，结构面的抗剪强度也越大。$i=0°$ 时，节理面为平直型的；$i=10°\sim20°$ 时，节理面为波浪型；更大时，节理面变为锯齿型。节理粗糙度可分为极粗糙、粗糙、一般、光滑、镜面五个等级。根据表 2-22 所示的节理粗糙度系数评分表确定节理粗糙度系数，各个调查地点节理面粗糙度系数如表 2-23 所示。

表 2-22　节理粗糙度系数 J_r 评分表

节理粗糙度系数	J_r
A. 节理面接触良好	0
B. 受剪出现 10 cm 位移前，节理面接触良好	0.5~4
不连续节理	4
粗糙或不规则的波状节理	3
光滑的波状节理	2
有光滑面的波状节理	1.5
粗糙或不规则的平直节理	1.5
光滑的平直节理	1.0
有光滑面的平直节理	0.5
C. 受剪情况下节理面不接触	1
节理之间有足够厚的黏土状物质阻止节理面相接触	1.0
节理之间有足够厚的沙或碎石阻止节理面相接触	1.0

表 2-23　调查地点岩体节理面粗糙度系数列表

调查地点	节理信息	1135N4 矿房	1135N6 矿房	1134N10 矿房	110131 矿房	110133 矿房	116042 矿房
矿体	关键组表述	粗糙的波状节理	不规则的波状节理	粗糙的平直节理	有光滑面波状节理	粗糙平直节理	不规则波状节理
	粗糙度系数	3	3	1.5	1.5	1.5	3
下盘矿岩	关键组表述	不规则的平直节理	有光滑面波形节理	粗糙的波状节理	不规则平直节理	粗糙平直节理	光滑波状节理
	粗糙度系数	1.5	1.5	3	1.5	1.5	2

（3）节理面蚀变系数

节理面蚀变系数是用来描述节理面与节理面的充填情况，充填胶结可以分为无充填和有充填两类。节理面之间无充填时处于闭合状态，岩块之间接合较为紧密；节理面之间有充填时，首先要看充填物的成分，若硅质、铁质、钙质以及部分岩脉充填胶结节理面，其强度经常不低于岩体的强度：1）薄膜充填，节理面侧壁附着一层 2 mm 以下的薄膜；2）续充填：充填物在节理面里不连续，且厚度大多小于结构面的起伏差；3）连续充填：充填物在节理面里连续，厚度稍大于节理面的起伏差；4）厚层充填：充填物厚度大可达数十厘米至数米，形成了一个软弱带。

在进行节理面调查的时候，节理面的蚀变系数根据表 2-24 的标准进行评分。经过实地调查发现，110 分段围岩的节理面状况较好，节理面蚀变主要是 3 或者 4 两种情况；靠近上盘的矿体节理面充填物相比较复杂点。调查地点的关键组节理面蚀变程度及系数如表 2-25 所示。

表 2-24　节理风化蚀变系数 J_a 评分表

节理风化蚀变系数	J_a	
A. 节理面接触良好	J_a	残余摩擦角
节理紧密接触，未软化，无渗透性充填物	0.75	
节理面无蚀变，仅有色变（污染）	1.0	25~35
节理面轻微蚀变，未软化，矿物包层、砂质颗粒、无黏土以及碎石充填	2.0	25~30
泥质或砂质包层，黏土碎屑（未软化）	3.0	20~25
软化的或低摩擦的矿物包层，包括诸如：高岭石、云母、绿泥石、滑石、石膏、石墨等，以及少量膨胀性黏土（不连续包层，1~2 mm 或更少）	4.0	8~16
B. 当受剪面出现 10 cm 位移前，节理面相接触		
砂质颗粒、无黏性黏土及岩石碎屑	4.0	25~30
强超固结、非软化黏土矿化充填物（连续，厚度小于 5 mm）	6.0	16~24
中等或低超固结、软弱黏土矿化充填物（连续，厚度小于 5 nm）	8.0	12~16
膨胀黏土充填物，如蒙脱石（连续，厚度小于 5 mm）。J_a 数值取决于膨胀性黏土颗粒尺寸和与水接触	8.0~12.0	6~12
C. 受剪情况下节理面不接触		
破碎带	6.0	
岩石和黏土	8.0	
厚的、连续的黏土区域带	8.0~12.0	
粉质黏土或砂质黏土，少量黏土颗粒，未软化	5.0	6~24
厚连续破碎带或黏土破碎带	10.0~13.0	
极破碎黏土破碎带	6.0~24.0	

表 2-25　调查地点节理蚀变系数列表

调查地点	节理信息	1135N4矿房	1135N6矿房	1134N10矿房	110131矿房	110133矿房	116042矿房
矿体	节理面蚀变系数	2.0	3.0	2.0	3.0	3.0	3.0
下盘矿岩	节理面蚀变系数	1.0	0.75	3.0	1.0	0.75	1.0

（4）节理面含水状况折减系数

节理面的含水状况对节理的性质有很大影响，在进行节理调查的过程中，对区域的水文情况进行了调查分析。节理水折减系数 J_w 评分标准参照表 2-26 所示。

表 2-26　节理水折减系数 J_w 评分表

地下水条件	水头/m	节理水折减系数 J_w
干燥或有 5 L/min 局部节理地下水流入	<10	1.0
中等程度流入量，节理充填物局部冲蚀	10~25	0.66
在未充填的节理中有较大流入量	25~100	0.5
极大量地下水流入，随时间推移出现风化	>100	0.1~0.2
极大地、不间断地涌入而无明显风化	>100	0.05~0.1

说明：①最后三类情况是粗略计算得到的。如采用排水措施，则 J_w 值要增大。②没有考虑因冰冻引起的特殊问题。

通过现场观察，在 110 分段各个穿脉巷道和下盘沿脉巷道都较为干燥，极少地方有地下水流入，节理水折减系数 J_w 也就为 1。

（5）矿岩压力折减系数

对于现场的压力折减系数，按如图 2-8 所示的应力折减系数 SRF 曲线图进行评价，也可以参照表 2-27 所示进行评价。通过现场调查，嵩县山金矿区属于中等围压状态，根据经验，本次调查矿段的压力折减系数取 SRF = 1。

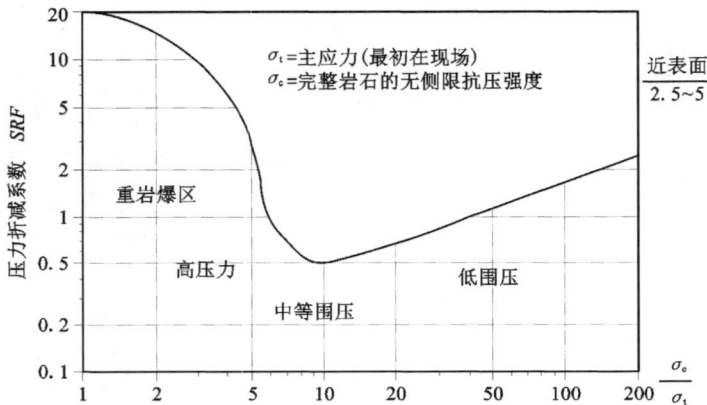

图 2-8　应力折减系数 SRF 曲线图

应用此表应注意以下问题，当评估岩体质量系数（Q）时，应遵守下列规定：

1）当钻孔岩芯不可靠时，RQD 值能从单位体积岩体含有节理数评估，对节理组按每米节理数计算。对于无黏性岩体 RQD 值简单转换关系为：$RQD = 115 - 3.3J_v$，$J_v =$ 单位岩体含有节理数（对 $35 > J_v > 4.5$，$0 < RQD < 100$）。

2）J_n 代表节理组数，主要受面理、片理、流劈理、层理等。如果节理极其发育，平行节理应被看作完整的节理组。然而，如果有几条节理，或者在岩芯偶尔仅存几个节理，评估 J_n 时，被看作自由节理。

3）J_r 和 J_a（代表剪切强度）等同于最弱明显节理组或破碎带内不连续黏土充填物。然而，如果节理组或最小 J_r/J_a 值的不连续性偏于稳定方向。或多或少节理组或不连续性比较明显，评估 J_n 时，J_r/J_a 取大值。

4）当岩体含有黏土时，评估 SRF 值适合松散荷载。在此种情况，不关心完整岩石强度。然而，当岩石节理最小或完全无黏土，完整岩石是最弱连接，其稳定性取决于围岩应力与岩石强度的比值。

5）如果适合当前或未来围岩条件，饱和条件下完整岩石的单轴抗压或抗拉强度应被计算。当暴露潮湿或饱和条件下时，应非常保守地评估岩石的强度。

表 2-27　应力折减系数 SRF 评价表

应力折减系数	SRF		
A. 弱区交叉开挖，巷道开挖时引起松散岩体冒落			
含有黏土或因化学作用碎解岩石的多组破碎带（在任意深度围岩非常松散）	10		
含有黏土或因化学作用破碎岩石的一组破碎带（埋深<50 m）	5		
含有黏土或因化学作用破碎岩石的一组破碎带（埋深>50 m）	2.5		
稳固岩石（无黏土）中多组剪切带（在任意深度围岩非常松散）	7.5		
稳固岩石（无黏土）中一组剪切带（埋深<50 m）	5.0		
稳固岩石（无黏土）中一组剪切带（埋深>50 m）	2.5		
松散的张节理，严重节理化或结晶体等（任意深度）	5.0		
B. 完整岩体、围岩应力问题	σ_c/σ_1	σ_t/σ_1	SRF
低应力，靠近地表	>200	>13	2.5
中等应力	200~10	13~0.66	1.0
高应力，极密集的构造（通常对稳定有利，但可能对侧墙稳定不利）	10~5	0.66~0.3	0.5~2

说明：①当剪切破碎带只影响但不穿过地下工程时，SRF 值减少 $25\% \sim 50\%$；②对强非均匀初始围岩应力场（如果测量）：当 $5 \leqslant \sigma_1/\sigma_3 \leqslant 10$ 时，σ_c 降为 $0.8\sigma_c$，σ_t 降为 $0.8\sigma_t$。当 $\sigma_1/\sigma_3 \geqslant 10$ 时，σ_c 降为 $0.6\sigma_c$，σ_t 降为 $0.6\sigma_t$。σ_c 为单轴抗压强度；σ_t 为抗拉强度；σ_1、σ_3 是最大、最小主应力。③极少数情况，当地表下顶柱深度小于跨度时，在此种情况下，可以降低 SRF 系数从 2.5 到 5。

（6）地下巷道编录结果汇总

对调查区地下巷道编录选取的位置和每个区段的矿岩地质参数进行总结，结果如表 2-28 所示。

表 2-28　地下岩土地质编录总结表

调查地点	J_n	J_r	J_a	J_w	SRF
1135N4 矿房	12	3	2.0	1	1
	6	1.5	1.0	1	1
1135N6 矿房	9	3	3.0	1	1
	6	1.5	0.75	1	1
1135N10 矿房	12	1.5	2.0	1	1
	6	3	3.0	1	1
110131 矿房	9	1.5	3.0	1	1
	12	1.5	1.0	1	1
110133 矿房	12	1.5	3.0	1	1
	9	1.5	0.75	1	1
116042 矿房	6	3	3.0	1	1
	12	2	1.0	1	1

（7）评价结果

依据上述指标，根据矿区工程地质、水文地质条件以及矿体赋存条件、节理裂隙发育规律调查，矿区地应力测量和矿岩岩石力学性质试验结果等，依据表 2-9，对嵩县山金矿体、上下盘围岩进行质量分级评价，结果如表 2-29 所示。

表 2-29　巴顿岩体质量(Q)分类方法评价结果

测样	分类参数分值						Q 值	岩体分级	质量描述
	RQD	J_n	J_r	J_a	J_w	SRF			
上盘	52	6	3	2	1	1	13.0	Ⅱ	一般
矿石	43	9	3	2	1	1	7.17	Ⅲ	差～一般
下盘	34	12	1.5	0.75	1	1	5.67	Ⅲ	差～一般

2.2.3.2　RMR 分类法评价

采用 RMR 分类评价方法。指标 RMR 值由式（2-10）确定。

依据上述指标，根据矿区工程地质、水文地质条件以及矿体赋存条件、节理裂隙发育规律调查，矿区地应力测量和矿岩岩石力学性质试验结果等，依据表 2-12，对嵩县山金金矿矿石、上下盘围岩进行质量分级评价，结果如表 2-30 所示。

表 2-30　*RMR* 法岩体质量分级评价结果

测样	强度分值	*RQD*分值	节理间距分值	节理条件分值	地下水分值	修正分值	总分	分类级别	质量描述
上盘	7	13	15	25	10	-5	65	II	好
矿体	7	8	15	20	7	-5	52	III	一般
下盘	12	8	10	10	7	-5	42	III	一般

2.2.3.3　岩体质量指标 *RQD* 分类法评价

它是根据钻探时的岩心完好程度来判断岩体的质量, 对岩体进行分类。即将长度在 10 cm(包含 10 cm) 以上的岩芯累计长度占钻孔总长度的百分比, 称为岩石质量指标 (*RQD*)。根据岩心质量指标值的大小, 将岩体分为五类, 详见表 2-31。使用 *RQD* 作为岩体分类指标是有局限性的, 它不能全面反映岩体强度的特性, 也没有反映节理的力学性质、充填物的影响等。

表 2-31　岩石质量指标

岩石等级	岩体质量描述	*RQD*/%
I	极好	90~100
II	好	75~90
III	不足	50~75
IV	劣	25~50
V	极劣	0~25

根据嵩县山金矿深部矿体详查报告可知, *RQD* 值可如表 2-32 选取。

表 2-32　*RQD* 平均值统计表

位置	上盘	矿体	下盘
RQD 平均值	52	43	34

根据上述评分值, 并由岩体质量指标 *RQD* 分类法可知, 上盘岩体为 III 岩体, 下盘和矿体均为 IV 类岩体。

2.2.4　岩体质量分级结果的对比分析

利用巴顿岩体质量(*Q*)分类法及岩体地质力学(*RMR*)分类法、岩体质量指标 *RQD* 分类法对嵩县山金矿矿体采场岩体进行稳定性分级, 分级结果对比表如表 2-33 所示。

表 2-33　3 种分类方法分级结果对比表

测样位置	RMR 分类法			(Q) 系统分类法		RQD 分类法	
	质量级别	质量描述	岩体稳定性	级别	描述	级别	描述
上盘	II	好	4 m 跨，6 个月	II	一般	III	不足
矿体	III	一般	3 m 跨，7 天	III	差至一般	IV	劣
下盘	III	一般	3 m 跨，7 天	III	差至一般	IV	劣

由表 2-33 可以看出，由于 3 种分类方法所侧重的参数不同，分级结果也不同。如 RQD 法只反映岩体强度情况，不能全面反映岩体强度的特性；Q 系统方法侧重结构面的形态，并考虑了地下水及地应力的影响；RMR 分类法考虑全面，但没有考虑地应力对岩体稳定性的影响。采场总体稳定性均为一般或者较差，回采过程中采场宽度为 7~8 m，说明在回采过程中岩体自身的稳定性不够，下盘岩体局部有破碎带，稳定性较差，生产过程中须对其加强支护确保采场安全高效生产，工程岩体质量 BQ 分级结果如表 2-34 所示。

表 2-34　岩体质量 BQ 分级结果汇总表

中段/m	位置	编号	节理体密度/(条·m⁻³)	岩体基本质量指标(BQ)	岩体分级结果	结构体形态特征
100	1135N6 矿房	#1	28.48	330	IV	破碎带，裂隙很发育，岩体碎块、碎屑结构
	110131 矿房	#2	28.56	315	IV	较坚硬岩体，岩体破碎，裂隙很发育
	110136 矿房	#1	20.68	355	III	岩体比较破碎，裂隙发育，岩体比较完整
140	151113 矿房	#2	15.29	321	IV	破碎带，裂隙很发育，碎块、碎屑结构
	157932 矿房	#2	17.12	312	IV	坚硬岩体，岩体破碎，裂隙很发育
140	15M232 矿房连巷	#3	36.79	244	V	岩体破碎，裂隙很发育，碎块、碎屑结构，
180	205741 矿房	#1	18.76	304	IV	坚硬岩体，岩体破碎，裂隙很发育
	202041 矿房	#2	29.78	265	IV	破碎带，裂隙很发育，碎块、碎屑结构

2.3 常用支护理论与技术

2.3.1 主流支护理论

理论指概念、原理的体系，是系统化了理性认识。科学理论是在社会实践的基础上产生并经过社会实践的检验和证明的理论，是客观事物本质、规律性的正确反映。科学理论的重要意义在于它能指导人们的行动，没有理论指导的实践是盲目的实践。

支护理论的核心是关于巷道支护与围岩相互作用本质与规律的系统化的理性认识，它一直是岩石工程研究的一个突出难点。巷道工程与人们常见的地铁等浅层工程比较有如下特点：①巷道埋藏深，地应力大。一般的地铁等浅层地下工程埋深为 10 余米，通常不超过 30 m。②巷道支护级别低，支护投入少。巷道工程大多数是临时性工程，受经济条件的限制，不可能像地铁等永久性民用地下工程那样投入高规格巷道支护，而巷道围岩也不可避免地会出现一定程度的破坏，巷道维护级别低。③巷道支护载荷不确定。浅层地下工程通常是把上覆岩层全都看成上载荷，支护也有条件地担负起岩土的全部重量。巷道工程则不同，450 m 埋深的上覆岩土重量为 11 MPa 以上。在理想压力分布条件下常用的 U 形钢拱架一般都小于 0.2 MPa，巷道支架能够提供的支护强度经常不及围岩应力的 1%~2%。④巷道允许的变形量大。浅层地下工程通常围岩变形量只有数毫米到十毫米，而巷道工程，由于地应力大，支护投入小，又多是临时性工程，允许的围岩变形量大，特别是软岩巷道，变形量大的围岩移近量为数百毫米，甚至上千毫米。巷道支护经常不可避免地要经历和控制围岩的破坏过程。通常认为一般巷道围岩明显位移范围在巷道宽度的 5 倍范围以内，如果以该范围内的岩石平均扩容量衡量围岩的破坏程度，而完整岩石达到峰值强度时其扩张容量一般只有千分之几。

巷道工程的上述特点决定了巷道支护问题的复杂性，也促进了众多科技工作者对巷道支护理论的不断研究和探索，并取得了许多重要成果。但是有关巷道支护理论仍然大大落后于实际应用技术。

2.3.1.1 巷道支护与围岩相互作用原理

该理论主要内容可以概括为以下 4 点：①巷道支护一般起不到开挖后立即支护、即刻有效的作用，通常要等到围岩有一定变形后，巷道支护才能有效发挥作用。②巷道支护与围岩相互作用表现为巷道支架提供一定的支护阻力以控制围岩塑性区的进一步发展和围岩变形，保持围岩稳定。③巷道支护刚度越低或支护工作越滞后，支架所承受的载荷，即支护阻力越小，而巷道的变形量则越大，反之亦然。对于软岩巷道，由于围岩应力相对较大，巷道支护不能抵抗围岩压力，而应该有适当的允许变形量或可缩量，以实现以较小支护阻力适应较大的围岩变形，达到维持巷道围岩稳定的目的。④巷道支护刚度过低或者滞后支护时间过长，不利于巷道维护。巷道支护的最低阻力一般应该是以少或不出现松动破裂为限。

上述巷道支护与围岩相互作用原理代表了弹塑性力学解决巷道支护问题的普遍观点，但是关于巷道支护与围岩作用的理论认识还是在前面归纳的 4 点之内。

2.3.1.2　悬吊理论、组合梁理论和组合拱理论

悬吊理论、组合梁理论和组合拱理论是巷道锚杆支护设计中被公认最为经典的理论，得到了广泛的应用。

（1）悬吊理论

1952年路易斯·阿·帕内科（Louis A. Panek）等发表了悬吊理论，悬吊理论认为锚杆支护的作用就是将采场顶板较松软的岩层悬吊在上部稳固的岩层上，如图2-9所示。对于采场揭露的层状岩体，直接顶板均有弯曲下沉变形趋势，如果使用锚杆及时将其挤压，并悬吊在老顶上，直接顶板就不会与老顶离层乃至脱落。锚杆的悬吊作用主要取决于所悬吊的岩层的厚度、层数及岩层弯曲时相对的刚度与弹性模量，还受锚杆长度、密度及强度等因素的影响。这一理论提出的时间较早，满足其前提条件时，有一定的实用价值。但是大量的工程实践证明，即使采场上部没有稳固的岩层，锚杆亦能发挥支护作用。例如，锚杆锚固在破碎岩层中也能达到支护的目的，说明这一理论有局限性。

（2）组合梁理论

组合梁理论认为采场顶板中存在着若干分层的层状顶板，可看作是由采场两帮作为支点的一种梁，这种岩梁支承其上部的岩层载荷，如图2-10所示。使用锚杆可将各层"装订"成一个整体的组合梁，防止岩石沿层面滑动，避免各岩层出现离层现象。在上覆岩层荷载作用下，这种较厚的组合梁与单纯的叠加梁相比，其最大弯曲应变和应力大大减小，挠度亦减小了。而且各层间摩擦阻力越大，整体强度越大，补强效果越好。但是，这种理论在岩层沿采场纵向有裂缝处理梁的连续性问题和梁的抗弯强度问题时，有一定的局限性。

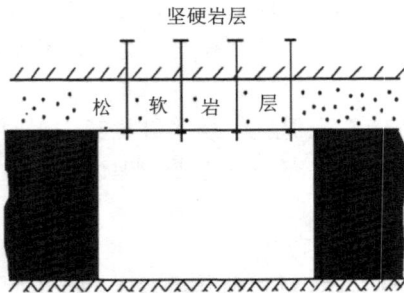

图 2-9　悬吊理论示意图

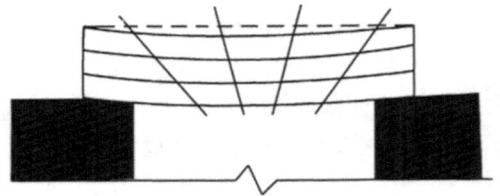

图 2-10　组合梁理论示意图

（3）组合拱理论

组合拱理论是由兰氏（TALang）和彭德（Pender）通过光弹试验提出来的。组合拱理论认为，在拱形采场围岩的破裂区中，安装预应力锚杆时，在杆体两端将形成圆锥形分布的压应力，如果沿采场周边布置的锚杆间距足够小，各个锚杆的压应力相互交错，这样在采场周围的岩层就会形成一种连续的组合带（拱），如图2-11所示。

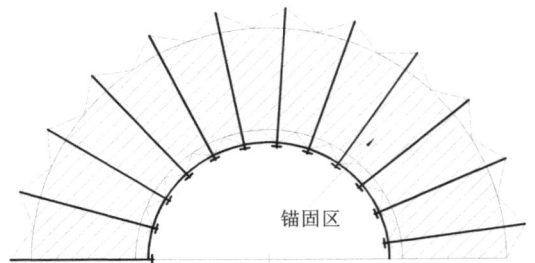

图 2-11　组合拱理论示意图

这种组合拱可承受上部岩石的径向载荷，如同碹体起到岩层补强的作用，承载外围的压力。组合拱理论的不足之处是缺乏对被加固岩体本身力学行为的深入探讨，与实际情况有一定的差距，在分析过程中没深入探索围岩–支护的相互作用。

2.3.1.3　最大水平应力理论

澳大利亚学者盖尔（W. J. Gale）在 20 世纪 90 年代初提出了最大水平应力理论。该理论认为矿井岩层的水平应力一般是垂直应力的 1.3~2.0 倍，而且水平应力具有方向性，最大水平应力一般为最小水平应力的 1.5~2.5 倍。采场顶、底板的稳定性主要受水平应力影响，且有 3 个特点：①与最大水平应力方向平行的采场受水平应力影响最小，顶底板稳定性最好；②与最大水平应力方向呈锐角相交的采场，其顶板变形破坏偏向采场某一帮；③与最大水平应力方向垂直的采场顶、底板稳定性最差，如图 2-12 所示。

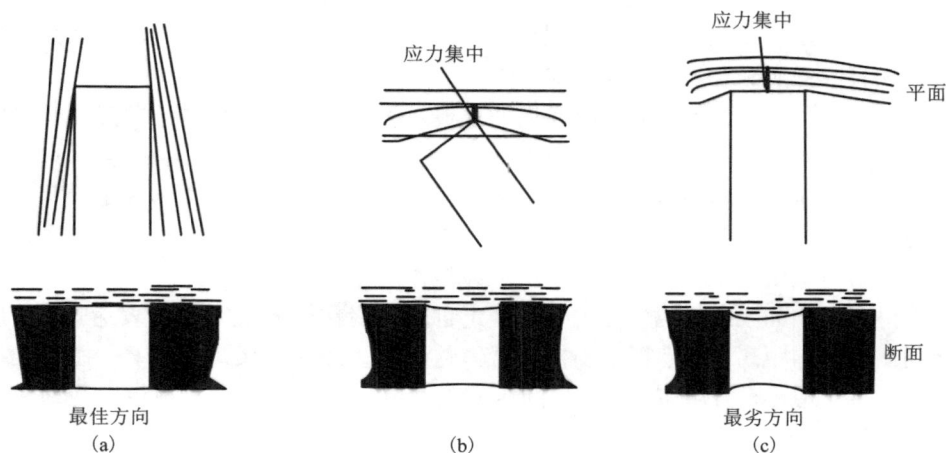

图 2-12　最大水平应力理论

最大水平应力理论，论述了采场围岩水平应力对采场稳定性的影响以及锚杆支护所起的作用。在最大水平应力作用下，采场顶底板岩层发生剪切破坏，因而会出现错动与松动，引起层间膨胀，造成围岩变形。锚杆所起的作用是约束其沿轴向方向的岩层膨胀和垂直于轴向方向的岩层剪切错动，因此要求锚杆支护系统具备强度大、刚度大、抗剪阻力大的高强特点。

2.3.1.4　松动圈理论

松动圈理论通过大量现场观测巷道支护作用与围岩破裂区、塑性区生成的时间先后关系，发现先行巷道支护既不及时也不密贴，只有在围岩产生足量变形之后才能提供支护阻力。以此为基础提出了巷道围岩松动圈支护理论，如图 2-13 所示。其理论要点：①巷道开挖后围岩应力重新分布，巷道周边一定范围内的围岩由于所受压力超过其强度而发生破坏，围岩破坏区一般呈环形状，称

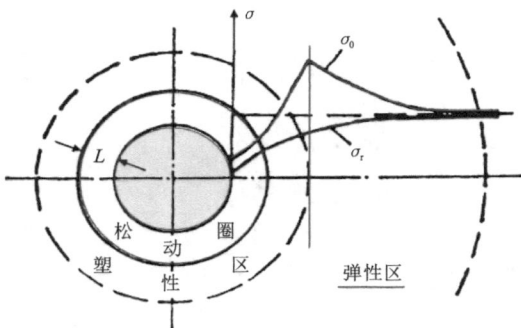

图 2-13　松动圈理论

为松动圈。②围岩松动圈大小主要决定于地应力和围岩强度的大小，而受巷道开挖尺寸、支护影响不大。同一围岩巷道中，岩石应力越大，松动圈也越大。在同一地应力条件下，岩石强度越低，松动圈越大。③围岩松动圈形成时间短的需要 3~7 天，长的需要 1~3 个月。④松动圈发展过程中，岩石碎胀变形和碎胀力是巷道载荷的最主要部分，是支护对象。⑤按照松动圈的大小，巷道围岩可以划分为 6 类，即稳定、较稳定、一般稳定、一般不稳定、不稳定和极不稳定，其中，松动圈宽度小于 150 cm 的一般稳定和较稳定围岩，支护设计适用锚杆悬吊理论，而松动圈宽度大于 150 cm 的不稳定围岩支护设计适用锚杆组合理论。松动圈理论以其简单、直观等优点，为广大工程技术人员所接受，在开拓巷道支护中得到了较广泛的应用。

2.3.1.5　普氏理论

目前关于锚索参数设计的理论还不是很完善，在工程实践当中，普氏理论是锚索参数设计的主要理论依据。在锚索参数设计过程中，通常会通过理论计算并结合工程经验来确定一组适合现有工程实际、合理有效的支护参数。

普氏理论认为，梯形或矩形采场或巷道的顶板发生冒落后，采场顶部将会形成自然平衡拱，在拱顶部分会有围岩压力作用在硐室顶上，形成的自然平衡拱的硐顶岩体只能承受压应力不能承受拉应力。作用在深埋岩体硐室顶部的围岩压力仅为拱内岩体的自重，在工程中通常为了方便，将硐室顶的最大围岩压力作为均布荷载。冒落拱内的岩石重量就是支护所要支撑的岩石重量，即认为拱内矿岩重力即是作用在长锚索上的力。

为了求得硐室顶的围岩压力，首先必须确定自然平衡拱拱轴线方程的表达式，然后求出硐室顶到拱轴线的距离，以计算平衡拱内岩体的自重。按照普氏理论计算，抛物线拱可以简化为矩形拱，此时压力均布，则拱顶的压力强度由式(2-21)计算，顶板压力即冒落拱重力计算公式见式(2-22)。

$$q = \gamma h_0 \tag{2-21}$$

$$P_0 = ql = 2a\gamma h_0 l \tag{2-22}$$

式中：q 为采场顶板的压力强度，kN/m^2；l 为采场的长度，m；a 为采场宽度的一半，m；γ 为矿岩的容重，kN/m^3；h_0 为冒落拱的高度，m。

当两帮不稳定时，$h_0 = \left[a + h\tan\left(45° + \dfrac{\phi}{2}\right) \right] \cdot \dfrac{1}{f}$；当两帮稳定时，$h_0 = \dfrac{a}{f}$，其中，$h_0$ 为采场高度；ϕ 为岩石内摩擦角；f 为岩石的普氏硬度系数。

由于公式(2-22)主要适用于浅埋的情况，当埋深大于 400 m 后，要对普氏公式加以修正，其修正公式为：$P = KP_0$，式中，K 为修正系数。

2.3.2　主流支护技术

2.3.2.1　金属支架支护

金属支架一般由槽钢、钢轨、工字钢和 U 型钢等材料制成。常见的钢轨和工字钢属于刚性金属支架，可缩性金属支架包含环形 U 型、环形、梯形可缩性支架等。20 世纪七八十年代，刚性金属支架逐步代替了木支护，成为井下巷道支护的主体。虽然刚性金属支架具有很好的承载能力，但可缩性差，支架承载不会随围岩变形而突然增大，特别是在深部地压下尤为明显。综上，刚性金属支架适合在围岩变形较小、采动压力影响不大的巷道中使用，而在深部破碎围岩支护中应用较少。以 U 型钢为主体的可缩性金属支架由于具有可缩性，可以随着外部荷载的增加而控制自身的内力，从而避免严重的变形破坏。同时由于 U 型钢具具有良好的断面形状和几何参数，故设计合理、连接正确的支架能够获得良好的承载能力。我国和其他国家在 U 型钢使用上存在差异，如在材质、断面和几何参数方面。我国 U 型钢的使用效果不是特别理想，原因可以归纳为以下方面：U 型钢强度低，不能支撑巷道变形；实际可缩性不能满足断面变形要求；深部高应力下围岩的不均匀荷载降低了支架力学性能，甚至使支架失稳。王青成提出了 U 型钢+棚腿补强锚杆联合支护方式，该方式能够有效提高支护结构的承载能力。张宏学、刘立民等分别对不同围压条件下和不同地应力条件下 U 型钢的受力情况及变形量做出研究，结果表明大采深矿井封闭型 U 型钢可缩性支架效果较好于普通 U 型钢可缩性支架，且应力主要集中在柱腿部分，U 型钢支架在柱腿位置 0~1.01 m 之间加固效果最佳，其加固位置的选择和岩石内摩擦角有关。

2.3.2.2　锚杆支护技术

以锚杆为主体的控制围岩稳定性的一类支护形式可以统称为锚杆支护，锚杆的原理是将围岩锚固起来形成一个整体，从而提高围岩自身支撑强度保持岩体稳定性。较长时期以来，美国、澳大利亚等国家的锚杆支护使用十分普遍。其在矿山巷道支护的占比几乎达到了 100%，20 世纪七八十年代主要采矿国家的巷道支护形成了 3 种类型：一是联邦德国、英国、日本、波兰等国家以金属支架为主的巷道支护，其中大部分是金属可缩性支架；二是美国、澳大利亚等国家以锚杆支护为主的巷道支护；三是以苏联为代表的多种支护并用形式，采区内则以可缩性金属支架为主。

锚杆支护技术作为地下巷道和其他地下工程支护技术的一种主要形式，是井巷支护比较经济合理的有效手段，在煤矿、金属矿山、水利、隧道以及其他地下工程中得到迅速发展。常见与锚杆相结合的支护体有混凝土、金属网、钢带、桁架或这几种形式的组合，这些支护形式主要是随着锚杆大面积使用而发展起来的。从 20 世纪 40 年代开始，机械式锚杆在矿山开始广泛运用，人们开始对锚杆进行系统研究。后来发展了锚固性能更好、适应性更强的新型锚杆，如树脂锚杆、缝管式锚杆、胀壳管锚杆、桁架锚杆和特种锚杆等，并诞生了锚索。锚杆在采矿业得到了广泛应用，为矿山行业带来了可观的经济效益。目前，据估计国内外各种各样的锚杆有数百种之多。一般将几十年来世界锚杆支护技术发展过程分为 5 个阶段。

①1945—1950 年，机械式锚杆开始研究与应用。

②1950—1960 年，采矿业广泛采用机械式锚杆，并开始对锚杆支护技术进行系统研究。锚杆支护的主要型式是机械端头锚固，分为楔缝式、胀管式、倒斜式等，其特点为锚固力低，系统刚度小，可靠性差，不宜在软岩中使用。

③1960—1970 年，树脂锚杆推出并在矿山得到应用。

④1970—1980 年，发明了管缝式锚杆、胀管式锚杆并得到应用。各种形式的锚杆同时被推广和应用，如砂浆锚杆、树脂锚杆、管缝式锚杆、水涨锚杆等，它们的特点为全长锚固，锚固力大，可靠性高，适应性强。现已证明，黏结式锚杆锚固力随着围岩变形量的增加逐渐增大。机械点锚杆锚固力初期总有个急剧下降的过程，然后就维持在较低的水平。

⑤1980—1990 年以来，混合锚头锚杆、组合锚杆、桁架锚杆、特种锚杆（注浆锚杆、自钻锚杆、接杆锚杆）以及高强度锚杆得到应用，树脂锚固剂材料得到改进。树脂锚杆以其优越的锚固性能和简易的操作工艺逐渐占领了锚杆市场；砂浆锚杆由于灌浆工艺复杂、凝固时间长，胶结质量难以保证；管缝式锚杆和水泥锚杆易锈蚀且锚固力受到钢材和围岩松弛的影响，只能有条件地发展应用。此外，各种适应于特殊开采条件的锚杆形式也得到发展，如可切割的玻璃纤维锚杆、钢股（steel stand）锚杆，适应于大断面巷道和硐室的桁架锚杆、锚索等。

（1）管缝式锚杆

管缝式锚杆是一种全长锚固，主动加固围岩的新型锚杆，它由杆体、托板和环形法兰 3 部分组成。杆体由高强度钢管或钢板卷制而成，材质为 45 号钢或低合金钢（16MSl 钢板）。目前，国内多用 3 号钢板（A3 或 Q235）卷压成型，直径为 43 mm 和 34 mm，钻孔直径分别为 41 mm 和 31 mm，长度为 1.5~2.2 m。管缝式锚杆的作用特点主要体现在以下 4 方面：及时性、适应变形能力、加固作用和应力调整作用。它的立体部分是一根纵向开缝的高强度钢管，当安装于比管径稍小的钻孔时，可立即在全长范围内对孔壁施加径向压力和阻止围岩下滑的摩擦力，加上锚杆托盘托板的承托力，从而使围岩处于三向受力状态，并实现岩层稳定。相比于其他锚杆，管缝式锚杆的优势在于：锚杆与岩体的摩擦力大；安装简单，仅通过凿岩机等工具冲击即可完成安装；锚固过程中无须使用锚固剂；具有很高的抗剪、抗拉强度；配合高强度托盘，托盘受力均匀；径向和轴向方向可以提供及时支护，管缝式锚杆如图 2-14 所示。

（2）树脂锚杆

树脂锚杆是以合成树脂为黏结剂把锚杆杆体与孔壁岩石连结成整体的一种新型锚杆。它具有承载快、锚固力大、安全可靠、操作简便、劳动强度小和有利于加快开挖速度等优点。树脂锚杆还避免了砂浆锚杆中砂浆收缩引起的锚固效果降低。锚杆支护参数设计主要包括以下项目：锚杆长度、锚杆直径、锚杆的间排距。关键是如何确定锚杆的有效长度，也就是围岩破碎带半径，对于顶板而言，就是冒落带高度。其工作原理为：锚杆时锚固在岩体内为维护岩体稳定的杆状结构物，在围岩中起悬吊、组合梁、组合拱等作用。在安装过程中，树脂锚杆金属杆体起到混合器的作用，杆体经锚杆钻机旋转进入已打好的钻孔内，将预先放置孔端的树脂锚固剂捣破，使树脂胶泥和固化剂混合起化学反应，树脂胶泥快速固化，把岩石与锚杆胶结在一起，起到锚固作用，树脂锚杆如图 2-15 所示。

图 2-14　管缝式锚杆示意图

图 2-15　树脂锚杆

2.3.2.3　锚索支护发展

锚索支护是把锚索锚固入岩层深部,将主体结构的支护应力传递到深部稳定岩层的主动支护方式,它可以传递较大的拉应力。锚索一般是锚杆长度的 3~5 倍,除具有普通锚杆的悬吊作用、组合梁作用、组合拱作用外,与普通锚杆不同的是它对巷道围岩进行深部锚固而产生强力的悬吊作用,在实际应用中往往锚杆与锚索配合使用。

锚索由索体、锚具和托板等组成,索体主要由柔性可弯曲的钢绞线制成。锚索支护技术方法,即在岩体中钻凿一定直径和深度的岩孔作为锚索孔,然后装入预先处理好的一定直径的螺纹钢或钢绞线,再利用注浆孔注入一定比例的水泥砂浆;或者用处理好的钢丝绳或钢绞线将树脂锚固剂送入孔底并搅拌均匀,其凝固之后岩体内应力增大,强度提高;又或者先向孔底送入树脂锚固剂搅拌后再注浆。其特点是锚固深度大,承载力高,可施加较大的预紧力,因而可获得比较理想的支护效果,其加固范围、支护强度、可靠性是普通锚杆无法比拟的。

目前,用于工程岩体加固的锚索种类很多。按锚索索体材料可分为精轧螺纹钢筋、高强度钢丝和钢绞线锚索。由于钢绞线在强度、松弛性、柔性等方面更具优越性,且便于运输、安装,目前煤矿锚索主要由钢绞线制作。

按锚索材料可分为树脂锚固、水泥浆锚固及树脂与水泥浆联合锚固。树脂锚固剂固化时间短,及时支护性能好。水泥浆固化时间长,难以实现及时支护。目前全长锚固一般是在锚索钻孔顶部安装树脂锚固剂张拉后,再往钻孔内注入水泥浆,采用固化快慢结合的锚固剂实现预应力锚索的全长锚固。

锚索按锚固长度可分为端部锚固锚索和全长锚固锚索两种。有时为了同时发挥两类锚固方式的优点,采取加长锚固的方式。在巷道支护设计中可根据工程需要选择合理的锚固长度。

锚索按索体的数量可分为单体锚索和锚索束。单体锚索为多股钢绞线组成的一根锚索,锚索束索体由 2 根或 2 根以上锚索组成。锚索束在煤矿中主要用于比较重要的永久性巷道或硐室的加固,如井筒、马头门、大跨度硐室等。随着矿井开采规模和开采强度的增加,不少矿区进入深部开采,地质条件日趋复杂,锚索束在深井复杂条件下巷道围岩控制中发挥着显著作用。

锚索按索体结构形式可分为普通锚索和特殊结构锚索。普通锚索索体为不作任何处理的钢绞线,为了提高锚固力,可在索体端部增加搅拌头或卡箍。特殊结构锚索主要有鸟笼式锚索、球状式锚索、套箍式锚索和坚果式锚索等。

锚索按是否预先施加预应力可分为非预应力锚索和预应力锚索。非预应力锚索支护主要为砂浆锚索支护。预应力锚索结构由外锚头、张拉段(也叫自由段)、内锚头、高强度钢绞线等共同组成。其中,施加一定的预应力是为了减少位移变形,使其满足结构设计要求和减少位移变形可能带来的危害。预应力锚索中的高强度钢绞线通过锚固段锚固于土体中,并在其中填充树脂或水泥砂浆等胶结材料,把杆体和

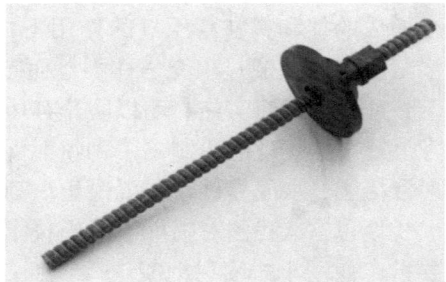

图 2-16　玻璃钢锚索示意图

土体或岩体胶结成一个整体使之共同受力，锚固段则是用来提供锚固力。预应力长锚索（其中包括树脂药卷长锚索支护、涨壳端锚中空注浆长锚索支护以及树脂药卷+注浆复合长锚索支护）与传统支护结构相比，它是一种"主动"的支护形式，更易于控制围岩的变形，可使围岩的自身承载能力得到充分发挥，玻璃钢锚索如图 2-16 所示。

近年来，国内外锚索支护技术发展迅速，应用也越来越广泛。在岩土边坡、交通隧道、矿山井巷、深坑基、坝基及结构加固方面广泛应用了锚索支护技术。在英国、澳大利亚锚索支护技术的应用十分普遍，尤其在煤巷方面的应用十分突出，利用轻性锚杆钻机即可施工。新材料、新机具的不断出现，充实和发展了岩土锚固技术。今后在围岩较差的大硐室、交叉点、断层附近及受动力影响的巷道等处应用锚索支护的前景比较广阔。

2.3.2.4　锚网支护

锚网又称为勾花网、挂网、菱形网、钢筋焊接支护网（图 2-17）。锚网支护是指在岩土体内施工和分布一定长度的锚杆，使之与岩土体共同作用形成复合体，以弥补岩土体强度不足并发挥锚拉作用，使岩土体自身结构强度潜力得到充分发挥。巷道内设置钢筋网喷射混凝土，起到约束变形的作用，使整个巷道形成一个整体。锚杆伸入到围岩内起加固作用，并改善围岩（特别是结构面上）的应力状态。用锚杆加固深层围岩形成岩石承载拱，用金属网

图 2-17　锚网索支护示意图

封闭巷道表面并支护锚杆间拉应力区的围岩，再应用双筋条和特殊托盘加固。根据围岩的地质条件以及现场变形量测量数据，对所采用锚杆的种类、直径、长度、间排距和锚杆的排列布置方式进行优化处理，确保围岩在锚网支护方式下保持稳定。

在巷道围岩的地质变形作用较为明显、巷道围岩表面变质风化严重地带，采用带有托板全长锚固的树脂锚杆。该锚杆端部加有托板，并在外端头施加扭矩，使得托盘产生预应力，给巷道表面松动破碎的岩体提供径向抗力，限制了表面围岩的松动变形，使之处于三向受力状态，比矿上经常使用的管缝式锚杆能更好地加固围岩表面。对于一般地段的岩体可采用管缝式锚杆。然后在锚喷网支护的作用下的破碎围岩和锚杆在围岩内部形成一定厚度的围岩加固拱，从而大大提高了围岩自身的承载能力。

2.3.2.5　喷射混凝土支护

20 世纪 70 年代初，加拿大开始运用喷射混凝土支护。它是指由混凝土和一些添加剂混合而成的拌和料在高压气的作用下由喷头高速喷向岩体表面形成岩体表面支护层。喷射混凝土支护层通过填充岩体裂缝而减小或阻止围岩的变形，并将载荷转移到较稳定的岩体上，对岩体表面实施封闭以防止其风化，并对表层围岩施加第三向压力。喷射混凝土技术发展比较快，现已研制出多种喷射混凝土，如干式喷射混凝土、潮湿喷射混凝土和湿式喷射混凝土、水泥裹砂喷射混凝土（SEC）、钢纤维喷射混凝土及塑料网喷射混凝土。

长期以来，我国对喷射混凝土技术的应用和推广十分重视。20 世纪六七十年代，我国主要推广使用干式喷射混凝土。"七五"期间，我国研制成功潮式混凝土喷射机，为潮喷技术的全面推广打下了坚实的基础。湿式喷射混凝土是 20 世纪 80 年代初发展起来的，我国

在"六五"期间就开始研制挤压泵式湿喷机及液体速凝剂，并在人防工程和大型隧道领域小面积推广应用。但由于湿喷机及配套系统体积庞大，与现行掘进支护系统配套性差，而且集料与外加剂无法满足泵送工艺的要求，所以，湿式喷射技术至今未在我国全面推广应用。钢纤维喷射混凝土技术是 80 年代中期发展起来的喷射混凝土新工艺。我国在"七五"期间就着手研究、试验钢纤维喷射混凝土和钢纤维制造技术。目前已开发了许多形式的钢纤维，并进行了钢纤维喷射混凝土工业性试验。但由于钢纤维在我国价格昂贵，因此钢纤维喷射凝土也一直未得到普遍应用。

塑料网喷射混凝土不仅具有较强的承载能力，而且材料允许适当大的位移，其承载能力是素喷射混凝土的 2.24 倍，是钢纤维喷射混凝土的 1.27 倍，是钢丝网喷射混凝土的 1.22 倍。最大允许位移是素喷射混凝土的 4.56 倍，是钢纤维喷射混凝土的 1.93 倍，是钢丝网喷射混凝土的 1.5 倍。塑料网喷射混凝土是一种优于素喷射混凝土、钢纤维喷射混凝土和钢丝网喷射混凝土的复合材料，同时，它具有耐腐蚀，服务年限长等优点，在我国应用前景很好。

喷射有机聚合物是 20 世纪 90 年代由加拿大的两家科研机构研制的一种新型的巷道支护材料。两种液体有机化合物组成像喷射混凝土一样的物质，被喷射头喷射到岩体表面而形成一薄层有机聚合物支护层。该有机聚合物不仅能与岩体表面紧密黏结，而且能渗透到岩体裂缝中将破碎岩体黏结起来，改善破碎围岩之间的黏结和摩擦状况，阻止破碎岩块之间的相互错动，达到加固围岩的作用。据介绍，约 2 mm 厚的该支护层能承受 7 t/m² 的支护载荷。假设围岩表面没有变形，围岩不对支护层产生任何约束，其承载能力可达 7 kN。如果允许围岩有 5 cm 的变形和 50 cm 的边界约束条件，有机喷射聚合物的承载能力可达 31 kN。

2.3.2.6　联合支护

（1）锚喷支护

锚喷支护（anchor-plate retaining）是由锚杆和喷射混凝土面板组成的支护。其主要作用是限制围岩变形的自由发展，调整围岩的应力分布，防止岩体松散坠落。既可作为施工过程中的临时支护，也可在某些情况下用作永久支护或衬砌。

锚杆的主要作用是增强节理面和岩层间的摩擦力，增强岩块或岩层的稳定性。喷射混凝土的作用是加固围岩，防止岩块抬动、剥离或坠落。两者结合发挥围岩的自承能力。其主要优点：不需要模板；喷层具有高黏附性，使喷层与岩层共同承受荷载；胶结松散的岩块，充填裂隙并深入内部，减少岩石的应力集中；减少岩块位移或坠落；具有高密度或高强度等特点；紧随掘进工作面，防止岩石风化或塌落；支护占衬砌断面小，节约投资和劳力。但是在混凝土喷射过程中回弹量大，粉尘较多，影响操作人员健康。

（2）锚喷网支护

锚喷网支护结构是锚杆、喷射混凝土和金属网三者并用的联合支护结构。与锚喷结构比较，它的最大特点是因增加了金属网，增强了喷射混凝土的整体性和抗弯、抗拉、抗剪性能。

（3）锚网索支护

锚网索支护技术作为主动支护，可以在支护初期提供一定的初撑力，使得巷道围岩三向受力，提高围岩自身的强度，从而达到稳定控制的目的（图 2-16）。而近距离煤层下位巷道因受到上位煤层采动影响，出现顶板破碎，矿压强，变形大等现象。锚网索支护能够对围岩结构面离层等起到抑制作用,能够较好地控制该类巷道的稳定。锚网索的支护机制主要体现在以下几点。

锚杆支护能够有效控制围岩的离层、新裂纹产生等现象,保证围岩的完整性,使其成为主要承载体。锚杆与围岩共同组成承载结构,抑制承载结构外岩层离层,优化围岩的应力分布。

锚杆预紧力在巷道支护中具有重要的作用,与托盘、钢带、金属网等结合能够使得预紧力作用到更大范围的围岩中,锚杆预紧力施加越大、越及时,锚杆的支护系统刚度就越大,围岩强度就越高。

2.3.3 区域构造破碎围岩支护设计

2.3.3.1 锚网支护设计遵循的原则与方法

作为锚固设计,应遵循以下原则,即在充分了解围岩介质的物理力学性质、结构特征的基础上,对不同应力环境条件下破坏形式、破坏部位及程度进行预计;选择相应的锚固形式和设计相应的锚固参数,进行有针对性的加固,为改善锚杆支护质量,提高支护效率,及时对围岩进行支护,主要是将原先的锚喷网支护(中长锚杆和短锚杆相结合的锚网喷联合支护、锚网喷联合支护、压双筋条的锚喷支护等)改为锚梁网支护(主要是采用树脂锚杆+金属网+双筋条)。以保证技术上可行、安全上可靠、经济上合理,具体来说,主要考虑以下几个方面:

(1)围岩的物理力学性质、结构特征,原岩应力场(包括重力、构造应力等);

(2)锚杆的材料特性、布置方式、间排距、预应力、安设时间;

(3)围岩及锚杆的破坏模式,采动应力的影响;

(4)施工影响因素以及相关法律法规;

(5)经济上的合理性和材料的供应。

2.3.3.2 采用工程类比法进行巷道组合支护设计

锚梁网支护设计关系到巷道支护工程的质量优劣、是否安全可靠以及经济是否合理等重要问题。工程类比法是建立在已有工程设计和大量工程实践成功经验的基础上,在围岩条件、施工条件及各种影响因素基本一致的情况下,根据类似条件的已有经验,进行待建工程锚梁网支护类型和参数设计。

这种设计方法不是简单照搬,而是首先应搞清楚待建巷道的地质条件与围岩物理力学参数,科学地进行围岩分类的情况下,然后再针对不同的围岩类别,根据巷道生产地质条件确定锚杆支护参数。巷道围岩的稳定性可分为非常稳定(Ⅰ类)、稳定(Ⅱ类)、中等稳定(Ⅲ类)、不稳定(Ⅳ类)和极不稳定(Ⅴ类)5个类别。在采准巷道围岩稳定性分类的基础上,制定了支护技术规范,要点如下:

(1)顶板必须采用金属杆体锚杆。全长锚固或加长锚固锚杆应选用螺纹钢杆作。采用端部锚固锚杆时,设计锚固力不应低于 64 kN;采用全长锚固锚杆时,杆体破断力不应小于 130 kN。

(2)一般情况下,巷帮应支护。巷帮锚杆的设计锚固力以不低于 40 kN 为宜。根据巷道断面、围岩强度、节理裂隙发育程度、埋藏深度、锚杆是否经受切割等

因素确定巷帮锚杆的形式与参数。

（3）锚杆孔径与锚杆杆体锚固段直径之差，保持在 6~10 mm 范围之内顶板靠巷道两帮的锚杆，一般应向巷帮倾斜 15°~30°（与铅垂线夹角）。

（4）锚杆支护参数系列见表 2-35，推荐基本支护形式与主要参数见表 2-36。

表 2-35 金属杆作锚杆支护系列参数

项目	系列							
锚杆长度/m	1.4	1.6	1.8	2.0	2.4	2.6		
锚杆体直径/mm		16	18	20	22	24		
锚杆孔径/mm		26	28	31	33			
锚杆排距/m	0.6	0.7	0.8	0.9	1.0	1.1	1.2	1.4
锚杆间距/m	0.6	0.7	0.8	0.9	1.0	1.1	1.2	1.4

表 2-36 巷道锚杆基本支护形式与主要参数

巷道类别	巷道围岩稳定情况	基本支护形式	主要支护参数
I	非常稳定	整体砂岩，石灰岩岩层：不支护	端锚：杆体直径：16 mm 杆体长度：1.6~1.8 m 间排距：0.8~1.2 m 设计锚固力：64~80 kN
		其他岩层：单体锚杆	
II	稳定	顶板较完整：单体锚杆	
III	中等稳定	顶板较破碎：锚杆+网	端锚：杆体直径：16~18 mm 杆体长度：1.6~2.0 m 间排距：0.8~1.0 m 设计锚固力：64~80 kN
		顶板较完整：锚杆+钢筋梁	
IV	不稳定	顶板破碎： 锚杆+W 钢带（或钢筋网）+网或增加锚索桁架，或增加锚索	端锚：杆体直径：16~18 mm 杆体长度：1.6~2.0 m 间排距：0.8~1.0 m 设计锚固力：64~80 kN
		锚杆+W 钢带（或钢筋网）+网或增加锚索桁架，或增加锚索	全长锚固：杆体直径：18~22 mm 杆体长度：1.8~2.4 m 间排距：0.6~1.0 m
V	极不稳定	顶板较完整： 锚杆+金属可缩支架或增加锚索	全长锚固：杆体直径：18~24 mm 杆体长度：2.0~2.6 m 间排距：0.6~1.0 m
		顶板较破碎：锚杆+网+金属可缩支架，或增加锚索	
		底鼓严重：锚杆+环形可缩支架	

注：①帮锚杆支护形式与参数视地应力大小、巷帮岩石强度、节理装矿、巷道断面等参照顶板钻杆确定；

②对于复合顶板，破碎围岩，易风化、潮解、遇水膨胀围岩，可考虑在基本支护形式基础上增加锚索加固或注浆加固、封闭围岩等措施；

③锚杆各构件强度应与相应锚固力匹配；

④"顶板较完整"指节理、层理分级的Ⅰ、Ⅱ、Ⅲ级，"顶板较破碎"指Ⅳ级，节理、层理发育程度分级见表2-37。

表2-37　节理、层理发育程度分级

节理层级分级	Ⅰ	Ⅱ	Ⅲ	Ⅳ	Ⅴ
节理层理发育程度	极不发育	不发育	中等发育	发育	很发育
节理间距/m	>3	1~3	0.4~1	0.1~0.4	<0.1
分层厚度/m	>2	1~2	0.3~1	0.1~0.3	<0.1

2.3.3.3　巷道围岩松动圈分类与支护设计

地下巷道开挖以后，围岩中将产生应力重新分布和应力集中现象，当围岩应力小于岩体强度时，围岩处于弹塑性状态。当围岩应力超过围岩强度时，围岩中将产生变形松动现象，结果在巷道周围形成松动破碎区，亦称为围岩松动圈。围岩松动圈的大小与工程因素（巷道断面的形状和大小、施工方式和支护形式等）有关，同时也与地质因素有关，是围岩应力和围岩强度的综合反映。研究表明，围岩松动圈有如下特性：

（1）由于围岩性质不同，松动圈可能有圆形、椭圆形和异形等形状。

（2）在有控制条件下，松动圈稳定时间：当 $L_p<100$ cm 时，10~20 d；$L_p=100~150$ cm，20~30 d；$L_p>150$ cm，1~3 个月。

（3）一般的支护不能有效地阻止松动圈的产生和发展。

（4）地质条件一定时，巷道宽度在3~7 m范围内，松动圈的大小变化不显。

根据围岩松动圈的大小进行巷道围岩分类是一种巷道支护理论的论点。研究认为：支护的对象是除松动圈围岩自重和巷道围岩的部分弹塑性变形外，还有松动圈围岩的碎胀变形，后者往往占据着主导地位。因而支护的作用就是限制围岩松动圈形成过程中碎胀力所造成的有害变形。需要指出，使用围岩松动圈分类法时，首先应选择有代表性的巷道围岩，以超声波松动圈测定仪测出松动圈范围，然后进行分类。在施工过程中，对于软岩巷道，即松动圈大于150 cm的情况，应进行巷道表面变形量测，用以监测围岩变形状况和支护效果，必要时修改支护参数，以及确定二次支护时间等。实践证明，在工程条件相近时，采用工程类比法进行锚杆支护设计十分成功。

2.3.3.4　采用理论计算法进行锚杆支护参数设计

锚杆支护理论计算法主要是利用悬吊理论、组合梁理论、冒落拱理论以及其他各种力学方法等，分析巷道围岩的应力与变形，进行锚杆支护设计，给出锚杆支护参数的解析解。这种设计方法的重要性不仅与工程类比法相辅相成，而且为研究锚杆支护机理提供了理论工具。随着岩石力学发展水平的提高，终将使锚杆支护设计达到科学化、定量化。

（1）按悬吊理论设计锚杆支护参数

在层状岩层中开挖的巷道，顶板岩层的滑移与分离可能导致顶板的破碎直至冒落；在节理裂隙发育的巷道中，松脱岩块的冒落可能造成对生产的威胁；在软弱岩层中开挖的巷道，围岩破碎带内不稳定岩块在自重作用下也可能发生冒落。如果锚杆加固系统能够提供足够的支护阻力将松脱顶板或围岩悬吊在稳定岩层中，就能保证巷道围岩的稳定。

1）锚杆长度

锚杆长度通常按下式（2-23）计算：

$$L=L_1+L_2+L_3 \tag{2-23}$$

式中：L_1 为锚杆外露长度，其值主要取决于锚杆类型及锚固方式，一般 $L_1=0.15\text{ m}$；对于端锚锚杆，$L_1=$ 垫板厚度+螺母厚度+（0.03~0.05 m），对于全长锚固锚杆，还要加上穹形球体的厚度；L_2 为锚杆的有效长度；L_3 为锚杆锚固段长度，一般端锚时 $L_3=0.3\sim0.4\text{ m}$，由拉拔试验确定，当围岩松软时，L_3 还应加大。对于全长锚固锚杆，锚杆的有效长度则为 L_2+L_3。

显然，锚杆外露长度 L_1 与锚杆锚固长度 L_3 易于确定，关键是如何确定锚杆的有效长度 L_2，通常按下述方法确定 L_2：

①当直接顶需要悬吊而它们的范围易于划定时，L_2 应大于等于它们的厚度。

②当巷道围岩存在松动破碎带时，L_2 应大于巷道围岩松动破碎区高度 h_i，h_i 可由经验确定、声测法确定或解析法估计，当用解析法估计时：

$$h_i=(100-RMR)L/100 \tag{2-24}$$

式中：RMR 为 CSIR 地质力学分级岩体总评分；L 为巷道跨度。

③在松散介质及中硬以下岩石，以及小跨度地下空间（跨度一般小于 6m），可以利用 M. 普罗托奇雅可诺夫的抛物形压力拱理论估计冒落带高度：

当 $f \geqslant 3$ 时，

$$h_i=L/(2f) \tag{2-25}$$

当 $f \leqslant 2$ 时，

$$h_i=[L/2+H\cot(45°+\rho/2)]/f \tag{2-26}$$

式中：f 为岩石普氏系数；L 为巷道跨度；H 为巷道掘进高度；ρ 为岩体内摩擦角。

2）锚杆杆体直径

根据杆体承载力与锚固力等强度原则确定，则

$$d=35.52(Q/\sigma_t)/2 \tag{2-27}$$

式中：d 为锚杆杆体直径，mm；Q 为锚固力，由拉拔试验确定，kN；σ_t 为杆体材料抗拉强度，MPa。

3）锚杆间、排距

根据每根锚杆悬吊的岩石重量确定，即锚杆悬吊的岩石重量等于锚杆的锚固力。通常锚杆按等距排列，即

$$a=S_c=S_1 \tag{2-28}$$

则有：

$$a=[Q/(K\gamma L_2)]^{1/2} \tag{2-29}$$

式中：S_c 和 S_1 分别为锚杆间、排距；K 为锚杆安全系数，一般取 $K=1.5\sim2$；γ 为岩石体积力。

（2）按冒落拱理论法计算锚杆支护参数

这种方法应用冒落拱理论分析围岩的松动区状态（两帮考虑剪切破坏深度），认为锚杆支护的作用是防止松动破碎区的围岩跨落。设计用主要参数的获取靠经验法并结合一定的观测手段来实现。设计主要用于确定锚杆间、排距。

1）锚杆根数：

$$N_k = K_3 Q_H N_y / P \qquad (2-30)$$

2）锚杆排距：

$$L_y = N_y P / (K_3 Q) \qquad (2-31)$$

式中：K_3 为安全系数，一般取 $K_3 = 2$；N_y 为锚杆安装步距，m。

参数 B 反映采动影响程度的量纲一的系数。当巷道受采空区侧侧向支承压力影响时，按下面式（2-32）~（2-34）计算 B；当不受侧向支承压力影响时，$B = 1$。

$$B = 1 + K^2 R / (R + r) \leqslant 1.5 \qquad (2-32)$$

$$R = (KMH/f_y)^{1/2} \qquad (2-33)$$

或者当 $t_M \leqslant 1.5$：

$$B = 1 + a (M_H H)^{1/2} / (6 K_M) \qquad (2-34)$$

式中：K 为顶板的稳定性系数；K_M 为岩层的稳定性系数；a 为巷道的半跨距，m；M、M_H 为岩层的厚度，m；H 为开采深度，m；f_y 为岩层硬度（坚固性）系数；t_M 为与上部采动层间隔的厚度，m。

3）锚杆支架的计算安装步距 $N_y (m)$，按下式求出：

$$N_y = \pi z [(a + b) Z / (ab)]^{1/2} \qquad (2-35)$$

式中：Z 为锚杆埋入平衡拱范围之外的额定深度，m，$Z = 0.35$ m。

（3）按组合梁理论设计锚杆支护参数

在巷道顶板一定距离内不存在坚硬稳定岩层时，顶板锚杆的作用机理就是将几个薄岩层锁紧成一个较厚的岩层，这种厚岩层梁（组合梁）内的最大弯曲应变和应力与无锚杆支护时相比都将大大减小，从而避免了顶板岩层的滑动、离层或冒落，保证了巷道顶板的稳定。按组合梁理论设计锚杆支护参数主要确定锚杆的长度及锚杆的间排距。对于图 2-18 所示由锚杆加固的顶板组合梁，设梁上受均布荷载 q 作用，在平面应变情况下，锚杆支护的设计步骤如下：

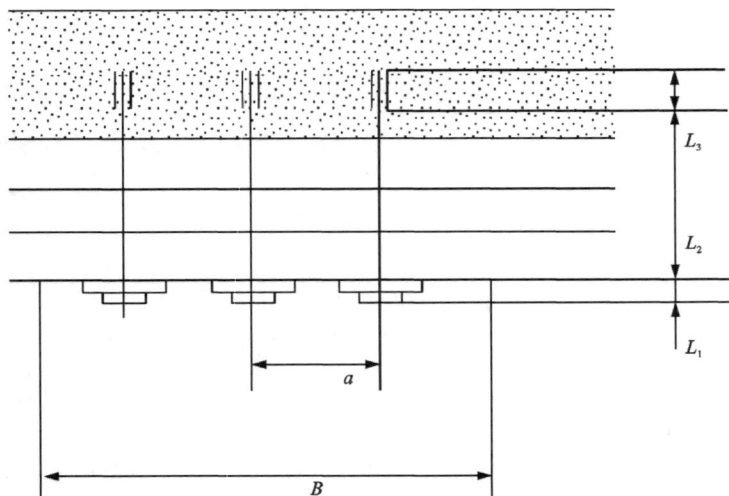

图 2-18 层状顶板锚杆组合梁

1)锚杆长度

锚杆长度 L 由(2-23)式确定,由于锚杆外露长度 L_1 和锚固段长度 L_3 易于确定,关键是如何确定锚固有效长度 L_2。

根据满足顶板最下一层岩石外表面抗拉强度条件确定组合梁厚度,即锚杆有效长度 L_2。

固定梁跨中点下表面上拉应力最大,其值为:

$$\sigma = 6M/L_2{}^2 = 0.25\, Qb_2/L_2{}^2 \qquad (2-36)$$

设顶板岩石抗拉强度为 σ_t,则顶板稳定时应满足:

$$K_1 \sigma \leqslant \sigma_t \qquad (2-37)$$

$$L_2 \geqslant 0.5B(K_1 q/\sigma_t)^{1/2} \qquad (2-38)$$

式中: K_1 为安全系数,一般取 $K_1 = 3 \sim 5$; B 为巷道跨度,m。

考虑岩层蠕变的影响,引入蠕变安全系数 K_2。考虑顶板各岩层间摩擦作用对梁应力和弯曲的影响,引入惯性矩折减系数 K_3,则锚杆的有效长度表达式为:

$$L_2 = 0.5K_2 B \{ K_1 q/[K_3(\sigma_t + p_0)] \}^{1/2} \qquad (2-39)$$

式中: p_0 为原岩水平应力分量(如果存在); $K_2 = 1.204$;

K_3 由表 2-38 确定。

表 2-38　由组合梁层数目决定的系数

组合岩层数目	1	2	3	≥4
K_3	1	0.75	0.7	0.65

2)锚杆间、排距

锚杆的间、排距由组合梁的抗剪强度确定,在此,没有考虑组合梁层间的摩擦作用。设锚杆的间距 S_c 与排距 S_1 相等,梁半跨内由均布载荷引起的总剪应力近似地表示为:

$$\sum \tau_{max} = 3qaB_2/(16L_2) \qquad (2-40)$$

而在此范围内,间距为 $S_c(m)$ 的锚杆具有的抗剪能力为:

$$P_{sb} = \pi d^2 \sum \tau B/(8a) \qquad (2-41)$$

考虑到顶板抗剪安全条件:

$$P_{sb} \geqslant K^2 \sum \tau_{max} \qquad (2-42)$$

所以

$$S_c \leqslant 0.0458 d [L_2 \tau/(K_4 Qb)]^{1/2} \qquad (2-43)$$

式中: d 为锚杆杆体直径,mm; τ 为杆体材料抗剪强度,MPa; K_4 为顶板抗剪安全系数,一般取 $3 \sim 6$。

可以看出,上述分析中作了许多假设,计算结果仅能供锚杆设计时校核参考。

(4)锚杆支护参数校核

1)方案 1:

顶板围岩荷载估算:按普氏地压冒落拱理论,有:

$$Q = 2BHC\gamma \tag{2-44}$$

式中：B 为跨度之半，m；H 为冒落拱高度；$H = B/f$，其中 f 为普氏系数，这里取试验较小值为 1。$H = B/f = 2.3$；γ 为顶板岩层容重；C 为支架排距，取 0.7 m。

①现用组合梁理论进行计算：

把组合梁看作是两端固定的梁，梁跨中点下表面最危险点的拉应力为：

$$\sigma_x = 0.25qb^2/L_1^2 \tag{2-45}$$

式中：q 为梁上所受的均布载荷，$q = Q/b$。

设 R_t 为岩石的抗拉强度，约为抗压强度的 1/15，顶板稳定时应满足：

$$\zeta = K_1\sigma_x \leqslant \sigma_t \tag{2-46}$$

式中：ζ 为顶板蠕变安全系数；K_1 为抗拉安全系数。即：

$$L_1 \geqslant 0.612b(K_1q/\sigma_t)^{1/2} \tag{2-47}$$

这样锚杆长度：

$$L = L_1 + L_2 + L_3 \tag{2-48}$$

式中：L_1 为锚杆外露长度，其值主要取决于锚杆类型及锚固方式，一般 $L_1 = 0.15$ m，对于端锚锚杆，$L_1 = $ 垫板厚度+螺母厚度+$(0.03 \sim 0.05$ m$)$，对于全长锚固锚杆，还要加上穹形球体的厚度；L_2 为锚杆的有效长度；L_3 为锚杆锚固段长度，一般端锚时 $L_3 = 0.3 \sim 0.4$ m，由拉拔试验确定，当围岩松软时，L_3 还应加大。对于全长锚固锚杆，锚杆的有效长度则为 $L_2 + L_3$。为了安全起见，对锚杆长度再根据如下经验公式进行校核。

在跨度小于 10 m 的矿山井巷工程中，可按下式确定锚杆深度(不包括锚杆外露长度)：

$$L_1 = K_1(1.1 + a/10) \tag{2-49}$$

式中：K_1 为开巷围岩稳定影响系数。当围岩为 Ⅳ 类不稳定围岩时，$K_1 = 1.1$；a 为巷道宽度，m。

②根据锚杆支架支护机理进行计算：

根据"锚杆支架支护机理及应用"，本方案顶板支护设计在达到最大顶板下沉量 100 mm 时，可简化为两个斜边长锚杆和钢带组成的锚拉支架，按"一铰二等分拉杆模型"进行计算。当顶板破坏而丧失成拱能力(顶板为松散介质)，而且假定作用在钢带上的载荷是分布均匀的，则钢带的挠度变形为图 2-19(a)所示的曲线，这时钢带的变形可近似视为倒三角形。因为一般情况下，钢带之挠度相对钢带上部的载荷是柔性的，可视钢带 AB 的中点 C 点的弯矩为零，亦即 C 点为铰接，且忽略 AC 和 BC 之曲线变形而视为直线，如图 2-19(b)。设下沉量为 δ，钢带上部之载荷为 2 W，由于结构的对称性，可只考虑锚拉支架的左半部分，以钢带为对势和以锚杆为对象进行计算分别如图 2-19(a)和图 2-19(b)所示。

以锚杆为对象：

$$\begin{cases} P \times 0.1 - 103.7/2 \times 2.3 = 0 \\ X_A - P = 0 \\ Y_A - 103.7/2 = 0 \end{cases} \tag{2-50}$$

式中：P 为钢带在 C 点的拉力；X_A 和 Y_A 为锚杆对钢带的约束反力。

钢带的最大拉力(A 点或 B 点)为 230 kN，这远小于 BHW-250-3 型钢带的最大拉断力 314.64 kN。

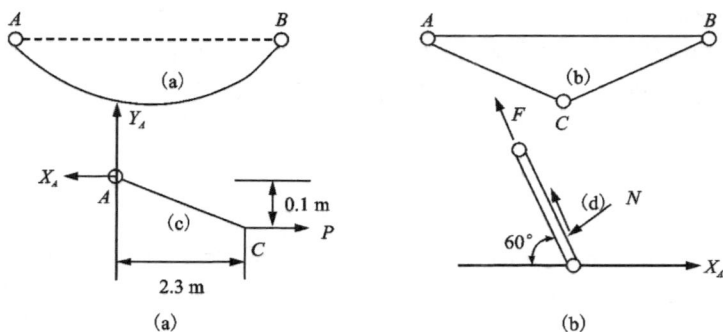

图 2-19　锚杆支架支护计算简图

以锚杆为对象：

$$(F + \mu N) \cos 60° + N \cos 30° = 225 \tag{2-51}$$
$$(F + \mu N) \sin 60° - N \sin 30° = 81.85 \tag{2-52}$$

式中：μ 为锚杆与孔口壁的摩擦因数，取 0.35；F 为锚杆所需锚固力；N 为锚杆与孔口壁横向作用力。

2）方案 2：

根据组合拱理论校核。

①锚杆长度 L：

根据组合拱理论，组合拱的厚度可用下式计算，如图 2-20 所示。

$$B_1 = l - C \tan\alpha \tag{2-52}$$

式中：l 为锚杆的有效长度，m；B_1 为破裂岩体组合拱厚度，m；C 为锚杆的间排距，m；α 为锚杆对破裂岩体的控制角，由试验得 $\alpha = 43°$左右。

为了安全起见，对锚杆长度再根据上面的经验式（2-51）进行校核。

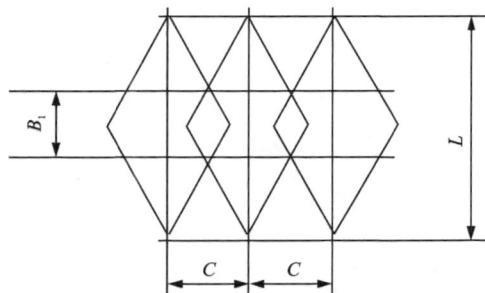

图 2-20　组合拱理论计算简图

②支护能力：

用拉麦公式近似计算组合拱单位面积的承载能力，组合拱的承载能力为：

$$P_a = 2\pi r_0 t p \tag{2-53}$$

式中：P_a 为轴线长度在范围内的巷道支护能力，MPa；t 为巷道轴线长度，m；r_0 为巷道半径，m；p 为单位面积组合拱承载能力，MPa。

用拉麦公式计算：

$$P = \sigma_a [1 - r_0^2 / (B_1 + r_0)^2] / 2 \tag{2-54}$$

式中：σ_a 为破碎岩体锚固强度，一般取原岩强度的 90%。

2.3.3.5　采场底部回采进路的锚网支护

（1）锚网支护参数确定

锚杆采用树脂锚杆，锚杆长度 2.2 m，直径 ϕ 20 mm，其材质为螺纹钢；锚固剂采用快速(直径为 $\phi28$，长度为 600 mm)；托盘材料为钢板，其规格为：200 mm×200 mm×10 mm (长×宽×厚)，托板中间要冲压呈碗状，托板中间的锚杆孔直径为 $\phi20$ mm；锚杆孔为 $\phi32$，锚杆的间、排距为 1000 mm×1000 mm；钢筋网采用 10#钢丝编织成网，网的规格为 1.2 m× 2.2 m(宽×长)，网度为 50 mm×50 mm；锚杆眼角度：两帮眼不低于 80°，顶眼不低于 70°。具体锚网支护布置图如图 2-21 所示。

(2)锚杆的预应力

树脂锚杆属于对围岩进行主动支护，在安装树脂锚杆的时候必须给树脂锚杆一些预紧力，由于采用风动扳手安装锚杆，所以树脂锚杆安装的预紧力大小视风动扳手的功率大小而确定。

(3)锚杆的安设时间

树脂锚杆能够在安装之后即时承载，为了更好地维护围岩的稳定性，应在巷道开挖之后 72 h 之内将锚杆安装完毕，这样才能真正实现对围岩的主动支护。

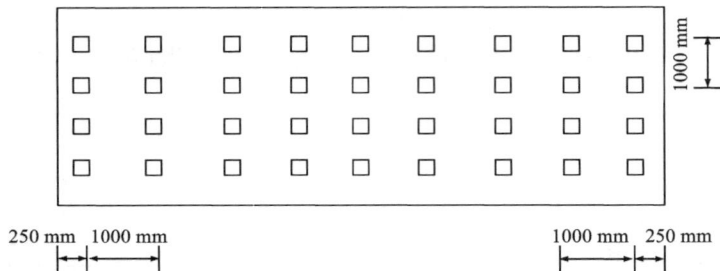

图 2-21　锚网支护布置图

(4)锚网施工工艺

锚网支护设计主要是从新奥法的整个施工流程来考虑锚网支护的施工顺序如图 2-22 所示。

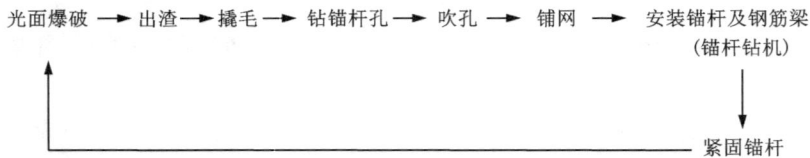

图 2-22　施工工艺图

2.3.3.6　采场支护形式

采场支护主要是采用锚杆+钢筋梁支护。锚杆采用树脂锚杆，锚杆长度 2.2 m，直径 $\phi20$ mm，其材质为螺纹钢；锚固剂采用快速(直径为 $\phi28$，长度为 600 mm)；托盘材料为钢板，其规格为：200 mm×200 mm×10 mm(长×宽×厚)，托板中间要冲压呈碗状，托板中间的锚杆孔直径为 $\phi20$ mm；锚杆孔为 $\phi32$，锚杆的间、排距为 1.5~1.8 m；锚杆眼角度不低于 80°，如图 2-23 所示。

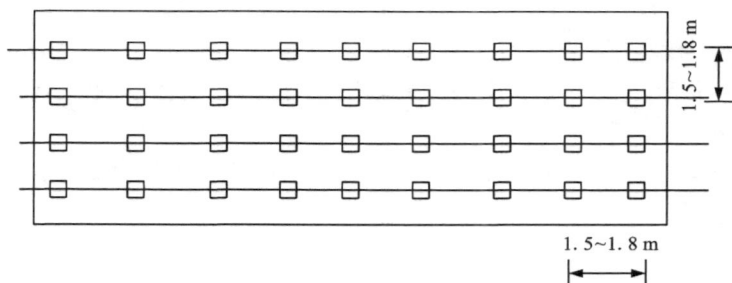

图 2-23　采场树脂锚杆+钢筋梁支护布置图

2.3.3.7　支护方案的实施

（1）作业准备

1）内业技术准备

作业指导书编制完成后，应在开工前组织技术人员认真学习实施性施工组织设计，阅读、审核施工图纸，澄清有关技术问题，熟悉规范和技术标准。制定施工安全保证措施，提出应急预案。对施工人员进行技术交底，型钢拱架大样尺寸交底时应考虑巷道开挖断面预留沉降量引起的断面尺寸变化。

2）外业技术准备

钢架加工场地的布置及地面硬化，加工场内分区明确、合理（原材料堆放区、加工区、成品区、废料区以及钢架试拼场地）；各项标识醒目齐全。机具设备调试性能良好。修建生活房屋，配齐生活、劳保用品，满足施工人员进场生活、施工的需要。

（2）施工程序与工艺流程

钢架施工工艺流程图如图 2-24 所示。

（3）施工要求

1）本次设计采用的工字钢为 12#矿用工字钢，材质为 20MnK，接口抗剪能力为 111.9 kN。

2）工字钢拱部采用机械式加工成拱形，拱高为 800 mm；柱腿高度为 1810 mm；柱腿与拱之间采用螺栓连接。

3）安装前先检查开挖断面中线和腰线，钢拱架垂直于线路方向架设，钢拱架应安设在巷道横向竖直平面内，并与巷道底板成 90°安置，其垂直度允许误差符合规范要求。

4）钢拱架的拱脚应有一定的埋置深度，并必须落在基岩上，为保证钢拱架稳定，在钢拱架立柱上下左右各凿一个锚杆来固定钢拱架，锚杆采用 $\phi22$ mm 螺纹钢

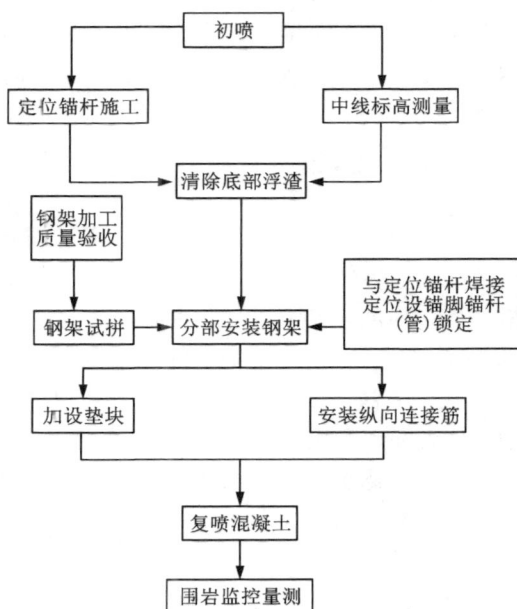

图 2-24　施工流程图

筋，锚杆长 1.0 m，为防止拱架左右晃动。锁角锚杆与钢拱架焊接成一体。

5）每榀钢拱架设水平连接钢筋连接，间距为 1 m，钢架与水平连接筋间焊接，钢拱架应与岩石密贴，当存在超挖时，钢架与围岩采用块石塞紧。拱架间距按 0.5 m 布置。

（4）劳动组织

每班组配备焊工 2 人，钢筋工 2 人，普工 4 人。施工人员须保持相对稳定，可根据现场情况及时调整。

（5）设备机具配置

每班组配型钢冷弯机一台、气焊 2 把、电焊机 2 台。

（6）安全环保要求

1）施工人员应经培训合格后上岗，焊工应持有特种工人作业证。

2）焊工必须穿戴防护衣具，施工时须站在木垫或其他绝缘垫上。

3）施工期间，应对支护的工作状态进行定期和不定期检查。在不良地质段，应由专人每班检查。当发现支护变形或损坏时，应立即修整加固，当险情危急时，应将人员撤出危险区。

4）构件支撑的立柱不得置于虚渣和活动石块上。在软弱围岩地段，立柱底面应加设垫板或垫梁。

5）钢架的安装作业时，作业人员之间应协调动作，在本排钢架未安装完毕，并与相邻的钢架或锚杆连接稳固之前，不得擅自取消临时支撑。

（7）注意事项

根据嵩县山金地质情况调查发现，部分中段矿房围岩较为破碎，节理构造发育，部分围岩存在较强的高岭土化、碳酸盐化等岩石弱化现象。因此在锚杆安装过程中，需对锚杆锚固力状况进行测试，确保锚杆达到良好的锚固效果。

目前，对锚杆应力应变采集的仪器有振弦式锚杆应力监测仪，振弦式锚杆应力监测仪安装过程比较复杂，需先打孔，插入振弦式锚杆应力监测仪并使用注浆机对其注浆，与周围岩体耦合，才能达到监测的作用，该过程需要花费大量的时间、金钱和人力。

2.4　本章小结

本章从岩石力学试验出发，第一节详细阐述了岩石力学试验所需装备以及岩石单轴抗压强度试验、单轴抗拉强度试验、岩石抗剪强度试验及岩石变形试验的具体过程，通过现场取样，室内加工矿岩试件，对矿岩的物理力学参数进行详细的测试，最终总给出各组岩石的力学参数，为下一步的岩体质量分级工作提供物理力学基础；第二节阐述了岩体质量分级的几种方法，如巴顿岩体质量分类（Q 分类）、岩体地质力学分类（RMR）、工程岩体质量 BQ 分级和水利水电工程地质勘察规范地下硐室围岩 HC 分类，并使用巴顿岩体质量（Q）分类及岩体地质力学（RMR）分类方法、岩体质量指标 RQD 分类法三种方法综合评价矿区岩体；第三节阐述了当前主流支护理论，如悬吊理论、组合梁理论和组合拱理论、巷道支护与围岩相互作用原理、最大水平应力理论、松动圈理论和普氏理论，并以工程类比法、松动圈理论、悬吊理论、冒落拱理论法、组合梁理论分别进行了支护设计，并进行校核；介绍了金属支架支护、锚杆支护、锚索支护、锚网支护、喷射混凝土支护以及上述支护形式相组合的联合支护方式，最终选择锚梁网支护。

（1）岩石力学试验的结果是：角砾岩的单轴抗压强度为 59.43 MPa，抗拉强度为 10.58 MPa，弹性模量为 25.25 GPa，泊松比为 0.22，黏聚力为 9.94 MPa，内摩擦角为 66.14°，块体密度为 2.65 g/cm³；矿石的单轴抗压强度为 79.19 MPa，抗拉强度为 11.13 MPa，弹性模量为 76.97 GPa，泊松比为 0.26，黏聚力为 12.82 MPa，内摩擦角为 67.71°，块体密度为 2.63 g/cm³；英安岩的单轴抗压强度为 93.36 MPa，抗拉强度为 11.23 MPa，弹性模量为 57.73 GPa，泊松比为 0.21，黏聚力为 11.67 MPa，内摩擦角为 62.89°，块体密度为 2.64 g/cm³。

（2）岩体质量分级的结果是：使用巴顿岩体质量（Q）分类法，上盘评价为一般岩体，矿体及下盘评价均为差至一般岩体；使用岩体地质力学（RMR）分类方法，上盘评价为好岩体，矿体及下盘评价均为一般岩体；使用岩体质量指标 RQD 分类法，上盘评价为不足岩体，矿体及下盘评价为劣岩体。

（3）支护设计的结果为：回采进路：锚杆采用树脂锚杆，锚杆长度 2.2 m，直径 φ20 mm，其材质为螺纹钢；锚固剂采用快速（直径为 φ28，长度为 600 mm）；托盘材料为钢板，其规格为：200 mm×200 mm×10 mm（长×宽×厚），托板中间要冲压呈碗状，托板中间的锚杆孔直径为 φ20 mm；锚杆孔为 φ32，锚杆的间、排距为 1000 mm×1000 mm；钢筋网采用 10#钢丝编织成网，网的规格为 1.2 m×2.2 m（宽×长），网度为 50 mm×50 mm；锚杆眼角度：两帮眼不低于 80°，顶眼不低于 70°。

采场支护：采场支护主要是采用锚杆＋钢筋梁支护。锚杆采用树脂锚杆，锚杆长度 2.2 m，直径 φ20 mm，其材质为螺纹钢；锚固剂采用快速（直径为 φ28，长度为 600 mm）；托盘材料为钢板，其规格为：200 mm×200 mm×10 mm（长×宽×厚），托板中间要冲压呈碗状，托板中间的锚杆孔直径为 φ20 mm；锚杆孔为 φ32，锚杆的间、排距为 1500～1800 mm；锚杆眼角度不低于 80°。

参考文献

[1] 牛志力，孟燕，郑元忠，等. 岩石学试验在地应力测试中的应用[J]. 山东国土资源，2021，37（6）：66-71.

[2] 范景伟. 岩石的脆性破裂理论[J]. 四川水力发电，1984（1）：107-115，121-124.

[3] 李啸，汪仁建，李秋涛，等. 深部环境下岩石声发射地应力测试及其应用[J]. 矿冶工程，2019，39（2）：19-23.

[4] 杨子文. 关于岩石单轴抗压强度界限值的划分[J]. 四川水力发电，1986（4）：43-48.

[5] 王金星，王灵敏，杨小林. 对岩石拉伸试验方法的探讨[J]. 焦作工学院学报（自然科学版），2004，23（3）：205-208.

[6] 尤明庆，苏承东. 平台巴西圆盘劈裂和岩石抗拉强度的试验研究[J]. 岩石力学与工程学报，2004，23（18）：3106-3112.

[7] 宫凤强，李夕兵，ZHAO J. 巴西圆盘劈裂试验中拉伸模量的解析算法[J]. 岩石力学与工程学报，2010，29（5）：881-891.

[8] 杨占军. 岩石抗剪强度的检测与计算[J]. 内蒙古煤炭经济，2022（21）：148-150.

[9] 陶平. 岩石弹性模量试验研究[J]. 广东土木与建筑，2014，21（1）：51-52，62.

[10] 任治章. 地下围岩泊松比确定方法的探讨[J]. 阜新矿业学院学报（自然科学版），1989（4）：68-73.

[11] BURSHTEIN L S. Determination of Poisson's ratio for rocks by static and dynamic methods [J]. Soviet Mining Science, 1968, 4(3): 235-238.

[12] 宫凤强, 李夕兵. 距离判别分析法在岩体质量等级分类中的应用[J]. 岩石力学与工程学报, 2007, 26(1): 190-194.

[13] 司呈斌, 党文刚. 焦家金矿寺庄矿区安全高效开采技术研究[J]. 采矿技术, 2012, 12(1): 27-29.

[14] 陈俊池. 基于岩体质量分级的采场稳定性分析及支护技术研究[D]. 沈阳: 东北大学, 2014.

[15] 于崇. 岩体质量分类评价综述[J]. 四川水泥, 2017(3): 367.

[16] 林韵梅. 岩体基本质量定量分级标准BQ公式的研究[J]. 岩土工程学报, 1999, 21(4): 481-485.

[17] 曲海珠, 姚鹏程. 常用洞室围岩分类方法相关性及其应用[J]. 地下空间与工程学报, 2017, 13(S2): 732-735.

[18] 李宏业. 金川二矿区深部巷道支护机理研究以及围岩稳定性的数值模拟[D]. 长沙: 中南大学, 2003.

[19] 李明国, 郭克宝. 深部巷道及硐室矿压显现规律研究与支护对策[J]. 西部探矿工程, 2006, 18(S1): 276-277.

[20] 陈玉祥, 王霞, 刘少伟. 锚杆支护理论现状及发展趋势探讨[J]. 西部探矿工程, 2004, 16(10): 155-157.

[21] 谢大吉, 谢志成. 组合梁的理论计算与试验[J]. Mechanics and Engineering, 1991, 13(5): 59-63.

[22] 张丽华, 周莉. 不稳定围岩拱形巷道锚杆支护组合拱计算模型及应用[J]. 煤炭技术, 1996, 15(4): 15-18.

[23] 赵腾飞, 马朋, 马国伟. 大埋深组合顶板巷道围岩支护技术研究[J]. 陕西煤炭, 2023, 42(2): 6-10.

[24] 高富强. 最大水平主应力对巷道围岩稳定性影响的数值分析[J]. 矿业研究与开发, 2008, 28(1): 62-64.

[25] 董方庭, 宋宏伟, 郭志宏, 等. 巷道围岩松动圈支护理论[J]. 煤炭学报, 1994, 19(1): 21-32.

[26] 张曾泘, 邵明昌, 王杭生, 等. 关于普氏地压理论及强度系数的几个问题[J]. 水文地质工程地质, 1959(3): 15-22.

[27] 刘再涛. 深部阶段矿房层状板岩上盘长锚索预支护技术及应用[J]. 黄金, 2021, 42(5): 24-28.

[28] 杨春丽, 王永才. 金川矿区深部巷道支护方式优化数值模拟研究[J]. 金属矿山, 2008(3): 71-74.

[29] 王青成. 千米垂深松软煤层巷道支护技术研究[J]. 四川建材, 2017, 43(1): 69, 71.

[30] 张宏学, 王波, 姚卫粉, 等. 不同围岩条件下U形钢支架关键加固位置的研究[J]. 矿业安全与环保, 2017, 44(5): 6-9.

[31] 莫卿, 廖九波, 王剑波, 等. 管缝式锚杆在破碎矿岩采场支护中的应用研究[J]. 黄金科学技术, 2011, 19(4): 53-55.

[32] 康红普, 崔千里, 胡滨, 等. 树脂锚杆锚固性能及影响因素分析[J]. 煤炭学报, 2014, 39(1): 1-10.

[33] 王金华, 康红普, 高富强. 锚索支护传力机制与应力分布的数值模拟[J]. 煤炭学报, 2008, 33(1): 1-6.

[34] 何满潮, 李春华. 锚索关键部位二次支护技术研究及其应用[J]. 建井技术, 2002, 23(1): 21-24.

[35] 康红普, 林健, 吴拥政. 全断面高预应力强力锚索支护技术及其在动压巷道中的应用[J]. 煤炭学报, 2009, 34(9): 1153-1159.

[36] 郭志飚, 李乾, 王炯. 深部软岩巷道锚网索-桁架耦合支护技术及其工程应用[J]. 岩石力学与工程学报, 2009, 28(S2): 3914-3919.

[37] 陈宾, 高明中. 喷射混凝土在巷道支护中的作用[J]. 煤炭技术, 2006, 25(3): 63-65.

[38] 王红喜, 陈友治, 丁庆军. 喷射混凝土的现状与发展[J]. 岩土工程技术, 2004, 18(1): 51-54.

［39］宋德彰，孙钧. 锚喷支护力学机理的研究［J］. 岩石力学与工程学报，1991，10（2）：197-204.

［40］侯朝炯. 煤巷锚杆支护的关键理论与技术［J］. 矿山压力与顶板管理，2002，19（1）：2-5，109.

［41］侯朝炯，勾攀峰. 巷道锚杆支护围岩强度强化机理研究［J］. 岩石力学与工程学报，2000，19（3）：342-345.

［42］严克渊，杨先寿，冷洋洋. 预应力锚索在岩质高边坡支护中的应用［J］. 低温建筑技术，2011，33（1）：107-108.

［43］罗豪，吴锐，王庆，等. 深部破碎巷道应力演化与围岩控制技术数值模拟［J］. 矿业研究与开发，2021，41（2）：39-44.

［44］黄庆显，王瑞冬. 高地应力深部巷道支护技术研究［J］. 能源与环保，2017，39（11）：66-70.

［45］郝登云，崔千里，何杰，等. 锚杆锚索支护巷道层状顶板变形特征及离层监测研究［J］. 煤炭学报，2017，42（S1）：43-50

第3章

深部矿岩地应力测量及其分布规律研究

3.1 地应力测量的重要意义

地应力是引起采矿、水利水电、土木建筑、道路和各种地下岩土开挖工程变形和破坏的根本作用力，科学准确的地应力测量是确定工程岩体力学属性，进行围岩稳定性分析，实现岩土工程决策、设计和开挖科学化的必要前提。尤其在地下采矿工程中，无论是区域稳定性还是井巷、采场的稳定性问题，都与地应力场(包括构造应力场和自重应力场)及其衍生物——各种构造形迹密切相关，因此地应力的研究具有重要的理论和实用价值。

传统的采矿及岩土工程设计和施工常常是根据经验类比来进行的，当开挖活动在小规模范围内和接近地表的深度内进行的时候，经验类比的方法往往是有效的。但是，随着开挖规模的不断扩大和不断向深部发展，特别是数百万吨级的大型地下矿山、大型地下电站、大坝、大断面的地下隧道、地下硐室以及高陡边坡的出现，经验类比法就越来越失去其作用。根据经验进行开挖施工往往会造成各种岩体工程的失稳、坍塌或破坏，使采矿或其他各种地下作业无法进行，并可能导致严重的工程事故，造成人员伤亡和巨大的财产损失。

地应力测量对采矿、水利和地下岩土工程的设计、施工和生产具有十分重要的意义。为了对各种岩土工程进行科学合理的开挖设计和施工，就必须对影响工程稳定性最重要、最根本的因素之一——地应力状态进行充分的调查研究，只有详细了解了具体工程区域的地应力状态，才可能做出既经济又安全实用的工程设计。对矿山设计来说，只有掌握了矿区地应力的变化规律，才能合理确定矿山总体布置，选择适当的采矿方法，确定巷道和采场的最佳走向、断面形状、断面尺寸、开挖步骤、支护方式、支护结构参数、支护时间等，从而在保证围岩稳定的前提下，最大限度地增加矿石产量，提高矿山经济效益。

因此，地应力测量在国内外工程界得到了广泛应用。如它在瑞典的北部矿山、南非金矿、美国科罗拉多矿山及俄罗斯和澳大利亚的地下深部开采中都被广泛采用。我国山西中条山、云南会泽铅锌矿、大红山铁矿和羊拉铜矿、甘肃金川镍矿、贵州开洋磷矿、桂阳县宝岭多金属矿等大型地下矿山都曾对矿山三维地应力场进行了成功测量，其科研成果对这些矿山的设计和安全生产起到了重要作用，产生了明显的经济效益。

由于矿体赋存条件的复杂性和多样性，利用理论解析的方法进行工程稳定性分析和计算几乎是不可能的。近 20 年来随着大型电子计算机的应用和各种数值分析方法的不断发展，采矿工程成为了一门可以进行定量设计计算和分析的工程科学，但所有的计算和分析都必须在已知地应力场的前提下进行，如果对工程区域的实际原始应力状态一无所知，那么任何计算和分析都将缺少边界条件的真实性和可靠性而大大偏离实际情况。重力作用和构造运动是引起地应力的主要原因，其中尤以水平方向的构造运动对地应力场的形成影响最大，当前的应力状态主要由最近一次的构造运动所控制，但也与历史上的构造运动有关。亿万年来，地球经历了无数次大大小小的构造运动，造成了地应力状态的复杂性和多变性。因此，要了解一个地区的地应力状态，唯一的方法就是进行现场地应力测量。

3.2　地应力测量方法分类与比较

3.2.1　地应力测量方法的分类

地应力测量无论在构造地质学、地震预报和地球动力学等学科的研究中，还是在矿山开采、地下工程和能源开发的生产实践中均有着广泛的应用，因而日益受到国内外学术界和工程界的重视。近半个世纪，特别是近 30 年来，随着地应力研究和测量工作的不断开展，各种测量方法和测量仪器也不断发展起来。从国际地应力研究来看，目前已有 30 几个国家开展了地应力测量工作，测量方法有 10 余类，数 10 种之多。我国的地应力测量工作是在李四光教授的倡导下于 20 世纪 60 年代初期开展起来的，目前已在地震、地质、冶金、煤炭、石油和水利等领域得到了广泛的应用。例如金川矿区的三维地应力测定，为该矿的地下巷道设计和施工提供了重要的科学依据；又如三峡工程坝区的地应力测量，对坝区内一系列重大岩体工程的稳定性分析与处理，对电站枢纽布局方案的选择都发挥了重要作用。

地应力测量方法的分类没有统一的标准，国际上有人根据测量手段的不同，将在实际测量中使用的测量方法分为 5 大类，即构造法、变形法、电磁法、地震法、放射性法。也有人根据测量原理的不同将其分为应力恢复法、应变解除法、水压致裂法、声发射法、X 射线法、重力法，共 8 类；按仪器安装的形式又可分为钻孔法和非钻孔法。国内外大多数专家学者倾向于依据测量基本原理的不同，将测量方法分为直接法和间接法两大类，如图 3-1 所示。

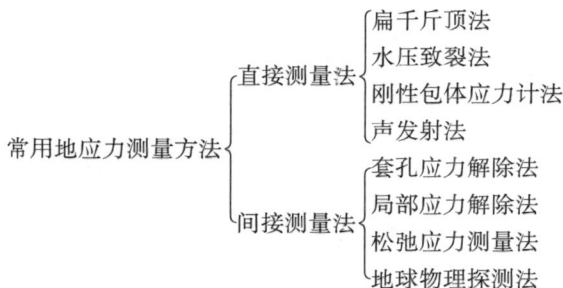

```
                              ┌ 扁千斤顶法
                              │ 水压致裂法
                   ┌ 直接测量法┤ 刚性包体应力计法
                   │          └ 声发射法
常用地应力测量方法 ┤          ┌ 套孔应力解除法
                   │          │ 局部应力解除法
                   └ 间接测量法┤ 松弛应力测量法
                              └ 地球物理探测法
```

图 3-1　常用地应力测量方法分类

　　直接测量法是指由测量仪器直接测量和记录各种应力量,如补偿应力、恢复应力、平衡应力,并根据这些应力量与原岩应力的相互关系,计算获得原岩应力值。在计算过程中并不涉及不同物理量的相互换算,不需要知道岩石的物理力学性质和应力应变关系。扁千斤顶法、水压致裂法、刚性包体应力计法和声发射法是实际测量中较为常用的 4 种直接测量法。其中本研究所使用的测量方法为声发射法。

　　间接测量法则是借助某些传感元件或某些媒介,测量和记录岩体中某些与应力有关的间接物理量的变化,如岩体中的变形或应变,岩体的密度、渗透性、吸水性、电磁、电阻、电容的变化,弹性波传播速度的变化等,然后根据测得的间接物理量的变化,通过已知的公式计算出岩体中的应力值。

　　因此,在间接测量法中,为了计算应力值,首先必须确定岩体的某些物理力学性质以及所测物理量与应力之间的相互关系等。套孔应力解除法和其他的应力或应变解除法及地球物理法等在间接法中较为常用,其中套孔应力解除法是目前国内外普遍采用的一种地应力测量技术。

3.2.2　几种主要地应力测量方法的比较

　　常用的几种地应力测量方法如表 3-1 所示。

表 3-1　几种常用的地应力测量方法比较

测量方法		基本原理	主要优缺点比较	实际应用
直接测量法	扁千斤顶法	一维应力测量理论	测量只能在巷道、硐室或开挖体表面附近岩体中进行,因而无法测得原岩应力场	测量结果不可靠
	水压致裂法	弹性力学和断裂力学理论,基于岩石为连续、均质和各向同性的假设	最突出的优点是能测量深部地壳的构造应力场;缺点是适用范围仅适用于完整的脆性岩石中的应力,并且测量的精度不高	已在一些深部工程中采用
	刚性包体应力计法	无限体中的刚性包体的应力场大小与周围岩体中的应力变化存在一定的比例关系	具有很高的稳定性,但应力计的灵敏度较低。可用于对现场应力变化的长期监测,但只能测量垂直于钻孔平面的单向或双向应力变化,而不能用于测量原岩应力	20 世纪 80 年代之后,除钢弦应力计之外都已被淘汰
	声发射法	凯泽效应	声发射与弹性波传播有关,高强度的脆性岩石有较明显的凯泽效应,而多孔隙低强度的脆性岩石的凯泽效应不明显,故不能用声发射法测定比较软弱疏松岩体中的应力	一般需要先定向取芯,取芯较麻烦;在声发射事件速率曲线上可能出现多个峰值,难以判断真正的初凯泽点

续表3-1

测量方法		基本原理	主要优缺点比较	实际应用
间接测量法	套孔应力解除法	完全应力解除	目前是国际上技术最成熟,适用性和可靠性最强的一种测定原岩应力的方法。但对测量技术和工艺要求较高,成本耗用较大	在全世界很多国家得到了广泛应用
	局部应力解除法	部分应力解除	精度不高	在部分国家和地区得到了应用
	松弛应力测量法	假设:从地下取出的岩芯,由于应力解除,将随着岩石的膨胀而出现裂隙,裂隙数量和强度与原岩应力大小成正比	准确度难以保证。该方法又细分为:微分应变曲线分析法、非弹性应变恢复法、孔壁崩落测量法	理论尚未成熟,还需要更多的试验论证
	地球物理探测法	声波特别是纵波的传播速度和振幅随岩体中的应力状态而定量变化	准确度难以保证。该方法又细分为:声波观测法、超声波谱法、原子磁性共振法和放射性同位素法	还需要更多的试验论证

　　近几十年来,人们主要用现场实测的方法来获得地应力的资料。早期的地应力测试工作是在岩体表面进行的。此法虽然简便,但不能反映岩体内部的应力状态,故所得数据有一定局限性。近年来人们多采用钻孔测试方法,其中钻孔应力解除法是目前现场测试地应力最常用的方法。根据钻孔形式、测量部位和使用元件的不同,该法又可分为孔底法、孔径法和孔壁法。

　　在凯瑟发现脆性材料在单调增加应力的作用下,超过最大承受应力范围时,声发射开始明显增加的基础上,1987 年,卢星宇研究了关于凯瑟效应和应力方向的相关理论。同年,利用凯瑟效应分析地应力的新研究理论由张景等人进行了详细的介绍和论述。1989 年,李文平教授将最新的地应力测量方法——声发射法运用于一些矿区地应力场及其矿井 luxin 工程稳定性的研究中。1990 年,尹菲认为声发射法操作简单、成本较低,于是把这种方法用于黄河小浪底的地应力测量当中。但是此次测量的地点是以历史上测得的最大应力为背景的,而不是单纯地测量出工程中所需要的矿体的地应力。为了达到工程需要的结果,需要进行大量的声发射法试验,并以较少的应力解除法为前提。蔡美峰于1991 年针对温度补偿在地应力测量过程中出现的问题等进行了研究。1998 年吴刚等人对不同应力状态下岩石材料破坏的特性做了研究,对于运用声发射法对最大地应力进行研究还需进一步的技术。

3.2.3　地应力测试方案的选择

　　地应力测试理论与技术一直是岩石力学与工程学科的重要研究内容。目前地应力测量方法有很多种,根据测量原理可分为三大类:第一类是以测定岩体中的应变、变形为依据的力学法,如应力恢复法、应力解除法及水压致裂法等;第二类是以测量岩体中声发射、声波传播规律、电阻率或其他物理量的变化为依据的地球物理方法;第三类是根据地质构造和井下岩体破坏状况提供的信息确定应力方向。其中,应力解除法、声发射法与水压致裂法得到了比较广泛的应用,其他方法只作为辅助方法。

应力解除法又称套芯法,在浅部矿井中,其测量结果比较准确,而且采用一个钻孔即可获得三维应力,是目前国际上应用最广的一种应力测量方法。但是,在深部矿井测量中,由于地应力高,钻孔变形严重,岩芯破裂,导致取芯困难,从而限制了该法测量的深度与范围,其测量成功率较低,测量结果的可信度受到明显影响。

水压致裂法对环境的要求比较宽松,能测量较深处的绝对应力状态,是最直接的测量方法。它无须了解和测定岩石的弹性模量,测量应力的空间范围较大,受局部因素的影响较小,不需要套芯等复杂工序,成功率较高。这种方法在水利水电工程、金属矿山、隧道工程等方面已得到广泛应用。水压致裂法虽可进行大深度的地应力测量,但是所用设备庞大,钻孔孔径大,钻孔工程量大,测量仪器昂贵,深井地应力测试费用极高,无法用于深部地应力的快速测量,且也只能作二维地应力测量。

声发射法又称 AE 法,是日本电力中央研究所 1977 年开发的一种应力测量技术,它是利用岩石本身具有的声发射凯瑟效应,在试验室进行地应力测量的一种方法。与套芯法和水压致裂法相比,声发射法不需要庞大的现场设备,钻取岩样后,只要将岩样运到试验室内加工为标准试件并测试即可,试验条件稳定,其成本只有套芯法的 $1/10 \sim 1/5$。因此,《日本工业新闻》(1992)称为"下一代地应力测量技术"。国家地震局地壳应力所和日本电力中央研究所于 1990 年进行合作,已成功地将声发射法用于三峡坝区的地应力测量,并与水压致裂法的结果进行了对比,发现两者基本一致,确认了声发射法达到 800 m 深度的可靠性。

现在,国内外都在试图将声发射技术推向更深、更广的实用化阶段。但该方法最大的局限性是必须以多个成一定角度的定向岩芯为试验材料,因此需要花费很大精力使用专用的定向取芯工具深入井下或岩层中钻取定向岩芯,定向取芯成本高,效率低,耗时长,致使该方法无法有效推广。理论上讲,声发射法并没有深度上的限制,只要能钻出岩芯即可进行地应力测量。该方法无法在深部地应力测量中大规模推广的一个重要原因是岩芯的定向问题,如果解决了岩芯定向问题,声发射法将会成为一种比较理想的大深度地应力测试方法。因此,如果能够解决定向试验材料获取难的问题,该法(以其与前两者相比)简便、快捷、费用低,且不受现场条件限制的优势,将具有广阔的应用前景和推广价值。

综上所述,岩体地应力是岩体工程最基本也是最重要的工程荷载,它是进行岩体工程问题数值计算的初始条件之一,也是分析工程岩体破坏和位移特征的基本因素。从目前的地应力测量技术和水平来看,套孔应力解除法、水压致裂法和声发射法是三种比较常用的三维地应力测试方法。其中套孔应力解除法虽然测量结果较准确,但它对测试的要求比较高,必需要有开拓好的井巷和完整的岩石条件,并且测试的工艺较复杂。水压致裂法虽然可以在地表进行深部矿区的地应力测量,但它也存在较多的问题:这种方法的理论基础是假定岩体是线弹性、各向同性、非渗透性的,岩体的一个主应力方向与井眼轴平行;只能测算与井眼轴垂直的平面内的两个主应力值的大小。随着孔深的增加,应力的增大,对测量钻杆的要求也越高,其往往不能与勘探钻杆共用。水压致裂法测量周期长,费用高,现场工作量大，只能测平面上的地应力，主应力方向确定不十分准确，所以该方法也仅限于小范围和特定工程的测定。

传统的声发射法是利用岩石本身具有的声发射凯瑟效应，在试验室进行地应力测量的一种方法。其利用岩石声发射的凯瑟效应实测现场地应力场，与传统的应力解除法、水力压裂法相比，具有测量速度快、成本低、限制少等优点，便于大量测试，以寻求区域性地应力变化的规律，因此，该法是一种很有前景的地应力测量方法。但该方法最大的局限性是必须以多个成一定角度的定向岩芯为试验材料，因此需要花费很大精力使用专用的定向取芯工具深入井下或岩层中钻取定向岩芯，定向取岩芯成本高，效率低，耗时长，致使该方法无法有效推广。

3.3　声发射试验原理及方法介绍

基本原理：声发射法是在凯瑟效应的基础上测定地应力的一种方法，也称之为凯瑟效应法，其原理是材料受到外载荷作用之后，材料内部将储存的应变以弹性波的形式释放出来，在应变释放的过程中材料会发出声响，称为声发射。

当测试岩体破裂时，每一次的裂缝扩张，就会引起能量的一次释放，产生一次声发射。此时的传感器会接收到一次声发射信号，产生一个声发射波，这就叫一次声发射事件。通常，对仪器输出的波形进行处理之后才能得到声发射表征参数，也就是通过对与声发射事件大小和发生频率及与一个单一事件或者一组事件的频谱有关的参数进行描述得到。

而所谓的凯瑟效应就是多晶金属的内部从最高应力瞬间释放后，又重新对其进行加载，当应力没有达到先前的最高应力时，会产生很小的声发射，而当应力达到或者超过先前最高应力时，就会产生大量的声发射，这种能够记忆岩石所承受过的最大应力的效应就叫作凯瑟效应，岩石声发射的凯瑟效应如图 3-2 所示。

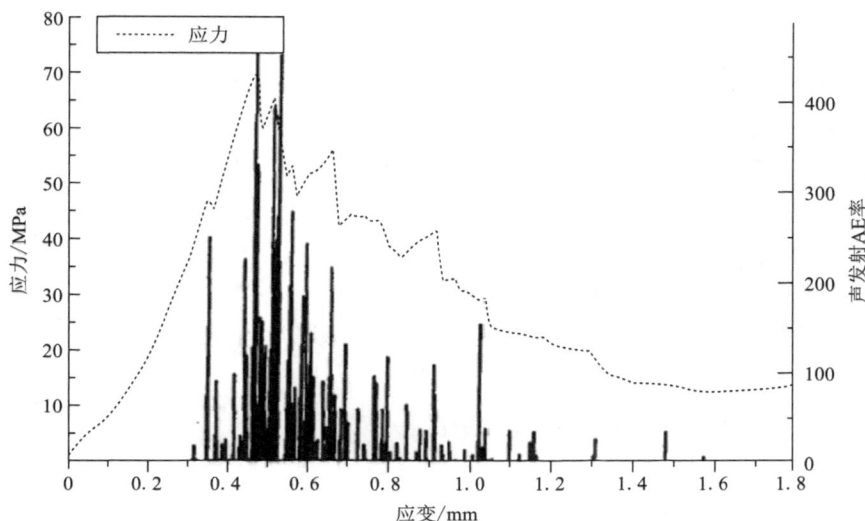

图 3-2　岩石声发射的凯瑟效应

从很少产生声发射到产生大量声发射的转折点就叫凯瑟效应点,该点对应的应力即为材料先前受到的最大应力。若从原岩中取回定向的岩石试件,通过对加工的不同方向的岩石试件进行加载声发射试验,测定凯瑟点,即可找出每个试件以前所受的最大应力,进而可求出取样点的原始(历史)三维应力状态。

新型声发射法的地应力测试方法,主要工艺流程如下。

1)调查分析钻孔所在区域的主要地质构造情况。

2)合理选择地应力测试的测点,采集不同深度的地质岩芯。

3)利用岩芯所在钻孔的钻孔测斜资料(主要是天顶角和方位角数据),根据空间球面几何原理和钻孔弯曲计算准则,对非定向的岩芯进行地表重定位,并标记出其真实的地理北方向。

4)将定位后的岩芯,按照再次定位的方向放置,在垂直方向及水平方向的0°、45°、90° 3个角度方向以45°为间隔,正北向为0°,按逆时针方向计量角度,共4个方向分别进行二次取芯,制作成直径为25 mm,高径比为2:1的圆柱体标准试件,条件允许的情况下,每个方向制作3个试件。

5)采用岛津 AGI-250 伺服材料试验机作为加载系统和 PCI-2 型声发射测试系统,将加载系统中的载荷和位移信号直接引入声发射系统,保持两套系统的同步,来进行声发射法地应力测试。试验采用单轴加载位移控制模式,确定每个岩石试件的凯瑟效应点及对应的垂直主应力和其他3个方向的应力值。

6)对于水平方向上的3个应力值,基于弹性力学原理有

$$
\begin{cases}
\sigma_1 = \dfrac{1}{2}(\sigma_{\mathrm{I}} + \sigma_{\mathrm{III}}) + \dfrac{1}{2\cos 2\theta}(\sigma_{\mathrm{I}} - \sigma_{\mathrm{III}}) \\[2mm]
\sigma_2 = \dfrac{1}{2}(\sigma_{\mathrm{I}} - \sigma_{\mathrm{III}}) - \dfrac{1}{2\cos 2\theta}(\sigma_{\mathrm{I}} - \sigma_{\mathrm{III}}) \\[2mm]
\tan 2\theta = \dfrac{2\sigma_{\mathrm{II}} - \sigma_{\mathrm{I}} - \sigma_{\mathrm{III}}}{\sigma_{\mathrm{I}} - \sigma_{\mathrm{III}}}
\end{cases}
\tag{3-1}
$$

式中:σ_{I}、σ_{II}、σ_{III} 分别为与正北向成0°、45°和90°(逆时针)的方向的正应力实测值;σ_1、σ_2 分别为水平方向上的最大、最小主应力,规定应力以压为正;θ 为水平最大主应力方向与正北向的夹角,以逆时针转到北方向为正。

利用空间不同角度上岩芯的凯瑟效应点对应的应力值,计算出测点上2个水平主应力的大小和方向。

7)通过直接测量垂直主应力和间接计算2个水平主应力,对不同深度的地应力值进行分析,获得所测区域的应力场分布及变化规律。

新型声发射法测量地应力的主要工艺流程图,如图3-3所示。

3.4　地应力测量试验试样的选取

3.4.1　地应力测点选择的基本原则

原岩地应力场的测点选择一般要遵循以下几个原则。

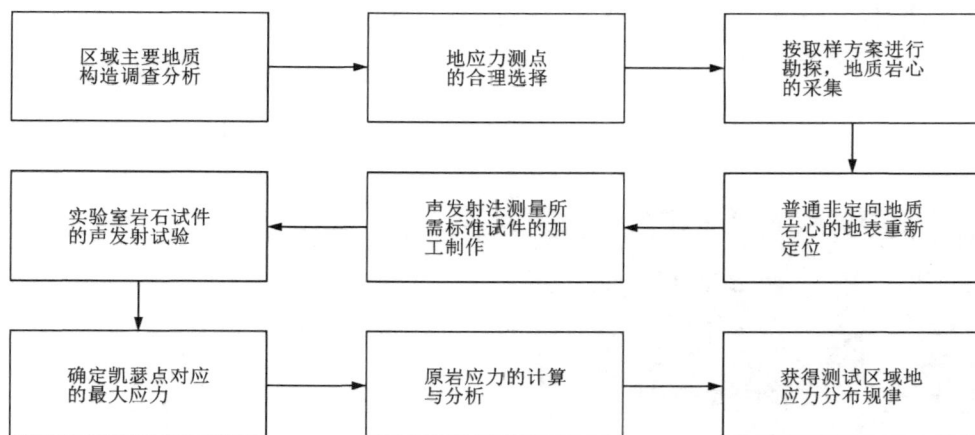

图 3-3　新型声发射法测量地应力的主要工艺流程图

1)岩体的质量。测点周围的岩体力求均质完整,钻孔定位于该类岩石中,以保证所取岩芯的完整性及地应力测量结果的可信度。

2)靠近研究对象。对矿区而言,矿体通常是研究对象,因此测点要布置在矿体内或其周边区域。测点应尽量靠近设计巷道,根据采区地质构造资料,测点对于设计巷道所处地应力场应具有代表性。

3)应避开附近正在施工的巷硐工程,避开应力畸变区、不稳定区及干扰源,以保证原岩应力的真实性。

4)避免断层对测定值的影响。实测结果表明,在大断层附近,不但水平应力值偏低,而且还可能干扰主应力的方向。因此,测点要布置在尽量远离断层和破碎带的区域内。

5)考虑测试条件。例如是否具备水、电等条件,是否与正常生产、施工相冲突,是否具备测试必要的空间(钻机支撑空间,布置仪器设备的空间等)。

3.4.2　矿区地应力测量测点的确定

本次地应力测量的所有试样钻自嵩县山金矿 5 个开采区。根据地应力测试,即要较全面地掌握地应力随深度增加的变化分布规律,又要重点了解深部地应力的分布情况的要求,测试人员按 40 m 间距布置取样点,在现场直接取样。每个点样品长度为 5~6 m,单个样品长度不小于 200 mm。本次试验每个钻孔取样 5 组(140 m、100 m、60 m、20 m 和 -20 m 水平各 1 组)。图 3-4 所示为钻取的部分普通非定向地质岩芯。

3.4.3　试件的加工制备

地应力测试用岩样在地表重新准确定位后,送至中南大学现代分析测试中心进行声发射法测量的标准试件加工。采用四方向制样法,按一定工艺要求在室内加工声发射试件,即在垂直方向上(与钻孔岩芯轴线平行的方向)钻取 3 个试件,其作用是由岩样凯瑟点处的应力值确定垂向地应力。在水平方向上(与钻孔岩芯轴线垂直的水平面内)以 45°间隔(正北向为 0°)在 3 个角度方向上分别钻取 3 个试件,其作用是由岩样凯瑟点处的应力值确定水平最大主应力、水平最小主应力及水平主应力的方向。钻取试件的取样方向如图 3-5 所示。也就是说，需要在每一个深度水平上（如 140 m 水平）加工至少 12 个标准试件，这样在 5 个深度水平上则要加工至少 60 个标准试件。

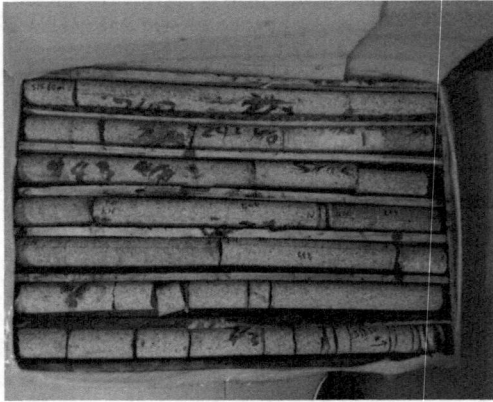

图 3-4　岩芯样品

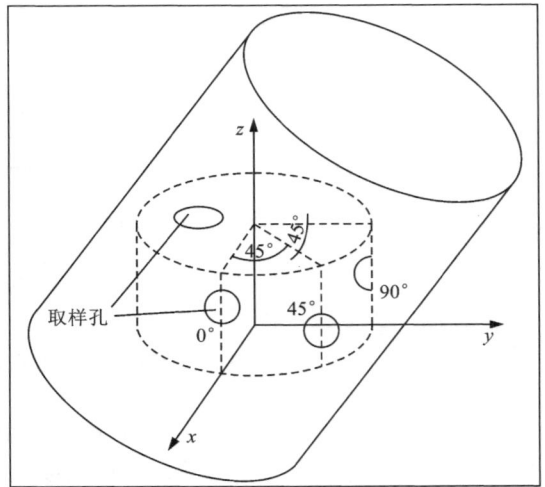

图 3-5　声发射法试件钻取示意图

3.4.3.1　试样加工主要设备

本次声发射法地应力测量试样的加工制备全部由高精度数字式岩石试样加工设备完成，使用的主要仪器如下。

1）二次取芯架构。

首先将岩样放置在岩样放置凹槽内，利用岩样固定装置将岩样固定并拧紧螺丝，然后沿着螺杆轴承转动，使岩样的轴向与装置底座构成所需的夹角。同时，利用角度固定孔和可调节螺母将螺杆支撑架进行固定。最后将取芯机钻头在二次取芯架构方呈垂直状态放置，钻取岩芯。二次取芯架构装置设计图和实物图如图 3-6 所示。

2）YBYZ-2 液压自动钻孔取样机。

3）YBCK-1P 程控岩石切割机。

4）YBHM-200S 混凝土试样磨平机。

3.4.3.2　二次取芯方案

第一步：使定向后（正北方向）的岩芯与水平方向呈 76° 进行定位，如图 3-7 所示，在固定模具上必须先标明正北方向，并与岩芯正北方向重合。

第二步：记录各个待取小岩芯的取样深度（根据每箱岩芯的起始段进行测量得出）。

第三步：①以南北向（0°）取芯；②以东西向（与正北方向成 90°）取芯；③以东南向或西北向（与正北方向成 45°）取芯；④垂直方向取芯。

每箱岩芯分别取 4 个方向的小岩芯，每个方向取 3 个岩芯为一组，每箱共计取 12 个小岩芯；总共 5 箱岩芯即 5 个深度的岩芯，合计 60 个小岩芯。

第四步：按第三步介绍的取芯方式对 5 箱岩芯钻取小岩芯，并对各个小岩芯进行编号标记，具体步骤如下。

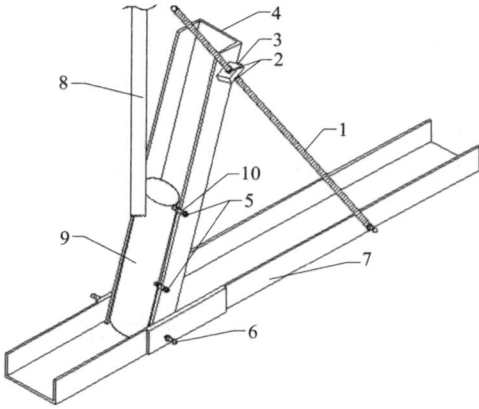

(a)装置设计图　　　　　　　　(b)实物图

1—螺杆支撑架；2—可调节螺母；3—角度固定孔；4—岩样放置凹槽；5—岩样固定装置；
6—螺杆轴承；7—装置底座；8—取芯机钻头；9—岩样；10—螺丝。

图 3-6　二次取芯架构装置设计图与实物图

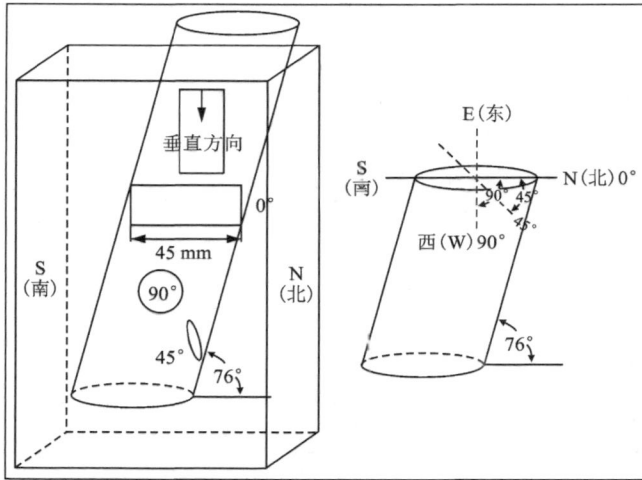

图 3-7　岩芯重定位后取芯示意图

1)第一箱(140 m 水平)：①以南北向为(0°)取芯(标记为 140-0°)；②以东西向(与正北方向成 90°)取芯(标记为 140-90°)；③以东南方向或西北方向(与正北方向呈 45°)取芯(标记为 140-45°)；④垂直方向取芯(标记为 140-H)。

2)第二箱(100 m 水平)：①以南北向为 0°取芯(标记为 100-0°)；②以东西向与正北方向为 90°取芯(标记为 100-90°)；③以东南之间或西北之间夹角与正北方向为 45°取芯(标记为 100-45°)；④垂直方向取芯(标记为 100-H)。

3)第三箱(60 水平)：①以南北向为 0°取芯(标记为 60-0°)；②以东西向与正北方向为 90°取芯(标记为 60-90°)；③以东南之间或西北之间夹角与正北方向为 45°取芯(标记为 60-45°)；④垂直方向取芯(标记为 60-H)。

4）第四箱（20 水平）：①以南北向为 0° 取芯（标记为 20-0°）；②以东西向与正北方向为 90° 取芯（标记为 20-90°）；③以东南之间或西北之间夹角与正北方向为 45° 取芯（标记为 20-45°）；④垂直方向取芯（标记为 20-H）。

5）第五箱（-20 水平）：①以南北向为 0° 取芯（标记为 -20-0°）；②以东西向与正北方向为 90° 取芯（标记为 -20-90°）；③以东南之间或西北之间夹角与正北方向为 45° 取芯（标记为 -20-45°）；④垂直方向取芯（标记为 -20-H）。

3.4.3.3　定向后的岩芯进行二次取芯制作标准试件

定向后的岩芯进行二次取芯制作标准试件的操作方法如下。

1）将标记好编号的岩芯按照在岩层中的深浅顺序（上浅下深）放置（黑色充填部分为岩芯深处），岩芯与地面构成 76° 夹角，如图 3-8（a）所示，黑色箭头为水平取芯的方向。

2）制作垂直方向的标准试件。

岩芯仍然按照在岩层中上浅下深的顺序来放置，即浅处岩芯放在固定装置的上部，深处岩芯放在固定装置的下部。利用取芯架构对岩芯进行位置固定，使岩芯与地面成 76° 的夹角。用岩芯钻机对岩芯进行二次取芯，钻取垂直方向的标准试件。制作垂直方向标准试件的施工操作图如图 3-8（b）所示。

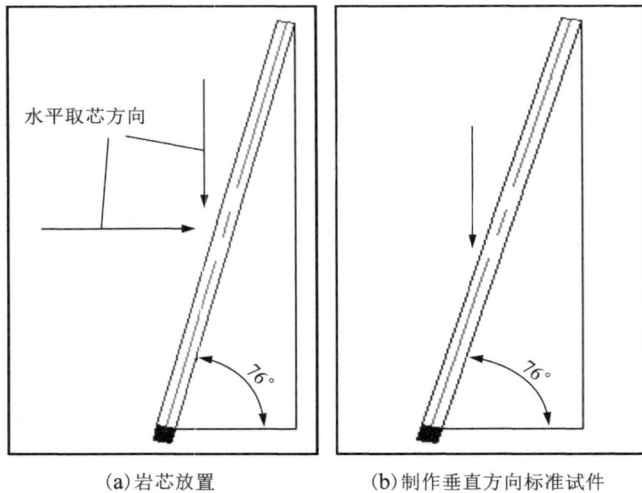

(a)岩芯放置　　　　　(b)制作垂直方向标准试件

图 3-8　岩芯放置及制作垂直方向标准试件示意图

3）制作水平方向的标准试件。

考虑到岩芯钻机只能在垂直方向钻取岩芯，故需将岩芯顺时针旋转 90°，如图 3-9 所示。将岩芯上下倒置放置，即浅处岩芯放在固定装置的下部，深处岩芯放在固定装置的上部。先用取芯架构来固定岩芯位置，使岩芯与地面构成 14° 的夹角，然后再用岩芯钻机对岩芯进行二次取芯，钻取水平方向的标准试件。

原岩样直径为 50 mm 左右，为了尽量提高试件使用效率及确保试验结果的可靠度，标准试件（小试件）按直径为 25 mm、高度 50 mm 的规格进行钻取、切割。因声发射法测地应力试验对试件两端的平整度要求较高，因此需在金刚石磨平工作台上将每个试件两端仔细磨平，确保端面平整度误差小于 0.02 mm。

由于需要钻取的小试件数量多，周期长，为了提高工作效率，我们采用加工一批试件，测试一批试件的方式。图 3-10 所示为首批加工的部分地应力测试用小试件。

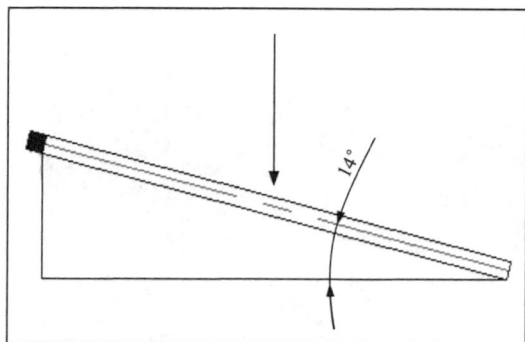

图 3-9　制作水平方向标准试件示意图　　　　　图 3-10　首批加工的地应力测试用小试件

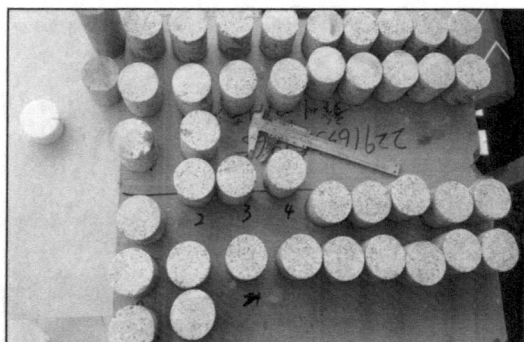

3.5　本项目地应力岩芯取样过程

3.5.1　地应力取样的地点

本次地应力测量的所有试样均来自嵩县山金矿各采场附近。由于矿山已对各中段巷道采用喷浆等方式进行支护，故难以在巷道取样，只能在采场联络道附近根据实际情况选取测点。具体的取样点为 443 m、483 m、523 m、563 m 和 603 m 深处水平的采场联络道。现场取样图如图 3-11 所示。

3.5.2　地应力取样的方法

岩样要求：岩块应未脱离原始的岩层，保持原始产状；岩块岩芯完整度好，避开含过多结构面和表面已风化的岩块；岩块的长×宽×高约为 20 cm×20 cm×20 cm，一枚岩块应大致能取 10 枚直径为 37 mm、高度为 70 mm 的圆柱形试件。取样的具体操作如下。

1) 在所选的巷道位置选取合适的地点取样，该位置应便于取样，同时取样的岩石不应从岩体中脱落。

2) 选定取样岩块后，使用地质罗盘测量其走向、倾斜和倾角等信息，然后拍照并且记录下来。由于岩石表面含水较多，无法使用油性笔进行标记，故使用便利贴加胶带缠绕进行标记，同时使用红色喷漆标出走向。

3) 用工具将岩石从母岩中取出，注意深部岩石脆性较大，取样时应避免损坏岩样。

3.5.3　岩芯的地表重定向

井下所取的岩石试样先运到专业的岩石加工厂取芯，然后再送去试验室进行地应力的测量。根据井下取样时所记录的数据，在地面上还原出其产状，并使用记号笔在试样上标记出 0°、45°、90° 和垂直方向，方便后续的取芯操作。地表重新定向操作如图 3-12 所示。

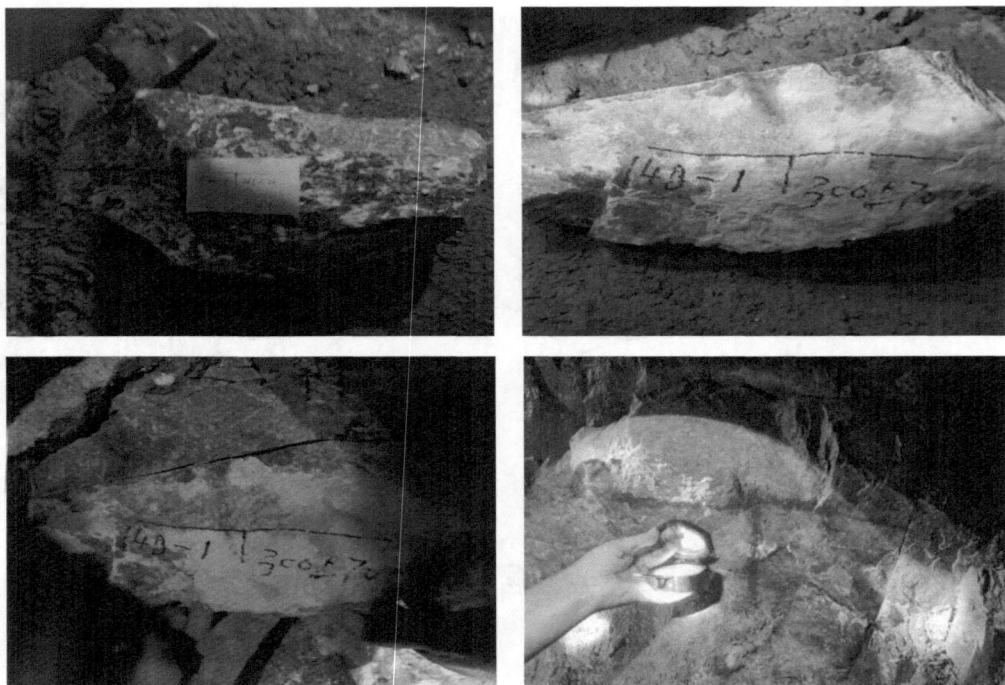

图 3-11 现场取样图

图 3-12 地表重定向操作图

3.5.4　室内定向取芯流程

1）固定大直径取芯，如图 3-13 所示。

图 3-13　固定大直径取芯

2）二次小直径取芯，如图 3-14 所示。
3）岩样切割，如图 3-15 所示。
4）岩样研磨，如图 3-16 所示。
5）标准岩样，如图 3-17 所示。

根据定向的结果和岩石的情况，本文创新性地根据岩石的外形选择合适的位置先取大直径岩芯，然后根据第一次取样的岩芯，再次设定进行二次取芯。

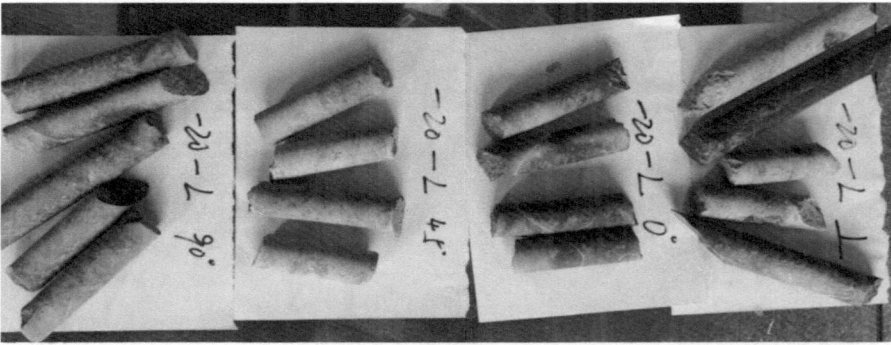

图 3-14　二次取芯岩样图

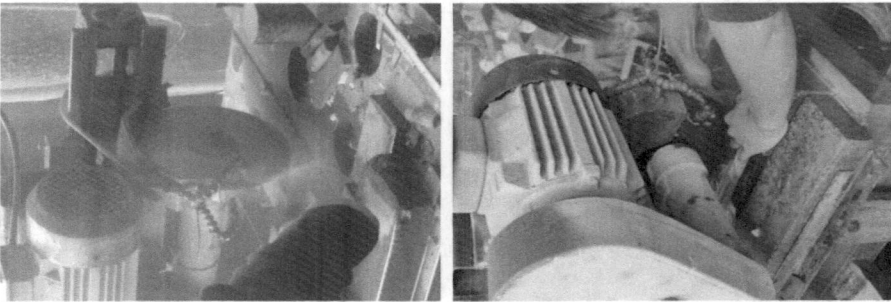

图 3-15　岩样切割图

图 3-16　岩样研磨图

图 3-17　标准岩样

3.6　试验过程及试验结果分析

3.6.1　试验仪器

　　岩石声发射试验在重庆大学煤矿灾害动力学与控制国家重点试验室完成，试件压缩试验采用岛津 AG-250 伺服材料试验机，声发射系统采用 PCI-2 多通道声发射系统，试验系统如图 3-18 所示。

3.6.2　试验方案及试验过程

　　试验加载方式采用位移控制加载，加载速率为 0.01 mm/min；声发射系统设置门槛值为 45 dB。试验前应在二次取芯后的试件中选取完整性较好的岩石试件，测量各试件的直径和高度，并对不同深度的各组试件进行系统的编号。试验时使用凡士林试件作为的耦合剂，在试件侧面粘贴传感器，设置声发射系统参数并检查传感器能否正常工作。加载前，在试件端面均匀涂抹一层凡士林，以减少端部效应对 AE 信号的干扰，同时开启试验机和

(1)岛津AG-250伺服材料试验机　　　　(2)PCI-2多通道声发射系统

图 3-18　声发射试验测试系统

声发射监测系统，开始声发射测试试验。如图 3-19 所示为装有声发射探头的试件，如图 3-20 所示为试验结束时试件破坏的情况。

3.6.3　试验数据及地应力值计算

　　试验测试系统为目前国际上在相关领域中最先进的测试仪器设备，其精度和准确度完全可以得到保证，加之通过技术改造实现了两套系统的无缝对接，本次采用 AE 法进行地应力测量的数据结果真实有效，确保了本次地应力测试工作的顺利开展。

　　此次测试的试件取自嵩县山金矿矿区 5 个开采水平，井口标高为+583 m。因此，此次测试开展了地表以下 443 m、483 m、523 m、563 m 和 603 m 5 个不同深度岩体的地应力测量工作。所有数据均是在微机控制下自动采集和储存的，根据试验数据，确定每一个试件的凯瑟效应特征点，并找出其对应的应力值。图 3-21～图 3-32 所示为部分试件的时间-应力-声发射计数关系曲线，试验得出的地应力测试结果记录于表 3-2～表 3-6 中。

图 3-19　装有声发射探头的试件　　　　图 3-20　试件破坏情况

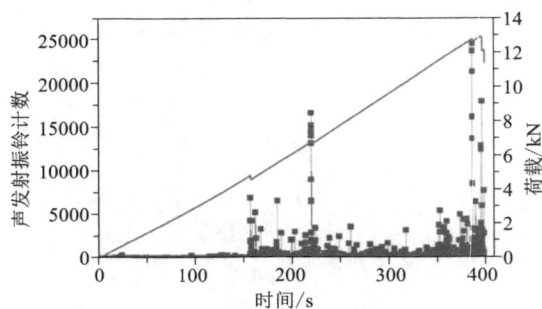

图 3-21　试件 140-H-1
时间-应力-声发射计数关系曲线

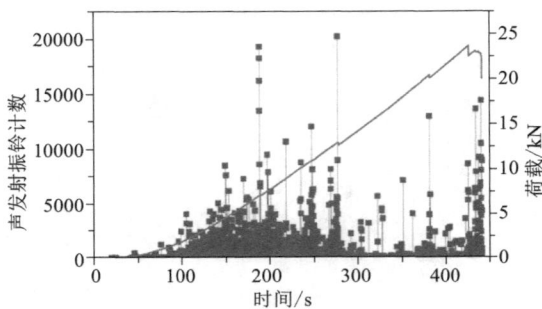

图 3-22　试件 140-0-1
时间-应力-声发射计数关系曲线

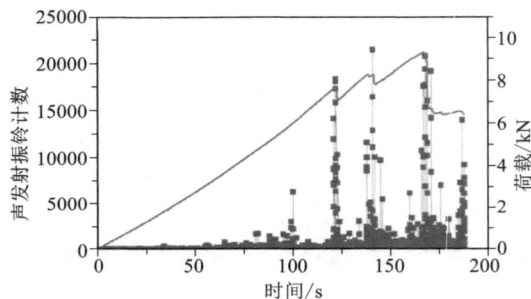

图 3-23　试件 140-45-1
时间-应力-声发射计数关系曲线

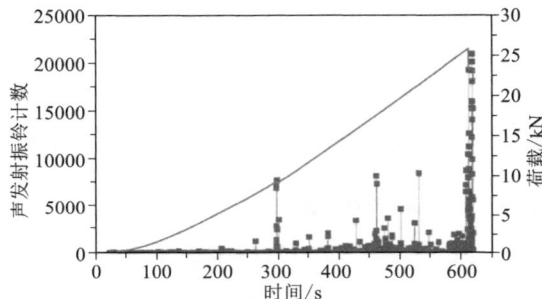

图 3-24　试件 140-90-1
时间-应力-声发射计数关系曲线

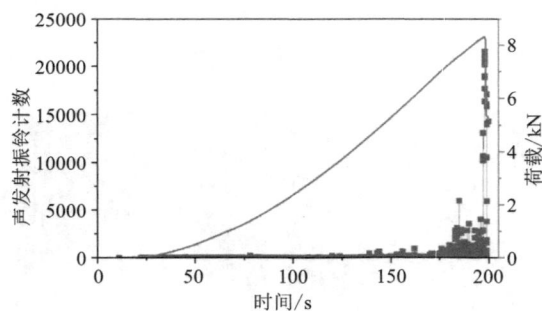

图 3-25　试件 60-H-1
时间-应力-声发射计数关系曲线

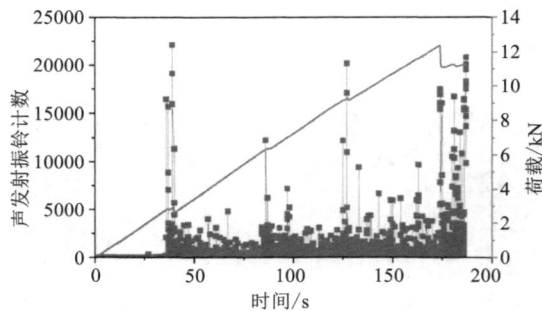

图 3-26　试件 60-0-1
时间-应力-声发射计数关系曲线

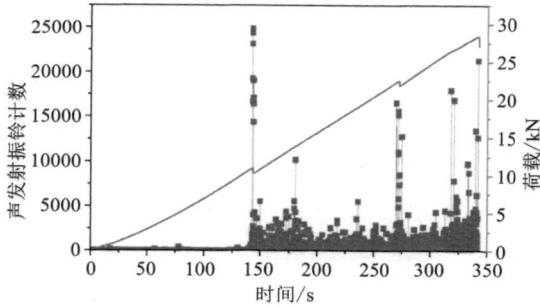

图 3-27　试件 60-45-1
时间-应力-声发射计数关系曲线

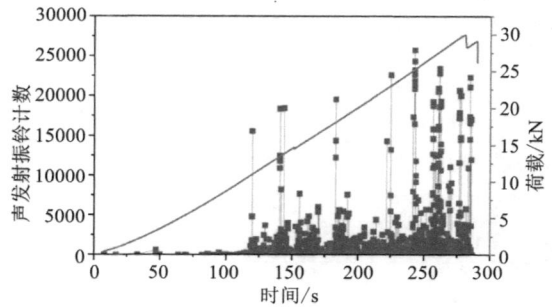

图 3-28　试件 60-90-1
时间-应力-声发射计数关系曲线

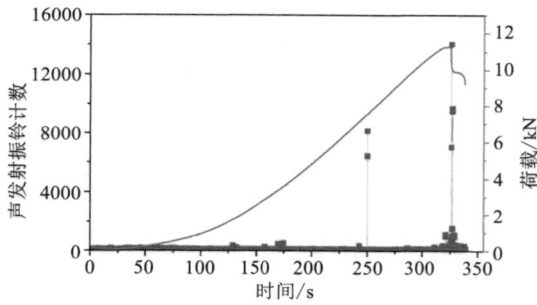

图 3-29　试件-20-H-1
时间-应力-声发射计数关系曲线

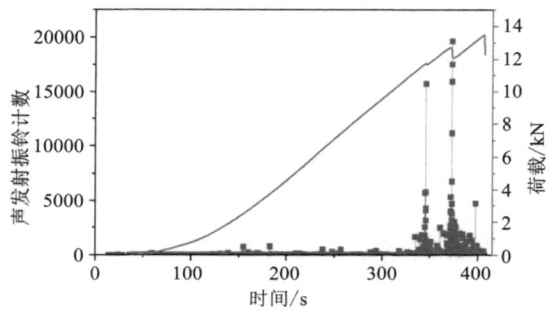

图 3-30　试件-20-0-1
时间-应力-声发射计数关系曲线

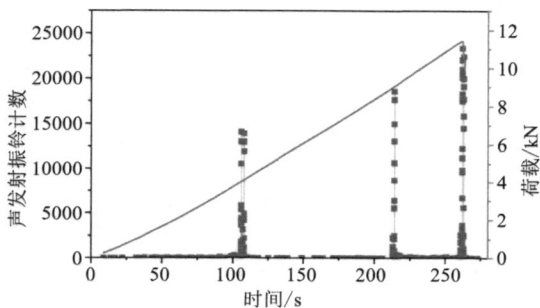

图 3-31　试件-20-45-1
时间-应力-声发射计数关系曲线

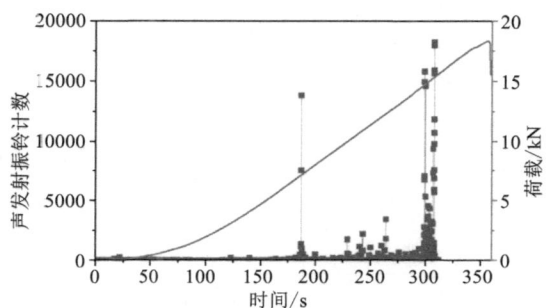

图 3-32　试件-20-90-1
时间-应力-声发射计数关系曲线

表 3-2　443 m 深度不同方向岩石试件凯瑟(Kaiser)点应力值

试件编号	直径/mm	Kaiser 点载荷/kN	Kaiser 点应力/MPa	应力均值/MPa
140-H-1	25	6.795	13.85	
140-H-2	25	5.509	11.23	12.16
140-H-3	25	5.593	11.40	
140-0-1	25	7.011	14.29	
140-0-2	25	7.173	14.62	14.24
140-0-3	25	6.775	13.81	
140-45-1	25	7.909	16.12	
140-45-2	25	6.746	13.75	15.94
140-45-3	25	8.806	17.95	
140-90-1	25	9.223	18.80	
140-90-2	25	8.605	17.54	18.43
140-90-3	25	9.297	18.95	

表 3-3　483 m 深度不同方向岩石试件 Kaiser 点应力值

试件编号	直径/mm	Kaiser 点载荷/kN	Kaiser 点应力/MPa	应力均值/MPa
100-H-1	25	7.442	15.17	
100-H-2	25	5.505	11.22	14.09
100-H-3	25	7.791	15.88	
100-0-1	25	6.564	13.38	
100-0-2	25	6.186	12.61	15.29
100-0-3	25	9.753	19.88	
100-45-1	25	8.590	17.51	
100-45-2	25	6.481	13.21	15.58
100-45-3	25	7.859	16.02	
100-90-1	25	12.996	26.49	
100-90-2	25	8.939	18.22	21.73
100-90-3	25	10.048	20.48	

表 3-4　523 m 深度不同方向岩石试件 Kaiser 点应力值

试件编号	直径/mm	Kaiser 点载荷/kN	Kaiser 点应力/MPa	应力均值/MPa
60-H-1	25	7.594	15.48	
60-H-2	25	6.657	13.57	16
60-H-3	25	9.742	19.82	
60-0-1	25	9.238	18.83	
60-0-2	25	9.002	18.35	16.83
60-0-3	25	6.530	13.31	

续表3-4

试件编号	直径/mm	Kaiser 点载荷/kN	Kaiser 点应力/MPa	应力均值/MPa
60-45-1	25	10.950	22.32	
60-45-2	25	7.815	15.93	18.67
60-45-3	25	8.713	17.76	
60-90-1	25	13.457	27.43	
60-90-2	25	11.475	23.39	23.02
60-90-3	25	8.949	18.24	

表 3-5　563 m 深度不同方向岩石试件 Kaiser 点应力值

试件编号	直径/mm	Kaiser 点载荷/kN	Kaiser 点应力/MPa	应力均值/MPa
20-H-1	25	8.271	16.86	
20-H-2	25	9.228	18.81	17.55
20-H-3	25	8.330	16.98	
20-0-1	25	7.678	15.65	
20-0-2	25	6.299	12.84	17.03
20-0-3	25	11.088	22.60	
20-45-1	25	10.631	21.67	
20-45-2	25	12.412	25.30	20.44
20-45-3	25	7.040	14.35	
20-90-1	25	13.080	26.66	
20-90-2	25	12.962	26.42	25.46
20-90-3	25	11.431	23.30	

表 3-6　603 m 深度不同方向岩石试件 Kaiser 点应力值

试件编号	直径/mm	Kaiser 点载荷/kN	Kaiser 点应力/MPa	应力均值/MPa
-20-H-1	25	10.146	20.68	
-20-H-2	25	11.436	23.31	18.04
-20-H-3	25	4.970	10.13	
-20-0-1	25	12.177	24.82	
-20-0-2	25	10.626	21.66	22.59
-20-0-3	25	10.445	21.29	
-20-45-1	25	11.456	23.35	
-20-45-2	25	15.013	30.60	24.87
-20-45-3	25	10.136	20.66	

续表3-6

试件编号	直径/mm	Kaiser 点载荷/kN	Kaiser 点应力/MPa	应力均值/MPa
-20-90-1	25	15.327	31.24	
-20-90-2	25	18.378	37.46	30.11
-20-90-3	25	10.612	21.63	

根据表3-2~表3-6整理得出不同深度岩体地应力的空间应力分量 σ_{I}、σ_{II}、σ_{III} 的值,如表3-7所示。计算出各测点岩体所受地应力的最大主应力 σ_1 和最小主应力 σ_2,计算结果如表3-8所示。

表3-7　不同深度地应力水平方向上应力分量

测点深度/m	σ_{I}/MPa	σ_{II}/MPa	σ_{III}/MPa
443	14.24	15.94	18.43
483	15.29	15.58	21.73
523	16.83	18.67	23.02
563	17.06	20.44	25.46
603	22.59	24.87	30.11

表3-8　各测点的主应力大小和方向

测点深度/m	垂直主应力 σ_{v}/MPa	自重应力 σ/MPa	最小水平主应力 σ_2/MPa	最大水平主应力 σ_1/MPa	水平最大主应力方向 θ/(°)
443	12.16	12.15	14.17	18.50	84.62
483	14.09	13.23	14.10	22.92	68.86
523	16.29	14.31	16.59	23.25	78.95
563	17.55	15.39	16.97	25.54	84.46
603	18.04	16.47	22.31	30.39	79.29

3.6.4　地应力分布及变化规律

由以上试验过程及数据结果,经综合分析可得出如下地应力变化和分布规律。

1)钻孔所在区域的地应力以水平构造应力为主,但越往深处,水平构造应力的主导作用有所减弱,垂直主应力的作用随着深度的增加而加大。

2)水平最大主应力随埋深的增加而增大,不同深度最大水平主应力的方位一致性较好,均为北东东向,分布于 ENE 68.86°至 ENE 84.62°之间。

3)垂直方向主应力随埋深的增加而增大,整体上大致呈线性增长趋势,垂直主应力与自重应力的关系如图3-33所示。

4)所测区域的最大水平主应力与垂直主应力之比(侧压系数)为 1.43~1.68,这与我国大陆区域地压的侧压力系数分布规律基本相一致;矿区的水平应力存在明显的方向性,区域内最大水平主应力与最小水平主应力在数值上相差较大，表明矿区剪应力较大，因此在做开采和安全设计时要考虑该情况的影响。

　　5) 利用线性回归法将各埋深点所测地应力进行拟合，如图 3-34 所示，可拟合出钻孔所在区域内的岩体地应力值随深度变化的计算公式：

$$\begin{cases} \sigma_v = 0.038\,h - 4.257 \\ \sigma_1 = 0.066\,h - 10.407 \\ \sigma_2 = 0.0479\,h - 8.198 \end{cases} \quad (3-2)$$

式中：σ_v 为垂直主应力，MPa；σ_1 为最大水平主应力，MPa；σ_2 为最小水平主应力，MPa；h 为埋深，m（$h \geqslant 950$ m）。

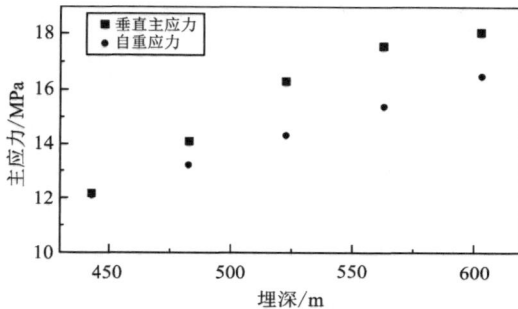

图 3-33　垂直主应力与自重应力的关系图

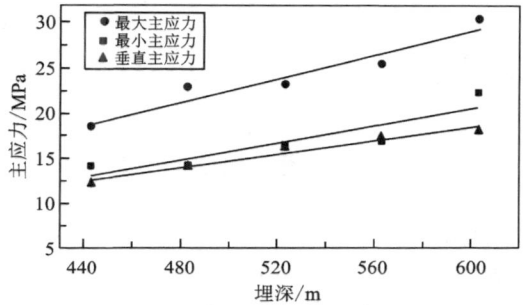

图 3-34　垂直主应力、最大主应力、
最小主应力与埋深的关系图

3.7　本章小结

　　本章从地应力测量出发，第一节介绍了地应力测量对工程设计施工等方面的重要意义以及国内外地应力测量工作的工程应用实例，第二节介绍了当前地应力测量的几种方法，并详细阐述了三种方法，应力解除法、水压致裂法和声发射法，并在第三节详细介绍了声发射法的原理，第四节介绍了地应力测点选择的基本原则，矿区地应力测量测点的选取以及岩芯的制备，第五节介绍了本项目地应力的测量过程，并在第六节给出了试验过程及地应力分布规律。其中，重点介绍了用于声发射试验的小试件制备过程。通过对 60 个小试件进行声发射加载试验，测得了五个不同深度测点岩体的主应力大小和最大主应力方向，得出矿区地应力分布和变化的相关规律，为矿山工程开采设计和施工以及本研究随后将进行的矿区数值模拟计算提供了必要的参考依据。

参考文献

[1] 王连捷，潘立宙，廖椿庭，等.地应力测量及其在工程中的应用[M]. 北京：地质出版社，1991.

[2] 康红普，林健，张晓. 深部矿井地应力测量方法研究与应用[J]. 岩石力学与工程学报，2007，26 (5)：929-933.

[3] 张重远，吴满路，廖椿庭. 金川三矿地应力测量及应力状态特征研究[J]. 岩土学，2013，34(11)：

3254-3260.

[4] 李啸, 汪仁建, 李秋涛, 等. 深部环境下岩石声发射地应力测试及其应用[J]. 矿冶工程, 2019, 39(2): 19-23.

[5] 刘畅, 李宇星, 覃敏. 基于三维地应力实测的巷道稳定性优化研究[J]. 地下空间与工程学报, 2018, 14(5): 1372-1380.

[6] 蔡美峰, 乔兰, 李华斌. 地应力测量原理和技术[M]. 北京: 科学出版社, 1995.

[7] 霍红亮, 代建清, 苏兆仁, 等. 获各琦铜矿一号矿床三维地应力场测量及分布规律研究[J]. 有色金属(矿山部分), 2011, 63(5): 63-66.

[8] 蔡美峰. 岩石力学在金属矿山采矿工程中的应用[J]. 金属矿山, 2006(1): 28-33.

[9] 沈子杰, 黄志安, 李刚强. 地应力测量在夜长坪钼矿区的应用研究[J]. 黄金, 2011, 32(4): 26-30.

[10] 林业. 开阳磷矿深部高地应力软岩巷道支护技术研究[D]. 长沙: 中南大学, 2011.

[11] 冯兴隆, 刘华武, 高兆伟, 等. 普朗铜矿地应力测量及其结果分析[J]. 湖南有色金属, 2015, 31(1): 1-4, 32.

[12] 司林坡. 全景钻孔窥视仪在水压致裂法地应力测试中的应用[J]. 煤矿开采, 2011, 16(2): 97-101.

[13] 尤明庆. 水压致裂法测量地应力方法的研究[J]. 岩土工程学报, 2005, 27(3): 350-353.

[14] 陈文婷, 郑质彬, 彭岩岩. 水力压裂法在地应力测量中的应用[J]. 煤炭技术, 2020, 39(2): 66-68.

[15] 王得友. 用声发射法测定地应力[J]. 冶金安全, 1984(1): 54-55.

[16] 马春德, 刘泽霖, 龙珊, 郭春志, 周亚楠. 一种孔内岩芯空间方向定位装置及套孔应力解除法验证法: CN109025984A[P]. 2020-12-22.

[17] 钱三明. 利用岩石的 Kaiser 效应对某矿地应力分布规律的研究[J]. 山东煤炭科技, 2015(3): 153-155, 158.

[18] 王玺, 马春德, 刘兴全, 等. 滨海矿区地应力与岩石力学参数随埋深的变化规律及其相互关系[J]. 黄金科学技术, 2021, 29(4): 535-544.

[19] 张翼凤. 声发射法地应力测量在大柳行金矿的应用[J]. 黄金, 2020, 41(8): 53-56.

[20] 黄麟淇, 陈江湛, 周健, 等. 未来有色金属采矿可持续发展实践与思考[J]. 中国有色金属学报, 2021, 31(11): 3436-3449.

[21] 李夕兵, 陈江湛, 马春德, 等. 地质岩芯空间姿态复原装置: CN110082501B[P]. 2021-05-28.

第 4 章

深部矿岩区域稳定性开采动态研究

4.1　深部开采数值模拟方法研究与选择

数值模拟也叫计算机模拟。它以电子计算机为手段，通过数值计算和图像显示的方法，达到对工程问题和物理问题乃至自然界各类问题进行研究的目的。通过计算机和设置参数建立反映真实状态的本构方程，在符合实际工作状态的边界条件下，采用某种数值模拟方法计算分析岩体、土体的力学性状。

在本方案数值模拟中采用有限差分数值分析软件 FLAC3D 对下向开采进行模拟与分析。其模拟的目的是，通过建立矿体模型，分析其受力情况，验证下向开采的可靠性与稳定性，得出不同开采时间的模型受力情况，验证方案的可行性。

4.1.1　数值模拟软件简介

（1）FLAC3D 软件

FLAC（fast lagrangian analysis of continua，连续介质快速拉格朗日分析）是由 Cundall 和美国 ITASCA 公司开发出的有限差分数值计算程序，主要适用于地质和岩土工程的力学分析。该程序自 1986 年问世后，经不断改版，已经日趋完善。前国际岩石力学学会主席 C. Fairhurst 评价它："现在它是国际上广泛应用的可靠程序。"

根据计算对象的形状用单元和区域构成相应的网格。每个单元在外载和边界约束条件下，按照约定的线性或非线性应力-应变关系产生力学响应，特别适合分析材料达到屈服极限后产生的塑性流动。由于 FLAC 程序主要是为岩土工程应用而开发的岩石力学计算程序，程序中包括了反映岩土材料力学效应的特殊计算功能，可解算岩土类材料的高度非线性（包括应变硬化/软化）、不可逆剪切破坏和压密、黏弹（蠕变）、孔隙介质的固-流耦合、热-力耦合以及动力学行为等。另外，程序设有界面单元，可以模拟断层、节理和摩擦边界的滑动以及张开和闭合行为。支护结构，如砌衬、锚杆、可缩性支架或板壳等与围岩的相互作用也可以在 FLAC 中进行模拟。此外，程序允许输入多种材料类型，亦可在计算过程中改变某个局部的材料参数，增强了程序使用的灵活性，极大地方便了数据计算处理。同时，用户可根据需要在 FLAC 中创建自己的本构模型，进行各种特殊修正和补充。

FLAC 程序建立在拉格朗日算法基础上，特别适合模拟岩体大变形和扭曲。FLAC 采用显式算法来获得模型全部运动方程(包括内变量)的时间步长解,从而可以追踪材料的渐进破坏和垮落,这对研究工程地质问题非常重要。FLAC 程序具有强大的后处理功能,用户可以直接在屏幕上绘制或以文件形式创建和输出打印多种形式的图形。使用者还可根据需要,将若干个变量合并在同一幅图形中进行研究分析。

FLAC 程序中提供了由空模型、弹性模型和塑性模型组成的 10 种基本的本构关系模型,所有模型都能通过相同的迭代数值计算格式得到解决:给定前一步的应力条件和当前步的整体应变增量,能够计算出对应的应变增量和新的应力条件。注意,所有的模型都是在有效应力的基础上进行计算的,在本构关系调入程序之前,将孔隙压力由整体应力转化成有效应力。FLAC3D 计算流程见图 4-1。

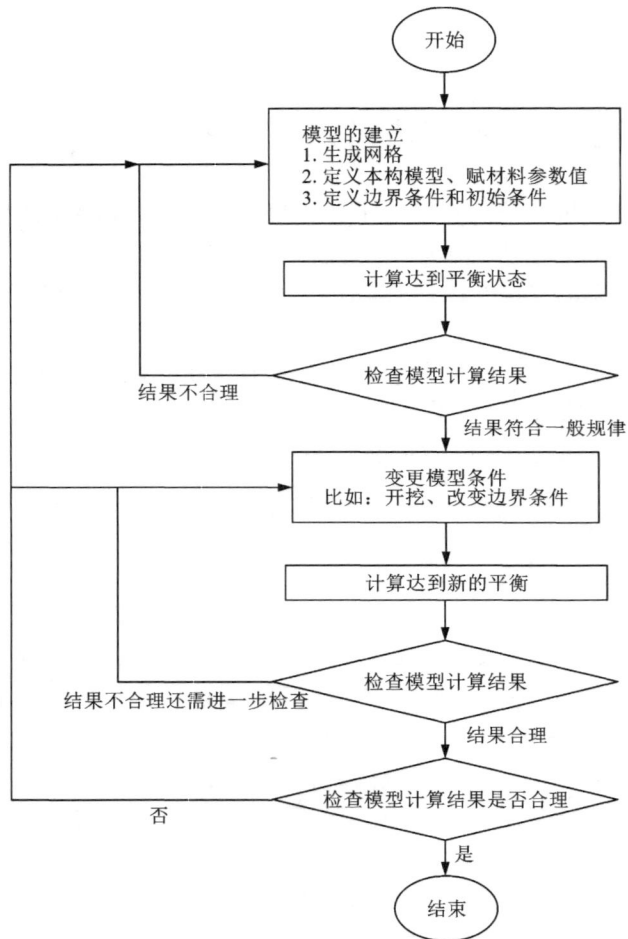

图 4-1　FLAC3D 计算流程图

（2）Rhino 软件

Rhino3D NURBS(No4-uniform rational B-spline,非均匀有理 B 样条曲线)是一个功能强大的高级建模软件。Rhino 是由美国 Robert McNeel 公司于 1998 年推出的一款基于 NURBS 的三维建模软件。Rhino 作为专业的建模软件具有以下几个特点:①Rhino 建模方式多样，效果好，还带有分析功能和渲染功能，基本满足了 3D 建模的所有需求；②能自动快速形成曲面，曲面精度高，与现场实际贴合性强；③兼容性佳，其默认 3D 模型保存格式是 3dm，也可以以多种格式保存，Rhino 软件经过转换，可以把三维文件转换成二维图形和线条文件；④可操作性强，界面绘图指令丰富，既可以采用编程的方式绘图，也可以采用直接手绘的方式作图；并且 Rhino 建模软件建立的三维地质模型与 FLAC3D、UDEC 及3DEC 等数值模拟软件具有非常好的兼容性，可以直接将三维模型导入这些软件进行数值计算。

（3）Griddle 软件

TASCA 数值网格剖分专业解决方案由 Rhinoceros 和 Griddle（通用网格处理器插件）整合形成，提供三维建模和数值网格剖分的一体化操作流程和方法。依托于 Rhinoceros 三维模型构建技术，ITASCA 数值网格剖分专业解决方案可以对任意复杂几何形态地质体或工程结构对象实现数值网格模型的便捷化质量控制与快速剖分，工作全过程均支持交互式界面操作，且网格剖分过程体现了高度的自动化特点。ITASCA 数值网格剖分专业解决方案集成了Rhinoceros 自身的优势性核心技术，专业网格剖分工具 Griddle 则主要有如下技术特点。

工作原理：Rhinoceros 曲面是利用 Griddle 开展模型网格剖分工作的基础性输入数据与工作对象，经由 Griddle 对原始曲面对象（集）完成必要的编辑（主要是交切识别与重构）、形成符合不透水（water-proof）定义所要求的封闭曲面后，即可执行网格自动剖分操作并得到满足数值分析需要的数值模型。ITASCA 成熟的图形技术则保证了上述工作过程的高度智能化。

曲面编辑：支持对 Rhinoceros 曲面空间交切关系的自动识别与自定义重构，其核心环节首先是对曲面网格（三角形、四边形或两种形态的混合）实现全局或局部质量控制（网格形态和大小），同时保证曲面相交部位网格封闭连续，从而形成满足网格剖分要求的数据条件。

网格剖分：以封闭曲面为对象，自动剖分得到数值网格模型，其取决于曲面网格的形态（三角形、四边形或两者混合），数值网格模型可以是四面体或六面体，也可以为两者形态的混合。

网格模型输出：除 FLAC3D、3DEC 外，还支持 ANSYS、ABAQUS 等大型有限元程序网格输出格式。

4.1.2　FLAC3D 快速建模技术介绍

随着计算机技术的发展，数值仿真模拟也进入了高效时代。对接 BIM 系统，从计第机辅助设计 CAD 到计算机辅助工程 CAE 无疑是一大跨越，也是工业设计 4.0 的根本需要。建模工作是从 CAD 走向 CAE 的桥梁。传统的建模方式通常需要消耗大量工作时间，有些复杂模型的建立需要几周甚至数月之久，严重制约了数值分析的效率。当动态调整方案需要对模型进行及时更新或比选时，建模工作的迟缓也会直接影响计算机辅助分析的实用性和价值。

建模消耗时间过长一直是数值仿真模拟的掣肘。针对有限元和离散元建模工作的痛点，形成了基于 Rhino 平台的快速建模技术。该技术简单实用且功能强大，掌握了 CA 软件使用技术即能基于 Rhino 平台开展 FLAC3D 建模工作，从而使得简单模型可在几分钟内完成，而复杂模型可在几个小时内完成。ITASCA 的快速建模技术(Griddle、BlockRanger、Kubrix)具备自动或交互式网格剖分功能，能够依据少量的控制参数建立高质量的四面体、六面体、Octree 等模型，并且可以输出 FLAC3D、3DEC、ANSYS、ABAQUS、NASTRAN 等多种格式。该技术在动态更新和调整模型方面有独到优势，适用于岩土体等不确定问题以及随勘探工作逐步揭露地质信息的建模。同时，其多种网格剖分精度能使相同的几何模型导出几万至千万级单元的模型，从而有利于进行不同精度的数值分析，大大提高了数值分析的效率。

4.1.3　基本假设

数值模拟是一种评价岩体稳定性的定性或准定量方法，为了使计算结果比较接近实际情况，应该对岩体介质性质及计算模型作必要的假定。岩石的力学性质是指它的弹性、塑性、黏性及各向异性等，根据在应力作用下所表现出来的变形特征即本构关系，可将岩石分为线弹性体、弹塑性体及黏弹性体等不同属性的岩体。岩石力学属性是确定岩体性质的基础，但岩体具有特定的结构，加之岩体性质、结构的各向异性，使其性质变得复杂。大量的工程实践表明，岩体结构特征在空间上的分布既有一定的规律性，又有一定的随机性。对嵩县山金矿业来说，岩体的范围比我们要研究的矿区或采场要小得多，因此从矿山岩体工程的宏观范围考虑，可以将其看作似均质各向同性介质。根据计算目的，这次数值模拟目的主要是评价矿山开采的采动效应，可不考虑长期时间效应的影响，因此可将岩体视为弹塑性介质。

矿山开采的稳定性问题本身是一个空间问题，采用三维空间计算模型能对其进行正确分析评价，因此本次模拟的计算模型采用三维模型。

九仗沟金矿区的地质条件及岩体结构条件比较复杂，不可能在计算模型中完全充分地反映和考虑，数值模拟计算模型只能考虑对采场或矿区总体稳定性起控制作用的大型或较大型的结构面，小型的结构面如节理、裂隙等则在岩体的结构属性或其力学参数选取中给予适当考虑。因为计算时考虑了分层开挖的动态效应，所以不再考虑岩体力学性质的时间效应对采场及围岩力学性态的影响。此外矿山的开拓巷道及采场的拉底、切割巷道等虽然对采场及矿区的力学状态有一定的影响，但它们的影响仅是局部的，因此在数值模拟中可以忽略。

4.2　深部开采数值模拟计算模型建立

4.2.1　计算范围

(1)模拟计算流程

数值模拟计算流程见图 4-2。

(2)矿体模型的建立

由于 FLAC3D 前期处理功能较弱，故复杂三维模型的建立比较困难。本文采用具有良好前处理建模功能的 Rhion+Griddle 快速建模技术进行建模，根据矿山所提供的地质剖面图，矿体主要建模区域在-20 m 至 220 m 之间，220 m 水平之上矿体已开采完成，包括民采空区等矿体均按照充填体建模。为了方便建模，同时保证精度，每个中段矿体厚度设为地质剖面线 0 线到 9 线矿体厚度的平均值，同时走向长度由嵩县山金矿 2018 年二季度末储量估算纵投影图得出，具体数值如表 4-1、表 4-2 所示。

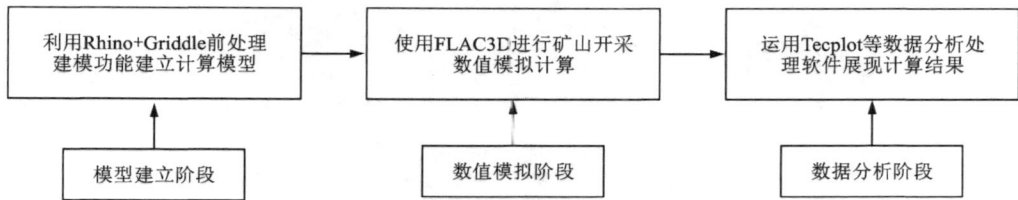

图 4-2　数值模拟计算流程图

本文主要模拟下向进路法开采，按照当前开采的方式，40 m 为一个中段，4 m 为一个分层。为了方便模拟，模拟开采的时间为每年的产量，按照 1000 t/a 的产能，每年至少开采 5 个分层。

（3）围岩模型的建立

基于圣维南原理，开挖矿体引起的应力变化至多为开挖范围的 3~5 倍，据此确定整体模型框架的边界范围。根据地质剖面图，地表为实际剖面线，底面延伸到-60 m 处，满足数值计算对边界条件的要求。围岩边界主要建立依据见表 4-1。

表 4-1　矿体厚度　　　　　　　　　　　　单位：m

矿体深度	矿体厚度										厚度平均值
	9线	7线	5线	3线	1线	0线	2线	4线	6线	8线	
-20	9.0	0.7	11.4	7.0	11.0	4.0	5.5	0.7	0.0	0.0	7.04
20	5.8	5.4	8.7	6.0	11.7	13.0	15.5	7.0	0.0	0.0	9.14
60	1.6	6.6	6.6	15.0	16.0	14.0	17.8	7.6	0.0	0.0	10.65
100	0.0	3.9	10.5	19.4	18.0	8.6	10.3	7.0	3.2	7.2	9.79
140	5.0	3.4	11.4	15.2	16.0	5.9	5.0	6.8	4.4	3.5	7.66
180	4.8	7.3	11.3	13.0	13.6	2.0	6.6	5.0	3.7	1.5	6.88
220	3.0	1.0	5.0	0.0	0.0	4.0	4.0	2.8	1.0	0.0	4.60

表 4-2　矿体走向长度　　　　　　　　　　单位：m

深度	-20	20	60	100	140	180	220	220以上
走向长度	134	136	217	264	296	321	292	270

在 Rhino 平台划分网格，如图 4-3 所示。

围岩与矿体的坐标如表 4-3 所示。

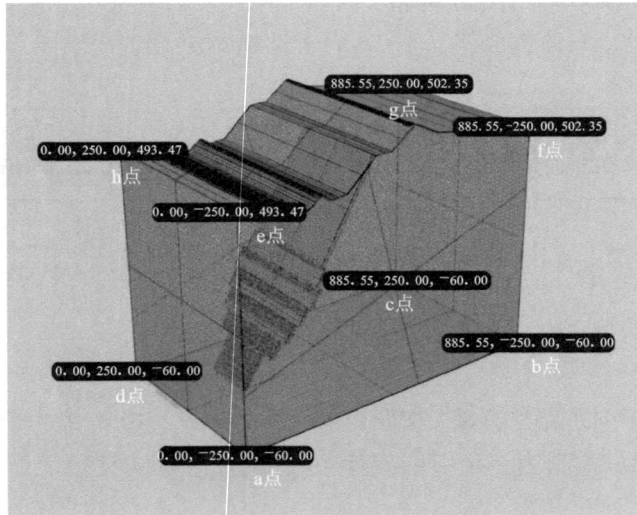

图 4-3　矿体模型三维坐标起始值

表 4-3　矿体模型三维坐标起始值　　　　　　　　　　单位：m

位置	坐标值		
	x 方向	y 方向	z 方向
a 点	0.00	−250.00	−60.00
b 点	885.55	−250.00	−60.00
c 点	885.55	250.00	−60.00
d 点	0.00	250.00	−60.00
e 点	0.00	−250.00	493.47
f 点	885.55	−250.00	502.35
g 点	885.55	250.00	502.35
h 点	0.00	250.00	493.47

（4）网格的建立

设计模型尺寸。计算模型范围的选取直接关系到计算结果的正确与否，若模型范围太大，则白白耗费了计算机资源；若模型范围太小，则计算结果失真，不能给予实际工程指导性的意见，因此合理地选择计算模型的范围至关重要。本文中将矿体和围岩的模型尺寸分别设置，两者尺寸不同的主要原因是，尺寸太小则单元网格数量过大，反之则计算失真。须规划计算网格数目和分布。计算模型的尺寸一旦确定，计算网格的数目也相应确定。程序中为了减少因网格划分引起的误差，网格的长宽比应不大于 5，对于重点研究区域可以进行网格加密处理。本项目的网格尺寸见表 4-4。

表 4-4　网格尺寸

模拟类型	最小边缘长度/m	最大边缘长度/m	长宽比	网格类型
矿体	4	12	3	Tri
围岩	10	30	3	Tri

通过 Griddle 插件将 Rhino 中的网格导入 FLAC3D。此操作具有以下 3 个优势：①Griddle 插件中的 GInt 功能能够自动生成交互式网格，清理不正确相交的曲面网格，减少因为网格自交而导致导出时的报错问题；②如果生成的网格质量差或者网格未闭合，Griddle 插件能够显示出错的位置，能够很快对模型进行调整，极大地提高了检查模型的效率；③Griddle 插件中的 Gsurf 命令用于将所选的表面网格重新划分为所需的单元大小和类型，重新划分后的曲面网格数据输入到 Gvol 中进行体积剖分，使用表面网格来确定实体单元的大小和类型，矿体与围岩网格长度不同，Gvol 命令能填充四面体或六面体单元(六面体、棱镜)，生成用于如 FLAC3D 或 3DEC 的数值模拟程序的文件格式，该功能满足于本次研究中所需要的"矿体围岩网格不同单元大小"情况。通过"Rhino-Griddle-FLAC3D"数值建模方法，将导出的 GRID 文件导入 FLAC3D 中(图 4-4)。

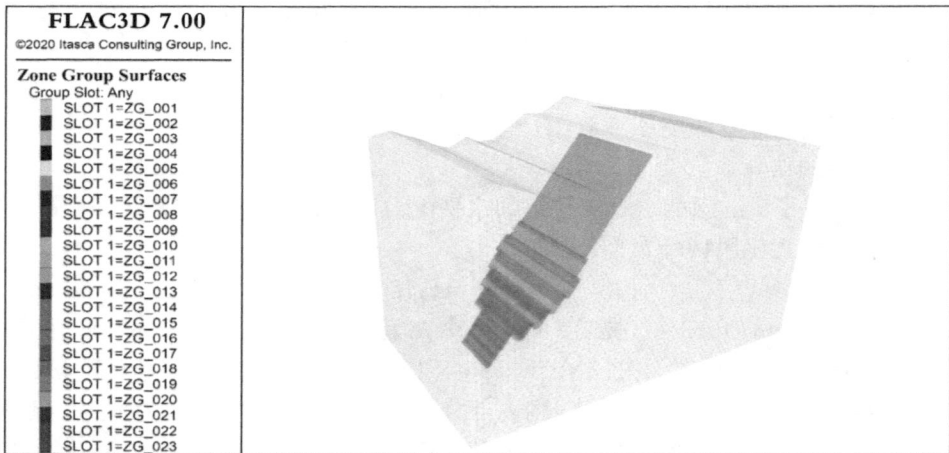

图 4-4　导出 GRID 文件至 FLAC3D

该模型总共建立节点 70058 个，建立单元 390465 个，zone groups53 个。

4.2.2　计算参数

(1)岩石力学参数

根据嵩县山金矿业地质调查结果及室内试验岩石力学参数试验成果，参考《工程岩体分级标准》(GB 50218—1992)和《岩土工程勘察规范》中采用的折减系数法确定岩体工程力学参数。岩体力学参数如表 4-5 所示。

表 4-5　不同岩性岩石力学参数表

岩石名称	块体密度/(g·cm⁻³)	抗压强度/MPa	抗拉强度/MPa	抗剪参数		变形参数	
				内聚力/MPa	内摩擦角/(°)	弹性模量/GPa	泊松比
围岩	2.65	59.43	10.58	9.94	66.14	25.25	0.22
矿石	2.63	79.19	11.13	12.82	67.71	76.97	0.26
充填体	1.80	4.0	0.9	0.3	18	0.11	0.14

（2）地应力系数

对于任何采矿工程项目，在开挖或施工之前，地层中都存在着一个初始应力（initial stresses），因此无论使用有限元还是离散元进行模拟，都必须首先考虑模型在初始应力的平衡初始条件（initial conditions）下的原岩应力（block zone initialize）和自重引起的初始应力（zone initialize stresses）。影响初始应力的因素主要包括岩体的单位质量、应力历史、孔隙水压力以及流体速度。

1）垂直应力的估算。

Brown 和 Hoek（1978）统计了世界范围内的实测应力结果，回归出平均的垂直应力关系式 $\sigma_v = 0.027Z$，其中 Z 是地面下的深度（m），一般的关系式可以表示为：

$$\sigma_v = \gamma H$$

式中：σ_v 为垂直应力；γ 为测压系数；H 为埋深。

2）水平应力的估算。

作用在地表以下 z m 深的岩石单元上的水平应力比垂直应力更难估计。通常，平均水平应力与垂直应力之比用字母 k 表示，即

$$\sigma_H = k\sigma_v = k\gamma H$$

Terzaghi 和 Richart（1952 年）提出，对于一个在上覆地层形成过程中不允许有横向应变的重力荷载岩块，k 值与深度无关，由公式 $k = v/(1-v)$ 给出，其中 v 是岩块的泊松比。这个关系式在早期岩石力学中被广泛使用，国内部分的中文岩石力学教材还在使用，但实践证明这个关系式不准确，在实际的岩石工程中已经很少使用。

世界各地的土木工程和采矿工程的水平应力测量结果表明，k 值在地层浅部往往很高，但随着深度的不断增加 k 值在降低（Brown 和 Hoek，1978；Herget，1988 年）。这说明 k 不是一个恒定的值。Sheory（1994）建立了一个计算 k 值新的关系式：

$$k = 0.25 + 7E_h \left(0.001 + \frac{1}{z}\right)$$

式中：E_h 是深度为 z 的岩石变形模量。

由于构造应力作用，原岩水平应力的大小在不同方向上是不同的。根据之前地应力测量结论，在 -20 至 140 m 范围内最大水平主应力与垂直主应力之比（侧压系数）在 1.43 至 1.68 之间，这与我国大陆区域地压的侧压力系数分布规律基本一致；矿区的水平应力存在明显的方向性，区域内最大水平主应力与最小水平主应力在数值上相差较大，表明矿区剪应力较大。在数值模拟研究中，结合已知数据，根据上文所述方法，不同埋深的 k 值不同，

具体结果见表 4-6。

表 4-6 不同埋深的 K 值

埋深/m	$-20\sim0$	$0\sim100$	$100\sim200$	$200\sim300$	$300\sim400$	$400\sim583$
k 值	1.55	1.40	1.25	1.15	1.05	0.99

4.2.3 破坏准则

由于在计算研究范围内涉及的岩体为碎裂岩、花岗岩、水泥砂浆充填体，故采用摩尔-库仑破坏准则。其力学模型为：

$$f_s = \sigma_1 - \sigma_3 \frac{1+\sin\varphi}{1-\sin\varphi} - 2C\sqrt{\frac{1+\sin\varphi}{1-\sin\varphi}} \tag{4-1}$$

式中：σ_1 为岩体最大主应力，MPa；σ_3 为岩体最小主应力，MPa；C 为岩体内聚力，MPa；φ 为岩体内摩擦角，(°)。

FLAC3D 模拟时，需用到体积模量和切变模量，可由式(4-2)、(4-3)计算得到。

$$K = \frac{E}{3(1-2\nu)} \tag{4-2}$$

$$G = \frac{E}{2(1-\nu)} \tag{4-3}$$

式中：K 为体积模量；G 为切变模量；E 为弹性模量；ν 为泊松比。

4.2.4 数值模拟方案

(1)模型范围

本次模拟的研究范围为九仗沟金矿的多个中段，主要为 -20 m、$+20$ m、$+60$ m、$+100$ m、$+140$ m、$+180$ m、$+220$ m 中段。在具体建模中应根据弹塑性力学理论——圣维南原理来考虑 FLAC3D 计算模型的大小，所取模型不能太小也不能太大，模型太小容易偏离矿山实际，影响计算结果的可靠性；模型太大则使单元划分太多，影响计算速度，甚至计算机可能无法计算。因此，数值模拟的计算范围应根据开挖范围的尺寸合理确定。

(2)数值模型的建立

为了使模拟再现当前采空区的稳定性状态，根据上述原则与现场地质条件，以各中段开挖后充填所影响的范围为主要研究区域，对矿体、地表数据进行提取和分析后建立模型。由于现场开采区的几何形态极其复杂，因此可对不规则模型进行简化处理：①将由 CAD 画出的中段平面图导入到 Rhino 软件，并生成地表模型；②以中段平面图为基础，导入到 Rhino 软件后，将平面上的点拉伸成三维矿体模型；③保存三位矿体模型，并将其转化成 FLAC3D 可以打开的格式，导入 FLAC3D 中进行模型的数值模拟计算。

(3)数值模拟方案

根据所采用的下向进路充填采矿法的特点并结合矿山实际的开采条件，一般将 35～

45 m 作为划分一个中段的高度，3~5 m 为矿房的宽度，在每个中段上部留设 3~5 m 的矿柱。对厚矿体而言，矿房一般沿垂直于矿体走向布置以减小深部最大构造应力对开采的影响，即为矿体厚度。由于九仗沟金矿是中厚矿体，矿房一般沿着矿体走向方向布置，矿房每层回采 4 m，分层回采结束后，及时充填采空区以稳定地压，并在回采矿柱时作为人工矿柱发挥承压作用。

数值模拟主要用于分析矿体开挖、充填过程中围岩应力、位移的变化情况。一方面通过观测变形云图来模拟开挖充填过程中的应力和位移变化过程，以判断其是否满足安全生产需要；另一方面，通过监测记录部分节点的应力和位移值，分析其变化规律以及是否能够满足控制地表沉陷的要求。

嵩县金矿采场充填体效果理想，充填接顶率高，在顶板未下沉前充填体已充分接顶。为了确定分级尾砂充填效果，将充填开采与垮落法开采后的地表沉陷情况进行对比，确定模拟方案，即对比分析充填前后地表移动变形情况，主要分析下沉、水平移动这 2 种地表移动变形曲线，并将充填开采的模拟地表下沉值与实测地表下沉值进行对比分析，以验证模型的准确性。

由储量纵投影图，可得各个中段的开采情况，如表 4-7 所示。

表 4-7　矿体分布情况

中段名称	矿房		矿柱		充填体		
	名称	数量/个	名称	数量/个	有无充填体	名称	数量/个
−20 m 中段	−20-1~−20-9	9	−20-10	1	无		0
20 m 中段	20-1~20-9	9	20-10	1	无		0
60 m 中段	60-1~60-9	9	60-10	1	无		0
100 m 中段	100-2~100-6	5	100-7	1	有	100-chong	1
140 m 中段	140-2~140-5	4	140-6	1	有	140-chong	1
180 m 中段	180-2~180-4	3	180-5	1	有	180-chong	1
220 m 中段	220-2	1	220-3	1	有	220-chong	1
总计		40		7			4

根据矿山开采实际情况，数值模拟采用分步开挖的技术。目前矿山主要在+220 m 水平以下进行开采，上部是预留的安全隔离层厚度。经矿山生产实践证明，在目前的安全隔离层厚度下，上覆岩体是稳定的。为了解+220 m 水平以下采矿时围岩稳定性情况，模拟了下向回采，直至−20 m 水平时，围岩体的力学状态及其变化情况。该模拟将+220 m 水平以下矿体开采充填完成后的状态作为模拟的初始状态，从该水平段开始，以 4 m 为一分层向下回采，回采后立即进行充填。各回采步骤所模拟的回采矿体范围见表 4-8。

所建立的矿体模型如图 4-5 所示。

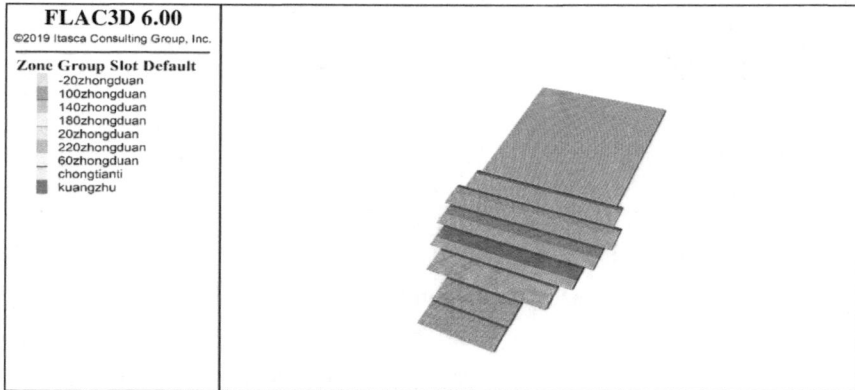

图 4-5　建立的矿体模型

表 4-8　各回采步骤所模拟的回采矿体范围

回采年份	开挖矿体编号					是否充填
第 1 年	60-9	100-6	140-5	180-4	220-2	是
第 2 年	20-8	60-7	100-4	140-3	180-2	是
第 3 年	20-9	60-8	100-5	140-4	180-3	是
第 4 年	-20-9	20-7	60-6	100-3	140-2	是
第 5 年	-20-3	-20-5	-20-7	20-4	60-4	是
第 6 年	-20-6	-20-8	20-6	60-5	100-2	是
第 7 年	-20-2	-20-4	20-2	60-1	60-3	是
第 8 年	-20-1	20-1	20-3	20-5	60-2	是

（4）约束条件

模型四周采用速度边界位移，即通过施加法向速度限制各侧面法线方向位移，模型底面采用位移边界条件，限制 X、Y、Z 方向位移；顶面模型上部地表为自由面。具体约束条件和所建立的矿体模型如图 4-6 所示。

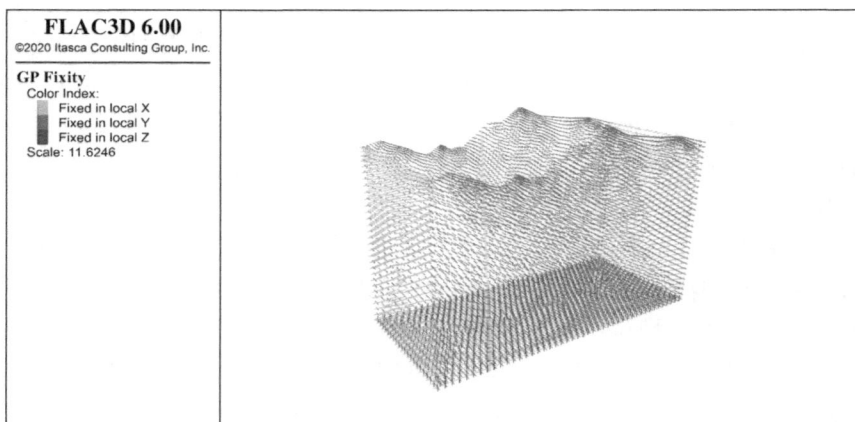

图 4-6　边界约束条件

4.3 深部开采围岩应力与变形分析

4.3.1 加载地应力

关于岩石地下工程初始地应力场的生成,已有部分学者利用 FLAC3D 软件开展了相关研究。如:Li 等通过 FALC3D 利用偏最小二乘回归分析方法拟合地应力场,提高了局部地应力异常区域的拟合精度;罗润林等在粒子群算法原理和地应力反演法的基础上,利用 Fish 语言建立了岩体初始地应力反演程序,提高了反演的精度和效率;张国强等利用 FLAC3D 对初始地应力场模拟方法进行了改进,建立了三维非线性地应力反演分析数值模型,采用神经网络结构分析法,对不同深度侧向系数进行了反演,通过将计算结果与现场实测值对比,证明了其地应力反演的合理性;于崇等基于现场地应力测试资料,提出了新的地应力反演方法,利用 FLAC3D 软件对初始地应力场进行了模拟,反演结果与实测值误差较小,精度较高;Saati 和 Mortazavi 通过实测地应力,利用 FLAC3D 构建了三维数值模型,对地应力进行了反演分析,模拟结果与实测地应力吻合较好;裴启涛等采用遗传神经网络法和 FLAC3D 对研究区域建立了大尺度和小尺度模型,分别进行了初始地应力一次反演和二次反演;凌影借助 BP 神经网络,根据测点应力数据利用 FLAC3D 反演了计算区域的初始地应力场,与实测地应力有较高的吻合度;李仲奎等基于 FLAC3D 数值分析软件,通过对深埋工程构造应力场的模拟提出了快速应力边界法,为深部地应力场模拟提供了参考。

当前主要有两种初始地应力生产方法。

1)速度边界法。对于矿山浅部工程,初始地应力场主要为自重应力场。通常通过限制边界位移来模拟自重应力场,使模型在自重应力的作用下达到平衡。但在 FLAC3D 边界条件的定义中无通常的位移边界条件,而是速度边界条件,即通过设置模型边界节点的速度实现对边界位移的控制。

速度边界法通过设置模型侧面及底面速度(通常设定某方向速度为0)来限制边界法向位移以得到模型的自重应力场,如图 4-7 所示。

2)快速应力边界法。对于矿山深部工程,其初始地应力场通常为自重应力场和构造应力场的叠加。在 FLAC3D 中,当模型内应力与自重应力平衡得到初始地应力场,但往往只是自重应力场,与深埋工程初始地应力场不相符。为模拟深部工程初始地应力场,李仲奎等提出了快速应力边界法。该方法不设置模型速度边界条件,而根据实测地应力数据在模型表面施加应力边界条件并保持应力恒定(见图 4-8),使模型在给定的构造应力条件下达到平衡,进而得到深埋工程初始地应力场。

很显然,因本项目研究的是矿石深部工程,所以采用的是快速应力边界法。快速应力边界法因未设置位移边界条件,在平衡过程中模型可能产生较大位移,可通过增大岩体体积模量和剪切模量减小模型位移或平衡后将所有节点位移清零的方式控制模型的变形。如图 4-9~4-11 所示,通过加载地应力平衡后的应力云图可以明显地看到随深度增加,地应力逐步增加的云图等值线分层情况。

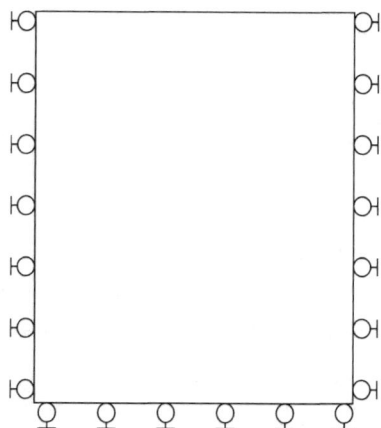

图 4-7　速度边界约束

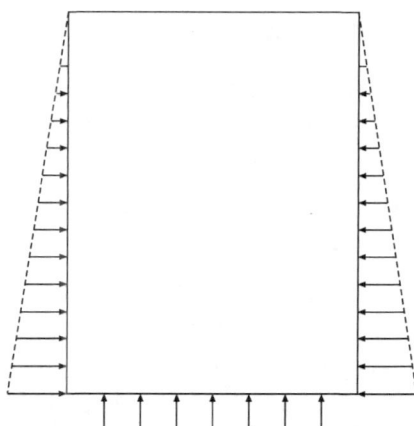

图 4-8　应力边界约束

如图 4-9~图 4-11 所示，本次模拟范围内生成的初始地应力场与实测值基本相符，在地表处水平应力和垂直地应力的值较为接近，且变化规律一致，保证了开挖模拟的真实性。从图 4-12 剖面图可以看出模型内部地应力场的分布情况，可以明显看出地应力场分布不是均匀的，说明本次模拟范围内的初始应力不仅仅是自重应力产生的，这与实际工程是符合的。

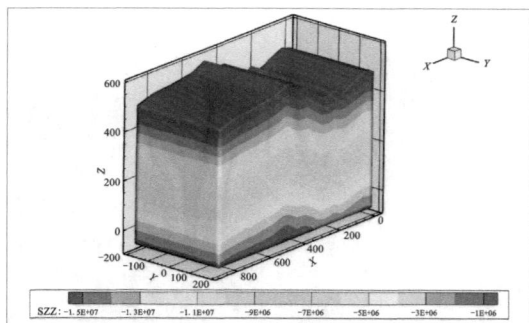

图 4-9　初始垂直地应力（zz 方向）

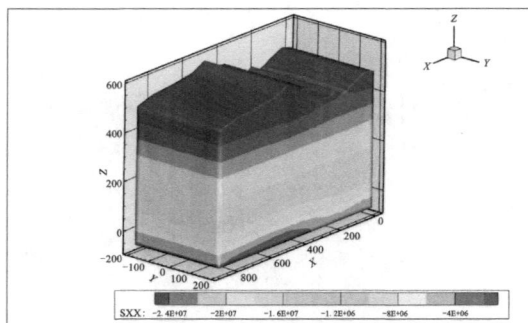

图 4-10　水平初始地应力（xx 方向）

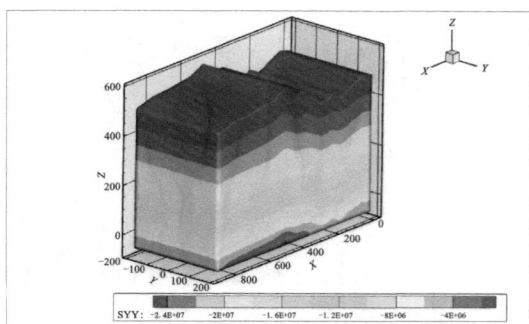

图 4-11　水平初始地应力（yy 方向）

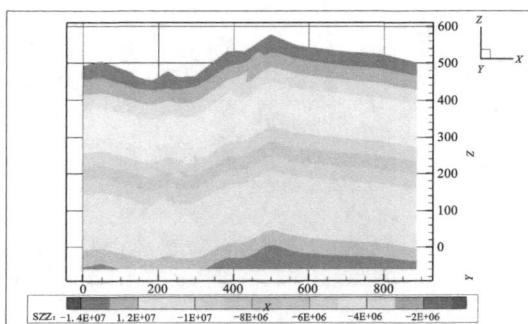

图 4-12　Y=0 截面垂直应力

4.3.2 应力分析

岩石强度理论是研究岩体在各种应力状态下强度准则的理论。其认为岩石的破坏是由于岩石中产生的破裂使得岩石从连续状态转变成不连续的破坏状态,在岩石达到极限的应力状态下(破坏条件)发生破坏。目前广泛应用的破坏准则有 Mohr-Coulomb、Hoek-Brown 破坏准则等。Mohr-Coulomb 准则的实质是岩体材料压剪破坏理论,即在低约束压力的条件下,材料的破坏是由剪应力引起的。当材料内某些截面的剪应力值超过破坏理论规定的滑动限界范围时,材料就发生剪切屈服破坏。Hoek-Brown 准则是岩体性态方面的理论和实践经验,该准则通过对大量岩石 H 轴试验和岩体现场测试资料进行统计分析,从而得到在岩体破坏时极限主应力之间的关系。该准则考虑了岩体的节理条件及低应力区和拉应力区的强度特性,较为符合工程实际。通过试验证明,岩体的失稳一般发生在岩体达到峰值强度之后应变弱化段的某一区间。但实际上由于控制岩石破坏的内部条件(岩石的结构、力学性质等)与外部条件(受力状态等)的差异,岩石的破坏规律会发生变化。在一些情况下,岩体内部应力状况即使超过峰值强度,岩体工程也不一定失稳。而在满足一定条件时,岩体内部应力状况未超过峰值强度也会产生失稳。因此岩石破坏强度判据仅作为辅助判断。由于岩体的抗拉强度远小于其抗压强度,空区顶板的破坏形式主要是以拉破坏为主。

(1)不同回采时间应力变化情况

1)最大主应力。

图 4-13 给出了不同时间开采后最大主应力整体分布图。

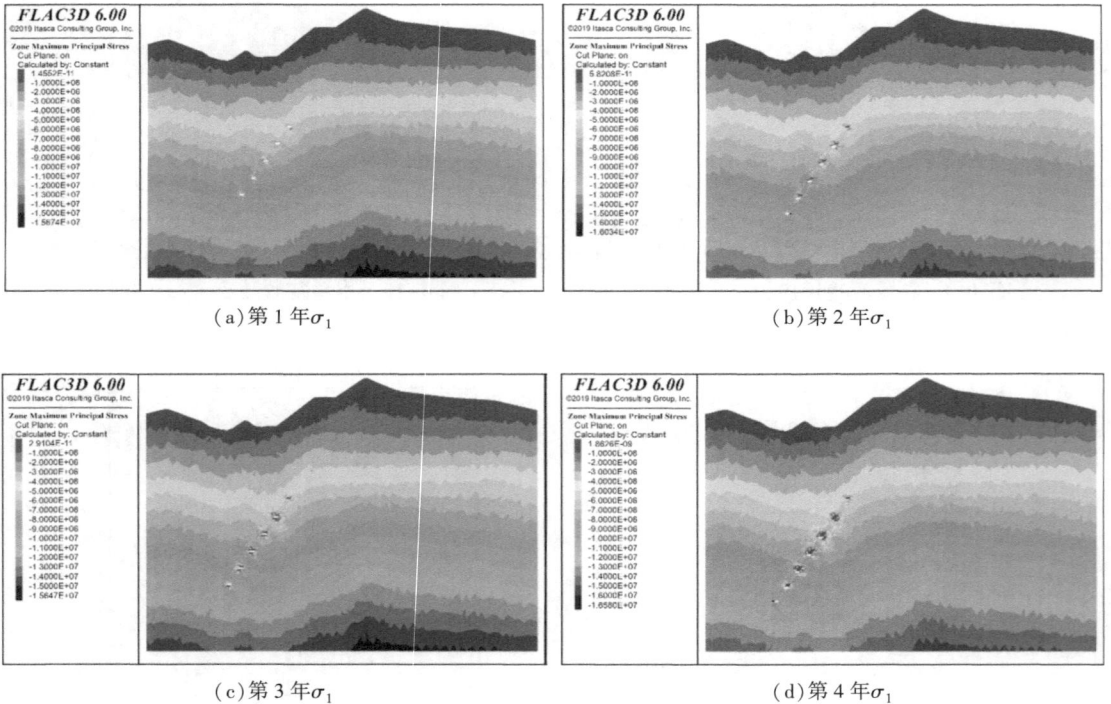

(a)第 1 年 σ_1

(b)第 2 年 σ_1

(c)第 3 年 σ_1

(d)第 4 年 σ_1

（e）第 5 年σ_1　　　　　　　　　　　　　　（f）第 6 年σ_1

（g）第 7 年σ_1　　　　　　　　　　　　　　（h）第 8 年σ_1

（i）矿体开采完成时σ_1

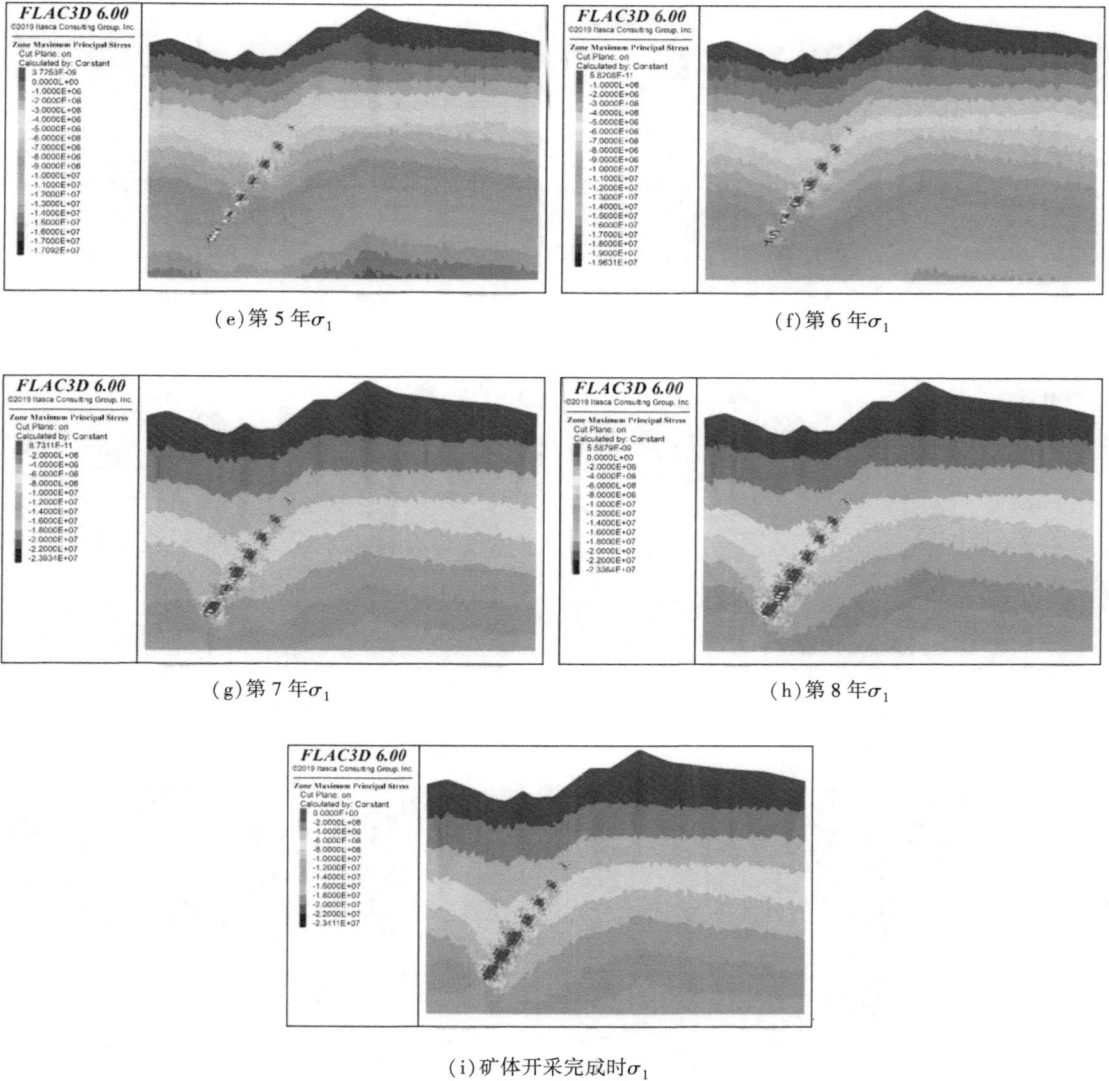

图 4-13　不同时间开采后最大主应力分布图（$Y=0$）

从图 4-13 可以看出，各个回采时间，周围未开采的采场起到了临时矿柱的作用，应力集中现象较明显，部分应力转移至采场上下盘，同时在采场附近的充填体中也形成应力卸压区。采场周围的顶底板附近形成卸压区，由于底板附近均为充填体，因此底板的卸压区范围较大，同时临时矿柱中的部分应力也转移到充填体中。如图 4-13 所示各阶段充填体中主应力小于围岩应力水平，应力较大的地方各阶段的矿柱，说明开采时矿柱对整体开采起到了保护作用。

2）最小主应力。

图 4-14 为不同时间开采后最小主应力整体分布图。

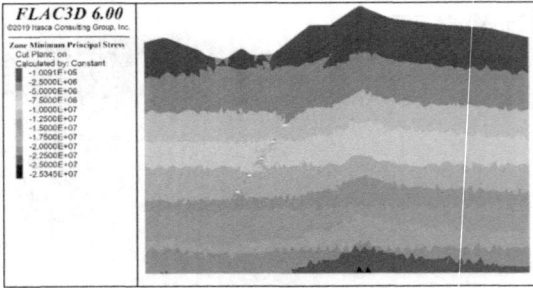

(a)第 1 年σ_3

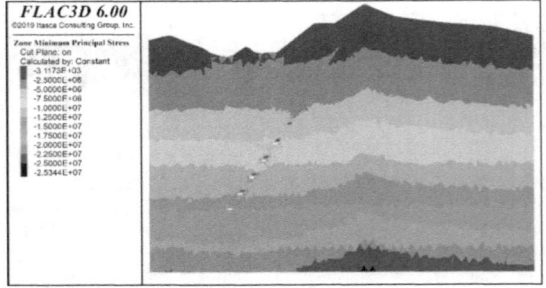

(b)第 2 年σ_3

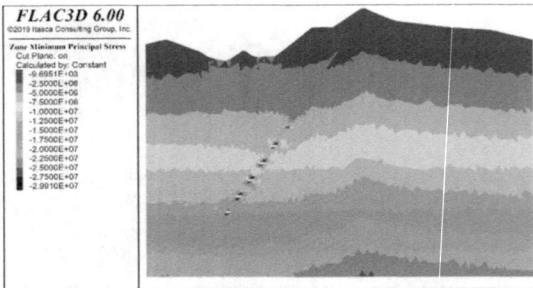

(c)第 3 年σ_3

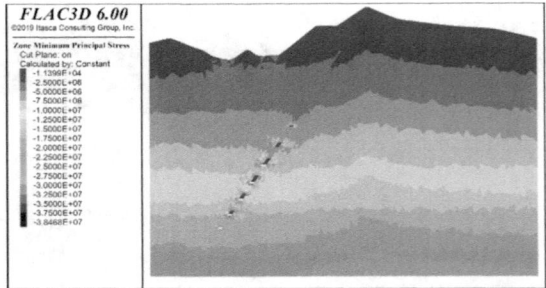

(d)第 4 年σ_3

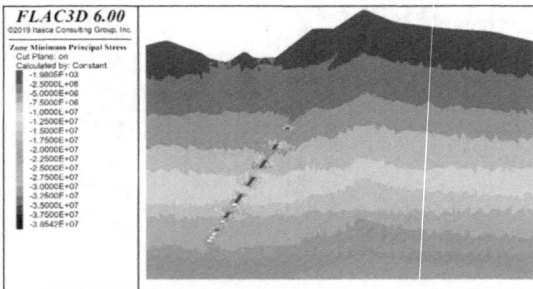

(e)第 5 年σ_3

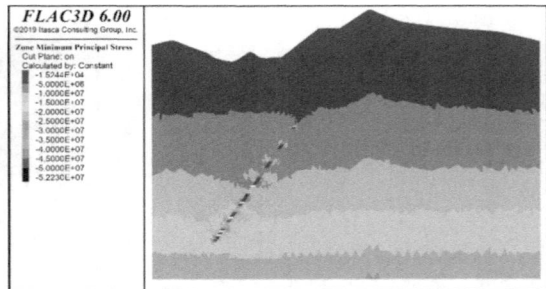

(f)第 6 年σ_3

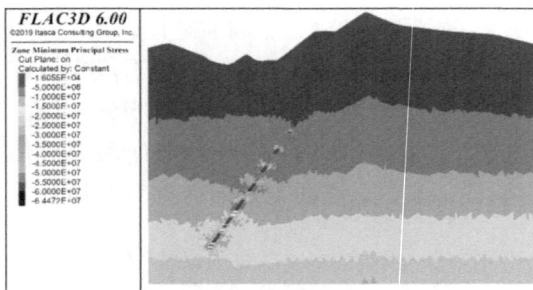

(g)第 7 年σ_3

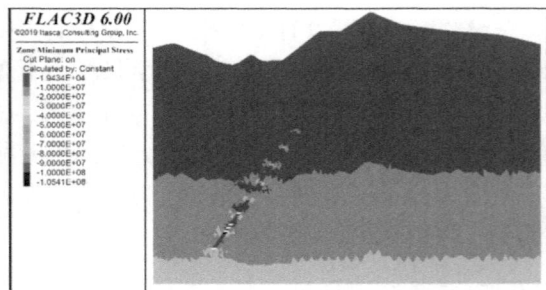

(h)第 8 年σ_3

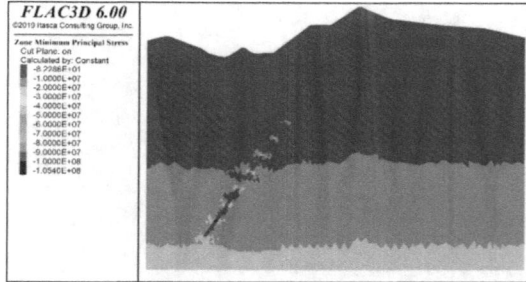

(i)矿体开采完成时σ_3

图 4-14　最小主应力分布图($Y=0$)

从图 4-14 可以看出,整个模型的最小主应力随深度的增加而增加,靠近底部较小,约为 15 MPa。最小主应力的最小值在 1 MPa 至 15 MPa 之间变化,且随回采年份的增加而增大。同时最小值出现在充填体内,这点与最大主应力的分布规律相同,但是与最大地应力不同的是,最大值没有出现在矿柱内。

4.3.3　位移分析

容许位移量是指在采场不产生有害松动以及地表不出现有危害的开采下沉量的条件下,从采场开挖到变形稳定为止,采场顶底板容许的下沉量或底鼓量。在采场开挖回采过程中,将实标测量的周边围岩的位移量或根据已测量的位移量预测的围岩位移总量与容许极限值进行对比,来判断围岩位移总量是否超过极限值。根据矿山地下采场开挖不支护或临时支护条件下的实际经验,地下采场岩体的变形与稳定性具有如下基本特征:①20 mm 以下的位移对岩体的稳定基本不构成影响;②20~50 mm 量级的位移,岩体可保持稳定;③50~100 mm 量级的位移,岩体存在潜在稳定问题;④大于 100 mm 量级的位移属于大变形位移,岩体存在破坏现象,可能产生大规模破坏。开采对象所处的地质条件、埋藏深度、采场结构等参数条件的不同,容许位移量也不同,高地应力和完整硬岩失稳时位移变形量较小,软弱破碎的围岩失稳时位移变形量较大。在实际应用中,应结合工程实际情况使用。若顶板围岩的位移变形量过大,空区顶板暴露面则有发生冒落的可能,进而可能导致整个采场的失稳破坏。故顶板围岩的位移变形量可作为判断各方案顶板稳定与否的主要指标。

(1)总位移分析

图 4-15 为不同时间开采后最大主应力整体分布图。

(a)第 1 年

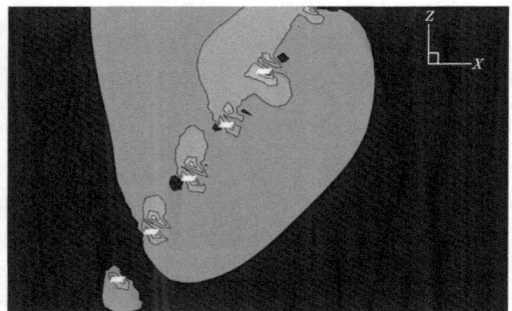

(b)第 2 年

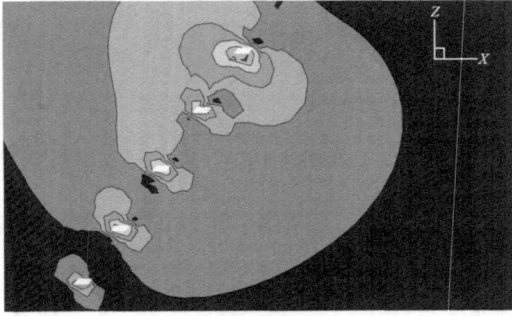

(c)第 3 年

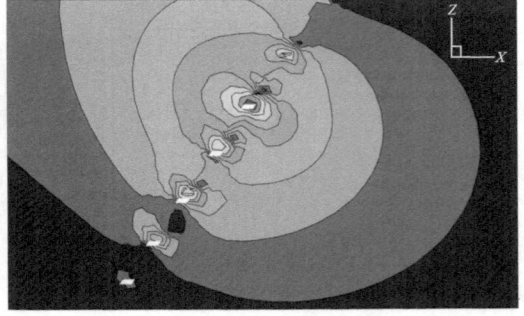

(d)第 4 年

(e)第 5 年

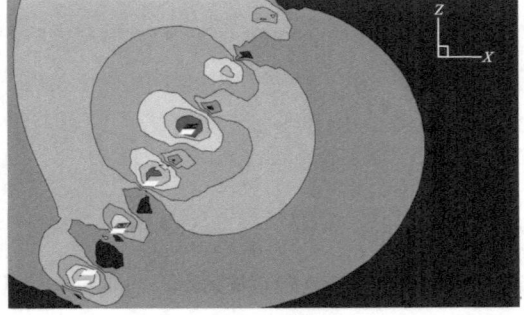

(f)第 6 年

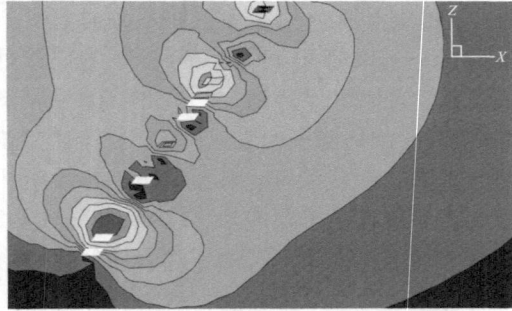

(g)第 7 年

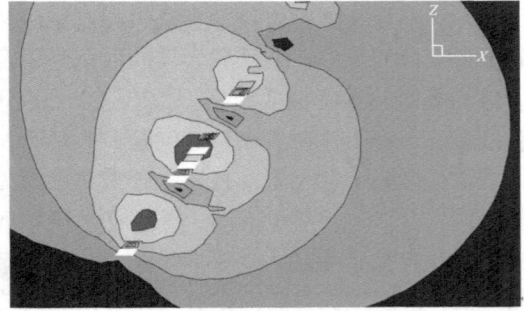

(h)第 8 年

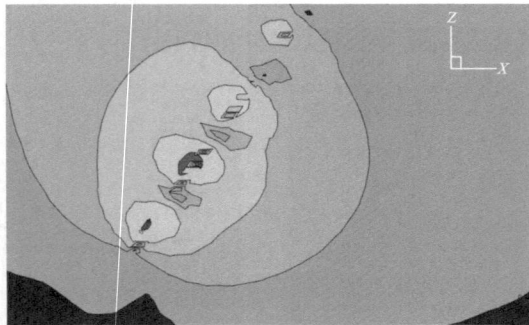

(i)开采完成

图 4-15　Z 方向位移图(Y=0)

从图 4-15 位移云图中可以看出采场顶板的最大位移量主要出现在顶板中间，因此对采场顶板中间位置进行位移量监测可以判断其潜在失稳的可能，同时其位移规律与应力规律基本相似，随着开采的进行，位移区域由原本的局部开始形成一个大的区域。

为了更好地说明内部位移变化，选择部分具有代表性的位置切片进行说明，如图 4-16 所示。

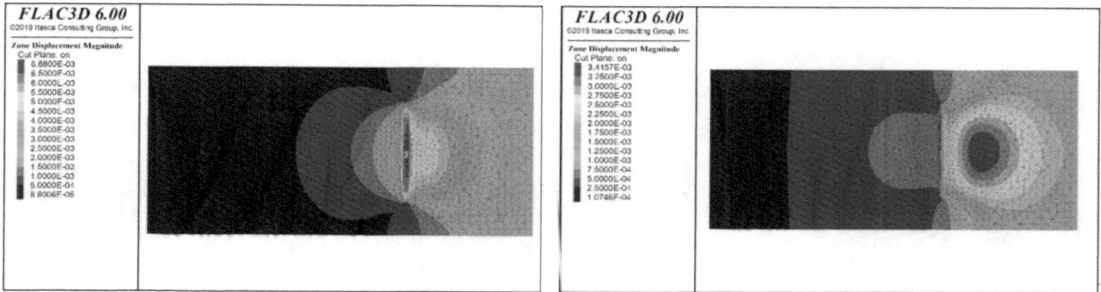

(a) $Z=82$　　　　　　　　　　　　　　　　　(b) $Z=106$

图 4-16　部分充填体内位移图(开采完成)

(2)垂直方向位移

图 4-17 为不同时间开采后垂直位移分布图。

如图 4-17 所示，在矿体的开采过程中，各中段的位移量在不断增大，位移值为 $-0.016 \sim 0.012$ m，可能出现垮落的位置主要在矿体上盘位置，下盘位置则可能出现底鼓现象。为了更好地说明内部位移变化情况，选择部分具有代表性的位置切片进行说明。如图 4-18 所示，可以明显看出矿体的上下盘垂直方向的位移在充填体附近发生改变，上盘最大值为 -0.012 m，下盘最大值为 0.08 m。

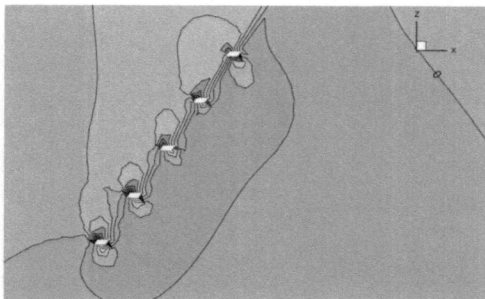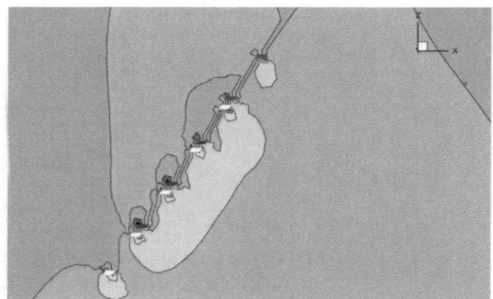

(a)第 1 年　　　　　　　　　　　　　　　　(b)第 2 年

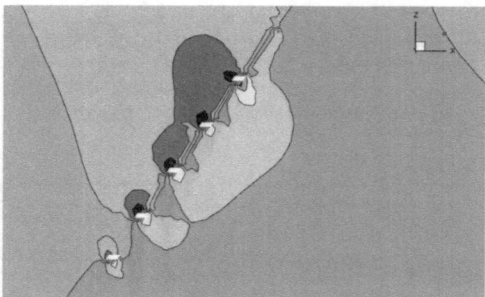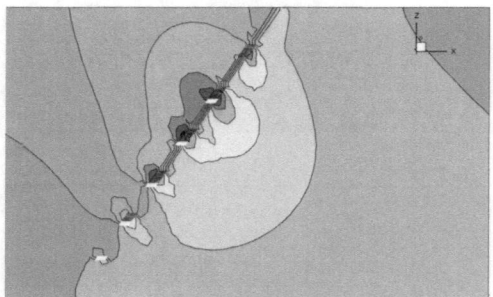

(c)第 3 年　　　　　　　　　　　　　　　　(d)第 4 年

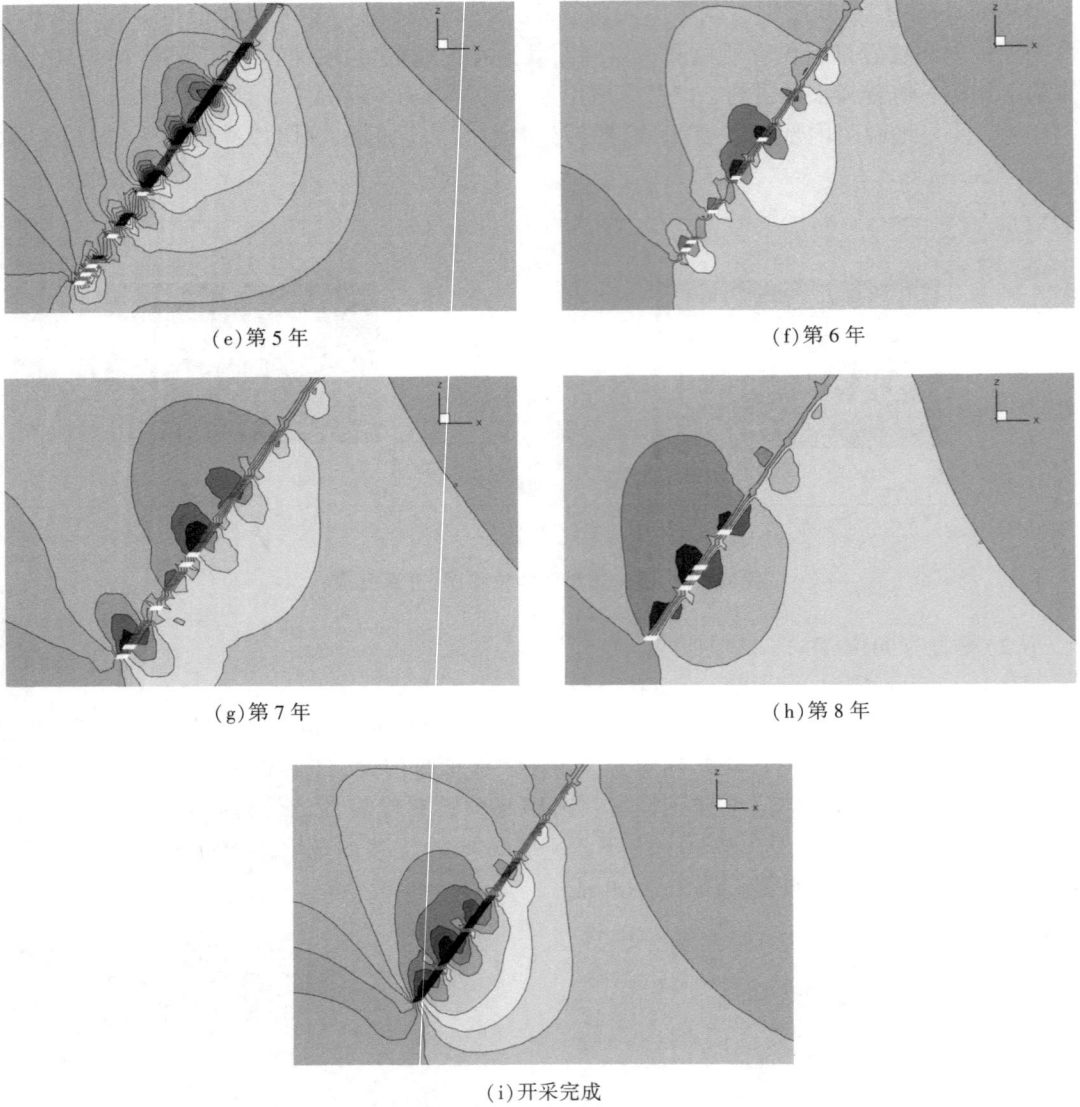

(e)第 5 年

(f)第 6 年

(g)第 7 年

(h)第 8 年

(i)开采完成

图 4-17　Z 方向位移图(Y=0)

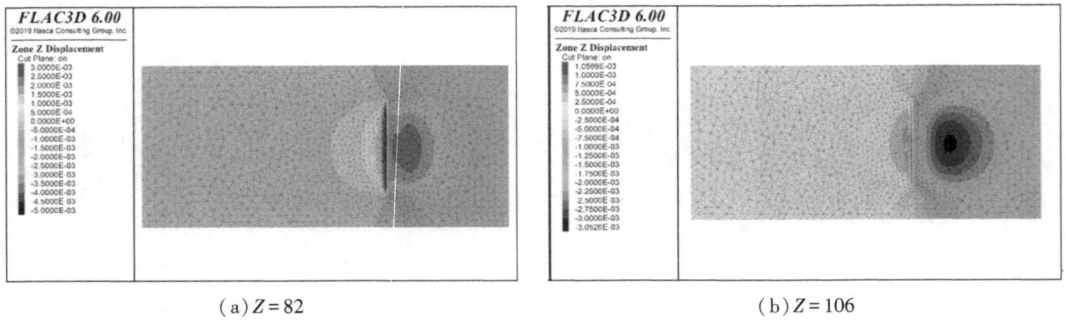

(a)Z=82

(b)Z=106

图 4-18　部分充填体内垂直位移图(开采完成)

（3）最大位移变化曲线

图 4-19 为不同时间开采后最大位移变化曲线。在矿山不断向深部推进的过程中，最大位移值呈上升趋势，在第五年处发生较大变化，可能的原因是受到矿体资源的限制，前4 年的开采方案，已无法满足要求，第 5 年开采的分层位置不再是每个分段一层，而是同一个分段内可能同时开采不同的分层，之后几年的的变化规律同前几年相同，说明模拟开采的方案很好地体现了现场的实际情况。

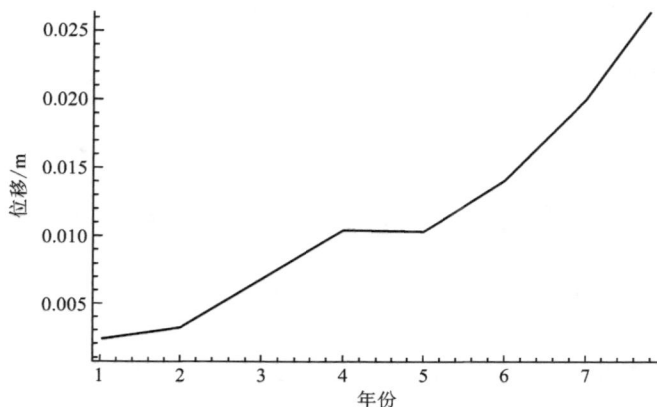

图 4-19　最大位移变化曲线

4.4　本章小结

在本方案模拟中采用有限差分数值分析软件 FLAC3D 对下向开采进行模拟与分析。主要使用了 Rhino+Griddle+FLAC3D 快速建模技术，对矿山整体开进行了模拟，主要的参数均来自矿山实际测量得到，其他岩石力学参数均是实际测量得到的，这进一步保证数值计算的真实性，通过本模拟可以动态的说明随着矿体的开采，矿区范围内应力、位移等的变化，为实际生产做出指导作用。

整个模型的最小主应力随深度的增加而增加，靠近底部较小，约为 15 MPa。最小主应力的最小值在 1~15 MPa 之间变化，且随回采年份的增加而增大。同时最小值出现在充填内，这点与最大主应力分布相同，但是与最大地应力不同的是，最大值没有出现在矿柱内。

在本章对深部矿岩区域稳定性开采的研究中，各个回采时间，周围未开采的采场起到了临时矿柱的作用，应力集中现象较明显，部分应力转移至采场上下盘，同时在采场附近的充填体中也形成应力卸压区。采场周围的顶底板附近形成卸压区，由于底板附近均为充填体，因此底板的卸压区范围较大，同时临时矿柱中的部分应力也转移到充填体中。各阶段充填体中主应力小于围岩应力水平，应力较大的地方时各阶段的矿柱，说明开采时矿柱对整体开采起到了保护作用。

随着矿体的开采过程，各中段的位移在不断增大，位移值在-0.016~0.012 m 之间，可能出现垮落的位置主要出现在矿体上盘位置，下盘位置则可能出现底鼓现象。从位移云图中可以看出采场顶板的最大位移量主要出现顶板中间，因此对采场顶板中间位置进行位移量监测可以判断其潜在失稳的可能，同时位移规律与应力规律基本相似，随着开采的进行，位移区域有原本的局部开始形成一个大的区域。

在矿山不断向深部推进的过程中，最大位移值呈上升趋势，在第 5 年发生变化，可能的原因是收到矿体资源的限制，前 4 年的开采方案，已无法满足要求，在第 5 年开采的分层位置不再是每个分段一层，而是同一个分段内可能同时开采不同的分层，之后几年的变化规律同前几年相同，说明模拟开采的方案很好的模拟了现场的实际情况。

参考文献

[1] 陈绍民，黄敏，严鹏，等. 基于 Geomagic-Midas-FLAC3D 的采空区稳定性分析[J]. 采矿技术，2023，23(2)：43-47.

[2] 李强，赵大千，卢海波，等. 基于 FLAC3D 的上向水平分层充填法采场稳定性分析[J]. 采矿技术，2023，23(2)：53-57.

[3] 李岗，严国超，相海涛，等. 无烟煤蠕变模型及 FLAC3D 二次开发[J]. 矿业研究与开发，2023，43(3)：103-110.

[4] 李业旭. 基于 FLAC 3D 的动压巷道应力场演化特征数值模拟分析[J]. 现代信息科技，2023，7(4)：157-162.

[5] 马瑞涛，张诏飞，席伟. 基于数值模拟的露天矿最终境界边坡稳定性影响特征研究[J]. 山西焦煤科技，2023，47(2)：10-14.

[6] 孙振洋. 鹰骏三号井田 2 煤层顶板"两带"高度数值模拟研究[J]. 煤炭与化工，2023，46(1)：60-64.

[7] 郝勇浙，张飞，王昊. 基于 3DMine-Rhino-FLAC3D 的多采空区对竖井的稳定性影响分析[J]. 中国矿业，2022，31(2)：65-71.

[8] 陈金龙，饶运章，郑越，等. 基于 Rhino 的大型复杂地质体计算模型建模方法[J]. 矿业研究与开发，2019，39(11)：151-154.

[9] 石满生，许威，张美道. 基于 Rhino-Griddle-Flac3D 的矿体建模与地表稳定性分析[J]. 金属矿山，2020(8)：182-187.

[10] 韦四江，李宝富，徐学锋，等. 基于 ITASCA 的矿山压力及其控制可视化研究[J]. 陕西煤炭，2008，27(1)：37-38.

[11] 栾恒杰，曹艳伟，蒋宇静，等. 锚杆拉剪耦合失效模式在 FLAC3D 中的实现与应用[J]. 采矿与岩层控制工程学报，2022(6)：1-11.

[12] 李承涛，吴梦宇. 基于 FLAC~(3D)的临涣矿马头门优化方案数值模拟分析[J]. 四川水泥，2023(1)：165-167.

[13] 葛阳，王航龙，李克钢，等. 基于 FLAC^(3D)的极近距离采空区覆岩垮落规律数值模拟研究[J]. 中国矿业，2023，32(2)：97-103.

[14] 桑鹏程，喻晓峰. 基于 FLAC3D 数值模拟的预裂切顶成巷多参数合理性研究[J]. 科技视界，2022(33)：67-73.

[15] 田全虎，王堃，王能跃，等. 弹性力学及数值模拟耦合优选下的充填体假顶结构参数优化研究[J]. 矿业研究与开发，2022，42(11)：20-28.

[16] 崔松，余斌，侯国权，等. 某铝土矿采场结构参数优化数值模拟[J]. 有色金属(矿山部分)，2022，74(5)：19-24.

[17] 王羲，张彪. 近距离煤层开采大巷稳定性数值模拟分析[J]. 中国矿业，2022，31(S01)：345-351，356.

[18] 兰洋. 基于 InSAR 监测与数值模拟协同分析的金沙铅锌矿采空区稳定性研究[D]. 昆明：昆明理工大学，2022.

[19] 齐振敏，臧金诚，张勇，等. 深部开采软岩巷道耦合支护数值模拟研究[J]. 煤，2021，30（11）：21-24.

[20] 邱洋洋，王元民，由松江，等. 嵩县山金急倾斜中厚矿体开采方法研究与应用[J]. 黄金，2023，44（1）：28-32.

[21] 张常光，曾开华. 等值地应力下岩质圆形隧道位移释放系数比较及应用[J]. 岩石力学与工程学报，2015，34（3）：498-510.

[22] 任庆维，张文孝，康仲远，等. 确定地应力探头灵敏度校正系数的一种数学方法[J]. 中国地震，1986（1）：85-90.

[23] 吕文龙，许勇，范昊. 基于 Hoek-Brown 准则的条形基础下临坡岩石地基极限承载力影响因素分析[J/OL]. 工业建筑：1-8[2023-04-05].

[24] 邓亮，傅鹤林，安鹏涛，等. 基于 Hoek-Brown 准则的岩石地基承载力[J]. 科技通报，2023，39（2）：68-71，77.

[25] 蒋正，祝斌. Hoek-Brown 屈服准则在岩质边坡稳定性分析中的应用对比[J]. 工程建设与设计，2022（23）：44-48.

[26] 尹帅，单钰铭，周文，等. 破裂准则方程在深层岩石力学强度响应中的应用[J]. 地球物理学进展，2014，29（6）：2942-2949.

[27] 高文伟. 基于摩尔库伦准则的数值流形法岩体破坏模拟分析[J]. 延安大学学报（自然科学版），2022，41（4）：7-11，17.

[28] 阮百尧，罗润林. 一种新的复电阻率频谱参数的递推反演方法[J]. 物探化探计算技术，2003，25（4）：298-301.

[29] 张国强，邵年，翁建良，等. 膨胀土边坡中抗滑桩合力分布规律反演分析[J]. 人民长江，2014，45（6）：43-45.

[30] 于崇，岳好真，李海波，等. 基于岩体质量的爆破控制参数及可靠度分析[J]. 岩土力学，2021，42（8）：2239-2249.

[31] 裴启涛，李海波，刘亚群，等. 复杂地质条件下坝区初始地应力场二次反演分析[J]. 岩石力学与工程学报，2014，33（S1）：2779-2785.

[32] 李仲奎，刘军，孙建生. 三维地质力学模型试验新技术及其应用[C]//中国岩石力学与工程学会. 岩石力学新进展与西部开发中的岩土工程问题——中国岩石力学与工程学会第七次学术大会论文集. 岩石力学新进展与西部开发中的岩土工程问题——中国岩石力学与工程学会第七次学术大会论文集，2002：55-58.

[33] 袁海平，王金安，黄晖. 基于 Mohr-Coulomb 破坏准则的开采过程岩体稳定性分析[J]. 矿业研究与开发，2009，29（6）：11-12，25.

第 5 章

区域构造破碎金矿床安全高效开采技术

金属矿产资源开采是工业原料的重要获取手段，对能源工程、土木工程、纺织工业、航天工程以及核工程等领域具有重要意义。近年来，随着我国浅部资源的开采殆尽，国内外已有相当多的矿山已经正在转向深部资源开采，同时导致矿岩出现较为严重的破碎情况。嵩县山金矿采用竖井开拓方式。井下主要采用机械化盘区上向水平分层/进路尾砂充填采矿法，近年来创新推出的下向采矿法也正式在井下推广应用。在深井开采中，根据近年来的岩石力学研究结果与工程实践认识，对比浅部资源开采，通常认为在回采过程中，地应力会显著增大，矿体赋存条件和地质构造进一步复杂恶化，破碎矿体也会显著增多。由此给企业带来较多的安全事故和高额的成本，给深部开采带来了巨大的挑战。同时，由于充填材料和井下充填技术的发展，充填采矿法也已克服生产效率低、生产工艺复杂的缺点，凭借其矿体适应能力强、地压维护手段优越、作业安全系数高以及发展空间大的优点逐步在我国深部缓倾斜厚大矿体开采中推广开来。

5.1 九仗沟金矿采矿方法发展历程

九仗沟金矿原主要采矿方法为分段空场法和浅孔留矿嗣后充填采矿法。随着采矿的深入，部分矿段改用上向水平进路充填法和下向水平进路充填采矿法。上向进路充填采矿法主要应用于井下岩石稳定性分级为Ⅲ/Ⅳ类矿块和低品位采场，下向进路充填采矿法主要应用于井下岩石稳定性分级为Ⅴ类矿块和高品位采场。

5.1.1 分段空场法

九仗沟金矿开采初期，通过开展区域构造破碎带内高效采掘技术研究，初步确定了分段空场中深孔落矿的采矿方法对矿区内的中厚矿体进行回采，并在 260 m 中段 1—5 线进行了采矿方法试验。

（1）矿块构成要素

矿房沿矿体走向布置，长度 80 m，高度 40 m，宽度为矿体厚度，顶柱 5 m，自下而上的 3 个分段高度分别为 12 m、12 m 和 11 m。采矿方法图见图 5-1。

（2）采准、切割

在出矿穿脉 1 处布置材料井、人行通风井，在出矿穿脉 5 布置切割天井及拉槽巷，两

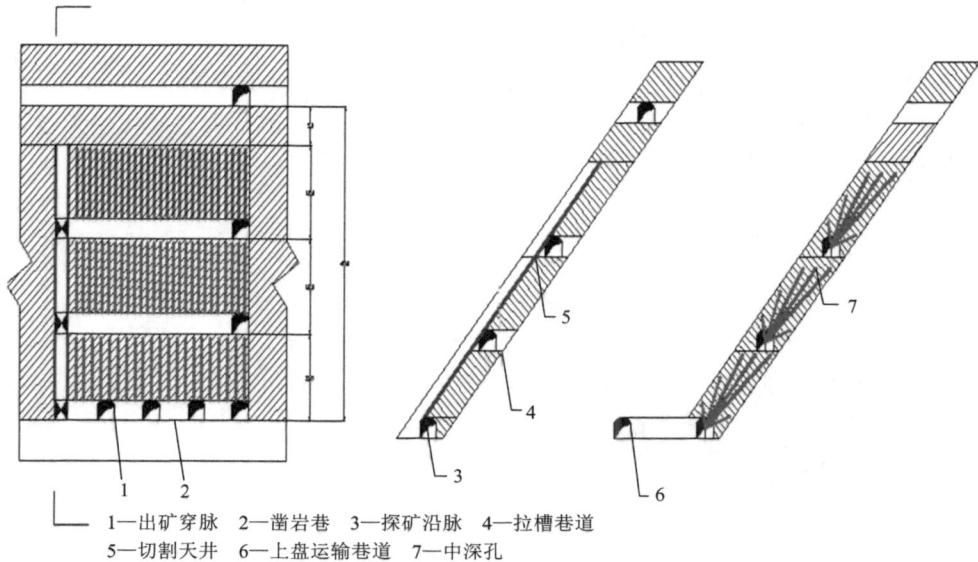

1—出矿穿脉　2—凿岩巷　3—探矿沿脉　4—拉槽巷道
5—切割天井　6—上盘运输巷道　7—中深孔

图 5-1　分段空场法

帮各留 8.0 m 保安矿柱，由出矿穿脉 5 向出矿穿脉 1 回采。

（3）回采

回采工艺包括拉底，切割自由面和凿岩落矿三部份。拉底包括扩大放矿漏斗和在矿房全宽上切割拉底平面。各分段以切割井为自由面在矿房全宽上拉开切割槽，作为矿房落矿的自由面。采用 YGZ-90 凿岩机在分段凿岩巷道钻凿上向扇形中深孔，中深孔直径 65 mm，在 260 m 标高处采用平底出矿方式，由铲运机从采场底部出矿穿出矿。

（4）通风出矿

采场通风主要依靠主扇所形成的风压新鲜风流从装矿穿脉经采场一侧的采准天井进入采场工作面。污染风流经采场另一侧采准天井排至上中段穿脉，再经中段回风平巷排至端部回风井，排到上部总回风道抽出地表。

（5）采场顶板管理

矿房回采结束后，应及时对房间矿柱和上中段底柱进行回采。矿柱回采亦采用 YGZ-90 中孔凿岩机在分段凿岩平巷中凿垂直扇形中深孔进行落矿；底柱回采需要在底柱的两侧矿柱位置开凿打眼硐室，然后在该硐室中采用 YGZ-90 中孔凿岩机水平扇形孔进行落矿。矿柱落矿和底柱落矿需要同时进行。

（6）采空区处理

矿柱和上中段底柱回采结束后，加上矿房回采所形成的采空区要及时进行处理。处理的方法一般是：由上中段用废石充填采空区，充填厚度 10~15 m 形成缓冲层；采用强制崩落上下盘围岩，亦使采空区形成 10~15 m 的废石缓冲层，防止空区顶板垮落时所产生的空气冲击波对人员和设备的伤害和破坏。

5.1.2　浅孔留矿嗣后充填采矿法

由于分段空场法矿柱损失较大，不符合矿山生产需要，已逐步取消。

浅孔留矿嗣后充填采矿法有利于地压管理，生产能力大，效率高，贫化损失率低，能够有效的维护围岩，减少围岩的移动和防止大量冒落。采矿方法图如图 5-2 所示。

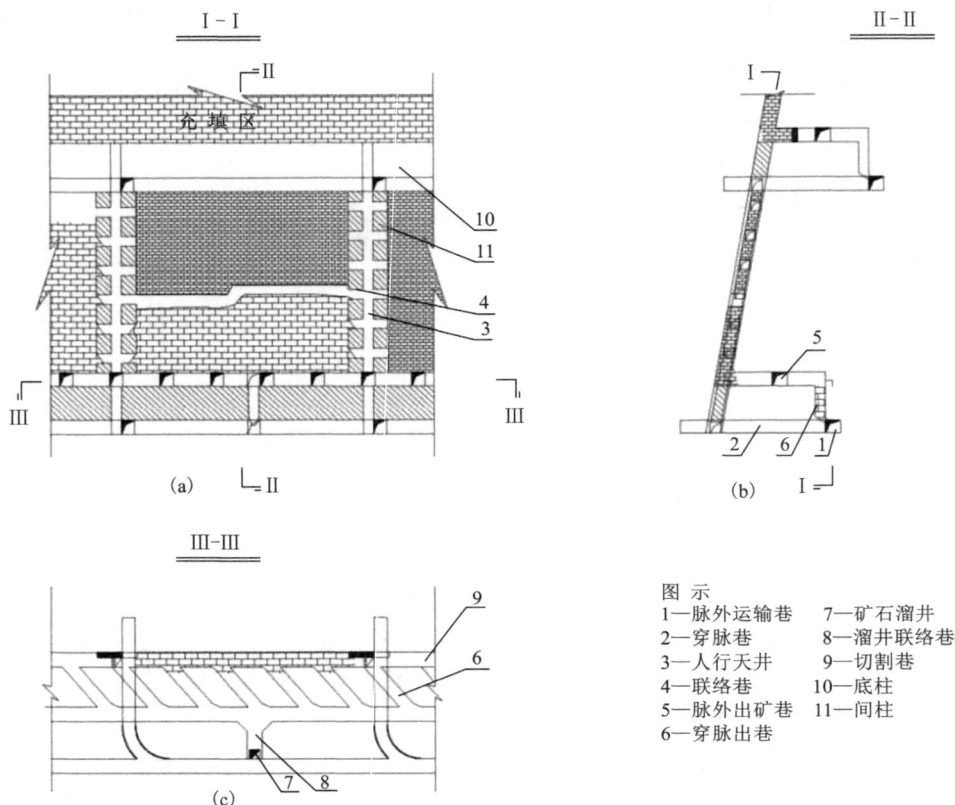

图示
1—脉外运输巷　　7—矿石溜井
2—穿脉巷　　　　8—溜井联络巷
3—人行天井　　　9—切割巷
4—联络巷　　　　10—底柱
5—脉外出矿巷　　11—间柱
6—穿脉出巷

图 5-2　浅孔留矿嗣后充填采矿法三视图

（1）矿块构成要素

矿块沿走向布置，长 50 m，宽度为矿体水平厚度，矿块高度与中段高度相同为 40 m，采用平底出矿结构，不设底柱，留设顶柱和间柱，顶柱高度 3 m，间柱宽度 8 m。

（2）采准、切割

采准切割工程主要有：沿脉运输平巷、出矿穿、人行通风天井。

首先自中段脉外巷每隔 5~7 m 掘进出矿穿，脉外巷道距矿体 6~10 m，在矿块两端沿矿体掘进人行通风天井，在采场底部沿矿体全厚拉开，拉底巷道高 2 m，即可进行正常回采作业。

（3）回采

凿岩采用 YT-28 型气腿式凿岩机，自拉底巷道开始，采用微倾斜上向孔逐步向上分层开采，分层高度 1.8~2.0 m，炮孔深 2.0 m。采用人工装药，分段微差爆破，起爆器引爆非电导爆管。大块在出矿穿内由移动碎石机进行破碎。

（4）通风出矿

新鲜风流由脉外运输巷道、穿脉巷道、人行通风天井，行人联络道进入采场，清洗工作面后，污风经人行通风天井、穿脉巷道、脉外运输巷、石门联络巷，最后由风井排出地表。

采场炮烟排除后，可进行局部放矿，放矿量为崩落矿石量的 30% 左右，使矿房内暂留矿石量与顶板之间的作业面保持 2~2.5 m 的净空间，为下次回采创造良好的工作空间。出矿采用 1 m³ 铲运机在出矿穿中进行。

（5）采场顶板管理

矿房通风完毕，即可进入矿房进行撬帮问顶、洒水等顶板的安全工作。此项工作应由有经验的安全工负责。岩石条件好时可不进行支护，岩石条件不好时需进行锚杆支护，局部不稳固地段，视矿岩的具体情况，采用螺旋钢支柱支护，间距视矿岩稳固情况具体掌握。

（6）采空区处理

矿块回采完毕后，立即进行采场充填准备工作，首先在联络巷内逐层架设滤水挡墙，滤水挡墙由锚杆、钢筋网、土工布组成，先用锚杆（φ16 mm 螺纹钢）将钢筋网（φ12 mm 钢筋，网格 5 cm×5 cm）固定在联络巷内，然后在钢筋网内铺设一层土工布，土工布周边采用喷浆固定。挡墙内架设 4 m 高的滤水管，每个挡墙负责两层充填体的滤水，每层充填体滤水结束后进行一周的养护方可进行下次充填作业。充填管由两翼人行天井与中央充填井下放到采场。充填时在采场的底部用灰砂比 1∶6 的尾砂胶结充填，形成 0.5 m 高人工假底，为下中段回采顶住创造条件。其余部分采用 1∶20 的胶结尾砂配以废石进行充填。可有效控制地压活动，消除采空区的安全隐患。

5.1.3　上向进路充填采矿法

浅孔留矿采矿法常在薄矿体中使用，且要求矿石和围岩的稳固性好。九仗沟金矿深部矿体在使用该方法时将面临采场安全性差、采矿损失率高的难题。尽管上向水平进路充填采矿法的工作效率低，通风差，但安全性最好，且具有采矿损失率和矿石贫化率低的优点。鉴于九仗沟金矿矿体赋存在构造蚀变带中，随着开采深度的增加，矿体及围岩稳定性变差，采场生产能力下降、采矿贫化损失增大的问题。因此部分矿体改用上向进路充填采矿法。该方法具有采矿损失贫化低，工作忙暴露面积小，安全性好等优点。采矿方法图如图 5-3 所示，其具体工艺如下。

（1）矿块构成要素

矿块沿矿体走向布置，矿块长 50~80 m，矿块宽为矿体厚度，矿块高为中段高度（40 m），回采时不留顶柱和间柱，底柱 4 m。中段之间设 3 个分段，分段高度 10 m-15 m，每条分段巷道承担 3-5 个分层的回采，每分层回采 4.0 m 高。进路宽度控制在 3-6 m 左右，根据顶板稳固情况和生产需要划分一、二步采。

（2）采准、切割

主要采准工程有：人行通风天井、采场联络巷、采区溜井、溜井联络巷等。

从中段运输巷道掘进穿脉巷道至矿体，矿体内沿下盘向上掘进人行天井至上中段，与上中段穿脉相通作为充填回风井与铲运机备件下放井，随着向上回采，逐步架设人行泄水天井。

溜井布置在穿脉巷道内。在中段巷至底柱部分掘进一条供铲运机进入矿房的斜坡道,矿房回采完毕后铲运机由上中段出矿房。

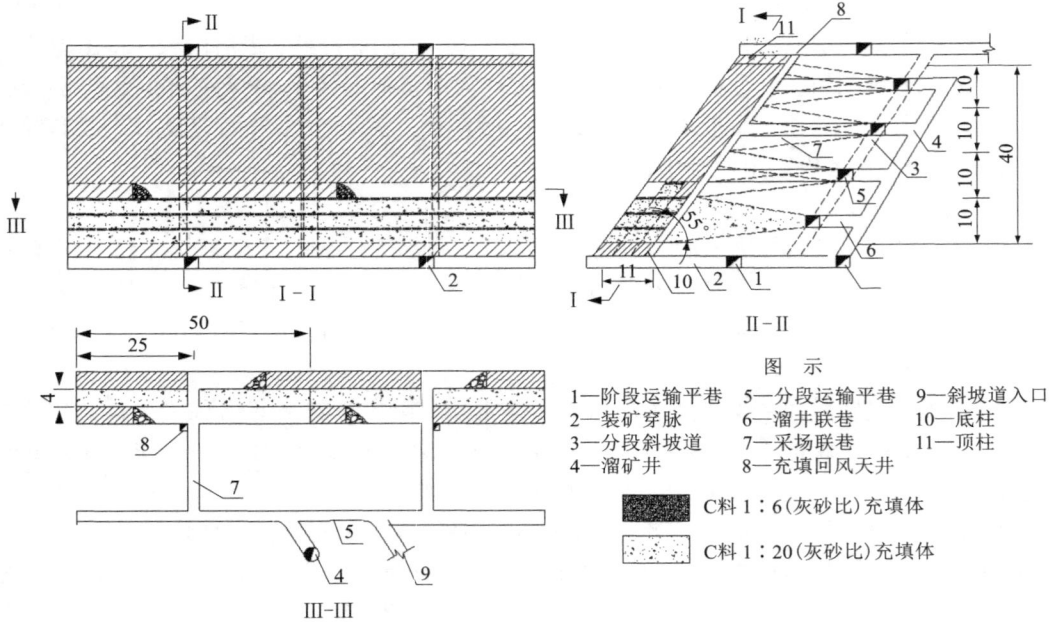

图示
1—阶段运输平巷　5—分段运输平巷　9—斜坡道入口
2—装矿穿脉　　　6—溜井联巷　　　10—底柱
3—分段斜坡道　　7—采场联巷　　　11—顶柱
4—溜矿井　　　　8—充填回风天井

C料 1:6(灰砂比)充填体

C料 1:20(灰砂比)充填体

图 5-3　上向进路充填采矿法三视图

（3）回采

凿岩采用气腿式凿岩机或凿岩台车落矿,孔深度 2~2.2 m,炮孔直径 38~42 mm,孔距 0.8 m,排距 0.8 m,边孔距尾砂 0.4~0.6 m。爆破采用 2#岩石乳化炸药,起爆器起爆非电导爆管雷管,一次分段微差爆破。

（4）通风出矿

爆破后进行采场通风,新鲜风流由大巷或分段巷,经分层联络巷进入采场,清洗工作面后污风经行人通风井回至中段回风巷,最后经主回风井排出地表。爆破通风后即进行洒水排险。

采用铲运机出矿。采场矿石由铲运机铲装至采场溜井,经溜井下放到中段运输巷,装入矿车。

（5）采场充填

充填工作分两次进行,首先焊接泄水井井筒,用铲运机将隔壁矿房的废石铲装到待充填采场,继而进行尾砂胶结充填。采用胶结充填时,先用灰砂比 1:20 的充填料充填,充填至距顶板 0.5 m 高时采用灰砂比 1:10 的充填料接顶充填;采用尾砂充填时,先将进路用尾砂充填,充填至距顶板 0.5 m 高时采用灰砂比 1:10 的充填料接顶充填。1:10 的充填料接顶充填便于回采下一分层时铲运机铲装和行走,每一条进路充填应密实接顶。污水经采场泄水井或采场联络巷进入大巷或分段巷,再经泄水孔或中段泄水井流至最低中段,进入水仓。

（6）采空区处理

每条进路验收完毕后即进行充填准备工作，充填管由行人通风天井或采场分层联络巷下放到采场，将回气管、充填管分别架在进路顶板中央最高点处、次高处，并在进路口上用钢结构组合式隔墙作为充填挡墙。

污水经采场泄水井或采场联络巷进入大巷或分段巷，再经泄水孔或中段泄水井流至最低中段，进入水仓。底柱由下中段上向回采进行回收。

（7）矿柱回采

矿房回采结束后，对矿体品位较高地段，上中段构筑人工假底的矿房，不留顶柱。间柱通过集中布孔、一次爆破的方式进行回收。对矿体品位较低地段，没有构筑人工假底的矿房，顶柱不回收。不连续矿块间柱不回收，连续矿块间柱通过集中布孔、一次爆破的方式进行回收。间柱在两侧矿房均充填完毕后方可进行回收，间柱回收后，在人行通风井上部架设充填管路，对回收间柱形成的空区进行一次性充填，为确保地压安全可控，每两个矿房预留一个不回收间柱。充填完毕后对穿脉巷进行封堵，采用 30 cm 厚混凝土挡墙封闭，挡墙需深入探矿巷边帮 20 cm 以上，同时在封堵墙下方留设一直径 10 cm 的圆孔进行排水，防止充填空区内人行泄水井积水。

5.1.4 下向进路充填采矿法

嵩县山金 M^2 矿体主矿体为构造角砾岩，严格受构造控制，随采矿深度增加，工程地质揭露情况表明，矿区 60 m 以下中段的矿岩条件明显较浅部中段差，破碎程度有所增加。部分矿体极为破碎，现有上向采矿方法存在开采难度大、支护成本高、采矿损失率大及顶板安全风险高等诸多不利因素。对此类破碎矿体改用下向进路充填采矿法。采矿方法图如图 5-4 所示，具体工艺如下。

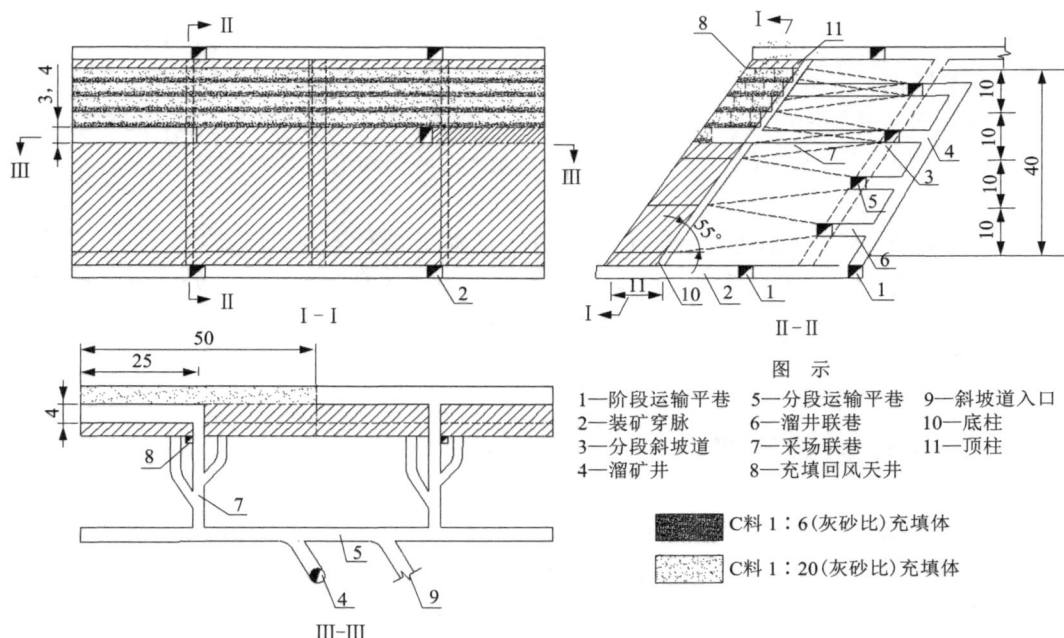

图 示

1—阶段运输平巷　　5—分段运输平巷　　9—斜坡道入口
2—装矿穿脉　　　　6—溜井联巷　　　　10—底柱
3—分段斜坡道　　　7—采场联巷　　　　11—顶柱
4—溜矿井　　　　　8—充填回风天井

C料 1∶6(灰砂比)充填体

C料 1∶20(灰砂比)充填体

图 5-4　下向进路充填采矿方法三视图

（1）采场结构参数

矿块沿矿体走向布置，矿块长 50~80 m，矿块宽为矿体厚度，矿块高为中段高度（40 m），回采时不留顶底柱和间柱。中段之间设 3 个分段，分段高度 10~15 m，每条分段巷道承担 3~4 个分层的回采，每分层回采 4.0 m 高。进路宽度控制在 3 m 左右，根据顶板稳固情况和生产需要划分一、二步采。

（2）采准、切割

主要采准工程有：人行通风天井、采场联络巷、采区溜井等。

从中段运输巷道掘进穿脉巷道至矿体，矿体内沿下盘向上掘进人行天井至上中段，与上中段穿脉相通作为充填回风井与铲运机备件下放井，随着向上回采，逐步架设人行泄水天井溜井布置在穿脉巷道内。在中段巷至第一分层掘进一条供铲运机进入矿房的斜坡道，矿房回采完毕后铲运机由下中段出矿房。

（3）回采

凿岩采用气腿式凿岩机落矿，孔深度 2~2.2 m，炮孔直径 38~42 mm，孔距 0.8 m，排距 0.8 m，边孔距尾砂 0.4~0.6 m。爆破用 2#岩石乳化炸药，起爆器起爆非电导爆管雷管，一次分段微差爆破。

（4）通风出矿

采用局扇进行采场通风。通风完成后，采场配备 2 m³ 铲运机将采场矿石转运至采场溜井，完成采场出矿过程。爆破后进行采场通风，新鲜风流由大巷或分段巷，经分层联络巷进入采场，清洗工作面后污风经行人通风井回至中段回风巷，最后经主回风井排出地表。爆破通风后即进行洒水排险。

采用铲运机出矿。采场矿石由铲运机铲装至采场溜井，经溜井下放到中段运输巷，装入矿车。

（5）采场充填

采用胶结充填，用灰砂比 1∶20 的充填料充填。第一分层作业工人是在破碎矿石顶板下作业，所以顶、帮采用锚杆、金属网联合支护，局部破碎地点采用管棚超前支护。回采以下各分层时，由于作业工人是在胶结充填体顶板下作业，仅对揭露的两帮原岩进行锚杆、穿带、金属网等一种或多种联合支护。其他分层是在人工假顶下作业。

（6）采空区处理

每条进路验收完毕后即进行充填准备工作，充填管由行人通风天井或采场分层联络巷下放到采场，将回气管、充填管分别架在进路顶板中央最高点处、次高处，并在进路口上用钢结构组合式隔墙作为充填挡墙。污水经采场泄水井或采场联络巷进入大巷或分段巷，再经泄水孔或中段泄水井流至最低中段，进入水仓。

5.2　九仗沟金矿床精细化上向开采技术

上向进路法是一种以巷道掘进的方式在采场中自下而上进行分层回采，逐层充填，每一水平分层布置若干条进路，按间隔或逐条进路的顺序回采，整个分层回采充填后，统一升层，进而回采上分层进路的充填采矿法。矿岩中等稳固或稳固性稍差的矿体、急倾斜中厚至极厚矿体或多层矿体；形态不规则、分支复合变化大的矿体；矿石品位较高的矿体和稀有、贵重金属矿体。

采场精细化管理具有减少矿石的损失与贫化，增加资源回收率，提高矿山效益和效率，合理调度设备减少设备损耗等优点，因此采场精细化管理是现阶段国内外矿山的追求和发展方向之一。针对上向进路法回采工艺存在的问题，嵩县山金矿山技术人员与课题组研究成员集思广益、积极创新，围绕精细化管理开展了深入研究和试验，并取得了良好的成果，在采矿技术指标上和经济效益获得显著提高，具体工艺有以下内容。

5.2.1　"三直一平"矿房布置原则与制度建设

矿房布置为"三直一平"，如图 5-5 所示，即矿房联巷里口两帮和顶板平直、顶板光爆平整的采场管理办法。矿房联巷长度控制在 2 m 以内，矿房联巷施工完毕进入矿房压顶至设计高度后随即于联巷入口反方向反压一炮，确保矿房联巷顶部与水平线夹角不小于 70°，以降低间柱回采时的贫化率。加强边帮、顶板光面爆破管理，炮眼间距严格控制在 70 cm 以内。要求所有采场凿岩班组必须配备钻凿作业的架凳(长×宽×高：2 m×1 m×1.5 m)，确保顶板炮眼平直，矿房两帮呈微拱，以减少回采相邻矿房时的采矿损失率。

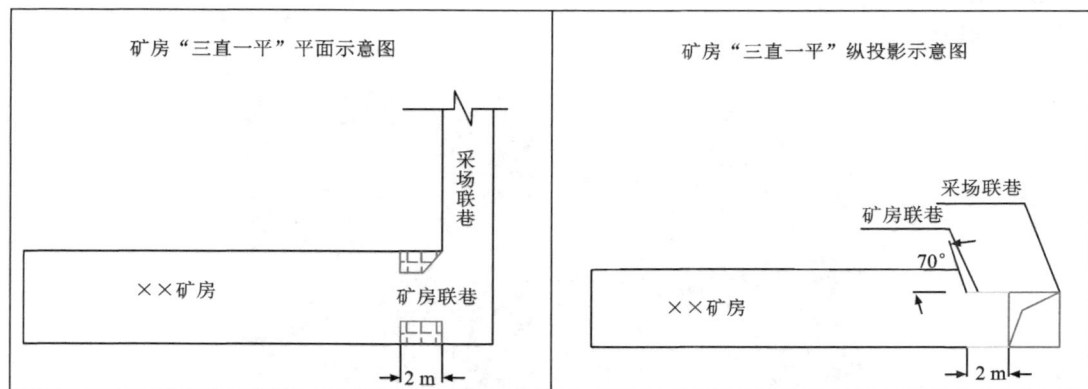

图 5-5　采场矿房"三直一平"布置示意图

针对充填板墙漏浆、充填过量、充填不接顶等现实问题，相关部门多次召集技术人员、井下充填工、板墙架设工和管路吊挂工进行交流、讨论，查找分析问题的原因和整改措施，完善了充填管理规定中的部门职责、充填作业标准、充填质量标准和考核细则，优化了充填管路吊挂参数和充填板墙验收程序，建立了制度标准，并分批对工人进行培训，提高了井下充填标准化作业水平。

5.2.2　一步采采场充填体防坍塌技术

上向进路法由于一步采采场回采结束、胶结充填后，相邻的二步采采场进行采矿时充填体易塌落，所以造成二次贫化较大。为了降低开采贫化率，提高企业经济效益，对一步采采场的充填体维护进行了专项研究并取得了良好的研究成果，降低了二次贫化率。在一步采采场的胶结充填体防护方面，通过分析研究，选定了 3 种方案进行现场工业性试验。

方案一：二步采采场回采至胶结尾砂充填体时，对胶结充填体进行喷浆作业，以提高胶结充填体的强度。方案一仅能在二步采采场揭露出胶结充填体后才能进行喷射混凝土，属于后期的被动防护，在爆破作业、铲装作业时已经对充填体产生了破坏，不能减少充填体的二次贫化，且混凝土残料可能进入选矿流程，对选矿指标造成影响。

方案二：一步采采场回采结束后在靠近二步采采场的两帮堆存废石，在采场胶结充填时，相当于在胶结体内增加了粗骨料，使充填体的结构类似于混凝土的结构，提高了充填体的强度。方案二实施后，废石与胶结充填料的胶结效果不理想，不能达到设想的混凝土结构，揭露后废石仍有塌落，造成二次贫化，没有发挥出爆破震动对充填体破坏的防护墙作用。所以该方案的防护效果较差。

方案三：一步采采场回采结束后，在靠近二步采采场的一帮或两帮铺设土工布和金属网片，胶结充填后，金属网片和土工布与胶结充填体形成类似钢筋混凝土的结构，胶结充填体的整体性和强度提高，如图 5-6 所示。二步采采场施工至胶结充填体时，土工布和金属网片会对充填体形成保护作用。方案三有金属网、土工布作为充填体的连接骨架，使充填体的强度和整体性得到大幅度提高。土工布作为第一道防护墙，能有效减少爆破震动对充填体的破坏；金属网作为第二道防护墙，即使土工布遭到破坏，充填体也不会大量坍塌，对胶结充填体起到较好的隔离、防护作用，与没有防护的一步采充填体相比，降低二次贫化的效果显著。

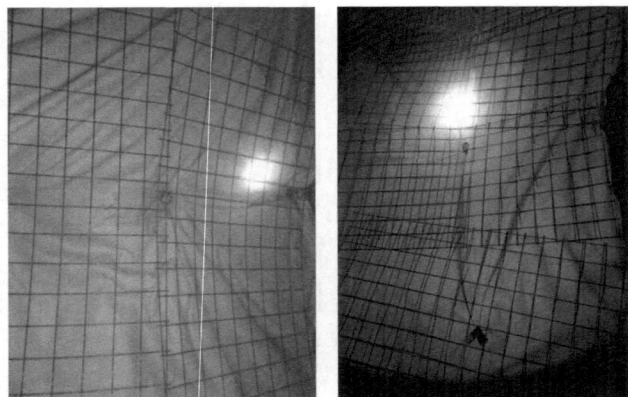

图 5-6　锚网+土工布胶结充填体防护现场图

通过以上各方案试验结果的优劣比较，最终选择方案三做为一步采采场充填体的防护措施。

采场挂设勾花网适用于充填采场相邻一侧有未采采场的情况，其作用主要是对充填体进行防护，防止相邻采场回采时爆破作业对充填体造成破坏，减少采场二次贫化。

在实际应用过程中对金属网的材料、固定方式进行了优化，采用勾花网代替了锚网，便于运输和吊挂，提高了架设效率；勾花网采用膨胀螺丝固定在岩壁上，为防止二步采揭露后脱落，在勾花网上按照 1 m×1 m 的网度绑扎一个锚固点；锚固点用 8#铁丝穿过勾花网至少 3 个交叉点后，绑扎在 0.3 m 的木板上，木板与勾花网距离 0.5 m。胶结充填后，勾花网与胶结充填体通过固定点形成整体结构，可防止勾花网在二步采采场内散落，使胶结充填体的整体性和强度有所提高。

具体实施过程如下。

1) 材料准备：勾花网 (2 m×10 m)、8#铁丝、长木块、膨胀螺栓。

2) 安装工具：冲击钻、钳子、斧子、锯、梯子。

3) 打孔范围：采场高度 3.5 m，自采场底板往上 1~3 m 范围内的岩壁上。

4) 打孔间距：正常情况按照 1.0 m×1.0 m 的网度交错布置，如局部有凹陷、凸起、岩石松软等状况则须调整打孔位置或加密钻孔数量，以确保勾花网固定时能够尽量紧贴岩壁。

5) 打孔深度：打孔深度为 3~4 cm，满足膨胀螺栓固定需要即可，孔打完后安装膨胀螺栓。

6) 挂勾花网：在岩壁上铺设、延展、压实、固定勾花网时，必然会出现个别凹凸不平处膨胀螺栓不能完全固定到勾花网上的情况。这就必须在铺设和吊挂前，提前根据岩壁的平直、凹凸情况先将勾花网人为折弯，然后再进行固定。如仍出现个别凹陷地方使勾花网不能紧贴岩壁，则在此补加膨胀螺栓固定即可。

7) 制作固定"地锚"：为提高充填体和勾花网被揭露后的整体性、稳定性，特追加有生根钩的地锚。用木板制作 3 cm×3 cm×30 cm 的木块若干，用 8#铁丝将其绕 2 圈缠紧，铁丝分成"人"字形，防护网到地锚距离为 50 cm。地锚一排上下 3 个，第一个固定在防护网最上方，第二个固定在中间，第三个固定在防护网的最下方，左右 1 m 一排排固定，网度为 1.0 m×1.0 m，交错布置也可。

8) 以上步骤全部完成后，须再次检查勾花网是否压实、紧贴岩壁，以尽可能降低二次贫化。

9) 一步采采场挂网的岩壁要保证平整，对不贴合的地方用井下作业废弃的木头、钢管材料进行固定，使勾花网与帮壁尽可能贴合。

勾花网架设设计图、现场实施与模型效果图如图 5-7 所示。

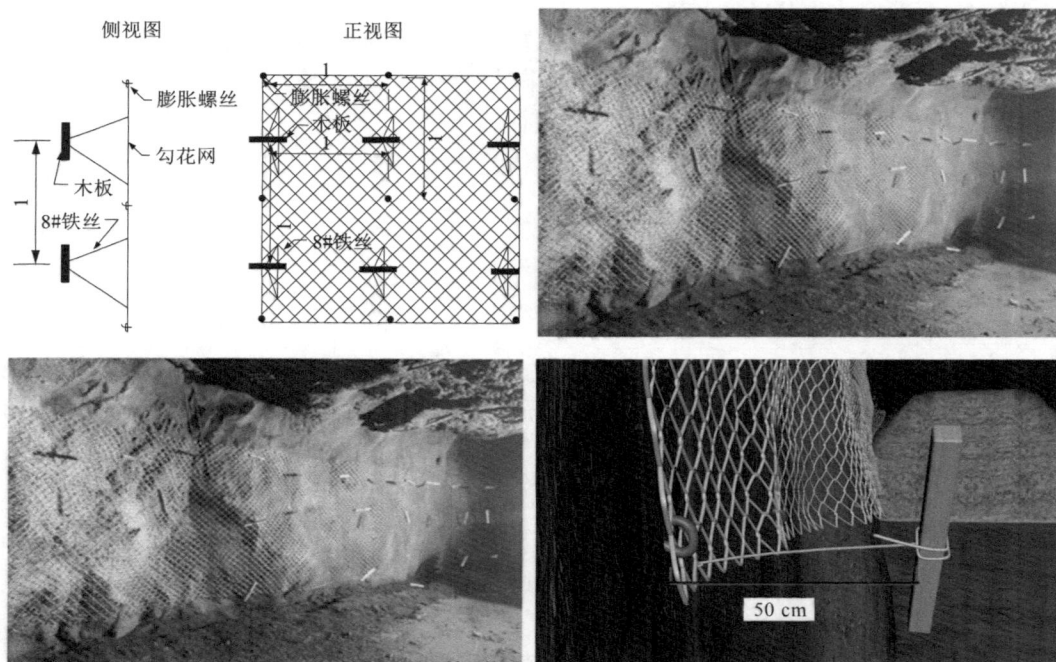

图 5-7　勾花网架设设计图与现场及模型实施效果图

5.2.3　提高采场充填接顶效果及充填体平整度工艺

充填接顶能使充填体对采空区顶板起支撑作用,可防止这些顶板或假顶冒落或防止第二步骤回采矿石时,矿石体受到过大的地压。充填接顶质量和效果的优劣对于采场内矿石的损失与贫化起着相当重要的作用。目前,我国大多数矿山对于充填接顶质量不甚满意。

理论认为,充填接顶率越高,则充填效果就越好。但在实际操作中(如由于爆破原因出现局部超挖和欠挖现象使顶板凹凸不平)很难实现100%的充填接顶。影响采空区充填接顶的因素很多,为克服这些因素所采用的措施也很多,但每一种措施都只能针对某一、二种因素。因此,针对矿山的具体情况在实施充填接顶时,需要同时采用多种措施,才能达到接顶的最佳效果。

为提高嵩县山金充填接顶效果,考虑到矿山实际生产情况,结合多点下料、改善充填管道位置等原则,特提出一种提高采场充填接顶效果以及充填体平整度的充填优化工艺。

该工艺用于井下进路充填时能够有效提高采场充填接顶效果、提高充填体的平整度的控制方法。主要步骤如下。

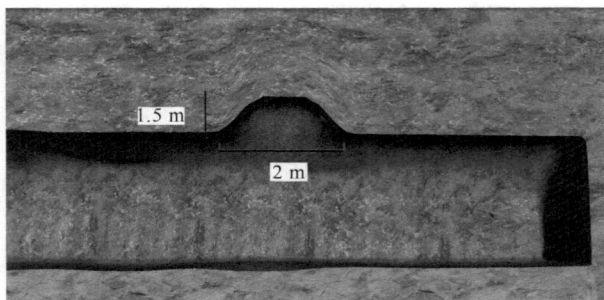

图 5-8　人工放砂槽

1)采场回采作业时在顶板施工放砂槽(在距离采场迎头 5~8 m 的位置压顶,高出采场平均顶板 1.5 m 左右,长度和宽度均为 2 m 左右,见图 5-8。)。

2)在采场架设胶结面警示管、回水管、出气管,控制采场内尾砂充填量。

3)在充填管路上施工尾砂溢流口,保证采场内充填料的平整。

4)在充填板墙外架设二道板墙及三通阀门。

该工艺施工示意图如图 5-9 所示。

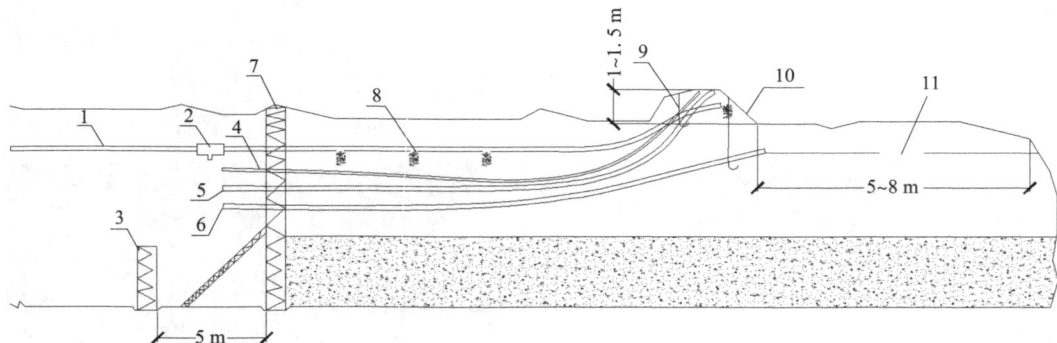

1—充填管;2—三通阀门;3—二道板墙;4—出气管;5—出水管;6—胶结面警示管;
7—充填板墙;8—放砂口;9—吊挂钢筋;10—充填管吊挂口;11—胶结面高度线。

图 5-9　工艺施工示意图

具体施工方式如下。

1）在充填采场内增加出气管和出水管。出水管在充填接近设计高度时用于溢流，将充填管路中多余的充填体溢流到二道板墙内。回水管有两根，一根是胶结面警示管，在设计浇面水平线上，一根是出水管，在设计最终充填面水平线以上。控制最终充填面高度的回水管即为设计最终充填面的高度，出水管的管口要低于充填管的管口 20 cm。采用与充填管相同的 $\phi76$ 壁厚 5 mm，承压 0.3 MPa 的聚乙烯塑料管。出气管的作用在于防止采场过度充填时因采场内压力快速上升而对板墙造成的破坏。出气管在采场内管口的高度最低不能低于充填管，应比充填管口的高度略高。出气管采用 DN 25.4，壁厚 3 mm，承压为 0.3 MPa 的聚乙烯塑料管，如充填采场内有充填回风井，则不设出气管。

2）从采场端部后退约 5 m 距离，在采场顶板合适位置直径约 2 m 的范围单独压顶一炮，使最高点与采场顶板距离为 1~1.5 m，形成充填管吊挂口，充填管要吊挂至充填区域最高点。

3）不论是假底充填、分层充填还是接顶充填，均在充填管路斜上方按 3 m 的间距距离切割或钻凿一个放砂口，形成多点均匀排砂方式，以提高充填面平整度。

4）增设二道板墙，高度 1.5 m 即可，目的是使充填管路溢流时料浆存于二道板墙内。

5）充填管路进入采场附近装三通阀门，布置在充填板墙与二道板墙之间。

现场实施效果图如图 5-10 所示。

图 5-10　现场施工图

5.2.4　充填管路架设优化

充填管路包括进砂管、警示管和排气管。进砂管现场架设如图 5-11 所示。

1）进砂管路架设要求。

假底施工和分层充填时，为保证假底相对平整，要求充填管路高于设计的最终充填面 1 m 以上，充填管要架设到采场端部。

接顶充填时，从矿房端部后退约 5 m 距离，在采场顶板合适位置直径约 2 m 的范围内单独压顶一炮，使最高点与矿房顶板距离为 1.5 m 左右，充填管路要吊挂至充填区域最高点。

不论是假底充填、分层充填还是接顶充填，均要在进砂管的侧面每隔 3 m 切割或钻凿

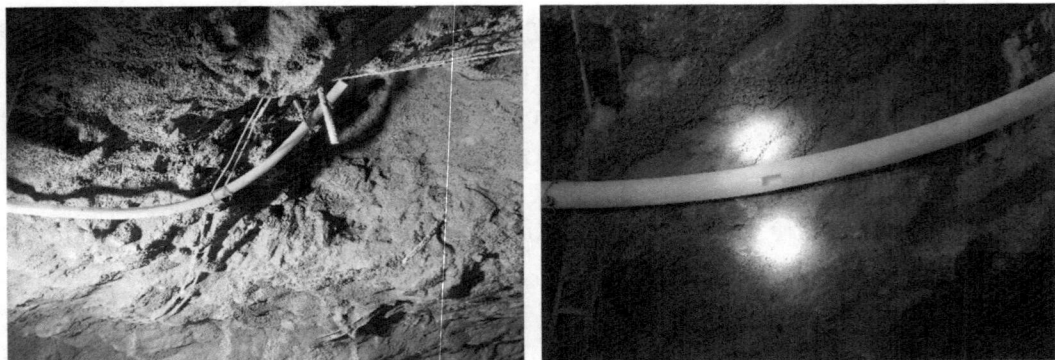

图 5-11　进砂管路端部架设与放砂口照片

一个直径为 4~5 cm 的放砂口,形成多点均匀排砂形式,以提高充填面平整度。采场任何一点距离放砂口(含管口)的距离不得超过 5 m。

2)警示管架设要求。

警示管主要用于指示不同充填体间的充填量,警示管出浆即表示充填料已完成充填,可通知充填站停车或改充胶结面。

警示管有两根,规格为白色塑料管,规格为 DN 25.4,壁厚 3 mm,承压 0.3 MPa。一根吊挂在设计高灰砂比胶结面底部以下一定高度的水平线上,另一根回水管吊挂在设计最终水平线上,其吊挂高度根据预计充填溢流量及采场面积计算,控制不同灰砂比充填体充填面的高度吊挂高度计算公式为

$$H = \frac{Q_y}{S}$$

式中:H 为回水管的管口应该低于充填管路管口的垂直距离;Q_y 为充填溢流量,根据充填站砂浆搅拌桶的容积、充填站至充填采场之间管路的存砂量及由充填工观察到的从标志管出水到充填站停车所需时间的充填量得出;S 为采场充填平面面积。

3)排气管的架设要求。

对于没有充填回风井的接顶充填矿房,需架设排气管,排气管的作用在于防止矿房过度充填时因采场内压力快速上升而对板墙造成的破坏,同时在矿房过充时起溢流作用。

排气管架设在矿房顶板最高处,应比充填管口的高度略高。

排气管采用规格为 DN76,壁厚 3 mm,承压 0.3 MPa 的塑料管。

4)管路吊挂时要确保管路平直、吊管捆绑稳固,避免在充填过程中脱落或颤动,防止充填时因管路弯角过大而导致浆体无法正常流动。

5)板墙外管路要沿帮吊挂,应避免车辆损坏管路;为防止充填时因管路震荡而引起的板墙漏浆,管路从板墙底部穿过,并在板墙的里、外面夯实碴石以固定管路。板墙外的出气管及出水管长度不能超过 4 m,放在二道挡墙之内。

6)充填管路在进入矿房附近要安装放水三通,放水三通布置在二道挡墙之上,方便充填工操作放水三通,将溢流尾砂放至二道板墙内。充填管路架设模型图见图 5-12。

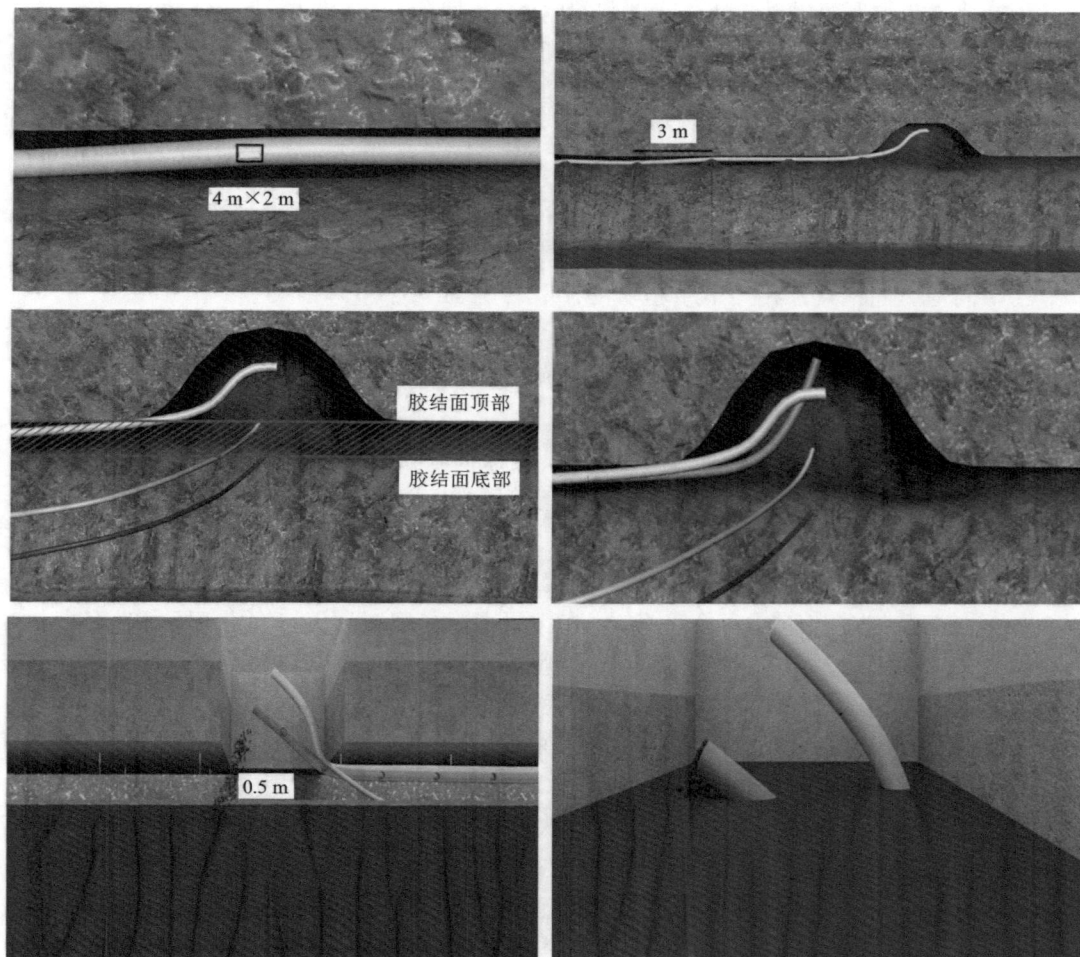

图 5-12　充填管路架设优化模型图

5.2.5　网格钢架式复用板墙架设工艺优化

嵩县山金矿业有限公司使用引进、优化的网格钢架式复用板墙，取代了木板墙。复用板墙材料可回收重复使用，并且架设灵活、效率高、滤水效果好，大大缩短了充填体养护时间，缩短了采场循环时间，提高了采场供矿能力，并且节约了木材消耗，每年可节约充填成本8.5 万元。

网格钢架式充填板墙架设要求如下。

1）主要用料：$\phi12$ mm 钢筋、$14^{\#}$ 槽钢、$\phi60$ mm 钢管，$16^{\#}$ 和 $22^{\#}$ 铁丝，3 cm×25 cm×300 cm 木板，$\phi36$ mm 圆钢，$\phi50$ mm 水泥钢钉，4 m×100 m、300 g/m^2 土工布。

2）架设方法和要点：

①在巷道的两帮上下垂直施工钻孔，钻孔深度为 50 cm，间距 0.7~1.0 m，应保证钻孔在同一个平面上。

②巷道顶板上施工钻孔,钻孔深度为 50 cm,一般 3~4 个即可,间距根据实际板墙大小调整即可。在此顶板上的施工钻孔时钻孔须比巷道两帮上施工的钻孔整体靠外 5~7 cm(横撑在内,立撑在外,须预留 1 个钢管直径的距离)。

③在钻孔内先分别插上圆钢(φ36 mm,长度为 70 cm),然后把两根平行的钢管(φ50 mm)分别插入两帮圆钢,钢管搭接处两端用管卡(管卡由 14# 槽钢切割加工而成,每个管卡长 10 cm 即可)分别把两根平行的钢管固定连接在一起。板墙下沿须挖到硬底,深度不低于 20 cm,将立撑放入。

④横向与纵向钢管互相用 16# 铁丝连接绑实,形成一个整体钢架。

⑤在钢管内分别挂上钢筋网(用 φ12 mm 的钢筋,根据封堵巷道的规格分别焊接成大小不同的钢筋网若干块,规格差别不大的可稍微重叠达到使钢筋网布满全巷道的目的)并覆上土工布压实。

⑥用螺旋支柱或废旧圆木斜顶在焊管处,确保板墙安全、牢固、可靠。

⑦土工布封闭:a.土工布展开并悬挂于钢筋网上,板墙下沿的土工布放置时要挖到硬底后铺平,用废渣填实压紧;金属网上的土工布用钢钉钉在木板上,将木板固定在金属网上;重叠部分的土工布用 22# 细铁丝穿透固定。b.土工布要向巷道两帮延展 1.5~2.0 m,用 50# 水泥钢钉或木楔钉紧;每个采场矿岩性质不用,软岩时用钢钉固定,硬岩时用冲击钻打小浅孔用木楔固定,并用水泥将其粘在岩壁上。c.采场内的充填管、信号管、出气管穿透土工布后要用铁丝缠紧、密实封闭,以避免漏浆情况的出现。

⑧为减少尾砂外流影响采区文明生产,在板墙之外施工二道挡墙。二道挡墙距离一道板墙在 5 m 之内,高度不超过 1.5 m,架设方法和要求与一道板墙相同。

由于矿区内岩石破碎,土工布的固定方式采用其他矿山使用钢钉、木楔的方法时,多次出现跑漏浆现象。为此,经现场试验采取在金属网边缘上固定 20 cm 宽的木板,将土工布用钉子固定在木板上,板墙内向矿房四周延伸至少 1 m,用冲击钻打孔,用木楔将土工布固定在岩壁上,底部挖到硬底后铺平用废渣填实压紧的方法,以保证其密闭性。

在充填封闭板墙外增设了钢构二道开放板墙,高度为 1.2 m。进砂管路上安装了放水三通阀门,置于二道板墙上,方便开关,使管路洗刷水和最后的溢流料浆,都存于二道板墙内。经土工布过滤后减少了现场环境的污染,拆除二道板墙后用铲车进行清理,减轻了工人劳动强度。

一道与二道板墙现场施工图分别如图 5-13 和图 5-14 所示。

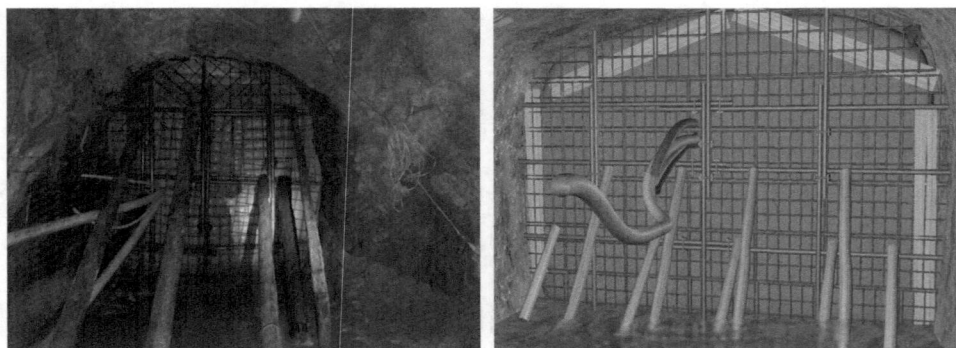

图 5-13 网格钢架式复用板墙现场及模型图

图 5-14　充填二道板墙现场与模型图

5.2.6　充填假底前治水措施与废石回填管理

深部中段的采场涌水量较大,底板有积水,在充填假底时造成充填料浆析离分层,影响假底充填质量。利用废石将积水处垫平,预埋管路将积水引至充填板墙以外,在垫平处铺设土工布,提高了假底充填质量。利用废石回填采空区时,若一帮为二步采采场时废石距离二步采采场至少0.5 m,另一帮要回填至采场边缘;两侧均为二步采采场时,废石沿采场中央堆放,距离两帮均不小于0.5 m,防止二步采时废石内充填料太少,造成充填体塌落。

5.2.7　楔形点柱工艺

点柱的留设可以作为地压控制的一个有效手段,尤其是当顶板稳定性较差且较为破碎时。但是留设过多的点柱则会造成后续点柱回收困难,造成资源的大量浪费,因此需要合理留设点柱。

与此同时,在充填法采场里,若采场开口过大,会给充填时滤水挡墙造成很大的负荷,影响充填质量,浪费较多木石资源。

结合上述问题与嵩县山金的实际开采条件,考虑到充填法的回采工艺,提出在采场开口处预留部分楔形点柱的方法。一方面可以当作点柱控制地压,另一方面也可以减小采场开口,缩小充填挡墙的面积,提高充填效果和质量,如图5-15所示。

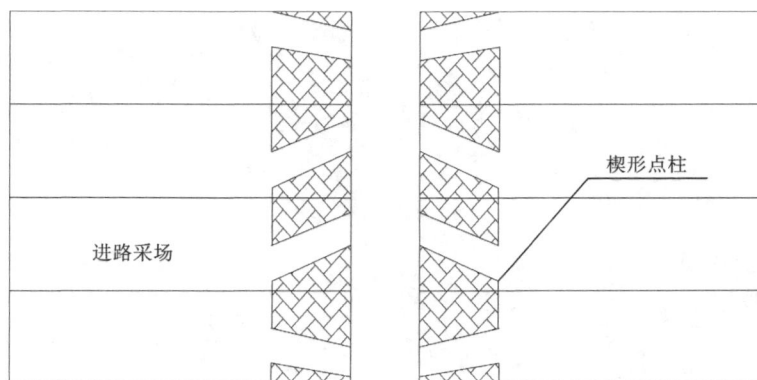

图 5-15　楔形点柱示意图

回采时先回采进路，待进路全部回收并充填后，再对楔形点柱进行统一回收。预留的楔形点柱可在最后阶段进行回收，不会影响资源的浪费，因而不会造成矿石的进一步损失和贫化。

5.3　九仗沟金矿床 C 料尾砂下向开采技术

现在矿山可用的充填材料很多，有山砂、河砂、海砂、棒磨砂、细石等自然或人工砂石，还有粉煤灰、尾砂、炉渣等工业废料。但充填材料的选择要依据矿山的具体情况而定。嵩县山金根据室内充填材料特性及配比试验，确定了适用于嵩县山金矿的 C 料尾砂下向开采胶结充填的方案。

5.3.1　C 料与尾砂的物理化学性质

5.3.1.1　C 料物理化学性质

国内外应用最广泛的充填胶凝材料为硅酸盐水泥，此外还有一些水泥替代材料如炉渣、粉煤灰和充填专用 C 料等，高水速凝材料则是近年来开发出的极有前途的新型充填胶凝材料。

C 料采用由山东黄金集团研发生产的自制新型胶结材料。多年来，山东黄金集团以降低井下充填成本、提高充填材料早期强度（主要为 7 天抗压强度）、研发适合井下充填的胶结材料为目标，进行相关研究并做了大量的科学试验，并于 2003 年生产出了"新型尾砂固结剂"这一新型井下充填材料（即 C 料）。该材料最大的特点是对尾砂等细骨料有特殊的固结效果。湖北三鑫金铜股份有限公司一年半多的工业应用证明，用该材料做充填胶结剂，不论是其泵送性、环保性、流动性还是其早期强度，均能满足井下采矿的需要，对金属回收率没有任何影响。尤其是其用量省（不足水泥用量的 1/2）、早期强度高的特点，使该材料的性能价格比明显优于水泥。目前国内多家矿山将该材料应用于井下充填，效果十分理想。

（1）C 料物理形态及化学成分

该材料是由多种无机材料经高温煅烧后，再与少量活化材料粉末混合而成，其物理形态呈灰白细粉末状。主要化学成分为 SiO_2、Al_2O_3、Fe_2O_3、CaO、MgO、SO_3，无毒、无害。其外观形态如图 5-16 所示。

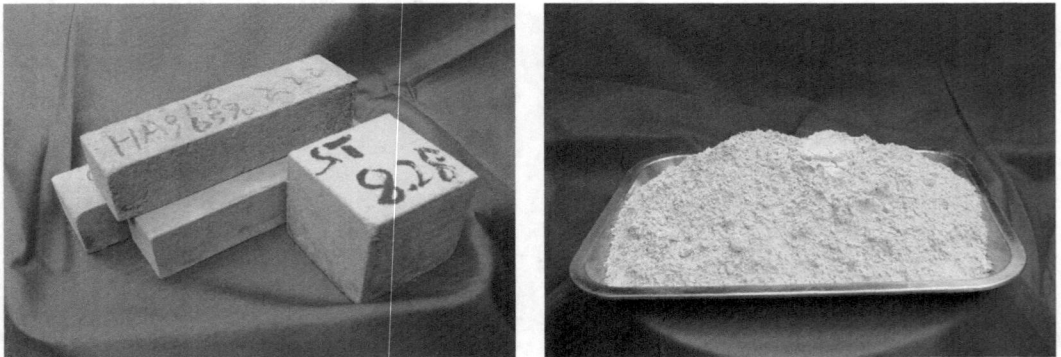

图 5-16　C 料充填体试样及外观形状图

（2）C 料性能指标

①充填浓度与配比可调范围。可在饱和浓度范围内，根据需要任意调节尾砂浓度。加入尾砂固结材料后输送浓度不大于饱和浓度，灰砂比可以根据井下要求的充填体强度进行调整，一般为 1：2～1：30。

②可泵性。输送浓度不大于饱和浓度，灰砂比不高于 1：2，可泵性好。

③凝固性。通过泵送或自流输送到采场的充填浆液，适当脱水后开始固化，24 h 后可开始作业。

5.3.1.2　尾砂充填优点

国内外矿山使用的充填骨料品种很多，大多根据矿山实际条件，选用来源广泛、成本低廉、物理化学性质稳定、无毒、无害、具备骨架作用的材料或工业废料作为充填骨料。我国 20 世纪 50 年代广泛应用掘进废石或露天采矿场剥离废石作为充填料进行干式充填；60—70 年代，应用山砂、河砂、戈壁集料等作为混凝土胶结充填料的骨料或以河砂、脱泥尾砂等细砂为充填料或充填骨料，以两相流管道输送方式进行水砂非胶结充填或胶结充填；80 年代以后，由于高浓度全尾砂胶结充填、碎石全尾砂膏体泵送充填、废石胶结充填和高水速凝全尾砂胶结充填的试验成功，全尾砂已成为最具发展前景的充填骨料。近年来许多矿山因地制宜地采用固体废料（如煤矸石、磷石膏等）作为充填骨料，既解决了充填料来源问题，又保护了地表环境，创造了较好的经济效益和社会、环境效益。尾砂颗粒越细，其比表面积就越大，要使水泥颗粒包裹尾砂颗粒，则水泥消耗量就很大。如果要提高尾砂粗粒级所占的比例，以达到降低水泥消耗量的目的，就要对尾砂进行分级脱泥。

尾砂固结材料作为应用于井下充填的胶结剂，具有胶结性好，水灰比和灰砂比调控幅度大，流动性好，施工方便，强度高，成本低，无毒、安全等一系列优点，性价比十分优良，堪称"快、强、省"的新一代井下充填固结材料。

5.3.2　C 料尾砂下向进路充填采矿法

该采矿方法将盘区划分为不同分段，分段高度视分层情况而定。自上而下在人工假顶保护下分层回采。进路回采属于掘进式回采，炮孔布置与平巷掘进布孔方式基本相同，一次全进路断面爆破，之后使用铲运机经分层联络道出矿，待本分层回采完并充填结束后再回采下一分层。进路掘进时采用局部通风机通风，新鲜风流有盘区斜坡道引入分段运输巷道，进入分段联络巷，在冲洗工作面后，由通风充填天井进入回风巷道，由回风井排出地表。自上而下在进路中回采，待本分层回采并充填结束后再用进路回采下一分层。该采矿方法采用铲运机出矿，大大减轻了工人的劳动强度，提高了工作效率，由于每一分层都是在上一分层的人工假底下作业，提高了生产的安全性。

5.3.2.1　采场结构参数

井下采场一般沿矿体走向布置，采场宽度即为矿体水平厚度，采场长度一般为 40～80 m，中段高度 40 m，分段高度 10～15 m，分层高度 4.0 m（含 0.2 m 碎矿垫层）。

采场联巷一般垂直矿体布置在走向中央，井下每个采场各分层划分若干矿房进行回采，矿房回采宽度一般为 4.0 m，宽度不超过 5.0 m；矿房长度一般为 20～40 m。采矿方法图见图 5-17。

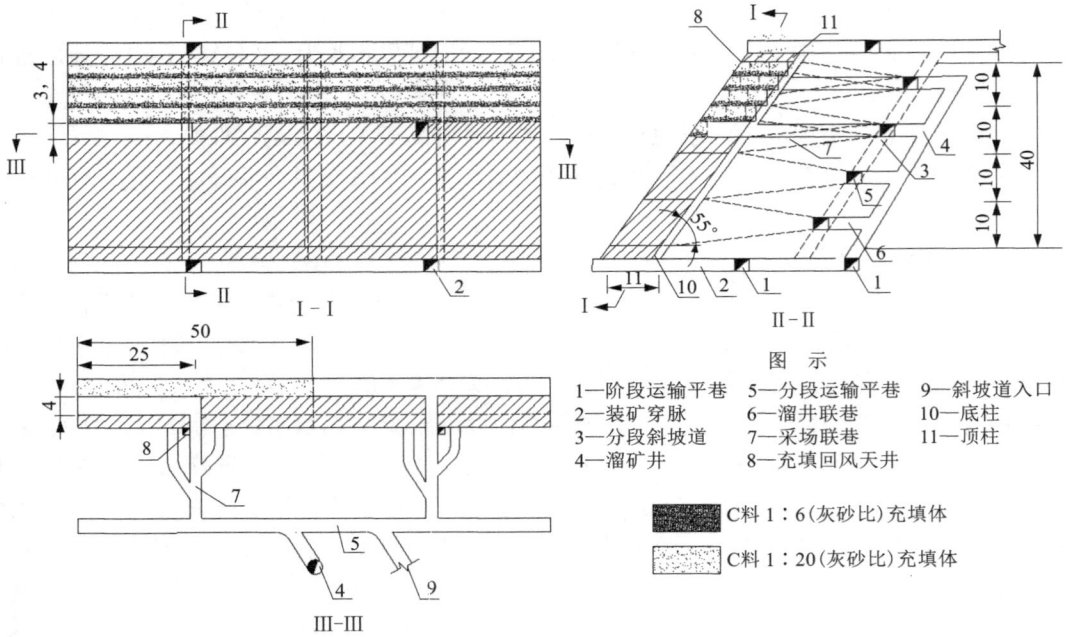

图 5-17 嵩县山金 C 料尾砂下向进路充填采矿法示意图

5.3.2.2 采准工程

采准方式为(上盘/下盘)脉外运输巷+斜坡道。采准顺序为:分段斜坡道→分段运输巷道→采场联络巷道→通风充填天井→溜矿井联络巷→溜矿井→分层联络巷。

(1)每个中段水平以上布置有 3 个分段,每个分段有 1 条(上盘或下盘)脉外运输巷,相邻两分段的脉外运输巷用斜坡道连通。斜坡道和脉外运输巷断面规格根据所选用铲运机确定,斜坡道设计坡度不得大于井下运行设备的最大上坡能力,转弯半径不能小于 6 m,斜坡道直线段每隔 50 m 布置一个躲避硐室,弯道部分每隔 15 m 布置一个躲避硐室,躲避硐室的高度不小于 1.9 m,深度和宽度均不小于 1.0 m。下向采场布置图见图 5-18~5-20。

(2)自各分段运输巷向矿体方向施工采场联巷;同分段不同分层的采场联巷不能重叠布置(错位布置);采场联巷需与充填回风井贯通,充填回风井兼做采场第二安全出口;采场联巷坡度不得大于铲运机和凿岩台车最大上坡能力;采场联巷转弯半径不得小于铲运机和凿岩台车的最小运转半径;采场联巷、矿房联巷的断面规格依据凿岩、运输设备规格确定,确保满足安全规程要求。

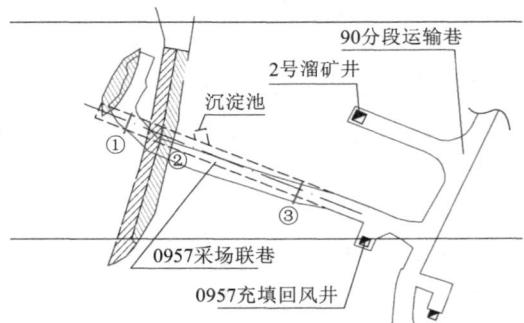

图 5-18 下向采场进路布置平面示意图

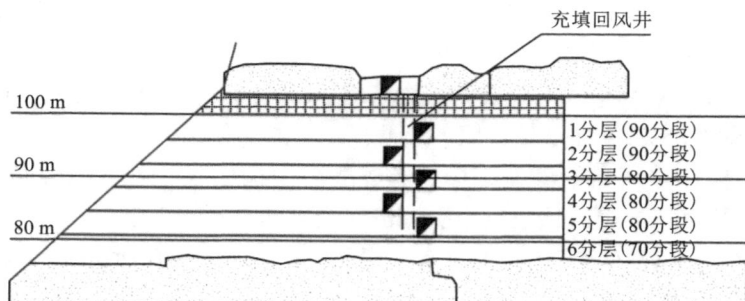

图 5-19　下向采场纵投影图

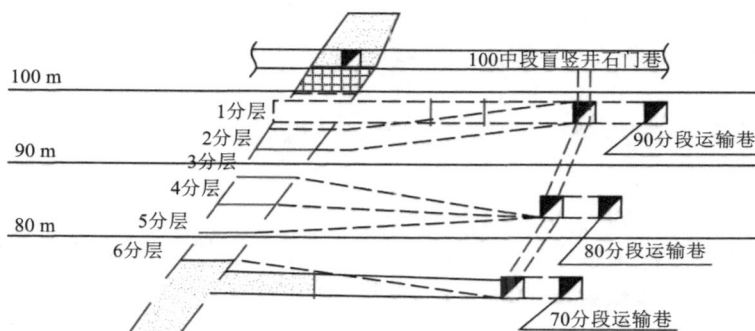

图 5-20　下向采场剖面图

（3）充填回风井、溜井、管缆井和

泄水井布置。每个分段布置 3 条盘区矿石溜井，每个采场有 1 条脉外充填回风井与上下中段连通。由脉外运输巷向矿体方向施工采场联巷至矿体上盘，联巷侧帮与脉外充填回风井贯通，联巷低洼处施工沉淀池，沉淀池内架设风泵，方便采场积水随时排出。脉外运输巷布置在矿体上盘的，则分段溜井布置在矿体上盘，充填回风井布置在矿体下盘围岩内，规格为 1.5 m×1.5 m；脉外运输巷布置在矿体下盘的，则分段溜井布置在矿体下盘，充填回风井布置在矿体上盘，规格为 1.5 m×1.5 m。管缆井为永久性天井，有行人、通风、铺设充填管路的作用，布置时要选择在矿体以外、岩石稳固、利于井下充填管路铺设的地方，规格为 2.0 m×1.5 m；泄水井布置主要考虑方便中段和分段泄水。

5.3.2.3　回采工艺

（1）凿岩爆破

选用凿岩台车或 YT28 型气腿式凿岩机。

采用 YT28 型气腿式凿岩机凿岩爆破的，回采方式属于掘进式回采，凿岩孔深 2.3 m，YT28 型气腿式凿岩机采用垂直桶形掏槽，掌子面中心布置 1~2 个空孔，作掏槽自由面。其余炮孔排列基本相同，具体如下：①周边眼均向外偏斜 2°~3°；②顶板眼之间的距离较小，一般为 0.6~0.7 m，光面层厚度即顶眼与上辅助眼距离 0.8~0.9 m，使爆破后的顶板平整、稳定；③除掏槽眼和顶板眼外，其余炮孔的间距一般控制在 0.6~0.8 m。④为了防止破坏与其相邻的充填体与上层假底，需将帮眼和顶眼与充填体之间的距离增大。帮眼与充填体之间的距离≥0.4 m；顶板眼数目可以适当减少，上层假底的距离≥0.6 m，保持相邻充填体完整，有利于顶板稳定、减少尾砂贫化。爆破器材为2#岩石乳化炸药。装药方式为人工装药，顶板眼采用空气间隔装药，装药率20%~30%；其余炮孔采用柱状连续装药，其中掏槽眼装药率85%~90%，辅助眼、帮眼、底眼装药率75%~80%。使用导爆管远程电子引爆机统一起爆，电子雷管微差起爆。起爆顺序为掏槽眼→辅助眼→帮眼→顶眼→底眼。起爆器严格按照《导爆管远程电子引爆机安全操作规程》使用。

装药前必须先检查好所有爆破地点有关通路或出入口，并在所有的通道口悬挂爆破警戒标志和指派专人警戒；确认人员设备全部撤离危险区，具备安全起爆条件时，方准爆破员起爆。未发出警戒解除信号前，岗哨应坚守岗位。当确认安全后，可发出警戒解除信号。其他人员方准进入爆破点。

处理盲炮方法：①经检查确认炮孔的起爆线路完好时，可以重新联线起爆；②当炮眼被挤死时，可用平行眼爆破，即在距盲炮30 cm的地方平行于盲炮重新凿岩、再装药爆破，新炮孔要比原炮孔眼深10~15 cm。

采用凿岩台车凿岩爆破的，凿岩爆破参数详见《嵩县山金基于岩体可爆型分级的凿岩台车爆破参数研究技术报告》。

（2）采场通风

爆破后先检查通风防尘设施是否良好，采用局扇进行压入式强制通风，风机型号FDN04/5.5 kW，风筒直径400~600 mm，确保工作面空气良好，禁止炮烟未排净进入作业地点。氧气含量应不低于20%，二氧化碳应不高于0.5%，一氧化碳不高于0.0024%；风源含尘量，应不超过0.5 mg/m³；采场和掘进巷道风速应不小于0.25 m/s。

新鲜风流从分段巷、斜坡道经局部通风机将风送到采场，清洗工作面后，污风经采场的充填回风井回到中段运输巷最后进入风井排出。加强通风管理，局部通风困难区段采用局扇加强通风，CO浓度达标后方可进入工作面作业（CO浓度不得大于24 ppm）。

（3）采场出矿

采场采用2 m³铲运机出矿。采用铲运机将采场里的矿石运至本中段附近分段的溜矿井内，矿石在中段运输巷经振动放矿机放出装车，再由电机车运出至中段马头门经主竖井罐笼提升至地表。

5.3.2.4　充填工艺

下向进路充填采场以C料作为胶凝材料，分级尾砂（50沉沙嘴）作为充填骨料，料浆质量浓度不得低于72%，由主充填管路接至中段充填管路井，然后通过充填软管充入采场。其主要流程：充填管路架设→平场铺碎矿垫层→架设勾花网→铺塑料薄膜→人工溢流槽施工→铺底筋网→充填挡墙架设→采场充填。

（1）充填管路架设

借助上一分层假底铺设时人工预留的充填窝，保证接顶充填，出气管口和充填管口绑在预留充填窝内，其中出气管最高，充填管略低于出气管，第一根信号管口架设在假顶下0.5 m位置，第二根信号管口略低于上分层人工假顶，充填管路的侧面按每3 m切割，或钻凿一个放砂口，直径2~4 cm，从而形成多点均匀排砂，以提高充填面平整度，采场任何一点距离放砂口（含管口）的距离不得超过5 m，确保假底充填不离析。充填管路架设如图5-21所示。

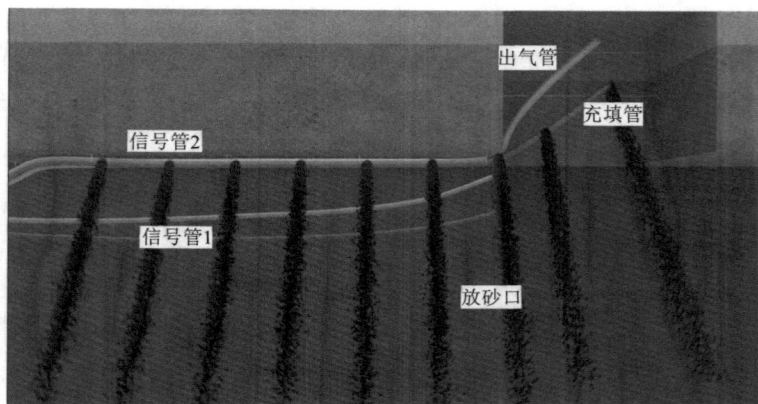

图 5-21　充填管路架设示意图

（2）平场铺碎矿垫层

拉底层全部拉开后进行人工平场，矿房回采结束后，将矿房底板残留矿石扒平，使其纵横向平整，碎矿垫层厚度不低于 200 mm，碎矿粒径不得大于 2 cm，平场时应格外注意矿房底角，严禁底角局部隆起或上下盘矿体未回采干净。碎矿垫层对爆破冲击波有良好的吸收、减弱作用，减少凿岩及爆破对人工假底的破坏，也防止了人工假底冒落造成的矿石贫化。

（3）架设勾花网

一步采矿房侧帮为矿石时，平场验收后要进行勾花网防护，勾花网防护高度为自上分层假底以下 0.5~2.5 m。一步采矿房回采结束后，在一帮或两帮铺设防护网，材料有 2 m×10 m 勾花网、8#铁丝、木块（3 cm×3 cm×30 cm）、膨胀螺栓。矿房高度 3.5 m，用膨胀螺栓按 1 m×1 m 的网度，将防护网固定在底板往上 1~3 m，充填体底部尾砂不易塌落，顶部胶面强度高无需防护，安装完成后勾花网应尽量贴紧岩壁，用 8#铁丝将木块扎紧，铁丝两端固定在防护网上形成"地锚"，防护网到木块距离约 50 cm，地锚一列上下三个，在防护网的上端、中部、下端依次固定，左右间隔 1 m 一列。在钢筋网上部铺设承重梁，在上下盘围岩中凿进深 2.5 m 与 3.0 m、断面尺寸为 1 m×1 m 的硐室，便于工字钢放入，并浇筑混凝土与岩石成为一体。具体布置如图 5-22 所示。

图 5-22　勾花网示意图

（4）铺塑料薄膜

勾花网架设完毕后，在碎矿垫层的进路底部上铺盖一层塑料薄膜，如图 5-23 所示，塑料薄膜边缘向上折起 0.2 m，紧贴矿房四周。铺设的塑料薄膜可以减少碎矿的流失，减小采矿损失贫化。

图 5-23　塑料膜铺设示意图

（5）人工溢流槽施工

结合下分层采场或矿房布置情况，在该分层合适位置施工人工溢流槽，待下分层采场揭露后，顶板形成充填窝，下分层充填时方便吊挂充填管路，保证下向充填采场充填接顶。人工溢流槽施工：使用编织袋装填碎矿堆砌，规格为一个高度为 1.5 m，长、宽均为 1.5 m 的正方体，外部使用塑料薄膜包裹严密，严禁充填胶凝剂进入编制袋，使袋内部凝固。人工溢流槽施工使用废弃油桶或者充气芯模等。人工溢流槽及充填窝的形成如图 5-24 所示。

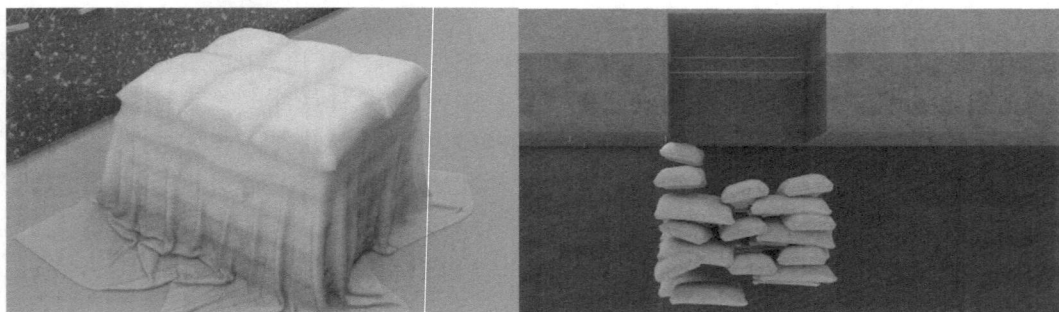

图 5-24　人工溢流槽及充填窝的形成示意图

①采用废弃油桶时：废弃油桶高度不低于 1 m，直径不低于 0.8 m，将顶部全部割除，内部焊接钢筋方便下分层充填管路吊挂，在合适位置倒立焊接在底筋网上，防止充填时油桶漂浮起来。

②采用充气芯模时：充气芯模为圆柱形，高度不低于 1 m，直径不低于 0.8 m，充气芯模充气后在合适位置与底筋网连接牢实，严禁充填时漂浮。

（6）铺底筋网

①回采矿房侧帮为上下盘围岩时，首先在上下盘围岩距垫层底板 1 m 高度上，每隔 0.9 m 打一个深度为 0.9 m 的下向倾斜（10°～20°）孔，并安装 36#圆钢（圆钢长 1.0 m）或涨壳式锚杆，杆体外露 0.1 m，然后在塑料布上放置木块，木块高度 200 mm，在木块上方施

工底筋网，底筋网主筋在下，副筋在上，主筋使用12#圆钢，副筋使用10#圆钢，网度300 mm×300 mm，主副筋相交处用8#铁丝缠绕加固或焊接，底筋网中的主筋与36#圆钢或锚杆外漏部分沿走向焊接，连续焊接长度不低于10 cm，每三根主筋焊接一根圆钢或锚杆，以提高人工假顶的整体强度，底筋网施工结束后，在底筋网上悬挂生根钩，生根钩网度2.0 m×2.0 m，生根钩必须穿透塑料薄膜，插入碎矿垫层底部，下分层采场人工假顶揭露后，露出局部生根钩，方便上下分层间底筋网施工吊筋。具体布置如图5-25所示。

图5-25　钢筋布置结构示意图

注：若围岩条件较差，锚杆选用1.8 m长涨壳式锚杆；若围岩条件较好，锚杆选用1.0 m长圆钢或1.0 m长涨壳式锚杆。

（7）充填挡墙架设

采用网格钢架式复用板墙（如图5-26所示），具备循环使用、架设灵活、滤水效果好等优点。用料：网格（φ12 mm钢筋焊接而成）、管卡（14#槽钢制作而成）、φ60 mm钢管、3 cm×25 cm×300 cm木板，φ36 mm圆钢，300 g/m² 土工布，将板墙下沿挖到硬底，在巷道的两帮、顶板施工钻孔，孔深为50 cm，顶板上的钻孔施工时，须比巷道两帮上施工的钻孔整体靠外6~8 cm，横撑在内，立撑在外，须预留1个钢管直径的距离，在钻孔内分别插上圆钢，插入钢管，管卡固定，挂上网格，安装土工布，土工布要向巷道顶部及两帮延展1.5~2.0 m，用斜撑顶在钢管处，确保板墙牢固可靠，在板墙之外施工二道挡墙，二道挡墙高度1.2 m，安装放水三通，放置在二道挡墙之上，方便充填工操作。

（8）采场充填

下向采场充填一般情况下分3次进行，充填料浆浓度均不低于72%，每次间隔≥8 h，充填三通进入采场的一端，必须连接直阀，严禁充填前引流水和低浓度料浆进入采场，井下充填人员每隔10~15 min巡查一次，观察管路与充填情况，发现问题及时处理。

①打底充填，用灰砂比1:6打底充填，打底充填厚度1.0 m，稳固后，单轴抗压强度不低于4.0 MPa。为提高人工假顶的稳固性和下分层进路回采的安全性，当矿房打底充填方量≤200 m³时，必须一次性不间断完成进路打底充填，避免进路打底充填体内出现分层弱面；当矿房打底充填方量>200 m时，在矿房中间位置砌筑2.0 m高的密封挡墙，进路打底充填分段分别进行。

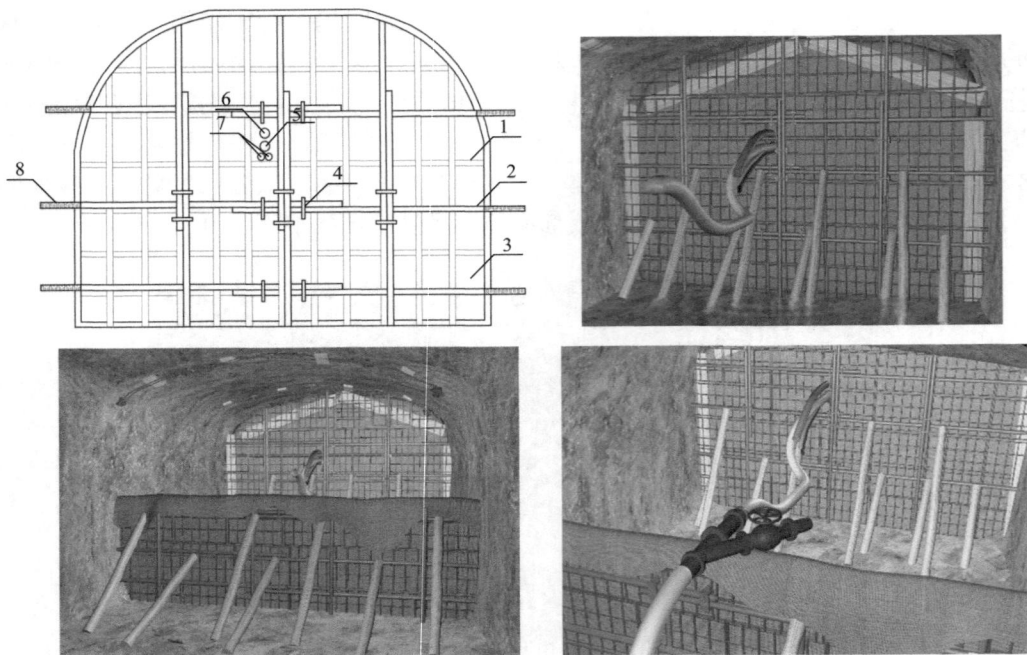

1—网格；2—钢管；3—进路；4—管卡；5—进砂管；6—排气管；7—警示管；8—圆钢。

图 5-26 网格钢架式复用板墙结构示意图

②普通充填，打底充填完毕后，经 8 h 以上的养护期之后进行上部普通充填作业，普通充填采用灰砂比 1∶20 充填，稳固后单轴抗压强度不低于 1 MPa，充至离进路顶板 0.5 m 左右的位置，可以观察信号管出水停止充填。

③接顶充填，同样采用灰砂比 1∶20 充填，第二根信号管溢流料浆时，充填工通知充填站停止充填，注意充填期前需架设排水设施，严禁板墙附件积水，影响人工假底质量。

矿房充填结束后至少养护 3 天后方可回收板墙，安排相邻矿房回采。

5.3.3 下向进路充填法进路稳定性研究

5.3.3.1 力学失稳机理分析

根据力学分析可知选用薄"板"力学模型，当进路由一侧连续采到另一侧时，第一条和最后一条进路回采可视作"硬支薄板"分析，其余进路为"软硬支混合"结构；当进路间隔回采时，一步回采为"硬支薄板"结构，二步回采为"软支薄板"结构，考虑到"软硬支混合"结构介于"硬支薄板"结构和"软支薄板"结构之间，故可以只分析"硬支薄板"结构和"软支薄板"结构两种情况。

采用传统安全系数法分析承载层厚度、进路宽度和高度某一参数改变时安全系数一二步回采时的大小，根据《建筑结构可靠度设计统一标准》知临时性结构可按正常使用状态设计，其可靠度指标 η 为 1~2，故选取 $\eta \geq 2$（稳定条件）和 $\eta = 1.0$（临界条件）作为稳定性评判条件，优化进路参数取值。由于安全系数法采用了定值分析与实际回采过程中各参数为随机变量不符，且各参数对稳定性影响的大小评价较为模糊，此外安全系数法认为安全系数越大越安全，没有一个准确的可靠度概率值，为此本设计采用蒙特卡罗算法对可靠度进行了分析，得到各参数对下向进路影响因素的大小，并评价试验采场进路稳定性，最后对两种算法作比较，得到两者关系。

5.3.3.2　下向进路安全系数法分析

九仗沟金矿现有高水固结尾砂下向进路充填采矿法进路宽度 $L = 3$ m，高度 $M = 3.4$ m，承载层厚度 $h = 1.0$ m，由岩石试验和 C 料充填试验得到矿体弹性模量 $E_j = 8720$ MPa，承载层弹性模量 $E_L = 110$ MPa，泊松比 $\mu = 0.25$，容重 $\gamma_1 = 1.76$ t/m³，普通充填体弹性模量 $E_j' = 70$ MPa，容重 $\gamma_2 = 1.70$ t/m³。

根据材料力学的组合"梁"原理，如图 5-27 所示，可计算 n 层充填体对第 1 层充填体（承载层）形成的载荷。

$$(q_n)_1 = \frac{E_1 h_1^3 (q_1 + q_2 + \cdots + q_n)}{E_1 h_1^3 + E_2 h_2^3 + \cdots + E_n h_n^3} \tag{5-1}$$

式中：n 为进路上方充填层数；E_1，E_2，$\cdots$，E_n 为各分层顶板的弹性模量（MPa）；h_1，h_2，$\cdots$，h_n 为各分层顶板的厚度（m）；q_1，q_2，$\cdots$，q_n 为各分层的载荷（N/m²）。

由于接顶层充填厚度较小，可将其简化为正常充填体。当计算到 $(q_{n+1})_1 < (q_n)_1$ 时，则以 $(q_n)_1$ 作为作用于承载层充填体单位面积上的载荷。由于九仗沟金矿各分层上下盘通过布置锚杆吊筋分割开来，分层间联系较少，根据这个特点，下向进路承载层仅受自重和本分层普通充填体的作用。

由 C 料充填体试验知下向进路承载层抗压强度为 2.8 MPa（质量分数为 70%，28 天抗压强度），室内试验表明，充填体的抗拉强度约是其抗压强度的 15%~19%，故抗拉强度为 0.42~0.53 MPa，本文取小值 0.42 MPa。进路回采时，下向进路的稳定性是确定成败的关键，因此必须有一定的安全储备，可用承载层的安全系数 $\eta = [\sigma_t]/\sigma_{tmax}$ 表示。现场观察发现：九仗沟金矿岩极破碎，有时不能形成整体；而且以弹性力学原理分析，进行了大量了简化、假设，因此需考虑较大的安全系数。

根据《建筑结构可靠度设计统一标准》知临时性结构可按正常使用状态设计，其可靠度指标 η 为 1~2，故安全系数 $\eta \geq 2$ 时，下向进路稳定性理想，可保证进路的安全回采；而当 $\eta = 1$ 时，下向进路处于临界状态，极有可能发生冒落。

由此，分别从承载层厚度、进路宽度和进路高度对下向进路的稳定行影响进行分析。各层充填体物理力学参数见表 5-1。

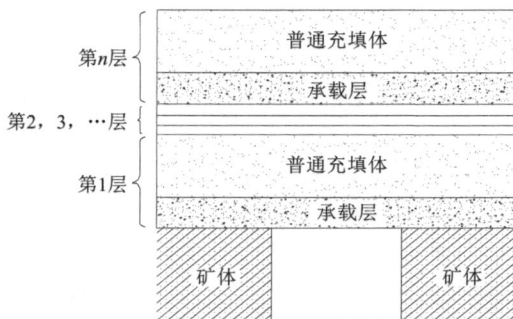

图 5-27　叠加"梁"载荷计算原理图

表 5-1　各层充填体物理力学参数

充填体层	层度/m	容重 $\gamma / (kN \cdot m^{-3})$	弹性模量 E/MPa
承载层	1	1.76	110
普通充填层	2.4	1.70	70

（1）承载层厚度对下向进路稳定性影响

假定九仗沟金矿充填材料及进路进路高度（$M=3.4$ m）不变，则一步回采进路人工假顶的支座为矿石，其 $E_j=8720$ MPa，二步回采进路人工假顶的支座为充填体其 $E_j'=70$ MPa，分别对进路半宽 $l=1.3\sim2.0$ m 的情况（进路半宽间隔 0.1 m）进行研究，运用 Matlab 编程得出一、二步回采进路下向进路承载层的受力情况、安全系数与承载层厚度的关系表，并运用 Excel 绘制 $h-\eta$ 曲线，如图 5-28、图 5-29 所示。

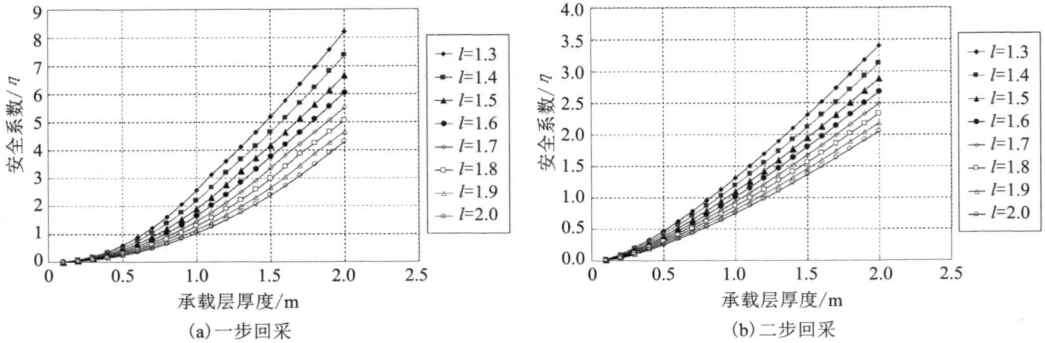

图 5-28 $l=1.3\sim2.0$ m 时承载层厚度与安全系数关系

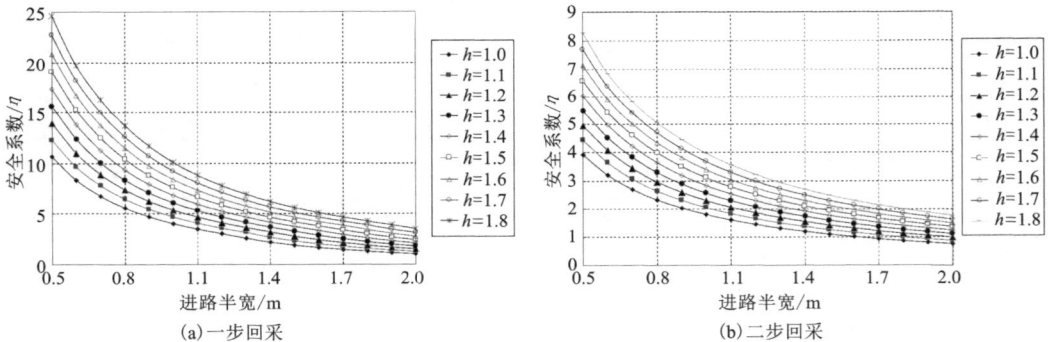

图 5-29 $h=1.0\sim1.8$ m 时进路宽度与安全系数关系

对横纵图分析知：一步回采安全系数变化较二步回采变化大，如 $l=1.8$ m，h 取 1.0 m 和 1.5 m 时，安全系数变化率分别为 131.5%、80.2%，因此承载层厚度的提高会使得一步回采安全系数增加较快，而二步回采安全系数增加较慢，且由于二步回采安全系数基数较小，使得需增加较大承载层厚度才能满足安全条件。

由图可得到进路宽度 $l=1.3\sim2.0$ m 且安全系数 $\eta\geq2$（稳定）和 $\eta=1$（临界）时，一二步回采所需最低承载层厚度关系，可知 $\eta\geq1.3$ 和 $h\geq0.9$ m 分别为一步回采稳定条件和临界条件，二步回采稳定条件和临界条件分别为 $h\geq2$ m 和 $h\geq1.3$ m。

（2）进路宽度对下向进路稳定性影响

分别对承载层厚度 $h=1.0\sim1.8$ m 的情况（厚度间隔 0.1 m）进行研究，运用 Matlab 编程得出一、二步回采进路下向进路承载层的受力情况、安全性与进路半宽的关系表，并运用 Excel 绘制出 $l-\eta$ 曲线图。

对横纵图分析知，一步回采安全系数变化较二步回采变化大，如 $l = 1.8$ m，h 取 1.2 m 和 1.6 m 时，安全系数变化率分别为 81.9%、51.3%，因此承载层厚度的提高会使得一步回采安全系数增加较快，而二步回采安全系数增加较慢，且由于二步回采安全系数基数较小，使得需增加较大承载层厚度才能满足安全条件。

（3）进路高度对下向进路稳定性影响

假定矿区现有的充填材料及进路进路宽度（$L = 3.0$ m）不变，则一步回采进路人工假顶的支座为矿石，其中 $E_j = 8720$ MPa，二步回采进路下向进路的支座为充填体其 $E_j' = 70$ MPa，分别对承载层厚度 $h = 1.0 \sim 1.8$ m 的情况（厚度间隔 0.1 m）进行研究，运用 Matlab 编程得出一、二步回采进路下向进路承载层的受力情况、安全性与进路高度的关系表，并运用 Excel 绘制 m-η 曲线，如图 5-30 所示。

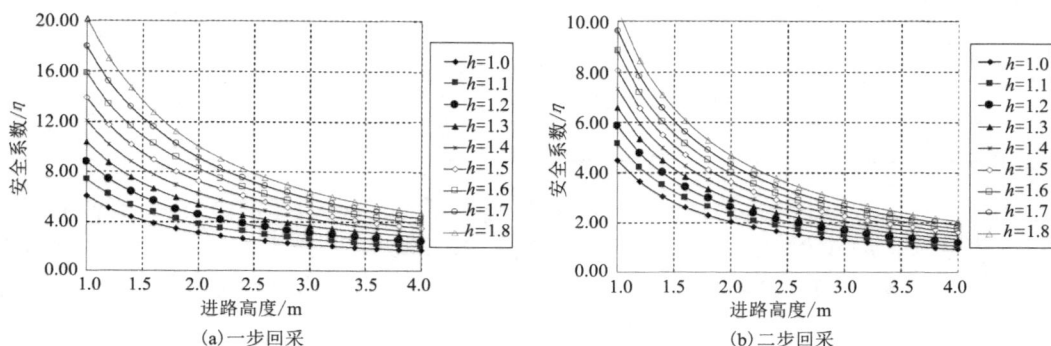

图 5-30　$h = 0.8 \sim 1.2$ m 时进路高度与安全系数关系

对比横纵图数据进行分析可知进路高度对安全系数的影响较小，如 $M = 1.0$ m，且 M 取 2.4 和 3.4 时，进路高度增加了 1.0 m，二步回采安全系数变化值为 0.55，与之相反，当 $M = 3.0$ m，且 h 取 1.0 和 1.5 m 时，承载层厚度仅增加 0.5 m，而安全系数变化值为 0.99，因此在考虑提高安全系数时不宜采取降低进路高度，而应采用增加承载层厚度，其效果较显著。

综合以上分析，可知。

（1）下向进路一步回采安全系数均较二步回采大，表明进路支座为矿岩时较为充填体时安全性要好，即支座的弹性模量越大，安全系数越大，验证可知"硬支薄板"的稳定性比"软支薄板"的安全性要更好；

（2）下向进路安全系数随承载层厚度增加、进路宽度和高度减小而增大，且承载层厚度对安全系数的影响较大，进路宽度和高度对安全系数的影响较小，因此在考虑提高安全系数时应首先考虑增加承载层厚度；

（3）采用安全系数法对承载层厚度、进路宽度和高度分析均表明，矿区现使用进路参数 $h = 1.0$ m，$l = 1.5$ m，$M = 3.4$ m，一二步安全系数分别 $\eta = 1.90$ 和 $\eta = 1.10$，均低于稳定状态，需要增加承载层厚度至 1.6 m，此时一二步安全系数分别为 $\eta = 4.64$ 和 $\eta = 2.13$。因此，进路宽度为 3.5 ~ 4 m，高度范围为 3.0 ~ 4.0 m 时，安全系数 $\eta \geq 2$，进路为稳定状态，能保证安全生产。

5.3.4.3　下向进路可靠度分析

由下向进路稳定性安全系数分析结果可知参数取不同值时的安全系数,而可靠度分析可得到随机变量取不同均值时的可靠度概率,由此可得到不同承载层厚度、进路宽度和高度时的安全系数和可靠度概率表如下表 5-2 所示。

表 5-2　下向进路稳定性安全系数与可靠度关系表

承载层厚度 h/m	0.8	0.9	1	1.1	1.2	1.3
安全系数 η	0.792	0.943	1.099	1.260	1.427	1.598
可靠度概率 P	0.157	0.368	0.600	0.807	0.929	0.979
进路半宽 l/m	1.5	1.6	1.7	1.8	1.9	2
安全系数 η	2.133	1.974	1.834	1.710	1.599	1.500
可靠度概率 P	1.000	0.998	0.996	0.991	0.980	0.965
进路高度 M/m	3.5	3.6	3.7	3.8	3.9	4
安全系数 η	2.473	2.292	2.133	1.993	1.869	1.758
可靠度概率 P	0.998	0.998	0.997	0.993	0.992	0.987

由上述数据易得下向进路稳定性安全系数与可靠度关系图,见图 5-31。由上述分析知:承载层厚度 $h=1.2$ m 时,对应的可靠度概率 $P=0.929$,安全系数 $\eta=1.427$,可满足稳定性要求;进路半宽 $l\leqslant2$ m 时,对应的可靠度概率 $P>0.9$,安全系数 $\eta>1.5$,可满足稳定性要求条件;进路高度 $M\leqslant2$ m 时,对应的可靠度概率 $P\geqslant0.987$,安全系数 $\eta\geqslant1.758$,可满足稳定性要求。

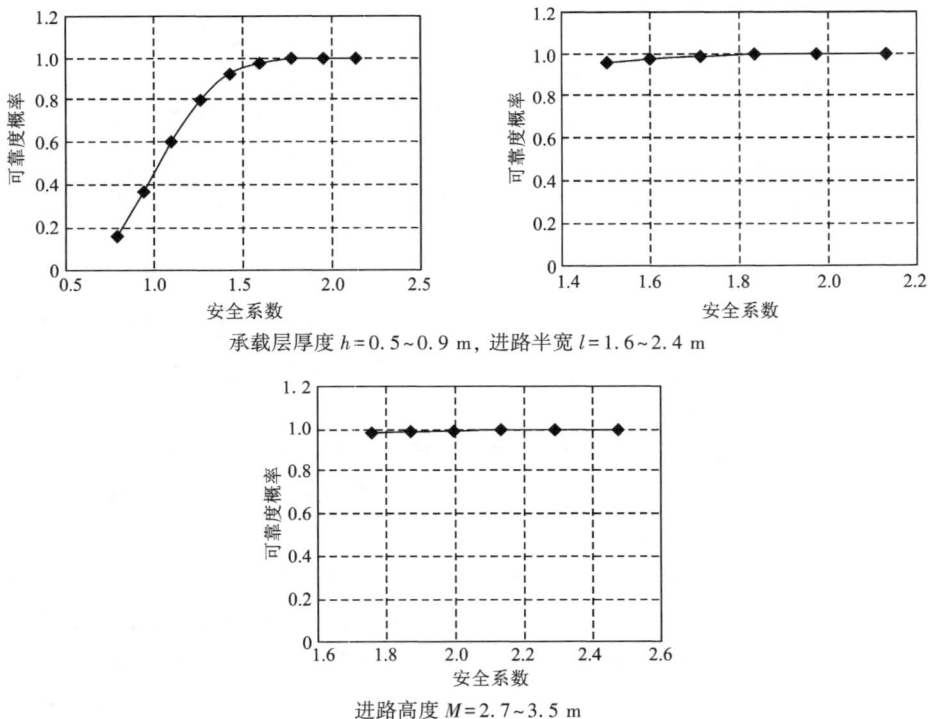

承载层厚度 $h=0.5\sim0.9$ m,进路半宽 $l=1.6\sim2.4$ m

进路高度 $M=2.7\sim3.5$ m

图 5-31　下向进路稳定性安全系数与可靠度关系图

综上知，可靠度概率 $P=0.9$ 时，安全系数 $\eta \geqslant 1.5$ 即可满足稳定性要求，但考虑到实际工程中存在不确定性因素较多，选取安全系数 $\eta \geqslant 2$（稳定条件）是可取的。安全系数法因其将参数视为定值便于分析计算，方便简洁；可靠度分析考虑了参数的随机性，操作较复杂，但更接近于矿山开采的实际。

针对 V 级破碎岩体采用 C 料尾砂下向进路充填采矿法，利用安全系数法和蒙特卡罗算法分析进路规格对其稳定性的影响，表明进路宽度为 $3.5 \sim 4$ m，高度范围为 $3.0 \sim 4.0$ m 时，安全系数 $\eta \geqslant 2$，进路为稳定状态，能保证安全生产。

5.3.4　下向进路充填法假顶参数优化

5.3.4.1　计算模型

数值模拟也叫计算机模拟。它以电子计算机为手段，通过数值计算和图像显示的方法，达到对工程问题和物理问题乃至自然界各类问题研究的目的。通过计算机和设置参数建立反映真实状态的本构方程，在符合实际工作状态的边界条件下，采用某种数值方法计算分析岩体、土体的力学性状。

采用有限元数值分析软件 ABAQUS 对人工假顶进行模拟与分析。其模拟目的是，通过建立人工假顶力学模型，分析其受力情况，验证人工假顶方案的可靠与稳定性，并通过改变模型参数，得出不同参数情况下的模型受力情况，分析最优结果，验证方案的可行性。

模型采用平面应变有限元分析，顺矿脉走向回采时采用顺序开采的方法，从左往右依次开采 3 条进路，典型的情况为 40 m 中段回采至最底层时，进路 1 的顶部为充填体，进路 2 顶部及左侧为充填体，进路 3 顶部及左侧为充填体，进路底部均为未开挖矿体。通过应力应变分析，讨论进路回采的稳定性。模型如下图 5-32。

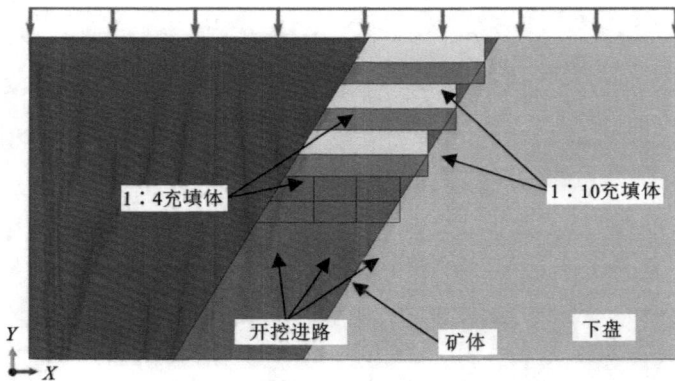

图 5-32　进路稳定性分析有限元计算模型

对充填体人工假顶在不同厚度下的稳定性进行分析，分别讨论人工假顶厚度为 1.0 m 及 1.6 m 时的稳定性，模型图如 5-33 所示，不同颜色代表不同的材料。从而为确定顺矿脉方向人工假顶的合理厚度提供参考。

(a)1.6 m 厚人工假顶　　　　　　　　(b)1.0 m 厚人工假顶

图 5-33　不同厚度人工假顶下的计算模型

　　本次模拟采用四个分析步进行：第一步，加载矿体和充填体顶部应力及自重引起的均布荷载；第二步，回采进路 1，移除进路所在位置的单元；第三步，回采进路 2，移除进路所在位置的单元；第四步，回采进路 3，移除进路所在位置的单元。

5.3.4.2　计算结果分析

　　顶板塑性变形区主要有三处，分别为进路右上角处，进路左上角处和进路两帮中部。其中进路左、右上角出现塑性应变的原因，从进路开挖剪应力分布图可以看出，是因为改处处于尖角，发生应力集中现象，路两帮出现塑性变性区是由于进路充填体的弹性模量较小，特别是作为非持力层的 1:10 充填体力学强度很低，进路开挖后如图 5-34 所示。

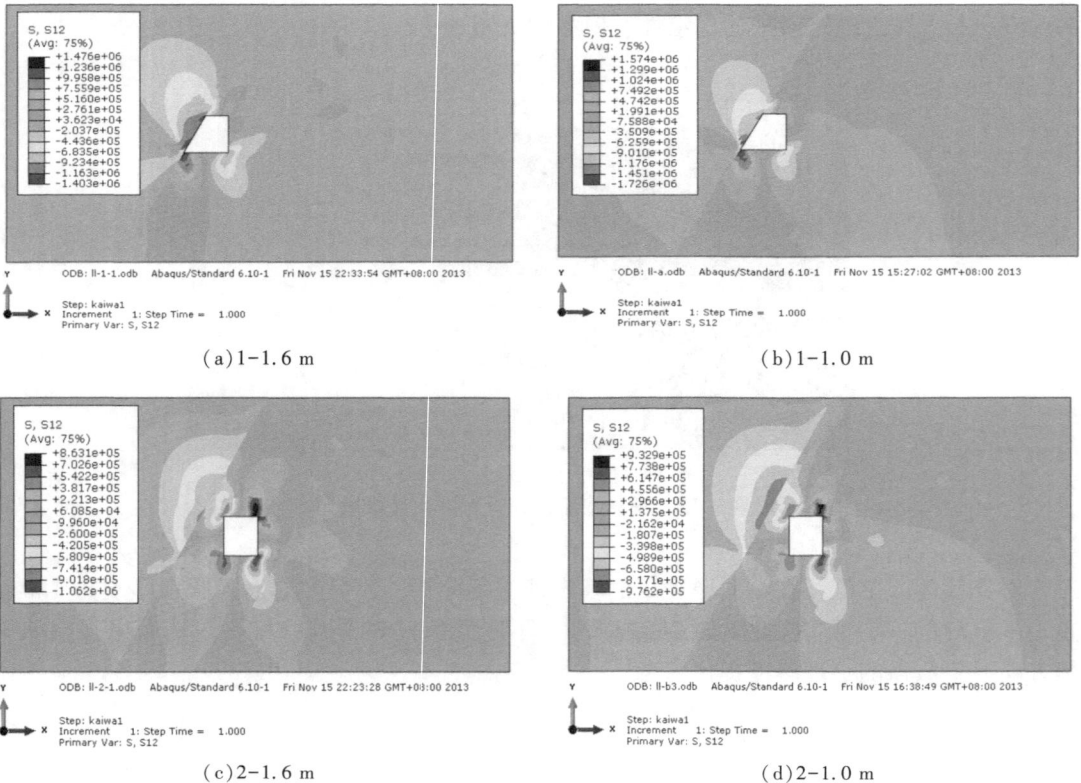

(a)1-1.6 m　　　　　　　　　　(b)1-1.0 m

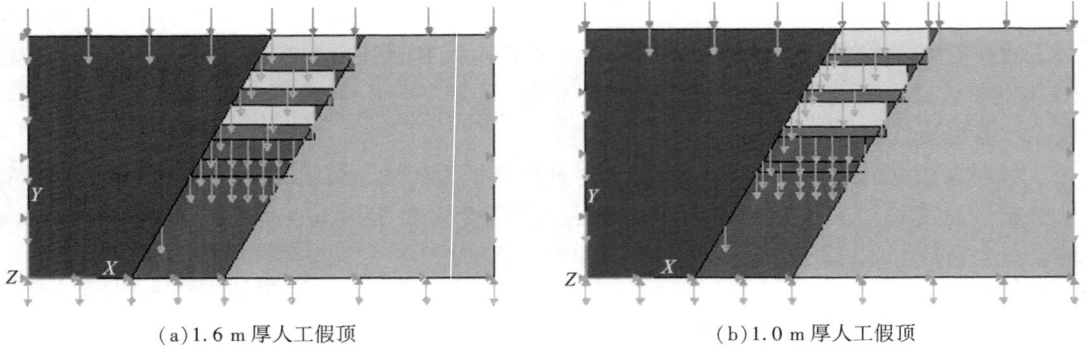

(c)2-1.6 m　　　　　　　　　　(d)2-1.0 m

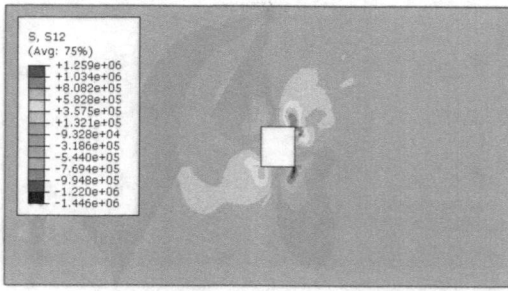

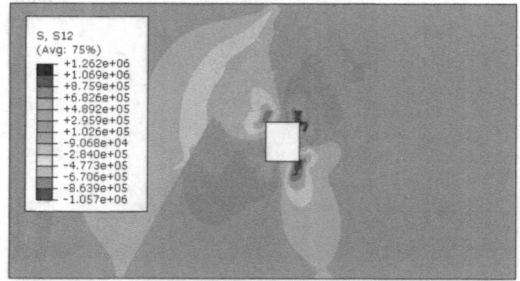

(e)3-1.6 m

(f)3-1.0 m

图 5-34　进路开挖剪应力分布图

　　充填体人工假顶进路回采数值模拟结果如图 5-35 所示, 其中 1-1.6 m 表示开挖 1.6 m 厚充填体的进路 1。

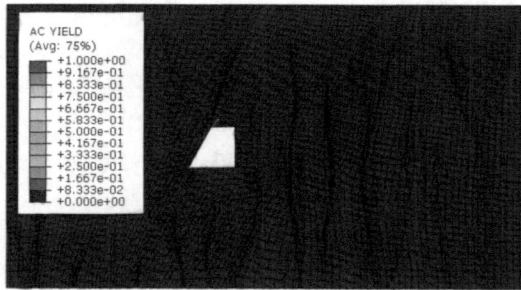

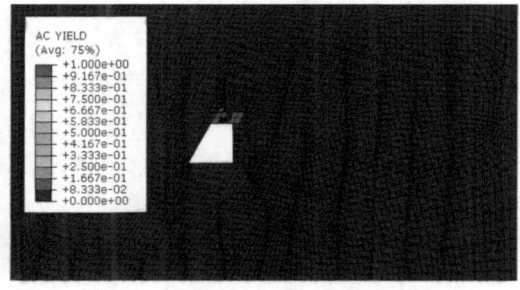

(a)1-1.6 m

(b)1-1.0 m

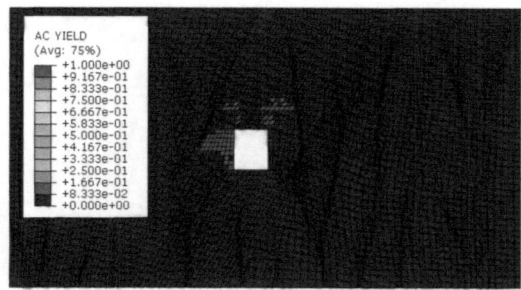

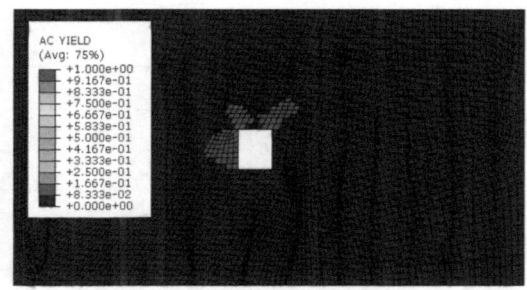

(c)2-1.6 m

(d)2-1.0 m

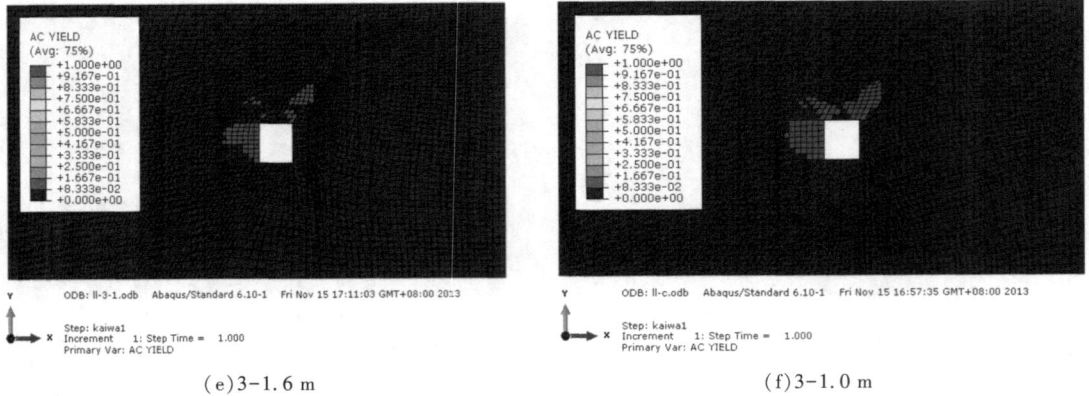

(e)3-1.6 m　　　　　　　　　　　　(f)3-1.0 m

图 5-35　进路开挖后塑性区分布图

由应力云图、塑性区分布图可以看出：

（1）进路 1 开挖，剪应力集中在靠近上盘的帮顶及底板左右角落，进路 2、3 开挖则集中在四个角落处；

（2）相对于 1.6 m 充填体人工假顶，1.0 m 充填体人工假顶进路回采时，采场上盘承受了更大的剪应力，且应力影响范围明显增大；

（3）进路围岩塑性区集中在顶板及左侧的充填体，进路左侧 1∶10 充填体塑性贯通，1.0 m 假顶的进路左侧 1∶4 充填体也产生较大范围的塑性区；

（4）按 1—2—3 的顺序开挖，塑性区逐步发展，开挖进路 3 时，围岩及充填体的塑性区发展最大；

（5）1.6 m 人工假顶，进路顶板局部出现塑性区，1.0 m 人工假顶，进路顶板塑性区贯通，极有可能出现顶板冒落，且左侧帮部塑性区贯通；

（6）进路上下盘围岩的剪应力的值处在 0.1 MPa 数量级，远小于上下盘岩体的抗剪强度，因此影响进路稳定性的主要因素是充填体的力学特性。

在统计进路回采的时，由不同厚度所组成人工假顶下的顶板沉降位移值，如图 5-36~5-38 所示。

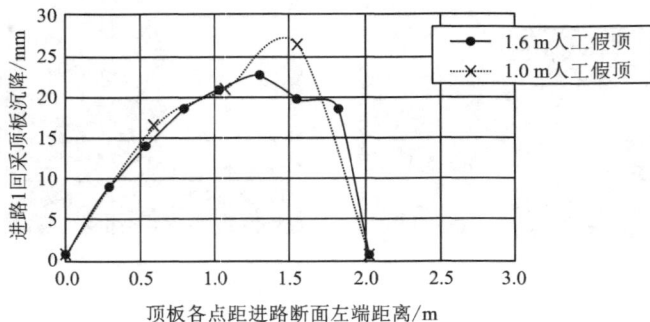

图 5-36　进路 1 回采顶板沉降

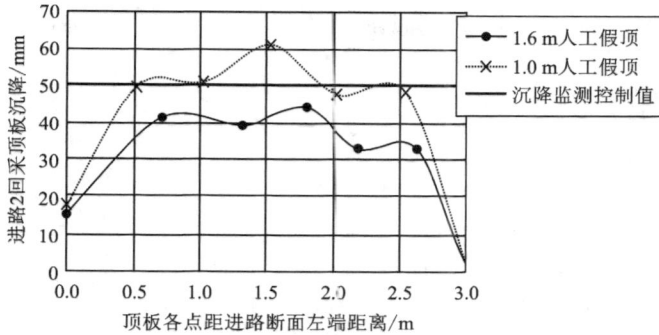

图 5-37　进路 2 回采顶板沉降

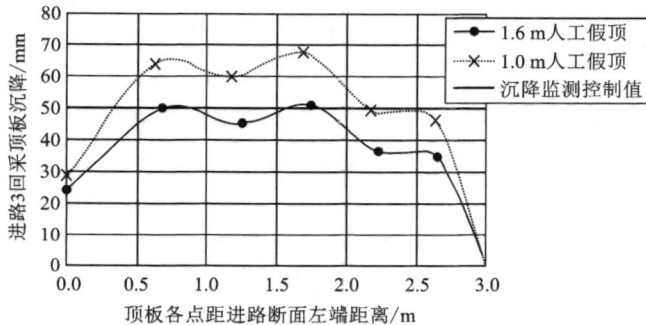

图 5-38　进路 3 回采顶板沉降

从进路顶板最大沉降位移可以看出，进路 1 回采时 1.6 m 与 1.0 m 假顶的顶板沉降位移几乎相同，进路 2、3 回采时两者顶板沉降位移相差 10~20 mm。开采进路 2 时，1.0 m 假顶的顶板最大沉降位移为 60.6 mm，1.6 m 假顶的顶板最大沉降位移为 44.2 mm；开采进路 3 时，1.0 m 假顶的顶板最大沉降位移为 67.8 mm，1.6 m 假顶的顶板最大沉降位移为 50.8 mm。

从目前地下工程建设的总体情况上看，将主要控制点的洞内拱顶最大沉降量限定在 50 mm 以内。从理论上来讲，如果投资足够大，再严格的控制标准也是可以达到的。但是要想达到更高的控制指标，就需要增加很多的辅助工程技术手段或者更多的施工成本，由此也相应增加了工程的投入，不利于节约工程成本；在矿山地下采矿区域内，使用这样的控制标准，已经足够。参考国内地铁工程施工量测数据管理标准中对洞内拱顶下沉的控制标准定为 50 mm，将进路顶板沉降控制值定为 50 mm。

从图 5-36~5-38 可以看出，1.6 m 假顶的顶板最大沉降位移都处在控制值之内，进路 3 回采时，顶板最大沉降值达到 50.8 mm，是可以接受的；1.0 m 假顶进路 1 回采时，由于上盘围岩质量较好，由充填体制成的人工假顶宽度较小，因此最大沉降位移为 26.2 mm，远未达到控制值，当回采进路 2、3 时，顶板最大沉降值分别为 60.6 mm 和 67.8 mm，分别超出控制值 21.2% 和 35.6%。

据此，综合考虑应力分布状态与大小，以及顶板沉降位移，可认为开采到中段最底层进路时，采用 1.6 m 厚充填体人工假顶的进路顶板稳定，不会产生危险；若采用 1.0 m 厚充填体人工假顶，应力影响范围较大且顶板沉降值过大，可能会影响生产安全。

5.4　本章小结

本章围绕九仗沟金矿安全高效开采技术，在其采矿方法发展历程的基础上，详细介绍了九仗沟金矿精细化上向开采技术与 C 料尾砂下向开采技术，具体内容如下：

（1）九仗沟金矿采矿方法发展历程较久，采矿深度不断增加，采矿方法也迭代更新。最初采用的分段空场法矿柱损失较大，不符合矿山生产需要，已逐步取消。浅孔留矿嗣后充填采矿法有利于地压管理，生产能力大，效率高，贫化损失率低，沿用了较长时间。而采矿深度逐渐变大，这种方法存在着采场安全性差、采矿损失率高的问题，现逐步更多使用上向进路充填采矿法，在更为破碎的地方则使用下向进路充填法。

（2）九仗沟金矿在采场精细化管理方面具有出色的表现。采场架设勾花网，有效防止相邻采场回采时爆破作业对充填体造成破坏。在充填接顶方面，引入了充填"窝"，将充填管路架设在充填"窝"处，实现了在高于采场顶板位置的充填管路架设，显著提高了充填接顶率。同时采用网格钢架式服用板墙，滤水效果好，大大缩短了充填体养护时间，充填体强度更好。

（3）为开采更为破碎的矿体，九仗沟金矿采用 C 料尾砂下向开采技术，采用山东黄金集团自制研发生产的新型胶结材料 C 料作为胶凝材料，性能价格比明显优于水泥，尾砂用于井下充填，更符合绿色矿山的理念，进路稳定性更好。经过构建下向进路薄板模型，采用安全系数法对下向进路稳定性进行分析得到，所采用宽度为 3.5~4 m，高度范围为 3.0~4.0 m 的进路是稳定的。在此基础上，采用 ABAQUS 数值模拟软件对人工假顶可靠性进行模拟与分析，优选出 1.6 m 厚的充填体人工假顶。经试验，该采矿方法取得了良好的效果。

参考文献

[1] 李旭光. 地下金属矿开采高效及安全性研究[J]. 世界有色金属，2021(13)：58-59.

[2] 吴中丽. 金属矿产资源的深部找矿及其勘探技术[J]. 中国金属通报，2022(5)：40-42.

[3] 许磊，祁乐，张庆. 深部高地应力巷道围岩变形特征分析与支护应用[J]. 山东煤炭科技，2022，40(9)：36-38.

[4] 赵兴东，周鑫，赵一凡，等. 深部金属矿采动灾害防控研究现状与进展[J]. 中南大学学报（自然科学版），2021，52(8)：2522-2538.

[5] 杨庆元，魏诚. 地下金属矿山充填采矿技术分析[J]. 冶金管理，2023(4)：84-88.

[6] 豆晨瑜. 浅析充填采矿技术的优势及其未来发展[J]. 数码世界，2017(5)：46.

[7] 王大林. 浅孔留矿采矿法在齐家沟矿的应用[J]. 科学技术创新，2020(33)：140-141.

[8] 徐东，范文涛. 脉外上向进路充填采矿法在柴胡栏子金矿的应用[J]. 黄金，2022，43(3)：33-35.

[9] 于曙华，马章印，张亚鹏. 机械化盘区下向进路充填采矿法在嵩县山金的应用[J]. 黄金，2021，42(10)：43-48.

[10] 马章印，于曙华，郎晓东，等. 上向进路回采控制爆破方法在嵩县山金的应用[J]. 矿业研究与开发，2021，41(12)：25-28.

[11] 徐志强，陈小文. 梅山铁矿资源与采矿精细化管理[J]. 金属矿山，2012(11)：22-25.

[12] 王元民，由松江，刘吉兴，等. 脉内无固废精准开采采矿方法在嵩县山金的应用[J]. 黄金，2022，43(4)：45-48.

[13] 多晓松. 基于双层勾花网的高次团粒喷播技术在矿山生态环境治理中的应用[J]. 有色金属(矿山部分)，2022，74(6)：111-115.

[14] 杨岳阳，毛建华. 采空区充填接顶控制措施及效果监测[J]. 采矿技术，2021，21(6)：83-85.

[15] 吴洁葵，袁梅芳，王志，等. 空场人工点柱替换原生矿柱回采技术及工艺[J]. 金属矿山，2017(1)：1-5.

[16] 王丽红. 基于 C 料尾砂试验的充填工艺技术研究[D]. 长沙：中南大学，2014.

[17] 李桃源，张聪瑞，帅金山，等. 三鑫金铜矿复杂充填体下留设护壁回采优化研究[J]. 金属矿山，2017(11)：6-12.

[18] 李过生，赵元培，刘东锐，等. 新型充填胶结料 C 料在前河金矿的应用[J]. 采矿技术，2021，21(4)：166-168.

[19] 任玉东. 上向水平分层分步充填采矿法在红花沟金矿的应用[J]. 黄金，2021，42(10)：49-53，58.

[20] 祝鑫，彭亮，尹旭岩，等. 黄沙坪多金属矿全尾砂胶结充填试验研究及工程应用[J]. 矿业研究与开发，2022，42(8)：83-86.

[21] 崔益源，梅国栋，常宝孟，等. 全尾砂改性固化力学性能研究[J]. 有色金属(矿山部分)，2020，72(3)：93-98，112

[22] 周述峰，公培森，宋恩祥，等. 下向进路充填采矿法在嵩县山金的应用[J]. 黄金，2020，41(5)：36-39.

[23] 覃敏，黄英华，刘畅. 基于小变形薄板理论的多层重叠采空区稳定性应用研究[J]. 采矿技术，2021，21(3)：80-83.

[24] 周波，袁亮，薛生. 巷道顶板承载梁结构强度参数衰减规律研究[J]. 煤矿安全，2019，50(6)：36-40.

第 6 章

九仗沟金矿岩体可爆性分级与爆破参数优化

　　爆破是破岩的重要手段，有时甚至是唯一手段。岩石爆破技术的发展不仅取决于机械设备、工业炸药、测量技术、工程地质领域的发展，而且依托爆炸力学、爆轰理论、岩石力学等基础学科的研究成果。随着岩石爆破理论、断裂力学、爆炸力学研究的深入，以及先进测试技术、电子计算机技术的发展及其在爆破中的广泛应用，现代岩石爆破技术的发展朝着机械化、标准化、精细化、数字化方向发展，主要体现在以下几点。一是钻爆工艺逐步由其技术性能与所要求的工艺过程相适应的机械设备完成，爆破施工的综合机械化水平快速提高；将钻、爆、铲、装、运作为一个系统工程考虑，将爆破技术、工艺和地质地形条件、机械装备综合考虑进行爆破优化设计。二是广泛应用全息扫描技术、图像分析处理技术、钻孔指数分析技术，根据岩石性质不同选择合理的爆破参数以及相匹配的炸药。三是爆破规模不断扩大、爆炸工艺不断更新，深孔控制爆破有代替硐室大爆破的趋势；深孔和台阶爆破广泛采用顺序起爆和孔内分段微差爆破技术。四是关注环境及生态保护，广泛采用各种控制爆破技术，降低工程爆破作业的有害效应。五是广泛采用计算机辅助设计和计算机模拟，特别是和 GPS、GPRS 技术相结合，发展了数字钻爆系统。这些技术特点将对我国岩石爆破技术和爆破器材的发展产生重要影响。

6.1　凿岩爆破标准化国内外研究现状

6.1.1　国内外岩体可钻性分级研究现状

　　岩石可钻性是指钻进过程中岩石抵抗破碎的能力，反映了钻头破碎岩石的难易程度，是描述岩石性质的一个重要指标。它一方面与岩石本身的物理力学性质及矿物组成成分有关，另一方面也与采用的钻凿设备及技术手段有关。岩石可钻性及其分级在实际钻探和采矿生产中极为重要，它是合理选择钻进方法、钻头规格及钻进规程参数的依据，同时也是制定钻探和采矿生产定额和编制钻探生产计划的基础以及考核生产效率的依据。由于岩石可钻性的影响因素较多，科研工作者从不同角度提出了各自的分级方法及相应的评价指标。根据所用的分级评价原则不同，可以得到不同的分级方法。常见的岩石可钻性表示方法可分为 4 类。

1）用岩石的物理力学性质表示：主要选用与破碎岩石关系密切的指标，如抗压强度、压入硬度、弹性模量、声波速度等。

2）用现场实际钻进资料表示：如机械钻速、钻进进尺、钻头耗用量等。

3）用破碎单位体积岩石所耗的功表示：如普氏捣碎法、凿碎比功、巴氏砸碎法等。

4）用微型钻头的钻进指标表示：如微型钻头的钻速、钻深、钻时等。

6.1.1.1　国外岩石可钻性分级现状

（1）普氏分级法

苏联学者 M. M. 普罗托吉雅可诺夫认为"岩石坚固性的意义，在于各种采掘作业的难易程度""这种难易程度在各方面的表现是趋于一致的"。普氏研究了凿岩、爆破、挖掘、地表沉陷、支护、回转式钻孔等各种采掘作业，认为其总的规律是，难者皆难，易者皆易，其间还具有可比性。普氏提出可以用一个统一指标来反映岩石坚固性在各方面的表现，即按岩石单轴抗压强度 σ_c 来确定 f 值的算式：

$$f = \sigma_c / 100 \tag{6-1}$$

式中：σ_c 的单位为 10^{-1} MPa。根据 f 值的大小，普氏将所有岩石划分为 10 个等级。

普氏分级法在苏联、东欧和我国，至今仍被广泛引用。普氏分级法的确存在疏漏和不完备，例如：①随着现代采掘工业的发展，出现了不同的破岩和支护方法，其难易程度大不同，甚至完全不能相比（前者如可钻性和爆破性，后者如冲击式凿岩和火钻）；②f 值的极值为 20，但不少岩石的单轴抗压强度都在 20 MPa 以上。故国际标准规定，直接测定岩石的单轴抗压强度 σ_c 值，作为相互比较的依据。

（2）史氏侵入硬度法

史氏硬度是以压头侵入岩石时发生第一次跃进破碎的压强作为硬度指标，测定这种硬度，要先作出压头侵入岩石的载荷-侵深曲线。先从千分表中读出侵深，在压力机上读出载荷，然后逐点绘制载荷-侵深曲线。以发生跃进时的载荷除以压头端面积便得到侵入硬度。用 $P_s(\text{kN/mm}^2)$ 表示史氏硬度，则表达式为：

$$P_s = P_\perp / S \tag{6-2}$$

史氏规定压头端面积 $S = 1 \sim 3 \text{ mm}^2$，只在多孔性岩石中，采用 $S = 5 \text{ mm}^2$ 的压头，岩石表面事先要磨平。

（3）莫里斯（Morris）侵深可钻性指标

莫氏也采用侵入岩石试验来测试岩石的可钻性。他以发生跃进式侵入之后，压头所侵入的深度 h 除以跃进时的载荷 p，以（h/p）作为可钻性指标。此指标在美国的一些钻头制造厂家得到应用。莫氏试验采用硬质合金的半球形压头，其端面具有 3.18 mm 的曲率半径。

（4）按最小体积比能确定岩石可钻性

A. G. 佩桑卡尔和 G. B. 米斯拉采用微型钎头单次冲击落锤试验装置进行测试，单次冲击功为 1.37 J（0.14 kgf·m）。转角取 10°、15°、20°、30°、45°，共冲击 18 次。体积比能 E_v 用总冲击功除以岩屑体积来计算。试验获得转角与 E_v 的关系：E_v 在最优转角下的最小值称为岩石最小体积比能 $E_{v\min}$，以它作为岩石可钻性指标。

（5）按岩石单轴抗压强度分级

为了统一众多的可钻性等级，苏联中央工业劳动定额管理局规定了以岩石单轴抗压强度特性为基础的统一分类法,将所有岩石划分成 20 个可钻性等级(Ⅰ~ⅩⅩ),对应于这些等级的极限抗压强度为 1~300 MPa。

(6)按穿孔速度和穿孔能容分级

原苏联吉尔吉斯科学院岩石物理力学研究所岩石爆破破碎研究室在卡利马魁尔露天矿、萨雅克矿务局所属露天矿和库尔加什坎及科恩拉德露天矿,在以穿孔速度和穿孔能容评价岩石可钻性方面做了大量研究工作。采用同时记录穿孔速度和单位穿孔能容这两个穿孔指标并将它们作为主要输出参数的方法。它们的关系可用式(6-3)表示:

$$V = N/e \qquad (6-3)$$

式中:N 为回转机构电动机的需用功率,kW;e 为单位穿孔能容,kW·h/m。

(7)岩石的可钻性和磨蚀性指数分级

美国科罗拉多矿业学院的学者 G. G. 怀特于 1969 年在他所著《岩石可钻性指数》一书中,提出了适用于 3 种机械钻进方法的关于岩石可钻性的分级理论和方法。此方法在美国获得了应用。由于钻进方法和所用钻头类型的不同,每种岩石会有许多不同的可钻性指数值。迄今为止,人们在试图确定某种岩石的可钻性时,要么只考虑了一种钻进方法要么考虑的是岩石的某些与实际钻进过程无关的物理性质。怀特认为,确定岩石可钻性的唯一可靠的方法就是对岩石进行钻进。因此,怀特采用了 3 种不同的钻进方法,对大范围的岩石,从最软的强烈蚀变的岩石到极坚硬的铁隧石,一一测定了它们的可钻性指数值。在这些测试工作中,没有考虑火钻。因为火钻的应用,只涉及部分岩石,这样可以避免引起冲击式可钻性和冲击式磨蚀性指数级别的混乱。

现已测定了遍及全美国的 98 种岩石的可钻性指数和磨蚀性指数。这些指数已推荐给钻头制造厂和矿山管理人员,供他们针对特定的岩石选择特定的钻头时使用。该指数表为在野外其他类型岩石中所测得的类似的可钻性指数值提供了一种进行比较的依据。

6.1.1.2 国内岩石可钻性分级现状

(1)按点荷强度 $I_s(50)$ 分级

现场与室内试验的大量测试与分析结果表明:以点荷强度 $I_s(50)$ 与预估风动凿岩机钻速 V 的相关关系最好,从而确定采用点荷强度 $I_s(50)$ 作为分级指标,点荷强度为:

$$I_s(50) = P/D_e^2 \qquad (6-4)$$

式中:P 为岩样破坏荷载,N;D_e 为不规则岩样的等效岩芯直径,mm。

在原地质部岩石可钻性分级的基础上,考虑到岩石强度的分布规律和实用性,以点荷强度作为分级指标,将岩石分为 7 级,并得出了各级岩石的钻速、钻眼时耗、单轴抗压强度(普氏分级)指标,以及与原地质部 2 地质部的对照关系。

(2)按断裂力学指标进行分级

近十几年以来断裂力学取得了惊人的进展,其应用范围也越来越广泛。因此,利用断裂力学的原理去说明凿岩、爆破以及围岩或边坡的稳定性中的问题已成为可能,并且具有重要的现实意义。

根据初步测量和分析,把岩石的可钻性定为 10 级,称为 TUC 分级,并将岩体的弹性波波速作为分级的辅助指标,如表 6-1 所示。

表 6-1　岩石的 TUC 分级

岩石等级	一	二	三	四	五	六	七	八	九	十
断裂韧度 /(kg·cm$^{-3/2}$)	<30	30~40	40~50	50~60	60~70	70~80	80~90	90~100	100~110	>110
弹性波波速 /(m·s^{-1})	<400	400~800	400~800	400~800	400~800	400~800	400~800	400~800	400~800	400~800

（3）按微钻钻头钻速指标分级

1977 年以来，石油勘探开发科学研究院钻井工艺研究所针对牙轮钻头的破岩过程和特点开展了岩石可钻性的研究。研究人员在室内常压试验架上以固定条件钻进小块岩样的微钻钻头钻速作为岩石可钻性的分级指标，建立了我国岩石可钻性的分级标准。以岩石的微钻头钻速为指标，将我国的岩石分为 3 大类 10 级，如表 6-2 所示。

表 6-2　按微钻钻头钻速对岩石可钻性分级

岩石类	I（软）				II（中）			III（硬）		
岩石分级	一	二	三	四	五	六	七	八	九	十
可钻性 /(m·s^{-1})	>2.0	1.0~2.0	0.5~1.0	0.3~0.5	0.1~0.3	0.06~0.1	0.03~0.06	0.01~0.03	0.008~0.01	0.004~0.008
岩石硬度 /MPa	<100	100~200	200~500	500~700	700~1500	1500~2100	2100~2500	2500~3400	3400~3500	3500~3700

（4）按凿碎比功分级

东北工学院岩石破碎研究室，研究了一种针对冶金矿山钻眼工作的以岩石凿碎比功为基础的可钻性分级方法。利用凿测器测定岩石的凿碎比功。根据凿碎比功的不同，把岩石分为 7 级。

利用凿碎比功来反映岩石的可钻性，除了它的破碎实质和冲击式凿岩工艺过程十分接近以外，这种测定方法还容易利用轻便的工具得到很大的荷载，可以破碎各种硬度的岩石，而其冲击力和冲击功的大小，又十分容易准确控制。实际测试结果表明，它和其他钻眼方式的相关性较好。

（5）按岩石的主要声学参数分级

利用声学参数对岩石的可钻性分级是超声波技术在探矿工程领域应用的一个新方向。目前仅限于利用纵波速度对岩石分级，纵波速度只反映了岩石的拉伸和压缩形变并不表征岩石的综合性质，所以利用岩石声学参数的单项指标对岩石分级是不全面的。地矿部探矿工程研究所研究了岩石声学参数的多项指标与岩石可钻性的相关性，建立了利用岩石的主要声学参数确定岩石可钻性的数学模型。利用多元线性逐步回归法，挑选主因子及选择表达式的形式，选择了幂函数模式，回归后的方程为：

$$y = 3.599 V_P^{0.436} \cdot A_0^{-0.052} \quad （复相关系数 R = 0.77） \tag{6-5}$$

式中：V_p 为纵波速度；A_0 为纵波的衰减系数。

回归方程表明，岩石的可钻性随衰减系数的增大而变差，衰减系数越大，岩石中的裂隙越多，越易破碎，岩石的可钻性越好，它们之间的关系是明确的。由此可见，利用声波速度和衰减系数能够对岩石的可钻性分级。

（6）应用模糊模式识别法对岩石可钻性分级

模式识别法的基本思想是通过计算待判别样本与模式特性之间的贴近度，择近划分样本类属。模式识别法为解决岩石可钻性分级问题开辟了新途径。其应用结果表明，该方法对岩石可钻性分级有独特效果。应用模式识别法时统计指标的测量值应准确、可靠、代表性强，这是判定结果正确与否的前提和关键，其测试技术有待于进一步完善。

（7）用岩石 A、B 值表示岩石可钻性

现行的各种岩石可钻性分级方法，均存在这样或那样的不足，不能很好地满足指导钻头配方设计、钻头选用和钻探生产的需要。中南大学张绍和博士研究认为，岩石对孕镶金刚石钻头所表现出来的可钻性包括两个方面：岩石对金刚石的磨损性（岩石 A 值）和岩石对钻头胎体的磨损性（岩石 B 值）。

用岩石 A、B 值表示岩石可钻性的方法，从岩石对金刚石的磨损和岩石对胎体的磨损情况出发，能与钻头的配方参数设计相衔接，对钻头的配方设计有很好的指导作用，从而保证钻头达到理想的使用效果。

6.1.2 国内外岩体可爆性分级研究现状

岩体可爆性分级是在工程实践的基础上发展起来的，是在人们对炸药、岩体物理力学性质和地质条件及两者间相互关系的认识不断深化、不断提高的基础上发展起来的。可爆性分级的实质是评价岩体可爆性，但是由于岩体复杂性和多样性，爆破过程的瞬时性和复杂性，历史上用什么指标判据来评价可爆性存在较大分歧，有的研究者用岩石物理力学性质作为分级的指标，有的用岩体工程参数，有的用炸药消耗量，有的用爆破效果如爆波体积、爆破块度等，有的将这几种指标综合作为分级的判据。

6.1.2.1 国外岩体可爆性分级现状

对岩体可爆性分级研究最多最早的国家是苏联。苏联的普罗托季雅科诺夫首先提出了岩石坚固性的概念，并进行了系统的研究。他指出"一般而言，平常所指的岩石坚固性一词，意味着多种的，按实质来说是一个综合性的概念"，他认为岩石坚固性在各方面的表现是趋于一致的，意即某一岩石易凿则易爆，因此可以采用一种抽象的系数来表示岩石之间的相对坚固性，这就是惯称的普氏坚固性系数"f"。

苏哈诺夫按炸药单耗进行岩体可爆性分级，勒河谢达洛夫按裂隙的间距将岩石分为 3 级，哈努卡耶夫以普氏坚固性系数、裂隙性有关参数、声阻抗、单位炸药消耗量等参数为指标，将岩石进行可爆性分级。

1956 年美国的利文斯顿建立变形能爆破漏斗理论，提出一个变形能系数的概念。利用此系数可以对比岩石的爆破性，计算炸药的单耗量和确定爆破参数。其表达式为：

$$E_b = L_e / \sqrt[3]{Q} \tag{6-6}$$

式中：E_b 为岩石的变形能系数；L_e 为炸药埋置的极限深度（最小抵抗线）；Q 为装药量。

当 Q 既定时，L_e 越大，说明该岩石愈易爆破。

1959 年美国邦德指出用爆破功来确定岩石爆破性的方法。此法源于破碎和磨矿中所提出的"破碎功指数"。邦德爆破功指数的定义为：把理论上无限大尺寸的 1 t 物料岩石破碎成粉粒，使其总量的 80% 都能通过 100 μm 的筛目，这种破碎结果所需输入的功（kW·h），即为该物料的爆破功指数。若把爆破的岩石视作理论上无限大的物料，即爆破功指数公式可简化为：

$$W_1 = W \cdot \sqrt{P/10} \qquad (6-7)$$

式中：W_1 为爆破功指数；W 为炸药爆破岩石所输入的功；P 为出料 80% 都能通过的筛目，亦即爆破后的合格块度尺寸。

1978 年，苏联的唐加耶夫认为岩石破碎过程所耗的能量是岩石对外界作用的阻力（即坚固性）的最好量度。岩石钻孔的单位消耗与爆破时的单位能量消耗之间是有紧密联系的，如式（6-8）所示。

$$q = 0.63 + 0.046e \qquad (6-8)$$

式中：q 为爆破 1 m³ 岩石所需的爆破能，称爆破比能容 MJ/m³；e 为每钻 1 m³ 岩石内全部钻孔所需电能，称岩石钻孔比能容。他用钻孔破岩的比能容来进行岩石可爆性分级。

1979 年库图佐夫综合了炸药单耗、岩石坚固性和岩体裂隙等方面因素将岩体可爆性分为 10 级。

日本岩石力学委员会提出以弹性波速度为主要参数，并考虑岩体裂隙间距、龟裂系数、岩石抗剪强度等因素对岩石可爆性进行分级。

瑞典 Langerfors U 以岩体在爆破时的阻力值 C 来表征岩体可爆性。C 的含意是为保证岩体有效破碎经试验确定的单位炸药量。

6.1.2.2　国内岩体可爆性分级现状

1984 年东北大学应用数理统计对矿山实际试验所得的爆破漏斗体积、爆破块度分布和岩体波阻抗与岩石爆破性指数 N 之间的关系进行多元回归分析，建立各指标与 N 的关系，按照岩石爆破性指数大小将岩石爆破性分为 5 级。

上世纪 80 年代长沙矿冶研究院提出了以岩石波阻抗率和抗压强度为判据的露天矿深孔控制爆破岩石爆破性分级表，将岩石可爆性共分为 3 级。

1989 年，长沙矿山研究院采用岩石强度、岩体纵波速度、岩石纵波速度、岩石横波速度作为评判指标，用模糊数学方法从整体上将岩石可爆性分为 5 个等级。

北京矿冶研究总院葛树高对哈氏方法加以改进，采用天然裂隙平均间距、矿岩单轴抗压强度、容重及声阻抗指标来评价矿岩可爆性。

直线掏槽爆破分级法以炸药性能、装药结构和每米炮孔装药量为定值，对巷道断面采用直线掏槽，从而获得在不同机制作用下，每个直线炮孔最小抵抗线和自由面宽度。两者在平面直角坐标上似双曲线的一部分，经线性回归，将双曲线方程两个常数作为矿岩可爆性指标。

灰色关联度爆破性分级的实质是视岩石可爆性评价问题为一灰色系统，将参与评价的各因素作为目标，列出在全体目标下的矿岩指标集合，优选各目标的最优值并组成虚拟基准，应用灰色关联理论，依据关联程度的大小对各矿岩进行单目标排序，求出综合总排序，从而为确定矿岩可爆性提供依据。

人工神经网络爆破性分级是指应用人工神经网络理论，采用机器学习的方法，建立岩石的可爆性指数与岩体的爆破漏斗体积、大块率、平均合格率、小块率和波阻抗之间的非线性关系。该方法具有较强的非线性动态处理能力。

遗传程序设计爆破性分级是一种最优化方法,即通过对问题进行程序结构化处理,给出一种进化函数,通过某些遗传运算将符合进化要求的保留下来。其分级指标为:岩石坚固性系数、岩石声阻抗、炸药单耗、岩体平均裂隙距。

从以上岩体爆破分级方法的发展可见:①从笼统的定性描述,经过半定性半定量分析,演变到定量地确定岩体级别。②从以岩石的物理力学性质分级开始,扩大到对岩体性质的可爆性分级的研究。③将计算机技术应用到岩石分级,促进了分级方法由单项指标向多项指标综合分析定级的方向发展。④现代科学技术发展总的趋势是在高度分化的基础上走向高度综合,趋于整体化、系统化。⑤工程实践与理论相互促进发展。统计数学、聚类分析、模糊数学等许多新的数学方法引用到岩石分级中,提高了岩体分级的可靠性。

6.1.3　国内外岩巷掏槽爆破研究现状

岩巷掘进是井下开采的一个先行和主要的工序。我国矿山岩巷施工普遍采用浅眼钻爆工艺,难以满足开采需要,严重制约产量的提升。

岩巷掘进爆破的条件极为困难,因为只存在巷道工作面这一个自由面,被爆岩石所受的夹制力很大。所以,设置掏槽炮孔的目的是通过先爆破掏槽炮孔,形成一个槽腔,创造出新的自由面,从而为其余炮孔提供有利的爆破条件。因此,掏槽炮孔的布置和爆破参数的设计极为重要。为了成功实现爆破标准化,首先必须解决的同时也是最关键的就是掏槽爆破技术。

掏槽爆破主要可分为斜眼掏槽和直眼掏槽这两大类,它们的优缺点各不相同,适用的条件也各不相同。浅眼爆破多采用斜眼掏槽,可获得较好的爆破效果当采用中深孔爆破时,由于斜眼掏槽的炮孔深度受到巷道断面宽度的制约,故多使用直眼掏槽。

(1)斜眼掏槽爆破研究现状

斜眼掏槽是指掏槽炮孔并不垂直于岩巷掘进工作面,而是与岩巷掘进工作面斜交。斜眼掏槽通常有以下几种基本形式:

楔形掏槽。楔形掏槽主要有水平楔形掏槽(图6-1)和垂直楔形掏槽(图6-2)两种形式,垂直楔形掏槽通常钻孔比较方便,适用最为广阔;水平楔形掏槽只有在岩层有水平层理、节理或巷道较宽时才使用。

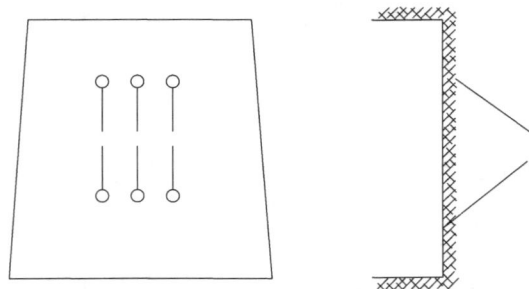

图6-1　水平楔形掏槽

楔形掏槽通常由两排相对称的倾斜炮孔组成,爆破后形成楔形槽腔。楔形掏槽常用于中等硬度以上岩石和断面尺寸大于9 m²时的岩巷掘进爆破作业中,掏槽炮孔通常由6~8个对称倾斜的炮孔组成。每对掏槽炮孔孔底间距一般取20~30 cm,炮孔同工作面的夹角通常为55°~75°。当孔深需要增加时,可采用双楔形或多楔形掏槽。

单向掏槽(图6-3)。由数个炮眼向同一方向倾斜组成,一般适应于小断面掏槽,并朝一个方向倾斜。炮眼的布置形式有爬眼掏槽、侧向掏槽、插眼掏槽。

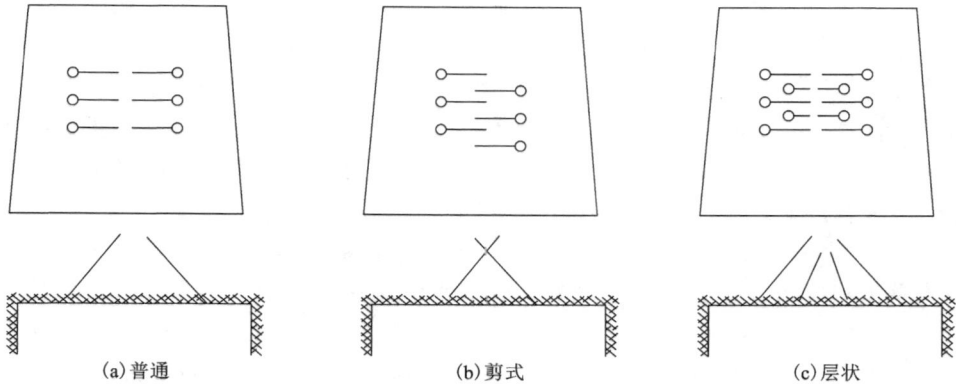

(a)普通　　　　　　　(b)剪式　　　　　　　(c)层状

图 6-2　垂直楔形掏槽

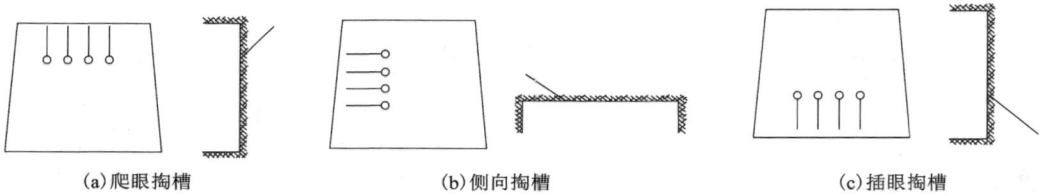

(a)爬眼掏槽　　　　　(b)侧向掏槽　　　　　(c)插眼掏槽

图 6-3　单向掏槽

锥形掏槽(图 6-4)。锥形掏槽的各掏槽炮孔以相等或近似相等的角度向槽底集中,但各炮孔并不相互贯通,爆破后形成锥形槽。适用于 $f>8$ 的坚韧岩石或急倾斜岩层,其掏槽效果较好,但钻孔困难,除井筒外,其他巷道很少采用。

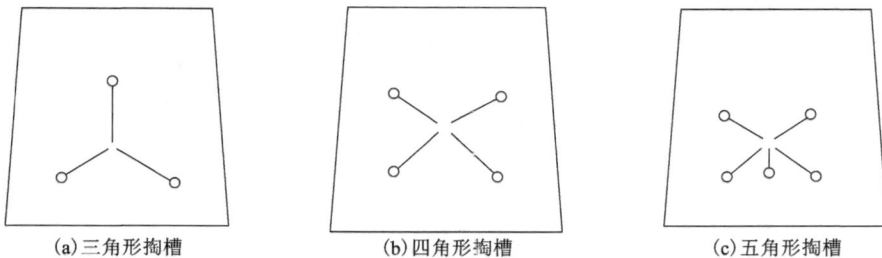

(a)三角形掏槽　　　　(b)四角形掏槽　　　　(c)五角形掏槽

图 6-4　锥形掏槽炮眼布置

扇形掏槽(图 6-5)。当工作面上存在一定厚度的软弱夹层时,常采用扇形掏槽,其特点是各掏槽炮孔的倾角和深度都不相同。扇形掏槽需利用多段延期雷管顺序起爆掏槽炮孔,逐渐加大孔深。

斜眼掏槽的主要优点有适用于任何岩石,并且所需的掏槽炮孔数较少,能将槽腔内已破碎的岩石全部或部分抛出,从而形成有效的自由面,掏槽炮孔位置和倾角的精确度对掏槽效果的影响较小。

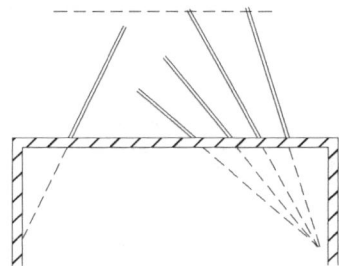

图 6-5　扇形掏槽

　　斜眼掏槽主要有以下缺点：①由于斜眼掏槽炮孔与工作面的夹角一般在 55°~75°之间，掏槽炮孔深度受限于巷道断面宽度，不利于进行岩巷中深孔爆破，也不利于实施岩巷机械化作业；②掏槽爆破破碎的岩石抛掷距离长，容易崩坏工作面的设备和临时支护，且爆堆分散，装岩与清渣难度大；③该掏槽形成的槽腔为后继炮孔提供的自由面的抵抗线大小不同，槽口部小，槽底部大，而且槽底岩石夹制作用更强，所以不利于后继炮孔的爆破。采用该方式进行煤矿岩巷中深孔爆破时，爆破效果不甚理想。

　　由于斜眼掏槽爆破机理的复杂性，目前关于斜眼掏槽爆破的理论研究报道的较少，所见文献多是工程应用方面的。赵社君等分析了在中深孔爆破中采用多层分段掏槽的合理性，并探讨了楔形掏槽中的装药参数。袁名清简要分析了楔形掏槽的爆破机理。黄向蓄等提出中深孔不同阶微差斜眼掏槽方法。V. Ya. Shapiro 建立了新的评价标准，对楔形掏槽、直眼掏槽、大直径补偿孔直眼掏槽及分阶掏槽等不同掏槽布置方式进行了比较分析，认为在软岩中，小于 2.5 m 孔深时，楔形掏槽的爆破效率最高。

　　(2)直眼掏槽爆破研究现状

　　直眼掏槽的特点是：掏槽炮孔垂直于工作面且相互平行，炮孔间距小，炮孔装药长度系数一般在 0.7~0.8 之间，在掏槽炮孔中有一定数量不装药的空孔，平行装药孔的空孔作为自由面和破碎岩石膨胀的补偿空间，空孔直径与装药孔直径相同或大于装药孔直径。直眼掏槽的主要形式可归纳为龟裂(缝隙)掏槽、角柱形掏槽、螺旋掏槽和分层装药逐段掏槽四种类型。另外，在现场运用中还有多种变型。

　　龟裂直眼掏槽，又称裂隙掏槽。掏槽炮孔布置在一条直线上，隔孔装药，利用空孔作为两相邻装药的自由面和破碎岩石的膨胀空间，适用于中硬以上的小断面巷道，龟裂眼的布置可分为：一般布置、六眼布置、七眼布置，如图 6-6 所示。

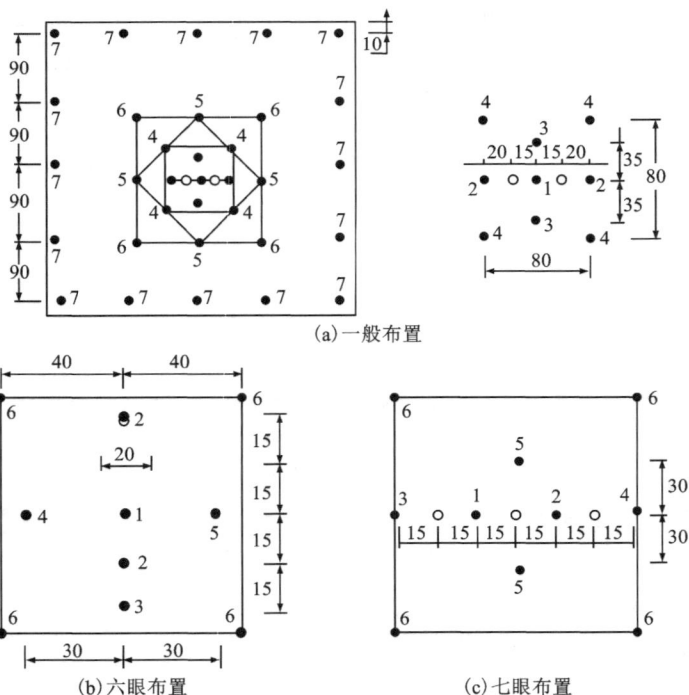

(a)一般布置

(b)六眼布置　　　　(c)七眼布置

图 6-6　龟裂掏槽炮眼布置　（单位：cm）

菱形掏槽(图 6-7)。较软的岩层中部布置一个小直径空眼,且炮眼间距取小值;较硬的岩层中部布置三个小直径空眼,且炮眼间距取大值,起爆顺序对称进行。1 号、2 号炮眼爆破后形成一个菱形槽腔。

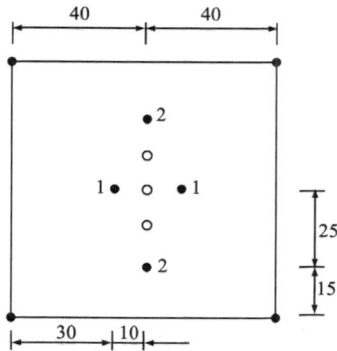

图 6-7　菱形掏槽　(单位:cm)

大直径中空直眼掏槽(图 6-8)。大直径中空直眼掏槽的中心空眼一般是用重型凿岩机钻凿成较大直径的中空眼,由此逐渐扩大形成槽腔。常用的有单螺旋、双螺旋掏槽、对称掏槽等形式。

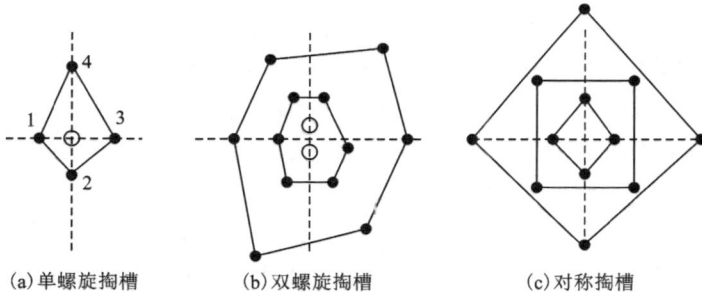

(a)单螺旋掏槽　　(b)双螺旋掏槽　　(c)对称掏槽

图 6-8　大直径中空直眼掏槽

小直径中空直眼掏槽。在软岩、中硬岩层中,节理裂隙较为发育的浅眼爆破,普遍采用的是小直径中空直眼掏槽,如图 6-9 所示。中间留一不装药的空眼,其周围的四个眼同时爆破,一般均能取得较好的掏槽效果。

螺旋掏槽(图 6-10)。装药孔围绕中心空孔布置在一条螺旋线上,石质软一些中部布置两个小直径空孔,石质硬时布置三个小直径空眼,以作为 1 号炮眼爆破的临空面。爆破顺序从 1 号眼开始,而后 2 号、3 号、4 号,螺旋形进行。

直眼掏槽的主要优点有:①当炮孔深度和断面宽度改变时,掏槽布置不改变,只需调整装药量,易于实现钻孔机械化;②全断面爆破的岩块抛掷距离小,爆堆集中,不易崩坏巷道内的设备和支架;③进行中深孔爆破时,不受巷道断面宽度的限制。

直眼掏槽的缺点是:技术复杂,工艺要求严格,所需炮孔数目多,炸药消耗量大,槽腔小,抛掷能力差,炮孔间距和平行度的误差对掏槽效果的影响较大。

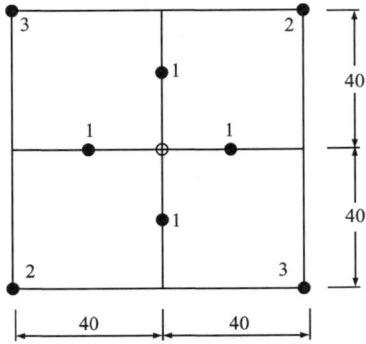

图 6-9　小直径中空直眼掏槽

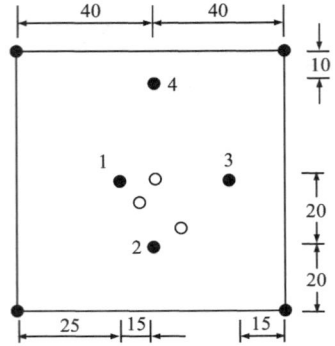

图 6-10　螺旋形掏槽炮眼布置

国内外有多位学者对直眼掏槽的抛掷过程进行了研究。张奇等从理论上探讨了直眼掏槽爆破机理，并推导出了爆破参数。林从谋和陈士海采用流体动力学基本方程，划分直眼掏槽槽腔为两个区域，利用数值计算方法分析了槽腔内破碎岩块的抛掷过程。张奇利用气体渗流方程研究了掏槽槽腔内破碎岩块与爆生气体的相互关系；建立了槽腔内岩块抛掷体的二相流运动模型；利用 X 射线高速摄影对砂浆水泥试件模型掏槽槽腔内的运动状态进行观测，并利用模型进行了宏观的直眼掏槽爆破模拟试验，得到了含空孔直眼掏槽槽腔内破碎岩块抛掷速度的时空分布规律。

S. Mohammadi 和 A. Bebamzadeh 利用有限元数值方法分析了爆生气固耦合相互作用模型。V. A. Beznaternykh 通过对试验资料的分析，得到了掏槽爆破的最小抵抗线公式及其他爆破参数。Yu. S. Stepanov 分析了岩石中两平行炮孔装药爆破的最大破裂范围。W. L. Fourney 等通过单孔爆破模型试验，研究了爆破漏斗的形成过程及炮孔堵塞的作用。ShorkrollahZare 等比较评价了 NTNU 方法和瑞典爆破设计方法。A. A. Zhdankin 通过研究准备工作面的空间应力应变条件，提出了一些提高钻孔和爆破操作效率的方法。E. P. Taran 和 V. Ya. shapiro 试验研究了含空孔直眼掏槽，并提出了随工作面情况变化的掏槽长度计算公式。

随着爆破器材和凿岩设备的发展，直眼掏槽的应用逐渐增多。但是在岩巷掘进中，应用直眼掏槽时效果却不太理想，平均炮孔利用率偏低，主要原因是直眼掏槽爆破机理研究进展缓慢，爆破设计人员还不能根据现场岩体性质和炸药性能等条件的变化有效地调整爆破参数，以获得理想爆破效果。虽然有的单位通过工艺摸索，在具体的爆破条件下，成功应用了直眼掏槽爆破技术，但这些多属实践总结。当岩石性质与炸药性能等条件发生变化时，已有经验难以与之适应，容易造成掏槽失败，而对于中深孔直眼掏槽，钻孔质量、炸药性质和炮孔布置等爆破参数对掏槽效果的影响尤其重要。

6.1.4　国内外光面爆破技术研究现状

光面爆破这门学科，是 20 世纪 50 年代后期在瑞典兴起的，随后即传到美国、英国、芬兰、和日本等许多国家。60 年代初期，瑞典的哈格卓普（Hagthorpe）、达尔博格（Dahlborg）、基尔斯特罗姆（Kinhlstrom）、伦得博格（Lundborg）与兰基弗斯（Langefors）等人首次进行了"光面爆破",也叫周边爆破。以后在美国,由霍姆斯(Holmes)作了进一步的发展,使岩壁能达到如刀切般的光滑,并且围岩基本不受破坏。随着光面爆破的发展,相继应运而生了"预裂爆破"(也包括原来的"轮廓线钻孔法")等爆破方法,这些方法可统称为"光面爆破"。此后,光面爆破技术已在国外的水电站、矿山、隧道等方面得到了广泛的应用。如美国的 Lwenston 水电站,美国人霍姆斯首先把光面爆破技术应用到大型水电站建设中。不但提高了工作的效率,而且几乎没有超爆、根底、片帮浮石,效果良好。在后来60 年代初的 Niagara 水电站建设中,光面爆破首次得到了大规模地应用。20 世纪 70~90 年代英国每年大约有将近 60 km 的隧道工程建设,如英吉利海峡隧道,英国在隧道施工中碰到的许多破碎岩石,为保证隧道工程的爆破质量,保证岩石变化频繁的工程的掘进安全,英国一直推广使用光面爆破技术,并取得了很好的工程效果和经济效果。除此之外,光面爆破在前苏联、芬兰、日本等许多国家都迅速推广使用,并相应得到了很好的发展。

　　20 世纪 60 年代,我国开始采用光面爆破和预裂爆破技术,后来发展很快,并进行了大量的科学研究和工程实践,现在光面爆破已广泛应用于国防坑道、矿山井建、铁道隧道、水工水电隧道以及其他边坡等工程建设中,特别是我国近 30 年以来,光面爆破有了长处的发展,取得了巨大的经济效益。总掘进工程量名列世界前茅。光面爆破技术的应用与发展,在上述领域的工程开挖与掘进中,占有举足轻重的地位。随着国内光面爆破技术的逐步推广,相应地与其配套的行业技术规范也越来越详尽。目前国内在光面爆破设计中参考的标准,如表 6-3 所示。

表 6-3　国内光面爆破参考列表

围岩条件	开挖跨度/m	周边孔爆破参数				
		炮孔直径/mm	炮孔间距/mm	光面层厚度/mm	炮孔密集系数	线装药密度/(kg·m⁻¹)
整体稳定性良好,岩石为中硬到坚硬	拱部<5	35~45	600~700	500~700	1.0~1.1	0.2~0.3
	拱部>5	35~45	700~800	700~900	0.9~1.0	0.2~0.25
	边墙	35~45	600~700	600~700	0.9~1.0	0.2~0.25
整体稳定性一般或欠佳,岩石为中硬到坚硬	拱部<5	35~45	600~700	600~800	0.9~1.0	0.2~0.25
	拱部>5	35~45	700~800	700~900	0.8~0.9	0.15~0.2
	边墙	35~45	600~700	700~800	0.8~0.9	0.2~0.25
节理裂隙发育,有破碎带,岩石松软	拱部<5	35~45	400~600	700~900	0.6~0.8	0.12~0.18
	拱部>5	35~45	500~700	800~1000	0.5~0.7	0.12~0.18
	边墙	35~45	500~700	700~900	0.7~0.8	0.15~0.2

　　近年来,我国在不稳固岩体掘进中对光面爆破技术的研究也取得了很大的进步,如安徽理工大学宗琦教授在分析松软岩石的爆破破坏特征的基础上,根据岩石光面爆破理论,建立了软岩巷道掘进时光爆参数的理论计算结构模型,并在工程实践中进一步优化与完

善。研究结果表明,软岩($f=3\sim6$)巷道掘进较为合理的光面爆破参数:炮眼间距 $E=400\sim500$ mm;光爆层厚度 $W=450\sim550$ mm;炮眼密集系数 $m=0.8\sim1.0$;装药集中度 $q_1=100\sim150$ g/m;较为理想的光面爆破装药结构是径向空气间隙不耦合装药(径向不耦合系数 $K_d=1.5\sim2.5$)和轴向空气垫层不耦合装药(轴向不耦合系数 $K_L=56\sim92$)。戴俊,杨永琦教授对不稳固岩石中的光面爆破时往往眼痕率低、出现大量超挖、效果不理想的原因进行了分析,推导出崩落眼爆破损伤光爆层岩石的损伤因子对光爆层岩石性质的影响关系以及损伤岩石中的光爆参数计算式,指出采用岩石定向断裂爆破技术,并考虑崩落眼爆破对光爆层岩石的损伤效应,设计出相应的光爆参数,为进一步研究不稳固岩石的光面爆破理论与技术提高了参考。郭义奎,张登龙等根据软岩巷道光面爆破的原则及光爆机理,对光面爆破的不耦合系数、药卷直径、光爆周边眼距、炮孔深度、装药量、爆破方式等进行了分析,从理论上推导给出软岩光爆参数的计算方法,并同时给出经验参考取值范围。

6.2　九仗沟金矿凿岩爆破工艺现状

随着矿山采矿向深部延伸以及近 10 年的超常规发展,嵩县山金矿巷道掘进和采场回采中爆破施工质量问题突出,施工成本居高不下。突出表现为掘进和回采时循环进尺低,工效低,超欠挖严重,支护工程量大,施工安全隐患多,巷道维护成本高,回采中尾砂混入严重,贫化损失指标不正常。这些问题已严重影响企业的安全生产和经济效益的提高。为此,对现有的凿岩爆破设计、施工工艺、技术标准等展开详细的现场调研,以获得矿区现有采场回采、巷道掘进的施工工艺,循环进尺,爆破参数,爆破效果,直接成本等第一手资料;对矿区现有爆破设计方案与施工工艺进行分析与评价,找出问题根源,为后期矿区爆破参数优化与施工工艺标准化的构建提供基础与支撑条件。

6.2.1　井下进路回采爆破现状

(1)底部为充填体

工程概况:-20 m 中段 001354 采场的底部为充填体、两帮为岩石。采场节理面稍粗糙,节理较发育,岩性较好,岩石较硬,大块较多,且顶板破碎,顶板有滴水现象,浮石较多,底部为充填体,尾砂比为 1:4。进路断面设计尺寸为 4 m×4 m,实测进路断面尺寸为 3.9 m×4.3 m。凿岩设备采用 CYTJ45B 型凿岩台车,钎杆长 2.7 m,孔深 2.0~2.3 m,一次爆破循环进尺 1.6 m;钻孔直径为 43 mm 或 76 mm;炸药有 2 号岩石乳化炸药和膨化硝铵炸药,2 号岩石乳化炸药药卷直径为 32 mm,长度为 320 mm,每卷质量为 0.3 kg,膨化硝铵炸药药卷直径为 32 mm,长度为 220 mm,每卷质量为 0.15 kg。

实际布孔:采用间距不等的菱形掏槽。断面共布置 37 个炮孔,掏槽孔有 9 个,其中有 4 个大直径空孔,辅助眼排距 0.8~1 m,孔距 0.7~0.9 m,边眼间距 0.65 m,顶眼和底眼间距 0.7 m,炮孔均匀分布,布孔情况如图 6-11、图 6-12 所示。

起爆方式:采用塑料导爆管起爆网路。所有炮眼均采用孔内秒延期导爆管雷管,孔底起爆,共分 5 段起爆。起爆顺序:掏槽眼、辅助眼、边眼、底眼、顶眼。炮孔装药顶眼 8 节,边眼 8 节,中间眼 10~11 节。具体的装药量及装药参数如表 6-4 所示。

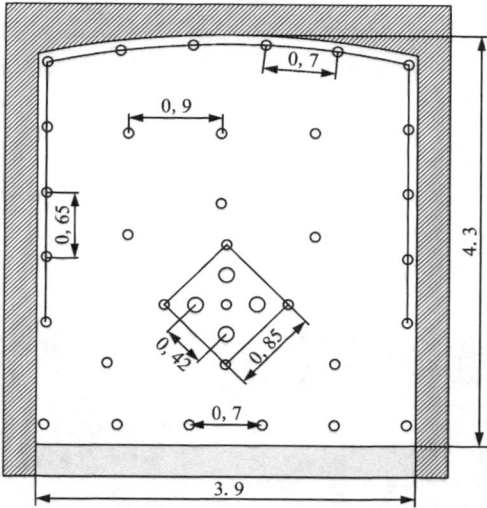

图 6-11　进路回采实际炮孔布置图 （单位：m）

图 6-12　现场炮孔布置图

表 6-4　断面进路回采单次循环装药参数

炮孔名称	炮孔长度/m	炮孔个数/个	单孔装药量/kg	总装药量/kg	起爆顺序
掏槽眼	2.5~2.7	5	1.65	8.25	1
辅助眼	2.5	8	1.5	12	2
边眼	2.4~2.6	10	1.2	12	3
顶眼	2.4~2.6	4	1.2	4.8	4
底眼	2.4~2.6	6	1.65	9.9	5
总和		33		46.95	

由表 6-4 可知，进路采矿过程中，底部为充填体时，进路采矿一次循环爆破炮孔共 33 个，其炮孔利用率 $\eta = 1.6 \div 2.5 \times 100\% = 64\%$；炸药单耗 $q = Q/V = 46.95 \div (3.9 \times 4.3 \times 1.6) = 1.75 \text{ kg/m}^3$。一次循环爆破主要技术参数如表 6-5 所示。

表 6-5　一次循环爆破主要技术参数

断面面积 /m²	总装药量 Q/kg	炮孔总数 N/个	平均进尺 L/m	平均孔深 l/m	炮孔利用率 η/%	炸药单耗 $q/(\text{kg} \cdot \text{m}^{-3})$
16.77	46.95	33	1.6	2.5	64	1.75

（2）左帮与底部为充填体

工程概况：矿区 60 m 中段 070131 采场矿石为中等可爆岩体。进路左帮和底板均为尾砂充填体，节理面稍粗糙，岩性较好，节理面岩石坚硬。实测进路尺寸 3.7 m×4.1 m。凿岩设备采用 CYTJ45B 型凿岩台车,钎杆长 2.7 m,孔深 2.0~2.3 m,一次爆破循环进尺 1.8 m;钻孔直径为 43 mm 或 76 mm;炸药有 2 号岩石乳化炸药和膨化硝铵炸药,2 号岩石乳化炸药药卷直径为 32 mm,长度为 320 mm,每卷质量为 0.3 kg,膨化硝铵炸药药卷直径为 32 mm,长度为 220 mm,每卷质量为 0.15 kg。

采用单侧挤压尾砂的单向掏槽。断面共布置 25 个炮孔,分 5 排,每排 5 个,排距为 0.7~1.0 m,孔距为 0.8~1.0 m。其中,左帮眼距左侧充填体距离与底眼距底部充填体距离均为 0.3 m(图 6-13)。现场实际炮孔布置情况如图 6-14 所示。

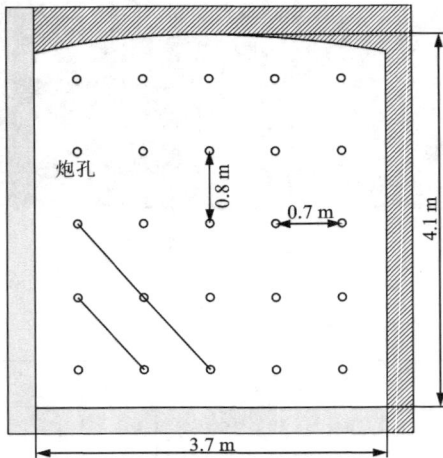

图 6-13 实际炮孔布置图

图 6-14 现场炮孔布置图

起爆方式:采用塑料导爆管起爆网路。所有炮眼均采用孔内秒延期导爆管雷管,孔底起爆,共分 5 段起爆。起爆顺序:掏槽眼、辅助眼、边眼、底眼、顶眼。炮孔装药顶眼 8 节,边眼 8 节,中间眼 10~11 节。爆破施工现场的实际爆破参数如表 6-6 所示。

由表 6-6 统计数据可知,一次循环爆破炮孔共 25 个,其炮孔利用率 $\eta = 1.8 \div 2.5 \times 100\% = 72\%$;炸药单耗 $q = Q/V = 36 \div (3.7 \times 4.1 \times 1.8) = 1.48 \text{ kg/m}^3$。一次循环爆破主要技术参数如表 6-7 所示。

表 6-6 断面进路回采单次循环装药参数

炮孔名称	炮孔长度/m	炮孔数/个	单孔装药量/kg	总装药量/kg	起爆顺序
掏槽眼	2.5~2.7	6	1.65	9.9	1
辅助眼	2.5	8	1.5	12	2
边眼	2.4~2.6	4	1.2	4.8	3
顶眼	2.4~2.6	5	1.2	6	4
底眼	2.4~2.6	2	1.65	3.3	5
总和		25		36	

表 6-7　一次循环爆破主要技术参数

断面面积 /m²	总装药量 Q /kg	炮孔总数 N /个	平均进尺 L /m	平均孔深 l /m	炮孔利用率 η /%	炸药单耗 q /(kg·m⁻³)
15.17	36	25	1.8	2.5	72	1.48

（3）右帮与底部为充填体

工程概况：矿区 60 m 中段 070137 采场，为中等可爆岩体。进路右帮和底板均为尾砂充填体，节理面稍粗糙，岩性较好，节理面岩石坚硬。实测进路尺寸 3.8 m× 4.1 m。凿岩设备采用 CYTJ45B 型凿岩台车，钎杆长 2.7 m，孔深 2.0~2.3 m，一次爆破循环进尺 1.7 m；钻孔直径为 43 mm 或 76 mm；炸药有 2 号岩石乳化炸药和膨化硝铵炸药，2 号岩石乳化炸药药卷直径为 32 mm，长度为 320 mm，每卷质量为 0.3 kg，膨化硝铵炸药药卷直径为 32 mm，长度为 220 mm，每卷质量为 0.15 kg。炮孔布置设计图如图 6-15 所示。

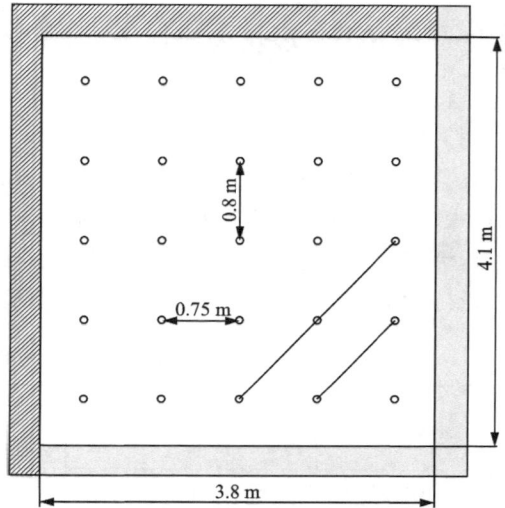

图 6-15　进路回采炮孔设计图

采用单侧挤压尾砂的单向掏槽。断面共布置 25 个炮孔，分 5 排，每排 5 个，排距为 0.7~1.0 m，孔距为 0.8~1.0 m。其中，右帮眼距右侧充填体距离与底眼距底部充填体距离均为 0.45 m。

起爆方式：采用塑料导爆管起爆网路。所有炮眼均采用孔内秒延期导爆管雷管，孔底起爆，共分 5 段起爆。起爆顺序：掏槽眼、辅助眼、边眼、底眼、顶眼。炮孔装药顶眼 8 节，边眼 8 节，中间眼 10~11 节。具体的装药量及装药参数如表 6-8 所示。

表 6-8　断面进路回采单次循环装药参数

炮孔名称	炮孔长度/m	炮孔数/个	单孔装药量/kg	总装药量/kg	起爆顺序
掏槽眼	2.5~2.7	6	1.65	9.9	1
辅助眼	2.5	8	1.5	12	2
边眼	2.4~2.6	4	1.2	4.8	3
顶眼	2.4~2.6	5	1.2	6	4
底眼	2.4~2.6	2	1.65	3.3	5
总和		25		36	

由表 6-8 统计数据可知，一次循环爆破炮孔共 25 个，其炮孔利用率 $\eta = 1.7 \div 2.5 \times 100\% = 68\%$；炸药单耗 $q = Q/V = 36 \div (3.8 \times 4.1 \times 1.7) = 1.36$ kg/m³。一次循环爆破主要技

术参数如表6-9。

表6-9 一次循环爆破主要技术参数

断面面积 /m²	总装药量 Q /kg	炮孔总数 N /个	平均进尺 L /m	平均孔深 l /m	炮孔利用率 η /%	炸药单耗 q /(kg·m⁻³)
15.58	36	25	1.7	2.5	68	1.36

6.2.2 井下爆破现状分析评价

6.2.2.1 爆破器材

（1）炸药

嵩县山金井下爆破采用的炸药有2号岩石乳化炸药和膨化硝铵炸药。乳化炸药具抗水性强，爆轰感度良好和贮存性能稳定等优点。它适用于水下爆破、坚硬岩石爆破和各项建设工程爆破作业，是替代岩石粉状铵锑炸药的新一代产品，可用于各类矿山、露天爆破和无瓦斯矿尘爆炸危险的井下爆破。两种炸药的主要技术性能指标见表6-10。

表6-10 两种炸药技术性能指标

类型	药卷密度 /(g·cm⁻³)	殉爆 /cm	爆速 /(m·s⁻¹)	做功能力 /mL	长度 /cm	直径 /mm	规格
岩石膨化硝铵炸药	0.8~1.0	4	3200	298	22	32	150 g/卷
2号岩石乳化炸药	0.95~1.3	3	3200	260	32	32	300 g/卷

（2）导爆管雷管

嵩县山金矿井下爆破采用的雷管是半秒导爆管雷管和秒导爆管雷管，它是由火雷管和导爆管组合而成，是利用导爆管产生的燃爆冲击能引爆火雷管的爆破器材。该导爆管雷管用于起爆导爆管、导爆索和具有雷管感度的炸药。其品种与规格见表6-11。

导爆管雷管主要性能如下。

①将耐水型导爆管雷管浸入水深20 m或相当于20 m水深压力的充水容器中，保持24 h，取出后应可靠发火。

②用19.6 N静拉力持续1 min，导爆管不应从卡口塞内脱出。

表6-11 雷管品种与规格

段别	品种及规格					
	毫秒导爆管雷管		半秒导爆管雷管		秒导爆管雷管	
	时间/ms	标志	时间/s	标志	时间/s	标志
1	0	MS-1	0	HS-1	0	S-1
2	25	MS-2	0.5	HS-2	1.00	S-2
3	50	MS-3	1.00	HS-3	2.00	S-3

续表6-11

段别	品种及规格					
	毫秒导爆管雷管		半秒导爆管雷管		秒导爆管雷管	
	时间/ms	标志	时间/s	标志	时间/s	标志
4	75	MS-4	1.50	HS-4	3.00	S-4
5	110	MS-5	2.00	HS-5	4.00	S-5
6	150	MS-6	2.50	HS-6	5.00	S-6
7	200	MS-7	3.00	HS-7	6.00	S-7
8	250	MS-8	3.60	HS-8	7.00	S-8
9	310	MS-9	4.50	HS-9	8.00	S-9
10	380	MS-10	5.50	HS-10	9.00	S-10

③导爆管在符合 WJ231 标准的震动试验机上连续震动 5 min 不应爆炸、结构松散或损坏。

④导爆管耐静电能力，导爆管在强电场(30 kV、330 PF、极距 100 mm)中放置 1 min，不应发火。

⑤雷管具有 8 号雷管威力，能够炸穿 5 mm 厚铅板，其炸穿的孔径不应小于雷管外径。

（3）导爆索

嵩县山金矿井下爆破采用的导爆索是普通导爆索，它以太安炸药为药芯，棉线及高强度聚丙烯带等为包缠物，外层涂敷热塑性塑料和其他助剂敷层为防潮物。产品特征代号：PB12。它适用于露天或无可燃气和瓦斯、煤尘爆炸危险场所的爆破作业。其主要用于光爆孔中间隔装药时药卷之间的连接。

其主要性能如下。

①爆速：应不小于 6.00×10^3 m/s。

②传爆性能：按标准规定的连接方法，用一发 8 号雷管（GB 8031 或 GB 19417）引爆后导爆索应爆轰完全。

③抗水性能：在水深度为 1 m，水温为 10~25 ℃的静水中浸泡 5 h 后，按规定方法连接引爆后应爆轰完全。

④耐热性能：在(72±2) ℃的条件下，保温 2 h 后，导爆索应不自燃、不自爆，表面不应破裂。按规定方法连接引爆后应爆轰完全。

⑤耐寒性能：在(-40±2) ℃的条件下，冷冻 2 h 后，导爆索不应撒药及露出内层线，涂层不应破裂。按规定方法连接引爆后应爆轰完全。

⑥抗拉性能：承受 500 N 的静拉力后，仍应爆轰完全。

6.2.2.2　凿岩情况

1）凿岩设备。

采用 CYTJ45B 型凿岩台车，如图 6-16 所示。外形尺寸为：8500 mm×1500 mm×1800 mm，钻孔深度为 2.5~2.6 m，钻孔直径为 43 mm 或 76 mm。凿岩台车是一种高效率的凿岩设备。它广泛用于岩巷掘进及各种凿岩作业中钻凿爆破孔，是矿山、铁路、交通、水利建设等石方工程中的重要机具，设备相关参数见表 6-12。

2）凿岩效率：矿区凿孔主要采用 2.7 m 钎杆，孔深 1.9~2.3 m；钻孔直径为 43 mm 或 76 mm。正常情况下每打一个孔凿岩时间为平均 2~3 min。目前矿区部分采场因从供风点到作业点的接长管道过长，有的为 50~60 m，造成风压沿程损失较大，压风压力不足，致使凿岩速度较慢，效率低。另外，部分采场岩性变化较大，存在

图 6-16 7655 型气腿式凿岩机

夹钻现象，凿岩效率较低，极大增加了凿岩时间，降低了生产效率。故建议缩减压风风管长度，减少风压损失，提高打眼效率。

3）布孔情况：在施工过程中，工人未按设计施工，炮眼布置不合理。出现该多打孔的地方炮孔少，该少打孔的地方炮孔多的情况。炮孔深度和倾角未严格控制，导致进路轮廓控制差，炮眼利用率低，各调查地点的平均炮眼利用率为 64%。所有进路采场均未采用光面爆破，对进路围岩和充填体损害较大，进路尺寸达不到设计要求；施工现场采用的单向掏槽，掏槽孔并没有超深，因而布孔没达到理想效果。

表 6-12 CYTJ45B 凿岩台车参数表

参数	参数值
外形尺寸/(mm×mm×mm)	8500×1500×1800
适用断面/(m×m)	2.2×2.2~3.2×3.5
电压/V	380
主电机功率/kW	37
钻孔深度/mm	2700
钻孔直径/mm	43~76
钻臂升降/(°)	+50/−30
钻臂摆角/(°)	±35
推进器长度/mm	4030
推进器回转/(°)	±180
离地间隙/mm	275
爬坡能力/(°)	14
行驶速度/(km·h⁻¹)	0~4.6
转弯半径/mm	内侧 2500，外侧 5500

6.2.2.3　掏槽形式

在掘进式爆破中，爆破条件较差，只有一个自由面，且炮孔方向与自由面垂直，爆破夹制性大。因此必须先掏槽，为爆破创造出新的自由面，为其他后爆炮眼创造有利的爆破条件。掏槽爆破的好坏直接决定着整个爆破效果，故掏槽方式的选择和掏槽参数的优化就显得尤为重要。

依据不同的矿岩性质、巷道断面等条件，掏槽眼的布置方式有很多种，总的来说有以下 3 种：倾斜眼掏槽、平行空眼直眼掏槽和混合式掏槽。倾斜眼掏槽的特点是掏槽眼与工作面有一定夹角，一般分为单向掏槽、锥形掏槽和楔形掏槽 3 种，其中楔形掏槽使用最为广泛。平行空眼直眼掏槽也称之为直眼掏槽，即掏槽眼与工作面成垂直关系，且互相平行，且有几个不装药的空眼，作为爆破时的辅助自由面和破碎体的补偿空间，其通常分为龟裂掏槽、桶形掏槽和螺旋形掏槽。混合式掏槽指两种以上的掏槽方式混合使用，在遇到特别坚硬的岩石或巷道断面较大时，可以采用桶形与锥形混合掏槽。

根据对目前矿山爆破施工的详细调查，进路回采主要采用单向掏槽，向尾砂侧打一排斜孔，炮孔方向与尾砂矿岩交界面斜交，交角一般在 45° 至 65° 之间，岩石越硬，倾角越小，掏槽眼间距 50~70 cm，距尾砂充填体 30~50 cm。掏槽眼布置形式如图 6-17 所示。

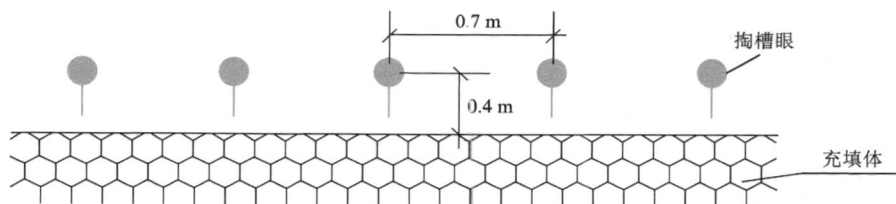

图 6-17　单向掏槽的布置

这种以尾砂充填体为自由面，掏槽孔向充填体倾斜的单侧掏槽方式，对充填体起不到保护作用，反而会严重损坏充填体，使充填体破碎。爆破后会使尾砂混入矿石中，使矿石贫化率增高，故宜采用楔形掏槽或直眼掏槽。

（1）楔形掏槽

优点：①炮孔数目布置少，钻眼工作量小，节约工作时间；②单位岩石炸药消耗量低，节约成本，具有明显的经济效益；③对钻眼精确度及现场工作人员的操作水平要求相对较低；④适用于各种地质条件的矿岩。

缺点：①楔形掏槽形成的掏槽区是楔形，造成周边孔的抵抗线不等，不利于周边光爆效果；②炮眼利用率较低；③适用性受断面宽度和循环进尺的影响。

（2）直眼掏槽

优点：①克服了周边孔抵抗线不等的缺点，光爆效果较好；②爆堆相对集中，利于出渣；③适用范围不受断面大小和循环进尺的影响。

缺点：①对钻眼精确度及工作人员的操作水平要求较高；②炮孔数目较多，钻眼工作量相对较大，工作循环时间较长；③单位岩石炸药消耗量较大，成本较高；④不适用于韧性地层的矿岩；⑤所需雷管段别较多。

综上：这两种掏槽方法优缺点正好相反，直眼掏槽单位岩石炸药消耗量和爆破单位体积岩石所需的炮眼长度都比楔形掏槽高，其主要原因是直眼掏槽槽腔的炸药单耗和炮眼数目明显偏高。因此，直眼掏槽的爆破效率在小断面掘进工作面要比楔形掏槽低，但在中等和大断面的掘进工作面，由于槽腔面积所占掘进面积的比例小，其爆破效率明显提高。

6.2.2.4　爆破参数

(1)炮眼直径与深度

炮眼直径的大小直接影响钻眼速度、工作面的炮孔数目、单位岩石炸药消耗量、爆落岩石的块度和巷道轮廓的平整性。同时，眼深的大小，不仅影响着掘进工序的工作量和完成各工序的时间，而且影响爆破效果和掘进速度。目前矿区 CYTJ45B 型凿岩台车，炮眼直径为 43 mm 或 76 mm，眼深 2.0~2.3 m。

(2)炮眼数目

巷道工作面上炮孔总数与断面大小有关，也与岩石性质、炮孔直径、单位岩石炸药消耗量等因素有关。根据相关研究，断面炮孔数目可参考式(6-9)估算。

$$N = 3.3 \times \sqrt[3]{fS^2} \tag{6-9}$$

式中：N 为炮孔数目；f 为岩石坚固性系数；S 为巷道断面面积，m^2。

根据现场实测，目前进路回采断面面积为 15~17 m^2；由现场取样，对岩石进行质量分级可知，进路采场岩石坚固性系数为 4~6。

由式(6-8)计算可知，现场爆破施工中，存在炮眼个数不足与炮眼过剩的情况，严重影响爆破效果，导致在进路回采和井巷掘进过程中欠挖、超挖现象严重；一次爆破循环进尺小，炮眼利用率低。

(3)单位岩石炸药消耗量

单位岩石炸药消耗量的大小取决于炸药性能、岩石性质、巷道断面、炮孔直径和炮孔深度等影响因素。合理的炸药单耗既能取得良好爆破效果，又能极大地节约经济成本。根据对现场进路采场爆破施工跟班调查结果，各施工地点炸药单耗情况如下。

进路回采：一次爆破总药量最大为 46.95 kg，最小为 35 kg，平均为 40.6 kg。炸药单耗 q 最大为 1.75 kg/m^3，最小为 1.36 kg/m^3。

(4)装药结构

通过现场跟班调查，掏槽孔和辅助孔采用连续装药结构，其中，掏槽孔(孔深 2.0~2.3 m)装 9~11 个药卷；辅助孔(孔深 1.9~2.3 m)装 8~10 个药卷；光爆孔(孔深 1.9~2.2 m)装 6~8 个药卷。由于矿区目前采用的是秒延期和半秒延期雷管，相对于毫秒延期雷管延期时间误差较大，难以达到光爆效果。光爆眼有两种装药结构，一种采用空气间隔装药，另一种采用导爆索串接空气间隔装药。目前，矿区并未采用间隔装药以达到光面爆破效果。各类炮眼装药结构如图 6-18 所示。

6.2.2.5　炮孔堵塞

在工程爆破中，炸药装入炮孔后，一般要用岩粉、砂、黏土等材料(称为炮泥)将炮孔其余部分堵上，使炸药在密闭的空间内爆炸。堵塞作用有以下几个方面。

1)阻止爆炸气体从孔口逸散，使炮孔压力在相对较长时间内保持高压状态，增加了爆炸气体气楔、抛掷作用。

2)加强了对炮孔约束，降低爆炸气体逸散时的温度和压力，有利于炸药充分反应，放

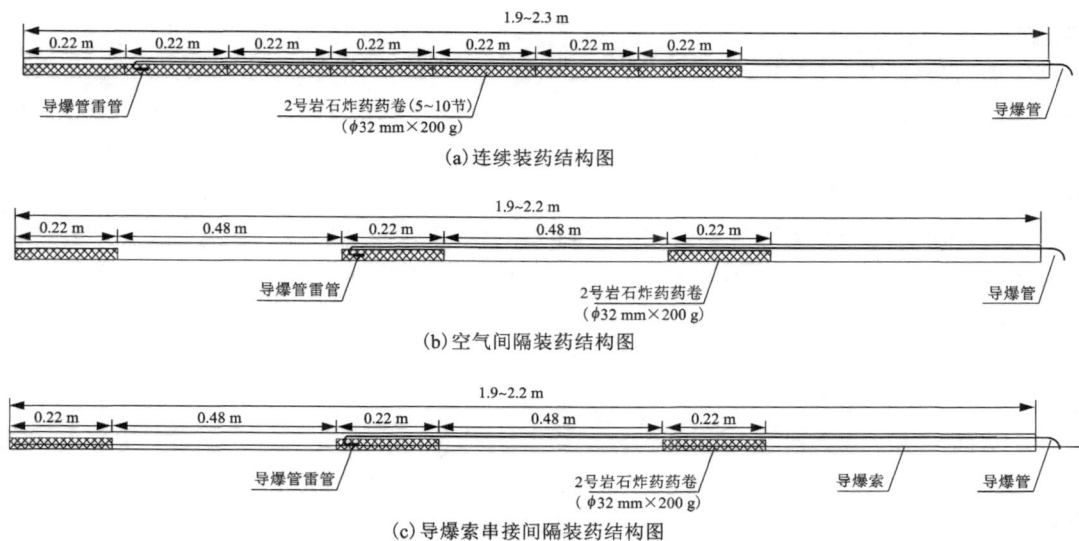

图 **6-18**　炮眼装药结构图

出最大热量和减少有毒气体生成量,提高炸药的热效率,使更多的热量转变为机械功。

3)从安全角度看,在有瓦斯的工作面内,堵塞降低了爆炸气体逸散时的温度和压力,阻止了灼热固体颗粒(例如雷管壳碎片等)从炮孔内飞出,从而提高爆破安全性。

4)若不进行堵塞,药包与大气直接接触,爆炸气体易从孔口冲向大气,产生强的爆破噪声。

在嵩县山金矿井下实际爆破施工过程中,所有炮孔均未堵塞,严重影响了爆破效果,降低了爆破能量利用率,并产生较大的空气冲击波。建议施工过程中对炮孔进行堵塞且堵塞长度应大于 20 cm。

6.2.2.6　起爆网络及起爆顺序

(1)起爆网路

目前矿区主要采用塑料导爆管复式簇联起爆网路,如图 6-19 所示,孔内采用秒延期导爆管雷管或半秒延期导爆管雷管,孔外用瞬发雷管作为传雷管,多级簇联,最后联接到一发激发雷管上,在安全地点用发爆器+发针+导线起爆。对于光爆眼,并未采用导爆索起爆形成光面爆破。

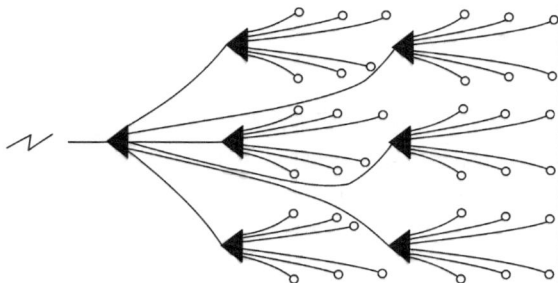

图 **6-19**　单式串联网路

毫秒延期雷管就是从雷管接受点火到雷管爆炸的延期时间是以毫秒为计量单位的雷管,段与段之间的延时间隔只有十几到几百毫秒,时间精度高,段数多,可高达几十段。毫秒延期雷管在爆破工程中应用时,较秒延期雷管有着本质的区别。秒延期雷管虽然能实现全断面一次爆破,起到简化爆破程序的作用,但由于段与段之间延时间隔时间较长,其爆破的内在过程同几组瞬发雷管分次放炮差不多。而毫秒延期雷管段与段之间仅相隔几十毫秒,爆破瞬间产生的辅助作用就大不一样。毫秒延期雷管在岩土爆破时具有如下优势。

1) 补充破碎作用。毫秒延期雷管爆破时,在前一组炮眼的药卷爆炸后,岩石正处于将被抛离母体的时刻,后一组炮眼的药卷接着便爆炸,因而补充了对前一组药卷爆出岩石的破碎。

2) 残余应力作用。一组炮眼药卷的爆炸,除了破碎一部分岩石外,对附近的岩石还产生应力。在这一组炮所产生的应力消失之前,后一组炮已经爆发,有助于岩石作进一步的破碎。从而可达到增大炮眼的距离。

3) 产生辅助自由面。前一组药卷的爆破为后一组药卷的爆破创造了辅助自由面。随着段数的增多,这种自由面也相应增加,有利于爆破效果的提高。

以上 3 种作用都能够使炸药的能量得到十分充分的利用,与普通延期爆破相比,较少的炸药就能得到相同的效果,而且由于破碎得好,二次爆破也可大为减少。

4) 减轻爆破振动作用。爆破测振仪测定结果表明,虽然毫秒爆破的全部炮眼相当密集地在几十到几百毫秒之内爆炸,但它所产生的地面震动反而减弱了。这是由于前后各组炮眼爆炸,在地面引起的爆炸弹性波相位互相干扰而抵消的结果。

为了改善爆破效果,建议采用毫秒延期雷管,微差起爆网路。

(2) 起爆顺序

为提高爆破效果,掘进炮孔必须有合理的起爆顺序,起爆顺序通常是掏槽孔→辅助孔→周边孔。每类炮孔还可以再分组按顺序起爆。

合理的起爆顺序,应使后起爆炮孔充分利用先起爆炮孔所创造的自由面;先后起爆炮孔间应有足够的延期时间。相邻炮孔的延时差不应小于 50 ms。直眼掏槽若同时起爆容易造成槽腔被堵塞,所以必须采用毫秒雷管延期起爆。一般掏槽孔按设计分 1~3 段起爆,段间隔时差为 50~100 ms 时,掏槽效果均比较好。

辅助孔也应分段起爆;对于光爆孔,其比邻近崩落眼要滞后 100~150 ms,光爆孔必须同时起爆或分段同时起爆。具体实现方式有:孔内同段毫秒导爆管雷管起爆,或用导爆索+孔内导爆管雷管起爆。而现场爆破施工过程中,采用的是 S 和 HS 段雷管,雷管延期时间误差大,达不到光爆效果,由于延期时间较长,各炮孔间产生的相互作用也较小。严重影响爆破效果。

(3) 起爆位置

采用延长药包时,雷管的位置(起爆点)决定了炸药起爆以后爆轰波的传播方向,也决定了岩体中应力波的传播方向,从而影响爆破作用。

根据起爆点的位置不同,有 2 种起爆方式:正向起爆,反向起爆。又称孔底起爆和双向起爆或中间起爆。

1) 反向起爆延长了爆炸气体作用时间。

正向起爆时,药包起爆后,堵塞物立即受到爆炸气体压缩作用而开始运动。而反向起爆时，爆轰波从孔底向孔口传播，直到爆轰结束时，堵塞物才受到爆炸气体作用而开始运动。此外，正向起爆时，爆炸应力波到达孔口自由面时间比反向起爆时间早，孔口自由面反射拉伸波有可能造成孔口部分岩石破裂，使爆炸气体较早逸散。

2）反向起爆提高了整个药柱爆炸应力波叠加作用。

3）反向起爆有利于克服炮孔底部的夹制。

对于一般工业炸药，爆轰时药柱内各点的爆速是不相同的，起爆点处的爆速是最大的，从起爆点由近至远，各区段爆速是依次降低的。反向起爆时底部的爆速最大，爆轰压力也最大，这有利于克服炮孔底部的夹制。

矿山现在采用孔底起爆方式，这是比较合理的。

6.2.2.7　光面爆破

光面爆破是使爆破的巷道断面形状和尺寸基本上符合设计要求，岩壁平整，成形规整，并尽量使巷道轮廓以外的围岩不受破坏的一种技术。其主要参数如下。

1）光面爆破层厚度即最小抵抗线的大小，一般为炮孔直径的 10~20 倍。岩质软弱、裂隙发育者，眼距应小而抵抗线应大；坚硬、稳定的岩石，眼距应大而抵抗线应小。

2）孔距一般为光面爆破层厚度的 0.6~0.9，岩质软弱、裂隙发育者取小值。

3）装药不耦合系数指炮孔半径与药卷半径的比值，为防止炮孔壁被破坏，该值一般取 2~5。

4）线装药密度为 0.15~0.3 kg/m。

光面爆破有以下优点。

1）爆破后巷道断面成形规整，基本符合设计要求，可避免因超挖、欠挖所带来的附加工作量。

2）对围岩的稳定性破坏较小，施工安全。

3）巷道表面平整光滑，通风阻力小，并可为改革巷道支护、提高锚杆喷浆、喷射混凝土支护质量创造良好条件。

4）降低成本，加快成巷速度。

目前矿区光面爆破效果较差，主要有以下几方面原因：

1）采用秒延期或半秒延期雷管，延期时间误差较大，难以达到同时起爆的目的。

2）光爆参数不合理，炮孔数量少，孔间距较大，难以形成平整轮廓。

3）进路采场和井巷掘进时，光爆眼装药量过多。

6.2.2.8　爆破效果分析评价

通现场跟班调查发现，目前嵩县山金矿区的控制爆破效果整体较差，爆破效果不理想。矿山施工管理方式较传统、粗放。采场回采爆破施工质量问题突出，施工成本高，突出表现为回采时循环进尺低，工效低，超挖、欠挖严重，支护工程量大，施工安全隐患多，巷道维护成本高，回采中尾砂混入严重，贫化损失指标不正常等。这些问题已严重影响企业的安全生产和经济效益的提高。

矿区 -20 m 中段的 -1001M2410 采场、-1057 五分层联巷、001354 矿房；60 m 中段 0913X 采场、070131 采场、070131 采场、0957M2 采场、0720 采场、078641 采场、078638 采场，进路大部分为中等可爆岩体，岩体稳固性总体较差。顶板有滴水现象，进路沿走向凿岩爆破。回采进路断面尺寸理论设计值为 4.0 m×4.0 m，断面面积 $S = 16$ m²，而现场实测进路尺寸为

(3.7~3.9) m×(4.1~4.3) m，未达设计要求。进路采场顶部出现倒三角大块，超欠挖现象严重，如图 6-20 所示；未采用光面爆破，断面规整性较差，如图 6-21 所示；有些进路大块矿石较多，严重影响运输，如图 6-22 所示；在矿石与充填体交界处，爆破对充填体损伤较大，同时采场充填体未接顶，充填体开始垮落，如图 6-23 所示。

图 6-20　顶部欠挖大块图

图 6-21　断面右帮

图 6-22　采场大块岩石

图 6-23　爆破对充填体损伤

通过调查分析可知，上述问题主要体现在以下几方面。

1）开挖断面没达到设计要求，超、欠挖现象较严重，进路轮廓控制差。

2）爆破对充填体和围岩损伤大，矿石损失贫化较高。

3）顶板控制效果差，部分采场进路开挖后，出现倒三角大块；一次爆破后，残留有较大尺寸的爆破台阶,需二次爆破,极大地增加了施工难度和经济成本。

4)循环进尺较小,炮眼利用率偏低;巷道掘进炸药单耗偏高。

5)爆破后矿石块度不均,效果不稳定,大块率经常偏高等。

6.2.3　爆破现状评价

综上所述,目前嵩县山金矿井下凿岩爆破主要存在如下问题。

1)凿岩:效率高;但工作面台车掘进和采矿爆破时,存在"少打眼,多装药"现象。

2)掏槽方式:一方面,采用以尾砂充填体为自由面,掏槽孔向充填体倾斜的单侧掏槽方式。对充填体起不到保护作用,反而严重损坏充填体。另一方面,采用大孔配合小孔直眼掏槽时,掏槽孔间距过小,容易串孔,掏槽孔深度没有超深,仅 2.0~2.1 m。

3)凿岩布孔:凿岩布眼未按设计要求施工,工人施工过程中比较粗放,没有标记,造成炮眼成孔布置不合理;炮孔深度未严格控制。光爆眼数目少,孔间距大,装药量大,无光爆效果。

4)炸药单耗:进路回采时,采场回采爆破炸药单耗 q 整体偏大。

5)循环进尺:难爆采场爆破循环进尺小,平均循环进尺 1.8~2.0 m(难爆区域残孔测量 12 次,平均值为 0.5~0.6 m),炮孔利用率较低,实际炮孔平均利用率为 72%~80%。

6)光面爆破:矿区主要采用秒延期和半秒延期雷管,段与段之间间隔时间较长,延期时间误差较大,光爆眼难以同时起爆,没有发挥出光面爆破效果。

7)采场轮廓控制:开挖轮廓控制不到位,壁面不平整,存在超、欠挖现象,不利于采场稳定。

8)炮孔堵塞:爆破施工过程中,所有炮孔均未堵塞,降低了爆破能量利用率,产生较大的空气冲击波。

9)辅助设施:井下爆破高位作业(>2 m)没有必要的辅助设施,顶眼装药连线作业存在安全隐患。

10)井下爆破作业未能严格遵守 GB 6722—2014《爆破安全规程》,工人爆破安全意识不强,放炮时未设置安全警戒。对爆破效果,缺少爆后检查与总结。

6.3　嵩县山金岩体可爆性分级

6.3.1　岩体可爆性分级准则

纵观各国岩石可爆性分级,可按其分级准则大致划分为六大类。

(1)以岩石力学强度参数为准则的分级法

岩石作为一种材料,在爆炸荷载作用下发生破坏,归根到底可归结为强度问题。因此,以岩石强度参数作为岩石的爆破性分级是有一定道理的。问题在于岩石爆破受力情况极其复杂,岩石强度特征变化又很大,一般只好先建立抗压、抗拉、抗剪等极限强度与炸药单位消耗量之间的关系式,然后再按样板岩石的炸药单位消耗量值来确定岩石爆破性级别。因此,与按炸药单耗分级准则建立的分级方法在本质上是一致的,只是在建立了炸药单位消耗量与岩石强度之间的关系式后,可以不必每次对某种岩石进行标准条件下的消耗量现场试验，而是可通过试验室岩石力学性能试验计算炸药单位消耗量，再预估岩石可爆性级别。因此，在该法中，岩石力学性质试验的准确程度成为正确定级的关键。试验室岩石强度的数据都是利用小件均质试件未测定的，与爆破瞬间冲击载荷下的动态岩石强度指标差异较大。因而这一准则不宜用于为现场建立爆破分级。

（2）以炸药单位消耗量为准则的分级法

这种岩石可爆性分级规定：按某种标准条件下的炸药单耗值将岩石划分为若干级别。这种准则简单、直观，因而成为最早应用的古典准则，其基本原则获得国内外爆破界的公认，且便于矿山与生产现场应用。在美、英、德、日、俄、瑞典等许多国家有关"爆破手册"类书籍中几乎都以标准爆破漏斗的炸药单耗作为设计爆破参数的依据。尽管单位炸药消耗量是一个比较常用的指标，但作为衡量岩石可爆性的唯一准则来应用是不够理想的；因为岩石可爆性是一个与许多参数有关的很复杂的函数，需要综合考虑。

（3）以工程地质参数为准则的分级法

工程地质是影响岩石爆破性的重要内在因素。现代露天爆破的大量实践和专门研究表明，岩体的裂隙对爆破效果的影响有时超过其他岩石物理力学参数，所以岩体的工程地质特征对爆破有很重要的意义。因此，有不少学者将岩石可爆性分级建立在地质分类的基础上。

（4）以弹性波速度为准则的分级法

理论与实践均证明，岩体中炸药所引起的作用在临近区域是以大于该岩石的声波速度传播的（冲击波），在较远处的大范围内是以相对稳定的声波速度传播的（应力波）。声波通常以该岩层的弹性纵波速度为代表，它是岩石弹性性能和密度的函数，与其强度特征、节理裂隙、含水性质等诸方面均有密切关系，能够由仪表直接测定其定量数据。显然，以弹性波速度为准则要比工程地质准则与强度准则更具科学性，因而应用前景广阔。研究表明，岩石波阻抗与岩石种类、布孔参数、炸药单耗以及爆后岩石的破碎程度有如下函数关系，即：

$$K_{50} = K \frac{I^{0.59}(wa)^{0.46}}{q^j} j \qquad (6-10)$$

式中：K_{50} 为破碎度，表示爆破块度重量中50%能通过的筛孔尺寸，mm；K 为常数；I 为岩石波阻抗，MPa/s；w 为最小抵抗线，mm；a 为炮孔间距，mm；q 为炸药单耗；j 为取决于岩体种类的系数，$j=1.65\sim2.89$。

（5）以能量准则的分级法

能量准则是一个普遍的准则。岩石的爆破是由于传递到岩体中的能量导致的岩石破坏。不同的岩石在破坏时消耗的能量不同，由此可判断岩石爆破的难易程度。

（6）以岩石破坏时的临界速度为准则的分级法

该准则是以在爆破时岩石中质点的临界速度为判断依据，认为当岩石中质点达到临界速度时发生岩石爆破效应；但使用起来较难，泛化能力不足。

6.3.2 岩体可爆性分级依据

目前国内外的岩体可爆性分级种类为数不少，但分类的目的只是限于为确定单位耗药量提供岩石等级依据，而对爆破效果及由爆破引起的各种效应等很少考虑。至于影响爆破效果的因素，多数只考虑岩石单轴抗压强度，少数虽已考虑到裂隙的影响，但也只是考虑到裂隙率或由裂隙切割和包围的岩块块度所占整个岩体的百分率，而对岩体具有的各类结构面及其与爆破作用的相互影响，则缺乏深入系统的研究。由于现有分类没有反映出岩体爆破最本质的因素，而是以单一的或局部的因素为依据，这就造成在爆破工程应用中经常发生矛盾和产生一些预料之外的问题。基于爆破工程地质和爆破岩体工程地质力学的多年实践和研究，尤其是根据我国"七七工程"的丰富试验资料，并参考国内外有关资料，提出了"爆破岩体分类"，以满足土岩爆破和爆破工程地质迅速发展之需要。

爆破岩体分类是为爆破设计和施工服务的，它不仅要为爆破设计和施工确定炸药单位耗药量提供具体的岩体爆破等级依据，更重要的是为爆破设计和施工提供划分爆破工程区域内地质单元的依据，为爆破岩体工程地质评价提供依据。

爆破，是一种巨大能量的瞬间作用的动力荷载，其对岩体作用所产生的变形和破坏规律取决于介质的基本力学属性。而爆破岩体的这种基本力学属性是由岩体结构特征所决定的。正如爆破岩体结构效应研究所揭示的爆破岩体工程地质力学原理指出的那样，岩体结构特征，控制着爆破冲击波传播规律、爆破鼓包膨胀发育和鼓包内腔能量分配规律；控制着石体的变形和破坏规律、鼓包表面介质运动状态及爆破岩块的抛掷规律；控制着爆破裂隙的形成机制与发育规律、爆破漏斗的形状、岩块的大小；控制着爆破岩体的稳定性和渗漏问题；控制着爆破作用方向以及由此而产生的冲炮、欠爆和超爆等灾害性事故。因此，应该将岩体结构特征作为爆破岩体分类的主要划分依据。

岩体结构特征相同的条件下，由于岩石种类不同，反映出岩石的密度、弹性波速度、波阻抗、强度等物理力学性质的差异性，这些差异性对于炸药的爆炸作用产生一定影响。因此在把岩体结构类型作为爆破岩体分类的主要依据时，再把岩石种类作为爆破岩体分类的次一级分类依据是合理的。

表征不同结构类型岩体结构特征的依据，主要是岩体结构的地质成因类型和地质结构特征、结构体形状特征、结构面特征等。这三方面的特征，反映了岩体力学属性的基本规律，这在爆破岩体分类表中得到充分体现。岩体的结构特征，可通过爆破工程地质现场测绘加以确定。

另外，岩体的结构特征也反映了岩体的破碎、完整程度，即岩体中裂隙发育和切割程度。因此，岩体结构特征也可用反映裂隙率的指标来表示，可用 $1~m^3$ 岩体中自然裂隙的面积（m^2）、平均裂隙间距（m）、岩块在岩体中的含量（%）等指标来表示，这些指标可作参考。

6.3.2.1　爆破岩体分类

根据上述爆破岩体分类依据，先按岩体结构特征将岩土体共分为六大类，然后再按岩石种类进一步划分为十二亚类，见爆破岩体分类表 6-13。

中国科学院地质研究所提出的岩体结构类型已在我国工程地质界广泛推广应用，为爆破岩体结构类型的划分提供了重要依据我们根据多年现场爆破工程地质调查和分析认识到，爆破是一种高压瞬间作用荷载，炸药爆炸能量作用包括冲击波能量作用与鼓包能量作用。首先将岩体划分为不连续介质岩体和似连续介质岩体两大类；在似连续介质岩（土）体中，又划分为似土体连续介质和似坚固体连续介质两大类。这样，所有岩土体介质共划分为似土体连续介质、块裂体不连续介质、似坚固体连续介质等三大类。

表6-13 爆破岩体分类表

分类		土	散粒结构	碎裂结构	碎裂块状结构	块结构	整块结构
类		1	2	3	4	5	6
亚类		1	2、3	4、5	6、7、8	9、10、11	12
岩体结构类型		土	散粒结构	碎裂结构	碎裂块状结构	块结构	整块结构
地质及结构特征	地质类型和结构特征		剧烈风化破碎带,区域性断层带,软弱岩层挤压破碎带,胶结不良的断层交叉带	坚硬、脆性岩体的节理密集带,断层交叉带,强烈褶皱带,弱风化带	构造变形较强烈的厚层沉积岩,变质岩和岩浆岩,或中厚层及薄层沉积岩和变质岩的单斜及正常褶皱构造地区	岩性较单一的各种岩浆岩,厚层沉积和变质岩。受轻微构造影响的岩体,沉积岩为缓倾角或水平岩层	单一岩性巨大的岩浆岩体,火山熔岩、巨厚层沉积岩和变质岩。
	结构体形状和大小特征	分散颗粒	多呈碎块,小碎块及岩粉	多呈不规则的块体及碎块,平均直径小于0.5 m	呈锥形体,棱柱体,楔形体及块状,菱块状和板状体等,平均直径0.5~1 m	多呈立方体,块状,平均直径1~1.5 m	巨型立方体,长方体状,直径大于1.5 m
	结构面特征		节理、劈理大量发育,呈无规则排列,无控制性结构面	结构面以节理、劈理为主,由于结构面密度大,彼此相切割,互相切割,岩体很破碎,一般结构面延展性短,不连续	结构面以小断层、节理、原生沉积薄层,层间错动、夹泥层,泥化夹层等为主,有时张开,岩长,延展性长,常成为控制性结构面,几组结构面组合时,将岩体切割成块	结构面以节理为主,多呈闭合,密度小,分散性大,一般镶嵌,密度短,延展性好、高倾角节理性结构面	结构面不发育,以节理为主,多呈闭合,无控制性结构面
岩体结构特征	1 m³ 岩体中自然裂隙的面积/m²		>30	9~30	6~9	2~6	<2
	平均裂隙间距/m		<0.1	0.5~0.1	1.0~0.5	1.5~1.0	>1.5
	岩块在岩体中的含量 平均直径/mm	300~700	<10	10~70	70~90	90~100	70~100
		700~1000	接近0	<30	30~70	70~90	
		>1000	0	<5	5~40	40~70	70~100

续表6-13

序号	项目	亚黏土,亚砂土,砂类土,碎石类土。石类土,黏土	板岩,泥灰岩,千枚岩,页岩,片岩（以岩体的岩粉碎屑为主）	砾岩,大理岩,石灰岩,白云岩,砂岩,花岗岩（以岩体碎块为主）	薄层泥灰岩,粉砂岩,板岩,炭质页岩,泥质岩。泥质砾岩,胶结砾岩	中厚层石灰岩,白云岩,砂岩,砾岩	花岗岩,闪长岩,正长岩,流纹岩,片麻岩,大理岩	大理岩,白云岩,石灰岩,硅质砾岩,石英砂岩	花岗岩,正长岩,闪长岩,流纹岩,片麻岩	辉长岩,辉绿岩,橄榄岩,石英岩,玄武岩,安山岩	辉长岩,辉绿岩,橄榄岩,石英岩,安山岩,玄武岩,花岗岩,正长岩,闪长岩,流纹岩
10	岩体的种类										
11	密度 $\rho/(\mathrm{g \cdot cm^{-3}})$	2.7	<2.5	2.5~2.6	2.5~2.6	2.6~2.7	2.6~2.7	2.6~2.7	2.7~3.0	2.7~3.0	>3.0
12	纵波波速 $V_P/(\mathrm{m/s})$	<500	500~2000	1500~3000	1500~3000	2000~3000	2000~3500	2000~3500	3500~4500	3500~4500	>4500
13	波速比 V_s/V_P		<0.3	0.3~0.6	0.3~0.6	0.5~0.6	0.5~0.8	0.6~0.7	0.8~0.9	0.8~0.9	>0.9
14	声学阻抗 $\rho V_P/10^5\ (\tfrac{\mathrm{g}}{\mathrm{cm^2}}\cdot\mathrm{S})$	<1.4	1.2~5	4~7.8	4~7.8	5.2~9.5	5.2~9.5	5.2~9.5	9.5~13.5	9.5~13.5	>13.5
15	动弹性模量 $E_d/10^3\ \mathrm{MPa}$	<1	1~2	2~10	2~10	10~20	10~20	10~20	20~30	20~30	>30
16	岩体自由场径向应力衰减系数 α_0		2.7	2.7~2.5	2.7~2.5	2.5~2.3	2.5~2.3	2.5~2.3	2.3~2.1	2.3~2.1	
17	岩体自由场径向动应变衰减系数 δ_ε		2.6	2.6~2.4	2.6~2.4	2.4~2.1	2.4~2.1	2.4~2.1	2.1	2.1	
18	岩体普氏系数 f	<1	2~4	4~7	5~8	7~10	8~12	11~15	13~16	16~20	>20
19	岩体单位耗药量 K 值/(kg/m³)　松动	0.3~0.4	0.3~0.4	0.4~0.5	0.5	0.5~0.6	0.6~0.7	0.6~0.7	0.7~0.8	0.8~0.9	>0.9
20	岩体单位耗药量 K 值/(kg/m³)　抛掷	1.0~1.1	1.1~1.2	1.2~1.4	1.3~1.4	1.3~1.5	1.4~1.6	1.5~1.7	1.6~1.8	1.8~2.0	>2.0

续表6-13

	可爆性		极易爆	易爆	中等可爆	难爆	很难爆	极难爆
爆破岩体工程地质评价	岩体动力学特征	21	强度极低，变形明显；波速慢声学阻抗很小					
		22		强度很低，变形明显，波速阻很小。在有夹泥时，则其声学性质主要取决于土的力学性质	岩体破碎，强度低，变形发育程序控制，破坏受构面控制，波速和声学阻抗中等	岩体为几组结构面切割呈不连续的块体，岩体的强度受控制性结构面控制。但爆炸波速快，声学阻抗大，波的传播受控制性结构面控制	岩体较完整，岩体的强度和变形受结构面发育程度的影响，岩体的破坏方式受结构面控制，波速很小，波的传播受控制性结构面控制	岩体完整强度高，变形小，破坏方式为沿微裂隙追踪的，随机的，波速快，阻抗大
	控制爆破作用机制的条件	23	受土动力学性质控制	受岩体的动力学性质控制	微观上，受结构面控制；宏观上，受岩体的动力学性质控制	受控制结构面控制	多数受结构面控制；有控制的传播受结构面控制	受岩性质及微裂隙控制
	控制爆破漏斗形状和大小的地质因素	24	土物理力学性质	岩体物理力学性质	岩体物理力学性质	控制性结构面的产状	结构面的产状和发育程度	取决与岩体的强度性质
	爆破岩块块度	25	土粒、土块	小碎块、碎屑	受节理、劈理控制，直径多小于0.5m	受岩层厚度和节理产状控制，直径多为0.5m~1m	受岩层厚度和节理密度控制，直径多大于1m	岩块与岩体直径多大于1.5m
	爆破裂隙发育规则	26	很难发育的性质的控制	很发育，其密度，规模受岩体性质控制，产状受爆破作用方向控制	发育，其密度，规模，受结构面控制，产状受爆破作用方向控制	发育，其密度和产状受控制，密度和产状受控制性结构面的产状与爆破作用方向之间的关系	一般不发育，其密度和产状受层理，节理密度和产状控制	很不发育，局部可沿微节理发育，规模很小
	爆破边坡稳定性	27	爆破边坡很不稳定，不宜爆破开挖	爆破边坡很不稳定，有边坡质量要求时，不宜采用大爆破开挖，地下水对边坡影响显著	爆破边坡很不稳定，有边坡质量要求时，不宜采用大爆破开挖，地下水对边坡影响显著	爆破边坡稳定性及稳定边坡的产状及内摩擦角值控制	爆破边坡稳定性受控制性结构面的产状及内摩擦角值控制，无控制性结构面时，爆破边坡成半倒山崩	爆破边坡稳定，边坡角大于70°，有时可爆破成或倒60~70°

从反映爆破作用机制和效果，以及从使用方便等角度考虑，将爆破岩土体介质划分为上述三大类已经足够了，然而这样划分仍存在不足之处。

第一，岩体的工程地质性质复杂多变，特别是在同一类岩体中其力学强度、变形和破坏特征有很大差别，因此它们的可钻性和可爆性仍有较大区别。

第二，爆破是工程建筑中的一种开挖手段，是为工程建筑服务的，爆破岩体在一些岩体工程建筑(如边坡、隧道围岩、地基等)中既是爆破介质又是工程建筑介质，岩体的分类在主要反映爆破特性要求的同时，应该适当考虑工程建筑在岩体强度及其变形破坏特性或稳定性要求。

为此，在上述对岩土体划分为三大类的基础上，再适当加细分类是必要的。因此我们又进一步根据最能反映岩体在可钻性、可爆性、单位耗药量、强度、变形破坏特征、岩体稳定性特征等方面存在较明显差异特点的岩体结构特征(特别是结构面发育程度和结构体块度)，将似土体连续介质(包括土体)细分为土、散粒结构岩体，碎裂结构岩体等三类，并将块裂体不连续介质细分为碎裂块状结构岩体、块状结构岩体等二类。这样，爆破岩体根据结构特性共分为六大类型。

岩体结构特征很好地反映了岩体的内部结构(即地质结构)特征。然而岩体是由其物质组成特征和内部结构特征共同组合而成的。岩体的物质组成是岩石，地壳中岩石的成因不同，种类不同，其矿物成分、结晶结构就不同，因而其物理力学性质有很大的差别。这样，就会出现相同岩体结构条件下由于岩石种类不同，使其在物理力学性质上存在一定的差别，例如密度、容重、波速及声学阻抗等指标存在的差异性，这样便会影响到冲击波的传播规律和对岩体的破坏作用，因而影响到岩体爆破的单位耗药量。所以，在相同岩体结构类型条件下，需要再根据岩石种类细分为二个或三个亚类。这样，爆破岩体类型共划分12 个亚类。

上述爆破岩体分类，经过在我国"七七工程"、三峡工程、山西太旧高速公路及北京郊区公路爆破工程的应用，证明是比较科学、合理的，特别是对于指导爆破工程地质调查、爆破工程地质条件评价，预测爆破工程地质问题，提出对爆破设计的技术要求和应采取的措施。

应用爆破岩体分类的关键，是如何确定爆破岩体结构类型，如何正确划分爆破岩体地质单元，这是进行爆破设计和施工的先决条件。

在岩体结构特征中，结构面特征是控制爆破作用机制和效果的关键因素，也是控制结构体形状、块度的关键因素，所以结构面特征是划分岩体结构类型的主要因素。

第一，要调查工程岩体中是否存在控制性结构面。这主要取决于结构面的规模，或结构面组合的规模，包括结构面的延展长度、切割深度和宽度。只有具有一定规模的结构面，并在一定范围内将岩体切割破坏，它才能控制岩体的变形和破坏，才能控制岩体的爆破作用效应。所以，我们首先以岩体中是否存在控制性结构面将岩体划分为不连续体介质和似连续体介质两大类。

第二，要调查工程岩体中结构面发育情况，它反映了岩体的破碎程度，因而能体现爆破破岩的难易程度和单位耗药量的大小。这就是似土体连续介质和块裂体不连续介质进一步划分亚类的依据。结构面密集程度，对块裂体不连续介质而言，主要表现在两个方面：一是岩层厚度，如为薄层为碎裂块状结构岩体；如厚层为块状结构岩体。二是构造裂隙的发育密度及其切割岩体的块度,当岩块平均直径小于 1 m 时,则为碎裂块状结构岩体;当岩块平均直径大于 1 m 时,则为块状结构岩体。块度平均直径为 0.05~0.5 m,则为碎裂岩构岩体。

上述判别岩体结构类型的方法既科学可靠,又简单方便,便于广大爆破工程人员掌握应用。这样,确定爆破岩体分类,是很容易做到的。

结构面和结构体是在一定的地质环境中形成的,是岩石建造和构造变形及其他方式改造的产物,或所表现出的特征。如不同岩石建造造成岩体的成层规律,特别是沉积岩建造中岩层的成层性更为突出,其中每个岩层的层面都是控制性结构面。构造变形是由构造作用形成的,包括褶皱变形和断裂破坏,而且褶皱变形和断裂破坏往往是伴生的。岩体遭受构造作用后不仅使岩层弯曲,形成褶皱构造(褶皱变形),同时使岩层断裂破坏,形成断层和裂隙,致使岩体在遭受强烈构造作用后十分破碎,形成了强烈褶皱破碎带或断层破碎带。在此基础上,岩体更易被风化破碎,而形成了强风化破碎带。所以,岩石地质建造形成了岩体的成层性,岩石建造形成以后,又经历了构造作用和风化作用的强烈改造,又形成了岩体的破裂性。岩体的这种成层性和破裂性交叉结合,造成了现今岩体的结构性。随着岩体的成层厚度不同和破裂密度不同,产生了不同的岩体结构类型及相应的力学属性。所以,从本质上讲,要研究岩体的地质类型和地质结构特征。

爆破岩体分类,是爆破工程地质学和爆破岩体工程地质力学理论的具体体现和应用,是爆破设计和施工的依据和工具,掌握和应用它,将有利于正确认识爆破岩体介质的本质特征,从而才能更加合理地进行爆破设计和施工。

6.3.2.2 嵩县山金岩体可爆性分级

嵩县金矿围岩岩体质量等级基本为Ⅳ,属于较差岩体,矿体破碎,少数围岩等级为一般岩体Ⅲ级,局部也存在Ⅱ级围岩。岩体的结构特征能够很好的反映岩体的内部结构(即地质结构)的特征,因此,岩体的结构特征是可爆性分级的主要划分依据。

然而岩体是由其物质组成特征和内部结构特征共同组合而成。岩体组成是岩石,地壳中岩石的成因不同,种类不同,其矿物成分、结晶结构就不同,因而其物理力学性质有很大差别。这样,就会出现相同岩体结构条件下由于岩石种类不同,使其在物理力学性质上存在一定的差别,例如密度、容重、波速及声学阻抗等指标存在的差异性,这样便会影响到冲击波的传播规律和对岩体的破坏作用,因而影响到岩体爆破的单位耗药量。因而岩石的种类及岩体的动力学性质指标也将作为岩石的可爆性分级的依据。表 6-14 反映了岩石特征与纵波速度 V_P 的关系。

表 6-14 岩石特征与纵波速度 V_P 的关系

岩石特征	新鲜坚硬,无裂隙	未变质,裂隙少	裂隙发育	裂隙发育,夹黏土层	裂隙显著,夹弱岩层
$V_P/(\text{m}\cdot\text{s}^{-1})$	5000~4000	4000~3000	3000~2000	2000~1500	1500~1000

岩石的纵波速度可由表 6-14 得出,并通过查阅相关资料得到岩石的动弹性模量。根据以上数据得出嵩县矿区的岩体可爆性分级见表 6-15。

表 6-15　嵩县矿区岩石可爆性分级表

工程位置	采场名称	岩体的结构特征		岩石动力学性质指标			可爆性
		地质及结构特征	节理间距 /m	纵波波速 /(m·s⁻¹)	动弹性模量 /10³MPa	岩体普氏系数	
嵩县金矿	078641 采场	节理面稍粗糙，宽度小于 1 mm，节理面岩石坚硬	0.24	3000~2000	7.0~21.8	5~8	难爆
	070131 采场	节理面光滑，张开度 0.5~5 mm，节理面连续	0.4	3000~2000	7.0~21.8	5~8	中等可爆
	0913X 采场	节理面光滑，张开度 1~3 mm，节理面连续，岩体破碎	0.35	2000~1500	7.0~21.8	4~7	中等可爆
	095722 采场	节理面光滑，张开度 1~5 mm，节理面连续，岩体破碎	0.53	2000~1500	7.0~21.8	2~4	中等可爆
	078638 采场	节理面较光滑，张开度 1~5 mm，节理面连续，岩体破碎	0.16	2000~1500	7.0~21.8	4~7	中等可爆
	1001M²410 采场	节理面光滑，张开度 1~5 mm，节理面连续，岩体破碎	0.3	2000~1500	7.0~21.8	4~7	中等可爆
	-1057 五分层联巷	节理面光滑，张开度 1~5 mm，节理面连续，岩体破碎	0.28	2000~1500	7.0~21.8	4~7	中等可爆
	001354 矿房	节理面光滑，张开度 1~5 mm，节理面连续，岩体破碎	0.34	2000~1500	7.0~21.8	4~7	中等可爆

6.4 九仗沟金矿凿岩台车爆破参数优化方案

根据嵩县山金现今的凿岩爆破工艺所存在的问题，将凿岩设备由 YT28 改为凿岩台车，相应的爆破参数也应相应进行更改，优化掏槽方案，规范化施工参数与工艺，实现精确设计，高质量、高精度施工，提高矿山综合经济效益。

6.4.1 巷道掘进爆破设计基本原理

6.4.1.1 爆破破岩理论

（1）无限岩石中炸药的爆炸作用

现有的爆破理论认为，埋入无限岩石中的炸药爆炸后，将在岩石中形成以装药为中心的由近及远的不同破坏区域，依次称为压碎区、裂隙区和弹性震动区，如图 6-24 所示。

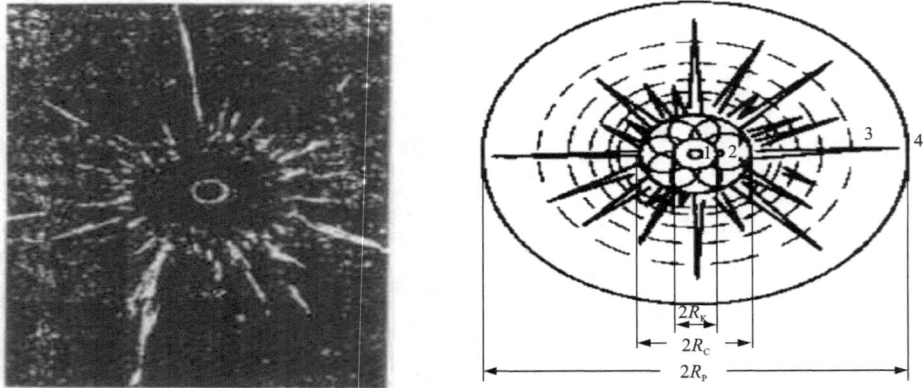

(a)有机玻璃模拟爆破试验结果　　　　(b)炸药爆炸后岩石形成的破坏区域

1—扩大空腔；2—压碎区；3—裂隙区；4—震动区；R_k—空腔半径；R_c—压碎区半径；R_p—裂隙区半径

图 6-24　无限岩石中炸药的爆破作用

在压碎区，岩石受到的爆炸载荷的加载率最高，且载荷值远远大于其压缩强度，另外压缩区紧邻炸药，因而还受到爆炸气体的高温高压作用。压缩区的范围大小应利用考虑应变率效应的 3 向应力条件下的材料压缩破坏准则求解。在压缩区之外，岩石中的爆炸载荷小于岩石的抗压强度，但是岩石径向受压还要产生环向拉伸应力。岩石的拉伸强度远小于其抗压强度，因此切向拉伸应力极可能大于岩石的抗拉强度，使岩石产生径向拉伸破坏。根据切向应力不小于岩石动态抗拉强度的条件，可以确定岩石中的裂隙区范围。在裂隙区外面，岩石中的爆炸应力波已经衰减到很小，这时岩石不产生任何明显的破环，一般认为这一区域的岩石只产生弹性震动，因而称这一范围为震动区。

（2）岩石中柱状药包爆破产生的爆炸载荷

在耦合装药条件下，岩石中的柱状药包爆炸后，向岩石施加强冲击载荷，按声学近似原理，有：

$$p = \frac{2\rho C_p}{\rho C_p + \rho_0 D_V^2} p_0 \quad (6\text{-}11)$$

$$p_0 = \frac{1}{1 + \gamma} \rho_0 D_V^2 \quad (6\text{-}12)$$

式中：p 为透射入岩石中的冲击波初始压力，MPa；p_0 为炸药的爆轰压，MPa；ρ 和 p_0 分别为岩石和炸药的密度，kg/m³；C_p 和 D_V 分别为岩石中的声速和炸药爆速，m/s；γ 为爆轰产物的膨胀绝热指数，一般取 $\gamma = 3$。

若爆破采用不耦合装药，岩石中的透射冲击波压力为：

$$p = \frac{1}{2} p_0 K^{-2\gamma} l_e n \quad (6\text{-}13)$$

式中：K 为装药径向不耦合系数，$K = db/dc$；db 和 dc 分别为炮孔半径和药包半径，mm；l_e 为装药轴向系数；n 为炸药爆炸产物膨胀碰撞炮孔壁时的压力增大系数，一般取 $n = 10$。

岩石中的透射冲击波不断向外传播而衰减，最后变成应力波。岩石中任一点引起的径向应力和切向应力可表示为：

$$\sigma_r = \bar{P} \bar{r}^{-a} \quad (6\text{-}14)$$

$$\sigma_\theta = -b\sigma_r \quad (6\text{-}15)$$

式中：σ_r 和 σ_θ 分别为岩石中的径向应力和切向应力，MPa；$\bar{r}$ 为比距离，$\bar{r} = r/r_b$；r 为计算点到装药中心的距离，m；r_b 为炮孔半径，m；α 为载荷传播衰减指数，正、负号分别对应冲击波区和应力波区；μ_d 为岩石的动态泊松比；b 为侧向应力系数。

岩石的泊松比与应变率相关，随应变率的提高而减小。但截至目前，尚缺乏对这一问题的深入研究。根据有关研究，在工程爆破的加载率范围内，可以认为：

$$\mu_d = 0.8\mu \quad (6\text{-}16)$$

式中：μ 为岩石的静态泊松比。

如果将问题看成平面应变问题，则进一步还可求得

$$\sigma_z = \mu_d(\sigma_r + \sigma_\theta) = \mu_d(1 - b)\sigma_r \quad (6\text{-}17)$$

式中：σ_z 为轴向应力。

(3) 爆炸载荷作用下岩石的破坏准则

外载荷作用下材料的破坏准则，取决于材料的性质和实际的受力状况。岩石属于脆性材料，抗拉强度明显低于抗压强度。工程爆破中，岩石呈拉压混合的三向应力状态，并且研究已表明：岩石爆破中的压碎区是岩石受压缩所致，而裂隙区则是受拉破坏的结果。

岩石中任一点的应力强度：

$$\sigma_i = \frac{1}{\sqrt{2}} \left[(\sigma_r - \sigma_\theta)^2 + (\sigma_\theta - \sigma_z)^2 + (\sigma_z - \sigma_r)^2 \right]^{\frac{1}{2}} \quad (6\text{-}18)$$

将式(6-14)、式(6-15)、式(6-16)代入式(6-17)，经整理得

$$\sigma_i = \frac{1}{\sqrt{2}} \sigma_r \left[(1 + b)^2 - 2\mu_d(1 - b)^2(1 - \mu_d) + (1 + b^2) \right]^{\frac{1}{2}} \quad (6\text{-}19)$$

根据 Mises 准则，如果 σ_i 满足式(6-20)、式(6-21)，则岩石破坏。

$$\sigma_i \geqslant \sigma_0 \quad (6\text{-}20)$$

$$\sigma_0 = \begin{cases} \sigma_{cd}(\text{压碎圈}) \\ \sigma_{td}(\text{裂隙圈}) \end{cases} \qquad (6\text{-}21)$$

式中：σ_0 为岩石的单轴受力条件下的破坏强度，MPa；σ_{cd} 和 σ_{td} 分别为岩石的单轴动态抗压强度和单轴动态抗拉强度，MPa。

岩石的动态抗压强度随加载应变率的提高而增大，但不同岩石对应变的敏感程度不同，根据已有研究，对常见的爆破岩石，可近似用式(6-22)统一表达岩石动态抗压强度与静态抗压强度之间的关系：

$$\sigma_{cd} = \sigma_c \dot{\varepsilon}^{\frac{1}{3}} \qquad (6\text{-}22)$$

式中：σ_c 为岩石的单轴静态抗压强度，MPa；$\dot{\varepsilon}$ 为加载应变率 s^{-1}，工程爆破中，岩石的加载率 $\dot{\varepsilon}$ 在 $10^0 \sim 10^5 \text{ s}^{-1}$ 之间。在压缩圈内，加载率较高，可取 $\dot{\varepsilon} = 10^2 \sim 10^4 \text{ s}^{-1}$；在压碎圈外，加载率进一步降低，可取 $\dot{\varepsilon} = 10^0 \sim 10^3 \text{ s}^{-1}$。

岩石的动态抗拉强度随加载应变率的变化很小，在岩石工程爆破的加载应变率范围内，可以取：

$$\sigma_{td} = \sigma_t \qquad (6\text{-}23)$$

式中：σ_t 为岩石的单轴静态抗拉强度，MPa。

(4)压碎圈与裂隙圈半径计算

柱状耦合装药条件下，炸药爆炸后，将在岩石中炮孔壁周围形成压碎圈(粉碎圈)，利用式(6-11)、式(6-12)，可得到压碎圈半径：

$$R_c = \left(\frac{\rho_0 D_V^2 AB}{4\sqrt{2}\,\sigma_{cd}} \right)^{\frac{1}{\alpha}} r_b \qquad (6\text{-}24)$$

其中：

$$A = \frac{2\rho C_p}{\rho C_p + \rho_0 D_V}; \ B = \left[(1+b)^2 + (1+b)^2 - 2\mu_d(1-\mu_d)(1-b)^2 \right]^{\frac{1}{2}}; \ \alpha = 2 + \frac{\mu_d}{1-\mu_d} \,。$$

如果采用不耦合装药，且不耦合系数较小时，则相应的压碎圈半径为：

$$R_c = \left(\frac{\rho_0 D^2 n K^{-2\gamma} l_e B}{8\sqrt{2}\,\sigma_{cd}} \right)^{\frac{1}{\alpha}} r_b \qquad (6\text{-}25)$$

在压碎圈之外即是裂隙圈。在两者的分界面上，有：

$$\sigma_R = \sigma_r \mid r = R_c = \frac{\sqrt{2}\,\sigma_{cd}}{B} \qquad (6\text{-}26)$$

式中：σ_R 为压碎圈与裂隙圈分界上的径向应力，MPa。

在压碎圈之外爆炸载荷以应力波的形式继续向外传播，衰减指数为：

$$\beta = 2 - \frac{\mu_d}{1-\mu_d} \qquad (6\text{-}27)$$

将应力波衰减指数改写为 β，目的是与压碎圈中的冲击波衰减指数相区别。

可得到岩石中裂隙半径 R_p：

$$R_p = \left(\frac{\sigma_R B}{\sqrt{2}\,\sigma_{td}} \right)^{\frac{1}{\beta}} R_c \qquad (6-28)$$

进一步得到不耦合装药条件下的裂隙圈半径表达式：

$$R_p = \left(\frac{\sigma_R B}{\sqrt{2}\,\sigma_{td}} \right)^{\frac{1}{\beta}} \left(\frac{\rho_0 D^2 n K^{-2\gamma} l_e B}{8\sqrt{2}\,\sigma_{cd}} \right)^{\frac{1}{\alpha}} r_b \qquad (6-29)$$

根据矿区现有条件，选用 CYTJ45B 型凿岩台车，钎杆长：2.7 m，炮孔长度 2.4 ~ 2.6 m，钻头直径：43 mm，炮孔直径：45 mm；选用岩石膨化硝铵炸药，药卷直径 32 mm，长度 220 mm，单个药卷重 0.15 kg，炸药密度 $\rho_0 = 1000$ kg/m^3，爆速 $D = 3200$ m/s。由上面计算式求得岩石中形成的裂隙圈半径 R_p 如下表 6-16 所示。

表 6-16　2 号岩石炸药在岩石中爆炸形成的裂隙圈半径

项目	普通爆破	光面爆破
ρ/kg·m^{-3}	2700	2700
C/m·s^{-1}	4000	4000
μ	0.2	0.2
σ_c/MPa	80	80
σ_t/MPa	10	10
D/m·s^{-1}	3200	3200
ρ_0/kg·m^{-3}	1000	1000
R_p/m	0.37	0.20
备注	$\dot{\varepsilon} = 1000$ s^{-1}，$K = 43/32 = 1.3$，$l_e = 0.63$，$l_{e光} = 0.21$，$l_c = 0.63/l_c = 0.21$	

哈努卡耶夫的研究认为，埋入岩石中的炸药爆炸后，形成的裂隙圈半径为装药半径的 10~15 倍。由此，表 6-16 的计算值与之基本相符，计算结果是可靠的。

6.4.1.2　光面爆破原理

光面爆破是沿开挖轮廓线布置间距减小的平行炮眼，在这些光面炮眼中进行药量减少的不耦合装药然后同时起爆。爆破时沿这些炮眼的中心联接线破裂成平整的光面。

（1）应力波叠加理论

W. I. Duvall 和 R. S. Paine 等人提出了相邻炮孔爆炸应力波叠加成缝的理论。他们认为，当相邻两炮孔同时起爆时，各炮孔爆炸所产生的压缩应力波，以柱面波的形式向四周扩散，并在两孔连心线的中点处相遇，产生应力波的叠加。在应力波的交会处，应力波合力的方向垂直于炮孔连心线，而且方向相背，促使岩体向外移动，产生拉伸力，如图 6-25 所示。当合成应力超过岩体的抗拉强度时，便会在两炮孔连心线的中点首先产生裂缝，然后，沿着炮孔连心线向两炮孔方向发展，最后形成一条断裂面。

应力波叠加理论是一种纯理论的分析，要使相邻炮孔的爆炸应力波在其连心线中点相遇，必须保证相邻两炮孔绝对同时起爆。这在生产实践中往往是很难做到的，即使采用瞬

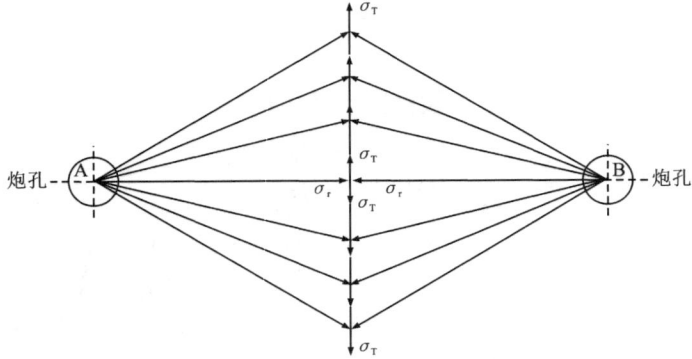

图6-25　应力波叠加示意图

发电雷管或采用导爆索起爆，仍然或多或少地存在着某些时差。但是，在预裂(光面)爆破中，相邻两孔的间距一般都不大，只有几十厘米，而应力波在岩体中的传播速度往往达到4000 m/s以上，因此，两孔之间的传播时间只有0.1~0.2 ms，有时甚至还要短。而实际的起爆时差要比上述数值大得多，因此，在生产实践中，单纯用应力波叠加的理论来进行分析，是很难完全解释清楚的。

(2)高压气体作用理论

山口梅太郎等人提出预裂缝的形成主要是爆炸高压气体的作用。他们也承认应力波的作用，但认为这种作用是微小的，裂缝的形成主要是爆炸生成的高压气体的准静态应力所致。该理论强调不偶合装药条件下的缓冲作用。由于空气间隙的存在，使得作用于孔壁的冲击波压力大大减小。尹藤一郎等人在铝块中的爆破试验表明，随着不偶合系数的不断增大，作用于孔壁的压力呈指数急剧衰减，当不偶合系数为2.5时，孔壁上的压力值仅为初始值的1/16。从孔壁压力作用过程看，当不偶合系数大时，压力与时间的关系曲线已不再是冲击波的典型形式，而是呈台阶状，压力峰值下降，但压力的作用时间延长，这主要是爆炸高压气体所造成的准静态压力的作用。此外，该理论还特别强调空孔的效应。炮孔爆破时，若附近有空孔存在，则沿爆破孔与空孔的连心线将产生应力集中。相邻两个炮孔越接近，应力集中现象越显著。此时，首先在孔壁上应力集中最大的地方出现拉伸裂隙，然后，这些裂隙沿着炮孔连心线方向延伸，当孔距合适时，相向延伸的裂缝互相贯通，形成一个光滑的断裂面。

(3)应力波与爆生气体压力共同作用理论

H. K. Kert等人提出了裂缝面的形成是应力波和爆生气体压力共同作用的结果的理论。认为应力波的主要作用是在炮孔的周围产生一些初始的径向裂缝。继之，在爆炸高压气体准静态压力的作用下，使径向裂缝进一步扩展。当相邻的两个炮孔爆炸时，不论是同时起爆，或是存在着不同程度的时差，由于应力集中的缘故，沿炮孔的连心线方向首先出现裂缝，并且发展也最快。在爆生气体压力的作用下，由于最长的径向裂缝扩展所需的能量最小，所以该处的裂缝将首先得到扩展。因此，炮孔连心线方向也就成为裂缝继续扩展的最优方向，而其他方向的裂缝发展甚微，从而保证了裂缝沿着炮孔连心线将岩体裂开。这种解释比较符合实际的情况。

6.4.2　掏槽方案优选

掏槽爆破主要分为斜眼掏槽和直眼掏槽两大类,它们的优缺点各不相同,适用的条件也各不相同。浅眼爆破多采用斜眼掏槽,可获得较好的爆破效果。

(1)斜眼掏槽爆破

斜眼掏槽是指掏槽炮孔并不垂直于岩巷掘进工作面,而是与岩巷掘进工作面斜交。斜眼掏槽通常有以下几种基本形式:

楔形掏槽:楔形掏槽主要有水平楔形掏槽和垂直楔形掏槽两种形式,垂直楔形掏槽通常钻孔比较方便,应用较为广泛。

单向掏槽:由数个炮眼向同一方向倾斜组成,一般适应于小断面掏槽,并朝一个方向倾斜。炮眼的布置形式有爬眼掏槽、侧向掏槽、插眼掏槽。

锥形掏槽:锥形掏槽的各掏槽炮孔以相等或近似相等的角度向槽底集中,但各炮孔并不相互贯通,爆破后形成锥形槽。适用于 $f>8$ 的坚韧岩石或急倾斜岩层,其掏槽效果较好,但钻孔困难,除井筒外,其他巷道很少采用。

扇形掏槽:当工作面上存在一定厚度的软弱夹层时,常采用扇形掏槽,其特点是各掏槽炮孔的倾角和深度都不相同。扇形掏槽需利用多段延期雷管顺序起爆掏槽炮孔,逐渐加大孔深。

(2)直眼掏槽爆破研究现状

直眼掏槽的特点:掏槽炮孔垂直于工作面且相互平行,炮孔间距小,炮孔装药长度系数一般为 0.7~0.8,在掏槽炮孔中有一定数量不装药的空孔,平行装药孔的空孔作为自由面和破碎岩石膨胀的补偿空间,空孔直径与装药孔直径相同或大于装药孔直径。直眼掏槽的主要形式可归纳为龟裂(缝隙)掏槽、角柱形掏槽、螺旋掏槽和分层装药逐段掏槽 4 种类型。另外,在现场运用中还有多种变形形式。

龟裂直眼掏槽:又称裂隙掏槽,掏槽炮孔布置在一条直线上,隔孔装药,利用空孔作为两相邻装药的自由面和破碎岩石的膨胀空间,适用于中硬以上的小断面巷道。

菱形掏槽:较软的岩层中部布置一个小直径空眼,且炮眼间距取小值;较硬的岩层中部布置 3 个小直径空眼,且炮眼间距取大值,起爆顺序对称进行。

大直径中空直眼掏槽:大直径中空直眼掏槽的中心空眼一般是用重型凿岩机钻凿成较大直径的中空眼,由此逐渐扩大形成槽腔。

小直径中空直眼掏槽:在软岩、中硬岩层中,节理裂隙较为发育的浅眼爆破,普遍采用的是小直径中空直眼掏槽。中间留一不装药的空眼,其周围的 4 个眼同时爆破,一般均能取得较好的掏槽效果。

螺旋掏槽:装药孔围绕中心空孔布置在一条螺旋线上,石质软时中部布置 2 个小直径空眼,石质硬时布置 3 个小直径空眼,以作为 1 号炮眼爆破的临空面。

斜眼掏槽与直眼掏槽的优缺点对比如表 6-17 所示。

表 6-17 斜眼掏槽与直眼掏槽优缺点对比

掏槽方式	优点	缺点	适用条件
斜眼掏槽	①炮孔数目布置少，钻眼工作量小，节约工作时间；②单位岩石炸药消耗量低，节约成本，具有明显的经济效益；③对钻眼精确度及现场工作人员的操作水平要求相对较低；④适用于各种地质条件的矿岩	①楔形掏槽形成的掏槽区是楔形，造成周边孔因主爆孔的抵抗线不等，不利于周边光爆效果；②爆堆不集中，爆破时应注意对附近建筑物进行防护；③适用性受断面宽度和循环进尺的影响	①较适用于大断面；②适用于各种地质条件；③受巷道宽度限制，一般炮孔深度不大；④相对来说钻孔精度影响较小；⑤炸药用量较少；⑥需用雷管段数少；⑦钻孔时钻机相互干扰较大；⑧抛碴远，易打坏设备
直眼掏槽	①克服了周边孔抵抗线不等的缺点，光爆效果较好；②爆堆相对集中，利于出渣；③适用范围不受断面大小和循环进尺的影响	①对钻眼精确度及工作人员的操作水平要求较高；②炮孔数目较多，钻眼工作量相对较大，工作循环时间较长；③单位岩石炸药消耗量较大，成本较高；④不适用于韧性地层的矿岩；⑤所需雷管段别较多	①大小断面均适用，小断面更优越；②不适用于韧性岩层；③一次爆破深度可以较大；④技术要求高，钻孔精度影响较大；⑤炸药用量较多；⑥需用雷管段数多；⑦钻孔时钻机相互干扰少；⑧抛碴近，块度均匀，爆堆集中

根据上述分析，本设计提出采用倾斜角度较小的微楔形掏槽，并将其与嵩县山金矿现有掏槽方式进行对比，结果见表 6-18。

表 6-18 掏槽方案对比

对比项目	掏槽方式		
	菱形空孔掏槽	微楔形掏槽	菱形大直径空孔掏槽
孔数/个	9	9	13
槽腔体积/m³	0.45	2.8	1.38
总装药量/kg	8.25	10.8	19.5
掏槽单耗/(kg·m⁻³)	18.33	3.86	14.13
倾斜程度	直孔	微斜孔	直孔
优缺点	炮孔间距小，掏槽体积极小，容易串孔，掏槽单耗大，对施工水平要求高	炮孔间距大，掏槽体积大，不容易串孔。但存在6~8个微斜孔(79°~85°)	炮孔间距小，掏槽体积小，容易串孔，掏槽单耗大，对施工水平要求高

6.4.3 巷道掘进爆破设计

根据微楔形掏槽提出了 3 m×2.85 m 和 3.3 m×2.9 m 两种掘进断面的控制爆破方案，本节将介绍相关的炮孔间距、炮孔深度、炮孔装药量等爆破参数，规范爆破网路和起爆顺序。计算得出的炸药单耗分别为 $q=2.96 \text{ kg/m}^3$ 和 $q=2.99 \text{ kg/m}^3$，相对较小，爆破效果有了较大的提升。

6.4.3.1　断面 3×2.85 m 爆破设计

主要爆破参数和工艺设计如下。

（1）孔深（L）

根据设计原则，设计掏槽孔 I 倾斜深度为 2.73 m，超深 0.2 m，掏槽孔 II 垂直深度为 2.7 m，超深 0.2 m；辅助孔垂直深度 2.5 m；光爆孔和底眼垂直深度为 2.5 m。打孔时，孔深误差不能大于 0.1 m。

（2）炮孔间距（a）和排间距（b）

1）光爆孔间距（a）和光爆层厚度（b）。

设计边孔孔间距 $a=0.5$ m，顶眼孔间距为 0.55 m，光爆层厚度 $b=0.6$ m。

2）辅助孔的孔间距（a）和排间距（b）。

由于此次设计矿岩稳定性较好，较为难爆，取辅助孔的孔间距 $a=0.5\sim0.6$ m 和排间距 $b=0.45$ m，后根据施工具体情况进行适当调整。打孔时，孔间距误差不能大于 0.1 m。

3）底孔孔间距（a）和排间距（b）。

底孔孔间距取 $a=0.55$ m，排间距为 $b=0.45$ m，且底眼距下部围岩 0.1 m。考虑到底孔起到抬渣作用，在装药量方面，与掏槽孔 I 相同。

4）掏槽孔

本次设计采用微楔形掏槽，掏槽孔的布置图和尺寸如图 6-26 所示，图中环形孔为掏槽孔 I，中间两个孔为掏槽孔 II。

（3）炮孔布置

根据炮孔布置原则来布置炮孔位置，如图 6-27 所示。由于岩性的不同，炮孔布置在施工时应根据实际情况进行适当调整。

（4）单孔装药量（Q）

1）光爆孔单孔装药量（Q）。

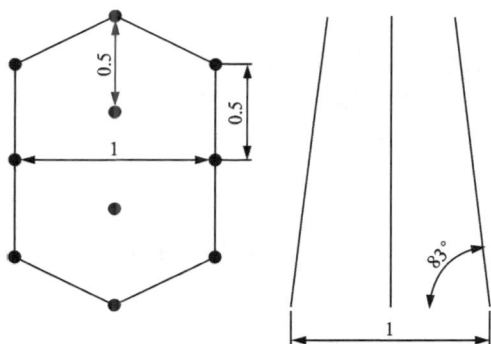

图 6-26　断面 3 m×2.85 m 爆破微楔形掏槽

一般光面爆破线装药密度 q 为 $0.1\sim$ 0.3 kg/m，由于此次设计矿岩较为难爆，所以取 $q=0.3$ kg/m；此次设计光爆孔采用岩石膨化硝铵炸药，由此可得单孔药量 $Q=0.75$ kg，共需 5 卷炸药。

2）辅助孔单孔装药量（Q）。

取辅助孔装药系数为 0.7，此次设计辅助孔采用乳化炸药，因此辅助孔单孔装药量 $Q=1.8$ kg，共需 6 卷炸药。

3）底孔单孔装药量（Q）。

考虑到"翻碴"作用，以便于清碴装运，底孔装药量与掏槽孔 I 装药量相同，采用乳化炸药，取底孔单孔装药量 $Q=2.1$ kg，共需 7 卷炸药。

4）掏槽孔 I 单孔装药量（Q）

取掏槽孔 I 装药系数为 0.9，此次设计掏槽孔 I 采用乳化炸药，因此掏槽孔 I 单孔装药量 $Q=2.1$ kg，共需 7 卷炸药。

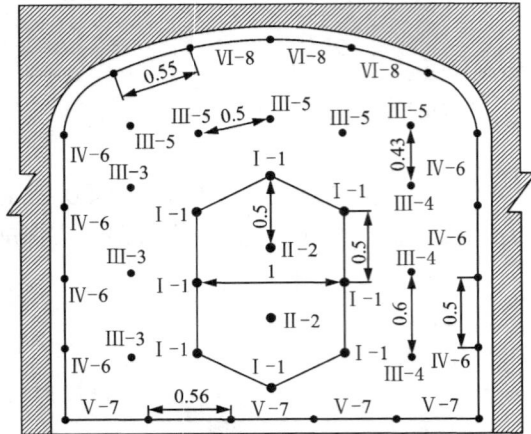

图 6-27 炮孔布置正视图 （单位：m）

5）掏槽孔Ⅱ单孔装药量（Q）

取掏槽孔Ⅱ装药系数为 0.2，此次设计掏槽孔Ⅱ采用乳化炸药，因此掏槽孔Ⅱ单孔装药量 $Q=0.6$ kg，共需 2 卷炸药。

（5）炸药单耗（q）

炸药单耗取值与断面大小、岩石硬度和完整性、孔深及所选用的炸药性能等因素有关。根据本工程的实际情况，计算得炸药单耗 $q=2.96$ kg/m^3。

以上爆破具体参数值见表 6-19~表 6-21。

表 6-19 断面 3 m×2.85 m 爆破参数表

参数项目		间距/m	孔深/m	单孔装药量/kg	炮孔数/个	总装药量/kg	起爆顺序	备注
孔类	掏槽孔Ⅰ	0.5	2.73	2.1	8	16.8	/	
	掏槽孔Ⅱ	0.5	2.7	0.6	2	1.2	/	
	光爆孔(顶眼+帮眼)	0.55/0.5	2.5	0.75	13	9.75	/	
	辅助孔	0.5~0.6	2.5	1.8	11	19.8	/	
	底孔	0.55	2.5	2.1	6	12.6	/	
乳化炸药总装药量/kg		50.4		膨化硝铵炸药总装药量/kg		9.75		
总炮孔数目/个		40		总雷管数目/个		40		
炸药单耗/(kg·m^{-3})		2.96		循环挖方量/m^3		20.31		

表 6-20 非电导爆管雷管数目(半秒管)

段别	1	2	3	4	5	6	7	8	合计
孔数/个	8	2	3	3	5	8	6	5	40

表 6-21　非电导爆管雷管数目(毫秒管)

段别	1	6	9	10	11	12	13	14	合计
孔数/个	8	2	3	3	5	8	6	5	40

主要爆破工艺设计如下。

(1)装药结构

光爆孔采用间隔装药,即将炸药卷按设计间隔距离捆梆在竹片(条)上并全长贯穿导爆索,采用正向起爆。其余炮孔均采用连续耦合装药,采用反向起爆,并采用孔内延期。装药结构如图6-28所示。

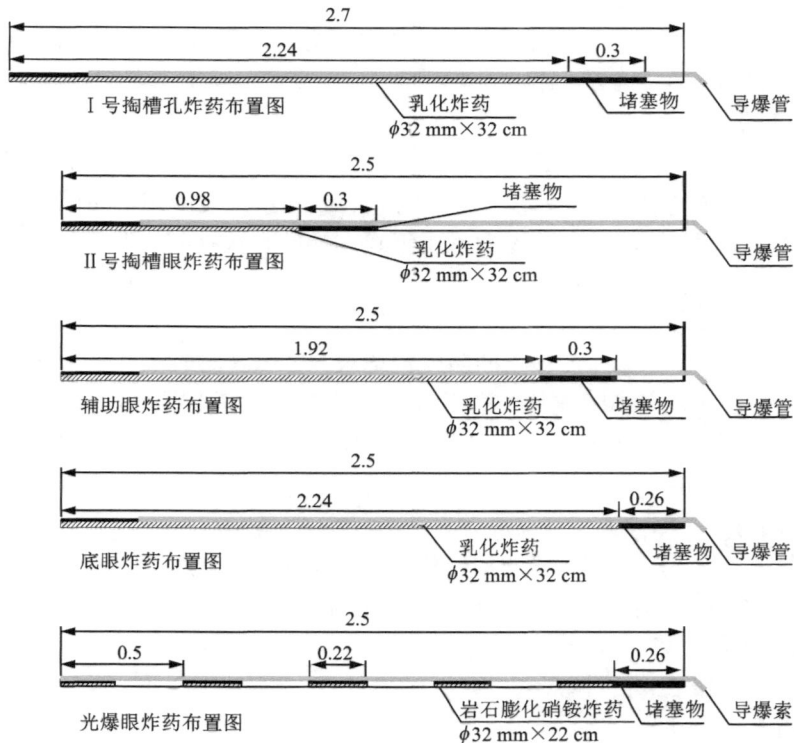

图 6-28　装药结构图

(2)起爆顺序

掏槽孔先爆,辅助孔次之,周边孔响后,顶眼最后起爆。如图6-29所示,1~8为先后起爆顺序。

(3)爆破器材选用

爆破器材2号岩石乳化炸药(规格 φ32 m,长 32 cm,重 0.3 kg),岩石膨化硝铵炸药(规格:φ32 m,长 22 cm,重 0.15 kg),毫秒延期导爆管雷管(用于孔内),导爆管瞬发雷管(用于孔外网路联接),导爆索(用于周边孔爆破)。

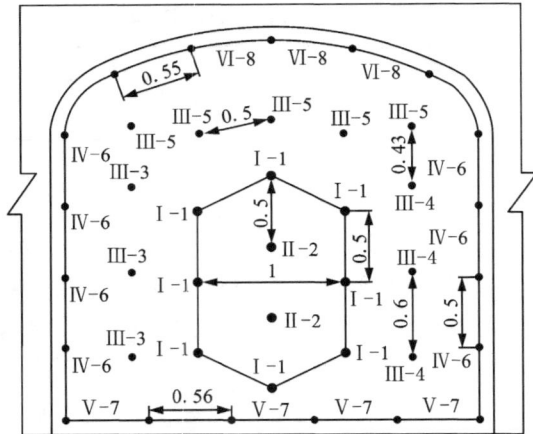

图 6-29　起爆顺序示意图

（4）爆破网路

根据起爆顺序，导爆管连接采用簇联方式，每把不超过 10 根（发），用 2 发导爆管瞬发雷管传爆，每个传爆点均应严加防护覆盖，以免炸坏网路。最后用 2 发瞬发雷管起爆。周边孔内引出的导爆索，用两根主导爆索采用复式连接的方法连接，保证起爆的可靠性。两根主导爆索连出后，根据起爆顺序与导爆管相连起爆。为保证起爆的可靠性和准确性，各炮眼雷管段数应与起爆顺序相同。

在药包加工时，根据断面尺寸及网路连接要求，导爆管雷管预先留有足够的长度。本次采用一个作业断面多组簇联连接，采用瞬发雷管（反向安装）作为引爆雷管用胶布包扎在离一簇导爆管自由端内大于 15 cm 处，按各类炮眼的段别装填好后开始 10 发一组簇联并联连接。

（5）炮孔堵塞

所有炮孔装药后，药包孔口部分均应用炮泥塞满堵实，炮泥用不含细石粒的黏土（或黄土）加工制作，湿度以用手捏能成形即可。堵塞炮泥时应注意保护爆破网路不受损。

6.4.3.2　断面 3.3 m×2.9 m 爆破设计

主要爆破参数和工艺设计如下。

（1）孔深（L）

根据设计原则，设计掏槽孔 Ⅰ 倾斜深度为 2.73 m，超深 0.2 m，掏槽孔 Ⅱ 垂直深度为 2.7 m，超深 0.2 m；辅助孔垂直深度 2.5 m；光爆孔和底眼垂直深度为 2.5 m。打孔时，孔深误差不能大于 0.1 m。

（2）炮孔间距（a）和排间距（b）

1）光爆孔间距（a）和光爆层厚度（b）。

设计边孔孔间距 $a=0.53$ m，顶眼孔间距为 0.5 m，光爆层厚度 $b=0.55$ m。

2）辅助孔的孔间距（a）和排间距（b）。

由于此次设计矿岩稳定性较好，较为难爆，取辅助孔的孔间距 $a=0.6$ m 和排间距 $b=0.35$ m，可根据施工具体情况进行适当调整。打孔时，孔间距误差不能大于 0.1 m。

3）底孔孔间距（a）和排间距（b）。

底孔孔间距取 $a = 0.62$ m，且底眼距下部围岩 0.1 m。考虑到底孔起到抬渣作用，在装药量方面，与掏槽孔 I 相同。

4）掏槽孔。

本次设计采用微楔形掏槽，掏槽孔的布置图和尺寸如图 6-30 所示，图中环形孔为掏槽孔 I ，中间两个孔为掏槽孔 II 。

（3）炮孔布置

由上述炮孔布置原则，可得炮孔布置如图 6-31 所示。由于岩性的不同，炮孔布置施工时应根据实际情况进行适当调整。

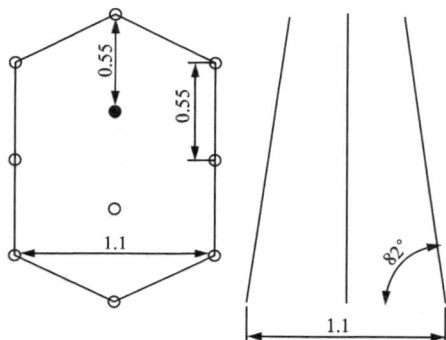

图 6-30　微楔形掏槽

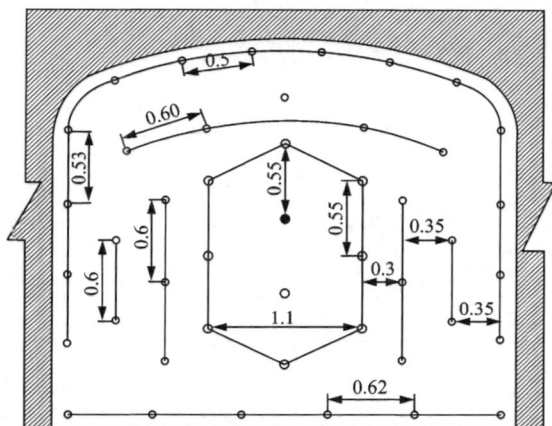

图 6-31　炮孔布置正视图　（单位：m）

（4）单孔装药量（Q）

1）光爆孔单孔装药量（Q）。

一般光面爆破线装药密度 q 为 0.1~0.3 kg/m，由于此次设计矿岩较为难爆，所以取 $q = 0.3$ kg/m；此次设计光爆孔采用岩石膨化硝铵炸药，由此可得单孔药量 $Q = 0.75$ kg，共需 5 卷炸药。

2）辅助孔单孔装药量（Q）。

取辅助孔装药系数为 0.7，此次设计辅助孔采用乳化炸药，因此辅助孔单孔装药量 $Q = 1.8$ kg，共需 6 卷炸药。

3）底孔单孔装药量（Q）。

考虑到"翻碴"作用，为便于清碴装运，设底孔装药量与掏槽孔 I 装药量相同，采用乳化炸药，取底孔单孔装药量 $Q = 2.1$ kg，共需 7 卷炸药。

4）掏槽孔 I 单孔装药量（Q）。

取掏槽孔 I 装药系数为 0.9，此次设计掏槽孔 I 采用乳化炸药，因此掏槽孔 I 单孔装药量 $Q = 2.1$ kg，共需 7 卷炸药。

5）掏槽孔 II 单孔装药量（Q）。

取掏槽孔 II 装药系数为 0.2，此次设计掏槽孔 II 采用乳化炸药，因此掏槽孔 II 单孔装药量 $Q = 0.6$ kg，共需 2 卷炸药。

（5）炸药单耗（q）

炸药单耗取值与断面大小、岩石硬度和完整性、孔深及所选用的炸药性能等因素有关，根据本工程的实际情况，计算得炸药单耗 $q=2.99$ kg/m³。

以上爆破参数值见表 6-22~表 6-24。

表 6-22　断面 3.3 m×2.9 m 爆破参数表

参数项目		间距/m	孔深/m	单孔装药量/kg	炮孔数/个	总装药量/kg	起爆顺序	备注
孔类	掏槽孔Ⅰ	0.55	2.73	2.1	8	16.8	/	/
	掏槽孔Ⅱ	0.55	2.7	0.6	2	1.2	/	
	光爆孔（顶眼+帮眼）	0.5/0.53	2.5	0.75	14	10.5	/	
	辅助孔	0.6	2.5	1.8	15	27	/	
	底孔	0.62	2.5	2.1	6	12.6	/	
乳化炸药总装药量/kg		57.6		膨化硝铵炸药总装药量/kg		10.5		
总炮孔数目/个		45		总雷管数目/个		45		
炸药单耗/(kg·m⁻³)		2.99		循环挖方量/m³		22.75		

表 6-23　非电导爆管雷管数目（半秒管）

段别	1	2	3	4	5	6	7	8	9	10	合计
孔数/个	8	2	3	3	2	2	5	8	6	6	45

表 6-24　非电导爆管雷管数目（毫秒管）

段别	1	6	9	10	11	12	13	14	15	16	合计
孔数/个	8	2	3	3	2	2	5	8	6	6	45

主要爆破工艺设计如下。

（1）装药结构

光爆孔采用间隔装药，即将炸药卷按设计间隔距离捆梆在竹片（条）上并全长贯穿导爆索，采用正向起爆。其余炮孔均采用连续耦合装药，采用反向起爆，并采用孔内延期。装药结构如图 6-32 所示。

（2）起爆顺序

掏槽孔先爆，辅助孔次之，周边孔响后，顶眼最后起爆。如图 6-33 所示，1~10 为先后起爆顺序。

（3）爆破器材选用

爆破器材：2 号岩石乳化炸药（规格：φ32 m，长 32 cm，重 0.3 kg）；岩石膨化硝铵炸药（规格：φ32 m，长 22 cm，重 0.15 kg），毫秒延期导爆管雷管（用于孔内）；导爆管瞬发雷管（用于孔外网路连接）；导爆索（用于周边孔爆破）。

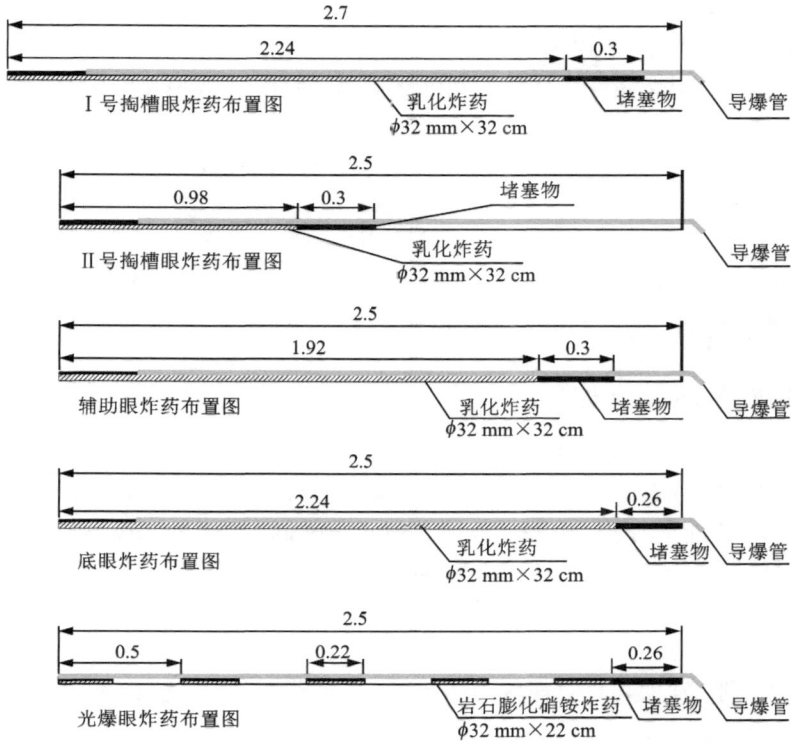

图 6-32　装药结构图

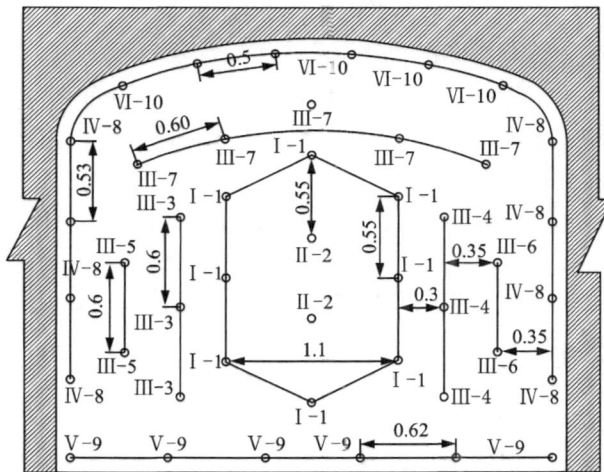

图 6-33　起爆顺序示意图

(4)爆破网路

根据起爆顺序,导爆管连接采用簇联方式,每把不超过 10 根(发),用 2 发导爆管瞬发雷管传爆,每个传爆点均应严加防护覆盖,以免炸坏网路。最后用 2 发瞬发雷管起爆。周边孔内引出的导爆索,用两根主导爆索采用复式连接的方法连接,保证起爆的可靠性。两根主导爆索连出后,根据起爆顺序与导爆管相连起爆。为保证起爆的可靠性和准确性,各炮眼雷管段数应与起爆顺序相同。

在药包加工时,根据断面尺寸及网路连接要求,导爆管雷管预先留有足够的长度。本次采用一个作业断面多组簇联连接方式,采用瞬发雷管(反向安装)作为引爆雷管,用胶布包扎在离一簇导爆管自由端内大于 15 cm 处,按各类炮眼的段别装填好后开始 10 发一组簇联并联连接。

(5)炮孔堵塞

所有炮孔装药后,药包孔口部分均应用炮泥塞满堵实,炮泥用不含细石粒的黏土(或黄土)加工制作,湿度以用手捏能成形即可。堵塞炮泥时应注意保护爆破网路不受损。

6.4.4　进路回采爆破设计

针对嵩县山金矿区实际情况,本设计将矿岩分为中等可爆和难爆矿岩,根据回采一步骤和二步骤提出的 8 个控制爆破方案,以其中两例,详细介绍相应的炮孔间距、炮孔深度、炮孔装药量等爆破参数。炸药单耗相较原方案有所降低,爆破效果有所提高。

6.4.3.1　中等可爆区域(以上向进路一步骤回采为例)

主要爆破参数和工艺设计如下。

(1)孔深(L)

根据设计原则,辅助孔垂直深度为 2.5 m;光爆孔和底眼垂直深度为 2.5 m。打孔时,孔深误差不能大于 0.1 m。

(2)炮孔间距(a)和排间距(b)

1)光爆孔间距(a)和光爆层厚度(b)。

设计光爆孔孔间距 $a=0.55$ m,光爆层厚度 $b=0.7$ m。

2)辅助孔的孔间距(a)和排间距(b)。

由于此次设计矿岩稳定性较差,较为易爆,取辅助孔的孔间距 $a=0.9\sim1$ m 和排间距 $b=0.9\sim1$ m,可根据施工具体情况进行适当调整。打孔时,孔间距误差不能大于 0.1 m。

3)底孔孔间距(a)和排间距(b)。

底孔孔间距取 $a=1$ m,排间距 b 为 0.7 m,且底眼距下部充填体 0.5 m。

(3)炮孔布置

由上述炮孔布置原则,可得炮孔布置图,如图 6-34 所示。由于岩性的不同,炮孔布置在施工时应根据实际情况进行适当调整。

(4)单孔装药量(Q)

1)光爆孔单孔装药量(Q)。

一般光面爆破线装药密度取 $q=0.1\sim0.3$ kg/m,由于此次设计矿岩较为易爆,所以取 $q=0.3$ kg/m;此次设计光爆孔采用岩石膨化硝铵炸药,由此可得单孔药量 $Q=0.75$ kg,共需 5 卷炸药。

2)辅助孔单孔装药量(Q)。

取辅助孔装药系数为 0.7,此次设计辅助孔采用乳化炸药,因此辅助孔单孔装药量 $Q=1.8$ kg,共需 6 卷炸药。

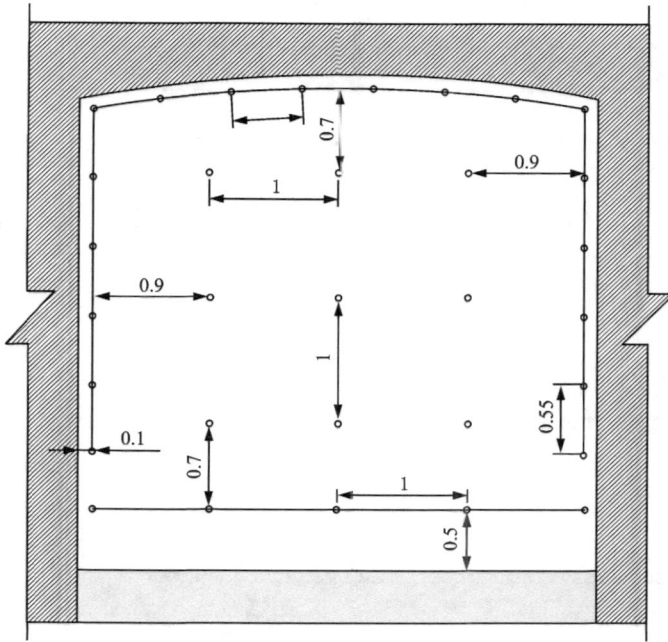

图 6-34　炮孔布置正视图

3）底孔单孔装药量（Q）。

考虑到"翻碴"作用，为便于清碴装运，设底孔装药量与辅助眼装药量相同，采用乳化炸药，取底孔单孔装药量 $Q = 1.8$ kg，共需 6 卷炸药。

（5）炸药单耗（q）

炸药单耗取值与断面大小、岩石硬度和完整性、孔深及所选用的炸药性能等因素有关，根据本工程的实际情况，计算得炸药单耗 $q = 0.97$ kg/m^3。

具体爆破参数见表 6-25~表 6-27。

表 6-25　中等可爆区域爆破参数表

参数项目		间距/m	孔深/m	单孔装药量/kg	炮孔数/个	总装药量/kg	起爆顺序	备注
孔类	光爆孔（顶眼+帮眼）	0.55	2.5	0.75	18	13.5	/	
	辅助孔	1	2.5	1.8	9	16.2	/	
	底孔	1	2.5	1.8	5	9	/	
乳化炸药总装药量/kg		25.2		膨化硝铵炸药总装药量/kg		13.5		
总炮孔数目/个		32		总雷管数目/个		32		
炸药单耗/(kg·m^{-3})		0.97		循环挖方量/m^3		40		

表 6-26 非电导爆管雷管数目(半秒管)

段别	1	2	3	4	5	6	合计
孔数/个	3	3	3	10	5	8	32

表 6-27 非电导爆管雷管数目(毫秒管)

段别	1	6	9	10	11	12	合计
孔数/个	3	3	3	10	5	8	32

主要爆破工艺设计如下。

(1)装药结构

光爆孔采用间隔装药,即将炸药卷按设计间隔距离捆梆在竹片(条)上并全长贯穿导爆索,采用正向起爆。其余炮孔均采用连续耦合装药,采用反向起爆,并采用孔内延期。装药结构如图 6-35 所示。

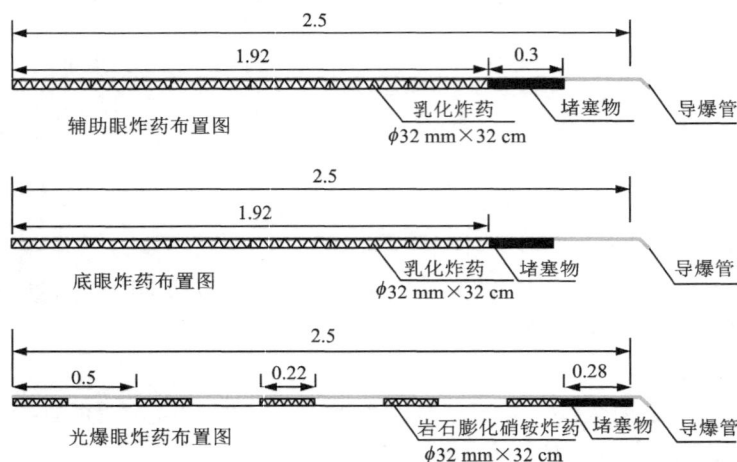

图 6-35 装药结构图

(2)起爆顺序

辅助孔最先起爆,周边孔次之,顶眼最后起爆。如图 6-36 所示,1~6 为起爆顺序。

(3)爆破器材选用

爆破器材:2 号岩石乳化炸药(规格:φ32 m,长 32 cm,重 0.3 kg),岩石膨化硝铵炸药(规格:φ32 m,长 22 cm,重 0.15 kg),毫秒延期导爆管雷管(用于孔内),导爆管瞬发雷管(用于孔外网路连接),导爆索(用于周边孔爆破)。

(4)爆破网路

根据起爆顺序,导爆管连接采用簇联方式,每把不超过 10 根(发),用 2 发导爆管瞬发雷管传爆,每个传爆点均应严加防护覆盖,以免炸坏网路。最后用 2 发瞬发雷管起爆。周边孔内引出的导爆索,用两根主导爆索采用复式连接的方法连接,保证起爆的可靠性。两根主导爆索连出后,根据起爆顺序与导爆管相连起爆。为保证起爆的可靠性和准确性,各炮眼雷管段数应与起爆顺序相同。

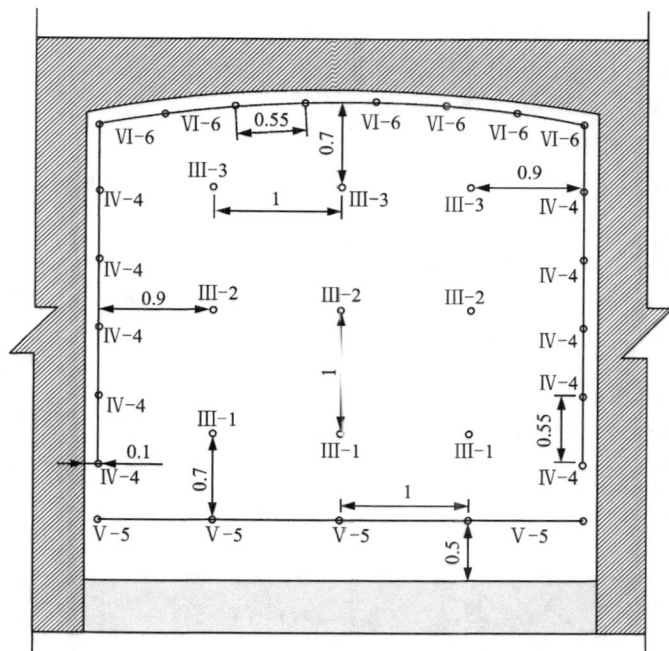

图 6-36　起爆顺序示意图

在药包加工时，根据断面尺寸及网路连接要求，导爆管雷管预先留有足够的长度。本次采用一个作业断面多组簇联连接方式，采用瞬发雷管（反向安装）作为引爆雷管用胶布包扎在离一簇导爆管自由端内大于 15 cm 处，按各类炮眼的段别装填好后开始 10 发一组簇联并联连接。

（5）炮孔堵塞

所有炮孔装药后，药包孔口部分均应用炮泥塞满堵实，炮泥用不含细石粒的黏土（或黄土）加工制作，湿度以用手捏能成形即可。堵塞炮泥时应注意保护爆破网路不受损。

6.4.3.2　难爆区域（以上向进路二步骤回采为例）

主要爆破参数和工艺设计如下。

（1）孔深（L）

根据设计原则，设计掏槽孔Ⅰ倾斜深度为 2.73 m，超深 0.2 m，掏槽孔Ⅱ垂直深度为 2.7 m，超深 0.2 m；辅助孔垂直深度为 2.5 m；光爆孔和底眼垂直深度为 2.5 m。打孔时，孔深误差不能大于 0.1 m。

（2）炮孔间距（a）和排间距（b）

1）光爆孔间距（a）和光爆层厚度（b）。

设计光爆孔孔间距 $a=0.5$ m，光爆层厚度 $b=0.55$ m；而在充填体一侧的边眼距充填体 0.2 m，间距为 0.6 m。

2）辅助孔的孔间距（a）和排间距（b）。

由于此次设计矿岩稳定性较好，较为难爆，取辅助孔的孔间距 $a=0.55\sim0.65$ m 和排间距 $b=0.5$ m，后根据施工具体情况进行适当调整。打孔时，孔间距误差不能大于 0.1 m。

3）底孔孔间距（a）和排间距（b）。

底孔孔间距取 $a=0.55$ m，排间距为 $b=0.6$ m，且底眼距下部充填体 0.3 m。考虑到底孔起到抬渣作用，在装药量方面，与掏槽孔 I 相同。

4）掏槽孔。

本次设计采用微楔形掏槽，掏槽孔布置图和尺寸如图 6-37 所示，图中环形孔为掏槽孔 I，中间两个孔为掏槽孔 II。

（3）炮孔布置

由上述炮孔布置原则，可得炮孔布置图，如图 6-38 所示。由于岩性的不同，炮孔布置施工时应根据实际情况进行适当调整。

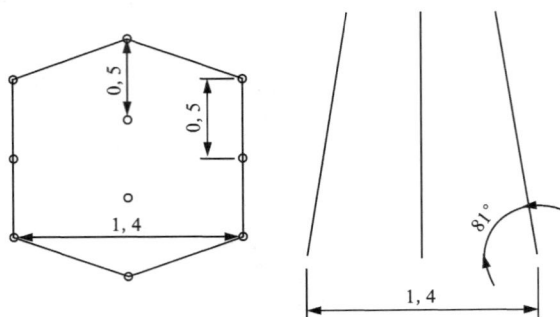

图 6-37　微楔形掏槽

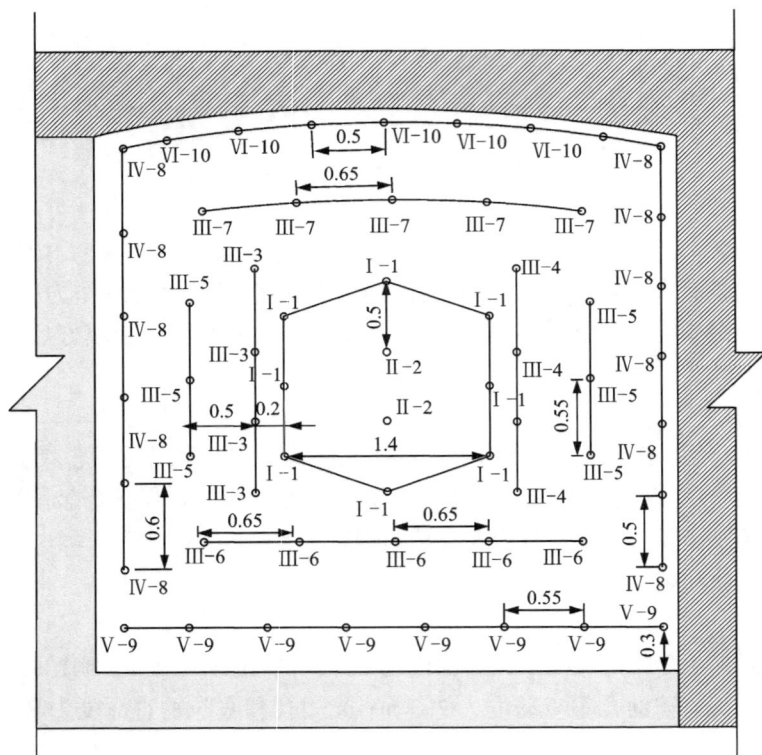

图 6-38　炮孔布置正视图

（4）单孔装药量（Q）

1）光爆孔单孔装药量（Q）。

一般光面爆破线装药密度取 $q=0.1\sim0.3$ kg/m，由于此次设计矿岩较为难爆，所以取 $q=0.3$ kg/m；此次设计光爆孔采用岩石膨化硝铵炸药，由此可得单孔药量 $Q=0.75$ kg，共需 5 卷炸药。

2）辅助孔单孔装药量（Q）。

取辅助孔装药系数为0.7，此次设计辅助孔采用乳化炸药，因此辅助孔单孔装药量 $Q=$ 1.8 kg，共需6卷炸药。

3）底孔单孔装药量（Q）。

考虑到"翻碴"作用，以便于清碴装运，底孔装药量与掏槽孔Ⅰ装药量相同，采用乳化炸药，取底孔单孔装药量 $Q=2.1$ kg，共需7卷炸药。

4）掏槽孔Ⅰ单孔装药量（Q）。

取掏槽孔Ⅰ装药系数为0.9，此次设计掏槽孔Ⅰ采用乳化炸药，因此掏槽孔Ⅰ单孔装药量 $Q=2.1$ kg，共需7卷炸药。

5）掏槽孔Ⅱ单孔装药量（Q）。

取掏槽孔Ⅱ装药系数为0.4，此次设计掏槽孔Ⅱ采用乳化炸药，因此掏槽孔Ⅱ单孔装药量 $Q=0.9$ kg，共需3卷炸药。

（5）炸药单耗（q）

炸药单耗取值与断面大小、岩石硬度和完整性、孔深及所选用的炸药性能等因素有关，根据本工程的实际情况，计算得炸药单耗 $q=2.34$ kg/m³。

具体爆破参数见表6-28~表6-30。

表6-28 难爆区域爆破参数表

参数项目		间距/m	孔深/m	单孔装药量/kg	炮孔数/个	总装药量/kg	起爆顺序	备注
孔类	掏槽孔Ⅰ	0.5	2.73	2.1	8	16.8	/	/
	掏槽孔Ⅱ	0.5	2.7	0.9	2	1.8	/	
	光爆孔（顶眼+帮眼）	0.5/0.6	2.5	0.75	20	15.75	/	
	辅助孔	0.55~0.65	2.5	1.8	24	43.2	/	
	底孔	0.55	2.5	2.1	8	16.8	/	
乳化炸药总装药量/kg		78.6		膨化硝铵炸药总装药量/kg			15.75	
总炮孔数目/个		62		总雷管数目/个			62	
炸药单耗/(kg·m⁻³)		2.34		循环挖方量/m³			40	

表6-29 非电导爆管雷管数目（半秒管）

段别	1	2	3	4	5	6	7	8	9	10	合计
孔数/个	8	2	4	4	6	5	5	13	8	7	62

表6-30 非电导爆管雷管数目（毫秒管）

段别	1	6	9	10	11	12	13	14	15	16	合计
孔数/个	8	2	4	4	6	5	5	13	8	7	62

主要爆破工艺设计如下。

（1）装药结构

光爆孔采用间隔装药，即将炸药卷按设计间隔距离捆梆在竹片（条）上并全长贯穿导爆索，采用正向起爆。其余炮孔均采用连续耦合装药，采用反向起爆，并采用孔内延期。装药结果如图6-39所示。

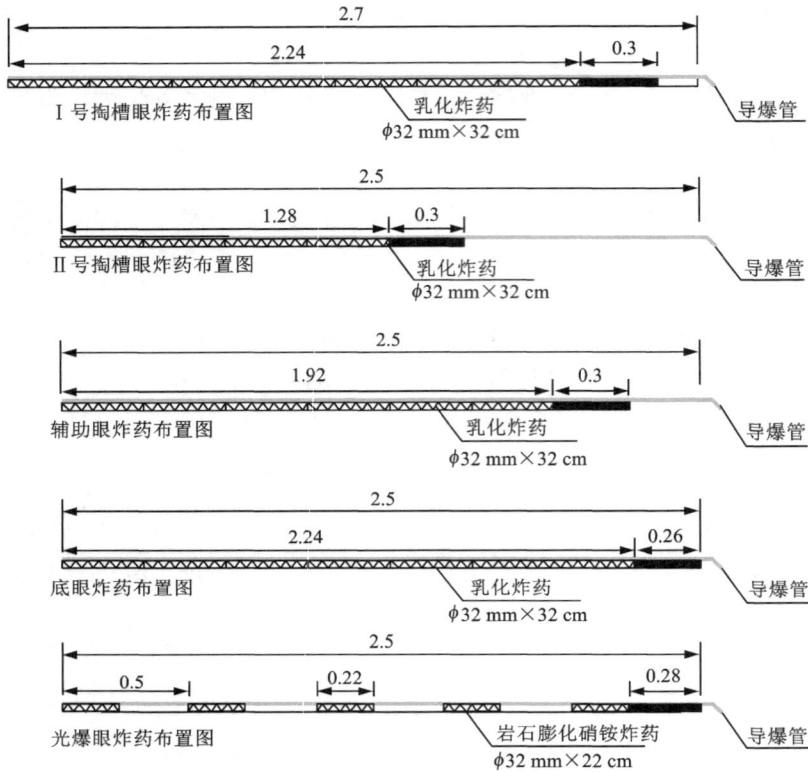

图 6-39　装药结构图

（2）起爆顺序

掏槽孔先爆，辅助孔次之，周边孔响后，顶眼最后起爆。如图6-26所示，1~10为起爆顺序。

（3）爆破器材选用

爆破器材：2号岩石乳化炸药（规格：$\phi32$ m，长32 cm，重0.3 kg），岩石膨化硝铵炸药（规格：$\phi32$ m，长22 cm，重0.15 kg），毫秒延期导爆管雷管（用于孔内），导爆管瞬发雷管（用于孔外网路连接），导爆索（用于周边孔爆破）。

（4）爆破网路

根据起爆顺序，导爆管连接采用簇联方式，每把不超过10根（发），用2发导爆管瞬发雷管传爆，每个传爆点均应严加防护覆盖，以免炸坏网路。最后用2发瞬发雷管起爆。周边孔内引出的导爆索，用两根主导爆索采用复式连接的方法连接，保证起爆的可靠性。两根主导爆索连出后，根据起爆顺序与导爆管相连起爆。为保证起爆的可靠性和准确性，各炮眼雷管段数应与起爆顺序相同。

在药包加工时，根据断面尺寸及网路连接要求，导爆管雷管预先留有足够的长度。本次采用一个作业断面多组簇联连接方式，采用瞬发雷管(反向安装)作为引爆雷管，用胶布包扎在离一簇导爆管自由端内大于 15 cm 处，按各类炮眼的段别装填好后开始 10 发一组簇联并联连接。

(5)炮孔堵塞

所有炮孔装药后，药包孔口部分均应用炮泥塞满堵实，炮泥用不含细石粒的黏土(或黄土)加工制作，湿度以用手捏能成形即可。堵塞炮泥时应注意保护爆破网路不受损。

6.5　本章小结

嵩县山金基于岩石可爆性分级研究，对嵩县山金井下凿岩爆破现状进行调查分析，优化了九仗沟金矿凿岩台车爆破参数和控制爆破设计方案，具体内容如下：

(1)基于国内外岩体可钻性、可爆性分级以及巷道凿岩爆破和光面爆破技术研究现状，可以发现国内外都很重视爆破工艺的研究，国内的研究以定性研究居多，而国外则注重于定量研究，为后续嵩县山金可爆性研究提供参考依据。

(2)通过对现有的凿岩爆破设计、施工工艺、技术标准等展开详细的现场调研，分析不同井下进路爆破回采方式和爆破工艺，目前嵩县山金井下凿岩爆破在凿岩、掏槽方式、掏槽布控等方面仍存在一些问题。

(3)通过对国内外岩体质量评价方法，以及地下工程岩体稳定性因素的分析，采用岩体的基本质量 BQ，主要通过定性和定量相结合的方法分别确定岩石强度和岩体完整性系数；然后结合具体工程的特点如地应力、地下水和结构面产状等对 BQ 值加以修正，以确定岩体级别。进而对嵩县金矿矿区岩体进行岩体可爆性分级。

(4)基于嵩县山金岩体可爆性分级和凿岩爆破设计基本原理，根据微楔形掏槽提出 3×2.85 m 和 3.3 m×2.9 m 两种掘进断面的控制爆破方案，详细描述了相关的炮孔间距、炮孔深度、炮孔装药量等爆破参数，规范了爆破网络和起爆顺序，炸药单耗分别为 $q=2.96$ kg/m³ 和 $q=2.99$ kg/m³，相对较小，爆破效果也有较大的提升。由此将矿岩分为难爆和中等可爆，提出了相应的爆破方案，炸药单耗相较原方案有所降低，爆破效果有所提高，并提出光面爆破控制爆破方案，可提高断面的规整性，减少浮石，提高工作安全性。

参考文献

[1] 王继峰. 岩石爆破技术的现状与发展[J]. 煤矿爆破, 2005(3)：25-28.
[2] 李雁翎. 大厂92号矿体可钻性可爆性与钎头选型研究[D]. 长沙：中南大学, 2005.
[3] 渠爱巧. 鞍千矿矿岩特性与可钻性研究[D]. 沈阳：东北大学, 2008.
[4] 陶颂霖. 凿岩爆破[M]. 北京：冶金工业出版社, 1986.
[5] 张国桦. 冲击式凿岩与岩性特征[J]. 凿岩机械气动工具, 2002(3)：22-28.
[6] 尹宏锦. 实用岩石可钻性[M]. 东营：石油大学出版社, 1989.
[7] 胡柳青. 冲击载荷作用下岩石动态断裂过程机理研究[D]. 长沙：中南大学, 2005.
[8] 史晓亮, 段隆臣, 王蕾, 等. 微钻法进行岩石可钻性分级[J]. 金刚石与磨料磨具工程, 2002, 22(3)：32-34.

[9] 王让甲. 用声波进行钻探岩石分级的研究[J]. 探矿工程, 1985(6): 9-11.

[10] 龚剑. 岩体基本质量与可爆性分级[D]. 武汉: 武汉理工大学, 2011.

[11] 交通部西南研究所. 利文斯顿爆破漏斗理论及其应用[J]. 隧道译丛, 1978.

[12] Bond F C. Three principles of commninution [J]. Engineering geology, 1960, 12: 205-223.

[13] Belland J M. Structure as a control in rock fragmentation[J]. International Journal of Rock Mechanics and Mining Sciences, 1987: 68-72.

[14] Nagahama H M. Fractal dimension and fracture of brittle rocks[J]. Geomechanics and Tunnelling, 1983: 58-67.

[15] 钮强, 王明林. 我国岩石爆破性分级[J]. 西部探矿工程, 1996, 8(6): 29-32.

[16] 葛树高. 矿岩可爆性评价与合理炸药单耗的确定[J]. 有色金属, 1995(2): 10, 11-15.

[17] 王平. 大断面隧道楔形掏槽爆破参数的优化[D]. 南宁: 广西大学, 2020.

[18] 李华超. 围压应力作用下复式三角形掏槽爆破破岩机理数值模拟研究[D]. 青岛: 山东科技大学, 2020.

[19] 丁奇奇. 巷道掘进爆破系统研究与开发[D]. 长沙: 中南大学, 2014.

[20] 陈国良. 光面爆破技术在不稳固岩体掘进中的研究和应用[D]. 南宁: 广西大学, 2008.

[21] 陈元利. 马坑铁矿井巷掘进亚光面爆破试验研究[D]. 赣州: 江西理工大学, 2020.

[22] 中南大学, 福州大学. 嵩县山金岩体质量分级及进路稳定性研究[R]. 嵩县: 九仗沟金矿, 2021.

[23] 中南大学, 福州大学. 基于岩体可爆性分级的台车凿岩爆破参数与开采技术研究[R]. 嵩县: 九仗沟金矿, 2021.

[24] 潘勇. 岩体可爆性数值分级研究[D]. 武汉: 武汉理工大学, 2013.

[25] 薛剑光, 周健, 史秀志, 等. 基于熵权属性识别模型的岩体可爆性分级评价[J]. 中南大学学报(自然科学版), 2010, 41(1): 251-256.

[26] 王祥厚, 李程远. 岩石爆破性分级方法述评[J]. 建井技术, 2001, 22(2): 21-25.

[27] 李启月. 深孔爆破破岩能量分析及其应用[D]. 长沙: 中南大学, 2008.

[28] 田鹏. 综采工作面开切眼深孔预裂爆破技术研究[D]. 太原: 太原理工大学, 2013.

[29] 李莹. 高应力岩体爆破作用效果的数值模拟[D]. 沈阳: 东北大学, 2013.

[30] 梁雪松. 自由面对爆破振动的影响研究[D]. 沈阳: 东北大学, 2013.

[31] 史秀志, 邱贤阳, 聂军, 等. 超大断面竖井深孔爆破成井技术[J]. 工程爆破, 2016, 22(5): 7-12.

第 7 章

九仗沟金矿通风系统优化

　　在矿井生产过程中，必须源源不断地将地面新鲜空气输送到井下各个作业地点，以供人员呼吸，并稀释和排出井下各种有毒、有害气体和矿尘，创造良好的矿井工作环境，保障井下作业人员的身体健康和生产安全，这种利用机械或自然通风方式，使地面空气进入井下，并在井巷中定向和定量地流动，最后将污浊空气排出矿井的全过程就称为矿井通风。矿井通风的首要任务就是要保证矿井空气的质量符合要求。《金属非金属矿山安全规程》(GB 16423—2020)，要求每个矿山都必须建立完善的机械通风系统，运用风机动力及调节控制设施，把地表新鲜空气送入井下，保证井下采掘工作面有足够氧气，把各种有毒、有害气体及矿尘稀释到无害程度并排出矿外，给井下工作面创造良好的气候条件。矿井通风系统是矿井生产系统的重要组成部分，矿井通风系统的好坏，直接影响着矿井的安全生产、灾害防治和经济效益。

7.1　国内外矿井通风研究现状

7.1.1　矿井通风系统优化研究

7.1.1.1　矿井通风网络理论研究

　　矿井通风网路利用数学模型对矿井通风系统进行描述，根据矿井通风系统的巷道基本参数、各分支的通风构筑物及主通风机等构成，对通风系统进行解算，如验算风量和风速是否符合规范要求，风量是否达到矿井实际需要量等。1930 年波兰的 A. Sakustowicz 提出用降阻法对通风网络进行调节。并且，J. Sukkowski 等人对通风网络进行研究，将通风网络分为以下三类。

　　1)自然分风网络，即按需分风分支数为零，所有分支皆为自然分风分支。该解算方法较成熟，但常用的方法是 Scott - Hinwley 法。李恕在 Scott - Hinwley 法的基础上，运用Newton 法解决了通风网络的收敛问题，实现了二次收敛。T. H. Ueng、Y. J. Wang、S. Bhmidipati 采用容度模型，避免了 Scott-Hinwley 法收敛的不稳定性等缺点。刘驹生提出了近似替代法——节点风压法，之具有数据少、计算简便等特点。其后赵梓成对 Scott - Hinwley 法加以改进，提高了收敛速度。

　　2)控制型分风网络，即已知全部分支的风量，只需求出风机风压和调节参数，指的是风量优化调节问题。Y. J. Wang 提出工程网络的关键路径法解算最优网络优化调节问题。ThysB. Johnson 通过研究提出了用网络最小费用流求最优解的方法，采用网络规划的瑕疵算法（out-of-kilter）求解控制型分风网络，该算法易操作计算简便。

　　3）一般型分风网络，即在通风网络中，已知部分按需分风分支的风量，其余分支的风量需要求解得知，这就是普遍矿井通风设计需解决的情况。刘承思考虑要使回路的风压保持平衡，可通过递推法，将全部回路的分支风量递推出来。卢新明针对非线性规划解算，运用网络变换技术，得出以分支阻力调节量为未知变量的线性规划模型，提出直接优化算法。王振财提出了包含调节风窗的一般型分风网络优化解算法，方法是将网络分成三个主要区段：进风段、用风段和回风段。

7.1.1.2　矿井巷道断面优化理论研究

　　通风系统的成本由以下两个因素决定，通风井巷的开拓投资和通风系统所消耗的电费，这两个因素都和通风井巷的断面积有关。合理的解算矿井通风井巷的最优经济断面，对于降低矿井通风费用而言，具有决定性的作用。徐瑞龙教授将井巷断面优化的方法分为两大类：一类是在给定负压下对断面进行优化；二类是在优化中确定井巷断面和总负压。常见的方法有平松良雄法、按负压分配法、拉格朗日乘数法、网路优化法、动态分析法、下标搜索法等。这些方法都具有一定的局限性。因而，1993 年徐瑞龙教授提出了通路法，考虑了投资利息、时间价值等因素进行井巷断面优化解算，该方法考虑了最大阻力路线上的各风路，在风量分配中充分发挥了自然分风的作用，很适合于新建矿井及改扩建矿井巷道的断面优化解算。2002 年，徐瑞龙教授又提出了变系统的井巷断面优化方法，考虑了工作面搬家、采区接替、水平延深等因素，体现出动态性。

7.1.1.3　矿井通风网络解算研究

　　国外对于矿井通风网络解算的研究始于 20 世纪中叶。通风网络解算最早是 Hashimoto 提出的，他编写了第一个矿井通风网络解算程序。W. Dziurzynski 等研发了 VENTGRAPH 系统，具有很强的影响力，该软件具有可视化功能。美国学者开发了一款可实现自然通风网络和机械通风网络的三维模型的 Ventilation Design 矿井通风网络软件。CANVENT 是第一款 Windows 操作系统下基于 AutoCAD 图形界面的矿井通风仿真系统。法国学者根据昆明理工大学硕士学位论文第一章绪论 4CFD（computational fluid dynamics）来考虑基本数据的仿真软件，可达到动态效果。

　　我国从 20 世纪 70 年代开始对矿井通风网络解算程序进行研究，不断开发和改进软件编程，取得了不少成果。1973 年，抚顺煤炭研究所编写了我国第一款矿井通风网络分析程序。2003 年，中国矿业大学的王德明团队研发出通风网络解算软件，该软件建立了数据库，为数据的解算和修改提供了便利，并且结合通风系统图，具有实时显示网络解算结果的功能。同年，孔令标等人根据 GIS 技术，将矿井通风网络解算过程简化，并提出采用非平面数据模型解决通风网络的三维拓扑问题，实现各参数动态查询分析。2005 年，煤炭科学研究总院抚顺分院曾伟等提出一种基于 WebGIS 技术的高性能通风网络解算的设计方法。中南大学黄俊歆结合矿井数字化系统，提出了数据一体化管理，建立了"层次性平台+插件"结构体系，构建了 DIMINE 矿山数字化软件，解决了建模难题。北京四维远见信息技术有限公司开发了煤矿井下通风可视化管理系统 3D-CMVRS，能够三维建模、风流动态模拟。中国矿业大学推出了矿井通风系统图形管理和救灾辅助决策系统 MineCAD，实现了图形的智能绘制、图元拾取与标注、动态模拟工作面推进。北京三地曼矿业软件公司与昆明理工大学联合开发的通风解算与模拟软件 3DVent，具备风机管理库，具有风机自动选型、通风网络解算及风量调节等功能，可实现三维动画模拟。

7.1.2　矿井通风优化方案评价决策方法

随着矿井通风研究的不断深入，评价模型日益丰富，除了常见的层次分析法、模糊综合评价、灰关联模型等经典方法外，基于突变级数法、蚁群算法、TOPSIS 模型等评价模型也不断完善，取得了丰富的研究成果。

在国外的应用中，1985 年，美国学者 T. L. Saaty 运用系统理论的相关特性提出了层次分析法。模糊数学由美国控制论专家扎德教授于 1965 年首先提出，因实践需要得到极大发展。其于 1976 年传入我国后获得迅速发展，并获得显著成绩。经过更多学者的努力，在矿井的评价决策方法中取得了不错的成果，如 Muhammet Gul 提出了基于毕达哥拉斯模糊数方法，并在地下铜锌矿山进行了案例研究。研究结果表明，可以通过该模糊方法解决方案将危险分为不同的风险级别，改善了地下铜锌矿山中现有的安全风险评估机制。Satar Mahdevari 提出了一种在地下矿山开采时，基于模糊 TOPSIS 的方法来评估与人类健康相关的风险，以便采取控制措施并支持决策，这可以在不同方面(例如安全性和成本)之间实现适当的平衡。

层次分析法于 1982 年引入我国，并得到了广泛应用。王中胜运用最优传递矩阵等概念提出了一种对不一致性判断矩阵进行修正的方法，深入分析了层次分析法机理。汪浩根据层次分析法提出运用标度法评判指标，从而表示两事物相对权重的对比。WangQ 利用模糊层次分析法(FAHP)，对系统的影响因素进行评价与排序，建立模型，采用 LFPP 对系统进行评价分析。1982 年邓聚龙教授创立了灰色理论。灰色理论得到不断发展，许多学者对其进行深入分析，提出改进方法，汪群峰提出灰关联深度系数的概念，并且采用极大熵理论，构建了极大熵配置模型。通过该模型确定指标权重，并通过实例分析验证。

除了以上两种常见的经典决策模型外，学者们也研究了多种矿井通风系统评价决策方法。如：陈开岩采用突变级数法，对某矿矿井通风系统改造方案进行了评价分析，并与其他评价方法相比较，做出重要度的排序。G1 法是由东北大学郭亚军教授提出的一种 AHP 法的改进方法，是分析复杂问题的一种简便方法，比较适合难以全部定量化的分析问题。Wei G 提出了仿生-蚁群算法。根据矿井通风系统优化的特点，该模型对通风系统进行了优化与评价。Xiangxin Li 运用 TOPSIS 法分析了矿山的安全情况，并与多个评价方法比较，结果该方法简单客观，评价结果可靠，与实际相符。

综合对比各决策方法发现：模糊综合评价在隶属度和权重确定、算法选取等方面有主观性，缺乏量化分析的准确性，影响评价的真实性。突变级数法虽然避免了考虑指标权重的模糊性，将各指标重要性考虑进去，对指标进行分析排序更客观。但矿井通风系统是一个复杂、动态的体系，需综合考虑的因素较多，所建立的模型不完全符合该方法。蚁群算法收敛速度慢、易陷入局部最优，不利于综合评判。改进层次分析法充分考虑了各专家对评价指标的不同认知，但缺乏指标量化分析的准确性，影响评价的真实性。灰色关联决策思路明晰，对数据要求较低，但灰关联系数仅考虑方案与理想方案间的距离，而忽略了方案指标间的相互影响。

与此同时，在决策过程中，对赋权方法的选取有待考量，根据查阅以往的矿井通风评价决策文献得出：主观赋权法如层次分析法、G1法、Delphi法等，是依据专家自身知识、经验做出的评判，主观性强，未考虑指标的数据特征，权重的确定缺乏准确性。客观赋权法如主成分分析法、熵权法、变异系数法、相关系数法等，运用指标的基础数据，结合数学理论进行计算，过程较为复杂，忽略了专家的知识经验评判，将指标看成一致重要，就会出现权重系数不合理的现象。为避免单一赋权法的片面性和局限性，很多学者研究了主客观权重的组合赋权，刘辉采用层次分析法和均方差法进行加法集成法组合。王克采用层次分析法和熵权法距离函数进行组合赋权。这些简单的"乘法"集成法、"加法"集成法赋权存在一些弊端，"乘法"集成法适用于权重分配比较均匀的情况，否则会导致指标权重大者更大的效应。"加法"集成法在决策者对不同赋权方法存在偏好时，权重系数的取值也会有所变化，存在一定主观性。因此，指标权重的确定对方案决策也起到了重要作用。

7.2　九仗沟金矿通风现状

7.2.1　通风系统测定

要全面、准确的对矿井通风系统进行测定分析，必须依靠技术资料和图纸，用以指导通风系统的调查和测点的布置。本次收集的技术资料和图纸包括：

1）矿山生产概况：主要收集包括矿山的年产量、采矿方法、开拓系统和通风系统情况，采掘作业面的分布及数量等。

2）各中段平面图：中段平面图主要用以指导通风系统调查和布置测点。在中段平面图上应标明主要通风构筑物位置、主扇和辅扇的安装位置、与邻中段有联系的井筒及专用通风井巷的位置等。

3）矿井通风系统立体示意图：通风系统立体示意图应标有系统中所有通地表的风机位置、通风构筑物位置、上下中段相联系的位置及系统内所有井巷中的风向等情况。

4）矿井通风系统管理制度和措施：了解矿井通风系统的管理制度和采取的相关安全技术措施。

7.2.1.1　风速（风量）测定与计算

风速（风量）测定使用的主要仪器设备和用具如表7-1所示。

表7-1　风速（风量）主要仪器设备和用具

序号	名称及型号	用途
1	中风速表（DFA-2）	风速测定
2	低风速表（DFA-3）	风速测定
3	激光测距仪（PD30）	断面测定
4	数字式风速仪（AVM-07）	风速、温度测定
5	空盒气压表（DYM3）	大气压、温度测定

（1）断面面积的测量与计算

①规则断面。

对于规则断面的面积按下面标准公式计算，在公式中各符号代表为：直径 d，宽度 b，壁高 h，拱高 h_0，面积 S，周长 P。

1）圆形：$S = 0.785 \times d^2$，$P = 3.14 \times d$；

2）矩形：$S = b \times h$，$P = 2 \times (b+h)$；

3）梯形：均宽 b，$S = b \times h$，$P = 2 \times (b+h)$；

4）半圆拱形：$h_0 = b/2$，$S = b \times (h + 0.39 \times b)$，$P = 2.57 \times b + 2 \times h$；

5）三心拱形：$h_0 = b/3$，$S = b \times (h + 0.263 \times b)$，$P = 2.33 \times b + 2 \times h$；

6）三心拱形：$h_0 = b/4$，$S = b \times (h + 0.198 \times b)$，$P = 2.22 \times b + 2 \times h$；

7）圆弧拱形：$h_0 = b/3$，$S = b \times (h + 0.241 \times b)$，$P = 2.27 \times b + 2 \times h$；

8）圆弧拱形：$h_0 = b/4$，$S = b \times (h + 0.175 \times b)$，$P = 2.16 \times b + 2 \times h$。

②不规则断面。

对不规则断面采用抛物线定积分测量计算法。该方法适用于各类井巷断面积的测量与计算，测量简单，计算容易，精度较高。

测量方法：用皮尺或钢卷尺测量断面最宽处的宽度 b，将其分成 10 等份，在各等份点上用滑尺量取顶、底板之间距离 Y_1，Y_2，$\cdots$，Y_{11}。

计算方法：$S = b/30 \times [Y_1 + Y_{11} + 4 \times (Y_2 + Y_4 + Y_6 + Y_8 + Y_{10}) + 2 \times (Y_3 + Y_5 + Y_7 + Y_9)]$。

（2）大气压力与空气密度的测定与计算方法

大气压力 P 的测定一般采用空盒气压计在测点位置静置 10 分钟后直接读取。

空气温度 t 在数字式风速仪上读取，也可在空盒气压计上读取。

由大气压力和空气温度可简略计算出空气密度 ρ，即：

$$\rho_{测} = 3.458 \times 10^{-2} \times P/(273 + t) \tag{7-1}$$

式中：P 为大气压力，Pa；t 为空气温度，℃。

（3）风量（风速）测定方法

本次风速测定采用侧身测定法。测定者手持风表，背对巷道壁（即侧身法），手臂向风流垂直方向伸直。使用此法时人体与风表在同一断面内，造成流经风表的风速增加。风速计算公式如式 7-2。

$$v = v_s(S - 0.4)/S \tag{7-2}$$

式中：v 为实际速度，m/s；v_s 为测量速度，m/s；S 为测风断面积，m^2；0.4 为人体占据巷道断面的面积，m^2。

（4）风量（风速）的计算方法

通过某一巷道断面的风量为该断面平均风速与断面面积的乘积，即：

$$Q = v \times S \tag{7-3}$$

式中：Q 为风量，m/s；v 为测点实际风速，m/s；S 为测点的断面积，m^2。

为了对测定结果进行统一比较，一般将实际风量换算成 $\rho_{标} = 1.2 \ kg/m^3$ 状态下的标准风量，即：

$$Q_{标} = Q_{测} \times \rho_{测}/\rho_{标} \tag{7-4}$$

式中：$Q_{测}$ 为测定的实际风量，m^3/s；$\rho_{标}$ 为标准空气密度，kg/m^3；$\rho_{测}$ 为测定的实际空气密度，kg/m³。

风速（风量）测定结果如下所示：

（1）主要进回风点测量结果

①总进风量：通风系统总进风量为 59.32 m³/s（含金牛矿业漏风），由 1#测点、12#测点、32#测点、51#测点、59#测点和 20#测点控制；矿山在 140 m 中段南翼与金牛矿业相通，20#测点（140 m 中段南翼）进风来自金牛矿业，风量为 7.99 m³/s，剔除 20#测点进风量，同时 59#测点为直接漏风（2.42 m³/s），也应减去，所以九丈沟井下通风系统有效进风量为 48.91 m³/s。

②通风系统总回风量：通风系统总回风量为 61.44 m³/s（465 m 平硐主机入风前端），均由 +465 m 平硐（60#测点）排出地表。

（2）各主要中段进、回风状况及分析

①井下通风系统主要进风中段是 220 m 主井石门（（12#测点）进风量为 12.64 m³/s，风速为 1.97 m/s，100 m 中段主井石门（32#测点）进风量为 16.48 m³/s，风速为 2.25 m/s，-20 m 中段主井石门（51#测点）进风量为 16.31 m³/s，风速为 2.05 m/s；这三个中段（220 m、100 m、-20 m）的总进风量为 45.43 m³/s；三个中段的石门平均断面积 7.2 m²，平均风速为 2.10 m/s。

由以上测定结果说明井下通风系统从 220 m、100 m、-20 m 三个中段进风量少，从这三个中段的石门进风风流速度低；其原因一是主井的罐笼上下运矿频率高进风阻力大，新鲜风风流从主竖井进风困难，二是单翼对角抽出式通风系统，主要风流路线长 2470 m，465 回风平硐 DK40-6-NO17（2*75 kW）主扇不能克服通风系统沿程阻力和局部阻力。

②主要生产作业中段回风风量小，回风风路不畅通。经测定 300 m 中段回风量为 1.59 m³/s，260 m 中段回风量为 13.35 m³/s，220 m 中段回风量为 0 m³/s，180 m 中段回风量为 11.87 m³/s，140 m 中段回风量为 0 m³/s，100 m 中段回风量为 2.13 m³/s，60 m 中段回风量为 22.08 m³/s，20 m 中段回风量为 5.73 m³/s，-20 m 中段回风量为 1.20 m³/s。各中段总回风量为 57.95 m³/s，与主扇总回风量 61.44 m³/s 相差 3.49 m³/s，减去从 465 m 中段运输废石平硐直接漏风（风量 2.42 m³/s），则只相差 1.07 m³/s，所以测定的误差很小。

从测定各中段的回风量数据看，各中段的回风量分布不太合理，一是 220 m、140 m 中段回风量为零。二是深部 100 m、20 m、-20 m 中段回风量很小，说明深部的回风中段网路不畅通，通风阻力大，污风排出困难通风效果差。

7.2.1.2 主扇装置性能测定与计算

主扇装置性能测定使用的主要仪器设备和用具如表 7-2 所示。

表 7-2 主扇装置测定主要仪器设备和用具

序号	名称	用途
1	数字式风速仪（AVM-07）	风速、温度测定
2	压差计	风压测定
3	钳形电流表	主扇电机电流测定

续表7-2

序号	名称	用途
4	钳形电压表	主扇电机电压测定
5	功率因素表	主扇电机功率因素测定
6	激光测距仪	断面测定

主扇装置性能包括主扇风量、风压、主扇电机功率和主扇效率的测定和计算。

(1)主扇风量的测定

主扇风量通常在风硐内预先选定的适当断面上进行测定。由于通过风硐的风量和风速较大,一般使用风速传感器或高速风表测定断面上的平均风速;或者将断面分成若干等份,用皮托管、压差计和胶皮管测定每个等份中心的动压,然后将动压换算成相应的速度,即 $v=\sqrt{H_v 2g/\rho}$,再计算出若干个速度的算术平均值作为断面的平均风速。平均风速与风硐断面面积的乘积等于通过风硐的风量,也就是主扇的风量。

(2)主扇风压的测定

主扇风压的测定通常也是在风硐内测定风速的断面上进行。先在该断面上设置皮托管,再用胶皮管将皮托管的静压端(或全压端)与安设在主扇房内的压差计连接起来,当胶皮管无堵塞和漏气时,即可在压差计上读数,此读数为风硐内该断面上的相对静压 $H_{扇}$(或全压)。

(3)主扇功率的测定

为了计算主扇效率,应将拖动主扇的电动机输入功率测定出来。三相交流电机的功率通常采用钳形电流表、钳形电压表和功率因素表进行测定,并按下式计算:

$$N = \sqrt{3} \times U \times I \times \cos\phi \tag{7-5}$$

式中:I 为线电流,A;U 为线电压,kV;$\cos\phi$ 为电机功率因素;N 为电机输入功率,kW。

(4)单台主扇效率计算

将主扇风量、风压、功率等数据测定计算出来后,按下式计算主扇效率:

$$\eta_{扇} = \frac{Q \times H}{1000 \times N \times \eta_e \times \eta_d} \times 100\% \tag{7-6}$$

式中:$\eta_{扇}$ 为主扇效率;Q 为主扇风量,m³/s;H 为主扇风压,Pa;N 为拖动主扇电机的输入功率,kW;η_d 为主扇电机传动效率,直联取 100%,其他取 85%;η_e 为主扇电机效率,参考表 7-3 取值。

表 7-3 主扇电机效率表

电机额定功率/kW	<50	50~100	>100
电机效率/%	85	88	89

九仗沟金矿采用单翼对角式机械通风系统,主扇安装在+465 m 回风平硐,型号为 DK40-6-№.17 轴流式风机,额定风量 26.5~63.5 m³/s,静压 491~2171 Pa,叶片安装角 35°/30°,转速 980 r/min,电机功率 2×75 kW,电机型号 Y315S-6。主扇测定数据和计算结

果见表 7-4。

根据现场测定资料及计算，其结果如下：

主扇工作风量：61.44 m³/s；

主扇全压：1240 Pa；

电机输入功率：112.03 W；

主扇效率：68%。

上述工况测定，主扇装置静压效率为 68%，满足规范 60%（静压效率）要求。

表 7-4　主扇工况测定数据及计算表

				电动机		
额定	电机编号	电压/V	电流/A	转速/(r·min⁻¹)	功率/kW	型号
	Ⅰ#	380	141	980	75	Y315S-6
	Ⅱ#	380	141	980	75	Y315S-6
实测	电机编号	电压/V	电流/A	功率因数	输入功率/kW	电机效率/%
	Ⅰ#	420	94	0.92	62.66	88
	Ⅱ#	420	97	0.92	64.65	88
				扇风机		
额定	工作方式	传动方式	风量/(m³·s⁻¹)	风压/Pa	效率/%	
	井下抽出	直联	16.5~63.5	491~2171	/	
实测	传动效率/%	输入功率/KW	风量/(m³·s⁻¹)	风压/Pa	装置效率/%	
	100	112.03	61.44	1240	68	

7.2.2　通风系统现状评价及建议

7.2.2.1　通风系统在安全方面优点

根据对嵩县山金矿业有限公司九仗沟井下通风系统的现场调查和测定，其通风系统在安全方面的优点如下：

1）九仗沟金矿已建立了单翼对角抽出式机械通风系统。新鲜空气从主竖井和主竖井联通的+300 m、+220 m、+100 m、-20 m 中段石门进入本中段运输巷，未与主竖井联通的+180 m、+140 m、+60 m、+20 m 中段的进风是通过盲斜井（220~180 m）和斜坡道（+180~+220 m、+140~+180 m、+100~+140 m）管缆井进入采掘工作面，冲洗工作面的污风集中到二级盲竖井和一级盲竖井，由安装在+465 m 中段回风平硐口 DK40-6-NO17（2*75 kW）主扇排至地表，通风系统运行较正常。

2）采掘工作面的局部通风工作比较完善。对不能利用贯穿风流通风的不良采场和掘进工作面，安装了局部通风机、风筒、风门、风窗和砌筑密闭墙等通风构筑物，避免污风串联，同时使污风排出快。

3）+465 m 中段 DK40-6-NO17（2*75 kW）主扇运行较好，主扇装置静压效率为 68%，满足相关规程大于 60% 的要求。

4）井下整个通风系统调控措施较先进完善。九丈沟金矿目前已形成+300 m、+260 m、+220 m、+180 m、+140 m、+100 m、+60 m、+20 m 和−20 m 共 9 个中段。−60 m 中段正在进行斜井开拓，同时作业从+220 至−60 m 共 8 个中段，通风系统目前只能从+220 m、+100 m、−20 m 中段顺利进风，但九仗沟金矿对井下的通风系统设置了辅扇、局扇、自动风门、调节风门、风窗和密闭风墙等设备和通风构筑物，使庞大而复杂的通风系统达到了有效的调控。

5）在通风系统的重要地点安装了风速传感器，能够及时掌握井下通风现状，为确保安全生产提供了保障。

6）井下作业人员个体安全防护意识强，如下井人员必须带防砸背夹和隔绝式压缩氧自救仪及人员定位卡，劳保用品佩戴齐全。

7）在井下主要通风井巷设置测风站，定期测量测风站的风流量，了解整个井下通风系统风量变化情况。

8）井下文明生产，六大系统、电缆管线架设规范，井下的安全宣传标语及警示标志安装齐全，企业的安全文化氛围很浓。

7.2.2.2　通风系统存在主要问题

从现场调查和测定结果来看，嵩县山金矿业有限公司九仗沟金矿井下通风系统主要存在以下几个方面问题：

（1）矿井总风量不足

嵩县山金矿业有限公司九仗沟金矿产能达到 30 万 t/a，其中采场采矿量 25 万 t/a，掘进副产矿量 5 t/a，满足生产要求通风系统总风量应达到 66.74 m³/s，如表 7-5 所示，通过测定系统有效进风量为 48.91 m³/s，不能满足生产需要。

表 7-5　九仗沟金矿井下需风量计算表

序号	需风点名称	需风点数量/个	需风量/（m³·s⁻¹）	
			单个需风点	小计
1	回采工作面	10	3.47	34.7
2	备采工作面	4	1.73	6.92
3	掘进工作面	5	1.60	8.00
4	中段装载点	4	1.50	6.00
	小计		55.61	55.62
	合计	备用系数 1.2		66.74

（2）通风系统进风段阻力大

①井下通风系统新鲜空气均由主竖井进入，主竖井净直径 4.5 m，标高+583 m 至−20 m，井筒深度为 603 m，采用素混泥土支护。下设+300 m、+260 m、+220 m、+180、+140 m、+100 m、+60 m、+20 m 和−20 m 及−60 m 共 10 个中段，其中+300 m 中段设单向马头门，+220 m、+100 m 和−20 m 中段为集中运输中段设双向马头门，其他中段为盲中段。主竖井采用 JKMD-2.8＊4（I）E 卷扬机、4#双层单罐笼配平衡锤提升方式。该主竖井

担负井下矿石、人员、设备、材料升降等任务。井筒内设梯子间和管缆间，作为进风井及井下安全出口。

②主竖井内设双层罐笼、梯子间和管缆间，实际通过进入风流的断面积很小，同时罐笼 8.1 m/s 的速度上下运行对井筒的空气造成严重的紊流，造成进风阻力大，使新鲜空气从主竖井进入比较困难。

③主竖井只与+300 m、+220 m、+100 m 和−20 m 中段（共 4 个中段）石门直接连通，而且目前+300 m 中段已经结束采掘作业，实际上只能通过+220 m、+100 m 和−20 中段的主竖井石门进风，供给深部 8 个中段采掘作业面的新鲜空气，进风石门少，分风困难，特别是+220 m、+100 m 和−20 个中段相互之间均有 2 个盲中段，盲中段从管缆井进风阻力大，致使新鲜空气进入盲中段的效果不良。

④+220 m、+100 m 和−20 m³ 个进风中段从主竖井到矿体的平巷长度分别为 462 m、518 m、609 m，进风风流沿程阻力大；时目前在+100 m、−20 m 两个中段平巷内由于电机车频繁运输矿石使空气产生紊流，也影响进风。

由于以上原因，造成井下通风系统进风段通风阻力大，新鲜空气进入采掘作业面比较困难。

（3）盲中段多进回风困难

矿山目前有 8 个中段生产，其中+260 m、+180 m、+140 m、+100 m、+60 m 和+20 m 为盲中段，均未与主竖井连通，这些盲中段新鲜空气进入困难，而在进风段没有采取风机压入措施，造成盲中段空气几乎不流动，只有空气流动才能形成风流。特别是+140 m、+60 m 和+20 m 中段目前通风较为困难。

（4）阶段通风网路不完善回风风路不畅通

井下各中段之间没有形成完善的阶段通风网路，南北两端没有掘专用回风天井，同时也没有形成阶梯式通风网路，致使中段通风网路不畅通，污风排出困难。

（5）上下中段工作面污风串联严重

由于没有掘进端部脉外专用回风井，又没有专用的回风道，下部中段采场污风通过充填回风井进入上部中段运输巷，然后再进入上部采场重复使用，形成污风串联，致使上下中段之间污风串联现象较为普遍。

（6）二级盲竖井兼做回风，违反规范要求

二级盲竖井位于+220 m 中段 7 号勘探线附近，井筒净直径 3.5 m，井口标高+222.6 m，井底标高+14.5 m，井深 208.1 m，采用素混凝土支护。设有 JTP−1.6＊0.9 提升绞车，采用单罐笼提升，担负回风、废石提升、人员、设备、材料升降任务，井筒内设有人行梯子间，兼做井下第二安全出口。

二级盲竖井兼做+220 m、+180、+140 m、+100 m、+60 m、+20 m 和−20 m、−60 m 8 个中段的总回风井，同时担负废石提升和人员、材料升降等任务，不符合规范要求，按规范要求主回风井巷不得用作运输和人员通行的通道。

一级盲竖井落底和二级盲竖井上部通过+220 m 中段联络平巷连通。一级盲竖井和二级盲竖井联络平巷（长 149 m）为深部开采总回风巷，经测定断面积为 7.71 m²，回风量为 40.95 m³/s，同时这段总回风巷担负一级盲竖井和二级盲竖井之间的废石转运，作业人员长期处在严重的污风环境内工作，有毒有害气体粉尘影响身体健康。

（7）多中段同时作业，相互影响大

矿山现有+300 m、+260 m、+220 m、+180 m、+140 m、+100 m、+60 m、+20 m 和−20 m 中段，而同时作业从+220 m 至−60 m 有 8 个中段，每个中段的平面区域只有 0.35 平方公里，采掘作业面比较集中，在通风方面相互影响较大。

（8）采掘工作面通风不良

北翼长距离掘进工作面通风不良，通过测量+100 m 中段北翼掘进工作面微风，−20 m 中段北翼掘进工作面风量为 0.71 m³/s，掘进工作面风量不足。另外大部分采场未利用通风系统贯穿风流通风，均采用局扇加强通风，通风能耗较高。

（9）回风平硐局部阻力大

+465 m 回风平硐是风流集中为全矿总回风道，而在+465 回风平硐有一段拐弯很急（约 90°）同时局部断面很小（尺寸 2 m×2 m），造成在总回风道内高风速流动时通风阻力成数倍的增加，建议将该回风平硐进行改造降阻。

（10）现有主扇通风能力不足

目前主扇安装在+465 m 回风平硐，其型号为 DK40-6-NO17 轴流式风机，额定风量为 26.5～63.5 m³/s。

矿山现在的采掘总量 30 万吨/年，由表 7-3 可知要满足生产需求通风系统总进风量应达到 66.74 m³/s，而现有 DK40-6-NO17 主扇额定风量的最大值只有 63.5 m³/s，所以主扇不能满足生产需求与通风系统相匹配的总进风量，其通风能力不足。

（11）夏秋季自然风压阻碍井下正常通风

冬季自然风压有利于通风，但夏秋季由于气温的变化将阻碍井下通风，将会使深部开采的通风效果相比于本次测定差，所以要关注自然风压对本通风系统的影响。

（12）与相邻矿山贯通污风进入生产中段受污染

九仗沟金矿在+140 m 中段南翼与金牛矿业贯通，通过测定从金牛矿业进入的污风风量为 7.99 m³/s，我公司调查人员与 2019 年 4 月 27 日上午在该处调研回风井位置时，一氧化碳浓度特别高，人员不敢进入，与相邻矿山贯通存在重大的安全隐患，若金牛矿业井下发生电缆起火等火灾事故后果不堪设想，建议采取永久性密闭措施。

7.3 矿井通风优化改造方案

为使拟定的通风系统改造及优化方案安全可靠、经济合理，首先对矿山作实地考查，对原始条件作细致分析。然后从矿山的现状出发，充分考虑矿床的自然条件、开拓、开采等特点，通过调查研究和综合分析，提出若干个可行的方案，最后从安全可靠、技术可行和经济合理等方面考虑，进行比较，最终优选出合理的通风系统优化方案。

7.3.1 优化改造方案设计的原则和依据

7.3.1.1 优化改造方案设计的原则

在通风系统改造及优化设计方案构建时，应严格遵循技术效果良好、运行安全可靠、基建费用和经营费用低、便于管理等原则，即：

1）满足《金属非金属矿山安全规程》《金属非金属地下矿山通风技术规范》等对通风系

统的要求。

2）尊重历史，结合现实，充分利用井下已有巷道，系统宏观的构建即有利于通风又与矿井开采规划、开拓方案合理的通风系统网络。

3）通风方式及压力分布合理，有利于排出与控制有毒有害气体和粉尘。

4）通风网路结构合理，能将生产要求的风量送到每一个工作面，并将工作面产生的污风快捷地排出地表；并且井巷工程量少，基建投资少，通风阻力小，污风不串联。

5）矿井供风量合理，即有一定余量，又不过大浪费。

6）分风调控简便易行，分风均衡性、稳定性、可靠性好，有害漏风少，有效风量率合格率高。

7）设备选型合理，尽量利用现有通风设备，安装使用简便，购置费低，运行效率高。

8）通风构筑物和风流调节设施尽量少。

9）动力消耗少，运行费用低，适应生产变化能力强，现场应用和管理难度小。

7.3.1.2　优化改造方案设计的依据

1）《金属非金属矿山安全规程》《金属非金属地下矿山通风技术规范》等法规。

2）通风系统现状和目前存在的突出问题。

3）矿井中段开拓设计。

4）矿山产能及今后通风系统服务生产范围。

7.3.2　服务范围

服务范围：矿山主要开采 M1 和 M2 矿体，M1 矿体为主矿体，已形成+300 m、+260 m、+220 m、+180 m、+140 m、+100 m、+60 m、+20 m 和−20 m 中段，企业进行了−60 m 中段的开拓设计。根据九伏沟金矿开采计划，+300 m、+260 m 和+220 m 中段已基本回采结束，+180 m 中段 M1 矿体已回采至+210 m 分段，预计随着通风系统优化的施工，+180 m 中段将回采结束。因此本次优化仅考虑+140 m、+100 m、+60 m、+20 m、−20 m 和−60 m 中段生产，即通风系统改造及优化设计考虑通风系统服务范围为+180 ~ −60 m。

服务产能：通风系统优化设计按满足 30 万 t/a，其中采场采矿量 25 万 t/a，掘进副产矿量 5 t/a。

7.3.3　通风系统优化方案

根据矿井通风系统的特点和网络分析的结果确定改造方案主要有以下几种：

1）不改变矿井现行的通风方式，更换主要扇风机，选择与通风网络匹配的扇风机。适合于主要扇风机效率低，而担负区域用风较小的矿井；

2）改变矿井现行的通风方式，取消风量利用率低的主要扇风机。适合于风量匹配失调，某一主要扇风机效率低的矿井；

3）主要扇风机和现行通风方式不变，只对通风网络进行调整。适合于局部通风系统阻力大，与主要通风机的能力不相适应的矿井；

4）改变矿井现行通风方式，更换功率大的通风机。适用于原有扇风机效率低，通风网络不合理的矿井。

通风系统的确定，包括通风系统类型、通风方式、主扇工作方式和安装地点、中段通风网络等确定，表 7-6 给出了地下金属矿山通风系统常规使用的通风方法。

表 7-6　金属矿山通风系统常规通风方法

项目	种类		
通风方式	抽出式	压入式	压抽混合式
	优点：①可利用副井进风，进风段风速较小，人行、运输条件较好；②不需专用进风井和井口密闭；③排烟速度快，且风流主要在回风段进行调节，不妨碍人行运输，便于维护管理。 缺点：①当工作面经崩落后，空区与地表沟通时较难控制漏风；②当利用提升井巷进风时，有的井筒需要防冻；③污风通过主扇，腐蚀性较大	优点：①可利用采空区、崩落区或回风段其他通地表的井巷组成多井巷回风，减少阻力，维护费低；②新风通过主扇腐蚀性较小。 缺点：①利用生产井巷作进风井巷时，井口密闭困难，漏风量大，管理复杂。开掘专用进风井时则工程量大，投资多。②进风段风速大，对人行、运输不利，劳动条件差。③在回风段风压低，排烟速度慢	优点：①漏风小，可通过调整正负压交界的零压点位置。能较好地控制井下与地面之间的漏风；②可克服较大的通风阻力。 缺点：①进回风井段的密闭工作量大，进回风井段风速均较大，对人行运输不利。②掘进专用进风井时，工程量大，投资多
风机配置方式	主扇	多级机站	
	通风设备较少，安装管理简单，但风量调节有一定的困难	很容易实现风量调节，但实施难度较大，管理困难，很难保证设计效果	
风机放置地点	地表	井下	
	优点：安装、检修、维护、管理都比较方便；不易被井下灾害损坏。 缺点：井口密闭、反风装置和风硐的基建费用高且漏风量大	优点：主扇装置的漏风少；可同时利用较多的井巷入风或排风，可降低通风阻力；密闭工程量较少。 缺点：安装、检修、管理不便，风机易腐蚀	
中段通风网络结构	阶梯式	上下间隔式	平行双巷式
	优点：结构简单，工程量少，风流稳定。适用于矿体规整的脉状矿床。 缺点：对开采顺序限制较大，常因不能维持正常开采顺序而造成污风串联	每隔一个阶段建立一条脉外集中回风井巷，用来汇集上下两个阶段的污风，然后排至回风井。能有效地解决多阶段作业时作业面污风串联问题，但回风平巷必须专用	每个阶段开凿两条沿走向互相平行的巷道，其中一条进风一条回风。各阶段采场均由本阶段进风道得到新鲜风流，其污风可经上阶段或本阶段的回风井排出。其结构简单，能有效地解决污风串联问题，但井巷开凿工程量大

根据嵩县山金矿业有限公司九仗沟金矿开拓系统、通风系统目前实际情况，优化设计的总体思路为：+300 m、+260 m 和+220 m 中段已基本回采结束，随着通风优化方案的实施，+180 m 中段也将回采结束，设计利用+180 m 中段作为回风中段，下部生产中段污风汇集至+180 m 中段，再由+180 m 以上回风井巷排出地表；各生产中段（+140 m、+100 m、+60 m、+20 m、−20 m 和−60 m 中段）南北翼端部均增设专用回风天井，中段采掘作业面污风由上部中段平巷排至端部回风天井，端部回风天井污风排至+180 m 中段，不再利用二

级盲竖作为回风井。根据以上设计思路，提出两个通风系统优化设计方案，分别为：单翼对角抽出式通风系统、两翼进风中央回风抽出式通风系统。

通过对两个通风优化改造方案在安全、技术、经济、工期方面的综合比较，方案一在安全上可靠、技术上可行、投资少、施工工期短，所以选择方案一（单翼对角抽出式通风）作为嵩县山金矿有限公司九仗沟金矿井下通风系统改造及优化方案。

7.3.4　单翼对角抽出式通风系统

（1）概述

采用主竖井进风，一级盲竖井回风的单翼对角抽出式通风系统。

新鲜风由主竖井进入井下，主要新鲜风由+100 m 和−20 m 中段竖井石门进入+100 m 和−20 m 中段；另一部分新鲜风由+220 m、+100 m 和−20 m 中段平巷进入二级盲竖井和+20～−60 m 盲斜井，再通过二级盲竖井中段和+20～−60 m 盲斜井石门进入+140 m、+60 m、+20 m 和−60 m 盲生产中段。由于二级盲竖井和+20～−60 m 盲斜井担负+140 m、+100 m、+60 m、+20 m、−20 m 和−60 m 中段的废石提升和人员、材料升降等任务，不能作为回风井，同时使回风网络不畅通，因此在各生产中段（+140 m、+100 m、+60 m、+20 m、−20 m 和−60 m 中段）南北翼端部增设专用回风天井，中段采掘作业面污风由上部中段平巷排至端部回风天井。南北两翼端部回风天井污排至+180 m 中段，利用+180～+300 m 的斜坡道、中段平巷、盲斜井和天井等作为回风井巷，将污风汇集至一级盲竖井，再由+465 m 回风平硐。

在回风段、用风段和进风段分别设置主扇或辅扇，形成三级机站通风系统。利用+465 m 回风平硐已安装 DK40−6−NO17 型风机作为主扇，由于主扇通风能力不足，在+465 m 平硐增设一台对旋式风机与主扇并联作业，在+465 m 平硐设置人工风硐。在+180 m 中段南北两翼各设置用风段辅扇，用于克服南北翼用风段通风阻力，便于用风段污风迅速排出。在−20 m 中段主竖井石门、100 m 中段主竖井石门和+220 m 中段盲竖井石门设置进风段辅扇，克服进风段通风阻力和自然风压，由于冷季自然风压有利于，冷季进风段辅扇可不开启，−20 m 中段和+100 m 中段进风段辅扇均设置安装两台无风墙风机并联作业。

将+220 m 中段进风风路与回风风路采取隔离措施，在+300 m 中段主竖井石门增设风门隔断风流，防止风流短路。

（2）通风路线

进风路线：

①主竖井→+100 m 和−20 m 中段主竖井石门→+100 m 和−20 m 中段平巷→斜坡道→分段平巷→分段穿脉→采场；

②主竖井→+220 m、+100 m 和−20 m 中段主竖井石门→+220 m、+100 m 和−20 m 中段平巷→+220 m、+100 m 和−20 m 中段盲竖井和盲斜井石门→二级盲竖井和+20～−60 m 盲斜井→+140 m、+60 m、+20 m 和−60 m 中段→中段平巷→斜坡道→分段平巷→分段穿脉→采场。

回风路线：

①北翼回风路线：各中段北翼端部回风天井→+180 m 中段平巷→+180～+220 m 斜坡

道→+220 m 中段平巷（→+220～+300 m 盲斜井→+300 m 中段平巷→）→一级盲竖井→
+465 m 回风平硐→地表；

②南翼回风路线：各中段南翼端部回风天井→+180 m 中段平巷→+180～+220 m 回风
天井→+220 m 中段平巷（→+220～+300 m 盲斜井→+300 m 中段平巷→）→一级盲竖井→
+465 m 回风平硐→地表。

（3）主要工程量

主要工程如表 7-7 所示。

（4）通风系统示意图

通风系统立体示意图如图 7-1 所示。

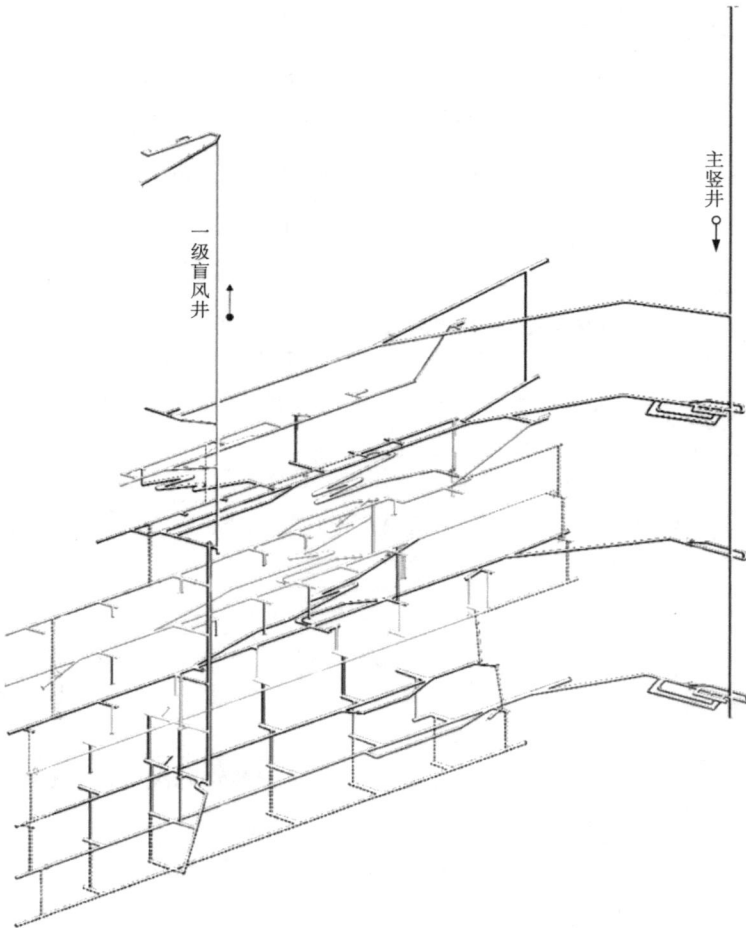

图 7-1　通风系统立体示意图

表 7-7　方案一主要工程量统计表

工程		位置
掘进通风井巷	共计 13 处，长约 584 m，方量约 3306 m³	220 m 中段 CM2~CM0 回风平巷，长约 37.9 m，三心拱，2.6 m×2.6 m
		220~260 m 总回风天井，长约 52.2 m，矩形，2.0 m×2.6 m
		180~220 m 南翼回风天井，长约 46.3 m，矩形，2.0 m×2.6 m
		140~180 m 北翼回风天井，长约 51.5 m，矩形，2.0 m×2.6 m
		140~180 m 南翼回风天井，长约 48.7 m，矩形，2.0 m×2.6 m
		100~140 m 北翼回风天井，长约 41.0 m，矩形，2.0 m×2.6 m
		100~140 m 南翼回风天井，长约 49.0 m，矩形，2.0 m×2.6 m
		60~100 m 北翼回风天井，长约 40.3 m，矩形，2.0 m×2.6 m
		60~100 m 南翼回风天井，长约 46.2 m，矩形，2.0 m×2.6 m
		20~60 m 南翼回风天井，长约 52.6 m，矩形，2.0 m×2.6 m
		−20~20 m 南翼回风天井，长约 53.0 m，矩形，2.0 m×2.6 m
		−60~−20 m 北翼回风天井，长约 53.1 m，矩形，2.0 m×2.6 m
		−60~−20 m 南翼回风天井，长约 47.8 m，矩形，2.0 m×2.6 m
疏通井巷	共计 1 处，长约 85 m	疏通+220 m 中段 CM2~CM1 脉外运输巷，长约 85 m
风门	共计 10 处，其中一处为利旧	+300 m 中段主竖井石门处，设置一道风门
		+300 m 中段北翼运输巷，设置一道风门，防止通过 220 m 中段北翼从此处漏风
		+220 m 中段 CM1 穿脉，设置一道风门
		在一级盲竖井和二级盲竖井+220 m 中段联络巷内，设置两道气动式自动机械风门，防止一级盲竖井，隔断二级盲竖井与一级盲竖井，防止风流短路
		+220 m 中段与+220~+180 m 盲斜井的联络巷内，设置一道风门，利用现有风门
		+180 m 中段运输巷南翼（+180~+220 m 回风天井与二级盲竖井石门之间），设置一道风门
		+180 m 中段二级盲竖井石门，设置一道风门
		+140~+180 m 斜坡道（+180 m 中段入口处），设置一道风门
		+100~+140 m 斜坡道（+140 m 中段入口处），设置一道风门
		−20 m 中段北翼端部回风天井联络巷，设置一道风门

续表7-7

工程		位置
调节风窗	共计 9 处	+140 m 中段北翼端部回风天井附近，设置调节风窗
		+140 m 中段南翼端部回风天井附近，设置调节风窗
		+100 m 中段北翼端部回风天井附近，设置调节风窗
		+100 m 中段南翼端部回风天井附近，设置调节风窗
		+60 m 中段北翼端部回风天井附近，设置调节风窗
		+60 m 中段南翼端部回风天井附近，设置调节风窗
		+20 m 中段北翼端部回风天井附近，设置调节风窗
		+20 m 中段南翼端部回风天井附近，设置调节风窗
		-20 m 中段南翼端部回风天井附近，设置调节风窗
密闭	共计 4 处	+220 m 中段 CM2 穿脉，设置密闭墙
		+220 m 中段 CM0 穿脉，设置密闭墙
		+180 m 中段上盘巷道（CM7 附近），设置密闭墙
		+140 m 中段与金牛矿业相通处，设置密闭墙
风机	共计 6 处，共 8 台风机	+465 m 平硐增设一台对旋式风机与主扇并联作业，选择 DJK50-No6.5 型风机，功率为 2×11 kW
		+180 m 中段 CM46 内安装一台北翼用风段辅扇，选择 K40-6-NO16 型风机，功率为 55 kW
		+180 m 中段 CM79 与 180~220 m 南翼回风天井之间运输巷内，安装一台南翼用风段辅扇，选择 K40-6-NO15 型风机，功率为 37 kW
		在-20 m 中段主竖井石门内，设置进风段辅扇，安装两台无风墙风机并联作业，均选择 K40-4-NO10 型风机，功率为 15 kW
		在 100 m 中段主竖井石门内，设置进风段辅扇，安装两台无风墙风机并联作业，均选择 K40-4-NO10 型风机，功率为 15 kW
		在+220 m 中段盲竖井石门内，安装一台进风段辅扇，选择 K45-4-NO8 型风机，功率为 7.5 kW

7.4 通风系统改造和优化设计

7.4.1 全矿总风量计算

7.4.1.1 分项计算总风量

根据金属矿山生产特点，全矿所需总风量应为各工作面需风量与需要独立通风硐室的风量之总和，并给予一定的备用系数。全矿总风量可按下式计算：

$$Q_t = K\left(\sum Q_s + \sum Q_s' + \sum Q_d + \sum Q_r + \sum Q_H\right) \tag{7-7}$$

式中：Q_s 为回采工作面所需风量，m^3/s；Q_s' 为备用回采工作面所需风量，对于难密闭的备用工作面其风量应与作业工作面相同；对于能够临时密闭的备用工作面其风量可取作业工作面的一半；Q_d 为掘进工作面所需风量，m^3/s；Q_r 为要求独立风流的硐室所需风量，m^3/s；Q_H 为其他需风点如主溜矿井所需风量；K 为矿井风量备用系数。

（1）回采工作面所需风量

矿山采用上向水平分层充填采矿法或上向水平进路充填采矿法，采场属于硐室型回采工作面。采场长度一般为 40～60 m，最长不应超 80 m，中段高度 40 m；每个矿房的宽度一般为 4～6.0 m，最低不宜小于 3 m，最大不宜超过 8 m；矿房回采高度一般要控制在 3.5 m 以内；

a. 按爆破后排烟计算，计算公式如下：

$$Q_s = 4.6\frac{jV}{K_w t}\lg\frac{500A}{V} \tag{7-8}$$

式中：j 表示对称型采场，其值为 0.5；V 为采场硐室体积，m^3；K_w 为紊流扩散系数，取 0.6；A 为一次爆破的炸药量，kg；t 为通风时间（一般取 1200～2400 s）。

代入数据 $V = 60.0×5.0×3.5 = 1050\ m^3$，$A = 27\ kg$，$t = 1800\ s$，则每个采场通风量为：

$$Q_s = 4.6\frac{0.5 × 1050}{0.6 × 1800}\lg\frac{500 × 27}{1050} = 2.48\ m^3/s$$

b. 按排尘风速计算风量，计算公式如下：

$$Q_s = Sv \tag{7-9}$$

式中：S 为采场过风断面积，m^2；v 为采场排尘风速，m/s。

按照《金属非金属矿山安全规程》规定硐室型采场排尘风速应不小于 0.15 m/s。采场的断面面积为 $5.0×3.5 = 17.5\ m^2$，故每个采场所需风量为：

$$Q_s = 0.15 × 17.5 = 2.63\ m^3/s$$

c. 按柴油设备计算风量，计算公式如下：

$$Q_s = Nq \tag{7-10}$$

式中：N 为柴油设备功率，kW；q 为千瓦供风量，m^3/s。

按照《金属非金属矿山安全规程》规定有柴油运行的作业场所可按同时作业台数千瓦供风量 4 m^3/min。采场出矿采用 TXCY-1 铲运机，功率为 52 kW，故每个采场所需风量为：

$$Q_s = 52 \times 4/60 = 3.467 \ \text{m}^3/\text{s}$$

综上所述，回采采场所需风量取上述计算值的大者，即回采工作面所需风量为
3.47 m³/s。采场生产能力为 80 t/d，满足矿山生产能力(25 万 t/a)，同时布置 10 个采场进
行回采，则回采工作面总需风量为：

$$\sum Q_s = 10 Q_s = 10 \times 3.467 = 34.67 \ \text{m}^3/\text{s}$$

(2)备采工作面所需风量

备采工作面所需风量计算公式如下：

$$Q_s' = 0.5 Q_s$$

所以，$Q_s' = 0.5 Q_s = 0.5 \times 3.467 = 1.73$ m³/s。矿山备采工作面取 4 个，则备采工作面需
风量为：

$$\sum Q_s' = 4 \times 1.73 = 6.92 \ \text{m}^3/\text{s}$$

(3)掘进工作面所需风量

a. 按爆破后排烟计算。掘进工作面包括开拓、采准和切割工作面，掘进通风均采用压
入式通风，其所需风量计算公式为：

$$Q_d = \frac{18}{t} \times \sqrt{A l_r S} \tag{7-11}$$

式中：t 为通风时间，s，一般取 1800 s；A 为单次爆破的炸药量，kg；l_r 为巷道长度，m；S
为巷道断面积，m²。

根据矿山实际情况各参数的取值为：$t = 1800$、$S = 6.41$ m²、$A = 27$ kg、$l_r = 100$ m，掘
进工作面需风量为：

$$Q_d = \frac{18}{1800} \times \sqrt{27 \times 100 \times 6.41} = 1.32 \ \text{m}^3$$

b. 按排尘计算风量，计算公式如下：

$$Q_d = Sv \tag{7-12}$$

式中：Q_d 为掘进工作面所需风量，m³/s；S 为巷道掘进面积，m²；v 为排尘风速，$v \geq$
0.25 m/s。

按照《金属非金属矿山安全规程》规定掘进巷道排尘风速应不小于 0.25 m/s，所以掘
进工作面需风量为：

$$Q_d = Sv = 0.25 \times 6.41 = 1.60 \ \text{m}^3/\text{s}$$

综上所述，掘进工作面所需风量取上述计算值的大者，即掘进工作面所需风量为
1.6 m³/s。根据矿山实际情况，满足矿山的开拓和采准，掘进工作面取 5 个，则掘进工作
面总需风量为：

$$\sum Q_d = 5 \times 1.60 = 8.00 \ \text{m}^3/\text{s}$$

(4)硐室所需风量

井下要求独立风流通风的硐室如炸药库、充电硐室、装卸矿硐室等，必须进行风量计
算。九仗沟金矿+100 m 中段和-20 m 中段为集中运输中段，各设置一个矿石装载点和一
个废石装载点，每个需配风量 1.5 m³/s，共 6 m³/s。

(5)矿井备用风量系数 K

《金属非金属地下矿山通风技术规范》规定 K 值为 $1.20 \sim 1.45$，可根据矿井开采范围大小、所用的采矿方法、设计通风系统中风机的布局等具体条件进行选取。备用风量系数 K 值取 1.2。

综上所述，全矿所需的总风量为：

$$Q_t = K\left(\sum Q_s + \sum Q_s' + \sum Q_d + \sum Q_r\right)$$
$$= 1.2 \times (34.70 + 6.92 + 8.00 + 6.00) = 66.74 \ \text{m}^3/\text{s}$$

7.4.1.2　按万吨风量比计算矿井总风量

矿山产能为 30 万 t/a，其中采矿量 25 万 t/a，掘进副产矿量 5 t/a。依据以下计算公式可以计算矿井总风量：

$$Q_t = Aq \tag{7-13}$$

式中：A 为矿井年产量，万吨；q 为万吨风量比，$\text{m}^3/(\text{s} \cdot \text{万 t})$，取 $q=2$；小型矿山 $2 \sim 4.5$，中型矿山 $1.5 \sim 4$，大型矿山 $1.2 \sim 3.5$，特大型矿山 $1 \sim 2.5$。

所以，按万吨风量比计算矿井总风量为：

$Q_t = 25 \times 2.0 = 50.0 \ \text{m}^3/\text{s}$

7.4.1.3　按井下每班同时作业人数计算总风量

本次通风系统优化设计范围内井下同时作业最多人数为 70 人，所需总风量为 $4 \ \text{m}^3/\text{min} \times 70 = 280 \ \text{m}^3/\text{min} = 4.30 \ \text{m}^3/\text{s}$。

7.4.1.4　按井下同时作业柴油设备计算总风量

采场出矿采用 TXCY-1 铲运机，功率为 52 kW，井下最大同时作业铲运机台数为 10 台，按照《金属非金属矿山安全规程》规定有柴油运行的作业场所可按同时作业台数千瓦供风量 $4 \ \text{m}^3/\text{min}$。所需总风量为 $4 \ \text{m}^3/\text{min} \times 52 \times 10 = 2080 \ \text{m}^3/\text{min} = 34.67 \ \text{m}^3/\text{s}$。

通过计算，分项计算总风量算得矿井需风量为 $66.74 \ \text{m}^3/\text{s}$，按万吨风量比计算矿井总风量算得矿井需风量为 $50.0 \ \text{m}^3/\text{s}$，按井下每班同时作业人数计算总风量算得矿井需风量为 $4.3 \ \text{m}^3/\text{s}$，按井下同时作业柴油设备计算总风量算得矿井需风量为 $34.67 \ \text{m}^3/\text{s}$，取上述三者最大值，矿井需风量为 $66.74 \ \text{m}^3/\text{s}$。

7.4.2　全矿风量分配

通常风量分配主要有按需强制分风和自然分风。按需强制分风，风量分配均匀，能够最大限度地满足生产对风量的需求，有效风量率高，但需要辅扇太多，设备费用较高，管理不方便。自然分风，方便、经济。风量应按以下原则进行风量分配，以便进行通风系统的阻力计算：

a. 井下各作业地点按照实际需要的风量进行风量的分配；

b. 矿井为多井口进风时，各进风风路的风量应按风量自然分配的规律进行计算，求出各进风风路自然分配的风量；

c. 按各中段的采矿生产量均衡分配的条件来分配风量；

d. 一切需风点和有风流通过的井巷中，其最高风速必须符合《有色金属矿山生产技术规程》的规定。

7.4.2.1　需风作业面风量分配

矿山实行根据生产布置按需分配风量。风量分配时各作业面需风量取备用系数 1.2，根据 7.4.1 节计算, 回采作业面、放矿作业面、备采作业面、掘进作业面和硐室风量分配分别为 4.16 m³/s、2.08 m³/s、1.92 m³/s 和 1.80 m³/s。

7.4.2.2　生产中段风量分配

容易时期生产中段为+140 m、+100 m、+60 m、+20 m 和−20 m, 困难时期生产中段为+100 m、+60 m、+20 m、−20 m 和−60 m, 根据各生产中段需风作业面布置计算容易时期和困难时期各中段需风量如表 7-8 所示。

表 7-8　各生产中段需风作业面布置和需风量表

时期	生产中段	回采工作面	备采工作面	掘进工作面	中段装载点	各中段需风量/(m³·s⁻¹)
容易时期	140 中段	2	0	0	0	8.32
	100 中段	2	1	1	2	15.92
	60 中段	2	1	1	0	12.32
	20 中段	2	1	1	0	12.32
	−20 中段	2	1	2	2	17.85
困难时期	100 中段	2	0	0	2	11.92
	60 中段	2	1	1	0	12.32
	20 中段	2	1	1	0	12.32
	−20 中段	2	1	1	2	15.92
	−60 中段	2	1	2	0	14.25

7.4.2.3　南北翼风量分配

本次通风系统优化方案在+180 m 中段南北两翼各设置一台型辅扇, 北翼辅扇负责二级盲斜井和+20～−60 m 盲斜井以北生产区域的回风, 南翼辅扇负责二级盲斜井和+20～−60 m 盲斜井以南生产区域的回风。根据容易时期和困难时期的需风作业面布置计算南北翼风量分配, 计算结果如表 7-9 所示。容易时期和困难时期北翼总风量为 38.49 m³/s, 南翼风量为 28.49 m³/s。

表 7-9　南北翼需风作业面布置和需风量分配计算表

时期	生产中段	回采工作面	备采工作面	掘进工作面	中段装载点	各中段需风量/(m³·s⁻¹)
	北翼					
容易时期	140 中段	1	0	0	0	4.16
	100 中段	1	0	1	1	7.88
	60 中段	1	1	1	0	8.16
	20 中段	2	0	0	0	8.32
	−20 中段	1	1	1	1	9.96
	合计					38.49

续表 7-9

时期	生产中段	回采工作面	备采工作面	掘进工作面	中段装载点	各中段需风量/(m³·s⁻¹)
	南翼					
容易时期	100 中段	1	0	0	0	4.16
	60 中段	1	1	0	1	8.04
	20 中段	1	0	0	0	4.16
	-20 中段	0	1	1	0	4.00
	-60 中段	1	0	1	1	7.88
	合计					28.25
	北翼					
	100 中段	1	0	0	1	5.96
	60 中段	1	0	0	0	6.08
	20 中段	1	1	1	0	8.16
	-20 中段	2	0	0	1	10.12
	-60 中段	1	1	1	0	8.16
困难时期	合计					38.49
	南翼					
	100 中段	1	0	0	1	5.96
	60 中段	1	1	0	0	6.24
	20 中段	1	0	0	0	4.16
	-20 中段	0	1	1	1	5.80
	-60 中段	1	0	1	0	6.08
	合计					28.25

7.4.2.4 主要井巷风量分配

根据选定优化方案（单翼对角抽出式通风系统）、需风作业面布置和风量分配原则进行风量分配，容易时期和困难时期主要井巷的风量分配情况见表 7-10。

表 7-10 主要井巷风量分配情况

通风时期	主要井巷	风量/(m³·s⁻¹)
容易时期	主竖井(+583~+220 m)	66.74
	主竖井(+220~+100 m)	58.42
	主竖井(+100~-20 m)	30.18
	+220 m 中段主竖井石门	8.32
	+100 m 中段主竖井石门	28.24

续表 7-10

通风时期	主要井巷	风量/(m³·s⁻¹)
容易时期	-20 m 中段主竖井石门	30.18
	二级盲竖井(+220~+140 m)	8.32
	二级盲竖井(+100~+60 m)	12.32
	-20~20 m 盲斜井	12.32
	+140 m 中段盲竖井石门	8.32
	+60 m 中段盲竖井石门	12.32
	+20 m 中段盲竖井石门	12.32
	+180 m 中段北翼回风巷	38.49
	+180 m 中段南翼回风巷	28.25
	一级盲竖井(+300~+465 m)	66.74
	+465 m 回风平硐	58.74
	+465 m 平硐	8.0
困难时期	主竖井(+583~+220 m)	66.74
	主竖井(+220~+100 m)	60.74
	主竖井(+100~-20 m)	30.18
	+220 m 中段主竖井石门	8.32
	+100 m 中段主竖井石门	28.24
	-20 m 中段主竖井石门	30.18
	二级盲竖井(+220~+100 m)	6.0
	二级盲竖井(+100~+60 m)	22.64
	二级盲竖井(+60~+20 m)	14.32
	-20~-60 m 盲斜井	14.25
	+60 m 中段盲竖井石门	12.32
	+20 m 中段盲竖井石门	12.32
	-60 m 盲斜井石门	14.25
	+180 m 中段北翼回风巷	38.49
	+180 m 中段南翼回风巷	28.25
	一级盲竖井(+300~+465 m)	66.74
	+465 m 回风平硐	58.74
	+465 m 平硐	8.0

7.5 通风系统优化模拟

根据嵩县山金矿业有限公司九仗沟金矿通风系统改造及优化设计方案，运用 AutoCAD 和 Ventsim 三维通风仿真软件（简称"Ventsim"）建立矿山通风系统三维模型，进行通风系统容易时期风流模拟、困难时期风流模拟，并对模拟结果进行分析。在通风系统改造及优化设计未实施的情况下，通过仿真模拟预测和验证通风系统优化后的改善情况，作为矿井通风系统优化决策的一个重要环节。

7.5.1 Ventsim 三维模拟

7.5.1.1 Ventsim 软件简介

Ventsim 三维通风仿真软件是集通风系统三维仿真、井下环境模拟分析于一体的综合模拟软件。可以实现风网解算、风流模拟、热模拟、污染物模拟和经济性模拟等功能。Ventsim 软件是由澳大利亚 Chams 公司开发的，在澳大利亚得到广泛的应用。

Ventsim 可在工作界面直接绘制和编辑风路，从而建立三维模型，有较强的前处理功能。但对于建立大型复杂矿井三维模型难度较大，可操作性低。Ventsim 兼容 DXF 数据，复杂大型矿井可通过 AutoCAD 绘制 DXF 格式通风系统单线图；然后将单线图导入 Ventsim，转化成三维模型；再结合 Ventsim 绘制和编辑风路的功能，可方便快捷的建立矿井三维模型。Ventsim 有强大的风网络解算和三维可视化模拟功能。采用最常用的 Hardy—cross 法进行风网解算（回路法），根据三维模型属性数据、风量平衡定律、风压平衡定律、风阻定律来建立数学模型，经过多次迭代至收敛，得出解算结果。解算结果以三维动态的形式在三维模型中显示，可直观的看到通风系统中风流流动、风路风量、风机运转等情况。

Ventsim 热模拟结合矿井通风和风流热力学两方面的原理，是利用数值计算方法对高温巷道内热环境进行模拟，通过计算机对描写流动与传热问题的离散方程予以求解。经过多次风流模拟、热模拟进行多次迭代以达到温度和风流基本平衡。模拟成功后，可以通过颜色云图或数据显示查看结果，快速定位高温区域。

九仗沟金矿通风系统改造优化数值模拟主要应用 Ventsim 的风网解算和风流模拟等功能。

7.5.1.2 通风网络解算

通风网络解算方法有多种，按照解算过程中未知量的选择主要可以分为两种：一种是以风量为未知量，主要是以$(n-m+1)$个独立分支风量为未知量的回路法，其中，n 为分支数，m 为节点数，以$(n-m+1)$个网孔风量为未知量的网孔法可以看成是回路法的一种特殊情况，回路法中应用最多的有斯考特—恒斯雷法、牛顿法以及京大二式；另一种以风压为未知量，主要是以$(m-1)$个树枝风压为未知量的割集法，还有以$(m-1)$个节点风压为未知量的节点法，割集法和节点法比较相似。

Ventsim 系统进行通风网络解算的基本算法是 Hardy —Cross 算法，其原理属于回路法，和斯考特—恒斯雷法原理相同。该方法通过迭代算法不断对风网风量进行调整，直到估算误差达到设置的可以接受误差范围内，并且 Ventsim 系统高级版采用的是改进过的算法，将空气密度的变化和质流平衡考虑进来。

首先对于分支数为 m、节点数为 n 的通风网络，选择一组余树弦风量作为独立回路的风量，记为 q_{y1}，q_{y2}，q_{y3}，$\cdots$，q_{yb}，其中，独立分支数 $b = n - m + 1$。对于独立回路，根据风压平衡方程和阻力定律可以得到：

$$\sum_{j=1}^{n} C_{ij}(r_j q_j^2 - h_{fj} - h_{Nj}) = 0, \quad i = 1, 2, \cdots, b \quad (7-14)$$

式中：C_{ij} 为独立回路矩阵中第 i 行第 j 列的元素；h_{fj} 为通风机风压，可以看成风量的函数，即 $h_{fj} = f(q_j)$；h_{Nj} 为自然风压；r_j 为分支风阻；q_j 为分支风量。

该方法解算的基本思路是首先利用式（9-1）中的一组近似值将方程式通过泰勒级数展开，并且忽略其二阶以上高级微量，从而得到风量的修正值，并分别对各风量进行修正，然后进行下一次迭代，如此反复，直至精度满足要求，所得的风量可看成要求的风量值。

假设式（7-14）进行 k 次迭代后，所得的近似风量值为：

$$Q_Y^{K^T} = [q_{y1}^k, q_{y2}^k, q_{y3}^k, \cdots, q_{yb}^k]$$

将其代入方程（7-14），并利用泰勒级数展开（忽略二次以上高阶微量）可得：

$$f_i(q_{y1}^{k+1}, q_{y2}^{k+1}, q_{y3}^{k+1}, \cdots, q_{yb}^{k+1}) = f_i(q_{y1}^k, q_{y2}^k, q_{y3}^k, \cdots, q_{yb}^k) + \frac{\partial f_i}{\partial q_{y1}}\Delta q_{y1}^k + \frac{\partial f_i}{\partial q_{y2}}\Delta q_{y2}^k + \cdots + \frac{\partial f_i}{\partial q_{yb}}\Delta q_{yb}^k$$

矩阵形式为：

$$\begin{bmatrix} \dfrac{\partial f_1}{\partial q_{y1}} & \dfrac{\partial f_1}{\partial q_{y2}} & \cdots & \dfrac{\partial f_1}{\partial q_{yb}} \\ \dfrac{\partial f_2}{\partial q_{y1}} & \dfrac{\partial f_2}{\partial q_{y2}} & \cdots & \dfrac{\partial f_2}{\partial q_{zb}} \\ \vdots & \vdots & \ddots & \vdots \\ \dfrac{\partial f_b}{\partial q_{y1}} & \dfrac{\partial f_b}{\partial q_{y2}} & \cdots & \dfrac{\partial f_b}{\partial q_{yb}} \end{bmatrix} \begin{bmatrix} \Delta q_{y1}^k \\ \Delta q_{y2}^k \\ \vdots \\ \Delta q_{yb}^k \end{bmatrix} = - \begin{bmatrix} f_1^k \\ f_2^k \\ \vdots \\ f_b^k \end{bmatrix} \quad (7-15)$$

假设：$\dfrac{\partial f_i}{\partial q_{yi}} > \sum_{j=1(j \neq i)}^{b} \dfrac{\partial f_i}{\partial q_{yi}}$，$i = 1, 2, \cdots, b$，则式（7-15）又可简化为：

$$\begin{bmatrix} \dfrac{\partial f_1}{\partial q_{y1}} & 0 & \cdots & 0 \\ 0 & \dfrac{\partial f_2}{\partial q_{y2}} & \cdots & 0 \\ \vdots & \vdots & \ddots & \vdots \\ 0 & 0 & \cdots & \dfrac{\partial f_b}{\partial q_{yb}} \end{bmatrix} \begin{bmatrix} \Delta q_{y1}^k \\ \Delta q_{y2}^k \\ \vdots \\ \Delta q_{yb}^k \end{bmatrix} = - \begin{bmatrix} f_1^k \\ f_2^k \\ \vdots \\ f_b^k \end{bmatrix} \quad (7-16)$$

即

$$\frac{\partial f_i}{\partial q_{yi}}\Delta q_{yi}^k = -f_i^k, \quad i = 1, 2, \cdots, b$$

则：

$$\Delta q_{yi}^k = \frac{-f_i^k}{\dfrac{\partial f_i}{\partial q_{yi}}}, \; i = 1, 2, \cdots, b \tag{7-17}$$

由于 $q_j = \sum\limits_{s=1}^{b}(C_{sj}q_{ys})$，代入式(7-14)可得：

$$\sum_{j=1}^{n} C_{ij}\left[r_j\left(\sum_{s=1}^{b} C_{sj}q_{ys}\right)^2 - \sum_{j=1}^{n} C_{sj}(h_{fj}+h_{Nj})\right] = 0 \tag{7-18}$$

式中：C_{sj} 为树枝回路矩阵第 j 列元素；q_{ys} 为余树弦风量列向量。

对式(7-18)求导可得：

$$\frac{\partial f_i}{\partial q_{yi}} = \sum_{j=1}^{n} C_{ij}^2\left(2r_j q_j - \frac{\mathrm{d}h_{fj}}{\mathrm{d}q_j}\right), \; i = 1, 2, \cdots, b \tag{7-19}$$

同时，由式(7-17)可得：

$$f_i^k = \sum_{j=1}^{n} C_{ij}[r_j](q_j^k)^2 - h_{fj} - h_{Nj} \tag{7-20}$$

由式(7-19)和式(7-20)可得：

$$\Delta q_{yi}^{(k)} = -\frac{\sum\limits_{j=1}^{n} C_{ij}[r_j(q_j^k)^2 - h_{fj} - h_{Nj}]}{\sum\limits_{j=1}^{n} C_{ij}^2\left(2r_j q_j - \dfrac{\mathrm{d}h_{fj}}{\mathrm{d}q_j}\right)}, \; i = 1, 2, \cdots, b \tag{7-21}$$

式(7-21)即为独立回路风量修正值 Δq 的计算式，当 $\Delta q = 0$ 时，即求得真实风量值。

对每一个独立回路，每次迭代计算后都会得到一个风量修正值 Δq_i，然后代入各回路进行风量修正，第 $k+1$ 次风量近似值 q_j^{k+1} 为：

$$q_j^{k+1} = q_j^k + C_{ij}\Delta q_i^k, \; i = 1, 2, \cdots, b; \; j = 1, 2, \cdots, n \tag{7-22}$$

重复式(7-22)直至各独立回路的风量修正值小于预定精度 ε 为止，即

$$\max|\Delta q_i| < \varepsilon, \; 1 \leqslant i \leqslant b$$

满足精度要求后，所求的风量值即可认为是该网络的真实风量值。

7.4.1.3 九仗沟金矿三维建模

九仗沟金矿采用竖井开拓系统，目前已形成 +300 m、+260 m、+220 m、+180 m、+140 m、+100 m、+60 m、+20 m 和 -20 m 中段，共 9 个中段。本次优化考虑 +140 m、+100 m、+60 m、+20 m、-20 m 和 -60 m 中段生产，即通风系统改造及优化设计考虑通风系统服务范围为 -60 ~ +180 m。根据各中段平面图、-60 m 中段开拓设计和本次通风系统改造及优化设计，运用 AutoCAD 绘制矿山通风系统单线立体图，并在 Ventsim 软件设置中段和各类井巷的参数，形成三维模型。如表 7-11 所示，为输入三维通风模型中的主要井巷的参数。

表 7-11　各类主要井巷断面参数

井巷	断面形状	摩擦阻力系数 /(NS⁻² · m⁻⁴)	宽或直径 /m	高 /m	周长 /m	面积 /m²
主井	圆	0.03	4.50	/	14.13	15.90
一级盲竖井	圆	0.03	3.50	/	10.99	9.62
二级盲竖井	圆	0.03	3.50	/	10.99	9.62
465 m 平硐	三心拱	0.012	2.40	2.60	9.33	5.94
回风平硐	三心拱	0.012	2.40	2.40	8.93	5.46
中段盲斜井	三心拱	0.012	2.70	2.55	9.74	6.51
-60~20 m 盲斜井	三心拱	0.012	2.60	2.40	9.27	5.89
斜坡道	三心拱	0.012	2.50	2.55	9.40	6.05
集中运输中段单轨巷道	三心拱	0.01	2.70	2.65	9.94	6.78
集中运输中段双轨巷道	三心拱	0.01	4.50	3.00	13.74	12.45
集中运输中段穿脉	三心拱	0.012	2.60	2.50	9.47	6.15
非集中运输中段单轨巷道	三心拱	0.012	2.60	2.60	9.67	6.41
非集中运输中段双轨巷道	三心拱	0.01	3.80	2.90	12.34	10.27
非集中运输中段穿脉	三心拱	0.012	2.60	2.50	9.47	6.15
分段运输巷	三心拱	0.012	2.50	2.55	9.40	6.05
分段穿脉	三心拱	0.012	2.60	2.50	9.47	6.15
盲竖井石门	三心拱	0.012	2.70	2.65	9.94	6.78
充填回风井	矩形	0.03	1.50	1.50	6.00	2.25
管缆井	矩形	0.03	1.70	1.70	6.80	2.89
通风泄水井	矩形	0.03	1.60	1.60	6.40	2.56
南北翼通风天井	矩形	0.014	2.00	2.60	9.20	5.20

图 7-2 为九仗沟金矿三维模型(俯视)，图 7-3、图 7-4 为九仗沟金矿三维模型(侧视)。

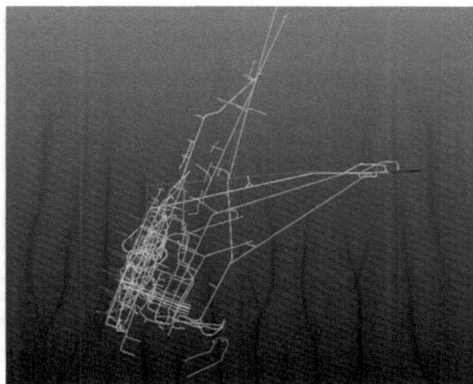

图 7-2　九仗沟金矿三维模型(俯视)

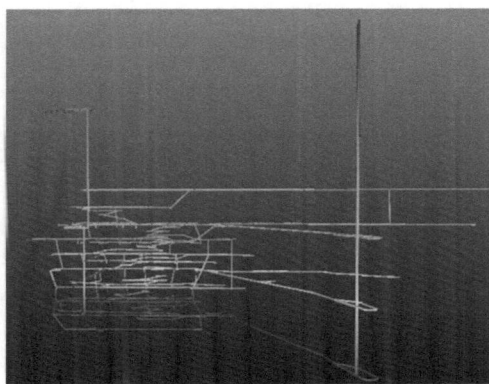

图 7-3　九仗沟金矿三维模型(侧视)

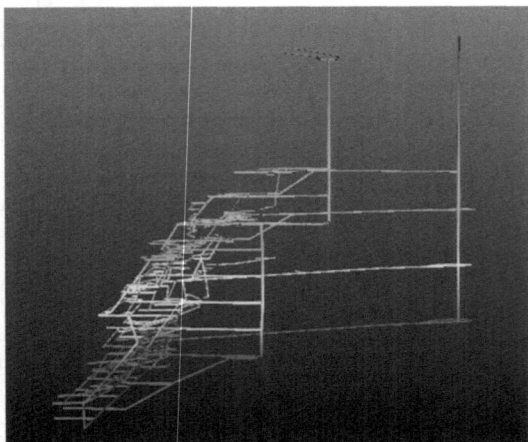

图 7-4　九仗沟金矿三维模型(侧视)

7.5.2　通风优化风流模拟

7.5.2.1　风流模拟设置和参数输入

在三维模型的基础上进行风流模拟需进行以下参数输入和设置。

(1)风机参数输入和安装

风机为井下风流流动提供动力,Ventsim 系统中首先将设计风机对应叶片安装角的特性曲线输入风机数据库中,形成各风机数据,如表 7-12 所示,为本次九仗沟金矿通风系统改造及优化设计风机选型结果,表 7-13 为风机特性曲线数据表;通过编辑巷道模型将风机安装到对应的位置。

表 7-12　设计风机选型结果

主扇	主扇型号	数量/台	通风时期	叶片安装角/(°)
+456 m 主扇	DK40-6-NO17	1	/	35/30
北翼用风段辅扇	K40-6-NO16	1	容易时期	29
			困难时期	32
南翼用风段辅扇	K40-6-NO15	1	容易时期	23
			困难时期	26
-20 m 中段进风段辅扇	K40-4-NO10	2	/	32
+100 m 中段进风段辅扇	K40-4-NO10	2	/	29
+220 m 中段进风段辅扇	K45-4-NO8	1	/	30

表 7-13 各风机特性曲线数据表

主扇	风量/(m³·s⁻¹)	风压/Pa	效率/%
DK40-6-NO17 （35°/30°）	28.00	2300.00	50.0
	34.00	2220.00	60.0
	39.50	2130.00	70.0
	43.50	2010.00	75.0
	50.50	1780.00	80.0
	56.50	1500.00	75.0
	59.40	1330.00	70.0
	63.00	1100.00	60.0
	66.50	820.00	50.0
K40-6-NO16 （29°）	27.50	895.00	60.0
	30.50	875.00	65.0
	32.50	850.00	70.0
	35.00	800.00	75.0
	37.50	750.00	80.0
	40.50	690.00	85.0
K40-6-NO16 （32°）	31.50	965.00	60.0
	34.00	935.00	65.0
	36.50	910.00	70.0
	38.50	885.00	75.0
	42.00	805.00	80.0
	45.00	735.00	85.0
K40-6-NO15 （23°）	18.00	680.00	60.0
	20.00	650.00	65.0
	22.00	620.00	70.0
	24.00	575.00	75.0
	26.50	520.00	80.0
	28.50	450.00	85.0
	30.50	370.00	90.0
	32.50	300.00	90.0

续表7-13

主扇	风量/(m³·s⁻¹)	风压/Pa	效率/%
K40-6-NO15 (26°)	20.30	730.00	60.0
	22.50	705.00	65.0
	24.70	685.00	70.0
	26.50	650.00	75.0
	28.50	600.00	80.0
	31.00	535.00	85.0
	33.00	465.00	90.0
	36.50	345.00	90.0
K40-4-NO10 (32°)	11.30	810.00	60.0
	12.50	800.00	65.0
	13.30	780.00	70.0
	14.00	750.00	75.0
	15.00	700.00	80.0
	16.10	620.00	85.0
	17.50	535.00	90.0
K40-4-NO10 (29°)	9.80	775.00	60.0
	10.80	755.00	65.0
	11.70	725.00	70.0
	12.70	690.00	75.0
	13.60	645.00	80.0
	14.60	580.00	85.0
	15.80	515.00	90.0
	17.20	405.00	90.0
K45-4-NO8 (30°)	5.60	570.00	60.0
	6.20	560.00	65.0
	6.80	545.00	70.0
	7.20	525.00	75.0
	8.00	495.00	80.0
	9.00	430.00	83.0

（2）设置风流控制设施

风流控制设施主要有密闭、风门、调节风门和调节风窗等。Ventsim 系统中没有风门、调节风门，风门采用密闭代替，调节风门一般用调节风窗代替，同样能达到风门和调节风门的效果，不影响风网解算的结果。调节风窗的设置是根据巷道的需风量，通过风路编辑限制巷道的风量为某一个值，再转换成调节风窗。各生产中段根据容易时期和困难时期实际生产要求，设置密闭、风门、调节风门和调节风窗等调节设施。

（3）其他设置

风流进出口井巷通过巷道编辑设置为"连接到地表"；设置风流为"可压缩风流"，风流模拟时考虑自然风压。

7.5.2.2　通风容易时期风流模拟

通风容易时期生产中段为+140 m、+100 m、+60 m、+20 m 和−20 m 中段，季节为寒冷季节，仅开启+465 m 主扇、北翼用风段辅扇和南翼用风段辅扇，根据通风系统改造及优化设计，建成容易时期通风系统三维模型。对三维模型完成风流模拟设置和参数输入，设置风量可接受误差为 0.001 m³/s，假设矿山通风系统漏风通道进行严密封闭，通过迭代解算，得到容易时期风流模拟结果，图 7-5 为容易时期风流模拟结果图，如表 7-14 为容易时期风机模拟运行结果，表 7-15 为容易时期主要进、回风井巷的模拟风速和风量。

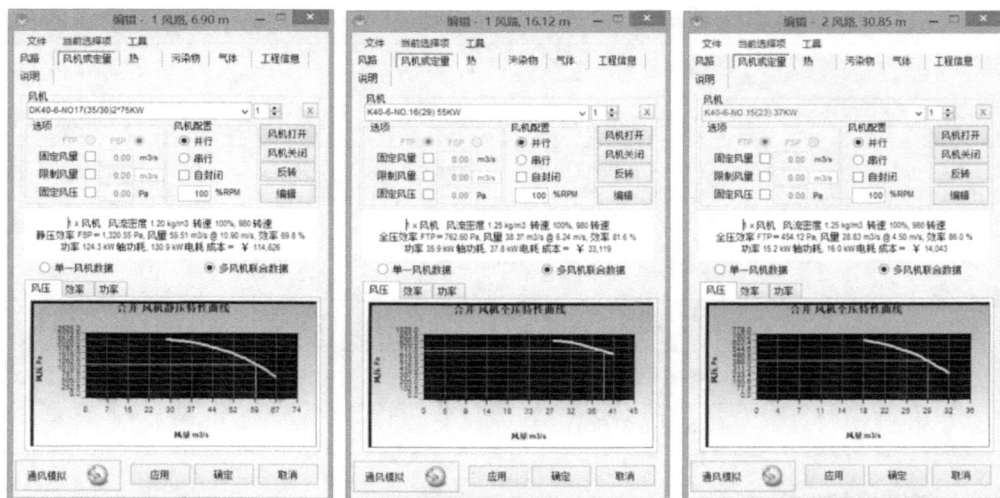

(a)+465 m主扇　(b)北翼用风段辅扇(+180 m)　(c)南翼用风段辅扇(+180 m)

图 7-5　容易时期各风机模拟运行结果图

表 7-14　容易时期风机模拟运行结果表

风机	型号	风量/(m³·s⁻¹)	风机静压/Pa	风机效率/%
+465 m 主扇	DK40-6-NO17	59.51	1320.55	69.8
北翼用风段辅扇	K40-6-NO16	38.37	762.60	81.6
南翼用风段辅扇	K40-6-NO15	28.83	454.12	86.0
平均				79.1

表 7-15 容易时期主要进风井巷、回风井巷模拟风速和风量

类别	井巷	风量/($m^3 \cdot s^{-1}$)	风速/($m \cdot s^{-1}$)
进风部分	主竖井(+220~+583 m)	68.93	4.33
	主竖井(+100~+220 m)	58.78	3.69
	主竖井(-20~+100 m)	27.62	1.74
	+220 m 中段主竖井石门	8.05	1.19
	+100 m 中段主竖井石门	30.53	4.50
	-20 m 中段主竖井石门	27.40	4.04
用风部分	140 m 中段盲竖井石门	8.40	1.24
	140~180 m 斜坡道	8.33	1.38
	100~140 m 斜坡道	14.47	2.39
	100 m 中段运输巷	26.39	3.89
	60~100 m 斜坡道	8.86	1.47
	60 m 中段盲竖井石门	4.27	0.63
	20~60 m 斜坡道	4.07	0.67
	-20 m 中段盲斜井石门	8.05	0.65
回风部分	+180 m 中段北翼回风巷	38.36	6.34
	+180 m 中段南翼回风巷	28.85	4.69
	一级盲竖井(+260~+300 m)	42.65	4.43
	一级盲竖井(+300~+465 m)	68.98	7.17
	+465 m 回风平硐	59.45	10.88
	+465 m 平硐	10.52	1.77

由分析模拟结果可知:

1)容易时期主竖井进风量为 68.93 m^3/s,总回风量为 69.97 m^3/s,设计计算矿山总需风量为 66.74 m^3/s,由模拟结果可知,容易时期系统总风量能满足生产需要。

2)容易时期仅开启+465 m 主扇、北翼用风段辅扇和南翼用风段辅扇,+465 m 主扇运行效率为 69.8%,北翼用风段辅扇运行效率为 81.6%,南翼用风段辅扇运行效率为 86.0%,各风机平均运行效率为 79.1%,运行效率较高,运行工况点合理。

3)《金属非金属矿山安全规程》规定井巷断面平均最高风速应不超过表 7-16 所示风速。由表 7-16 可知,容易时期主要进风巷、回风巷的模拟风速满足《金属非金属矿山安全规程》要求。

表 7-16　井巷断面平均最高风速规定

井巷名称	最高风速/(m·s⁻¹)
专用风井、专用总进、回风道	15
专用物料提升井	12
风桥	10
提升人员和物料的井筒，中段主要进、回风道，修理中的井筒，主要斜坡道	8
运输巷道，采区进风道	6
采场	4

7.5.2.3　通风困难时期风流模拟

通风困难时期生产中段为+100 m、+60 m、+20 m、−20 m 和−60 m 中段，+465 m 主扇、北翼用风段辅扇、南翼用风段辅扇、−20 m 中段进风段辅扇、+100 m 中段进风段辅扇和+220 m 中段进风段辅扇均开启，根据通风系统改造及优化设计，建成困难时期通风系统三维模型。对三维模型完成风流模拟设置和参数输入，设置风量可接受的错误为0.001 m³/s，假设矿山通风系统漏风通道进行了严密封闭，通过迭代解算，得到困难时期风流模拟结果，图 7-6 为困难时期风流模拟结果图，如表 7-17 所示为困难时期风机模拟运行结果，如表 7-18 所示为困难时期主要进、回风井巷的模拟风速和风量。

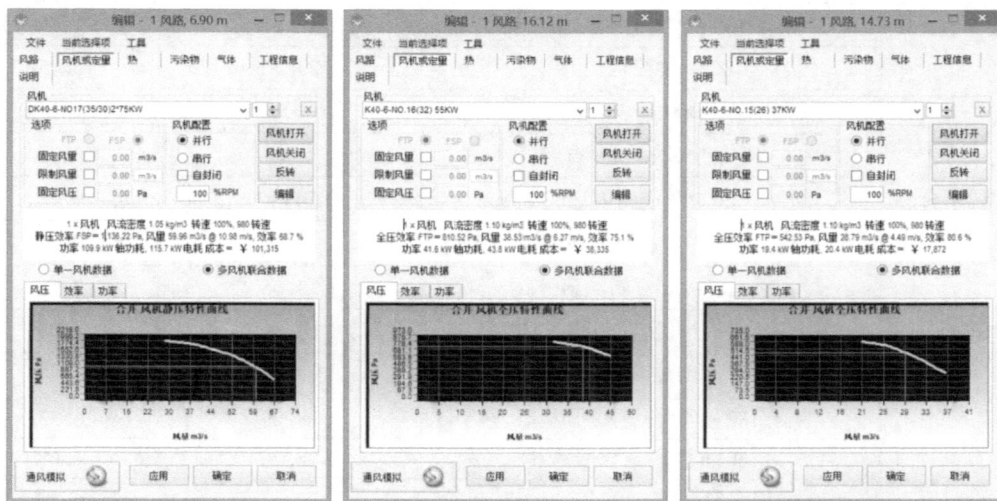

(a)+465 m主扇　　(b)北翼用风段辅扇(+180 m)　　(c)南翼用风段辅扇(+180 m)

图 7-6　困难时期部分风机模拟运行结果图

表 7-17　困难时期风机模拟运行结果表

风机	型号	风量/(m³·s⁻¹)	风机静压/Pa	风机效率/%
+465 m 主扇	DK40-6-NO17	59.96	1136.22	68.7
北翼用风段辅扇	K40-6-NO16	33.53	810.52	75.1
南翼用风段辅扇	K40-6-NO15	28.79	542.53	80.6

续表7-17

风机	型号	风量/(m³·s⁻¹)	风机静压/Pa	风机效率/%
-20 m 中段进风段辅扇	K40-4-NO10	15.29	638.13	81.3
		15.05	653.73	80.2
+100 m 中段进风段辅扇	K40-4-NO10	13.93	576.32	81.7
		13.73	588.85	80.7
+220 m 中段进风段辅扇	K45-4-NO8	8.36	433.08	81.2
平均				78.7

表 7-18　困难时期主要进风巷、回风巷模拟风速和风量

类别	井巷	风量/(m³·s⁻¹)	风速/(m·s⁻¹)
进风部分	主竖井(+220~+583 m)	69.39	4.36
	主竖井(+100~+220 m)	58.87	3.70
	主竖井(-20~+100 m)	30.56	1.92
	+220 m 中段主竖井石门	8.35	1.23
	+100 m 中段主竖井石门	27.50	4.06
	-20 m 中段主竖井石门	30.14	4.45
用风部分	100~140 m 斜坡道	11.21	1.85
	100 m 中段运输巷	23.36	3.45
	60~100 m 斜坡道	7.56	1.25
	60 m 中段盲竖井石门	5.19	0.77
	20~60 m 斜坡道	3.85	0.62
	20 m 中段盲竖井石门	4.32	0.64
	-20~20 m 斜坡道	13.05	2.16
	-20 m 中段盲斜井石门	13.89	2.05
	-60 m 中段盲斜井石门	12.11	1.89
回风部分	+180 m 中段北翼回风巷	38.29	6.33
	+180 m 中段南翼回风巷	28.78	4.68
	一级盲竖井(+260~+300 m)	42.35	4.40
	一级盲竖井(+300~+465 m)	69.15	7.17
	+465 m 回风平硐	59.79	10.96
	+465 m 平硐	10.41	1.74

由分析模拟结果可知：

1)困难时期主竖井进风量为 69.39 m³/s，总回风量为 70.20 m³/s，设计计算矿山总需风量为 66.74 m³/s，由模拟结果可知，困难时期系统总风量能满足生产需要。

2)困难时期需开启+465 m 主扇、北翼用风段辅扇、南翼用风段辅扇、-20 m 中段进风

段辅扇、+100 m 中段进风段辅扇和+220 m 中段进风段辅扇，+465 m 主扇运行效率为68.7%，北翼用风段辅扇运行效率为 75.1%，南翼用风段辅扇运行效率为 80.6%，−20 m 中段进风段辅扇运行效率为 81.3%和 80.2%，+100 m 中段进风段辅扇运行效率为 81.7% 和 80.7%，+220 m 中段进风段辅扇运行效率为 81.2%，各风机平均运行效率为 78.7%，运行效率较高，运行工况点合理。

3)《金属非金属矿山安全规程》规定井巷断面平均最高风速应不超过表 7−13 所示风速。由表 7−13 可知，困难时期主要进风巷、回风巷的模拟风速满足《金属非金属矿山安全规程》要求。

7.6 本章小结

根据嵩县山金井下通风现状，对九仗沟金矿通风系统现状进行了调查、测定和分析，提出了通风系统优化改造方案，进行了通风系统改造及优化设计，并利用 Ventsim 软件对优化后通风系统进行了模拟。得出如下主要结论：

（1）对九仗沟金矿通风系统进行风速（风量）测定、温度和有毒有害气体浓度测定、主扇装置性能测定，通过分析得出通风系统存在的主要问题，并基于这些问题提出了相应解决方案。

（2）选定单翼对角抽出式通风系统为本次通风系统优化改造方案。单翼对角抽出式通风系统：主竖井进风，一级盲竖井回风；在生产中段南北翼端部增设专用回风天井；在回风段、用风段和进风段分别设置主扇或辅扇，形成三级机站通风系统。

（3）九仗沟金矿深部开采需风量为 66.74 m^3/s，进行风量分配，回采作业面、放矿作业面、备采作业面、掘进作业面和硐室风量分配分别为 4.16 m^3/s、2.08 m^3/s、1.92 m^3/s 和 1.80 m^3/s，并计算得到各生产中段、南北翼、主要井巷风量分配。

（4）运用 Ventsim 软件建立矿井三维模型，对通风系统优化改造设计进行模拟。通过风流模拟可知通风容易、困难时期矿山风量、巷道风速等能满足相关规程和规范的要求，各风机运行效率高、工况点合理。

参考文献

[1] 曹震宇. 矿井通风系统可靠性评价方法研究[D]. 太原：太原理工大学，2006.
[2] 马晨霞. 自走铁矿深部通风系统优化研究[D]. 昆明：昆明理工大学，2020.
[3] 吴国珉. 典型有色金属矿山矿井通风系统优化与防尘技术研究[D]. 长沙：中南大学，2008.
[4] 周福宝，辛海会，魏连江，等. 矿井智能通风理论与技术研究进展[J]. 煤炭科学技术，2023，51(1)：313−328.
[5] 王从陆. 复杂矿井通风网络解算及参数可调度研究[D]. 长沙：中南大学，2003.
[6] 黄俊歆. 矿井通风系统优化调控算法与三维可视化关键技术研究[D]. 长沙：中南大学，2012.
[7] 倪景峰. 矿井通风仿真系统可视化研究[D]. 阜新：辽宁工程技术大学，2004.
[8] 赵伏军，谢世勇，杨磊，等. 基于层次分析法−模糊综合评价(AHP−FCE)模型优化矿井通风系统的研究[J]. 中国安全科学学报，2006，16(4)：91−96.
[9] 吴凤国. 矿井通风系统安全评价与优化研究[D]. 焦作：河南理工大学，2012.

[10] 谢本贤. 铜绿山铜铁矿矿井通风系统优化改造设计研究[D]. 长沙：中南大学，2002.

[11] 叶显峰. 矿井通风系统安全评价研究与应用[D]. 西安：西安科技大学，2009.

[12] 练伟春. 凡口铅锌矿矿井通风系统评价与改造研究[D]. 长沙：中南大学，2002.

[13] 刘兴旭. 深水平多风井矿井通风系统优化研究[D]. 青岛：山东科技大学，2018.

[14] 魏震. 焦家寨矿多风井复杂通风系统优化研究[D]. 焦作：河南理工大学，2019.

[15] 李志超. 香花岭矿新风工区通风系统测评与改造研究[D]. 长沙：中南大学，2009.

[16] 贾廷贵. 五龙矿通风系统优化改造研究[D]. 阜新：辽宁工程技术大学，2005.

[17] 李茂，王静. Ventsim 系统在矿井通风系统优化中的应用[J]. 矿业工程，2022，20(6)：65-67.

[18] 曹怀轩. 基于 Ventsim 的复杂通风系统优化及监测预警研究[D]. 青岛：山东科技大学，2020.

[19] 朱旭东. 基于 Ventsim 的漳村矿通风系统优化研究[D]. 焦作：河南理工大学，2020.

[20] 张博. 矿井巷道火灾条件下通风网络解算的研究[D]. 包头：内蒙古科技大学，2014.

[21] 符晓. 基于 CFD 矿井通风网络解算研究[D]. 阜新：辽宁工程技术大学，2012.

[22] 吴珊. 矿井通风网络解算软件的研究与实现[D]. 哈尔滨：哈尔滨工程大学，2006.

[23] 黄旭. 矿井智能通风系统架构及实时网络解算研究[D]. 阜新：辽宁工程技术大学，2021.

[24] 李良红，刘彦青，彭然，等. 矿井通风系统优化及改造技术研究[J]. 工程抗震与加固改造，2022，44(6)：10008.

第 8 章

九仗沟金矿微细粒包裹金选矿工艺

8.1　选厂生产现状

8.1.1　选厂概况

　　嵩县山金九仗沟选厂由山东黄金集团投资，由烟台黄金设计院设计，于 2012 年建成，并于同年 7 月份试生产，选厂于 2017 年 7 月正式生产，2014 年 3 月达产。该选厂设计浮选工艺流程为一粗二精二扫，中矿合并再磨后返回粗选作业的浮选流程，试验指标为精矿 Au 品位为 30 g/t，Au 回收率为 80%，实际指标为精矿 Au 品位为 30 g/t，Au 回收率为 78%。

　　嵩县山金矿业有限公司九仗沟选厂矿石属难选冶矿石，部分金呈极微细粒金形式存在。金的主要载体矿物黄铁矿有一部分嵌布粒度极细，且白云石包裹金极难回收，选矿指标随矿石性质变化而波动。

　　从 2012 年 6 月开始试生产至 2018 年 6 年期间，嵩县山金公司选厂在选矿生产技术方面进行了多项创新取得了显著成果，成功攻克了微细粒包裹金浮选回收难的难题。使金的回收率由 2013 年的 78% 提高到 2018 年的 91.40%，2019 年上半年继续保持这一回收率，处理量由设计 600 t/d 提高到 800 t/d。

　　目前，嵩县山金矿业有限公司选矿厂采用一段粗磨+一粗两精两扫+中矿再磨浮选工艺，浮选段为全浮选机流程。日处理矿石量为 850 t 左右，原矿品位为 4~6 g/t，精矿品位 50~70 g/t，回收率 90% 左右。

　　为进一步提高金的回收率，扩大选厂的产能，优化提高九仗沟金矿生产技术经济指标，2019 年初嵩县山金矿业有限公司启动了"浮选柱机联合工艺创新及药剂制度优化高效回收微细粒包裹金的研究与应用"的科技攻关项目。该项目先后完成了"浮选柱半工业试验研究""嵩县山金矿业有限公司九仗沟选矿厂磨浮作业流程考察""嵩县山金九仗沟选厂机-柱-机分选工艺研究"，并在现场进行了工业实施与应用。

　　通过浮选柱半工业试验和试验室试验，创新了"机+柱+机"（浮选柱与浮选机）的联合工艺流程，对药剂制度进行优化创新。经过一年的现场生产调试和工业生产，目前浮选金回收率提高到 92.31%，选厂处理量提高到了 930 t/d，使各项生产技术指标都达到崭新的水平。

8.1.2　工艺简介

嵩县山金矿业有限公司九仗沟选厂磨浮工艺流程为："一段粗磨+一粗二精二扫+中矿再磨"，其中一段磨矿与螺旋分级机形成闭路，中矿再磨与旋流器形成闭路。浮选作业为单系列，采用一粗二精二扫流程，浮选流程如图 8-1 所示。

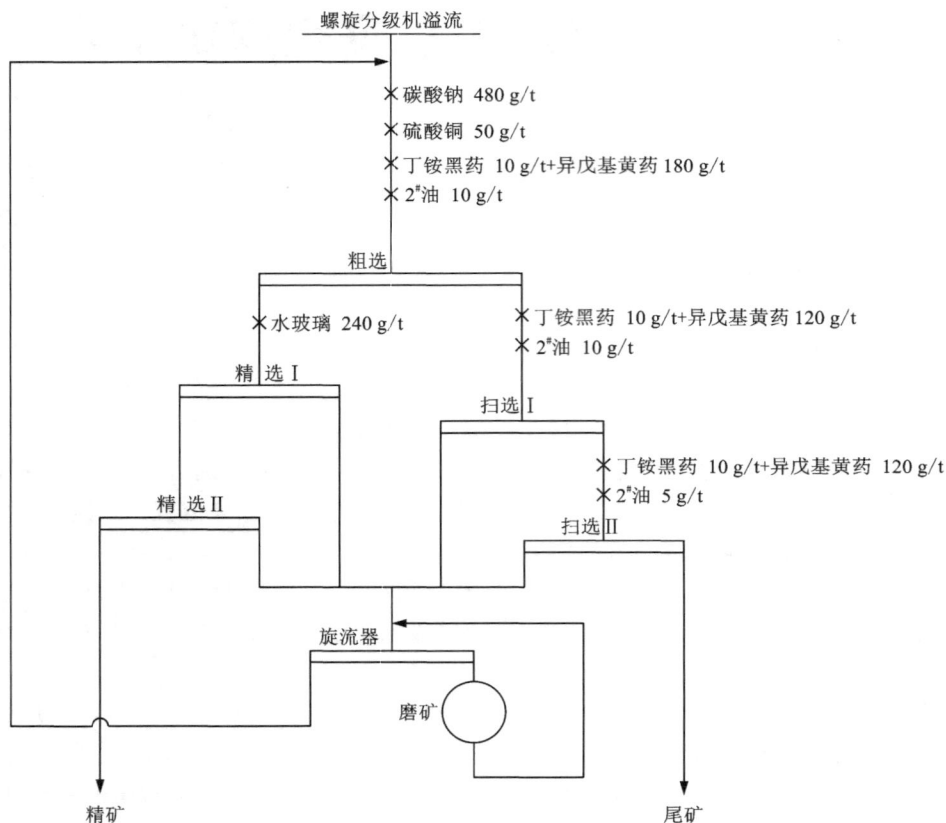

图 8-1　磨浮车间工艺流程图

选厂浮选粗扫选设备为 XCF 加 BS-K 型系列浮选机，槽体有效容积均为 8 m³；精选作业设备为 SF 型系列浮选机，槽体有效容积均为 2.8 m³。联合机组采用 XCF 型浮选机作吸入槽，BSK 型浮选机作直流槽，较好地解决了浮选作业水平配置而不用泡沫泵的问题。

8.1.3　浮选工艺存在的缺陷

8.1.3.1　细粒矿物回收效率低

离心矿化方式使得浮选机在细粒矿物分选上存在着天然的劣势。在金矿选矿工艺中，有用矿物金多分布于细粒矿物中。细粒矿物质量小，比表面积大，表面能高。理论研究表明，以下两种措施可以有效提高细粒矿物的浮选效率：一是增大充气量和减小气泡尺寸;二是增大矿浆的搅拌强度。但浮选机内叶轮主导的离心矿化方式大大限制了对细粒矿物的回收,主要体现在以下两个方面。

1)搅拌作用机制限制了气泡尺寸大小,并且在充气量大的情况下,搅拌作用不可能有效地将空气碎散成小气泡。所以浮选机无法同时实现强化细粒浮选所需要的大充气量、小气泡。

2)在浮选机中增大搅拌强度可能会导致矿化气泡短路进入底流,或者引起疏水性矿粒从矿化气泡表面脱落,降低分选效率。

8.1.3.2　流程设计单一

流程设计应根据矿物可浮性的变化,全方位地考量与设计分选条件、方式和过程,设计出与之相匹配的矿化过程,强化对难选矿物的回收。

在金矿浮选过程中,由于入料的解离度,矿物的粒度、可浮性等组成存在差异,易浮矿物最容易在前面的浮选槽中浮出,而可浮性较差的矿物则由后续的浮选槽逐步分选,随着浮选过程的延长,矿物的可浮性越来越差,所呈现的是一种非线性变化。而在常规的浮选机分选过程中,同一浮选作业相邻浮选槽的主体结构、矿化与分离方式一般是相同的,即便叶轮转速可以调整,也都是在很小范围内的微调,这样就造成了矿化方式的单一,因此配置为同一系列的所有浮选槽的浮选过程是一致的,后续的浮选槽是前一浮选槽浮选过程的重复,这显然提供的是一种线性分选过程。

用线性的分选过程来匹配非线性变化的可浮性,显然是不合理的,这充分表明浮选机在工艺过程设计方面存在缺失。随着浮选过程的进行,浮选机的分选效率越来越低,而在浮选设备一定的条件下,实际生产中一般只能简单地通过增加浮选槽数量、延长浮选时间来提高精矿品位和保证回收率,这就直接导致浮选流程效率低、延时长,造成项目耗电量大,投资大,维修量大,运行费用高,成为制约生产成本效益和企业经济效益的主要因素。

8.2　矿石特性及分选特性

8.2.1　矿石特性

嵩县九仗沟金矿石矿物学研究鉴定显示:该矿石性质复杂,入选矿石中金大部分以极微细包裹金的形式存在,微细金粒被黄铁矿或硫化矿等主要载体矿物物理包裹,而且这些细粒黄铁矿中都含有显微镜难以找到的微细粒金,嵌布粒度极细,粒径为−0.015 mm 的金占 47%以上,且存在不同程度的氧化和泥化,属于极难处理的少硫化物石英脉金矿石。矿石特性的验证如下

1)五次流程考察的溢流产品(原矿)筛析结果充分验证了矿石中金的极微细粒嵌布,筛析结果见表 8-1。

表8-1　五次流程考察的溢流产品(原矿)中微细粒含量

考察时间	原矿品位 /(g·t^{-1})	-400 目		
		产率/%	品位/(g·t^{-1})	分布率/%
第一次 2013-12-16	5.92	44.71	3.99	51.70
第二次 2014-11-05	2.58	42.58	3.62	59.64
第三次 2017-11-07	6.01	45.58	7.64	58.89
第四次 2018-03-16	3.65	48.18	4.68	60.93
第五次 2020.01.10	5.41	-325 目		
		53.52	6.95	68.80

从表8-1可看出：五次流程考察溢流(原矿)-400目粒级的金属分布率前四次都占50%以上。五次的-400目粒级的平均金属分布率高达60%以上。

2)原试验报告对中矿再磨产品粒级筛析结果也验证了原矿金的极微细粒嵌布,筛析结果见表8-2。

表8-2　原试验报告中中矿再磨产品粒级筛析

粒级/mm	产率/%	Au 品位/(g·t^{-1})	Au 分布率/%
+0.105	5.52	2.50	5.44
-0.105～+0.074	22.82	2.43	21.88
-0.074～+0.045	7.52	2.56	7.60
-0.045～+0.031	5.19	1.97	4.03
-0.031～+0.015	11.14	2.99	13.14
-0.015	47.81	2.54	47.91
合计	100.00	2.53	100.00

表8-2的筛析结果表明：-0.015 mm粒级金分布率为47.81%。报告中表述：在显微镜下观察精选中矿与扫选中矿,普遍看到白色的脉石矿物上连生了少量微米级的黄铁矿,对中矿的再磨再选试验需要将中矿细磨至-325目90%(-200目98%)的细度,中矿扫二精的开路精矿Au品位才能达到30 g/t。可见,金的主要载体黄铁矿中有一部分粒度特别细,而且这些细粒黄铁矿中都含有显微镜难以找到的极微细粒金。

8.2.2　分选特性

入选矿石中金大部分以极微细粒包裹金的形式存在,金精矿必须细磨使微细粒金单体解离,才能提高金精矿的品位和回收率。但磨矿过程中发生了较为明显的选择性磨矿现象,有用矿物向细粒级集中,细磨后-0.037 mm粒级产率及金属分布率增加,细粒矿物质量小,比表面积大,表面能高。因此,金易随矿泥流失在尾矿中。生产实践和探索试验表明：原矿磨至-0.074 mm>64%，中矿再磨细度达到-0.044 mm>90%，这样分级溢流的-0.037 mm 粒级产率占44.71%，金属分布率占51.7%；浮选搅拌槽中-0.037 mm 粒级产率占47.11%以上，金属分布率占52.7%。因此，需要加强-0.037 mm 粒级金的及早回收。

原生矿石含泥量大，-0.037 mm 占65.42%，矿泥中金品位大于原矿品位，分布率占总金属量的12%以上，这部分细粒级含金矿泥经磨矿后其粒度更加微细。由于受原矿性质制约，再经过精选进一步提高金品位不仅难度较大，反而还会在泡沫槽发生"跑槽"，导致尾矿中高品位细粒级含量增加，进入中矿再磨系统后过磨现象加剧，粒度更为微细。因此，及早回收这部分高品位细粒级矿化泡沫对金精矿回收率的提高尤为重要。

8.3　浮选工艺优化试验研究

8.3.1　磨矿细度试验

8.3.1.1　磨矿细度曲线绘制

磨矿细度是影响选矿指标的重要因素，确定适宜的磨矿细度既能保证有用矿物较完全地单体解离，又不会因过磨造成恶化浮选效果。九仗沟金矿矿石属于微细粒浸染型矿石，部分金呈极微细粒金存在。为考察磨矿细度对浮选效果的影响，确定最适宜的磨矿细度，根据以往试验室磨矿经验确定磨矿浓度为66.67%，每次磨矿 1 kg，对磨矿产品用网筛格直径为 0.074 mm 的筛子进行筛分，得到磨矿细度-时间曲线，如图 8-2 所示。

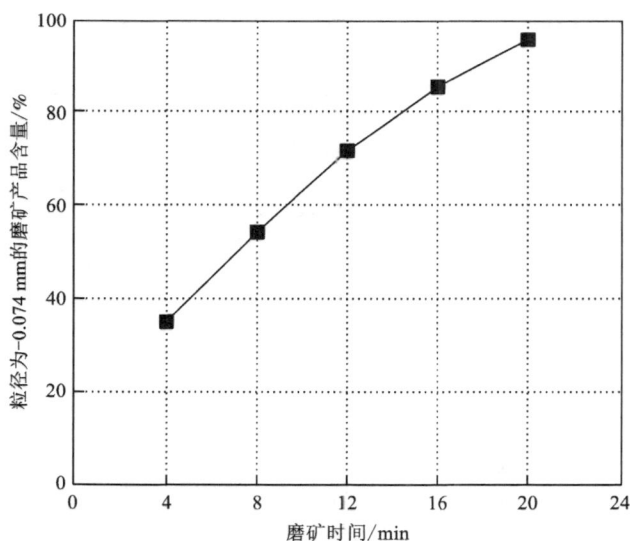

图 8-2　磨矿产品粒径为-0.074 mm 含量与磨矿时间关系图

由图 8-2 可知，随着磨矿时间的延长，磨矿细度呈逐渐增加的趋势。在磨矿时间为 12 min 后，磨矿产品的细度随磨矿时间的增加而变化升高的幅度较小，此时磨矿产品中粒径-0.074 mm 的含量为 72.02%。当磨矿时间为 20 min 时，磨矿产品中粒径-0.074 mm 的含量为 95.96%。结合该矿石的邦德功指数值 19.76 kW·h/t，可知该矿石可磨性较差，属于难磨矿石。

8.3.1.2　细度试验

为初步确定适宜的磨矿细度，在试验室以现场的药剂制度为浮选条件，进行了以下 6 组磨矿细度试验，磨矿细度试验条件分别是-0.074 mm 含量占 65%、70%、75%、80%、85% 和 90%。试验流程如图 8-3 所示，试验结果见表 8-3 及图 8-4。

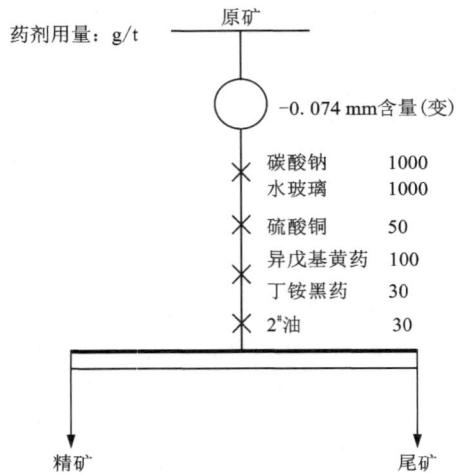

图 8-3　磨矿细度试验流程图

表 8-3　磨矿细度条件试验结果

粒径-0.074 mm 含量	产品名称	产率/%	品位/(g·t⁻¹)	回收率/%
65%	精矿	9.55	32.20	80.76
	尾矿	90.45	0.81	19.24
	原矿	100.00	3.81	100.00
70%	精矿	11.88	26.35	85.55
	尾矿	88.12	0.60	14.45
	原矿	100.00	3.66	100.00
75%	精矿	11.22	27.30	84.56
	尾矿	88.78	0.63	15.44
	原矿	100.00	3.62	100.00
80%	精矿	10.83	28.86	86.01
	尾矿	89.17	0.57	13.99
	原矿	100.00	3.63	100.00

续表8-3

粒径-0.074 mm 含量	产品名称	产率/%	品位/(g·t⁻¹)	回收率/%
85%	精矿	10.07	31.40	85.22
	尾矿	89.93	0.61	14.78
	原矿	100.00	3.71	100.00
90%	精矿	10.58	29.20	86.39
	尾矿	89.32	0.55	13.61
	原矿	100.00	3.61	100.00

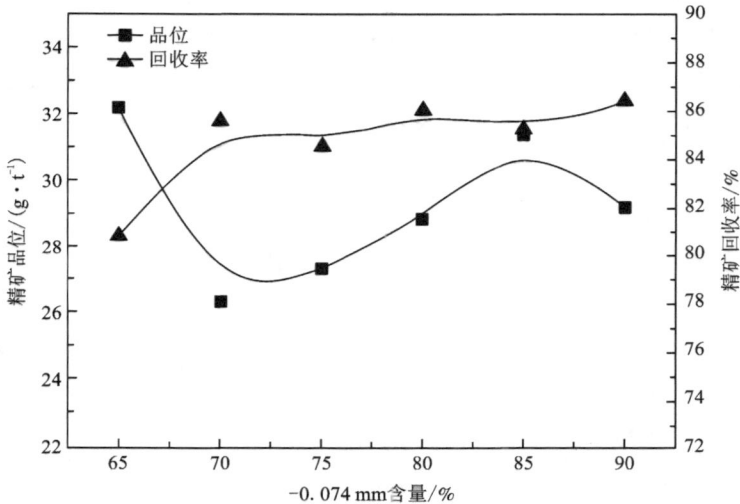

图 8-4　磨矿细度试验结果

试验结果表明，随着磨矿细度的提高，金的回收率呈先上升后趋于稳定的趋势，在粒径-0.074 mm 的磨矿产品含量为 70% 之后，金的回收率逐渐稳定于 86%。当磨矿细度为-0.074 mm 的磨矿产品含量为 85% 时金矿回收率最好，此时获得的金粗精矿品位为 31.4 g/t，金的回收率为 85.22%。但考虑到现场磨矿分级设备实际处理能力以及尽量保证较高的金回收率，因此确定本次试验的适宜磨矿细度为-0.074 mm 含量为 80%，此时金粗精矿的品位为 28.88%，金的回收率为 86.01%。

8.3.2　适宜浮选粒级含量最大化研究

不同粒度磨矿产品的浮选回收情况存在较大的差别。欠磨时，矿物颗粒粒度过粗，不易浮出而易损失在尾矿中，俗称"跑粗"；过磨时，矿物粒度过细，选择性较差而同样不易附着在气泡被浮出；而只有一定粒度范围内的磨矿产品才具有最佳浮选效果。

选厂设计原矿粗磨及中矿再磨分别粒径为-0.074 mm 含量和-0.043 mm 含量作为细度指标。该磨矿细度指标粒级范围较大，而未能对磨矿产品过磨、欠磨及后续浮选粒级回收情况进行全面的评价，因此无法对当前磨矿产品作为浮选给矿的合理性进行准确的评估。

因此，为了科学评价磨矿产品质量的好坏，弥补常规磨矿细度（-0.074 mm 含量）评价方法的不足，本项目在磨矿条件试验研究过程中，提出了磨矿产品质量综合评价指标，即采用适宜浮选粒级含量来评价磨矿产品质量的好坏，在顺应矿石性质的前提下优化磨矿效果。

8.3.2.1　浮选粒级回收率试验

磨矿过程能够实现绝大部分有用矿物单体解离是实现有用矿物高效分选的前提。为了最大化回收利用有用矿物，要对不同粒级磨矿产品的浮选回收率进行系统的研究，在现有浮选流程和药剂制度下，明确 Au 等有价元素尚存在的回收空间，找出最利于浮选的磨矿产品粒度范围，并最大程度减少欠磨和过磨情况，提高目的矿物的回收率。

对设计细度为-0.074 mm 占 80% 的原矿粗磨产品进行浮选试验，对所得粗精、尾矿产品进行粒度筛分试验及化验分析，并计算不同粒级金的回收率，进而确定适合九伏沟金矿浮选的粒级范围。试验结果如表 8-4 所示。

表 8-4　适宜浮选粒级试验结果

粒级级别/mm	产率/%		品位/（g·t⁻¹）		粒级分布率/%		粒级回收/%	
	精矿	尾矿	精矿	尾矿	精矿	尾矿	精矿	尾矿
+0.15	0.84	1.13	0.80	0.72	0.02	1.24	8.23	91.77
-0.15~+0.074	19.46	16.50	15.46	0.59	8.80	14.91	77.05	22.95
-0.074~+0.043	20.30	21.60	24.78	0.50	14.71	16.54	83.49	16.51
-0.043~+0.038	6.76	7.32	42.19	0.60	8.34	6.72	87.59	12.41
-0.038~+0.015	27.32	25.54	46.25	0.68	38.89	28.36	88.76	11.24
-0.015	25.33	27.92	35.36	0.65	27.57	29.62	84.28	15.72
合计	100.00	100.00			100.00	100.00		

由表 8-4 可知，当粒级范围在 0.015~0.043 mm 之间时，精矿中金的粒级回收率约为 88%，比其他粒级范围得到的金回收率要高，此外该粒级范围金精矿品位也较高，由此说明该粒级范围含金矿物解离度较高，且该粒级范围适于有用矿物的回收。而对于 0.043 mm 以上粒级的产品，由于其解离度相对较低，从而不利于含金矿物的回收，且在该粒级情况下得到的精矿品位也相对较低。对于 0.015 mm 以下粒级的产品，由于粒度较细，容易导致微细粒脉石或泥质矿物的夹杂，从而影响精矿品位。此外，由于泥质矿物的亲水性较强，当其与微细粒含金矿物机械黏附时也会影响精矿中金的回收率。因此根据九伏沟金矿实际矿石性质以及试验结果确定该矿适宜的浮选粒级范围为 0.015~0.043 mm。

在后续磨矿过程优化研究中，通过优化钢球级配及磨矿浓度等磨矿工作参数，提高磨矿产品中浮选适宜粒级的含量，尤其是最适宜浮选粒级的含量，同时降低原矿欠磨及过磨程度，优化磨矿产品粒度组成，为后续浮选指标的优化提供保障。

8.3.2.2　磨矿条件优化研究

通过粒级回收率研究得到最适宜浮选的粒度范围，以适宜浮选粒级含量来评价磨矿效果，对试验室用球磨机磨矿参数如磨球级配、磨矿浓度、磨矿时间等操作参数进行优化，为后续浮选作业提供最适宜粒度组成的磨矿产品，为浮选指标的提高奠定基础。

（1）磨矿浓度优化试验

磨矿浓度是对磨矿效率的重要影响因素。矿浆浓度过大，矿粒易黏附于介质表面，得到有效研磨，但矿浆流动性较差。矿浆浓度过低，磨矿介质受到的浮力越大，有效密度越小导致冲击研磨作用降低。为考察不同磨矿浓度对磨矿细度的影响，以确定试验室条件下最佳磨矿浓度，同时也为工业生产提供参考依据，试验以磨矿细度−0.074 mm 占 80% 为基本参考值，分别进行了磨矿浓度为 55%、60%、65%、70% 的磨矿试验。不同磨矿浓度下磨矿细度曲线如图 8−5 所示，并对磨矿产品在−0.074 mm 含量为 80% 的条件下进行粒度分析，试验结果见表 8−5。

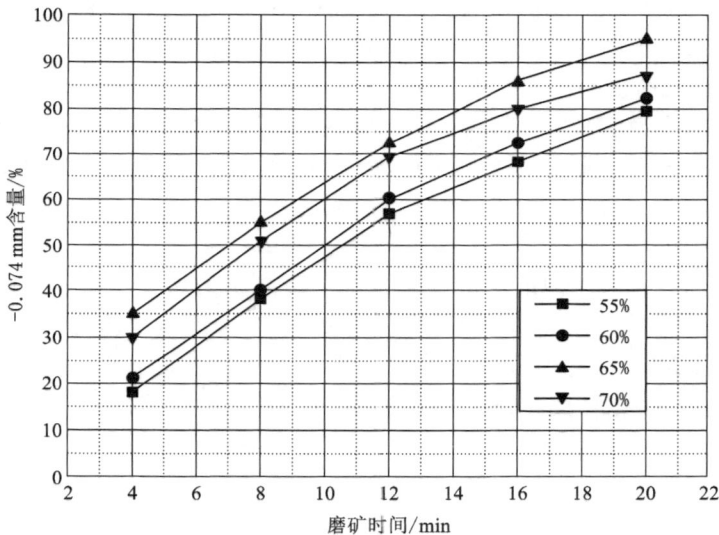

图 8−5　不同磨矿浓度−0.074 mm 磨矿产品含量与磨矿时间关系

由图 8−5 可以看出，磨矿时间相同时不同的磨矿浓度对应的磨矿细度不同，其中磨矿浓度为 65% 所对应的磨矿细度最细。当磨矿浓度分别为 55%、60%、65%、70% 时，磨矿产品−0.074 mm 含量均为 80% 所对应的磨矿时间分别为 20 min、19.4 min、14.4 min、16 min。为了考察 4 种不同磨矿浓度在磨矿细度均为−0.074 mm80% 时所对应的适宜浮选粒级（0.015~0.043 mm）的含量，分别进行了 4 次磨矿试验，试验条件为：磨矿浓度为 55%，磨矿时间为 20 min；磨矿浓度 60%，磨矿时间 19.4 min；磨矿浓度 65%，磨矿时间 14.4 min；磨矿浓度 70%，磨矿时间 16 min；并对磨矿产品进行筛分分析，试验结果见表 8−5。

表 8-5　不同磨矿浓度磨矿产品粒度分布　　　　　　单位：%

| 粒级/mm | 粒度 | | | |
| | 磨矿浓度 | | | |
	55	60	65	70
+0.15	0.45	0.63	1.10	0.95
−0.15 +0.074	19.05	18.69	17.79	18.10
−0.074 +0.043	19.67	20.15	21.47	19.94
−0.043 +0.015	26.16	26.86	32.98	31.65
−0.015	34.32	33.67	26.66	29.36
合计	100.00	100.00	100.00	100.00

由表 8-5 可以看出，当磨矿细度均为−0.074 mm 80%时，4 种磨矿浓度的磨矿产品中粒级分布不同。磨矿浓度为 55%和 60%时，由于其磨矿时间较长，其产品中−0.015 mm 粒级含量较高，存在过磨。磨矿浓度为 70%时，其磨矿产品中−0.015 mm 粒级含量也相对较高。只有当磨矿浓度为 65%时，其磨矿产品中适宜浮选粒级 0.015~0.043 mm 含量相对较高，而该磨矿浓度在磨矿细度为−0.074 mm 80%时所对应的磨矿时间最少，因此综合考虑磨矿浓度取 65%。

（2）球磨机转速优化试验

磨矿介质在球磨机筒体内的运动状态取决于球磨机的转速。磨矿介质的运动状态不同对磨矿效果有显著影响。球磨机设备的转速较低时，介质以泻落运动为主，冲击作用较小，磨矿作用主要为研磨，磨矿机生产能力较低，适于细磨；转速较高时，介质抛落运动方式所占的比重增大，冲击作用较强，磨矿作用以冲击为主，磨剥其次，有利于粉碎粗粒物料，球磨机生产能力高。

为考察不同球磨机转速对磨矿细度的影响，以确定试验室条件下最佳磨机转速，试验以磨矿细度−0.074 mm 占 80%为基本参考点，分别进行了磨机转速率（工作转速与临界转速之比）为 65%、75%、85%、95%的磨矿试验。绘制各磨机转速率下的磨矿细度曲线，如图 8-6 所示，并对磨矿产品在−0.074 mm 含量为 80%的条件下进行粒度分析，试验结果见表 8-6。

由图 8-6 可以看出，磨机转速率不同时得到的磨矿细度曲线不同，相同磨矿时间内磨机转速率低时磨矿细度较粗，而当磨机转速率高时由于研磨作用相对较弱，其磨矿细度也相对较粗。当磨机转速率分别为 65%、75%、85%、95%时，磨矿产品−0.074 mm 含量均为 80%所对应的磨矿时间分别为 16 min、14.8 min、14 min、14.2 min。为了考察 4 种不同磨机转速率在磨矿细度均为−0.074 mm 占 80%时所对应的适宜浮选粒级（0.015~0.043 mm）的含量，分别在磨矿浓度为 65%的条件下进行了 4 次磨矿试验，试验条件为：磨机转速率为 65%，磨矿时间为 16 min；磨机转速率 75%，磨矿时间 14.8 min；磨机转速率 85%，磨矿时间 14 min；磨机转速率 95%，磨矿时间 14.2 min；并对磨矿产品进行筛分分析，试验结果见表 8-6。

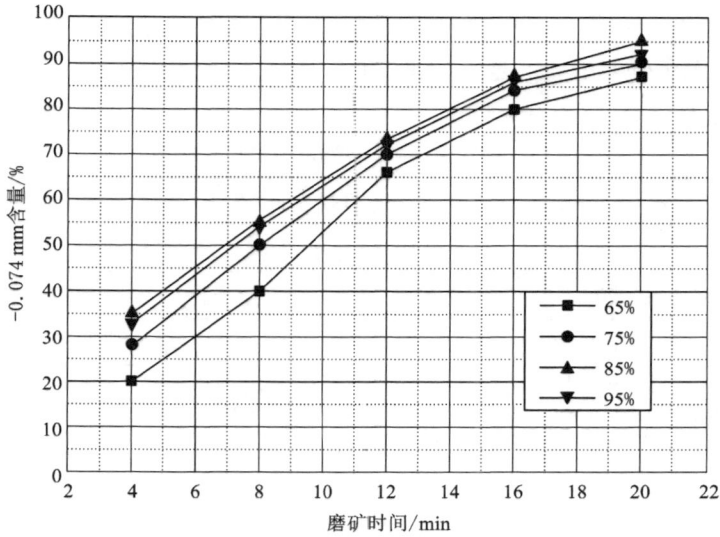

图 8-6　各磨机转速率下磨矿时间与-0.074 mm 含量关系图

表 8-6　不同磨机转速率磨矿产品粒度分布　　　　单位：%

粒级/mm	粒度			
	磨机转速率			
	65%	75%	85%	95%
+0.15	1.57	1.43	1.10	0.45
-0.15 +0.074	19.05	18.69	17.79	19.10
-0.074 +0.043	16.90	17.35	21.47	26.94
-0.043 +0.015	29.16	29.86	32.98	32.16
-0.015	33.32	32.67	26.66	21.35
合计	100.00	100.00	100.00	100.00

　　由表 8-6 可以看出，当磨矿细度均为-0.074 mm 80% 时，4 种磨机转速率的磨矿产品粒级分布不同。当磨机转速率为 65% 和 67% 时，由于其磨机转速率较低，磨矿以研磨作用为主粉碎作用为辅，因此其细粒级-0.015 mm 含量较高，粗颗粒+0.15 mm 含量相对较多。当磨机转速率为 95% 时，由于转速较高，磨矿以冲击粉碎为主，细粒级-0.015 mm 含量相对较少，粗颗粒含量也较少。从适宜浮选粒级含量的角度出发，磨机转速率为 85% 和 95% 时磨矿效果较好，此外考虑到高转速对设备寿命的影响，本研究确定适宜的磨机转速率为 85%。

　　（3）钢球级配优化试验

　　球磨机以钢球作为介质对其中的物料进行粉碎和研磨。磨机运行过程中，钢球的运动状态分为泻落、抛落和离心，通过钢球之间、钢球与物料之间的研磨、冲击作用，实现磨矿的目的。在磨机内，钢球与磨机为点接触，钢球直径过大，破碎力随之增大，物料沿贯穿力方向受力，而非沿着结合力较弱的矿物结晶面破裂，导致破碎选择性差。因此，合理的钢球级配对提高磨矿效率至关重要。3 种钢球级配的磨矿优化试验结果见表 8-7~表 8-9。

表 8-7 钢球级配 B1 的理论结果及实际结果

配比	钢球直径/mm				合计/kg
	35	30	20	15	
理论配比/%	20	30	40	10	—
理论质量/kg	2.00	3.00	4.00	1.00	10.00
实际配比/%	20	30	40	10	—
实际质量/kg	1.94	2.98	4.00	1.00	9.92
钢球个数/个	11	27	122	71	—

表 8-8 钢球级配 B2 理论结果及实际结果

配比	钢球直径/mm				合计/kg
	35	30	20	15	
理论配比/%	10	40	40	10	—
理论质量/kg	1.00	4.00	4.00	1.00	10.00
实际配比/%	10	40	40	10	—
实际质量/kg	1.06	3.96	4.00	1.00	10.02
钢球个数/个	6	36	122	71	—

表 8-9 钢球级配 B3 理论结果及实际结果

配比	钢球直径/mm				合计/kg
	35	30	20	15	
理论配比/%	30	30	30	10	—
理论质量/kg	3.00	3.00	3.00	1.00	10.00
实际配比/%	30	30	30	10	—
实际质量/kg	3.00	2.98	3.02	1.00	10.00
钢球个数/个	17	27	92	71	—

为考察不同刚球级配对磨矿细度的影响，以确定试验室条件下最佳钢球配比，试验以磨矿细度-0.074 mm 占 80% 为基本参考点，分别进行了三种不同钢球配比的磨矿试验。在磨矿浓度为 65%，磨机转速率为 85% 的条件下，不同钢球配比下磨矿细度与时间曲线如图 8-7 所示。并对磨矿产品在-0.074 mm 含量为 80% 的条件下进行粒度分析，试验结果

见表 8-10。

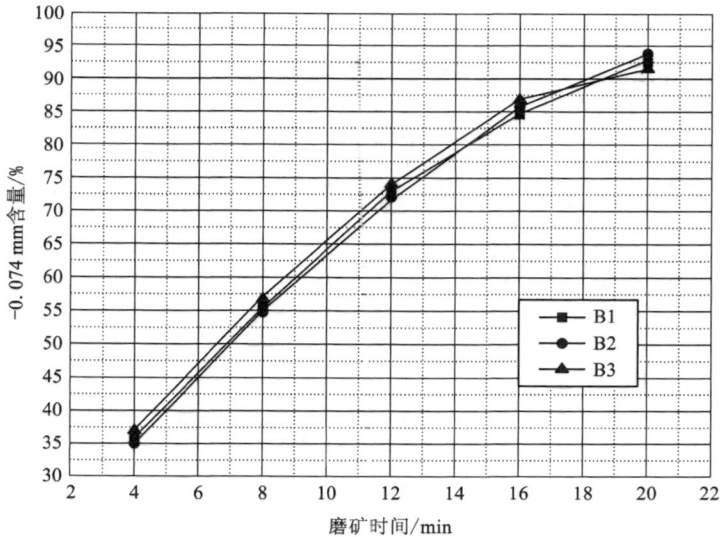

图 8-7　不同钢球级配下磨矿产品-0.074 mm 含量与磨矿时间关系

图 8-7 表明 3 种不同钢球配比磨矿时所得到的磨矿曲线差异不大。根据磨矿曲线当磨矿产品细度为 -0.074 mm 占 80% 时，钢球级配 B1、B2、B3 所对应的磨矿时间为 14.33 min、14.33 min、13.80 min。为了考察钢球级配对磨矿产品中适宜浮选粒级含量的影响，分别在磨矿浓度为 65%、磨机转速率为 85% 的条件下进行了 3 次磨矿试验试验条件为：钢球级配 B1，磨矿时间 14.33 min；钢球级配 B2，磨矿时间 14.33 min；钢球级配 B3，磨矿时间 13.80 min；并对磨矿产品进行筛分分析，试验结果见表 8-10。

表 8-10　不同钢球级配磨矿产品粒度分布　　　　　单位: %

粒级/mm	粒度		
	钢球级配方案		
	B_1	B_2	B_3
+0.15	1.63	1.32	1.12
-0.15+0.074	18.69	17.99	18.36
-0.074+0.043	18.01	16.04	25.75
-0.043+0.015	31.84	33.21	28.44
-0.015	29.74	27.66	26.33
合计	100.00	100.00	100.00

由表 8-10 可以看出，当磨矿细度均为 -0.074 mm 80% 左右时，三种不同级配钢球的磨矿产品中粒级分布不同。钢球级配 B1 和 B2 由于大钢球比例较低，中等钢球比例较高，

所以其磨矿产品中-0.015 mm 粒级含量较高。对于钢球级配 B3，由于其大钢球比例相对较高，所以其磨矿产品相对较粗，磨矿产品中-0.015 mm 粒级含量较低，而适宜浮选粒级 0.015~0.043 mm 的含量也相对较低。钢球级配为 B2 的磨矿产品适宜浮选粒级含量最高，为 33.21%，因此经综合考虑磨矿钢球级配取方案 B2。

(4)磨矿优化浮选试验

为了验证磨矿条件优化后的浮选效果，根据上述在不同磨矿浓度、磨机转速及钢球级配条件下试验所确定的最佳磨矿参数进行磨矿浮选试验，并跟磨矿优化前的磨矿浮选试验进行对比。磨矿条件为：磨矿浓度 65%，磨机转速率 85%，磨矿钢球级配为方案 B2，磨矿时间 14 分 20 秒。试验流程如图 8-8，试验结果见表 8-11。

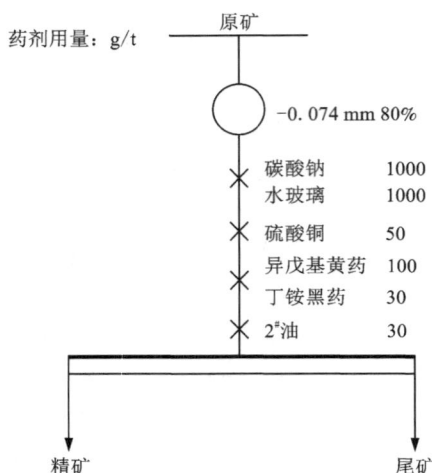

图 8-8 磨矿优化试验流程

表 8-11 磨矿优化浮选试验对比结果

	产品名称	产率/%	金品位/($g \cdot t^{-1}$)	金回收率/%
磨矿优化前	精矿	10.83	28.86	86.01
	尾矿	89.17	0.57	13.99
	原矿	100.00	3.63	100.00
磨矿优化后	精矿	10.75	29.53	86.39
	尾矿	89.25	0.56	13.61
	原矿	100.00	3.67	100.00

由表 8-11 试验结果可以看出，磨矿优化后浮选精矿金的品位提高了 0.67 $g \cdot t^{-1}$，金的回收率提高了 0.38 个百分点，而尾矿中金的品位也相对较低。由此说明通过调整磨矿参数使适宜浮选粒级含量最大化对于改善浮选指标能够起到一定的作用。

8.3.3　浮选药剂制度的优化研究

8.3.3.1　调节剂用量试验

碳酸钠是常用的 pH 调节剂，由于它能分散矿泥，活化硫化矿及金的浮选，因此选择其作为 pH 调节剂，考察不同用量的碳酸钠对浮选效果的影响。含金硫化矿浮选一般采用硫酸铜作为活化剂，考察不同用量的硫酸铜对浮选效果的影响。此外，添加适量的硫酸铵通常能提高细粒级硫化矿的回收率。设计不同种类调整剂用量试验，来探究不同种类的调整剂的用量对于浮选指标的影响。

（1）碳酸钠用量试验

碳酸钠用量试验条件：磨矿细度 -0.074 mm 为 80%，固定捕收剂异戊基黄药用量为 100 g/t，丁铵黑药用量 30 g/t，水玻璃用量 1000 g/t，硫酸铜用量 50 g/t，起泡剂 2# 油用量 30 g/t。试验流程如图 8-9 所示，试验结果见表 8-12、图 8-10。

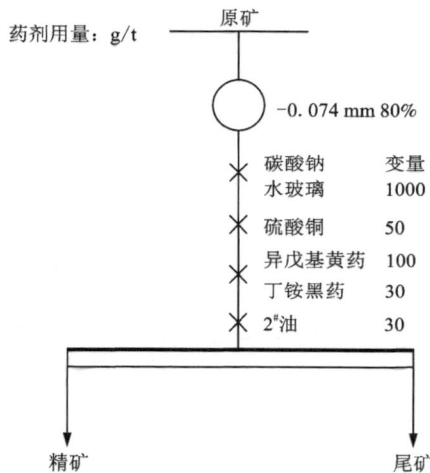

图 8-9　碳酸钠用量试验流程图　　　　图 8-10　调整剂碳酸钠用量与精矿品位及回收率关系图

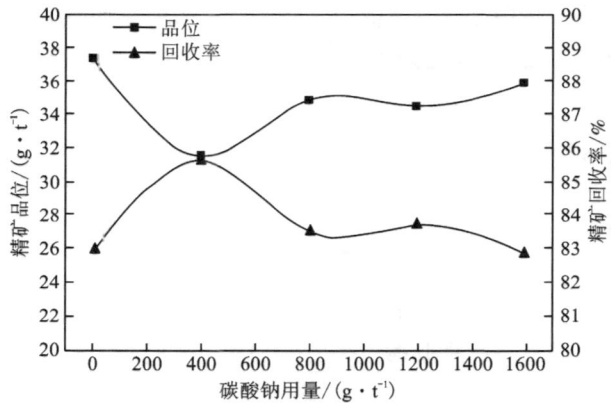

表 8-12　碳酸钠用量试验结果

碳酸钠用量/($g \cdot t^{-1}$)	产品名称	产率/%	品位/($g \cdot t^{-1}$)	回收率/%
	精矿	8.32	37.43	82.91
0	尾矿	91.68	0.70	17.09
	原矿	100.00	3.76	100.00
	精矿	10.16	31.53	85.60
400	尾矿	89.84	0.60	14.40
	原矿	100.00	3.74	100.00
	精矿	8.63	34.83	83.50
800	尾矿	91.37	0.65	16.50
	原矿	100.00	3.60	100.00

续表8-12

碳酸钠用量/(g·t^{-1})	产品名称	产率/%	品位/(g·t^{-1})	回收率/%
1200	精矿	8.82	34.48	83.69
	尾矿	91.18	0.65	16.31
	原矿	100.00	3.63	100.00
1600	精矿	8.50	35.93	82.87
	尾矿	91.50	0.69	17.13
	原矿	100.00	3.69	100.00

如图8-10所示，随着碳酸钠用量的增加，浮选金精矿回收率先增加后降低，品位先降低随后升高。总体来说，碳酸钠的加入对于改善浮选指标有一定的作用。粗选阶段以考虑精矿回收率为主，同时结合现场药剂药量条件，考虑碳酸钠用量为400 g/t。

(2)水玻璃用量试验

水玻璃用量试验条件：磨矿细度-0.074 mm为80%，固定捕收剂异戊基黄药用量100 g/t，丁铵黑药用量30 g/t，碳酸钠用量400 g/t，硫酸铜用量50 g/t，起泡剂2#油用量30 g/t。试验流程如图8-11所示，试验结果如表8-13、图8-12所示。

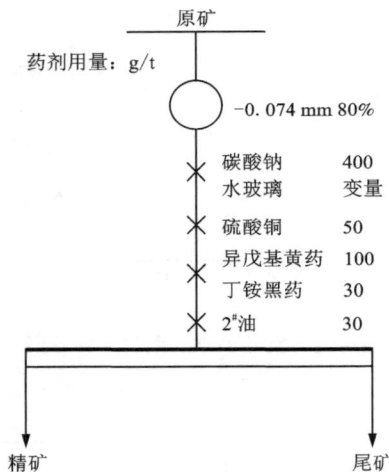

图8-11　调整剂水玻璃用量试验流程图

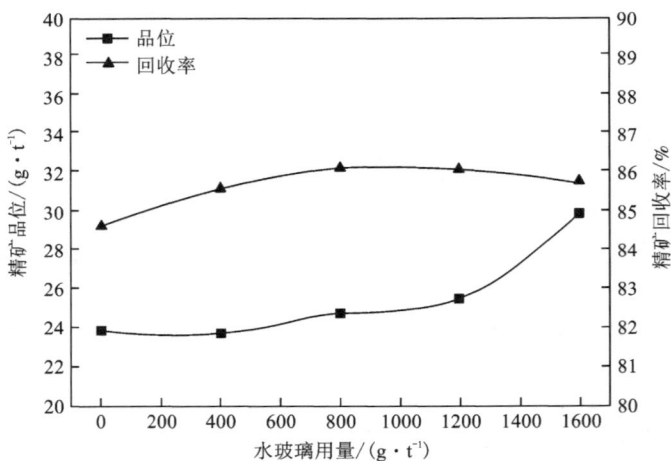

图8-12　调整剂水玻璃用量与精矿品位、回收率关系图

表8-13　调整剂水玻璃用量试验结果

水玻璃用量/(g·t^{-1})	产品名称	产率/%	品位/(g·t^{-1})	回收率/%
0	精矿	12.88	23.87	84.65
	尾矿	87.12	0.64	15.35
	原矿	100.00	3.63	100.00
400	精矿	13.07	23.72	85.60
	尾矿	86.93	0.60	14.40
	原矿	100.00	3.62	100.00

续表8-13

水玻璃用量/(g·t⁻¹)	产品名称	产率/%	品位/(g·t⁻¹)	回收率/%
800	精矿	13.08	24.75	86.13
	尾矿	86.92	0.60	13.87
	原矿	100.00	3.76	100.00
1200	精矿	13.09	25.46	86.08
	尾矿	86.91	0.62	13.92
	原矿	100.00	3.87	100.00
1600	精矿	11.40	29.94	85.75
	尾矿	88.60	0.64	14.25
	原矿	100.00	3.98	100.00

由图 8-12 可以看出，添加水玻璃有利于改善浮选指标，且随着水玻璃用量的增加，其对于脉石的抑制作用愈发明显，精矿品位不断提高。但由于脉石中可能存在部分未完全解离的有用矿物，导致随着水玻璃用量增加，浮选回收率先增加，之后有所下降。当水玻璃用量为 800 g/t 和 1200 g/t 时，浮选指标最好，但从经济角度考虑，选择水玻璃用量为 800 g/t。

（3）硫酸铜用量试验

硫酸铜用量试验条件：磨矿细度-0.074 mm 为 80%，固定捕收剂异戊基黄药用量 100 g/t，丁铵黑药用量 30 g/t，碳酸钠用量 400 g/t，水玻璃用量 800 g/t，起泡剂 2#油用量 30 g/t。试验流程如图 8-13 所示，试验结果如表 8-14 和图 8-14 所示。

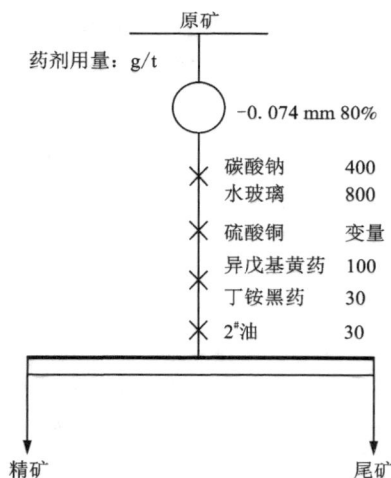

图 8-13　调整剂硫酸铜用量试验流程图

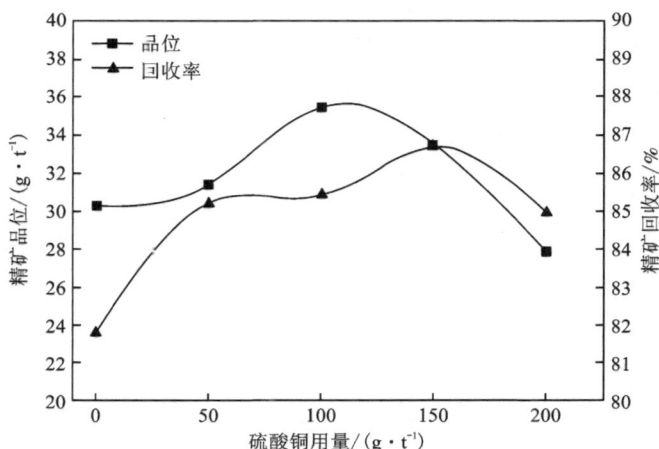

图 8-14　调整剂硫酸铜用量与精矿品位及回收率关系图

表 8-14　调整剂硫酸铜用量试验结果

硫酸铜用量/(g·t⁻¹)	产品名称	产率/%	品位/(g·t⁻¹)	回收率/%
0	精矿	9.78	30.30	81.82
	尾矿	90.22	0.73	18.18
	原矿	100.00	3.62	100.00
50	精矿	10.07	31.40	85.22
	尾矿	89.93	0.61	14.78
	原矿	100.00	3.71	100.00
100	精矿	9.70	35.45	85.42
	尾矿	90.30	0.65	14.58
	原矿	100.00	4.03	100.00
150	精矿	10.29	33.48	86.68
	尾矿	89.71	0.59	13.32
	原矿	100.00	3.97	100.00
200	精矿	11.00	27.88	84.96
	尾矿	89.00	0.61	15.04
	原矿	100.00	3.61	100.00

由图 8-14 可知，调整剂硫酸铜的加入对于浮选指标有一定影响，随着硫酸铜的用量增加，浮选指标品位及回收率都呈现出先上升，后下降的趋势，较低的硫酸铜用量下可以取得较好的浮选指标。硫酸铜用量为 150 g/t 时，品位和回收率指标都较好，因此确定硫酸铜的最佳用量为 150 g/t。

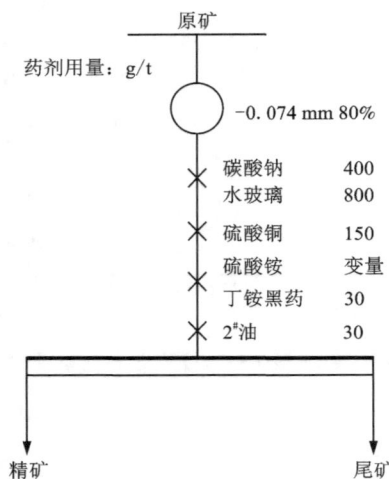

图 8-15　调整剂硫酸铵用量试验流程图　　图 8-16　调整剂硫酸铵用量与精矿品位及回收率关系图

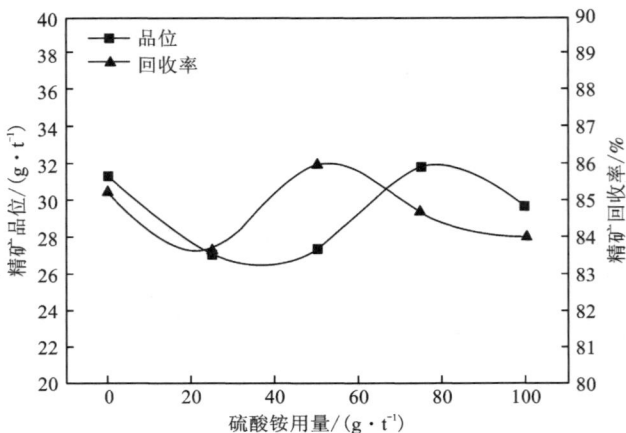

（4）硫酸铵用量试验

硫酸铵用量试验条件：磨矿细度 -0.074 mm 为 80%，固定捕收剂异戊基黄药用量 100 g/t，丁铵黑药用量 30 g/t，碳酸钠用量 400 g/t，水玻璃用量 800 g/t，硫酸铜用量 150 g/t，起泡剂 2# 油用量 30 g/t。试验流程如图 8-15 所示，试验结果如表 8-15、图 8-16 所示。

表 8-15　调整剂硫酸铵用量试验结果

硫酸铵用量/(g·t⁻¹)	产品名称	产率/%	品位/(g·t⁻¹)	回收率/%
0	精矿	10.07	31.40	85.22
	尾矿	89.93	0.61	14.78
	原矿	100.00	3.71	100.00
25	精矿	11.55	27.17	83.72
	尾矿	88.45	0.69	16.28
	原矿	100.00	3.75	100.00
50	精矿	12.21	27.38	86.00
	尾矿	87.79	0.62	14.00
	原矿	100.00	3.89	100.00
75	精矿	10.14	31.86	84.69
	尾矿	89.86	0.65	15.31
	原矿	100.00	3.81	100.00
100	精矿	11.14	29.68	83.98
	尾矿	88.86	0.71	16.02
	原矿	100.00	3.94	100.00

由图 8-16 可以看出，调整剂硫酸铵的添加不利于改善浮选指标。品位和回收率随着硫酸铵的添加，都呈现先下降，后升高，继而下降的趋势。即使是品位及回收率为最佳用量条件下的浮选指标和不添加硫酸铵的浮选指标相比，仍不具有明显优势，对于浮选指标改善不明显，故不添加硫酸铵。

8.3.3.2　捕收剂种类及用量试验

捕收剂是浮选指标的重要影响因素，选择适合矿石性质的捕收剂非常重要。选择性好的捕收剂能大幅度提高精矿品位，捕收能力强的捕收剂则能大幅度提高目的矿物的浮选回收率。但大多数浮选药剂不能同时兼顾两者，需要通过大量试验才能找到选择性好且回收率高的捕收剂。因此，针对九仗沟金矿开展捕收剂种类的筛选和重点药剂的用量试验研究。

（1）异戊基黄药和丁铵黑药复配试验

现场使用异戊基黄药和丁铵黑药作为捕收剂，本次在试验室条件下对其配比和用量进行了试验。试验条件：磨矿细度−0.074 mm 为 80%，固定调整剂水玻璃用量 800 g/t、碳酸钠用量 400 g/t、硫酸铜用量 150 g/t，固定起泡剂 2# 油用量为 30 g/t。试验流程如图 8-17，试验结果如表 8-16，图 8-18 所示。

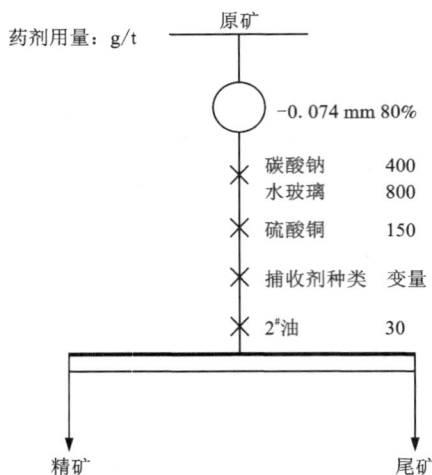

图 8-17　不同种类捕收剂试验流程图

表 8-16　异戊基黄药和丁铵黑药复配试验结果

黄药+黑药/(g·t⁻¹)	产品名称	产率/%	品位 g/t	回收率/%
120+0	精矿	9.69	32.48	81.90
	尾矿	90.31	0.77	18.10
	原矿	100.00	3.84	100.00
100+20	精矿	11.71	29.25	88.38
	尾矿	88.29	0.51	11.62
	原矿	100.00	3.88	100.00
90+30	精矿	12.49	26.89	86.87
	尾矿	87.51	0.58	13.13
	原矿	100.00	3.87	100.00
80+40	精矿	12.55	23.94	84.30
	尾矿	87.45	0.64	15.70
	原矿	100.00	3.56	100.00
70+50	精矿	14.05	24.08	83.11
	尾矿	85.95	0.80	16.89
	原矿	100.00	4.07	100.00

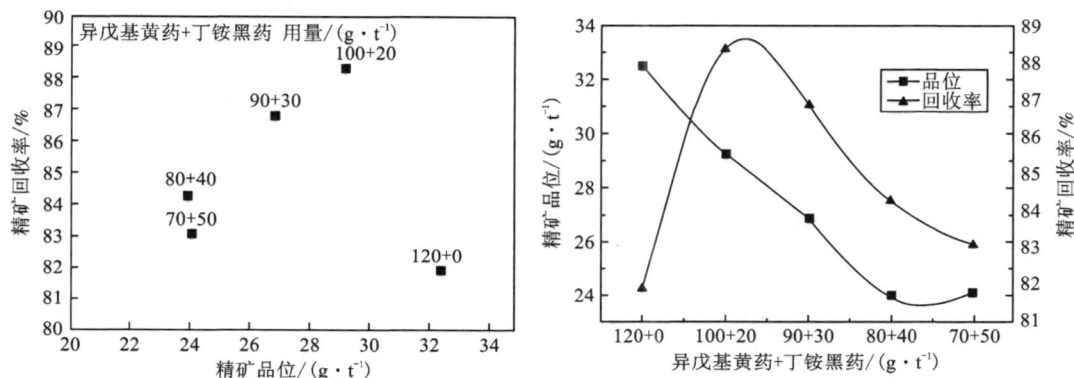

图 8-18　复配捕收剂用量与品位和回收率关系图

　　试验结果表明，以异戊基黄药和丁铵黑药作为复配捕收剂浮选时，精矿品位随着丁铵黑药的用量增加而减少，回收率随着丁铵黑药的增多，呈先上升后下降的趋势。再由图 8-18 可知，在异戊基黄药和丁铵黑药的用量分别为 100 g/t 和 20 g/t 时，能取得最优的浮选指标，精矿回收率为 88.38%，品位为 29.25%。因此确定最优的药剂复配方案为异戊基黄药 100 g/t，丁铵黑药 20 g/t。

　　（2）氰特捕收剂试验

　　本研究探索了美国氰特公司生产的四种高效硫化矿捕收剂 MX-5152、6697、8210CN 和 S11016 对该金矿的浮选效果。试验条件：试验磨矿细度-0.074 mm 为 80%，固定调整剂水玻璃用量 800 g/t、碳酸钠用量 400 g/t、CuSO$_4$ 用量 150 g/t，起泡剂 2$^{\#}$油用量为 30 g/t。试验流程如图 8-17 所示，试验结果如表 8-17、图 8-19 所示。

表 8-17　不同种类捕收剂试验结果

氰特药剂/(50 g·t^{-1})	产品名称	产率/%	品位/(g·t^{-1})	回收率/%
MX-5152	精矿	6.67	43.38	79.49
	尾矿	93.33	0.80	20.51
	原矿	100.00	3.64	100.00
6697	精矿	7.84	35.52	74.03
	尾矿	92.16	1.06	25.97
	原矿	100.00	3.76	100.00
8210CN	精矿	7.16	38.42	74.96
	尾矿	92.84	0.99	25.04
	原矿	100.00	3.67	100.00
S11016	精矿	7.83	37.88	78.33
	尾矿	92.17	0.89	21.67
	原矿	100.00	3.79	100.00

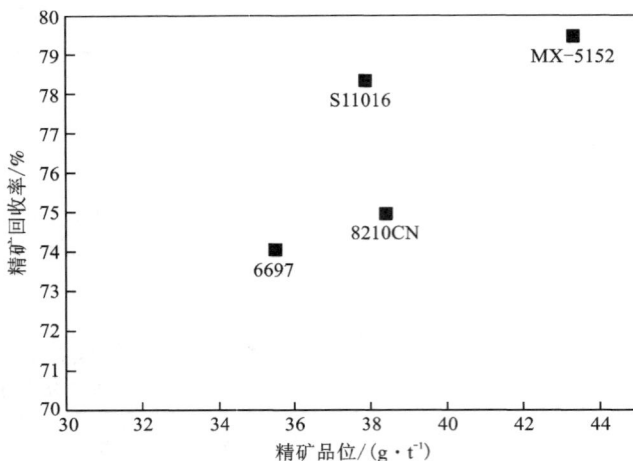

图 8-19   不同捕收剂种类的品位-回收率关系图

由图 8-19 可知，4 种氰特捕收剂的浮选结果显示，MX-5152 能获得更好的浮选指标，精矿品位为 43.38%，回收率 79.49%，是 4 种药剂中最优的。相比较而言 S11016 和 8210CN 的选择性也很强，金矿品位也保持在 38% 左右，但捕收能力较差，回收率指标较低。因此在 4 种氰特药剂中，选择 MX-5152 作为捕收剂。

8.3.3.3   起泡剂种类及用量试验

起泡剂是一种表面活性物质，大多数为杂极性分子，主要作用于气液界面，具有极性端和非极性端，极性端具有亲水性，而非极性端具有疏水性。在实际生产中，起泡剂和捕收剂一样，其性能的优劣将直接影响浮选指标，应综合考虑捕收剂和起泡剂之间的相互作用，以达到最高的浮选效率，取得最好的经济效益。因此，针对九仗沟金矿开展起泡剂种类的筛选和重点药剂的用量试验研究。

本次研究选用汇菲 F2、DF250A、Florrea F1202A、氰特 AERO704 种新型起泡剂与传统起泡剂 2# 油进行对比试验。基于捕收剂试验中确定的最佳异戊基黄药和丁铵黑药复配方案和氰特效果最好的捕收剂 MX-5152，本研究分别在这两种捕收剂方案下进行了起泡剂种类及用量试验。试验流程如图 8-20 所示，试验结果如表 8-18～表 8-19，图 8-21～图 8-22 所示。

表 8-18   异戊基黄药和丁铵黑药复配条件下起泡剂试验结果

起泡剂种类和用量/(g·t⁻¹)	产品名称	产率/%	品位/(g·t⁻¹)	回收率/%
2# 油 30	精矿	11.71	29.25	88.38
	尾矿	88.29	0.51	11.62
	原矿	100.00	3.88	100.00
汇菲 F2 15	精矿	8.58	35.52	82.85
	尾矿	91.42	0.69	17.15
	原矿	100.00	3.68	100.00

续表8-18

起泡剂种类和 用量/(g·t⁻¹)	产品名称	产率/%	品位/(g·t⁻¹)	回收率/%
DF250A 40	精矿	17.12	20.06	91.60
	尾矿	82.88	0.38	8.40
	原矿	100.00	3.75	100.00
Florrea F1202A 40	精矿	11.11	26.54	88.49
	尾矿	83.89	0.43	11.51
	原矿	100.00	3.32	100.00
AERO70 50	精矿	11.26	26.65	86.89
	尾矿	88.74	0.51	13.11
	原矿	100.00	3.45	100.00

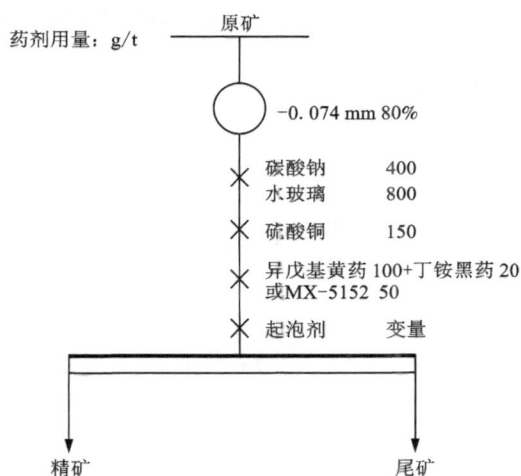

图 8-20　不同起泡剂种类和用量试验流程

试验结果表明，以异戊基黄药和丁铵黑药作为复配捕收剂浮选时，采用汇菲 F2 起泡剂得到的精矿品位较高，但回收率偏低。DF250A 做起泡剂时得到的精矿品位较低，回收率较高。Florrea F1020A 和 AERO70 效果相似，可以保证精矿具有相对较高的品位和回收率。2#油作为最常用的起泡剂，其得到的精矿品位和回收率都较高，综合指标最好，因此试验以异戊基黄药和丁铵黑药作为复配捕收剂浮选时确定选用 2#油作为起泡剂，用量为 30 g/t。

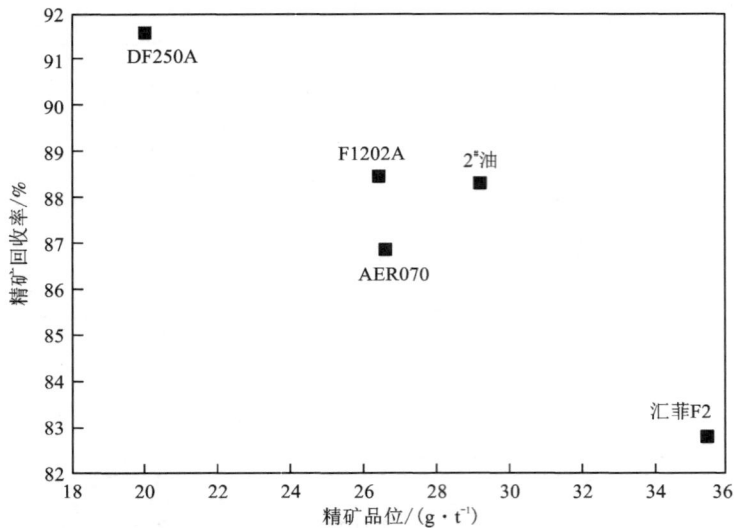

图 8-21　异戊基黄药和丁铵黑药复配条件下不同起泡剂试验品位-回收率关系图

表 8-19　MX-5152 作捕收剂时不同起泡剂试验结果

起泡剂种类和用量 /(g·t⁻¹)	产品名称	产率/%	品位/(g·t⁻¹)	回收率/%
2#油 30	精矿	6.67	43.38	79.49
	尾矿	93.33	0.80	20.51
	原矿	100.00	3.64	100.00
汇菲 F2 20	精矿	7.85	40.53	82.74
	尾矿	92.15	0.72	17.26
	原矿	100.00	3.85	100.00
DF250A 30	精矿	10.37	26.94	82.96
	尾矿	89.63	0.64	17.04
	原矿	100.00	3.37	100.00
Florrea F1202A 30	精矿	9.29	37.55	84.60
	尾矿	90.71	0.70	15.40
	原矿	100.00	4.12	100.00
AERO70 50	精矿	7.27	36.63	80.63
	尾矿	92.73	0.69	19.37
	原矿	100.00	3.30	100.00

　　试验结果表明,以氰特 MX-5152 作为捕收剂浮选时,采用 2#油作起泡剂时得到的精矿品位最高,但回收率偏低。采用汇菲 F2、F1020A 及 AERO70 作起泡剂得到的精矿品位

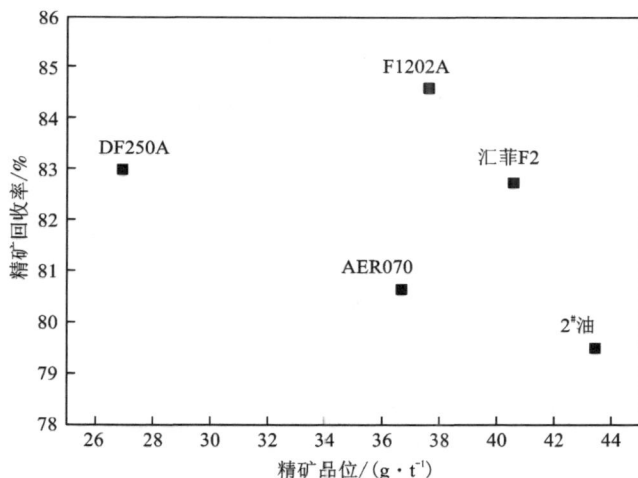

图 8-22　氰特捕收剂 MX-5152 条件下不同起泡剂试验品位-回收率关系图

都相对较高，但只有 F1020A 可以保证较高的金的回收率。因此当试验以氰特 MX-5152 作捕收剂浮选时，与之配合的最佳的起泡剂为 F1020A，用量为 30 g/t。

8.3.4　开路试验和闭路试验

浮选药剂优化试验结果表明，采用异戊基黄药和丁铵黑药的复配捕收剂方案可以获得较高的回收率指标，而采用氰特药剂 MX-5152 可以得到较高的精矿品位指标。因此本研究拟分别对这两种捕收剂方案进行开路试验和闭路试验，并结合九仗沟金矿现场实际工艺流程以验证两种药剂方案的可行性。

8.3.4.1　开路试验

1）开路试验 I：以异戊基黄药-丁铵黑药作捕收剂。

采用异戊基黄药和丁铵黑药的复配捕收剂方案的开路试验流程见图 8-23，试验结果见表 8-20。

表 8-20　开路试验 I 结果

产品名称	产率/%	金品位/(g·t⁻¹)	金回收率/%
精矿	5.86	51.42	79.14
中矿 1	1.11	9.23	2.68
中矿 2	2.59	4.06	2.77
中矿 3	2.00	7.85	4.12
中矿 4	1.65	2.40	1.04
尾矿	86.79	0.45	10.25
原矿	100.00	3.81	100.00

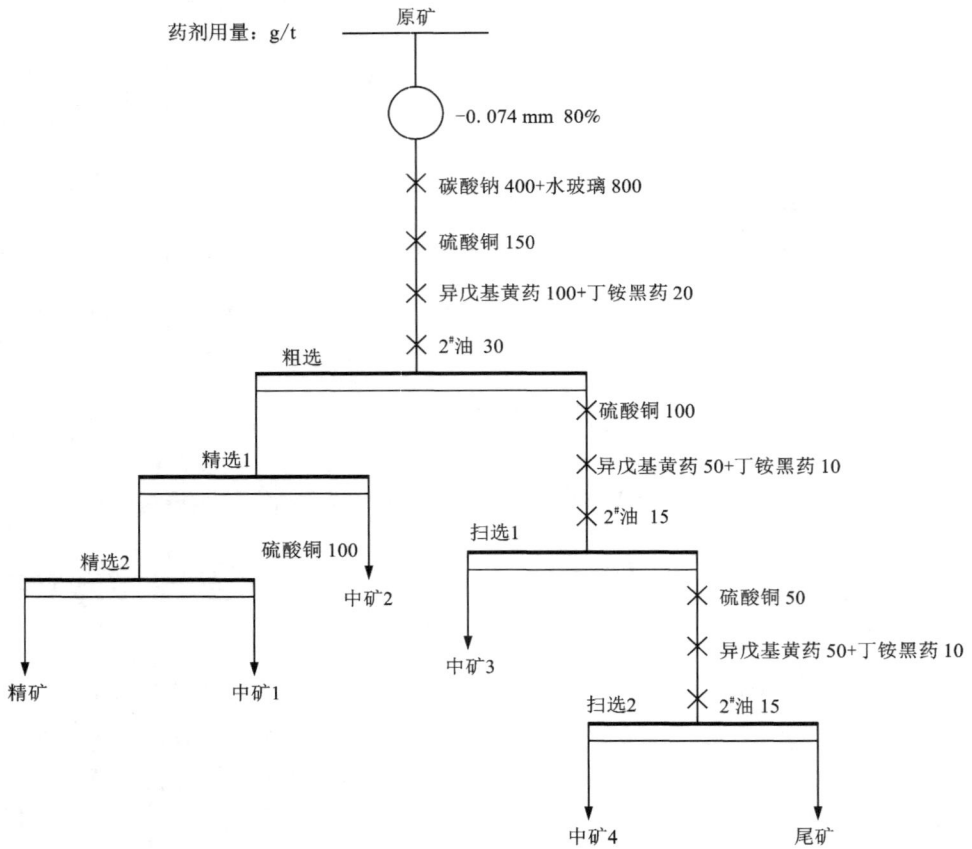

图 8-23 开路试验 I 流程

2) 开路试验 II：以氰特 MX-5152 作为捕收剂。

采用氰特药剂 MX-5152 方案的开路试验流程见图 8-24，试验结果见表 8-21。

表 8-21 开路试验 II 结果

产品名称	产率/%	金品位/($g \cdot t^{-1}$)	金回收率/%
精矿	4.67	57.27	73.64
中矿 1	0.71	9.31	1.87
中矿 2	2.43	3.50	2.41
中矿 3	2.05	7.83	4.54
中矿 4	1.38	6.10	2.39
尾矿	88.76	0.62	15.15
原矿	100.00	3.63	100.00

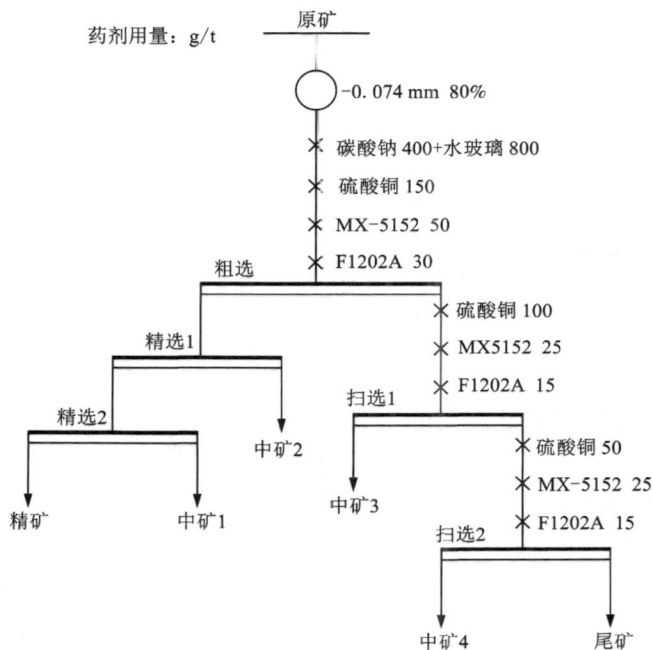

图 8-24　开路试验 II 流程

　　"一粗二精二扫"的开路试验结果表明,异戊基黄药和丁铵黑药复配方案得到的精矿品位为 51.42 g/t,回收率为 79.14%,尾矿中含金 0.45 g/t。而氰特药剂 MX-5152 方案得到的精矿品位为 57.27 g/t,回收率为 73.64%,尾矿中含金 0.62 g/t。由此可以看出异戊基黄药和丁铵黑药复配方案对原矿中含金矿物具有较好的捕收能力,得到的尾矿中金的品位较低;而氰特药剂 MX-5152 方案具有较好的选择性,得到的精矿品位较高,但捕收能力相对较低。

8.3.4.2　闭路试验

　　1)闭路试验 I:以异戊基黄药和丁铵黑药作捕收剂。

　　采用异戊基黄药和丁铵黑药的复配捕收剂方案的闭路试验流程见图 8-25,试验结果见表 8-22。

表 8-22　闭路试验 I 结果

产品名称	产率/%	金品位/$(g \cdot t^{-1})$	金回收率/%
精矿	8.36	42.16	91.01
尾矿	91.64	0.38	8.99
原矿	100.00	3.87	100.00

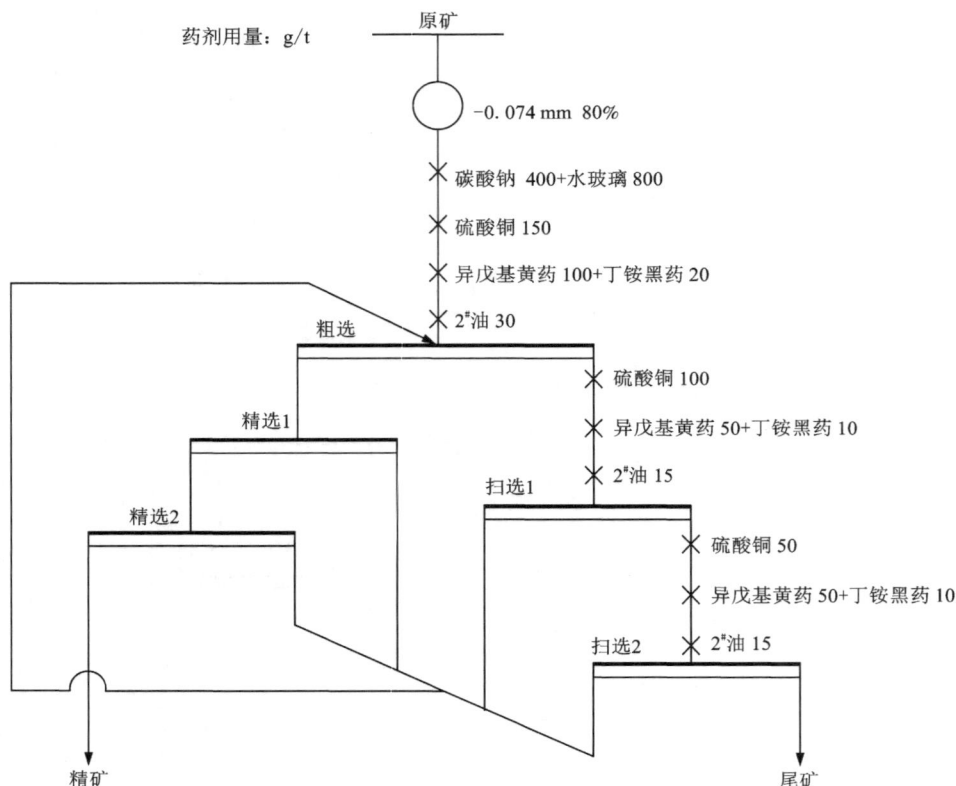

图 8-25　闭路试验 I 流程

2)闭路试验 II：以氰特 MX-5152 作为捕收剂。

采用氰特药剂 MX-5152 的捕收剂方案的闭路试验流程见图 8-26，试验结果见表 8-23。

表 8-23　闭路试验 II 结果

产品名称	产率/%	金品位/$(g \cdot t^{-1})$	金回收率/%
精矿	6.86	48.75	83.70
尾矿	93.14	0.70	16.30
原矿	100.00	4.00	100.00

"一粗二精二扫"及中矿合并后返回粗选的闭路试验结果表明，异戊基黄药和丁铵黑药复配方案得到的最终精矿品位为 42.16 g/t，回收率为 91.01%，尾矿中含金 0.38 g/t。而氰特药剂 MX-5152 方案得到的最终精矿品位为 48.75 g/t，回收率为 83.70%，尾矿中含金 0.70 g/t。由此可以看出异戊基黄药和丁铵黑药复配方案对原矿中含金矿物具有较好的捕收能力，得到的尾矿中金的品位较低；而氰特药剂 MX-5152 方案具有较好的选择性，得到的精矿品位较高，但捕收能力相对较低。因此综合考虑，九仗沟金矿采用如图 8-24 所示的浮选流程及药剂方案较适宜。

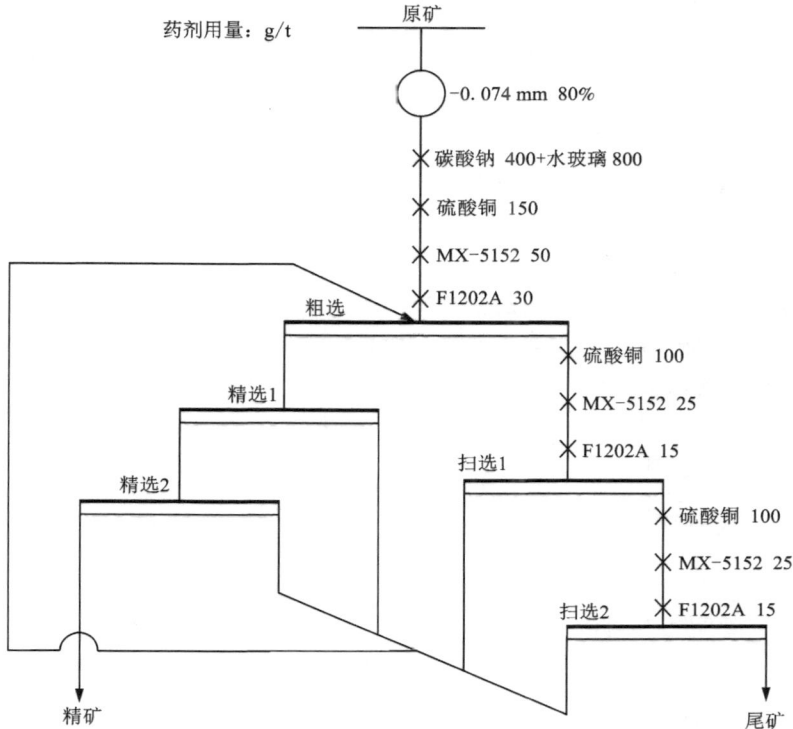

图 8-26　闭路试验 II 流程

8.3.5　捕收剂作用机理研究

本研究主要通过对粉体接触角的测定来验证试验中不同捕收剂对主要载金矿物黄铁矿的捕收能力大小。粉体接触角测定仪测量方式为 Washburn 渗透法。渗透法是将粉体装在一个内径均匀的空心管中，将其压实，通过测定液体在压实粉体中的渗透速度来测定其接触角。由于很难将粉末样品压制成表面很光滑的片状样品，因此一般采用渗透法测定粉末样品的接触角。Washburn 方程为我们揭示了动态法测定润湿接触角的原理。它可以较为准确地测出液体对固体粉末的润湿性质，既可以测定同一粉体对不同液体的接触角，也可以测定不同粉体对同一液体的接触角。

由于试验原矿中目的矿物黄铁矿的含量很低，且多以微细粒级嵌布，因此原矿的润湿性难以测定。为此，引入粉体接触角来评价矿物表面润湿性，能更准确地反映药剂与矿样中颗粒表面润湿性的变化情况。

矿物表面润湿性采用粉体接触角进行评价。粉体接触角的测定方法如下：称取 4 g 粒度为 -0.045 mm 的矿样，装入测定管中，下端用微孔膈膜封好，将其垂直，轻敲 1000 次，直至粉末的高度不变为止。将测定管置于 JF99A 粉体接触角测量仪上进行测量。

该测定方法是基于 Washburn 方程，根据液体在渗透过程中压缩粉体床中的气体引起的压力差随时间的变化关系来测定接触角。

根据 Washburn 方程可知，液体渗透过程中压缩粉体床中的气体引起的压力差的平方

$(\Delta p)^2$ 是时间 t 的函数,其方程为:

$$(\Delta p)^2 = \frac{\beta\sigma\cos\theta}{\eta}t \qquad (8-1)$$

式中:σ 为液体的表面张力;β 为与粉体床本身性质相关的参数;η 为液体的动力黏度;θ 为润湿接触角。

作出 $(\Delta p)^2$-t 图,可得到一条近似直线,其斜率 k 为:

$$k = \frac{\beta\sigma\cos\theta}{\eta} \qquad (8-2)$$

以水溶液为参照,在不同捕收剂条件下,测得的 $(\Delta p)^2$-t 关系曲线如图 8-27 所示。图 8-27 中的结果表明,黄药、黄药-黑药、AERO 对精矿表面润湿性产生了明显的作用,精矿表面疏水性显著增强。

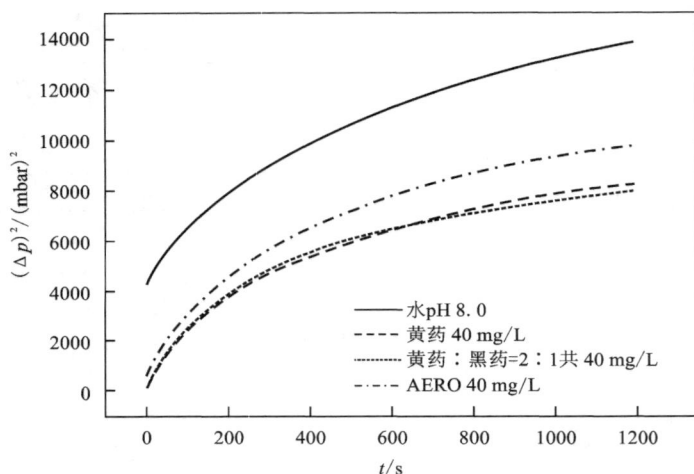

图 8-27 不同捕收剂对浮选精矿润湿性的影响($T=20$ ℃;$t=0\sim1200$ s)

试验过程发现,测试前期,压力差 $(\Delta p)^2$ 随着时间的延长迅速增长。当测试时间延长至 400 s 时,不同条件下的压力差 $(\Delta p)^2$ 增长速度趋于稳定。因此,取 400~1200 s 的测试结果进行对比分析,拟合结果如图 8-28 和表 8-24 所示。

表 8-24 不同捕收剂对浮选精矿粉体接触角拟合结果

试验条件	斜率 k
水	4.7757
黄药 40 mg/L	3.6041
黄药∶黑药=2∶1 共 40 mg/L	2.9361
AERO 40 mg/L	3.9564

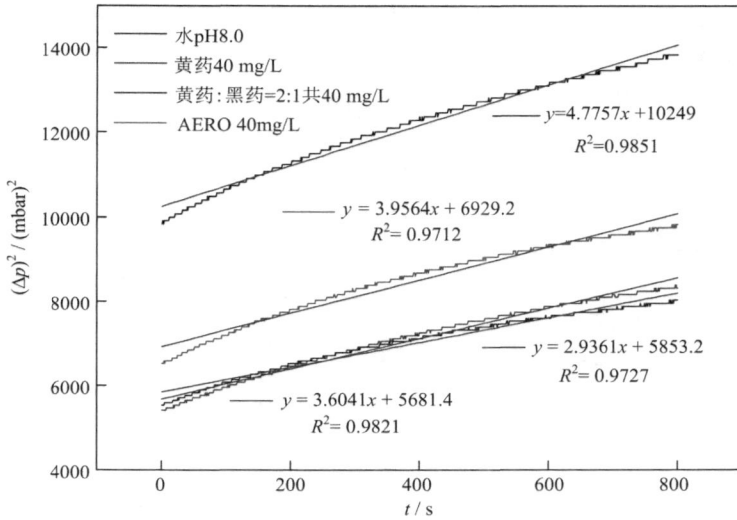

图 8-28　不同捕收剂对浮选精矿粉体接触角拟合结果（$T=20$ ℃；$t=400\sim1200$ s）

由图 8-28 和表 8-24 结果可知，黄药、黄药-黑药、AERO 使矿样表面疏水性增强，斜率 k 由对照组的 4.7757，分别降低至 3.6041、2.9361、3.9564。k 值的降低表明捕收剂的加入提高了黄铜矿表面的疏水性，其中黄药-黑药作用最为显著。由此说明，本研究确定的异戊基黄药和丁铵黑药复配方案具有较强的捕收能力，这与浮选试验的结果一致。

8.3.6　泡沫分质分流技术与浮选动力学研究

8.3.6.1　泡沫分质分流技术

现场对浮选粗选作业产品进行的金属粒级分布率分析的结果如表 8-25 所示。结果表明，粗精矿中 -0.043 mm 粒级产品中金的品位较高，可作为最终精矿，且金的分布率为 76.57%。这部分金精矿粒度较细，解离度较高，容易在泡沫溜槽流动的过程中富集在泡沫层的上部，因此可以考虑对该泡沫层进行分流而作为最终精矿。这样可以尽量减少细粒级含金硫化矿在精选过程中流失到中矿再磨流程，从而避免过磨而影响浮选指标。

表 8-25　粗精矿各粒级产品分析

粒级/mm	产量/g	产率/%	金品位/(g·t⁻¹)	金分布率/%
+0.15	2.40	0.84	0.80	0.02
-0.15 +0.074	55.67	19.46	15.46	8.80
-0.074 +0.043	58.06	20.30	24.78	14.71
-0.043 +0.038	19.34	6.76	42.19	8.34
-0.038	150.59	52.64	44.25	68.13
合计	286.06	100	34.19	100.00

为此，本研究对现场粗选泡沫溜槽的结构进行了改造，设计出分质分流流程的子母精矿槽，该装置的结构示意图见图8-29。在粗选泡沫端设置子母精矿槽，可实现对粗选作业浮选产品进行分质分流的目的，达到"能早收早收"的分选效果，粗精矿泡沫产品在子母精矿槽中的分布情况见图8-30。为了验证该装置的实际效果，现场进行了工业生产对比试验，改造前后工艺流程如图8-31和图8-32所示，试验结果见表8-26。

表8-26　闭路试验结果

	产品名称	产率/%	金品位/(g·t⁻¹)	金回收率/%
改造前	精矿	7.92	41.93	84.09
	尾矿	92.08	0.68	15.91
	原矿	100.00	3.95	100.00
改造后	精矿	8.33	53.15	88.91
	尾矿	91.67	0.60	11.09
	原矿	100.00	4.98	100.00

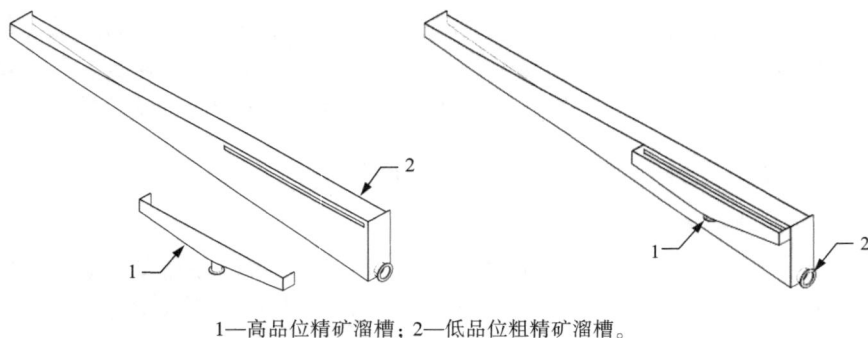

1—高品位精矿溜槽；2—低品位粗精矿溜槽。

图8-29　分质分流泡沫溜槽三维结构图

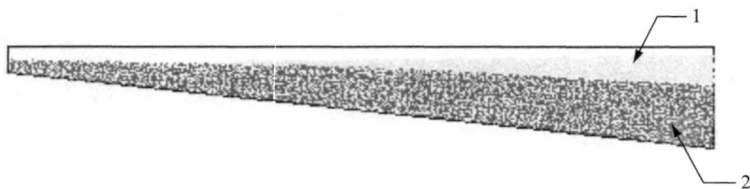

1—高品位合格精矿；2—低品位粗精矿。

图8-30　粗精矿分质分流原理图

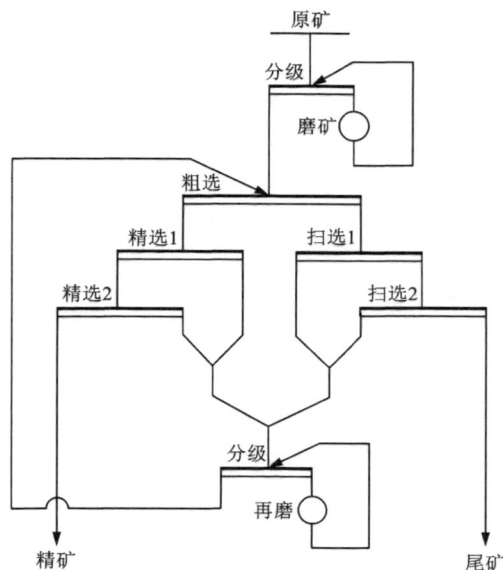

图 8-31　现场改造前流程图

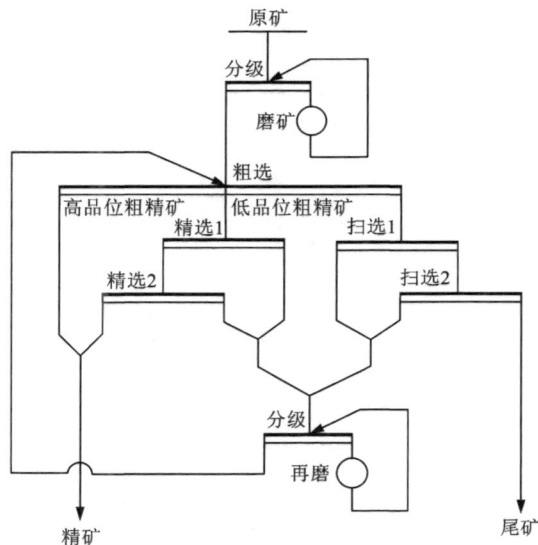

图 8-32　现场粗精矿分质分流流程图

　　试验结果表明，浮选泡沫分质分流技术的应用显著改善了九仗沟金矿的浮选指标，精矿中金的品位由 41.93% 提高至 53.15%，同时精矿中金的回收率由 84.09% 提高至 88.91%。可见，子母精矿槽的使用验证了浮选泡沫分质分流技术对浮选指标具有强化效果，可有效避免微细粒目的矿物进入后续再磨（"过磨"）导致的金属流失，显著提高了金的回收率。

8.3.6.2　浮选动力学分析

　　九仗沟金矿矿石中金以极微细粒形式存在，且其载体矿物黄铁矿嵌布粒度也较细小，细磨后金易随矿泥流失在尾矿中。通过利用矿化泡沫的"二次富集"作用，高品位精矿富集在泡沫上层，而低品位连生体精矿由于附着力较弱容易脱离泡沫，且在重力作用下掉入泡沫下层。因此考虑对泡沫溜槽进行改造，优先分离出聚集在泡沫槽上层的细粒级高品位合格精矿，避免其进入中矿过磨而造成损失，有效解决了九仗沟金矿微细粒金的及时回收难题，进一步提高了金的回收率。为了进一步论证该技术的可行性，本研究对该技术进行了浮选动力学理论分析。试验流程见图 8-33，试验结果见表 8-27。

表 8-27　浮选动力学结果

产品名称	产量/g	产率/%	金品位/($g \cdot t^{-1}$)	金回收率/%	累积回收率/%
精矿 1	56.81	1.89	58.75	30.31	30.31
精矿 2	53.85	1.80	44.91	21.97	52.28
精矿 3	63.17	2.11	28.56	16.39	68.67
精矿 4	48.88	1.63	18.45	8.19	76.86
精矿 5	57.52	1.92	12.46	6.51	83.37
精矿 6	50.32	1.68	6.11	2.79	86.16
尾矿	2669.45	88.98	0.58	13.84	
原矿	3000.00	100.00	3.67	100.00	

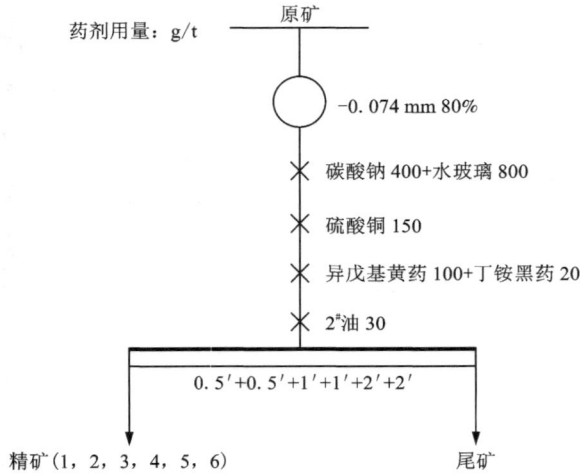

图 8-33 浮选动力学试验流程

上述试验结果表明，0~0.5 min 和 0.5~1 min 的精矿产品品位均满足闭路试验得到的最终精矿质量要求，可以提前回收（图 8-34）。此外，该部分精矿粒度较细，单体解离度好，浮选速率较大，容易吸附在气泡表面且不易脱落，从而分布在泡沫上层。但考虑到闭路浮选时精矿 1 和精矿 2 的品位会降低，直接全部收集并不能满足最终产品质量要求。因此综合考虑对现场泡沫溜槽进行改造，即在靠近浮选一槽二槽的位置处泡沫溜槽侧面开溢流孔，提前回收高品位合格精矿，达到分质分流的目的。

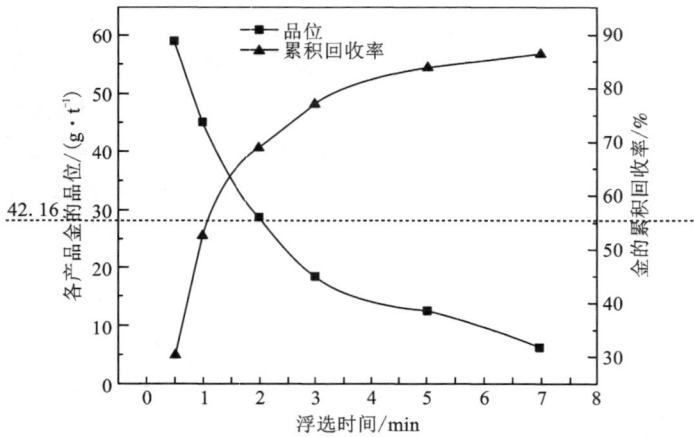

图 8-34 不同浮选时间段产品品位、累积回收率与时间关系

此外，不同的矿物颗粒在泡沫溜槽流动的过程中，一方面不断地碰撞、黏附于气泡上，另一方面，由于矿浆紊流又不断地从运动的气泡上脱落，整个浮选过程成为一个动态平衡过程。但是，由于有用矿物颗粒表面吸附有捕收剂，使得有用矿物颗粒在气泡上的黏附力加强，黏附比较牢固，而脉石矿物颗粒由于没有吸附捕收剂或者吸附的量很少，即使与气泡碰撞发生黏附作用后,由于受到自身重力和搅拌引起的振荡力和离心力,在气泡上的停留时间发生了变化,这就使得有用矿物颗粒的黏附概率大于脉石矿物的黏附概率。

对有用矿物,则有:

$$\frac{\mathrm{d}c_{有}}{\mathrm{d}t} = -K_{有}\, C_{有}^{n_{有}} \qquad (8-3)$$

对脉石矿物,则有:

$$\frac{\mathrm{d}c_{脉}}{\mathrm{d}t} = -K_{脉}\, C_{脉}^{n_{脉}} \qquad (8-4)$$

实际上,脉石矿物的浮选速度小于式(8-4)所示的量,对此,引入一个系数,则有:

$$\frac{\mathrm{d}c_{脉}}{\mathrm{d}t} = -\theta_{脉}\, K_{脉}\, C_{脉}^{n_{脉}} \qquad (8-5)$$

式中:$\theta_{脉}$ 的物理意义可认为是脉石矿物所附着的气泡浮到液面上时所占据的面积。

假设有用矿物颗粒在气泡上的附着时间为 $t_{有}$,脉石矿物为 $t_{脉}$,气泡产生后,直到浮出液面为止的时间为 T,则有用矿物的附着-脱落次数为:

$$n_{有} = \frac{T}{t_{有}} \qquad (8-6)$$

对脉石矿物,则有:

$$n_{脉} = \frac{T}{t_{脉}} \qquad (8-7)$$

假如有用矿物在物料中所占比例为 r,则脉石矿物所占比例为 $1-r$,理想状态下,浮选开始瞬间,有用矿物在气泡上所占面积比率为 r,脉石矿物为 $1-r$,而当附着时间等于 $t_{脉}$ 时,脉石矿物颗粒脱落,由于 $t_{有}>t_{脉}$,有用矿物颗粒仍停留在气泡上,此时气泡上空出的 $1-r$ 的面积则由有用矿物和脉石矿物颗粒再次竞争占据。

假定第一次参加竞争的矿物(有用矿物和脉石矿物)颗粒占总物料的比例忽略不计,$1-r$ 的面积仍由有用矿物占据 r,则脉石矿物所占的面积为:

$$\theta_{脉} = (1-r)(1-r) = (1-r)^2 \qquad (8-8)$$

在整个浮选过程中,假定 $t_{有}>T$,$n_{有}<1$,则:

$$\theta_{脉} = (1-r)^{n_{脉}} \qquad (8-9)$$

当 $t_{有}<T$ 时,设 $t_{有}/t_{脉}=\phi\,(\phi>1)$,则情况如下。

1)当 $\phi=2,\ 3,\ 4,\ \cdots$(ϕ 为整数)时,

由于脉石矿物脱落第 ϕ 次时,有用矿物同时脱落,此时,可认为在矿物脱落点环境中的有用矿物和脉石矿物的比率仍为 $r:(1-r)$(实际上浮选过程中不同高度上,有用矿物与脉石矿物的比率是不同的,随着高度的增加,有用矿物的比率应该增加),所以此时的竞争结果仍是

$$\theta_{脉} = (1-r)^{\phi_{脉}} \qquad (8-10)$$

即当运动气泡最终浮到液面时,仍有

$$\theta_{脉} = (1-r)^{\phi_{脉}} \qquad (8-11)$$

2)当 $\phi\neq2,\ 3,\ 4,\ \cdots$($\phi$ 为小数)时,

有用矿物第一次脱落时，脉石矿物并不脱落，仍有

$$\theta_{脉} = (1-r)^{\phi_{脉}} \tag{8-12}$$

因此，有用矿物脱落空出的面积可认为按有用矿物与脉石矿物的比率 $r:(1-r)$ 竞争占据。当有用矿物第一次脱落后再次附着时，则有：

$$\theta_{脉} = (1-r)^{\phi} + \theta_{有\phi}(1-r) \tag{8-13}$$

有用矿物经过几次脱落到达液面时，则：

$$\theta_{脉} = (1-r)^{n\phi} + \theta_{有\phi}(1-r)^{(n-1)\phi} + \theta_{有2\phi}(1-r)^{(n-2)\phi} + \cdots + \theta_{有n\phi}(1-r) \tag{8-14}$$

由公式(8-9)、(8-11)、(8-14)可知，随着 r 的增大，$\theta_{脉}$ 变小，脉石夹杂的可能性变小，而使精矿品位提高。

8.3.7　小结

1)磨矿细度试验表明当磨矿细度为-0.074 mm 含量为85%时可以获得较好的指标，但考虑到现场磨矿分级设备实际处理能力以及尽量保证较高的金回收率，本研究确定试验磨矿细度为-0.074 mm 含量为80%，此时金粗精矿的品位为28.88%，金的回收率为86.01%。

2)适宜浮选粒级含量最大化研究表明，对于九仗沟金矿，其适宜浮选粒级为0.015~0.043 mm。在最佳磨矿条件下(磨矿浓度为65%，磨机转速率为85%，磨矿钢球级配为方案 B2)得到的磨矿产品中适宜浮选粒级相对较高，此时得到的浮选精矿品位和回收率相对于未进行磨矿优化的精矿品位都有略微提高，说明通过调整磨矿参数使适宜浮选粒级含量最大化对于改善浮选指标能够起到一定的作用。

3)粗选条件试验确定的最佳药剂方案为碳酸钠为400 g/t、水玻璃为800 g/t、硫酸铜为150 g/t、异戊基黄药100 g/t、丁铵黑药20 g/t、2 号油30 g/t；在该药剂条件下进行的闭路试验得到的最终精矿中金的品位为42.16 g/t、金的回收率为91.01%，尾矿中金的品位为0.38 g/t。

4)粉体接触角测定结果表明，黄药、黄药-黑药、AERO 使黄铁矿表面疏水性增强，其中黄药-黑药作用最为显著。间接说明本研究确定的异戊基黄药和丁铵黑药复配方案具有较强的捕收能力，这与浮选试验的结果一致。

5)现场采用浮选泡沫分质分流技术能够有效改善浮选指标。由泡沫溜槽结构改造前后的生产试验数据可以看出，最终金精矿中金的回收率提高了4.82 个百分点，而尾矿中金的品位在原矿品位相对较高的情况下还有所降低。

8.4　超级搅拌强化浮选过程的研究

浮选前的调浆对后续选别的作用至关重要。强搅拌调浆能改善一些矿石浮选效果已被一些研究所证实。如 Bulatovic 等提出强搅拌调浆的概念，并发现强搅拌调浆能够显著提高-10 μm 细粒铜锌矿、铜镍矿和铜矿的浮选回收率及品位，可能是因为强化捕收剂的分散和吸附作用。Chen 对镍黄铁矿进行了高强度调浆浮选试验，结果表明高强度调浆可显著提高8~75 μm 粒级镍黄铁矿的浮选速率和回收率。为进一步提高九仗沟金矿中金的回收率，本项目拟采用超级搅拌试验进行探索。

8.4.1　超级搅拌机的设计

超级搅拌机是用来提供强紊流场的浮选调浆设备。与普通的搅拌桶相比，具有以下特点：①其叶轮直径与筒体直径的比值大，在同等转速下能够产生更强的紊流场；②超级搅拌机叶轮为直齿轮型，强化了叶轮壁面剪切作用及叶轮区的混合效果；③超级搅拌机内添加隔板能延长矿物颗粒循环时间，确保矿物颗粒和药剂在叶轮区能较长时间停留，得到充分混合。

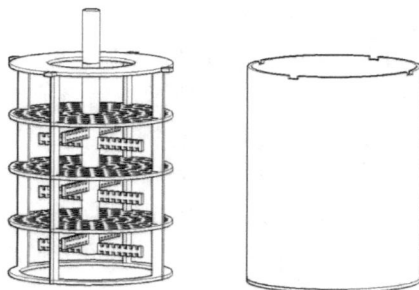

图 8-35　超级搅拌机三维结构图

本项目拟在浮选作业前，利用超级搅拌产生的高剪切力场和分散调浆方式，探索超级搅拌强化金矿浮选的可行性，并验证超级搅拌作用下浮选药剂的消耗情况。为此，项目组设计并制作了一台容量为 3 L 的超级搅拌机，该装置的结构示意图如图 8-35 所示。

8.4.2　内部流场的数值模拟

矿物的浮选过程通常要求强紊流矿化，低紊流浮选。强的紊流场是药剂乳化，矿浆均匀分散以及药剂和矿物作用的充分条件。在进行超级搅拌机强化矿物浮选的试验中，使用了不同强度的紊流场对浮选矿浆进行预处理调浆。紊流场强度的大小通过超级搅拌机转速大小来调节。

探索试验结果表明，调浆转速直接影响浮选精矿的产率。为进一步分析超级搅拌机调浆对浮选指标的影响，采用数值模拟的方法，利用计算流体动力学（CFD）软件 Fluent 对超级搅拌机不同紊流强度下的流场进行单相模拟，使用 CFD-POST 及 Tecplot 等后处理软件对模拟的结果进行分析，对比速度矢量图、湍动能云图及轴向、径向、切向速度分布曲线差异来说明超级搅拌机对九仗沟金矿浮选过程的强化作用。

由于受叶轮尺寸的影响，仅通过转速大小来描述其紊流场强度的方法是不可取的，因此为了更准确地表达流场紊流强度大小，以叶轮雷诺数 Re_d 来表征，其表达式为

$$Re_d = \frac{\rho ND^2}{60\mu} \tag{8-15}$$

式中：Re_d 为叶轮雷诺数，为量纲一的数值；ρ 为液体密度，kg/m^3；N 为转速，r/min；D 为叶轮直径，m；μ 为流体动力黏度，$kg/(m \cdot s)$。

通过换算得到试验室超级搅拌机在 4 种转速下对应的线速度值和叶轮雷诺数的值，其对应关系如表 8-28 所示。

表 8-28　转速、线速度、叶轮雷诺数的对应关系

转速/(r·min⁻¹)	线速度/(m·s⁻¹)	叶轮雷诺数
1000	5.50	129336.73
1300	7.15	168137.75
1600	8.80	206938.77
1900	10.45	245739.80

8.4.2.1 内部流场分析

为了掌握超级搅拌机内流场流动特性，以转速为 1600 r/min 时的流场为例，分析其流体流动状态。图 8-36 所示为超级搅拌机在 $y=0$ mm 纵截面的流体合速度矢量图，由速度大小可以看出，整个搅拌槽内，在叶轮边缘处的流体速度最大，约为 7 m/s，而靠近转轴及槽顶、槽底的流体流速较慢，为 1.7~4.0 m/s。

由于槽内流体以切向的旋转流动为主，在研究流场分布特性时主要研究其径向、轴向流动。从矢量图可以看出，超级搅拌机的流场为典型的径流式流场，旋转的搅拌叶轮把流体从轴向方向吸入而向径向方向排出，排出的流体在遇到槽壁上的挡板后形成向上、向下的二次流循环路径，经循环后分别沿轴向回到叶轮区，在叶轮附近形成上、下两个循环的模式。下叶轮排出的流体向下循环至槽底，在叶轮旋转形成负压吸引下由槽底边缘向中心流动，随后沿轴向再次吸入下叶轮，参与下叶轮处流体的循环。从整个槽体的循环来看，每个叶轮排出的流体一部分会沿轴向穿越隔板参与上一层叶轮区的流体循环，流体在槽顶处被转轴区负压吸引而由外部循环到内部，且轴向速度向下，穿过隔板一级一级返回各个叶轮的循环，因此在整个流场中除存在叶轮区、槽底区的局部循环外还存在着整体的轴向和径向的循环，由此可以看出超级搅拌机内有很好的流体循环效果。

图 8-37 为超级搅拌机轴向不同高度的位置示意图，图 8-38 中(a)、(b)、(c)、(d)分别为 $Z=7$ mm、18 mm、30 mm 和 132 mm 处(槽底、底部叶轮、转轴及槽顶)的横截面速度矢量图。从不同的横截面图可以看出，流体随叶轮转动，流体速度在底部和顶部最小，中间叶轮区最大，且在横截面上的速度分布是边缘流体速度大，中心转轴处速度小，结论和前面一致。可以认为在整个槽体内，叶轮区靠近边缘处是强混合区，流体运动速度最大，也是药剂乳化、矿物颗粒与药剂碰撞、吸附充分发生的区域，而在槽底和转轴附近为弱混合区，药剂乳化及与矿粒碰撞效果较差。

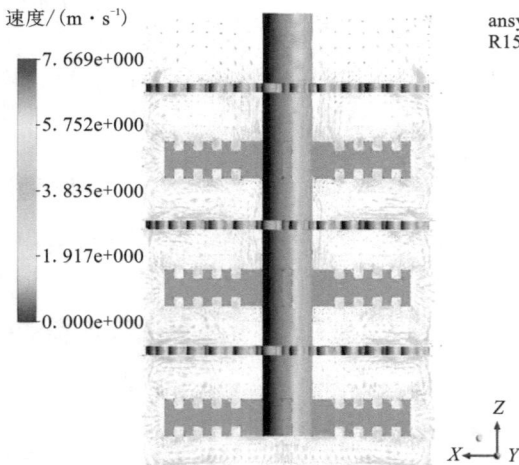

图 8-36 超级搅拌机 $y=0$ mm 截面速度矢量图

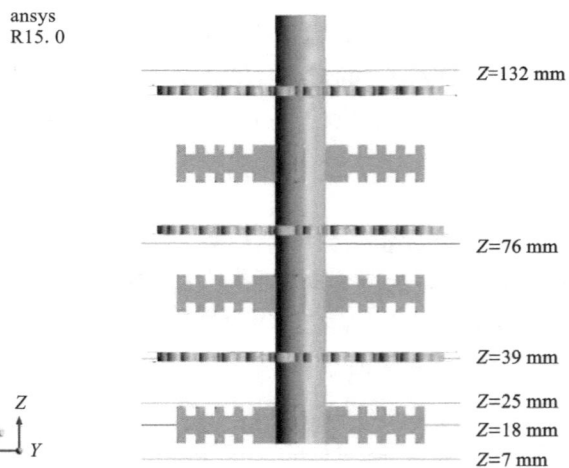

图 8-37 轴向位置示意图

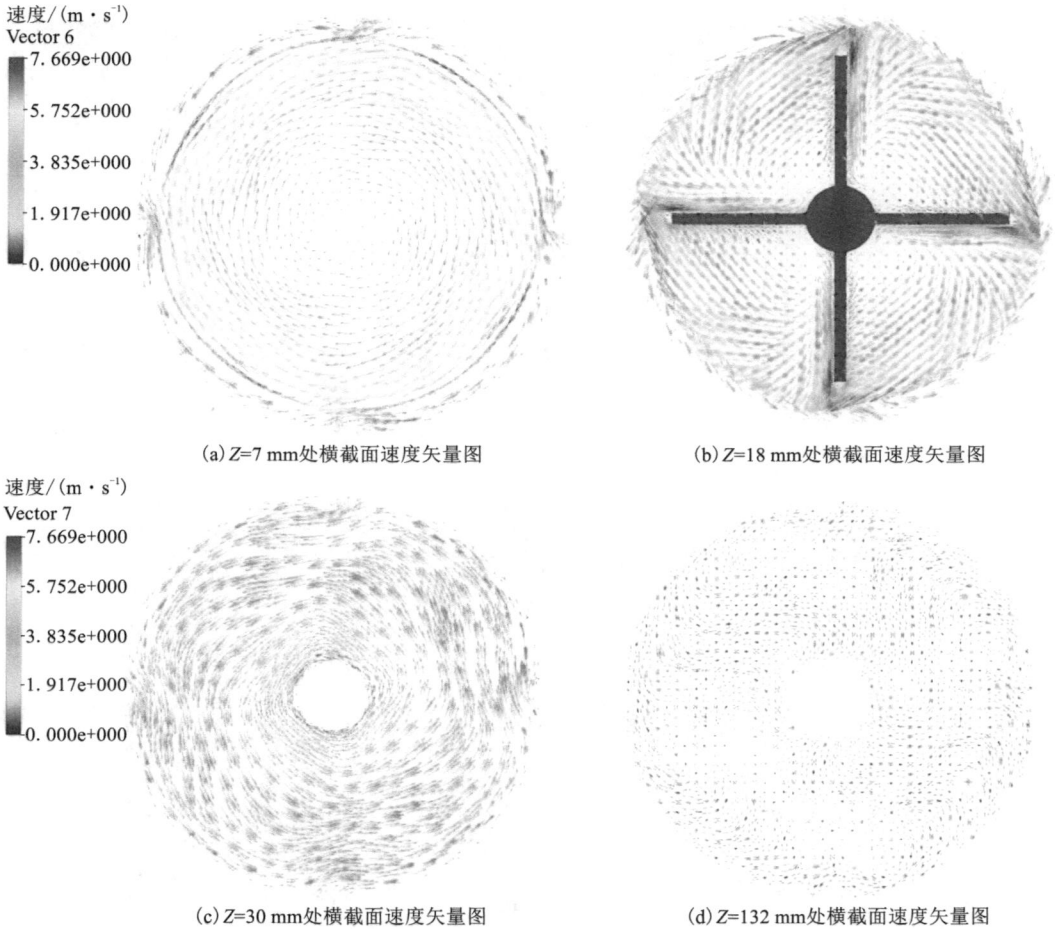

(a) Z=7 mm处横截面速度矢量图

(b) Z=18 mm处横截面速度矢量图

(c) Z=30 mm处横截面速度矢量图

(d) Z=132 mm处横截面速度矢量图

图 8-38　各横截面的速度矢量图

8.4.2.2　湍动能的对比

为了有效地分离脉石矿物与有用矿物,需要对矿石进行碎磨。试验中九仗沟金矿磨矿产品-0.074 mm 占 80% 以上,微细粒含量多,微细粒体积小,与药剂碰撞的概率就会降低。此外微细粒矿物质量小,在流场中难以获得足够的动能来克服矿粒与药剂间的亲水化膜,从而很难与药剂发生有效碰撞实现吸附,因此在浮选槽里由于紊流强度低,微细粒矿不能进入泡沫层,导致浮选精矿指标差。

图 8-39 中(a)、(b)、(c)、(d)分别为转速为 1900 r/min、1600 r/min、1300 r/min 和 1000 r/min 时 $y=0$ mm 纵截面的湍动能云图。从图 8-39 中可以看出最大湍动能出现在叶轮区,说明叶轮区是紊流强度最强的区域,在该区域微细粒矿物能够获得足够的动能来克服亲水化膜,从而与药剂微粒碰撞接触,实现药剂在矿表的吸附。因此叶轮区是矿浆混合、药剂乳化的主要作用区域,这和前面所得的结论一致。由图 8-39 可以看出当转速增加时,超级搅拌机内的湍动能的大小也在逐渐增加,高湍动场覆盖的范围也在扩大,因此在浮选试验中使用超级搅拌机后,浮选指标改善,且随着转速的增加,浮选效果会逐渐变

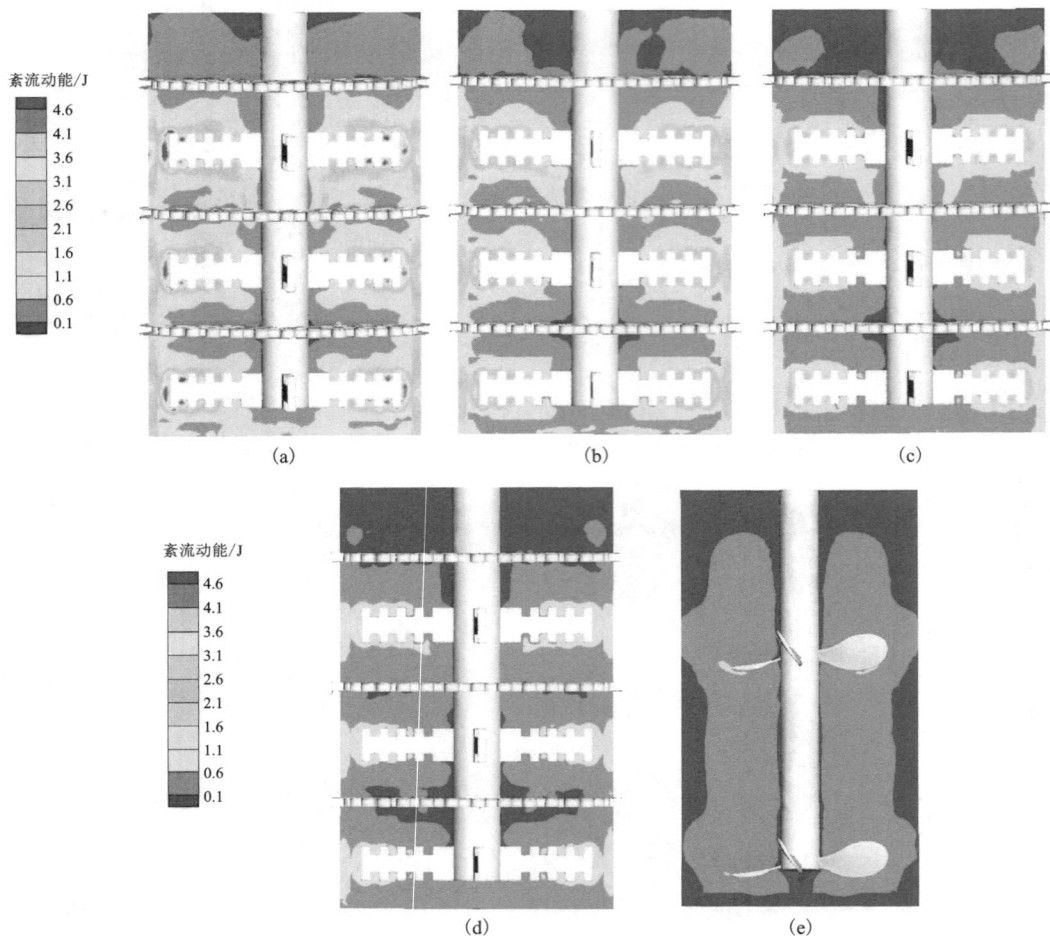

图 8-39　不同紊流强度下的湍动能云图

好。图 8-39 中(e)为转速为 1300 r/min 的普通工业用搅拌桶,从图 8-39 可以看出,普通搅拌桶的最大湍动能和分布范围都不如超级搅拌机,说明普通搅拌桶内的紊流强度不足以使矿物和药剂充分碰撞吸附,而超级搅拌机内高的剪切力场和高湍流场能强化难浮选微细粒矿浮选。

8.4.2.3　不同紊流强度的速度曲线

为了直观地比较不同紊流强度下超级搅拌机及普通搅拌桶内流体流速的变化情况,在不同紊流强度下截取 $Z=7$ mm、25 mm、39 mm 和 76 mm 高度(槽底、下叶轮上表面、隔板和非叶轮区)处沿径向分布的径向、轴向速度图进行对比分析。

图 8-40 是槽底处流体的轴向速度分布图,超级搅拌机内流体在槽底处由中心至边缘,轴向速度整体上是减小的,在转轴附近由于叶轮搅拌吸引导致该部位的流体具有最大的轴向速度,而越靠近边缘,受叶轮搅动排出的循环流影响,流体的轴向速度降低,甚至沿轴向向下流动。根据已有研究表明,搅拌槽内下侧叶轮的底部一块锥形区域是一个"死区",

如果紊流强度太小或者矿浆密度较大时会导致"死区"内矿物颗粒的沉积，使得该部分矿物无法参与流体循环，不能与药剂实现有效碰撞，从而在浮选过程中损失。而从图 8-40 也可以看出，当增大转速时，超级搅拌机内紊流强度增强，槽底"死区"处流体整体轴向速度也逐渐由 1.7 m/s 增大到 3.2 m/s，轴向升浮能力明显增强，因此通过增大转速来提高槽底的轴向速度，可以减小"死区"的范围，提高整体的循环效果。而普通搅拌桶底部的流场分布与超级搅拌机明显不同，在中心"死区"处流体轴向速度几乎为零，可见普通搅拌桶矿物沉积现象要比超级搅拌机严重。

　　图 8-41 是槽底处流体径向速度分布图。由于靠近叶轮区，受叶轮排出的循环流影响，径向速度方向一直在变化。从图 8-41 可以看出在不同的转速条件下超级搅拌机内流体的径向速度变化量很小，说明转速对底部流体径向流速影响不大，但对轴向流速影响明显。而普通搅拌桶的径向速度几乎为零，可见在底部循环效果上，超级搅拌机远优于普通搅拌桶，保证了所有矿物颗粒都能够充分地和药剂接触。

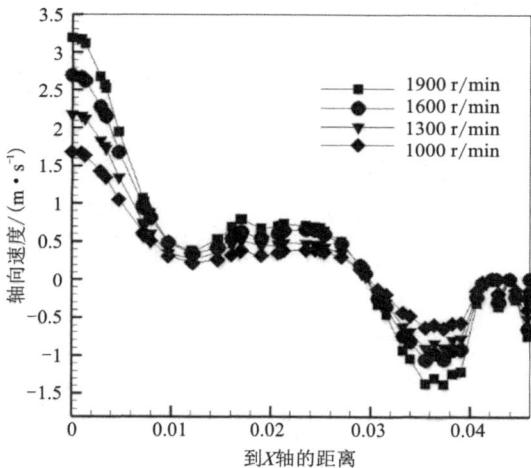

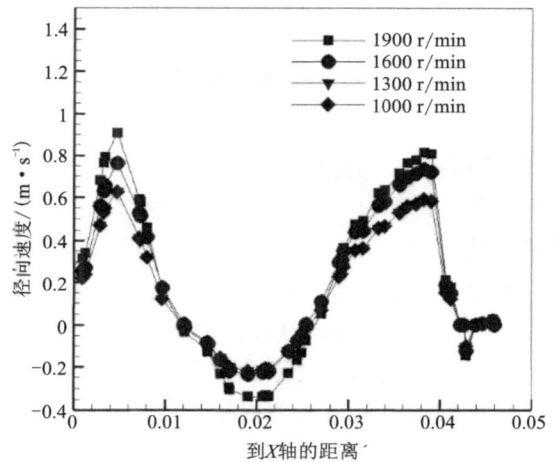

图 8-40　$Z=7$ mm 处沿径向分布的轴向速度图　　图 8-41　$Z=7$ mm 处沿径向分布的径向速度图

　　图 8-42、图 8-43 所示为不同紊流强度下，超级搅拌机下叶轮上表面处及普通搅拌桶对应位置处沿径向分布的流体轴向、径向速度图。从图 8-42 轴向速度分布图可以看出，在靠近转轴的区域里，随着紊流强度的增加，流体轴向速度的增幅并不明显，且整体轴向速度很低，说明叶轮区越靠近转轴其流体脉动速度就越低，湍流强度弱，不利于矿物颗粒与药剂的碰撞、吸附，即便增加转速，提高槽体的紊流强度也无法改善该区域的混合效果。在靠近边缘处可以明显看出流体的轴向速度在迅速增加，且该区域流体轴向速度梯度大，湍流强度高，说明其混合效果很好，是药剂乳化、矿浆分散、矿物颗粒与药剂有效碰撞的主要发生区。此外，当紊流强度增加时，该区域有很明显的速度增幅，说明当提高转速时可以强化调浆效果，使得药剂乳化效果更好，矿物颗粒与药剂碰撞、吸附概率更高，从而提高微细粒金矿的产率。

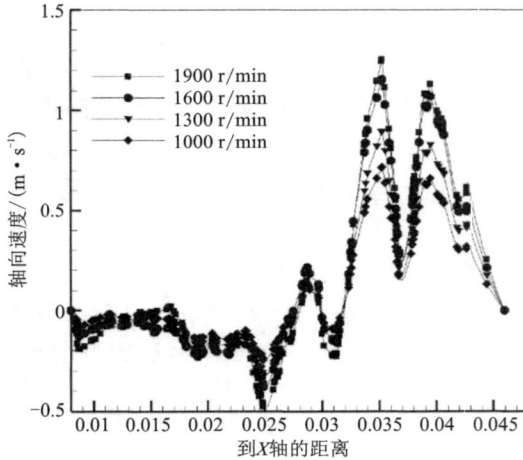

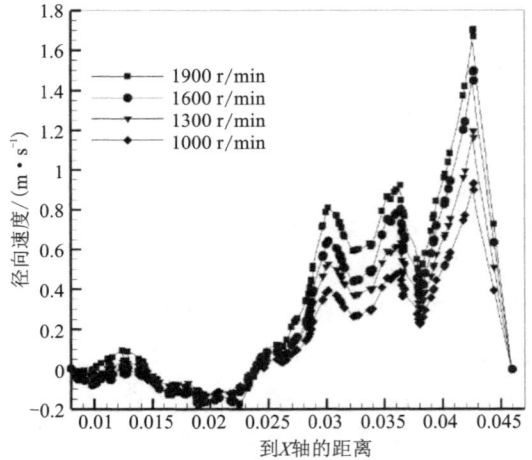

图 8-42　Z = 25 mm 处沿径向分布的轴向速度图　　图 8-43　Z = 25 mm 处沿径向分布的径向速度图

　　从图中还可以发现，超级搅拌机不同紊流强度的轴向速度最大值分别为 0.7 m/s、0.9 m/s、1.15 m/s、1.25 m/s，增幅分别为 0.2 m/s、0.25 m/s、0.1 m/s，说明在较低转速时，逐渐增大转速会有利于微细粒有用矿物与药剂的碰撞吸附，而当转速增大到一定程度时，再增大转速其调浆效果变化不大，且功耗会更高。而普通搅拌桶沿径向分布的轴向速度变化不大，相比于同等转速的超级搅拌机，其流体速度低，紊流强度弱，流态单一，速度梯度小，调浆效果要弱于超级搅拌机。

　　从图 8-43 径向速度分布图可以看出，超级搅拌机径向速度分布和轴向分布类似，在靠近转轴处径向速度很低，速度变化也很小。而靠近边缘处，径向速度迅速增大，且随着转速的增大，有明显的增幅。图中的最大径向速度分别为 0.95 m/s、1.2 m/s、1.5 m/s、1.7 m/s，增幅为 0.25 m/s、0.3 m/s、0.2 m/s，同样当转速提高到一定程度后，增大转速其调浆效果变化不大。而普通搅拌桶流场径向速度由转轴到叶轮逐渐增大，但最大速度仍远低于超级搅拌机，且速度变化缓慢，速度梯度低，可见普通搅拌桶的调浆效果要远差于超级搅拌机。

　　图 8-44 中(a)、(b)、(c)分别为 Z = 39 mm 处(超级搅拌机隔板处)沿径向分布的轴向、径向、切向速度曲线图。在选煤厂里，常用改质机作为煤矿浮选预处理器，改质机内多层隔板将槽体隔开，使得矿浆一级一级的通过改质机，沿长了药剂与矿物颗粒作用的时间。而从图 8-44 数据可以看出，九仗沟金矿使用的超级搅拌机内隔板边缘处的通孔有着很大的轴向、径向速度值和速度梯度，而对应的切向速度却很低，说明隔板的存在使得边缘处流体的切向旋转速度转化为了轴向和径向的速度，产生了很强的壁面剪切应力，这有助于药剂的进一步乳化。普通搅拌桶内流体的轴向、径向速度很小，几乎为零，而切向速度由转轴到壁面先升高后降低，说明普通搅拌桶内流体主要为切向的旋转流，而轴向和径向的速度分量远小于切向，这不利于药剂充分乳化及矿浆混合，因为药剂和矿物颗粒质量很小，会随水流一起做旋转流动，导致其相对速度降低。因此微细粒矿物和药剂并不能获得足够的动能来克服它们之间的亲水膜，很难实现有效碰撞，所以其调浆效果不好。而超

级搅拌机内的挡板能将切向速度转化为轴向和径向速度，且速度梯度大，既避免了大范围的旋转流动，又增加了壁面剪切力作用，因此有利于药剂和矿浆的混合。

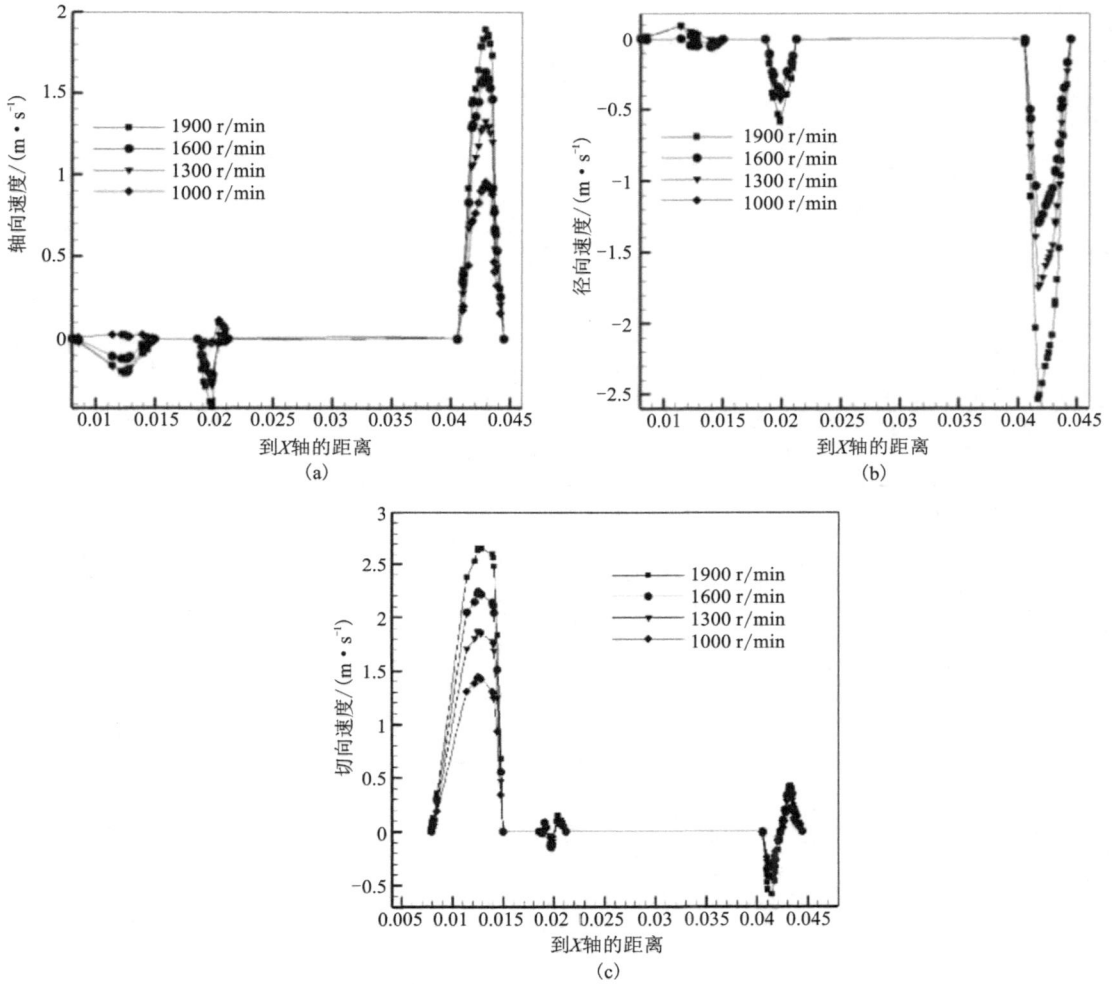

图 8-44　隔板处沿径向分布的轴向、径向、切向速度曲线

8.4.3　浮选过程强化的试验验证

基于超级搅拌机内部流场的数值模拟结果，本研究利用该设备对浮选矿浆进行预处理，然后进行浮选验证试验。在浮选浓度为 29%、磨矿细度-0.074 mm 占 80%条件下，采用最佳浮选药剂浓度进行验证试验，试验流程见图 8-45，试验结果见图 8-46、表 8-29。

药剂用量：g/t

原矿

○ —0.074 mm 80%

碳酸钠 400
水玻璃 800

⊗ 硫酸铜 150

异戊基黄药 100+丁铵黑药 20

× 起泡剂 30

精矿　　　　　　尾矿

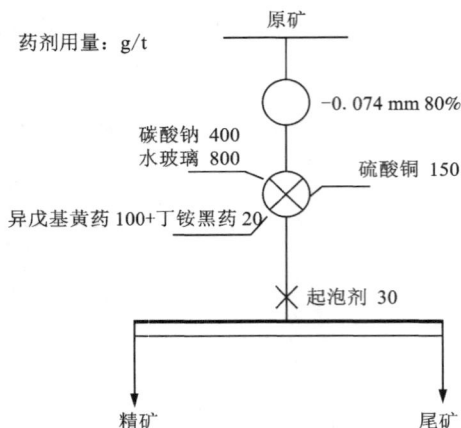

图 8-45　超级搅拌对浮选指标的影响试验流程

表 8-29　超级搅拌对浮选指标的影响试验结果

搅拌速度/(r·min⁻¹)	产品名称	产率/%	品位/(g·t⁻¹)	回收率/%
1000	精矿	9.43	33.00	83.89
	尾矿	90.57	0.66	16.11
	原矿	100.00	3.71	100.00
1300	精矿	9.70	33.06	83.29
	尾矿	90.30	0.71	16.71
	原矿	100.00	3.85	100.00
1600	精矿	12.40	25.34	86.08
	尾矿	87.60	0.58	13.92
	原矿	100.00	3.65	100.00
1900	精矿	9.00	24.89	86.12
	尾矿	91.00	0.59	13.88
	原矿	100.00	3.74	100.00

　　由表 8-29 及图 8-46 可知，随着搅拌机转速的提高，精矿回收率逐渐升高并趋于稳定，品位则先下降后趋于稳定。粗选段通常以回收率作为衡量指标，品位次之，为了保证较高的回收率，本研究确定超级搅拌机的适宜搅拌转速为 1600 r/min。

　　为验证超级搅拌对整个浮选过程的作用效果，在采用超级搅拌预处理与未采用超级搅拌条件下，进行了浮选闭路对比试验。超级搅拌转速选择 1600 r/min，试验流程如图 8-47 所示，试验结果如表 8-30 所示。

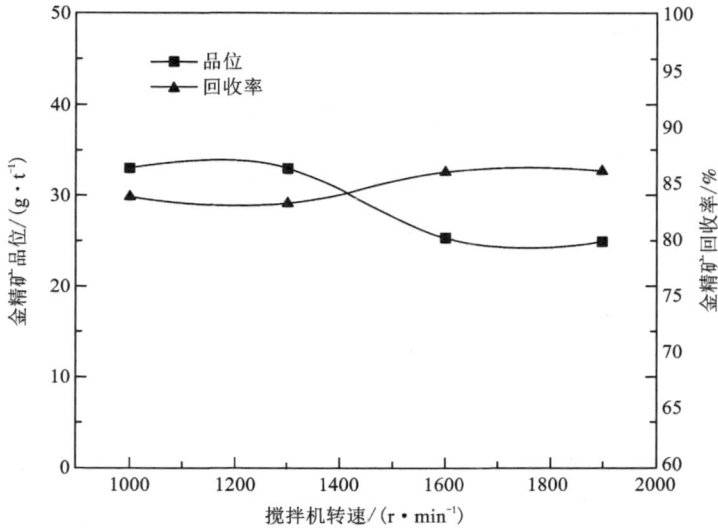

图 8-46　超级搅拌强化浮选试验结果

表 8-30　超级搅拌预处理前后的闭路试验结果

	产品名称	产率/%	金品位/$(g \cdot t^{-1})$	金回收率/%
常规浮选	精矿	8.36	42.16	91.01
	尾矿	91.64	0.38	8.99
	原矿	100.00	3.87	100.00
超级搅拌预处理浮选	精矿	8.85	41.72	92.18
	尾矿	91.15	0.35	7.82
	原矿	100.00	3.98	100.00

由表 8-30 可知，超级搅拌预处理后，闭路浮选所得精矿的产率由 8.36% 提高至 8.85%，金品位略有下降，由 42.16 g/t 下降至 41.72 g/t，回收率提高了 1.17 个百分点。可见，超级搅拌可在一定程度上强化金的回收。

8.4.4　小结

1) 超级搅拌机内流体循环效果和湍流强度都比普通搅拌桶好，药剂与矿物颗粒的作用更充分，调浆效果更显著。此外超级搅拌机槽底处流体轴向速度更高，矿物颗粒在槽底的沉积现象相比于普通搅拌桶得到了明显改善。

2) 随着转速增大，超级搅拌机内流场紊动程度增高，速度梯度变大，调浆效果明显变好，但当转速增大到一定值时，再提高转速，流体速度变化不明显，其调浆效果变化不大。

3) 超级搅拌机的隔板能消除流体整体上的旋流运动，将隔板附近切向速度转化为轴向和径向速度，使流态更复杂，有利于药剂与矿物颗粒碰撞吸附。相反，普通搅拌桶内流体整体上呈旋流流动，药剂与矿粒相对速度低，调浆效果不明显。

4) 粗选浮选试验验证了超级搅拌内部流场数值模拟结果，适宜的搅拌速度为 1600 r/min；浮选闭路试验结果表明，超级搅拌预处理可使最终精矿中金的回收率提高 1.17 个百分点。

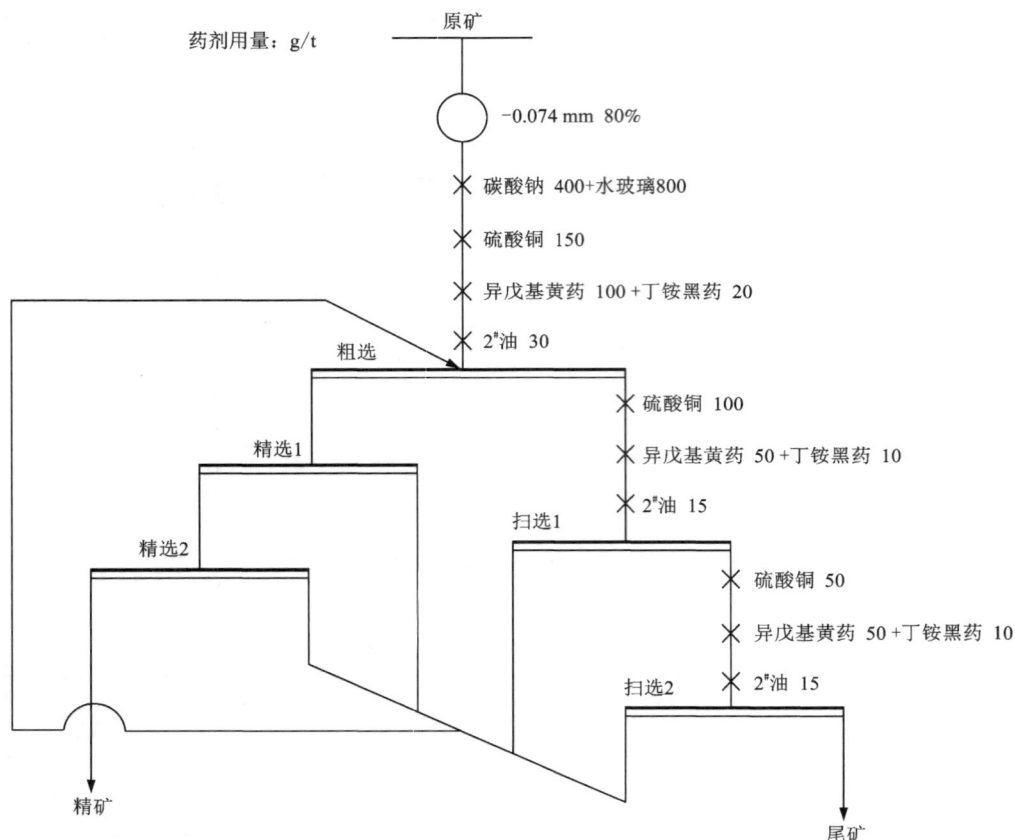

图 8-47　采用超级搅拌与未采用超级搅拌条件下闭路试验流程

8.5　尾矿废水回用影响研究

　　矿山生产通常用水量大,因此普遍采取尾矿水回用的措施以节约水资源,这对于干旱缺水的地区尤为重要。然而尾矿水由于长期循环使用,通常会含有大量的浮选药剂、固体悬浮物和重金属离子等,如不处理可能会恶化选矿指标,因此有必要对尾矿水水质进行测定,并进行尾矿水回用对浮选指标影响的试验。

8.5.1　尾矿水质测定

　　试验室条件下采用现场的药剂方案和工艺流程进行浮选试验,收集尾矿水进行自然沉降,静置 3 天,取上部澄清水进行水质分析,其中主要成分及相对含量见表 8-31。

表 8-31　尾矿水成分分析结果　　　　单位:mg/L

成分	TOD	COD	SS	Cu^{2+}	Pb^{2+}	Zn^{2+}
含量(pH=7.5)	115.70	78.60	22.10	10.00	0.20	0.10

8.5.2　尾矿回水浮选试验

8.5.2.1　尾矿水回水比例试验

将新水和尾矿澄清水以不同比例(10:0,8:2,6:4,4:6,2:8)进行浮选试验,以探索尾矿水直接回用以及不同回水比例对浮选指标的影响。试验流程如图 8-48 所示,试验结果见表 8-32。

表 8-32　尾矿水回用比例试验结果

回水比例/%	产品名称	产率/%	金品位/(g·t⁻¹)	金回收率/%
0	精矿	8.60	36.25	86.99
	尾矿	91.40	0.51	13.01
	原矿	100.00	3.58	100.00
20	精矿	8.83	37.87	87.37
	尾矿	91.17	0.53	12.63
	原矿	100.00	3.83	100.00
40	精矿	9.45	36.01	89.94
	尾矿	90.55	0.42	10.06
	原矿	100.00	3.78	100.00
60	精矿	9.34	33.83	88.12
	尾矿	90.66	0.47	11.88
	原矿	100.00	3.59	100.00
80	精矿	10.88	31.63	90.41
	尾矿	89.12	0.41	9.59
	原矿	100.00	3.81	100.00

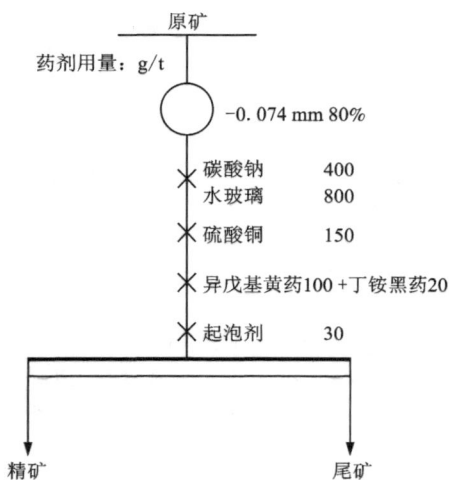

图 8-48　尾矿水回用试验流程

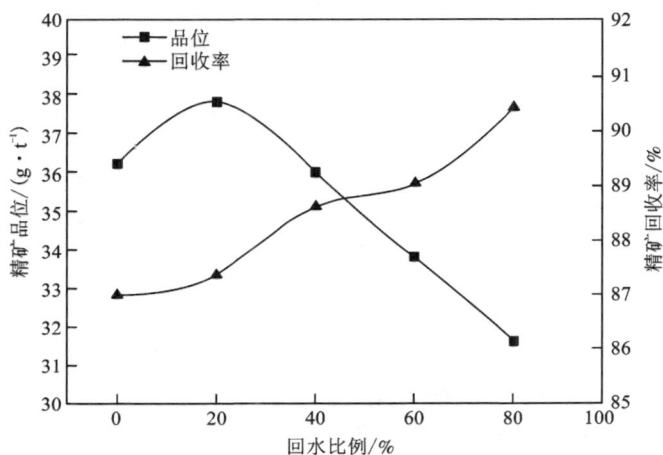

图 8-49　不同回水比例与品位、回收率的关系图

试验结果表明随着尾矿回水用量的增加，粗精矿中金的品位逐渐降低，而金的回收率逐渐增加。可见，使用部分回水有利于提高选矿回收率。其主要原因是尾矿回水中含有部分选矿药剂，尾矿水的回用增加了浮选药剂浓度，从而有利于提高金的回收率。

8.5.2.2　尾矿水回用次数试验

根据尾矿水回水比例试验，尾矿水的回用有利于提高选矿回收率，但是考虑到现场尾矿水多次循环使用有可能造成浮选药剂逐渐积累，进而影响浮选指标，因此本研究进行了尾矿水回用次数试验以探索尾矿水多次回用对浮选指标的影响，尾矿水每次回用比例以九仗沟金矿尾矿水回用率为依据，取值为70%。试验流程如图8-48，试验结果见表8-33、图5-50。

表 8-33　尾矿水回用次数试验结果

回水回用次数/次	产品名称	产率/%	金品位/($g \cdot t^{-1}$)	金回收率/%
新水	精矿	8.6	36.25	86.99
	尾矿	91.4	0.51	13.01
	原矿	100	3.58	100
1	精矿	9.43	34.74	88.07
	尾矿	90.57	0.49	11.93
	原矿	100.00	3.72	100.00
2	精矿	9.67	33.96	88.34
	尾矿	90.33	0.48	11.66
	原矿	100.00	3.72	100.00
3	精矿	9.73	33.94	88.19
	尾矿	90.27	0.49	11.81
	原矿	100.00	3.74	100.00
4	精矿	9.81	34.01	88.73
	尾矿	90.19	0.47	11.27
	原矿	100.00	3.76	100.00
5	精矿	9.74	33.74	88.35
	尾矿	90.26	0.48	11.65
	原矿	100.00	3.72	100.00

试验结果表明尾矿水第一次回用时浮选指标变化较大，金的品位降低了1.51 g/t，回收率增加了1.08个百分点，之后，随着尾矿水回用次数增加，浮选指标无明显变化，精矿中金的品位稳定在34 g/t左右，回收率稳定在88%左右。可见，在试验室条件下尾矿水多次循环使用对浮选指标影响不大。

考虑到九仗沟现场尾矿水常年循环使用，尾矿水中成分比试验室条件下更为复杂，可能会对现场浮选指标产生一定的影响，建议在实际生产过程中对尾矿水中成分进行定期检测，并结合生产指标，探索出尾矿水水质与生产指标的关系，及时用于指导生产。

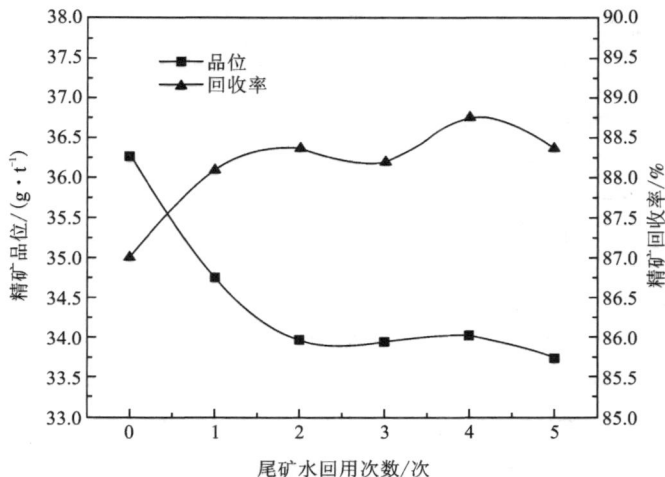

图 8-50　尾矿水回用次数与品位、回收率的关系图

8.5.3　小结

1）尾矿水回水比例试验表明，尾矿水的回用有助于提高精矿中金的回收率，但会降低精矿品位。

2）试验室条件下尾矿水多次回用试验表明，当试验趋于稳定后，浮选指标变化不大。但对于现场而言应进行尾矿水成分定期检测，并结合生产指标，探索出尾矿水水质与生产指标的关系，从而用于指导生产。

8.6　浮选柱与浮选机联合工艺技术

8.6.1　浮选机-浮选柱-浮选机工艺流程

浮选机-浮选柱-浮选机工艺流程图见图 8-51。

8.6.2　工艺流程简述及生产指标分析

8.6.2.1　工艺流程简述

浮选机-浮选柱-浮选机流程：一次粗选用 4 台浮选机产出优粗精和一粗精，二次粗选用 3.6 m×8 m 浮选柱产出二粗精，一粗精和二粗精合并进入 2 m×7 m 精选浮选柱进行精选，二次粗选尾矿经两次扫选产出一扫精、二扫精。将一扫精、二扫精与柱精尾合并再磨返回粗选再选。

8.6.2.2　生产指标对比

工艺流程改造前后指标对比结果见表 8-34。

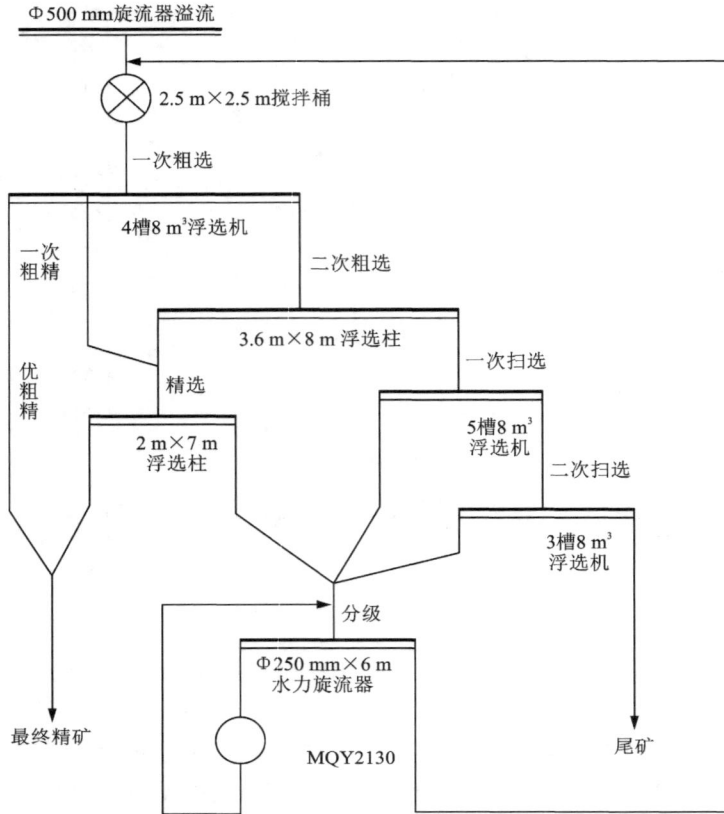

图 8-51 浮选机-浮选柱-浮选机工艺流程图

表 8-34 工艺流程改造前后指标对比

流程	指标					
	综合品位 /(g·t⁻¹)	班数/个	平均班矿量/(t·班⁻¹)	尾矿品位 /(g·t⁻¹)	精矿品位 /(g·t⁻¹)	回收率 /%
改造前	5.46	93	293.64	0.566	44.87	90.13
改造后	5.27	25	290.06	0.540	47.37	90.78

流程	指标					
	-200 目含量/%			产率/%	精矿产量/t	富集比
	原矿细度	搅拌细度	中矿细度			
改造前	74.99	71.84	83.22	10.33	2819.60	8.73
改造后	70.46	69.23	83.43	10.09	1034.63	9.00

8.6.3　浮选机–浮选柱–浮选机联合工艺流程诠释

浮选机：是指浮选工艺中一次粗选采用 4 台 8 m³ 浮选机，但区别于普通的浮选流程，4 槽浮选机的泡沫槽是带有经长期生产实践验证具有高效回收微细粒金的创新装置，通过矿化泡沫在泡沫槽的"二次富集作用"，泡沫槽上部微细粒高品位矿化泡沫优粗精作为最终精矿直接排入精矿箱，优粗精的金属量占总精矿金属量的 45% 以上，泡沫槽下部的粗粒低品位一粗精进入精选作业。这是此项创新最核心的技术。

浮选柱：一是指二次粗选作业用 3.6 m×8 m 静态旋流微泡浮选柱，它在整个浮选柱中能将浮选速率慢而没有在一次粗选作业得到回收的金粒进一步回收，是对一次粗选作业的补充和完善。二是指精选作业采用 2 m×7 m 静态旋流微泡浮选柱，能充分发挥浮选柱有效提高富集比的优势，保证精矿品位的提高，这也是此项创新最核心的技术。

后面的浮选机是指一次扫选用 5 台 8 m³ 浮选机，二次扫选用 3 台 8 m³ 浮选机。利用浮选机对粗粒回收能力强、稳定性好的特点，有效降低了尾矿品位。

总之，采用浮选机–浮选柱–浮选机联合工艺既能高效及早回收微细粒金，降低尾矿品位，保证精矿品位和回收率的提高，又能减少了过磨和各作业不稳定的现象。实践证明，此工艺对微细粒金选别指标的提高是行之有效的。

8.6.3.1　一次粗选创新装置

一次粗选流程创新装置视图见图 8–52。

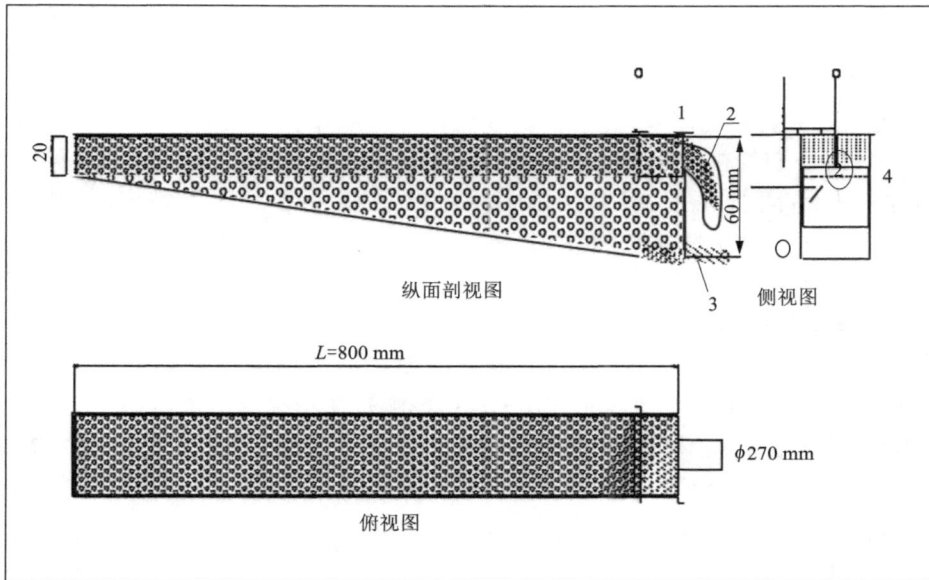

1—优先选出的合格精矿(简称优粗精)；2—φ270 mm 管子(简称优粗管)；
3—进入下个作业的中矿(简称一粗精)；4—可调节高度的闸板。

图 8–52　粗选泡沫槽视图

在粗选泡沫槽体前端上部安装了一条直接通往精矿箱的 φ270 mm 的管子 2(简称优粗管)，在管口处加了可调节管口大小的闸板 4，可根据泡沫槽品位的高低，通过调节闸板上下位置来调节进入管内泡沫量的多少,将泡沫槽上部进入管子的细粒级高品位矿化泡沫1(简称优粗精)作为最终精矿,优先排入精矿箱。而将粗精泡沫槽中下部低品位粗矿粒3(简称一粗精)经原给矿管输送入一次精选作业再选。

8.6.3.2　一次粗选创新机理

"二次富集作用"机理:在矿化泡沫中常夹杂有部分脉石及连生体矿粒,由于泡沫层中水层向下流动,可冲洗大部分机械夹杂的脉石,使之重新落回矿浆。当气泡在泡沫层中兼并时,气液界面面积减小,气泡上原负荷的矿粒重新排列,疏水强者仍附着在气泡上,弱者被流动的水带入矿浆,从而提高精矿质量。

8.6.3.3　二次粗选作业作用及特点

二次粗选作业中浮选柱作为对一次粗选浮选机的补充和完善,粗选浮选柱在机-柱-机分选工艺中起到二次粗选作用。由于粗选浮选柱适宜于微细粒物料的分选,加之浮选时间长达20多分钟,可通过粗选浮选柱将浮选速率慢、在一次粗选未来得及上浮的细粒级矿物进一步回收,并作为二粗精矿产出。

8.6.3.4　精选作业作用及特点

精选作业采用2 m×7 m静态旋流微泡浮选柱,精选浮选柱发挥了浮选柱富集比高的优势,保证了精矿品位的进一步提高。

8.6.3.5　扫选作业作用及特点

扫选浮选机可使在二次粗选浮选柱作业中可浮性差、浮选速度慢和较粗粒级矿物颗粒得以回收。利用浮选机对粗粒回收能力强、稳定性好的特点,有效降低了尾矿品位。

8.6.4　优化工艺条件

8.6.4.1　添加除屑筛和搅拌槽

给一段原矿磨矿的二次分级溢流处加了除屑筛,解决了炮屑对浮选柱充气管的堵塞问题,保证了气泡发生器这一关键装置的运作顺畅,从而进一步改善了浮选柱的浮选性能。

给一次粗尾处增加了搅拌槽,使进入粗选浮选柱的一粗尾矿能与所加药剂充分搅拌,发挥药剂的最佳效用,粗选柱的作业回收率得到有效提高。

8.6.4.2　一段磨矿细度和浓度最佳工艺条件

矿石中的金以极微细粒形式存在,且金的主要载体矿物黄铁矿有一部分嵌布粒度极细,矿石属于难磨矿石且对细度要求较高,这是影响选矿指标的主要原因。因此,提高一次磨矿细度是使矿石中有用矿物和脉石得到有效解离的关键。细磨是进一步提高精矿品位和回收率等各项生产指标的基本要求,故细磨后应加强细粒级金的及早回收。将原给入二次分级旋流器设定的50%的浓度降低到45%,提高原矿溢流细度到-200目粒级为76%以上,搅拌桶细度-200目78%。同时保证均匀的给矿粒度和速度。适宜的磨矿浓度为75%左右。

8.6.4.3　中矿再磨细度最佳工艺条件

提高中矿再磨的细度是进一步提高精矿品位和回收率的先决条件。确保中矿再磨细度γ-200目>85%,搅拌桶细度-200目>78%,进而保证金的单体解离度。

1)中矿再磨细度主要受到二次分级沉砂分流量和ϕ250 mm旋流器沉砂量大小的影响,减小给入MQY2130球磨机的分流量,以保证中矿再磨作业的平稳和正常进行。

2）降低给入旋流器的矿浆浓度为 42%~45%，提高分级效率。

3）调整好再磨球磨机的转速、钢球充填率及级配。

4）中矿泵功率由 45 kW 改为 90 kW，中矿泵换成大泵解决了中矿箱的矿浆外溢问题，这部分外溢的矿浆不至于因为中矿泵处理能力低未返回中矿再磨系统，就直接被打入原矿搅拌槽，影响了搅拌桶矿浆细度，从而促进了磨矿细度的提高，将 −200 目 72% 提高到 75%。

上述措施提高了磨矿细度，特别是提高了中矿再磨细度，在 5、6、7 这 3 个月一、二段磨矿细度基本都能超过 −200 目 75%。

8.6.4.4　添加硫酸铵的技术创新

硫酸铵的活化原理：硫酸铵具有性能稳定，价格低廉，低投入高效用的优点，可以作为硫化物含金石英脉矿石金浮选的活化剂，改善金上浮载体矿物的可浮性，促进捕收剂与目的矿物的作用。硫酸铵能促使细粒团聚，并能使与石英脉连生的粗粒上浮，从而增强对细粒级和粗粒级金的回收。

硫酸铵在矿浆中起溶液化学调节作用，在弱碱性矿浆中使用活化剂硫酸铵对提高硫化物含金石英脉类型矿石金的浮选回收率是行之有效的。它可以解离出大量的 NH_4^+，NH_4^+ 在载体矿物与捕收剂之间建立桥连作用或在矿物表面形成络合物，强化捕收剂在载体矿物表面的吸附力，从而提高金载体矿物上浮率即金回收率，微细粒单体金和金与石英脉连生体均被有效回收。在原矿搅拌槽添加 300 g/t 活化剂硫酸铵，回收率的提高较为明显。

硫酸铵的工业应用效果：2020 年 5 月为考察硫酸铵对浮选指标的影响，进行了添加与不添加硫酸铵工业试验。试验结果见表 8-35。

表 8-35　2020 年 5 月九仗沟选厂添加硫酸铵试验前后指标对比

时间	干矿量/t	原矿品位 /(g·t^{-1})	返砂品位 /(g·t^{-1})	综合品位 /(g·t^{-1})	尾矿品位 /(g·t^{-1})	精矿品位 /(g·t^{-1})	备注
4.21— 5.01	10090.17	5.83	4.87	5.64	0.566	53.59	不加硫酸铵
5.02— 5.17	13097.65	4.93	3.72	4.69	0.416	46.37	加硫酸铵
差值	−3007.48	0.90	1.15	0.95	0.15	7.22	
时间	溢流细度 (−200 目)/%	搅拌细度 (−200 目)/%	中矿细度 (−200 目)/%	产率/%	富集比/%	回收率/%	备注
4.21— 5.01	74.44	76.27	79.51	9.57	9.50	90.92	不加硫酸铵
5.02— 5.17	75.39	79.51	87.56	9.30	9.88	91.96	加硫酸铵
差值	−0.95	−3.24	−8.05	0.27	−0.38	−1.04	

注：在综合品位降低 0.95 g/t 的情况下，回收率提高了 1.04%，效果明显。

8.6.5　创新工艺流程及药剂制度优化后取得效果

创新优化后的浮选机-浮选柱-浮选机工艺与2018年原全浮选机工艺各项生产指标的对比见表8-36。

表8-36　浮选机-浮选柱-浮选机工艺与原全浮选机工艺各项生产指标对比

工艺项目	干矿量/t	处理量/(t·d⁻¹)	品位/(g·t⁻¹)			富集比	产率/%	精矿回收率/%
			原矿	精矿	尾矿			
全浮选机	295027.43	894.02	5.44	52.29	0.53	9.61	0.53	91.10
机-柱-机	99349.84	911.47	5.73	65.44	0.48	11.43	8.08	92.31
差值	195677.59	-17.45	-0.29	-13.15	-0.05	-1.82	-7.55	-1.21

表8-36生产指标对比结果显示，工艺条件优化后的机-柱-机工艺流程与2018年原全浮选机工艺流程对比，回收率提高1.21个百分点，精矿品位提高13.15 g/t。

8.7　研究小结

（1）浮选工艺优化试验研究小结

①磨矿细度试验表明当磨矿细度为-0.074 mm含量为85%时可以获得较好的指标，但考虑到现场磨矿分级设备实际处理能力以及尽量保证较高的金回收率，本研究确定试验磨矿细度为-0.074 mm含量为80%，此时金粗精矿的品位为28.88%，金的回收率为86.01%。②适宜浮选粒级含量最大化研究表明对于九仗沟金矿，其适宜浮选粒级为0.015~0.043 mm。在最佳磨矿条件下（磨矿浓度65%，磨机转速率85%，磨矿钢球级配为方案B2）得到的磨矿产品中适宜浮选粒级相对较高，此时得到的浮选精矿品位和回收率相对于未进行磨矿优化的都有略微提高，由此说明通过调整磨矿参数使适宜浮选粒级含量最大化对于改善浮选指标能够起到一定的作用。③粗选条件试验确定最佳药剂方案为碳酸钠400 g/t、水玻璃800 g/t、硫酸铜150 g/t、异戊基黄药100 g/t、丁铵黑药20 g/t、2号油30 g/t；在该药剂条件进行的闭路试验得到最终精矿中金的品位42.16 g/t、金的回收率为91.01%，尾矿中金的品位为0.38 g/t。④粉体接触角测定结果表明，黄药、黄药-黑药、AERO使黄铁矿表面疏水性增强，其中黄药-黑药作用最为显著。间接说明本研究确定的异戊基黄药和丁铵黑药复配方案具有较强的捕收能力，这与浮选试验的结果一致。⑤现场采用浮选泡沫分质分流技术能够有效改善浮选指标。通过对泡沫溜槽结构改造前后生产试验数据可以看出，最终金精矿中金的回收率提高了4.82个百分点，而尾矿中金的品位在原矿品位相对较高的情况下还有所降低。

（2）超级搅拌强化浮选过程研究小结

①超级搅拌机内流体循环效果和湍流强度都比普通搅拌桶好，药剂与矿物颗粒的作用更充分，调浆效果更显著。此外超级搅拌机槽底处流体轴向速度更高，矿物颗粒在槽底的沉积现象相比于普通搅拌桶得到了明显改善。②随着转速增大，超级搅拌机内流场紊动程

度增高，速度梯度变大，调浆效果明显变好，但当转速增大到一定值时，再提高转速，流体速度变化不明显，其调浆效果变化不大。③超级搅拌机的隔板能消除流体整体上的旋流运动，将隔板附近切向速度转化为了轴向和径向速度，使流态更复杂，有利于药剂与矿物颗粒碰撞吸附。相反，普通搅拌桶内流体整体上呈旋流流动，药剂与矿粒相对速度低，调浆效果不明显。④通过一段粗选浮选试验验证了超级搅拌内部流场数值模拟结果，适宜搅拌速度为 1600 r/min；浮选闭路试验结果表明，超级搅拌预处理可使最终精矿中金的回收率提高 1.17 个百分点。

（3）尾矿废水回用影响研究小结

①尾矿水回用比例试验表明，尾矿水的回用有助于提高精矿中金的回收率，但会降低精矿品位。②试验室条件下尾矿水多次回用试验表明，当试验趋于稳定后，浮选指标变化不大。但对于现场而言应进行尾矿水成分定期检测，并结合生产指标，探索出尾矿水质与生产指标的关系，从而用于指导生产。

（4）浮选机-浮选柱-浮选机联合工艺技术创新的特点

①将适宜矿石特性的工艺流程及与流程相适配的工艺条件紧密结合，从生产实践出发，经过对生产实践的总结提高，再将其运用到生产实践中去，让技术创新在生产实践中不断升华。②技术创新融合了以往在生产实践中行之有效的各项技术创新成果，考察、试验、研究、应用四者相统一，得出了一系列技术创新措施。这是解决生产中实际难题和搞好现场生产技术创新的有效措施。③创新成果丰硕，生产技术指标和经济效益明显提高。④此项技术创新流程合理、新颖独特，适合原矿性质要求，具有及早高效回收微细粒金的优点，在国内外是独一无二的。

（5）浮选机-浮选柱-浮选机联合工艺技术创新的亮点

①创新流程运用了以前经长期生产实践验证的，有能及早高效回收微细粒金效果的一次粗选创新装置，充分保证了金粒在此作业的最大化回收。②创新流程运用了浮选柱，浮选柱是一种适宜微细物料分选的新兴技术，其高富集比与高选择性为特点，对提高选矿产品质量占绝对优势。③浮选药剂使用了具有有利于回收微细粒金和粗粒金-脉石连生体效果的硫酸铵，应用效果显著，在浮选药剂运用方面是项创新。

参考文献

[1] 彭少伟，王兆连，刘凤亮，等. 湖南某细粒难选砂质高岭土选矿试验研究[J]. 陶瓷，2023（1）29-32，39.

[2] 杨帆，王钰涌，张馨以，等. 基于 Android 的选矿破碎生产线 PLC 测控系统[J]. 计算机技术与发展，2023，33（1）：82-87.

[3] 吴海祥，王品杰，纪婉颖. 钽铌矿选矿工艺及浮选药剂研究现状[J]. 福建冶金，2023，52（1）：1-6.

[4] 以智能矿石分选助力实现"双碳"目标 在高质量发展中展现新作为[J]. 中国有色金属，2023（1）：58-59.

[5] 郝炜峰. 选煤厂重介分选系统优化改造及应用[J]. 机械管理开发，2022，37（12）：88-90.

[6] 武永旺. 选煤厂智能粗煤泥分选机应用研究[J]. 机械管理开发，2022，37（12）：138-140.

[7] 王丽霞. 单层两段振动筛在选煤厂的应用[J]. 机械管理开发，2022，37（12）：159-160.

[8] 冯宇博，梁欢，张汉泉，等. 云南某混合型低品位铜尾矿浮选工艺试验研究[J]. 有色金属（选矿部

分），2022（6）：56-64.

[9] 宋宪伟，梅光军，高志，等. 河南硅酸盐型萤石浮选工艺研究[J]. 矿业研究与开发，2022，42（4）：16-20.

[10] 胡生操，王晨晨，付金涛，等. 新疆某菱镁矿浮选工艺试验研究[J]. 矿产综合利用，2022（2）：69-73.

[11] 邹山康. 四川某铜锌多金属硫化矿石锌硫浮选工艺优化研究与实践[J]. 现代矿业，2022，38（4）：142-145，154.

[12] 孟飞. 选矿磨矿浓度自动控制功能的实现与应用[J]. 现代制造技术与装备，2020，56（7）：200-201.

[13] 周意超，赵汝全，吴彩斌，等. 磨矿浓度对磨矿产品粒度组成特性的影响[J]. 有色金属科学与工程，2016，7（5）：93-97.

[14] 曾春水. 浅谈磨矿浓度对磨矿效果的影响[J]. 中国钨业，1998，13（2）：25-27.

[15] 杨应宝，伏彦雄，裴英杰，等. 易门铜业 Φ2.4×3.6 m 球磨机磨矿介质配比优化研究[J]. 黄金科学技术，2023，31（1）：163-170.

[16] 衣成玉，裴英杰，马帅. 焦家金矿磨矿介质配比优化试验研究与应用[J]. 黄金科学技术，2022，30（1）：122-130.

[17] 罗光明. 李楼铁矿磨矿系统优化试验[J]. 现代矿业，2020，36（9）：157-158，172.

[18] 杨金林，周文涛，马少健，等. 基于磨矿技术效率锡石多金属硫化矿磨矿优化研究[J]. 有色金属（选矿部分），2017（5）：18-22.

[19] 曾春水. 浅谈磨矿浓度对磨矿效果的影响[J]. 中国钨业，1998，13（2）：25-27.

[20] 李浩. 基于正交试验的浮选药剂制度优化[J]. 煤炭加工与综合利用，2021（4）：16-20.

[21] 邓紫林，侯英. 基于均匀试验设计优化煤泥浮选药剂制度[J]. 矿业科学学报，2021，6（2）：237-243.

[22] 甄亮. 浮选药剂制度对煤泥降灰脱硫效果的影响研究[J]. 山东煤炭科技，2019（12）：161-163，166.

[23] 潘胜秀，孙琪伟，张之明. 某矿山浮选药剂制度优化试验与应用[J]. 黄金，2019，40（10）：61-64.

[24] 苏敏，邓林欣，张瑞洋，等. 赞比亚谦比希硫化铜矿的浮选药剂制度优化[J]. 矿冶，2019，28（2）：37-42.

[25] 王可祥，周立军，胡格吉乐吐，等. 内蒙古某含砷锌矿浮选试验研究[J]. 矿业研究与开发，2022，42（7）：46-50.

[26] 林清泉，戴智飞，曾令明，等. 江西某难选铜钼矿浮选试验研究[J]. 矿冶工程，2022，42（2）：73-76.

[27] 高恩霞，张春，李悦鹏，等. 磨矿方式对闪锌矿和黄铁矿浮选动力学影响研究[J]. 金属矿山，2022（9）：100-106.

[28] 谭世国，樊学赛，蒋仁东，等. 攀西某选厂选钛浮选动力学特性研究[J]. 钢铁钒钛，2022，43（2）：21-24.

[29] 陈国浩，任浏祎，曾维能，等. 微细粒锡石的微泡浮选及动力学研究[J]. 有色金属（选矿部分），2022（3）：20-25.

[30] 苏子旭，李晓恒，闫小康. CFD 技术在浮选流场研究中的应用[J]. 中国科技论文，2022，17（1）：90-98.

[31] 唐潘宇，吴俊杰，肖祥，等. 基于数值模拟的阻力转子风力发电机叶片近流场特性分析[J]. 分布式能源，2023（1）：63-68.

[32] 白锦军，加万里，韦新成，等. 自吸式搅拌反应器流场特性的数值模拟[J]. 化工科技，2022，30

（5）：22-28.

[33] 张建伟，魏宏文，董鑫，等. 柱形涡发生器强化撞击流反应器流场特性的数值模拟[J/OL]. 过程工程学报：1-9[2023-04-05].

[34] 向晨光. 铁矿尾矿水处理回收再利用的试验研究[J]. 中国金属通报，2022(13)：210-212.

[35] 侯芹芹，杨永强，李长晔，等. 尾矿废水复合资源化利用研究探讨[J]. 节能，2020，39(2)：145-147.

[36] 李姣. 壳聚糖交联沸石对尾矿废水的 Mn^{2+}、Cd^{2+} 吸附特性研究[J]. 化学工程师，2018，32(9)：74-76，19.

[37] 谢登峰，王杰，张军. 浮选机与浮选柱浮选指标对比试验研究[J]. 煤炭技术，2022，41(11)：241-243.

[38] 刘子卿. 砷黄铁矿的浮选柱浮选[J]. 国外选矿快报，1995(18)：6-11.

[39] 万海潮. XJM-S45 型浮选机的研制与工业性应用对比研究[J]. 机械管理开发，2023，38(2)：286-287，292.

[40] 刘海龙. 某金矿选矿厂浮选高效化改造实践[J]. 矿业研究与开发，2023，43(1)：200-204.

[41] 黄根平. 国内铜矿选矿技术与选矿设备的最新研究及应用[J]. 世界有色金属，2022(16)：21-23.

第 9 章

区域构造带破碎金矿体似膏体充填技术

9.1 尾矿工程特性分析

充填材料的物理力学性能及化学成分不仅对充填参数，如充填体强度、渗滤水性能、胶凝成分离析等有重要影响，而且若其中存在有害成分，会污染井下环境，则不能用作充填材料。因此准确测定主要充填材料物理力学性能和化学成分及其含量，并据此对充填料做出定性分析，是选择适合嵩县山金的充填胶结材料及其配比等参数的首要基础工作。

嵩县山金矿业有限公司现阶段选用尾砂作为充填骨料，矿山目前采用的还是分级尾砂胶结充填的方案，因此，嵩县山金在与重庆大学等展开合作时，对分级尾砂的基本性质进行了研究。由于分级尾砂充填至井下，溢流细尾砂排放至尾矿库影响坝体安全，为此，嵩县山金充填工程试验室开展了分级尾砂似膏体充填技术的研究，对尾砂的基本性质测定也展开了一系列试验。

尾砂基本性质分析包括不同级配尾砂比重、容重、空隙率、粒径分布、自然安息角等参数测试分析。山东黄金矿业科技有限公司充填工程试验室分公司对嵩县山金矿业有限公司的尾砂进行了分级尾砂似膏体充填关键技术研究，测试材料为嵩县山金全尾砂、砂仓底流尾砂(粗尾砂)、砂仓溢流尾砂(细尾砂)，尾砂样品如图 9-1 所示。

(a)全尾砂　　　　　　　　(b)粗尾砂　　　　　　　　(c)细尾砂

图 9-1　尾砂样品

参考行业标准《金矿充填料力学性能测定方法》(YS/T 3039—2021)对尾砂比重进行测试。其步骤如下。

1)选取标准比重瓶(50 mL),用洗液洗净,干燥,用感量为万分之一克的天平称量比重瓶质量。

2)取已烘干的物料试样放入瓶中,物料试样装入量为比量瓶容积的1/3左右,称量比重瓶和物料试样的质量。

3)向比重瓶内注入蒸馏水,达瓶内容积的2/3,在热水浴中煮沸。除去试样上附着的气泡,静置冷却后,将蒸馏水注满至瓶口,塞上瓶塞,使水从瓶塞上的毛细管中溢出,表示瓶中已装满水。擦干瓶外水分,称量比重瓶和蒸馏水的质量。

4)从瓶中倒出水和物料试样,洗净后装满蒸馏水,称瓶和水的质量。

取 3 次测试的平均值得到不同级配尾砂的真密度。尾砂真密度为 2.67 g/cm³,粗尾砂真密度为 2.71 g/cm³,细尾砂真密度为 2.65 g/cm³。

采用多功能粉体物理特性测试仪对尾砂密实容重进行测试,取 3 次测试的平均值。得到尾砂的密实容重为 1.33 g/cm³,粗尾砂密实容重为 1.56 g/cm³,细尾砂密实容重为 1.12 g/cm³。采用多功能粉体物理特性测试仪进行尾砂松散容重的测试,三次测试取平均值。得到尾砂松散容重为 0.94 g/cm³,粗尾砂松散容重为 1.25 g/cm³,细尾砂松散容重为 0.79 g/cm³。参考行业标准《金矿充填料力学性能测定方法》(YS/T 3039—2021)进行空隙率计算。得到尾砂空隙率为 64.79%,粗尾砂空隙率为 53.87%,细尾砂空隙率为 70.19%。采用多功能粉体物理特性测试仪进行尾砂休止角的测试,三次测试取平均值。得到尾砂的休止角为 48.27°,粗尾砂的休止角为 45.1°,细尾砂的休止角为 49.77°。采用多功能粉体物理特性测试仪进行尾砂分散度的测试,三次测试取平均值。得到尾砂的分散度为 35.55%,粗尾砂的分散度为 5.3%,细尾砂的分散度为 35.75%。

9.1.1 尾砂比重

参考行业标准《金矿充填料力学性能测定方法》(YS/T 3039—2021)进行尾砂比重测试。其步骤如下。

1)选取标准比重瓶(50 mL),用洗液洗净,干燥,用感量为万分之一克的天平称量比重瓶质量。

2)取已烘干的物料试样放入比重瓶中,物料试样装入量为比重瓶容积的1/3左右,称量比重瓶和物料试样的质量。

3)向瓶内注入 2/3 容积的蒸馏水,将比重瓶在热水浴中煮沸,除去试样上附着的气泡,静置冷却后,将蒸馏水注满至瓶口,塞上瓶塞,使水从瓶塞上的毛细管中溢出,说明瓶中已装满水。擦干瓶外水分,称量比重瓶和蒸馏水的质量。

4)从瓶中倒出水和物料试样,洗净后装满蒸馏水,称瓶和水的质量。尾砂比重计算公式如式(9-1)所示。

$$\rho_0 = \frac{(m_2 - m_1) \cdot \rho}{(m_4 - m_1) - (m_3 - m_2)} \tag{9-1}$$

式中:ρ_0 为物料的真密度,g/cm³;m_1 为比重瓶的质量,g;m_2 为比重瓶和试样的质量,g;m_3 为比重瓶、试样和水的质量,g;m_4 为比重瓶和水的质量,g;ρ 为介质(蒸馏水)的密度，g/cm³。

取 3 次测试的平均值得到不同级配尾砂的真密度。

测试结果如表 9-1 所示。

表 9-1 尾砂比重测试结果

尾砂种类	全尾砂	粗尾砂	细尾砂
比重/(g·cm⁻³)	2.67	2.71	2.65

9.1.2 尾砂容重

（1）密实容重

采用多功能粉体物理特性测试仪对尾砂密实容重进行测试，取 3 次测试的平均值（图 9-2）。测试结果如表 9-2 所示。

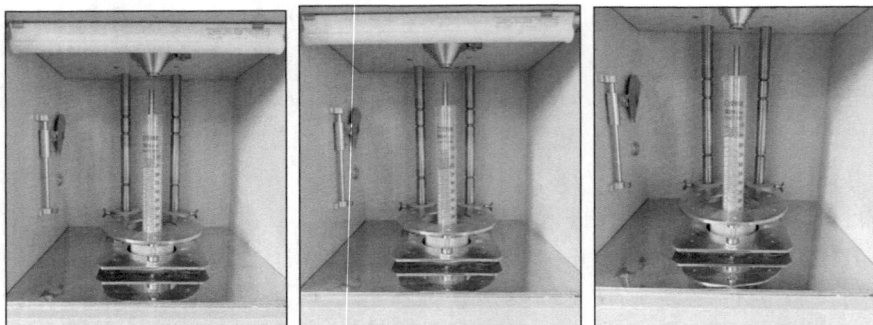

图 9-2 密实容重测试

表 9-2 密实容重测试结果

尾砂种类	全尾砂	粗尾砂	细尾砂
密实容重/(g·cm⁻³)	1.33	1.56	1.12

（2）松散容重

采用多功能粉体物理特性测试仪进行尾砂松散容重的测试，取 3 次测试的平均值（图 9-3）。测试结果见表 9-3。

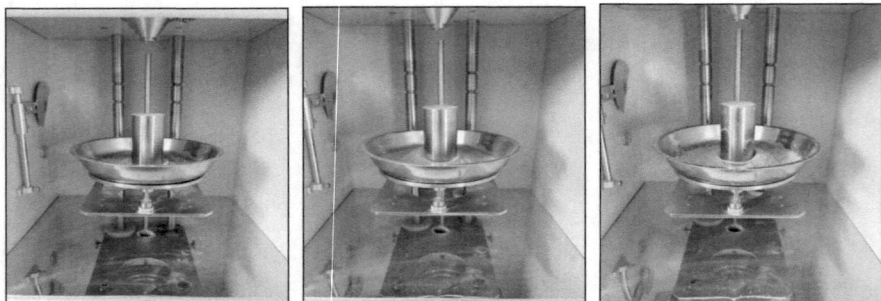

图 9-3 松散容重测试

表 9-3　松散容重测试结果

表 9-3　松散容重测试结果

尾砂种类	全尾砂	粗尾砂	细尾砂
松散容重/(g·cm⁻³)	0.94	1.25	0.79

9.1.3　尾砂空隙率

参考行业标准《金矿充填料力学性能测定方法》(YS/T 3039—2021)进行空隙率计算，计算公式：

$$n = 1 - \frac{\gamma}{\rho_0} \tag{9-2}$$

式中：n 为空隙率，%；γ 为试样的堆密度，g/cm³；ρ_0 为试样的真密度，g/cm³。

根据试验数据和空隙率计算公式，样品的空隙率结果如表 9-4 所示。

表 9-4　空隙率测试结果

尾砂种类	全尾砂	粗尾砂	细尾砂
空隙率/%	64.79	53.87	70.19

9.1.4　尾砂休止角

采用多功能粉体物理特性测试仪进行尾砂休止角的测试，取 3 次测试的平均值(图 9-4)。测试结果见表 9-5。

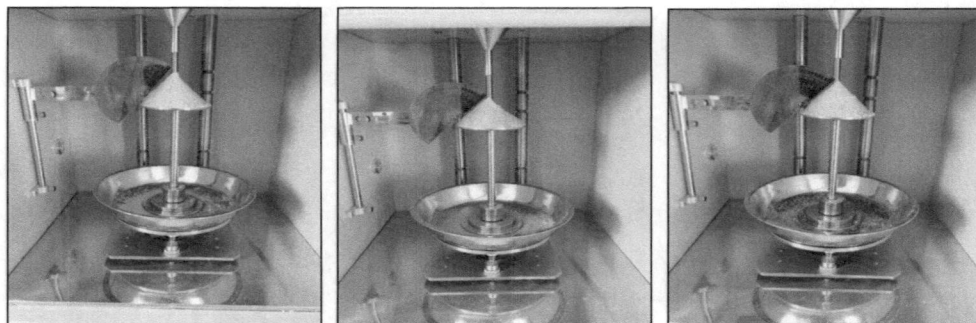

图 9-4　休止角测试

表 9-5　休止角测试结果

尾砂种类	全尾砂	粗尾砂	细尾砂
休止角/(°)	48.27	45.1	49.77

粉料物体在堆放时能够保持自然状态的最大角度用休止角表示。通常是指粉料物体堆积层的自由斜面与水平面所形成的最大角。休止角越小，摩擦力越小，流动性越好，一般认为 $\theta \leqslant 30°$ 时流动性好，$\theta \leqslant 40°$ 时可以满足粉料生产过程中的流动性需求。试验结果

表明,嵩县山金各种粒径组成的尾砂流动性不佳,干料堆积时不会发生明显流动。

9.1.5　尾砂分散度

采用多功能粉体物理特性测试仪进行尾砂分散度的测试,取 3 次测试的平均值(图 9-5)。分散度测试结果见表 9-6。

图 9-5　分散度测试

表 9-6　分散度测试结果

尾砂种类	全尾砂	粗尾砂	细尾砂
分散度/%	35.55	5.3	35.75

尾砂和细尾砂细颗粒含量较多,分散度较大,均超过 35%,粗尾砂粗颗粒含量较多,分散度较小,为 5.3%。

9.1.6　尾砂粒径组成

分别采用水筛筛分和 Malvern 激光粒度分析仪两种测试方式对比测试。

(1)水筛筛分法

采用 100 目(150 μm)、200 目(75 μm)、325 目(47 μm)、400(38 μm)目的筛网组合筛分尾砂,如图 9-6 所示。试验前将待测尾砂在鼓风干燥箱中干燥至恒重,混匀后称取尾砂 200 g,采用水洗的方法对全尾砂过筛,每一级筛网必须水洗至清澈为止,最后将所有筛分后的尾砂收集分类、干燥、称重、计算。

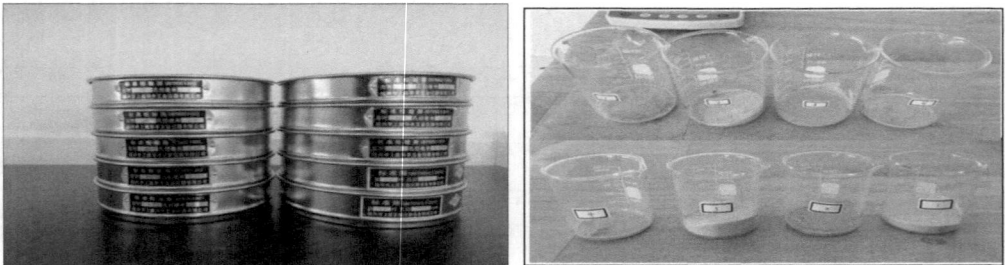

图 9-6　水筛法粒径分布测试

水筛筛分法测试结果如表9-7。

表9-7　水筛筛分测试结果

尾砂	粒径/μm				
	+150	+75~-150	+47~-75	+38~-47	-38
全尾砂	8.53%	23.46%	13.72%	5.47%	48.83%
粗尾砂	11.31%	39.57%	21.16%	6.04%	21.94%
细尾砂	5.83%	11.49%	12.92%	4.79%	64.97%

（2）激光粒度仪分析法

Malvern激光粒度分析仪（图9-7）是根据激光与颗粒之间相互作用的光散射原理得到激光探测到的颗粒粒径及其分布，试验前将待测尾砂在鼓风干燥箱中干燥至恒重，混匀后取尾砂1~5 g进行测试。

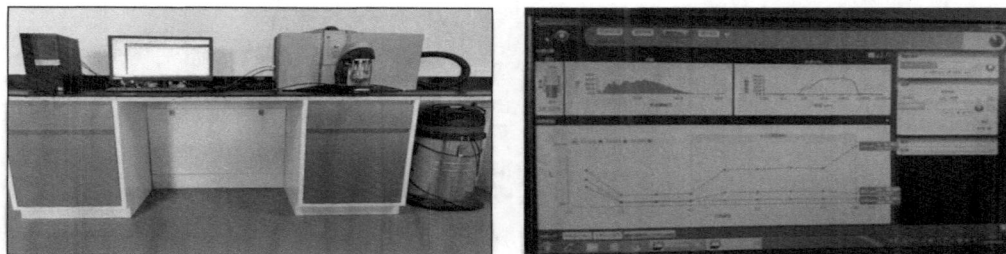

图9-7　Malvern 3000激光粒度分析仪

尾砂是由大小不同的颗粒所组成，可用不均匀系数 α 表征该物料粒级组成的均匀程度，计算公式如下：

$$\alpha_1 = d_{90}/d_{10} \tag{9-3}$$
$$\alpha_2 = d_{60}/d_{10} \tag{9-4}$$

式中：d_{10}、d_{60}、d_{90} 分别是累计含量为10%、60%、90%颗粒能够通过的筛孔直径，其值可从粒级组成曲线上查得，α 值越大表示粒级组成越不均匀，一般 $\alpha_1 = 2 \sim 3$ 或 $\alpha_2 = 4 \sim 5$ 时，尾砂的粒径均匀程度比较好。

激光粒度仪测试结果如图9-8、表9-8、表9-9所示。

表9-8　激光粒度分析仪测试结果

尾砂	粒径/μm				
	+150	75~150	47~75	38~47	-38
全尾砂	15.54%	19.7%	13.89%	5.72%	45.15%
粗尾砂	15.61%	32.13%	17.18%	6.26%	28.82%
细尾砂	7.93%	12.05%	10.74%	5.29%	63.99%

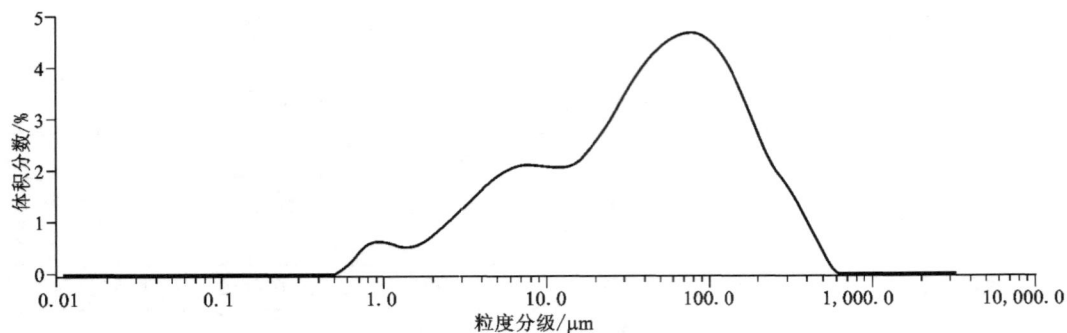

(a)全尾砂粒径分布图

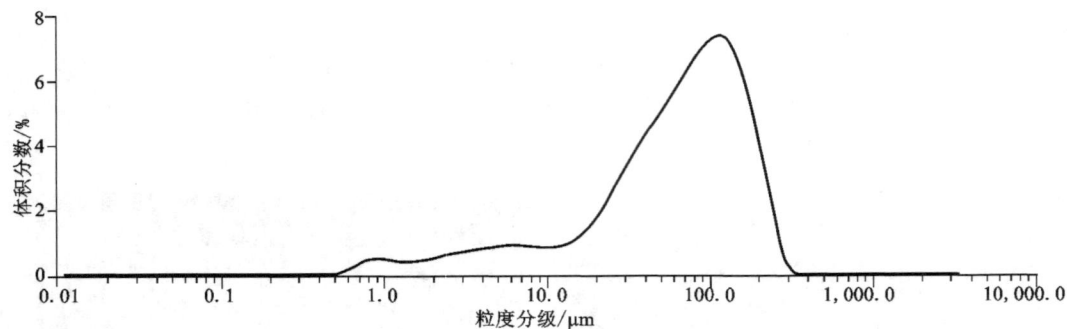

(b)粗尾砂粒径分布图

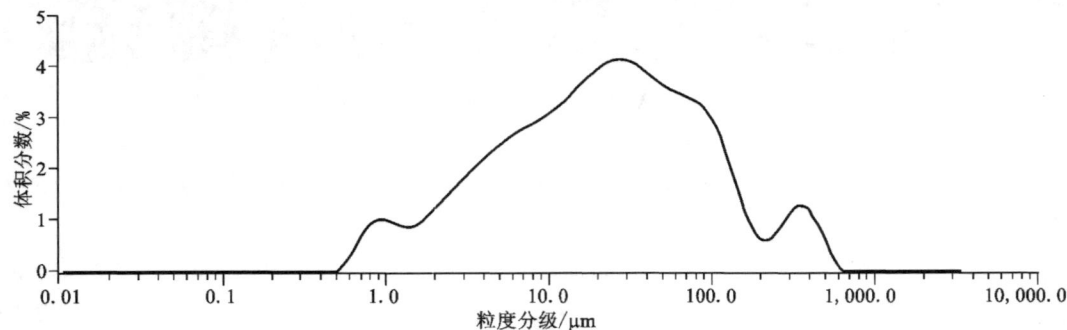

(c)细尾砂粒径分布图

图 9-8 尾砂粒径分布图

表 9-9 不均匀系数

尾砂类型	d_{90}	d_{10}	不均匀系数 α_1
全尾砂	195 μm	4.07 μm	47.91
粗尾砂	172 μm	7.49 μm	22.96
细尾砂	126 μm	2.69 μm	46.84

d_{10}、d_{60}、d_{90} 分别是累计含量为 10%、60%、90%颗粒能够通过的筛孔直径，其值可从粒级组成曲线上查得，α 值越大表示粒级组成越不均匀，一般 $\alpha_1 = 2 \sim 3$ 或 $\alpha_2 = 4 \sim 5$ 时，尾

砂的粒径均匀程度比较好。

嵩县山金矿矿业有限公司选矿厂生产规模为 1000~1200 t/d,通过上述试验对尾矿工程特性进行分析和总结,用于指导后续的充填系统设计研究。选矿厂浮选尾矿平均细度为 -200 目的占 70%~75%,粗粒级尾矿细度为 -200 目占 46%~56%,细粒级尾矿细度为 -200 目的占 87%~97%,该尾矿粒度大于 0.074 mm 级别含量小于 50%,则浮选尾矿为尾粉土。

9.2　分级尾砂充填系统建设

9.2.1　分级尾砂充填系统概述

嵩县山金充填制备站(图 9-12)始建于 2011 年 10 月,2012 年 7 月竣工。矿区充填制备站内设 1 个 500 m³ 立式砂仓,1 座 50 t C 料仓和 1 座 30 t C 料仓,站内安装直径为 2.0 m,高为 2.2 m 高浓度搅拌槽 1 台,系统充填能力 60~65 m³/h,嵩县山金充填系统内部结构及全貌图见图 9-9。

在采矿工业场地附近施工有两条充填钻孔,与 300 m 中段相通(每条钻孔长 290 m),充填主干管通过 300 m 中段 2 线风井铺设至下部生产中段,充填支管由上中段巷道铺设到采场充填天井上口,在充填天井中铺设软管到采场内。

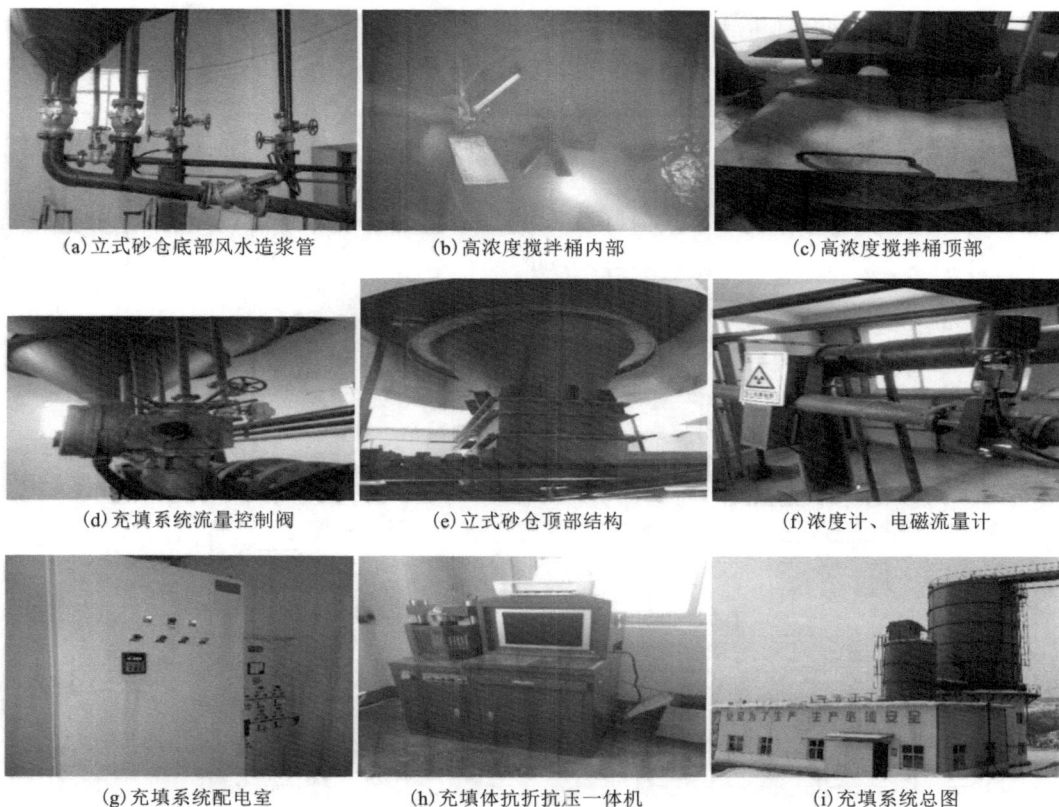

(a)立式砂仓底部风水造浆管　　(b)高浓度搅拌桶内部　　(c)高浓度搅拌桶顶部

(d)充填系统流量控制阀　　(e)立式砂仓顶部结构　　(f)浓度计、电磁流量计

(g)充填系统配电室　　(h)充填体抗折抗压一体机　　(i)充填系统总图

图 9-9　嵩县山金充填系统内部结构及全貌图

系统采用粗尾砂胶结充填。充填材料主要为选矿厂分级后的粗尾砂，胶凝剂选用 C 料，充填料浆浓度为 72% 左右。充填时，风水联合造浆，尾砂自流放入搅拌槽，C 料通过螺旋给料机输送入搅拌槽。尾砂与 C 料在搅拌槽内均匀搅拌后通过充填钻孔，自流到井下采场，在砂仓至搅拌槽之间的放砂管上及搅拌槽至充填钻孔之间的充填管上均安装浓度计、流量计，以检测充填料浆浓度和流量。充填料在站内搅拌制备后，通过充填孔内的充填管输送到各生产中段的充填采场。充填系统技术参数如表 9-10 所示。

表 9-10　充填系统技术参数

参数项目	参数值
日平均充填量/（m³·d⁻¹）	400
输送质量浓度/%	72
灰砂比	1∶4~1∶20
充填倍线	2.3~4.0
工作制度	8 h/班, 1 班/d, 305 d/a

9.2.2　充填系统组成架构

充填系统各组成部分工程结构为钢结构筒体结构和钢筋混凝土框架结构，总高度约 23 m。采用筏板基础和柱下独立基础，屋面采用混凝土屋面；墙面采用砖墙，内有 3 t 单轨悬挂吊车一台。充填站地面平面布置图如图 9-10 所示。

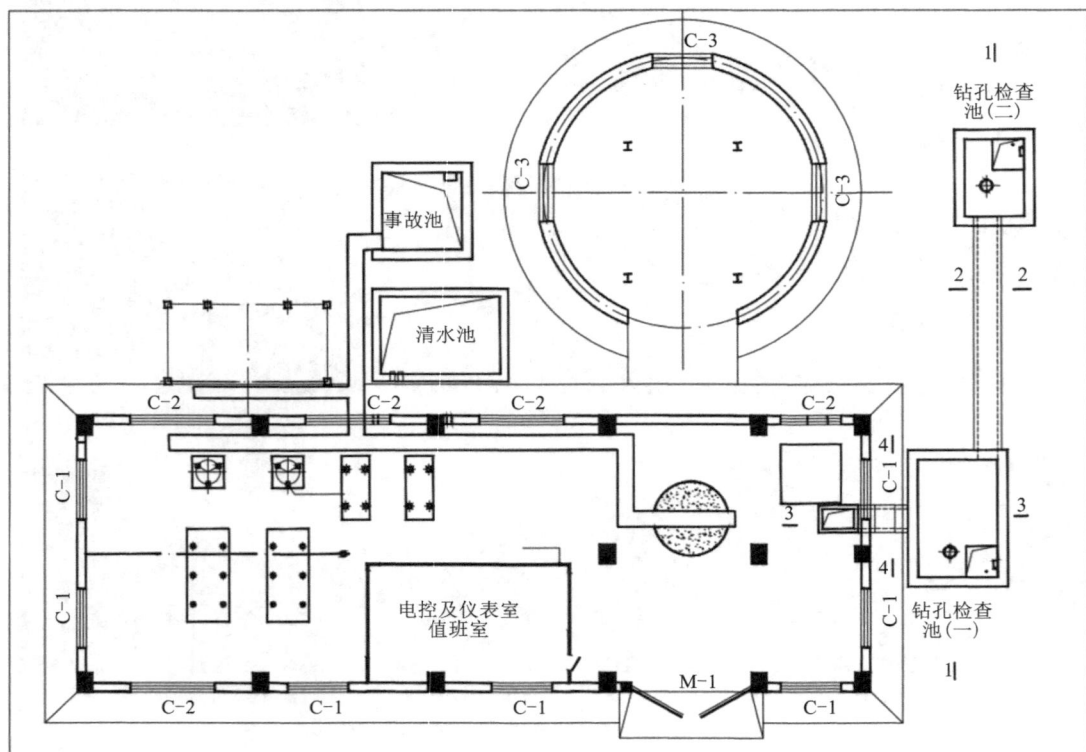

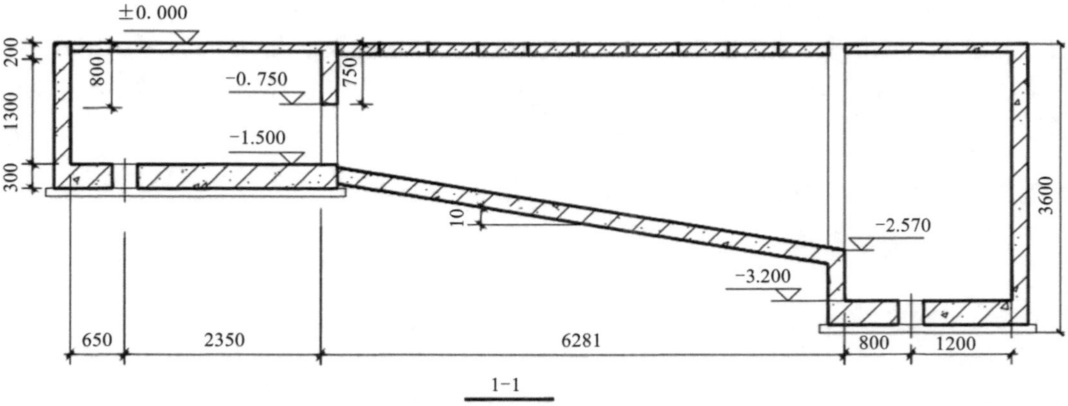

(a) 1-1剖面图

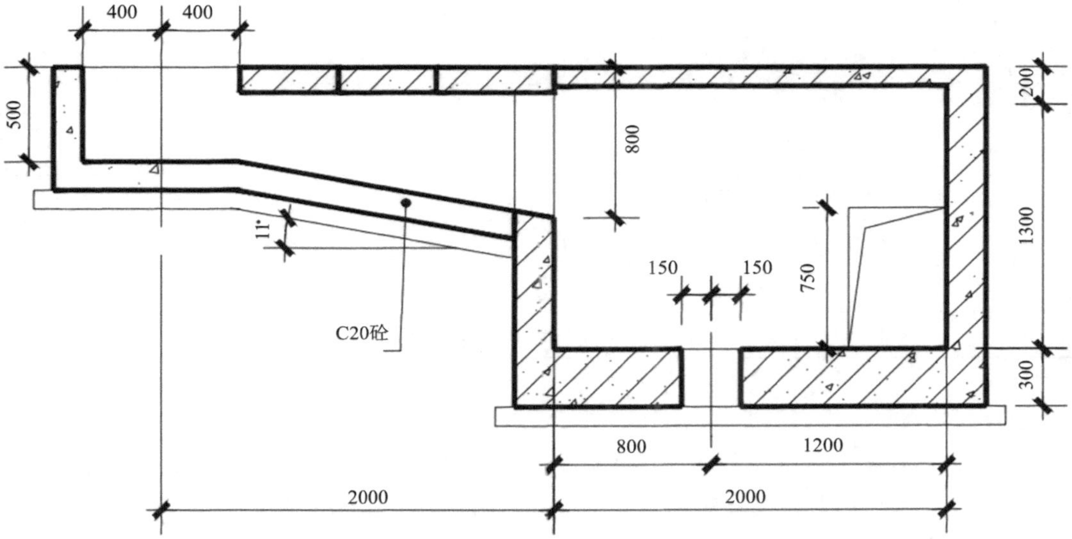

(a) 3-3剖面图

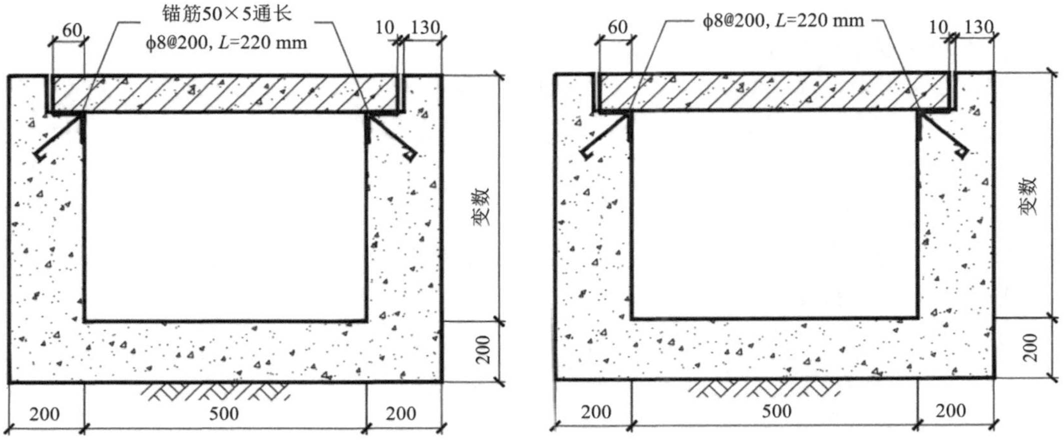

(a) 2-2与4-4剖面图

图 9-10 充填站地面平面布置图

充填站建筑物均采用天然地基,所有基础(包括设备基础)均必须建在黏土或亚黏土层上。地基承载力特征值按照 300 kPa 计算。混凝土基础底板下设 100 mm 厚 C15 素混凝土垫层,每边宽出基础边 100 mm。充填站除了砂仓、C 料仓和搅拌桶以外,充填站内还需增设辅助设施,比如水池、仪表控制室、配电室、充填材料试验室、采暖设施和事故池等。

9.2.3 充填站主要设施、设备设计

充填站主要设施、设备见表 9-11。

表 9-11 充填站主要设施设备表

序号	规格名称	数量/台	功率/kW	备注
1	ϕ2000 mm×2100 mm 高浓度搅拌槽	1	30	
2	YG-300×300 叶轮给料机	1	1.5	
3	250GX-10 旋流器	2	—	一备一用
4	HMC32 除尘器	1	2.2	
5	DMC-64	1	4	
6	ISG80-315A 管道泵	2	30	一备一用
7	65Q-LP 型液下渣浆泵	1	15	
8	仓壁振动器	1	0.15	
9	螺旋闸门 300×300	1	—	

9.2.3.1 砂仓

砂仓是储料和按给定参数放砂的重要设施,决定着整个充填站的生产能力和生产连续性,而且还平衡供砂单位与充填站的耗砂波动和所放砂的状态、浓度。

本次设计采用立式砂仓(图 9-11),在砂仓底部安设风水联动造浆管,借重力连续放砂。

1)砂仓有效容积计算:

$$V_{砂} = \frac{V_{所需尾砂量}}{C_{沉砂m的质量浓度} V_{砂的密实体密度}} \tag{9-5}$$

$$V_{砂仓} = 1.05 \times V_{所需尾砂体积} \tag{9-6}$$

计算得 $V_{砂}$ 为 119 m^3;计算得 $V_{砂仓}$ 为 125 m^3

砂仓容积按照存储 4 天充填量设计,设有效容积 500 m^3 砂仓 1 座(图 9-12)。

2)砂仓尺寸的确定:

$$D = \sqrt[3]{\frac{4V_{砂仓}/n}{1.8\pi}} = \sqrt[3]{\frac{4 \times 500/1}{1.8 \times 3.14}} = 7.1 \text{ m} \tag{9-7}$$

取砂仓直径为 7 m。

砂仓的圆柱体高度:

$$H = 2D = 14 \text{ m} \tag{9-8}$$

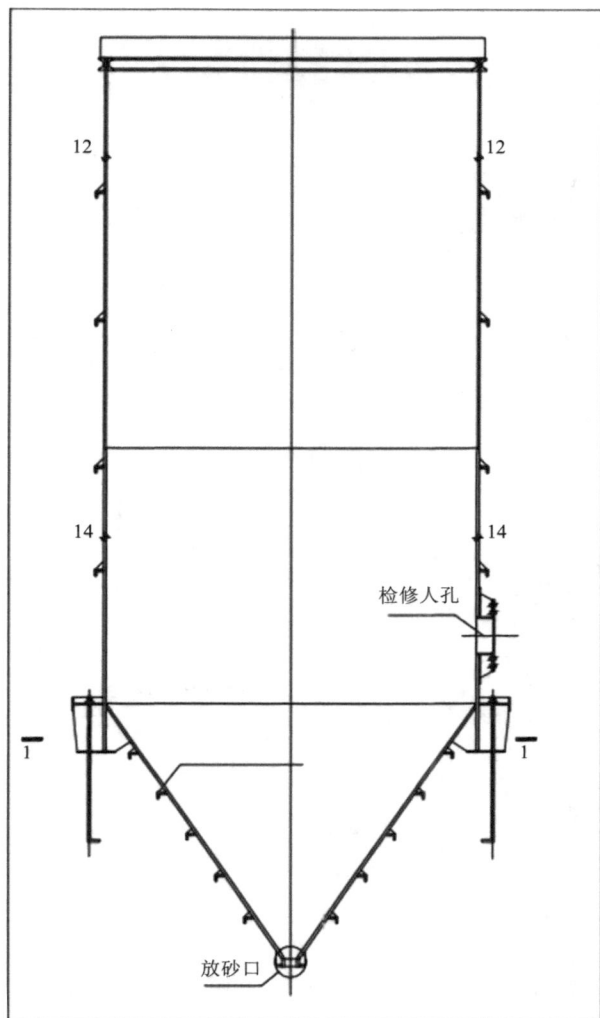

图 9-11　砂仓结构图

砂仓的圆锥体高度：

$$H_{圆锥} = 0.5 \times D \times \tan 60° = 6.1 \text{ m} \tag{9-9}$$

取砂仓的圆锥体高度为 6.0 m。

砂仓全高：

$$H_{砂仓} = H_{圆柱} + H_{圆锥} = 14 + 6 = 20 \text{ m} \tag{9-10}$$

砂仓几何容积为 615 m³。

9.2.3.2　C 料仓

C 料仓是存储 C 料和按给定参数放料的重要设施。外运 C 料通过 C 料车吹至 C 料仓存储。C 料仓的容量按 1.2 天 C 料耗量考虑，设 1 座 50 t C 料仓，采用 YG-ϕ760 mm 刚性叶轮给料机均匀送料(图 9-13)。

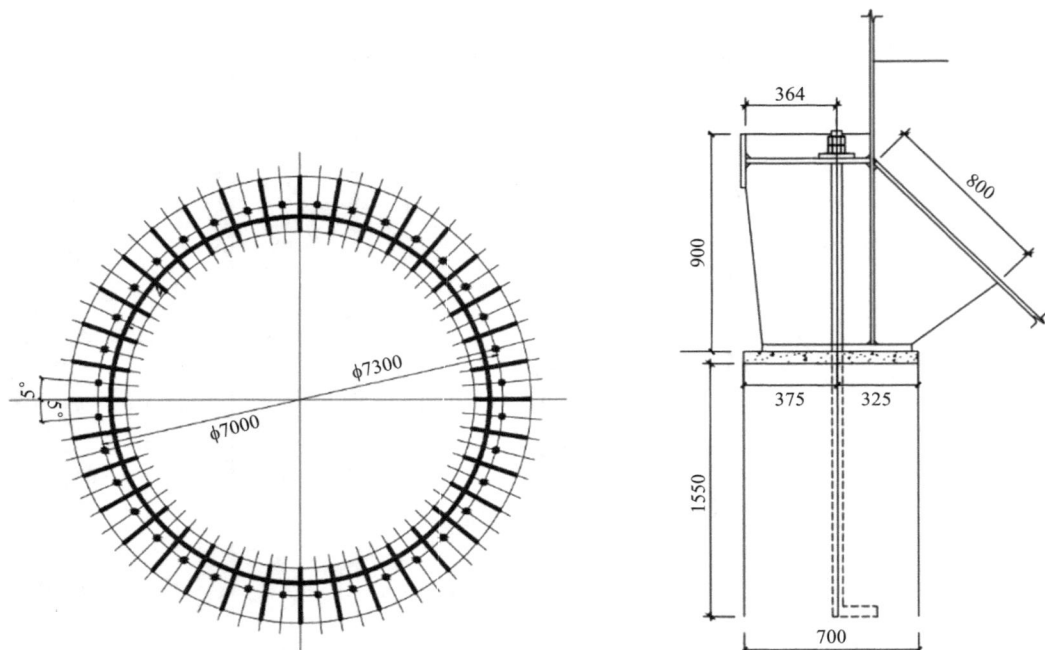

图 9-12 砂仓结构 1-1 剖面及支座详图

1) C 料仓几何容积计算：

$$V_{C料仓几何容积} = \frac{nV_{所需C料量}}{n\rho_{C料密度}} = \frac{50}{1.3 \times 0.9} = 42.7 \text{ m}^3 \quad\quad (9-11)$$

因此 C 料仓的几何容积为 42.7 m³。

2) C 料仓尺寸：

C 料仓规格为：直径 3.2 m，高 4.7 m，几何容积 45 m³，有效容积 42.7 m³，有效装载量 50 t。

9.2.3.3 砂仓防雷接地

利用砂仓顶部围栏作为闪接器，金属罐体为引下线，围栏与砂仓钢壳体可靠焊接，砂仓钢壳体下端利用 40×4 的扁钢做避雷引下线。避雷引下线在距地面以上 1.8 m 做断接卡子，供测量接地电阻用。避雷引下线上端应与砂仓钢壳体有可靠的电气连接，下端应与接地装置有可靠的电气连接。接地体埋地位置距建筑物 3 m 以外，接地体埋设后回填土分层夯实。接地体埋设深度不小于 0.7 m。接地线采用 40×4 镀锌扁钢。接地体及引下线等的连接必须用焊接，焊接处补涂沥青防腐。防雷接地装置接地电阻装后实测阻值不大于 10 Ω。所有进出的金属管道均应可靠接地。电气施工人员应与土建施工人员密切配合，并做好隐蔽工程记录。具体做法参见国家建筑标准设计 99D501-1.99(03)D501-1《建筑物防雷设施安装》，砂仓防雷接地平面图如图 9-14 所示。

9.2.3.4 新型搅拌系统

为了将砂浆与 C 料混合，充填站内设高浓度圆锥底槽搅拌桶一个。

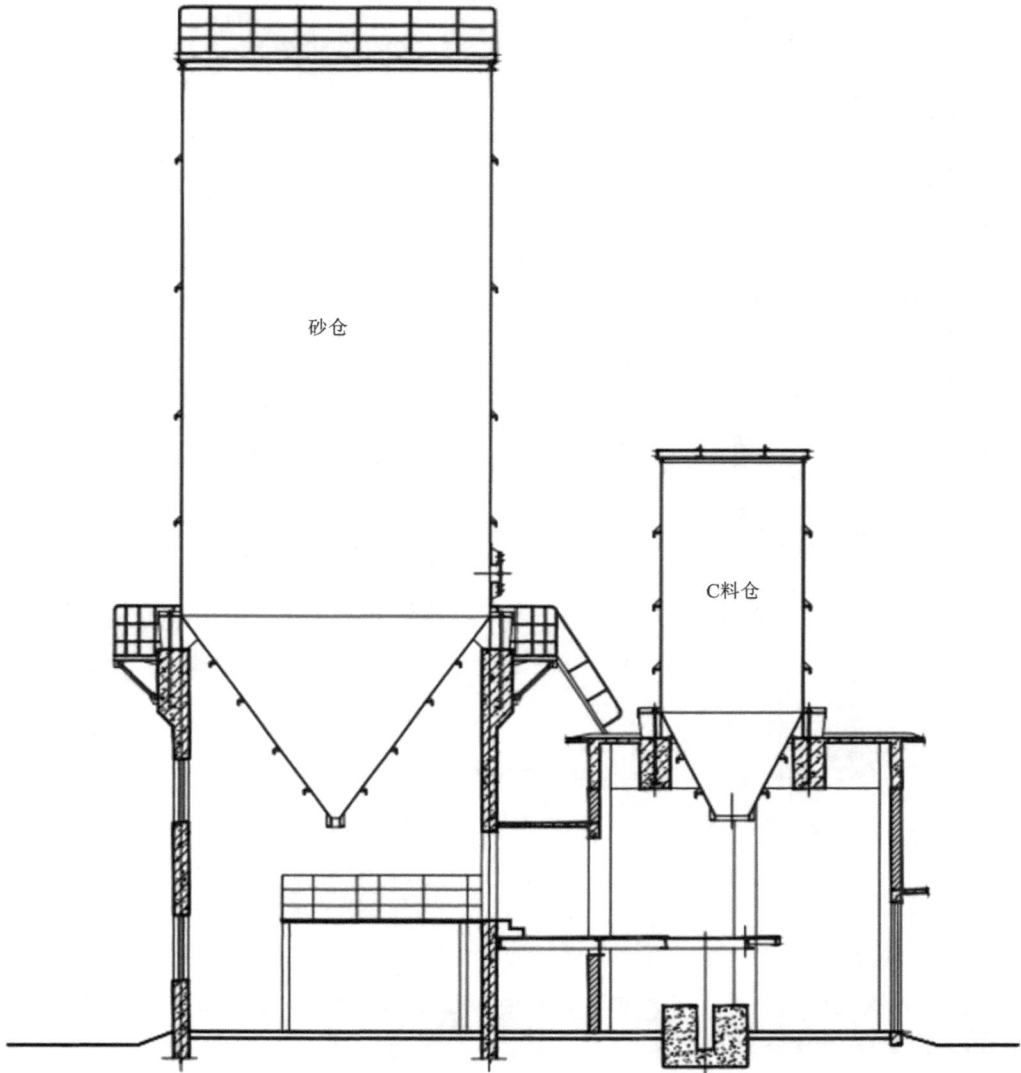

图 9-13　充填站配置图

根据设计的充填能力、充填浓度，考虑胶结充填的需要，料浆制备时间一般为 6 min，本次充填站料浆制备能力为 65 m³/h，根据上述条件选择搅拌桶。

搅拌桶的选型：

$$V_{搅拌桶有效容积} = \frac{Q_{小时搅拌量}\, T_{搅拌时间}}{60} = \frac{65 \times 6.17}{60} = 6.9 \text{ m}^3 \qquad (9-12)$$

故选择 φ2000 mm×2200 mm 的高浓度搅拌槽，搅拌桶有效容积为 6.9 m³，电机功率为 22 kW。搅拌桶以及刚性叶轮给料机安装完毕后，即可根据安装好的刚性叶轮给料机和搅拌桶的尺寸大小，进行 C 料喂料漏斗的安装，如图 9-15 所示。

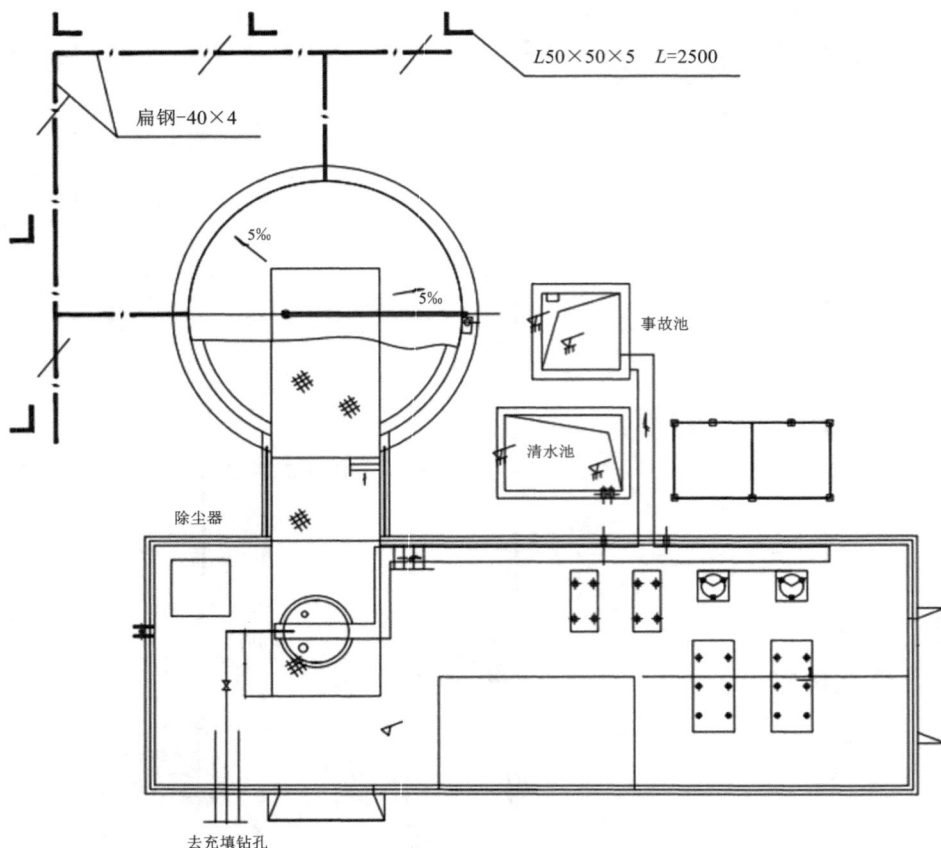

图 9-14　砂仓防雷接地平面图

9.2.3.5　清水池

根据设计规范规定，充填站应设专用水池，规格为 3 m×2 m×2.4 m(长×宽×高)，清水池平面图如图 9-16 所示。

9.2.3.6　事故池

当堵管等意外事故发生时需将搅拌桶内的剩余料浆排空，须设计事故处理池。事故池规格按照搅拌桶 2 倍容积设计，规格为 3 m×2.2 m×2.2 m(长×宽×高)，在事故池的顶面的池边缘，四周设置高度不低于 1200 mm 的护栏。事故池内设 65Q-LP 型液下渣浆泵，流量为 40.32 m³/h，扬程为 30.8 m，功率为 15 kW，事故池平面图如图 9-17 所示。

9.2.3.7　造浆水量及水压

1)沉砂质量浓度 $C_{ms}=0.8$。

2)沉砂体积浓度及含水量：

$$C_{vs}=\frac{C_{ms}}{\rho_{sa}-C_{mz}(\rho_{sa}-1)}=\frac{0.8}{4.23-0.8(4.23-1)}=0.49 \qquad (9-13)$$

$$Q_{ws}=1-C_{vs}=1-0.49=0.51 \qquad (9-14)$$

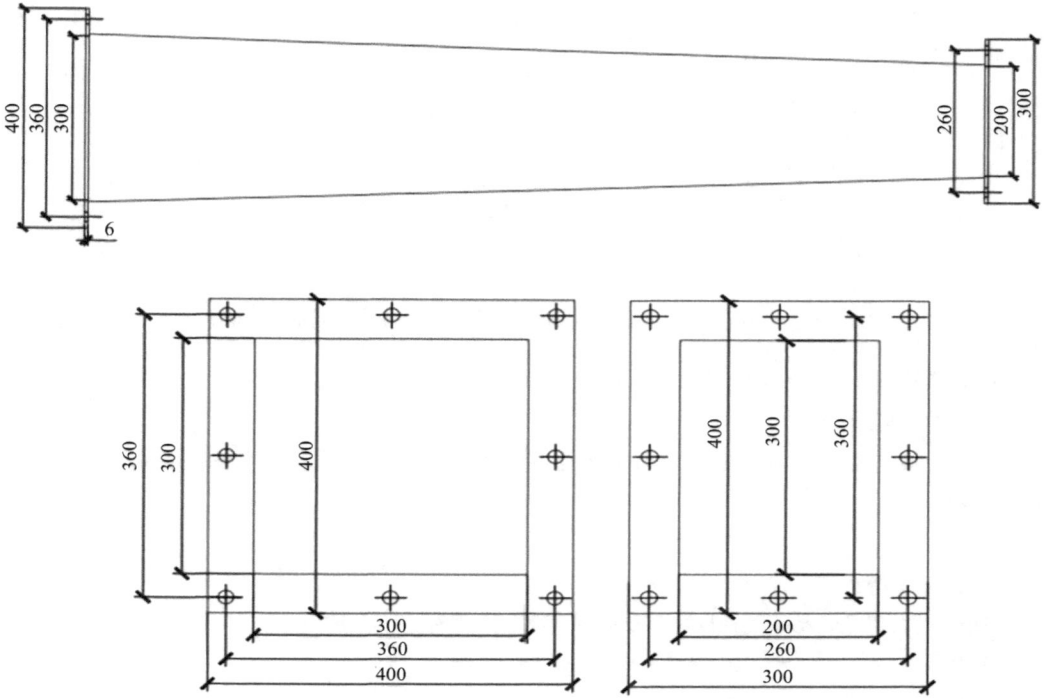

图 9-15 喂料漏斗结构图

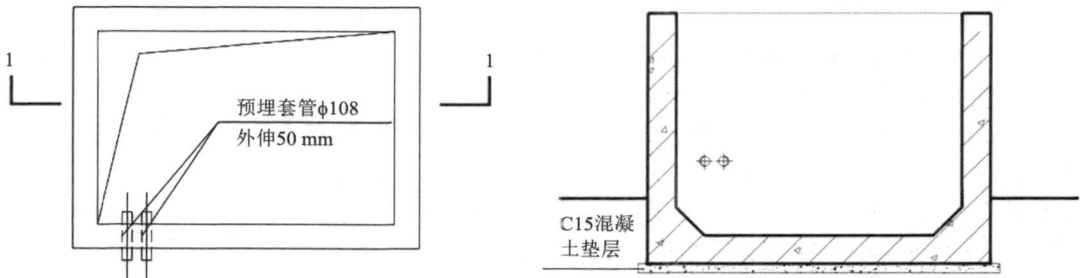

图 9-16 清水池平面图

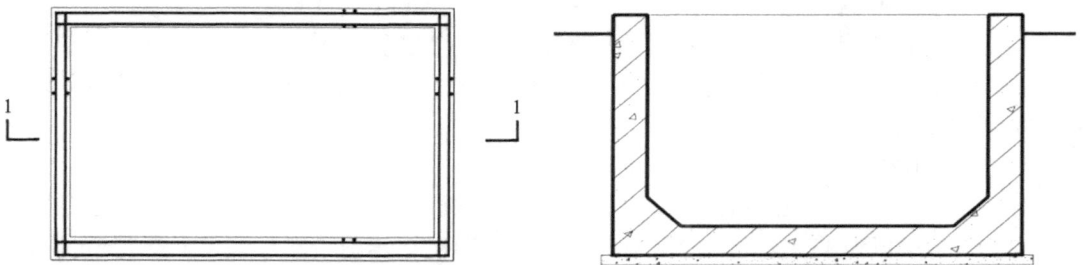

图 9-17 事故池平面图

3）放砂密度：

$$\rho_d = \frac{\rho_{sa}}{\rho_{sa} - C_{md}(\rho_{sa}-1)} = \frac{4.23}{4.23-0.73(4.23-1)} = 2.26 \text{ t/m}^3 \quad (9-15)$$

4）砂浆含水量：

$$Q_{wd} = \frac{\rho_{sa} - \rho_d}{\rho_{sa}-1} = \frac{4.23-2.26}{4.23-1} = 0.6 \text{ t/m}^3 \quad (9-16)$$

5）每立方73%浓度砂浆所需造浆水量：

$$Q_w = Q_{wd} - \frac{1-Q_{wd}}{1-Q_{ws}}Q_{ws} = 0.6 - \frac{(1-0.6)\times0.51}{1-0.51} = 0.18 \text{ m}^3 \quad (9-17)$$

小时砂浆量为 33.6 m³，故小时造浆水量为 6 m³。

6）松动喷嘴用水量。

两层造浆管共需喷嘴 68 个，由经验数值可知每个喷嘴流量为 0.3 m³/h，松动水量为 20.4 m³/h。

7）冲洗管路水量。

冲洗管路水量与砂浆量相等，故冲洗管路水量为 33.6 m³/h。

8）造浆水压。

选择 ISG80-315A 型管道泵，扬程 100 m，流量 50 m³/h。

9.2.4 充填系统布局及工艺方案流程

充填料由分级尾砂、C 料及水三部分组成。各组分分别经备料、存贮、供料、计量后进入搅拌设备搅拌，制备成符合设计要求的充填料浆，采用自流输送方式充填料浆，经充填钻孔及井下管道充入采场，凝固后形成充填体。

立式砂仓容积 500 m³，C 料仓储量为 50 t。尾砂在选矿厂分级后，用泵直接送入立式砂仓储存，溢流水由泵输送回选厂。尾砂在立式砂仓造浆后放入高浓度搅拌槽，与水泥搅拌混合后制成充填料浆。充填站制备能力为 45~50 m³/h。充填料浆浓度稳定在 73% 以上。嵩县山金矿充填系统工艺流程图如图 9-18 所示。

（1）尾砂上料线

为保证管道水力输送至采场的充填料浆能及时在采场内脱水，一般由选厂供给的尾砂浆通过水力旋流器脱去细粒级部分，去除粒径 0.037 mm 以下的细粒尾砂。

嵩县山金矿来自于选厂的尾砂，经旋流器脱泥，分级后的尾砂通过排放管用泵输送到立式砂仓。在砂仓底部设置风水联动造浆装置，将尾砂仓内的尾砂经浓度计和流量计计量后，放至搅拌桶。

（2）C 料上料线

水泥仓底部设置有螺旋闸门及双管螺旋给料机、螺旋电子秤。喂料机输送能力为 3.0~30 t/h，可以调节。充填时打开螺旋闸门，启动双管螺旋给料机即可向搅拌机定量供给水泥。水泥给料量由螺旋电子秤检测。双管螺旋电机采用变频调速，改变螺旋转速即可改变水泥给料量，从而可以满足不同灰砂比及生产能力的要求。

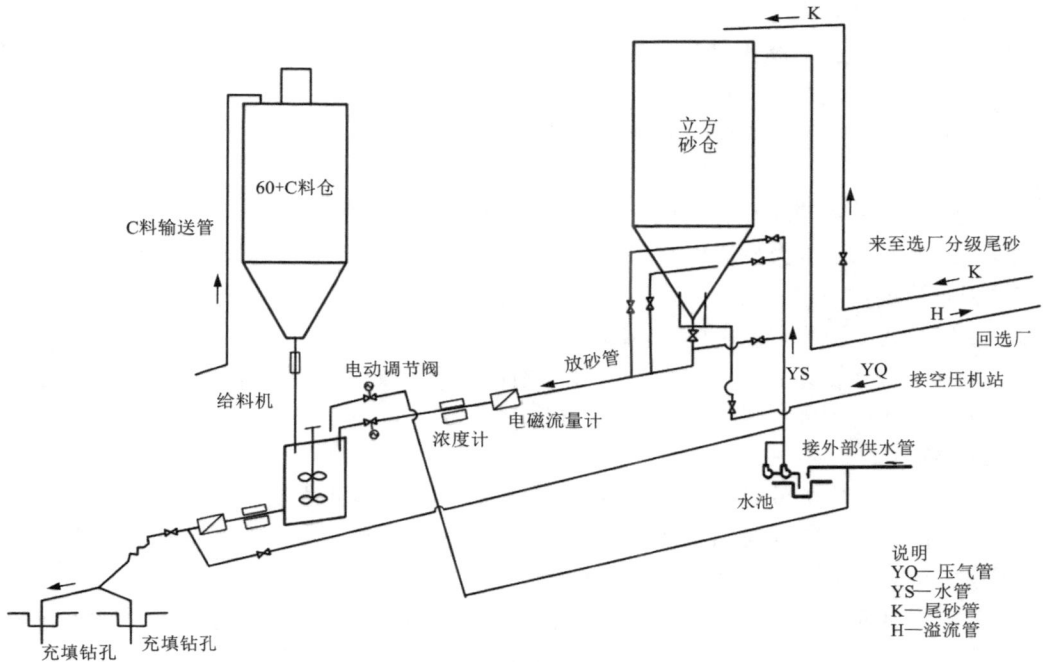

图 9-18　充填系统工艺流程示意图

（3）水上料线

水从充填站工业水池经闸门进入电磁调节阀，供给搅拌系统。通过流量计计量后控制电磁调节阀，实现精确补水。

（4）搅拌系统

考虑充填料浆组分复杂、浓度高，搅拌系统采用双轴叶片搅拌机两段搅拌，使充填料浆能充分混合，实现活化搅拌，提高充填体强度。

（5）计量控制

添加剂中间料仓安装料位计，电磁流量计计量后控制电动调节阀实现定量给料；水泥仓内安装料位计，使用冲量流量计计量，控制双轴螺旋输送机调速电机转速实现定量给料；分级尾砂经风水联动造浆后，经浓度计和流量计计量后输送至搅拌桶，通过电动调节阀实现给料控制；料浆浓度采用浓度计进行检测，由控制系统实现浓度控制。分级尾砂、水泥进入搅拌系统后，加入水并通过计量水的流量计控制水量电动调节阀实现水定量补给，经两段双轴叶片搅拌机制成浓度 73% 的充填料浆，通过电磁流量计和浓度计检测充填料浆质量。充填站整体自控系统采用可编程控制器计算机管理。

9.2.5　充填系统参数设计

（1）立式砂仓

充填料浆制备站即充填站，其尾砂存储设施采用立式砂仓。充填站具有占地面积小，充填放砂容易，工艺成熟稳定的特点。砂仓储存能力按照三天充填用砂量计算。砂仓总有效容积为 500 m³。砂仓仓身设保温结构，仓下部设采暖设施。

分级尾砂在砂仓内通过自然沉降进行浓缩，砂位达到距离仓顶 2 m 左右时，即可进行造浆放砂。造浆设施为高压风和高压水喷嘴，一般情况下通过 15 min 造浆后便可进行放砂作业。砂仓放砂流量和浓度分别由电磁流量计和浓度计进行检测，电动夹管阀进行砂浆的流量控制，按照设定的能力向搅拌设施进行放砂。

（2）调浓水供给

充填站设置一条供水管道，由充填站工业场地生产水池供水至充填站厂房内的水池中，然后经泵加压或重力自流供给压力水，以供冲洗设备、疏通管道及调节充填料浆浓度。当充填料浆浓度过高时，供水管上安装有调浓水阀，可通过调浓水阀进行调节。调浓水经电磁流量计检测，调浓水量由电动调节阀进行调节。

进行选择造浆泵以及供水管时按照充填站造浆水量 35 m³/h 的能力进行选择。造浆泵选择 D46-30×4 清水泵。供水管规格为 D114×5。

（3）C 料仓

C 料仓的容积应能储存 3~7 倍日平均充填 C 料用量。同时考虑到低灰砂比 C 料用量较少，C 料仓中的 C 料若时间未使用会发生板结而影响使用效果，故 C 料仓的容积不能太大，规模较小的 C 料仓还可以减少基建投资。

C 料仓通常建成截锥形(圆锥或角锥)，锥角应不大于 60°，不论仓身使用何种材料建成，但仓底锥形部分以用钢板为好，以便安装破拱设备和出料闸门等。钢结构砂仓施工速度较快，节省基建时间。在搅拌站，C 料消耗量虽只占砂耗量的 1/40~1/4，但除矿山有自备 C 料厂外，C 料的供料条件通常要比供砂条件差得多，因而 C 料仓的容量应够 1.5~5 d 的用量，视供应条件而定，矿山有水泥厂或中转站时取小值，但应满足一次大比例的水泥用量的充填量要求。

C 料仓底部设置有螺旋闸门及双管螺旋给料机、螺旋电子秤。喂料机输送能力为 3.0~30 t/h，可以调节。充填时打开螺旋闸门，启动双管螺旋给料机即可向搅拌机定量供给 C 料。C 料给料量由螺旋电子秤检测。双管螺旋电机采用变频调速，改变螺旋转速即可改变 C 料给料量，以满足不同灰砂比及生产能力的要求。干 C 料进搅拌槽有助于提高混合浆的浓度，降低 C 料损耗。

（4）搅拌及料浆制备

充填搅拌站是使用胶结充填法的矿山的重要生产环节。它的任务是将提供的骨料和胶凝材料按预定的比例及需要量，通过调浆制成既满足胶结强度和输送量，又适合于所选定的输送方式的料浆。

搅拌设备一般有立式高浓度搅拌槽、卧式叶片搅拌机、卧式圆筒旋转搅拌机、卧式双轴螺旋减立式高浓度搅拌槽。规格为 $\phi 2.0 \text{ m} \times H 2.2 \text{ m}$，搅拌能力为 65 m³/h，电机功率为 22 kW，共设两台。

（5）供排水、供暖、供电系统

供排水、供暖、供电设施由矿山按要求提供。

9.2.6　充填系统优化措施

9.2.6.1　充填管路管理优化

为使井下采场的充填作业能较好地达到设计要求，满足生产需要，嵩县山金矿对井下采场的充填管理进行了优化创新。通过现场实践证明，如今井下采场充填效果比以往有较大改观和提高。具体优化措施有以下 4 点。

1）在充填采场内增加回水管和出气管。回水管在充填接近设计高度时用于溢流，将充填管路中多余充填体溢流到二道板墙内。回水管有两根，一根在设计浇面水平线上，另一根在设计最终充填面水平线以上。控制最终充填面高度的回水管即为设计最终充填面的高度，回水管的管口要低于充填管路的管口 20 cm。采用与充填管相同的直径为 76 mm 壁厚 5 mm，承压 0.3 MPa 的聚乙烯塑料管。出气管的作用在于防止采场过度充填时因采场内压力快速上升而对板墙造成的破坏。出气管在采场内管口的高度最低不能低于充填管口，应比充填管口的高度略高。

出气管采用 DN25.4 壁厚 3 mm，承压 0.3 MPa 的聚乙烯塑料管，如充填采场内有充填回风井，不设出气管。

2）接顶充填时，从采场端部后退约 5 m 距离，在采场顶板合适位置直径约 2 m 的范围单独压顶一炮，使最高点与采场顶板距离为 1.5 m 左右，充填管路要吊挂至充填区域最高点。

3）不论是假底充填、分层充填还是接顶充填，均在充填管路斜上方每隔 3 m 切割或钻凿一个放砂口，从而形成多点均匀排砂以提高充填面平整度。

4）增设二道板墙，高度 1.5 m 即可，目的是使充填管路溢流时料浆存于二道板墙内；且充填管路在进入采场前附近位置安装一套放水三通装置，布置在板墙与二道挡墙之间。

9.2.6.2　充填设备优化

原充填系统在充填造浆工艺上出现以下问题。

1）原来充填造浆水采用主空压机供风，供风来源不可控，风水联动效果差。

2）充填站造浆供水配备多级高压水泵，流量 40 m³/min，功率 30 kW，出口压力在 1.2 MPa 左右，供水量大、出口压力较高，造成砂仓造浆喷嘴磨损较快。

由于以上问题的存在，原充填系统充填浓度最高为 68%，无法继续提高。因此，针对以上问题做了以下优化改进措施。

1）在充填站现场安装小型空压机 1 台，使供风来源更可控。

2）高压水泵流量大、出口压力高是造浆喷嘴磨损的重要因素，根据现场情况将设备调整为流量为 20 m³/min，功率为 11 kW 的低压管道泵。

通过对以上设备进行优化，低压管道泵出口压力 0.72 MPa，供水量降低、出口压力降低，降低了造浆喷嘴的磨损程度，喷嘴维修周期从 3 个月延长到 5 个月；将流量为 40 m³/min，功率为 30 kW 的水泵更换为流量 20 m³/min，功率为 11 kW 的水泵，降低了充填过程中水、电消耗；通过上述改造，风水联动效果好，造浆供水量减少，充填浓度更加可控，目前经过充填过程中多次检验，充填浓度稳定在 73%，提高了 2%～4%。

9.2.6.3　新式搅拌桶的应用

嵩县山金矿原充填系统的搅拌桶为圆锥底槽，搅拌桶规格为 ϕ1.5 m×H1.5 m，有效容积 2.47 m³，上下双层叶轮搅拌，叶轮直径 560 mm，搅拌造浆混合时间为 2 分 15 秒，存在搅拌桶容积小，搅拌时间短，搅拌强度不够等问题。

针对原充填系统存在的以上问题，对 C 料高浓度自动化充填系统在以下方面进行了优化。

1）根据现场情况，将搅拌桶重新设计规格为 $\phi 2.0$ m×H 2.2 m，搅拌桶容积增加为 6.9 m³，按照充填制备量 65 m³/h，将搅拌时间增加为 6 分 10 秒，是改造前的 2.74 倍，通过搅拌桶扩容增加搅拌时间，提高造浆质量。

2）搅拌桶内上下双层两折铁质叶轮改为上下双层复合橡胶 6 折叶轮，叶轮直径增加为 760 mm，配套额定电流为 44 A，额定功率 22 kW 变频电机，由变频器控制电机来调节搅拌桶叶轮转速。

3）搅拌桶底顶部安装风动造浆装置，环桶体内侧布置，6 个风嘴均匀分布，排沙口为侧边排沙，以保证进入放料管路的料浆充分搅拌。改造过后的新式搅拌桶示意图如图 9-19 所示。

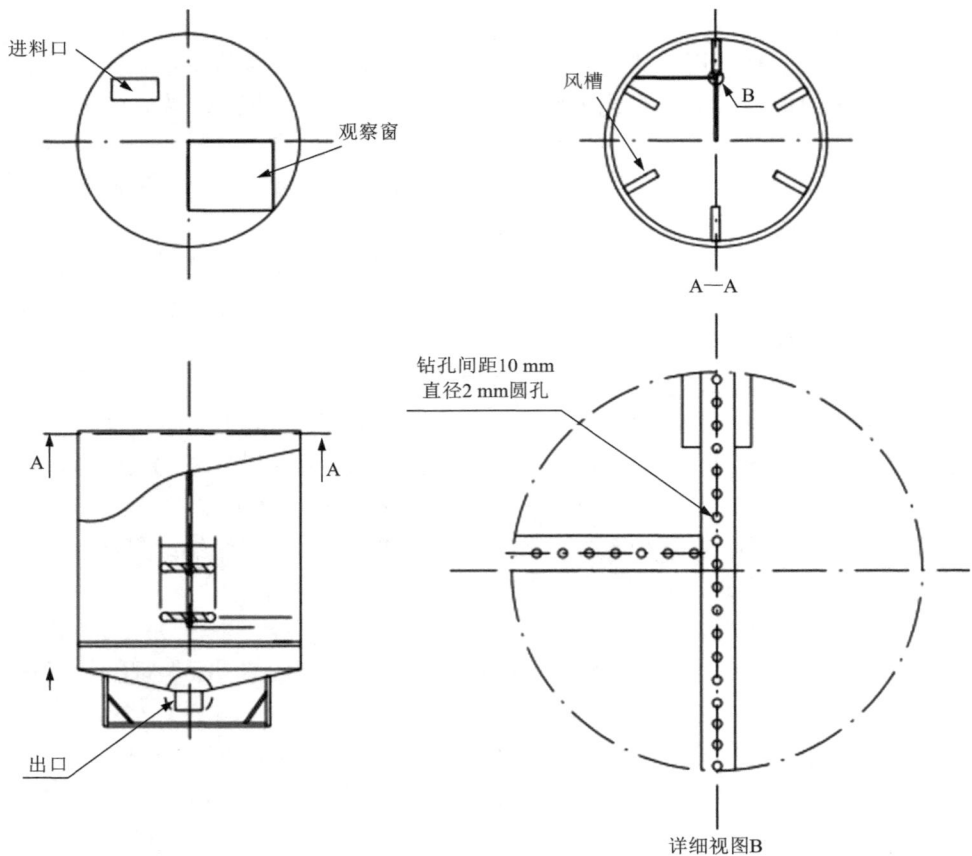

图 9-19　嵩县山金新式搅拌桶

4）试车调试。

①现场多次空载、清水及全尾试车调试，调试试车记录如表 9-12 所示。

经现场调试发现叶轮直径为 760 mm 时电机严重过载，存在功率不匹配问题。

表 9-12　φ760 mm 叶轮试车记录

φ760 mm 叶轮	电机运行频率/Hz	搅拌叶轮转速 /(r·min⁻¹)	搅拌效果	电机运行电流/A
空载电流	50	320	强	36
带清水试车	50	320	强	72

②经过现场计算，叶轮直径与电流成正比，将叶轮直径调整为 610 mm，试车记录如表 9-13 所示。

表 9-13　φ610 mm 叶轮试车记录

φ610 mm 叶轮	电机运行频率/Hz	搅拌叶轮转速 /(r·min⁻¹)	搅拌效果	电机运行电流/A	浓度
清水试车	50	320	强	38	—
清水试车	45	290	强	33	—
清水试车	40	260	强	29	—

③根据带清水试车数据，全尾试车时将运行频率调整为 45 Hz，试车记录如表 9-14 所示。

表 9-14　叶轮直径为 610 mm、电机运行频率为 45 Hz 的试车记录

叶轮直径 为 610 mm	电机运行频率 /Hz	搅拌叶轮转速/(r·min⁻¹)	搅拌效果	电机运行电流/A	浓度/%
全尾试车	45	320	强	42	70.5
全尾试车	45	290	强	47	71.4
全尾试车	45	260	强	52	72.1

④根据全尾试车数据，发现浓度提高，电流升高明显，胶结充填时直接将电机频率调整为 40 Hz，试车记录如表 9-15 所示。

表 9-15　叶轮直径为 610 mm、电机运行频率为 40 Hz 的试车记录

叶轮直径 为 610 mm	电机运行频率 /Hz	搅拌叶轮转速 /(r·min⁻¹)	搅拌效果	电机运行电流/A	浓度/%
胶结充填	40	320	强	39	71.2
胶结充填	40	290	强	43	72.3
胶结充填	40	260	强	46.7	73.7

综上：由于试车记录完备，实现胶结充填一次试车成功，根据试车记录发现目前叶轮最优搅拌直径为 610 mm，最佳叶轮搅拌速度为 260 r/min，同时现场取样检测发现浓度可以提高到 73% 左右，且存在持续提高空间，上述改造实现了新式搅拌桶加强搅拌效果、提高充填浓度的目的。

上述改造，经过现场试验检验，表明充填浓度得到了提高到并保持在 73% 以上，而且存在持续提高空间，为嵩县山金矿似膏体充填技术实施提供了有力支撑。图 9-20 所示为实测充填浓度与实测放砂浓度。

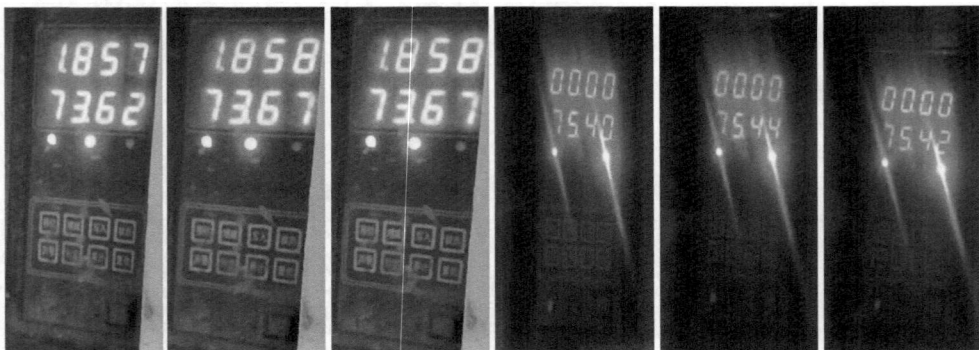

图 9-20　实测充填浓度与实测放砂浓度

9.3　自动化充填技术

尾矿充填能够减少尾矿对地表的污染及提高对矿石的回采率，但高质量的尾矿胶结充填对工艺控制要求严格，人工难以操作完成。为切实解决尾矿充填中存在的控制问题，保障尾矿充填的质量，根据我国尾矿充填的工艺特点及现有条件对尾矿充填的控制技术进行研究，并将研究技术多次运用于对尾矿充填的实际控制中，获得了良好的控制效果，为相关应用提供了宝贵的借鉴经验。

尾矿是矿山选矿过程中的废弃产物，传统的处理方法是将选矿后的尾矿外排并存放在选建的尾砂库中，但尾矿地表存放不仅破坏地貌，还会造成地表水及大气粉尘污染。为此国家对尾矿的排放监管越来越严，同时，大力提倡尾矿充填建设绿色矿山。另外，矿山将尾砂用于采空区充填，具有矿床可整体开采及安全性好，可控制围岩崩落和地表下沉，能够充分回收矿石资源的益处。根据对我国矿山充填工艺状态的考察与调研，我国的尾砂胶结充填基本分为全尾砂充填和分级尾砂胶结充填。从实际了解的控制指标来看，大多数矿山企业的充填浓度为 62%~70%（膏体充填除外）。水泥配比依据充填废弃空区与采矿空区充填层次的不同采用不同的配比比例。从实际效果来看，65% 以下的充填料浆在经管路向井下采矿区输送过程中会造成砂浆中水泥与尾砂的离析，会大大地减弱充填体的强度，产生这种现象的原因是风水联动造浆的浓度控制不稳。同时，砂浆浓度在 62%~70% 波动时使得水泥的配比也难于精确跟随配比。由此，充填质量与充填体凝结强度难以保证。

近年来，许多矿山纷纷对充填进行自动化改造，但改造效果却差强人意，主要原因是没有将充填工艺真正融合到自动化的控制精髓中。为切实有效地开展对尾矿充填工艺的自动化控制研究，保证充填工艺稳定，保证充填质量与充填料浆的安全输送。实现对充填工艺过程的自动化控制，必须了解充填工艺、了解影响充填质量的相关因素。

9.3.1　影响充填生产的相关因素

尾砂充填系统的生产工艺相对于选矿工艺来说虽较为简单，但尾矿充填系统的反应过程非常短，容易产生工艺波动（主要是骨料与胶结材料配比出现波动）影响充填质量。甚至由于充填生产的连续性及稳定性出现问题而可能引起管道堵塞。一般选矿工艺过程是一个连续及滞后的过程，对工艺过程中出现的问题可以从容地进行工艺控制、调整使工艺恢复正常。而尾砂充填的生产工艺过程时间短，不符合质量要求的充填料浆可能随着工艺波动即被充填至井下采空区，使充填胶结体的强度受到影响。总的来说，充填工艺波动对充填胶结体强度与生产安全的影响体现在以下方面。

（1）尾砂分级对充填质量的影响

实践证明，尾砂的级配与其胶结强度相关。所以，如果采用的是尾砂分级胶结充填方法，尾砂分级控制不理想则会偏离充填的工艺设计，对胶结充填的强度产生影响。

（2）造浆浓度对充填质量的影响

通过研究及实践，认为料浆浓度是影响充填体强度的主要因素，而对料浆浓度的控制是源于前段的造浆过程，如果造浆浓度不合适，则会影响充填料浆的浓度，即影响充填体的强度。

（3）料浆灰砂比对充填质量的影响

在胶结充填中，不论采用什么样的凝结材料，什么样的尾砂配比量都会得到不同的充填体强度。研究表明，如果凝结材料选用水泥，则水泥的质量是影响充填体强度的决定性因素。同样选定合适的水泥后，水泥的配比量是影响充填体强度的决定性因素。

（4）料浆断流对输送安全的影响

在胶结充填中，充填料浆对井下输送是个不可忽视的过程。在充填料浆对井下输送的过程中，应尽可能地保持充填料浆连续且平稳地向井下输送。在自流的输送方式中切忌输送过程出现料浆中断现象，以免造成井下管道的堵塞。

9.3.2　充填生产过程中的自动化控制

为保证胶结充填的质量和充填生产的安全，必须严格对充填生产过程进行工艺控制；同时，由于充填生产的工艺过程时间较短，仅靠人工操作实现高质量充填难度较大甚至不可能实现。因此，对充填生产过程实行自动化控制是保证充填质量和充填生产安全的必要手段和重要措施。

9.3.2.1　充填生产自动化系统的架构

从对尾矿充填自动化控制技术的研究中可知，要保证自动化充填控制系统对充填工艺过程进行有效的控制，则必须合理地对控制系统进行构建，检测设备与控制设备必须符合矿山的使用环境与条件。同时，结合矿山的信息化建设，实现充填自动化系统与信息系统的有机融合。

本系统是基于 GE 的 iFIX 的设备集中管理系统。本系统采用高可靠的 iFIX 数据库，确保在生产管理过程中能方便地查询历史数据，更好地维护设备，提高设备和仪表的使用寿命。减少生产事故的发生，提高设备的工作效率，降低生产成本。本系统集成了视频监控、电机智能管理、仪表数据采集、充填自动控制、回水远程控制等系统。本系统的下位机管理 PLC 采用的当前先进的 GE 的全新的控制器 RX3i 是 PAC system 可编程控制器（PAC）家族的新成员。它可方便地应用在多种硬件平台上，该 PLC 具有先进的数据处理系统，开放的通信系统（支持以太网、Genius 和串口协议），机架之间的通信不需要转换开关或 HUB。以太网接口支持上传、下载和在线监控功能，提供 32 个 SRTP 通道，并且允许48 个 SRTP 服务器同时连接。自动化充填系统配置示意图如图 9-21 所示。

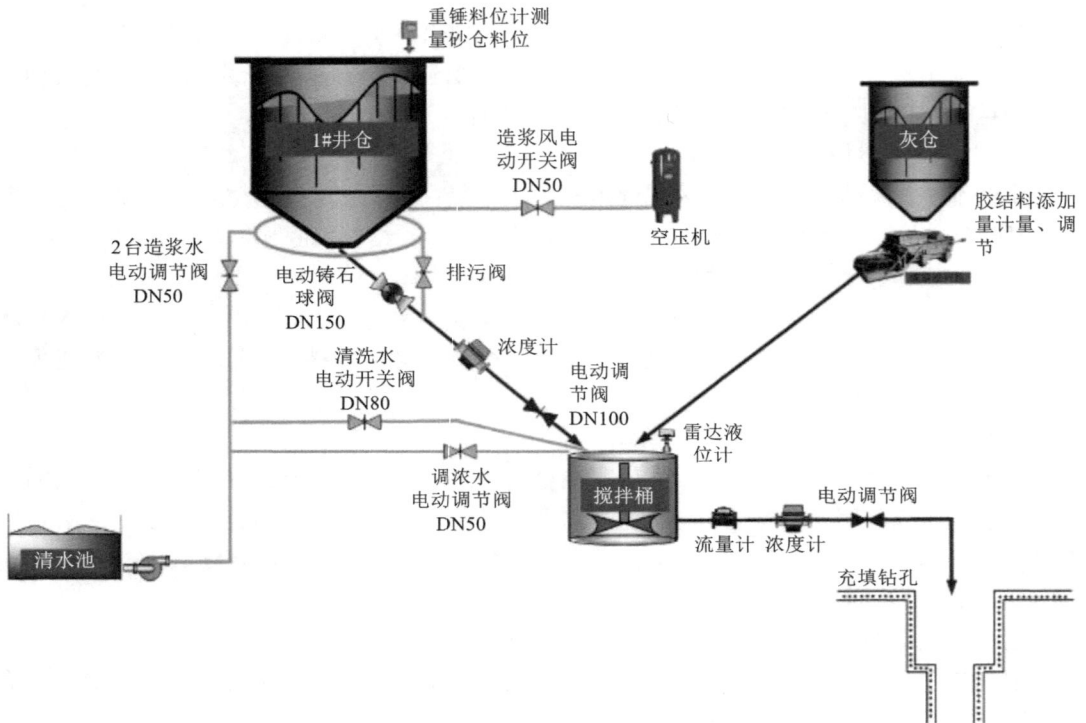

图 9-21　自动化充填系统配置示意图

CPU 操作可使用三位的运行/停止（run/stop）开关控制，也可以用编程器和编程软件远程控制。

9.3.2.2　充填生产过程中的工艺控制

由于分级尾砂相对于全尾砂具有较好的沉降、渗透和脱排水等属性，所以分级尾砂充填被国内较多矿山采用。其充填工艺配置大致为：尾砂分级—砂仓存放—仓底气水造浆—放砂及配比水泥—搅拌浆料—浆料输送—送达充填区。

电气控制系统采用 PLC 智能自动控制，建设专门控制室进行中央集中控制，可使充填制备系统快速、有效地完成充填作业，记录系统运行全过程情况，并及时反馈故障信息。中央集中控制还可减少人员配置，提高劳动生产率，降低人为操作失误的概率。

（1）控制系统设计原则

充填电气控制系统包括上位机、通信网络及下位机三部分,设计原则:系统稳定、元件可靠、通信冗余、操作简便。

1)系统稳定原则。充填系统作为大型工业控制系统,工艺复杂并且设备繁多,为了避免控制系统稳定性方面的潜在隐患,对各设备控制采用通信加硬接线方式,硬接线只有控制信号,没有状态反馈信号,通信信号既有控制信号,又有反馈信号。系统正常时采用通信的方式控制,通信中断时,可以采用硬接线的控制方式。硬线信号和通信信号同时有的时候,硬接线方式优先。这样保证了系统在通信中断的时候,也可以对关键设备进行控制,而不至于在出现突发事件时设备失控。

2)元件可靠原则。作为大型工业控制系统,各电气元件应适合现场工作环境,以确保满足充填工艺要求。

3)通信冗余原则。作为大型工业控制系统,目前最好的网络结构为工业以太网环网。工业以太网环网为闭合网络,兼有总线结构的优点,当一条线路断路时,不影响其他设备工作,冗余性好,充分保证了网络的安全性和可靠性。

4)操作简便原则。考虑现场人员操作情况,充填站检测控制的计算机操作必须简便,保证一般工人经过培训以后完全能够正确操作使用。

(2)控制系统网络结构

设计采用工业以太网环网结构,该结构简单灵活,非常便于扩充,网络响应速度快,共享资源能力强,某个站点失效不会影响到其他站点。工业以太网环网技术已经成为目前工业自动化控制的主流,其安全稳定性高,传送速率快,扩展性强,安装调试方便,故本充填方案采用工业以太网通信方式。

(3)关键控制点

充填站系统控制内容包括:料位、液位、称重、流量、浓度、泵、压力、计量等方面。

料位:根据需要对灰仓、充填工业泵料斗等设置料位计,定时检测料位,并实行上、下限报警;对于蓄水池设置上、下液位计,控制水泵的开与停。

称重:水、尾砂、C料各自以流量计连续称重计量,保证配比准确,称重误差控制在1%以内。

流量:供水、充填泵出口排量,累计流量的测量误差控制在 0.5 %以内。

浓度:充填泵出口排量,累计流量的测量误差控制在 0.5 %以内。

压力:检测供风、供水、充填泵压力。

(4)总线控制方案

本项目采用现场总线控制方案,控制系统包括上位机、下位机、历史服务器、工程师站 4 部分,上位机实现充填过程控制与全流程画面显示,下位机实现充填现场信号采集与处理,历史服务器负责存储充填过程中的数据,工程师站实现系统配置、程序开发和优化升级,从而实现充填的全过程控制。主要包括以下 4 个子部分:胶凝材料输送计量系统;絮凝剂制备及添加控制系统;充填工业泵控制系统;充填站中央控制系统。

(5)总线设计方案

本设计采用现场总线设计方案,利用软硬件冗余技术,其通信稳定性好,系统集成度高,其中 PLC 进行硬件冗余,在软件上实现无扰切换,通信网络利用工业以太网进行冗余,充填控制系统网络架构图如图 9-22 所示。

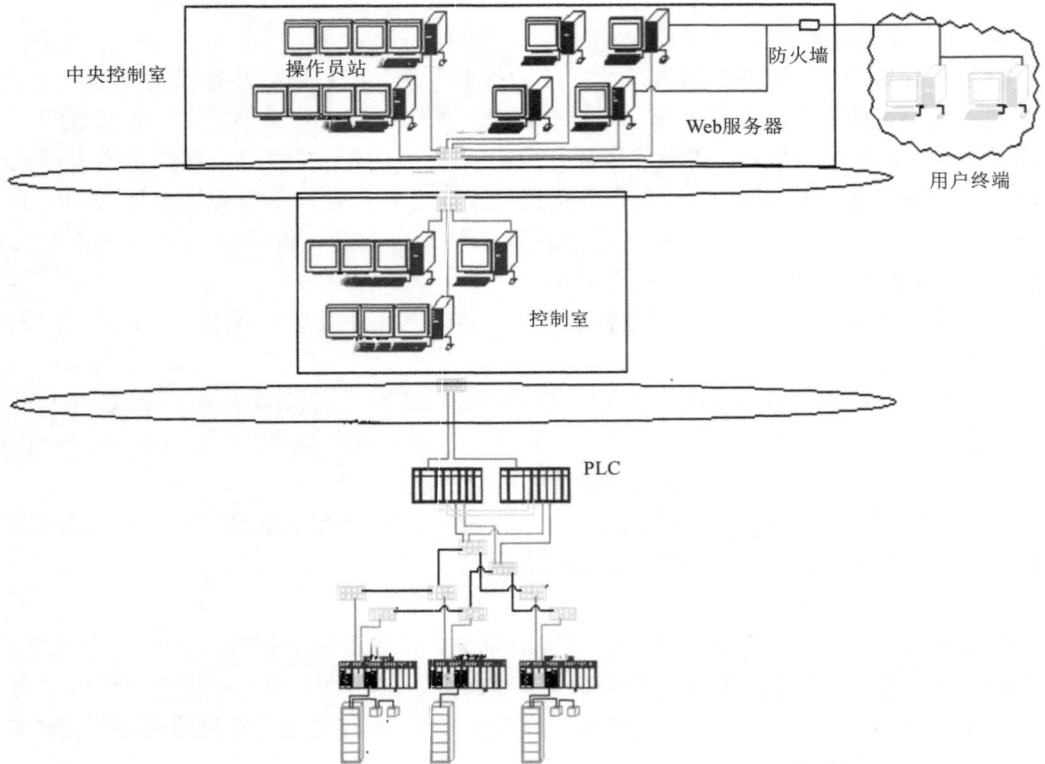

图 9-22   充填过程控制系统网络架构图

（6）系统自动控制方案

本项目在数字量输入输出模块、模拟量输入输出模块和通信模块的基础上，实现分级尾砂似膏体充填自动化控制，下位机实现充填现场信号采集与处理，上位机实现充填过程控制与全流程画面显示，从而实现分级尾砂似膏体充填的全过程控制。

①分级充填站尾砂的控制模型。

一般选矿厂的尾矿选择是含有该厂选别过程的全系列粒级的尾矿，根据分级充填的要求去除某粒级以下的尾砂，分级的细粒尾砂另行处理（如送尾矿库等），分选出来的粗粒尾砂进入砂仓作为充填骨料。其控制的要点为：只要符合充填工艺粒级要求的尾砂尽可能地将其保留下来，既可增加充填尾砂骨料，又可减少尾矿库容的压力。具体控制方法为：对选矿厂经浓缩输送来的尾矿，在充填站由泵对旋流器进行给矿时对给矿浓度、给矿压力进行检测与控制，保证溢流分离出去的是细粒级不符合充填骨料要求的尾砂。尾矿旋流器分级粗砂进尾砂填充仓示意图见图 9-23。

②尾砂充填对造浆的控制模型。

对于立式砂仓，充填系统通常采用风水联合造浆方式进行造浆操作，其中水量调节造浆浓度，风量调节造浆的效果，使造浆的结果符合充填料浆使用砂浆的条件基础，保证在与凝结材料搅拌活化后能够形成符合充填料浆浓度的料浆。尾砂仓底部造浆控制示意图见图 9-24。

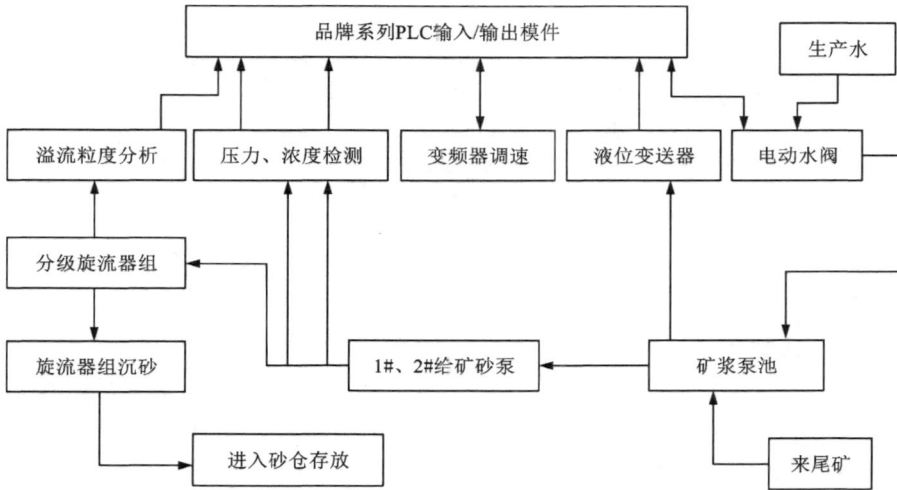

图 9-23　尾矿旋流器分级粗砂进尾砂填充仓示意图

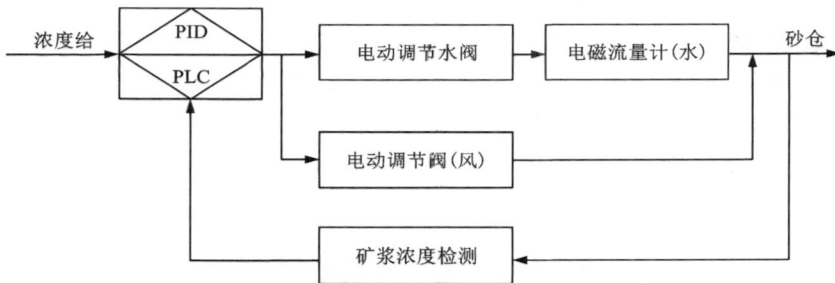

图 9-24　尾砂仓底部造浆控制示意图

造浆就是使砂仓产生并形成合适的放砂浓度，而充填浆体浓度主要决定于造浆浓度。造浆浓度高时，可通过调节搅拌桶水量来获得符合工艺要求的充填浓度。造浆浓度低，无论采用何种措施，都无法获得合适的充填浓度。因此，造浆浓度的控制是充填系统最重要的控制环节之一。

通常情况下，通过调节造浆水量即可得到比较理想的造浆浓度。但有时会因砂仓出现板结等异常情况，使放砂的浓度非常低，此时即使造浆水调至最小，也不能获得理想的造浆浓度，从而影响充填的质量。对此，经过反复的探索和试验最终开发出解决该问题的控制模型，即通过对放砂浓度、流量、砂仓料位及其他工况进行检测，控制与调节相应风、水给入量以完全激活与活化砂仓的矿砂。

③料浆活化配比水泥控制模型。

通常配灰系统由水泥仓、双管螺旋给料机等构成。水泥由水泥仓底部漏斗放出，经双管螺旋给料机均匀给料，并经冲板流量计对水泥进行计量后给入料浆搅拌桶。通过对造浆放砂的工艺检测获取砂量，由双管螺旋给料机根据设定的水泥及砂比，利用变频器控制双管螺旋给料机进行水泥给料，使充填料浆中的水泥配比量符合充填工艺对水泥量的要求，从而保证充填体的强度。充填料浆中水泥量的控制原理见图9-25。

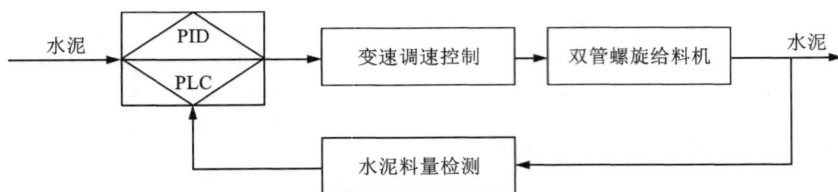

图9-25 充填料浆中水泥量的控制原理图

具体的水泥配比量的控制过程为：通过，对给入搅拌桶的砂浆浓度、砂浆流量进行检测，可获得进入料浆搅拌桶的尾砂量。根据不同充填工艺对水泥不同配比关系的要求，对水泥与尾砂量进行跟踪配比，即可获得符合不同充填工艺要求的不同水泥配比的合格充填料浆，也可保证不同充填区对不同充填胶结体强度的要求。

④对充填料浆浓度的控制模型。

当充填料浆浓度高于工艺要求的浓度时，有两种情况：一是超过充填要求浓度过多，这是是由于造浆环节的水量控制过小，因此增大造浆给水量，使造浆浓度调整到合适的浓度即可（出现该种情况时，调整控制见造浆控制部分）。二是略超充填要求浓度，而放砂浓度略高并保持稳定。对此情况，控制调节搅拌桶的给水电动调节阀，进行增量调节给水量，使充填料浆的浓度符合充填工艺要求的浓度即可。充填料浆浓度的调整控制原理见图9-26。

图9-26 充填料浆浓度的调整控制原理图

⑤搅拌桶料位的控制与稳定。

保证充填料浆得以充分地活化，即是对搅拌桶内的尾砂与胶结料水泥等进行充分的搅拌。因此，保持搅拌桶内具有一定高度的料位是使料浆充分活化的条件。故应，实时对搅拌桶内的料位进行检测跟踪，同时对造浆的放砂量实行控制调节，促使搅拌桶内的料位保持在要求的范围。搅拌桶料浆料位的控制原理见图9-27。

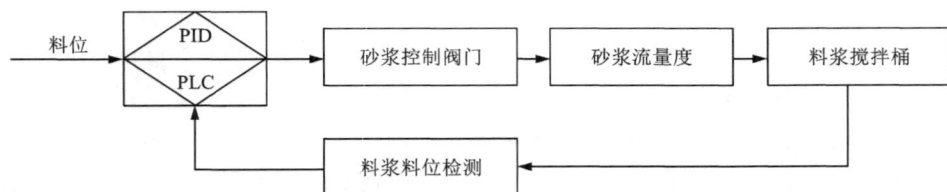

图9-27 搅拌桶料浆料位的控制原理

⑥料浆安全输送的识别与处理。

在将充填料浆通过管路向井下输送的过程中，料浆无论是经渣浆泵加压还是通过井下管网自流进行输送充填，搅拌桶料位的控制对料浆平稳安全地输送是至关重要的。清华大学费祥俊教授提出了计算临界不淤流速公式：

$$U_c = \frac{2.26}{\sqrt{F}}\sqrt{gD\left(\frac{r_s}{r_m}-1\right)}\left(\frac{d_{90}}{D}\right)^{1/3}S_v^{1/4} \tag{9-18}$$

式中：U_c 为不淤临界流速，m/s；F 为阻力系数；g 为重力加速度，9.81 m/s²；r_s 为固体颗粒密度，t/m³；r_m 为料浆密度，t/m³；d_{90} 为固体颗粒90%能通过的筛孔直径，mm；S_v 为料浆的体积浓度，%。

自流充填系统输送必须满足的倍线条件不等式为：

$$H\rho g > iL \tag{9-19}$$

式中：H 为垂直高差，m；ρ 为料浆密度，t/m³；g 为重力加速度，9.81 m/s³；i 为压力损失，kPa/m；L 为管线长度，m。

由式（9-18）、式（9-19）可知，公式中都含有 r_m 与料浆密度 ρ、重力加速度因子 g；如果搅拌桶的料位控制不好，使充填料浆在输送过程中时有时无或断料，则料浆在管道的输送过程中就会失去输送的速度，则极有可能造成井下输送管道的堵塞。在我国矿山充填过程中造成井下输送管道堵塞，甚至被迫放弃充填钻孔管道的现象并不鲜见。

对此，利用自动化控制系统对充填料浆输送浓度、输送流量、输送管道压力及搅拌桶料浆料位等进行检测，并通过对上述因素进行数据分析，可对充填料浆的输送状态进行判断、对有可能出现的输送隐患进行识别。一旦被识别为"异常状态"，自动化控制系统将采取包括快速切断供砂、对充填管路进行水冲洗避免堵塞管路的处理措施，从而保证充填生产的安全运行。

9.3.3　自动化充填技术系统功能

由于井下充填量波动较大，每天进行充填作业的采场数多，对充填料浆的要求不同，因此对充填系统的自动化和智能化水平提出了较高的要求。设计、建设配套的智能充填管控系统，搭建集三维综合展示、生产调度、设备管理、运营管理、视频监控、安全管理等功能于一体的生产运营管理平台，实现充填站的可视化、一体化综合管控，是全面提升充填站的生产、管理、运营水平的保证。

智能充填管控系统是生产指挥的重要信息枢纽，面向生产管理、安全环保管理和经济决策，具有严格的时间性和连续性。系统能够实时监控、协调、管理、指挥尾矿资源综合回收和充填生产全过程，保证企业按计划安全地完成充填任务，为企业管理者提供全面、直接、准确、及时的安全和生产方面的信息，可实现过程监控、成本控制、安全监测，为企业的科学管理和决策保驾护航。

矿区构建了三维一体的地图系统，利用数字化工具构建了分级脱水车间、分级尾砂堆场和充填站实景三维模型，将工艺数据、设备运行数据、监测数据、视频监控数据进行统一归集，并在系统上进行可视化展示，建立了一个面向尾矿资源综合回收和充填全工艺流程的三维可视化物联网智能充填管控系统。系统可通过采集的数据对生产情况进行分析，实现技术装备智能化、信息传输网络化、生产过程自动化、管理信息化、决策科学化。

智能充填管控系统的用户为生产运行过程中的管理人员、操作人员,不同的人员登录后根据各自不同的权限,可以进入不同的功能模块,系统同时设计有移动端 App。各模块主要功能设计如下。

9.3.3.1　三维综合展示

1)建立分级尾砂脱水、分级尾砂堆场和充填站的实景三维模型,模型中按照真实比例和实际位置,标定设备(浓密机、带式输送机、振动给料机、监控摄像头、搅拌机、充填泵等)的位置,展示重点设备实时运行状态及参数。

2)在页面上方固定信息栏显示时间、当日充填量、当月累计充填量、水泥消耗量、设备故障提醒等信息,根据用户重点关注内容,设置显示信息种类及顺序。

3)在界面中选择相应设备,可展示所选设备信息面板,面板中显示设备基本信息、设备运行状况、设备运行记录。设置维护保养信息链接,点击链接可显示所选设备的保养记录、维修记录及备件更换记录。

4)在界面中选择摄像头,可展示相应摄像头的实时监控画面。

5)在界面中选择堆场,可展示堆场的物料高度情况。

9.3.3.2　生产调度

1)一键充填。通过可视化界面制定充填任务,选定充填区域和计划作业时间后,系统自动根据充填区域的强度要求、工艺设计要求,结合设备运行信息,确定料浆制备参数、设备和阀门的启动顺序和间隔,实现不同区域的定制化充填,同时将指令信息发送给自动控制系统,实现一键充填。

2)采充平衡。通过建立采充动态平衡分析模型,实现对回采和充填环节的动态仿真,为制订充填计划和优化回采计划提供数据支撑,实现采充平衡。

3)设备运行监测。系统对接 DCS 自控系统,采集浓密机、带式输送机、振动给料机、搅拌机、充填泵等设备的实时运行数据。在界面内选中设备时,系统可展示该设备实时运行数据,包括设备运行时长、开停记录、关键运行参数(如皮带转速、轴温等)、报警信息等,并可按时间范围(起始年月日—结束年月日)、设备种类所属车间来查询设备运行时长、累计时长、开停记录等历史信息。

4)报警查询。系统对接 DCS 自控系统,采集设备实时报警信息,包括设备名称、设备位置、运行状态、报警时间等信息,并可按时间范围、报警分类、设备种类、处理结果等条件查询设备报警信息。

9.3.3.3　设备管理

1)设备信息管理。管理员或特定用户将所需设备信息录入数据库,可编辑信息,上传纸质资料及图纸资料。所有用户均可按设备名称、设备编号、设备位置、设备厂家、设备型号,进行单一或组合条件查询。

2)设备巡检。巡检人员对设备进行巡检时,使用手机 App 扫描二维码可获取巡检区域信息和相应巡检项目表(可离线操作),按要求完成巡检后,上报巡检情况。有不合格巡检项目时,系统根据巡检结果,自动发起设备维修流程。在巡检点无手机信号的情况下支持离线巡检,巡检信息在有网络信号时自动上传。特定用户可按设备类型、巡检人员、巡检时间范围、巡检级别、巡检周期等条件,进行单一或组合条件查询,并以列表形式展示巡检记录。

3)设备维修。设备维修与设备巡检模块可联动,巡检时发现问题,系统自动根据巡检结果发起设备维修流程,无须人员对本流程节点进行操作。

具备相应权限用户通过手机 App 录入设备隐患及故障信息:包括发现时间(手动选择,默认为当前时间,精确到分钟),设备类型、设备编号(可扫描巡检二维码获取),故障级别(手动选择,分为一般、急、紧急三个级别),类型(手动选择,根据设备名称弹出选项),故障描述情况。

经专人现场检查后,将检查信息上报指定部门;部门人员处理反馈后,现场人员进行现场整改。所有用户均可查看维修记录。

9.3.3.4 运营管理

系统会自动根据流量计、螺旋秤、皮带秤等仪表采集水、水泥、尾砂等充填材料的消耗量数据并保存。用户可按时间范围查询各月、各车间的水、电能耗和水泥、尾砂用量,并以列表形式展示。

系统将生产计划、实际充填量、设备维护管理、运行能耗、生产成本等相关数据进行优化整合,以日常生产报表、多维数据统计、关联分析、多维度分析图等方式,为管理者提供准确高效的决策依据。

9.3.4 自动化充填技术未来及展望

1)尾矿充填过程实行自动化控制技术的研究与实践表明,利用自动化控制技术与智能识别处理技术对胶结充填过程进行控制,稳定了尾矿充填的工艺,提高了尾矿充填的质量。分级尾砂膏体充填工艺的顺利实现,打破了分级尾砂充填的质量难以保证的认知,提振了对分级尾砂充填利用的信心。

2)利用膏体充填来降低充填料浆的水灰比来降低充填生产费用,改善了因充填对井下环境造成的污染,对于充分发挥充填体的承载作用,满足采掘生产的技术要求,提高矿石回收率具有十分明显的意义与作用。

9.4 尾矿资源无害化处置措施

黄金尾矿的大量堆存不但浪费资源、占用土地,而且对周围环境造成严重污染,并且在雨季易引起塌陷、滑坡、泥石流、水土流失等地质灾害。因此,对黄金尾矿进行资源化利用,不仅是资源和环境可持续发展的需要,也是黄金矿山企业增加自身经济效益的迫切需求。结合近年来黄金矿山尾矿处理和利用的发展趋势,本节重点介绍目前黄金矿山尾矿的综合利用方法途径,为黄金矿山尾矿的资源化利用提供参考,并在此基础上提出黄金尾矿资源化利用的新领域——泡沫陶瓷。通过试验室试制,以黄金尾矿为主要原料,添加一定量的辅助添加剂和发泡剂,在 1050~1150 ℃下制备出了可用于建筑外墙保温的泡沫陶瓷制品。

随着经济的快速发展,我国对黄金的需求日益增长。据有关资料统计,我国黄金产量已经从 1978 年的 19.67 t 增长到 2011 年的 350 t,增长了约 18 倍,成为世界第一产金大国。但也有不利的一面,这主要表现在对黄金尾矿的处置方面。目前我国的黄金矿山企业,对尾矿资源化利用认识尚未达到应有的高度。因此,加强研发黄金尾矿的二次回收技术,实现其资源化利用,对于黄金矿产资源的综合利用具有重要意义。

9.4.1　黄金尾砂的性质及危害

9.4.1.1　黄金尾砂的性质

黄金尾矿是指金矿石经过选矿或者提金工艺回收金及其他有用组分后所废弃的固体粉料,称之为黄金矿山尾矿。一般来说,黄金尾矿呈碱性(pH>10),尾矿中含 SiO_2 较高,同时含有一定量的 Fe_2O_3、Al_2O_3、MgO 和少量的 Au、Ag、Cu、Pb、Zn。尽管由于矿石性质和工艺方法的不同,黄金尾矿的物理、化学性质及有用元素的含量等会有所差异,但通常在表9-16所示的范围内。

表9-16　黄金尾矿的化学成分

组分	SiO_2	Al_2O_3	Fe_2O_3	MgO	CaO	Na_2O	Au[①]
含量/%	65~85	5~15	1~4	0.5~8	0.5~2	0.5~4	0.2~0.6

①:单位为 g/t。

9.4.1.2　黄金尾矿的危害

1)占用大量土地。目前,我国绝大多数的金矿山企业对尾矿进行堆存处理,占用了大量的土地,而且正以每年 $300~400\ km^2$ 的速度增加,毁坏了大量的农用和林用土地。

2)浪费矿产资源。由于我国大部分金矿石品位低,并且多为伴生矿,矿物嵌布粒度细,回收率普遍较低,致使每年浪费于尾矿中的有用组分巨大,尤其是一些早年的老尾矿库,有用组分含量更多,资源浪费更加严重。

3)污染破坏环境。金尾矿对环境的污染主要在尾矿扬尘和残留选矿药剂(如黄药、浮选油和氰化物等)两个方面。金尾矿颗粒极细,一般选矿流程中要求磨矿细度达到-74 μm 60%(尾矿中粒径小于74 μm 的颗粒在60%以上),尾矿遇到大风天气极易产生扬尘,给周边居民生活造成影响;另外残留于尾矿中的选矿药剂很容易对地下水及周边河流和环境造成污染。

4)尾矿库产生重大安全隐患。尾矿大量堆存时容易流动和塌漏,造成植被破坏和人员伤亡。随着坝高的增加,尤其是超过100 m 的大型尾矿库,一旦发生事故,其破坏力和造成的经济损失将是不可估量的。

9.4.2　分级尾砂充填采空区

嵩县山金矿矿石须经研磨后选矿,故矿山有尾砂和堆存尾砂的尾矿库。尾砂堆放占据了一定的农田土地,故必须对尾矿进行合理有效的管理。国内外对充填技术及充填胶结材料的研究表明,尾砂可用于采空区充填,这解决了矿山充填料来源问题,降低了充填成本,而且有效地避免了环境污染,大大减少了尾矿库筑坝费用。因此,嵩县县山金矿把选矿厂尾砂进行分级后做为充填材料,再结合使用普通硅酸盐水泥对井下采空区进行胶结充填。从尾砂的产出率看,能满足充填所需,考虑全尾砂强度低且采场脱水困难,因此将尾砂采用水力旋流器进行分级，而后制成充填料浆充填于采空区。

对于井下采场采空区，矿山一直以来采用普通硅酸盐水泥与尾砂进行胶结充填。研究初期矿区充填站采用原一直使用的普通硅酸盐水泥作为胶凝材料进行室内充填体物理力学试验，通过优化配比及管网参数在矿区采场进行试验应用。但是，随着开采深度的加深，矿岩稳定性受到很大的影响，同时，矿区矿体赋存于蚀变带中，受蚀变构造的影响，矿体较为破碎。研究初期普通硅酸盐水泥胶结充填试验应用效果仍然不是很理想，且充填系统自动化程度低，水泵、阀门的启动、停止全部为人工手动控制，充填料配比、充填浓度控制全凭经验操作，充填料浆的制备不稳定。因此，矿区采场充填依然出现以下难题：

1）采用普通硅酸盐水泥作为充填胶结材料时，由于充填体早期强度低、泌水性差，充填早期在矿石回采过程中部分充填体易被铲下混入矿石中，导致这部分矿石贫化率加大；当这部分混有早期充填体的矿石溜放至溜矿井时，混入矿石中的充填体开始凝固硬化，从而导致这部分混有充填体的矿石在溜矿井中固化堵塞溜矿井，严重影响矿山的正常生产。

2）由于采用分级尾砂充填，粒级相对粗的尾砂进入了井下，剩余部分自流至尾矿库，尾砂利用率不高，井下充填存在缺口；矿石中金属矿物呈微细粒包裹嵌布，属难选冶矿石，磨矿粒度细，细粒级尾砂含量多，水泥无法发挥应有的固化作用，加之矿石本身就有一定程度泥化，影响了充填体强度。井下采场充填现场图如图 9-28 所示。

图 9-28 井下采场充填现场图

通过对山东黄金集团下属其他矿山及国内外矿山充填系统及充填材料的调研，矿山人员提出更换矿区充填胶凝材料，用 C 料作充填材料，与传统充填胶结材料水泥相比，其具有流动性好、可泵性强、用量省、充填体早期强度高、充填采矿成本低等优点。

充填材料配比试验，同等条件下 C 料早期胶结强度要高于普通硅酸盐水泥数倍，具有良好的胶结性能。根据充填体室内力学试验结果及采矿方法的要求，采用灰砂比为 1：15 的 C 料作充填料浆。

嵩县山金矿区生产规模为 650 t/d，日需充填量为 303 m³/d。设计采用分级尾砂胶结充填，充填骨料来自选厂分级尾砂。充填站设立式砂仓 1 座，C 料仓 1 座，高浓度搅拌桶 1 个。选厂产出的尾砂泵送至砂仓顶部旋流器，经旋流器分级后，粗砂沉入砂仓，细砂溢流回泵站，充填系统内部全貌图如下图 9-29。

充填时，尾砂经风水联合造浆后自流放入搅拌槽，C 料通过螺旋给料机输送入搅拌槽。尾砂与 C 料在搅拌槽内均匀搅拌，充填料在站内搅拌制备后，通过充填孔内的充填管输送到各生产中段的充填采场。在砂仓至搅拌槽之间的放砂管上及搅拌槽至充填钻孔之间的

图 9-29 嵩县山金矿充填系统内部结构及全貌图

充填管上均安装了浓度计、流量计,以检测充填料浆浓度和流量。

充填料由分级尾砂、C 料及水三部分组成。各组分别经备料、存贮、供料、计量后进入搅拌设备搅拌,制备成符合设计要求的充填料浆,采用自流方式输送充填料浆,料浆经充填钻孔及井下管道充入采场,凝固后形成充填体。

立式砂仓容积为 500 m³,C 料仓储量为 50 t。尾砂在选厂分级后,用泵直接送入立式砂仓储存,溢流水由泵输送回选厂。尾砂在立式砂仓造浆后放入高浓度搅拌槽,与水泥搅拌混合后制成充填料浆。充填站制备能力为 45~50 m³/h。充填料浆浓度稳定在 73% 以上。

9.4.3 分级尾砂充填系统建设关键技术

嵩县山金矿业有限公司的充填系统建设关键技术主要体现在 C 料替代硅酸盐水泥与尾砂进行胶结充填,在 C 料运用的基础上改造的一种用于提高充填体强度的新式搅拌桶,以及为实现新建 C 料高浓度充填系统自动化采用的自动化充填系统。

(1)C 料物理化学性质及性能

多年来,山东黄金集团淄博海州充填胶结材料有限公司以降低井下充填成本、提高早期强度(主要为 7 天抗压强度)、生产适合井下充填的胶结材料为目标,进行相关研究并做了大量的科学试验,并于 2003 年下半年生产出了"新型尾砂固结剂"这一新型井下充填材料(即 C 料)。

该材料最大的特点是对尾砂等细骨料有特殊的固结效果。湖北三鑫金铜股份有限公司一年半多的工业应用证明，用该材料做充填胶结剂，其泵送性、环保性、流动性、早强性，均能满足井下采矿的需要，对金属回收率没有任何影响，尤其是用量省（不足水泥用量的 1/2）、早期强度高的特点，使该材料的性能价格比明显优于水泥。至项目研究起始阶段，目前国内多家矿山已将该材料应用于井下充填，效果十分理想。C 料井下开采现场应用效果如图 9-30 所示。

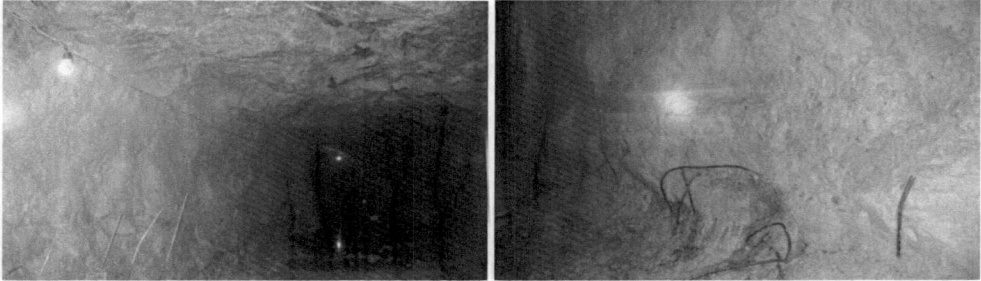

图 9-30　"新型尾砂固结剂"现场应用效果图

C 料由多种无机材料经高温煅烧后与少量活化材料粉末混合而成，物理形态呈灰白细粉末状。主要化学成份为 SiO_2、Al_2O_3、Fe_2O_3、CaO、MgO、SO_3，无毒、无害。其外观形态如图 9-31 所示。

C 料可在其饱和浓度范围内，根据需要任意调节尾砂浓度。加入尾砂固结材料后输送浓度不大于饱和浓度，灰砂比可以根据井下要求的充填体强度进行调整，一般为 1∶2～1∶30。其输送浓度不大于饱和浓度，灰砂比不高于 1∶2，可泵性好。该充填料浆通过泵送或自流输送到采场，适当脱水后开始固化，24 h 后可开始作业。

图 9-31　C 料充填体试样及外观形状图

（2）新式搅拌桶

嵩县山金矿原充填系统的搅拌桶（图 9-32）为圆锥底槽，搅拌桶规格为 ϕ 1.5 m×H 1.5 m，有效容积为 2.47 m^3，上下双层叶轮搅拌，叶轮直径为 560 mm，搅拌造浆混合时间为 2 分 15 秒，该搅拌桶存在容积小、搅拌时间短，搅拌强度不够等问题。

针对原充填系统存在的以上问题，对 C 料高浓度自动化充填系统在以下方面进行了优化。

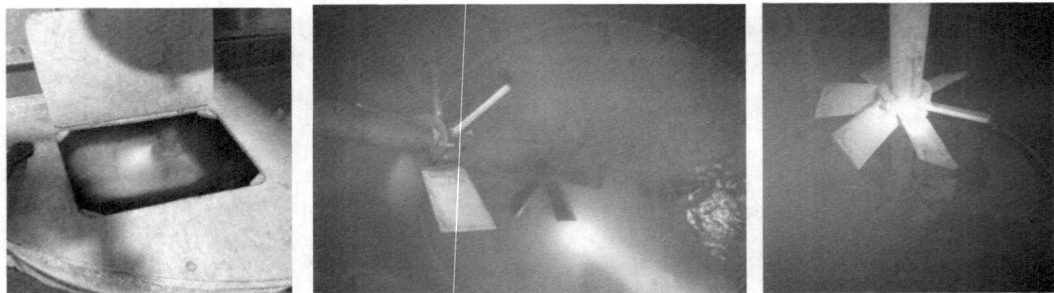

图 9-32 嵩县山金新式搅拌桶

①根据现场情况将搅拌桶规格重新设计为 $\phi 2.0\ m \times H\ 2.2\ m$，搅拌桶容积增加为 $6.9\ m^3$，按照充填制备量 $65\ m^3/h$，将搅拌时间增加为 6 分 10 秒，是改造前的 2.74 倍，通过搅拌桶扩容增加搅拌时间，提高造浆质量。

②搅拌桶内上下双层两折铁质叶轮改为上下双层复合橡胶 6 折叶轮，叶轮直径增加为 $\phi 760\ mm$，配套额定电流为 44 A，额定功率 22 kW 变频电机，由变频器控制电机来调节搅拌桶叶轮转速。

③搅拌桶底顶部安装风动造浆装置，环桶体内侧布置，6 个风嘴均匀分布，排沙口为侧边排沙，以保证进入放料管路的料浆充分搅拌。

（3）自动化充填系统

为实现新建 C 料高浓度充填系统自动化，在 GE 的 iFIX 的设备集中管理系统的基础上，采用了高可靠的 iFIX 数据库，实现了视频监控、电机智能管理、仪表数据采集、充填自动控制、回水远程控制。

本系统是基于 GE 的 iFIX 的设备集中管理系统。本系统采用高可靠的 iFIX 数据库，确保在生产管理过程中能方便地查询历史数据，更好地维护设备，提高设备和仪表的使用寿命。减少生产事故的发生，提高设备的工作效率，降低生产成本。自动化充填系统配置示意图如图 9-33 所示。

本系统集成了视频监控、电机智能管理、仪表数据采集、充填自动控制、回水远程控制等系统。本系统的下位机管理 PLC 采用的当前先进的 GE 的全新的控制器 RX3i 是 PACSystem 可编程控制器（PAC）家族的新成员。它可方便地应用在多种硬件平台上，该 PLC 具有先进的数据处理系统，开放的通信系统（支持以太网、Genius 和串口协议），机架之间的通信不需要转换开关或 HUB。以太网接口支持上传、下载和在线监控功能，提供 32 个 SRTP 通道，并且允许 48 个 SRTP 服务器同时连接。CPU 操作可使用三位的运行/停止（run/stop）开关控制，也可以用编程器和编程软件远程控制。

9.4.4 新建分级尾砂胶结充填系统

嵩县山金矿采用分级尾砂似膏体充填的新工艺，将其富余全尾砂排放至尾矿库，解决了细尾砂排放尾矿库干滩长度的问题，保证了尾矿库安全。实现了矿山的安全开采、绿色开采、经济开采，符合当前国家倡导的节能减排、保护环境、防治地质灾害等基本政策。

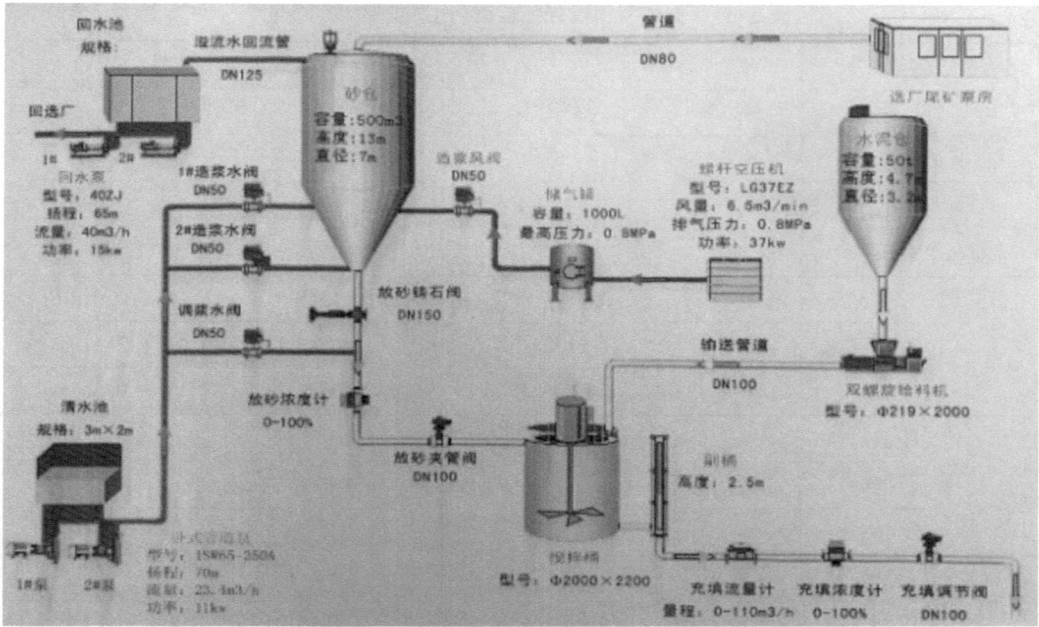

图 9-33　自动化充填系统配置示意图

新建充填系统最大可处理 1100 t/d 来砂，充填能力较现有粗尾砂充填系统大，可满足矿山井下生产规模逐年增加的生产需求，为矿山产能提升提供保障；新工艺充填料浆浓度高、不离析、沉缩率低、接顶率高，能有效控制顶板围岩位移，减小应力集中，保证了采矿安全；此外，尾砂处置具有一定的市场前景，尾砂资源化利用可以减少尾砂排放，同时为矿山创造部分经济效益。

结合嵩县山金矿生产实际情况，新建分级尾砂高浓度充填站工作制度：每年工作305 天，每天 1 班，每班 8 小时。充填体担负着支撑围岩、传递应力、控制岩爆、隔热等多重作用，金矿尾砂产率高，成本低，正常生产时尾砂利用率约 50%，根据前期试验结果，结合嵩县山金矿生产要求，设计充填空区的充填骨料为分级尾砂。

根据基础试验结果，采用分级尾砂充填，嵩县山金矿现用的充填 C 料可以满足强度需求，设计采用矿山现用充填 C 料。充填用水采用现有工业用水，充填用水为充填站系统水供水。絮凝剂采用聚丙烯酰胺(PAM)，该絮凝剂具有沉降效率高、沉降效果好、价格低廉的优点。

根据试验结果，推荐分级尾砂充填料浆浓度为 68%。实际运行过程中对充填料浆浓度做进一步优化。尽可能提高充填料浆的浓度，能有效提高充填体强度，同时减少单位体积料浆中胶凝材料的消耗量，从而降低充填成本。根据嵩县山金矿生产现状和规划，按照采矿生产能力 1100 t/d 设计。充填材料消耗表如表 9-17 所示。

根据计算，1100 t/d 采矿生产规模产生的尾砂量为 990 t/d，充填消耗尾砂量502.16 t/d，富余尾砂量为 487.84 t/d。

结合嵩县山金矿充填设备现状及井下充填需求情况等综合考虑，设计新建分级尾砂无动力高效浓缩充填系统(图 9-34)。

表 9-17　充填材料消耗计算表(生产规模 1100 t/d)

充填材料名称参数		单位	消耗量及参数值		
浓度		%	68		
灰砂比		/	1 : 6	1 : 8	1 : 15
所占比例		%	17	14	69
日均充填料浆量		m³/d	462		
每 m³单耗	胶结材料	t	0.1695	0.1318	0.0740
	尾砂	t	1.0172	1.0542	1.1107
	水	t	0.5585	0.5581	0.5575
加权每 m³单耗(约)	胶结材料	t	0.0984		
	尾砂	t	1.0869		
	水	t	0.5578		
料浆加权容重		t/m³	1.74		
加权日耗	胶结材料	t/d	45.4440		
	尾砂	t/d	502.1590		
	水	t/d	257.6955		
加权年耗	胶结材料	t/a	13860.4127		
	尾砂	t/a	153158.48		
	水	t/a	78597.126		

图 9-34　新建分级尾砂无动力高效浓密充填系统

选厂的分级尾砂浆由尾矿输送泵经管路输送至无动力高效浓密机,进入浓密机的分级尾砂与通过絮凝剂添加装置添加的絮凝剂以及自稀释功能添加的稀释水相互混合后絮凝沉降,尾矿浆浓密沉降后排出的溢流水自流至回水池中用作充填生产用水。

浓密至合格浓度的底流进入卧式搅拌机,胶凝材料通过散装粉料罐车运送至充填站,压气卸入灰仓中,通过给料和计量装置,将胶凝材料卸入卧式搅拌机与浓密底流分级尾砂混合。同时,根据充填需要添加适量调浓水,经两级搅拌制备成合格的充填料浆后,自流(或泵送)至井下采空区。满足充填需求后富余的分级尾砂从选厂经渣浆泵和输送管路输送至尾矿库。

9.4.5　细尾砂浓密压滤制砖系统

嵩县山金矿目前尾矿库库容不足,仅供未来 3 年的尾砂排放。为解决嵩县山金目前细尾砂排放尾矿库无法形成有效干滩长度问题,实现矿山的安全开采、绿色开采、经济开采,以符合当前国家倡导的节能减排、保护环境、防治地质灾害等基本政策。嵩县山金矿尾矿经分级后的粗尾砂用于充填,细尾砂经浓缩后泵送至砖厂制砖,在实现尾矿综合利用的同时,也创造了经济价值。

根据矿方、厂方提供的资料及建议,结合实际地形条件,经过方案比较,尾矿输送系统确定为压力输送系统。尾矿自嵩县山金矿公司选矿厂新建砂泵站由砂泵扬送至嵩县宏瑞公司砖厂新建压滤车间。

(1)尾矿输送方案

嵩县山金公司选矿厂与嵩县宏瑞公司砖厂(图 9-35)距离约 8000 m,根据有关基础资料:选矿厂新建尾矿输送砂泵站(渣浆泵)排尾出口标高为 630 m(若选择隔膜泵、水隔离泵,排尾出口标高为 620 m),扬程为-136 m(选择隔膜泵、水隔离泵时,扬程为-126 m);尾矿比重为 2.70,平均粒径 0.05 mm,当新建浓缩机(图 9-36)给矿质量分数为 19%时,浓缩机排放质量分数为 45.33%~46.51%,浓缩机底流矿浆流量为 31.68~42.69 m³/h,平均质量分数为 45.84%,平均流量为 37.19 m³/h。

图 9-35　嵩县宏瑞公司砖厂

(a)溢流回水池　　　　　　　(b)NG-32 m浓缩机　　　　　　　(c)渣浆泵

(d)浓密机底部结构　　　　　(e)浓密机配电室　　　　　　　(f)电磁流量计

图9-36　嵩县山金矿新建浓密机系统

渣浆泵输送时：添加砂泵水封水(按平均流量的5%)后尾矿排放平均重量百分比浓度为44.26%，矿浆平均流量为39.04 m^3/h。水隔离泵输送时：添加砂泵水封水(按平均流量的20%)后尾矿排放平均质量分数为40.13%，矿浆平均流量为44.62 m^3/h。

尾矿输送到砖厂新建压滤车间，经压滤脱水后，溢流平均流量为25.04 m^3/h。溢流自嵩县宏瑞公司砖厂由水泵扬送至嵩县山金矿公司选矿厂新建溢流、回水池。

砖厂水泵出口标高为491 m，扬程约149 m。渣浆泵输送时：溢流平均流量为26.91 m^3/h。水隔离泵输送时：溢流平均流量为32.48 m^3/h。铺设管路与尾矿输送管路并行，两端局部略有不同，输送方向相反。

(2)尾矿浓缩脱水

来自嵩县山金矿公司选矿厂的尾矿浆自流到NG-32 m浓缩机进行一段脱水，NG-32 m浓缩机溢流自流到新建溢流、回水池，溢流水用水泵进行压力输送，输送至嵩县山金矿业公司选厂高位水池；底流自流到砂泵站进行压力输送，输送至嵩县宏瑞公司砖厂。尾矿压力输送平均浓度44.26%，管线全长8000 m，采用DN110/3.5 MPa高压钢丝网骨架管，管内径 $D=93$ mm，壁厚8.5，耐压为3.5 MPa。

(3)尾矿压滤脱水

来自浓缩、压力输送的尾矿浆自流到XB25搅拌槽，尾矿浆搅拌后用渣浆泵输入XMGZ500-1500-40U双缸高压隔膜压滤机进行二段脱水。压滤机溢流自流到回水池，回水用高压水泵进行压力输送，输送至本项目新建浓缩机旁的溢流、回水池。回水管线全长8000 m，采用DN110/3.5 MPa高压钢丝网骨架管，管内径 $D=93$，壁厚8.5，耐压3.5 MPa。尾矿压滤脱水后的滤饼用1#、2#、3#胶带输送机输送到4#胶带输送机上，通过4#胶带输送机输送到制砖厂原料场。

（4）工作制度与生产能力

尾矿浓缩脱水间和压滤脱水间工作制度实行日三班倒、24 h 工作制，与嵩县山金矿业有限公司选矿厂生产工作制度相匹配，便于生产及生活安排。工作制度见表 9-18，经计算，尾矿浓缩脱水的生产能力为 575 t/d，23.96 t/h；尾矿压滤脱水的生产能力为 575 t/d，23.96 t/h。

表 9-18　尾矿浓缩和压滤的工作制度

工段名称	年工作天数/d	日工作班数/班	班工作时数/h	年作业率/%
浓缩脱水	330	3	8	90.4
压滤脱水	330	3	8	90.4

根据嵩县山金矿业有限公司生产现状和规划，按照目前 1100 t/d 的采矿生产能力。经计算，1100 t/d 采矿生产规模产生的尾砂量为 990 t/d，也即 390 m³ 的尾砂量，分级尾砂充填消耗粗尾砂量近 50%，富余的近 50% 的细尾砂则和当地黏土按 7∶3 的配比，经密缩后压滤制砖，每天可制备 40 万块砖。经调查，嵩县当地可消耗 15 万块砖，余下的 25 万块砖则销售给栾川县城，按当地每块砖 0.11 元计算，减去 0.04 元的制砖电力费用，每天可创造 2.8 万元外销利润，矿山用细粒尾砂制备黏土砖每年可创 854 万元的外销利润，资源效益、环境效益、经济效益显著。

9.4.6　土地复垦

9.4.6.1　目标任务

具体复垦目标如下：复垦前旱地为 0，复垦后旱地为 1.78 hm²，增加了 1.78 hm²；复垦前有林地 11.22 hm²，复垦后 18.60 hm²，增加了 7.38 hm²；其他林地复垦前 3.33 hm²，复垦后为 0，减少了 3.33 hm²；农村道路复垦前为 0，复垦后 0.37 hm²，增加了 0.37 hm²；复垦前采矿用地为 6.20 hm²，复垦后为 0，减少了 6.20 hm²。综上，复垦责任区面积 20.75 hm²，复垦土地面积为 20.75 hm²，土地复垦率 100%。复垦前后土地利用结构调整表详见表 9-19。

表 9-19　土地复垦前后土地利用结构变化表

一级地类		二级地类		面积/hm²		增减幅度/hm²
编号	名称	编号	名称	复垦前	复垦后	
01	耕地	013	旱地	0	1.78	+1.78
03	林地	031	有林地	11.22	18.60	+7.38
		033	其他林地	3.33	0	-3.33
10	交通运输用地	104	农村道路	0	0.37	+0.37
20	城镇村及采矿用地	204	采矿用地	6.20	0	-6.20
合计				20.75	20.75	

9.4.6.2 工程设计

（1）工业场地复垦设计

1）土壤重构工程。

①土地翻耕。

由于新造田块缺少耕作土，需进行土地翻耕培肥，翻耕深度为 0.5 m，工业场地土地翻耕总面积为 1.78 hm²。其中采矿工业场地面积为 0.48 hm²，选矿厂面积为 1.30 hm²。

②表土覆盖工程。

由于工业场地的土壤没有耕作层，且部分区域有效土壤厚度达不到复垦为旱地的要求，需外购耕作土表土，覆盖厚度为 0.8 m，故工业场地表土覆盖 22044.20 m³。其中采矿工业场地表土覆盖 3840.00 m³，选矿厂表土覆盖 10400.00 m³，风井工业场地面积为 0.20 hm²，表土覆盖 600.00 m³。旧工业场现土层厚度平均约 0.3 m，采用穴栽的方式进行覆土，柱距为 2 m×2 m，树坑规格 0.6 m×0.6 m×0.6 m，旧工业场地面积为 12.23 hm²，覆土方量为 6604.20 m³。

③生物化学工程。

为促进土壤肥力恢复，在整治后的土地上施用农家肥（猪粪），施用标准为 45 m³/hm²，一年施 1 次，共施 2 年，总施肥量为 160.20 m³。其中采矿工业场施肥量为 43.20 m³，选矿厂施肥量为 117.00 m³。

2）植被重建工程。

旧工业场地及风井工业场地种植常绿乔木侧柏，选用胸径为 40 mm 的裸根树苗，树距为 2 m×2 m。风井工业场地面积为 0.2 hm²，共需植树 500 株，旧工业场地面积 12.23 hm²，共需植树 30575 株。

3）配套工程。

由于采矿工业场地、选矿厂、风井工业场地地块较小，没有修建田间道路的必要性，故该地块不修建田间道路。

（2）废石场复垦设计

1）土壤重构工程

表土覆盖：

废石场面积为 1500 m²，覆土厚度为 0.3 m，需覆土方量 450.00 m³。

2）植被重建工程。

废石场种植常绿乔木刺槐，选用胸径 40 mm 的裸根树苗，树距为 2 m×2 m。废石场面积 1500 m²，共需植树 375 株（图 9-37）。

施工工艺：植树穴切忌挖成锅底形或无规则形，使根系无法自然舒展。

栽植时，先将根系舒展、放正、扶直，再将湿润的表土塞严周围的穴隙，而后分层填土踩实，最后覆一层松土，高出原痕迹 0.1 m 左右，以利保墒。

（3）尾矿库复垦设计

本方案仅对尾矿库进行土壤重构工程和植被重建工程，其他工程设计按照 2018 年 3 月，中钢石家庄工程设计研究院有限公司编制的《嵩县山金矿业有限公司九仗沟尾矿库扩容工程初步设计》施工。

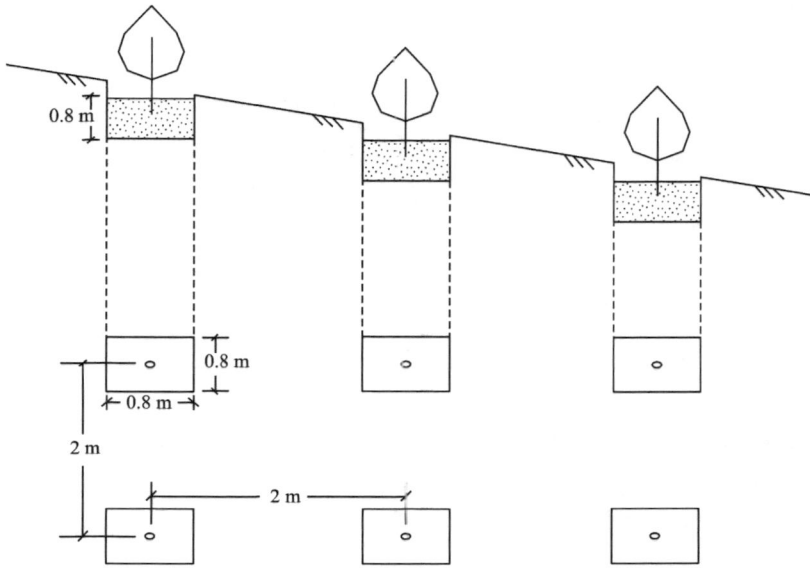

图 9-37　废石场植树示意图

1）土壤重构工程

表土覆盖工程：

由于尾矿库没有土壤，耕作层需全部外购，尾矿库面积为 60200 m²，覆土厚度为 0.3 m，需覆土方量 18060 m³。

2）植被重建工程

尾矿库种植常绿乔木侧柏，选用胸径为 40 mm 的裸根树苗，树距为 2 m×2 m。尾矿库场地面积为 6.02 hm²，共需植树 15050 株。

（4）矿山道路复垦设计

1）土壤重构工程。

表土覆盖工程：

在矿山道路两侧种植行道树，道路长 330 m，株距和行距均为 2 m，在林木种植穴区域覆土厚 0.6 m，树坑规格为 0.6 m×0.6 m×0.6 m，需要覆土量为 199.8 m³。

2）植被重建工程。

复垦为农村道路，矿山道路现状良好无须修复。行道树树种选用侧柏，株距和行距均为 2 m。造林前穴状整地，预先备好坑，暴露一段时间，坑内填适量土体；坑穴规格为径宽 0.6 m，坑深为 0.6 m，株行距 2 m×2 m。植树穴切忌挖成锅底形或无规则形，使根系无法自然舒展，坑植时带土球种植（见图 9-38）。预计需要种树 330 株。

3）修复工程。

矿山道路复垦为农村道路时，按道路面积的 30% 进行修复，修复面积为 1110m²。

（5）技术措施

1）工程技术措施。

①表土覆盖工程。

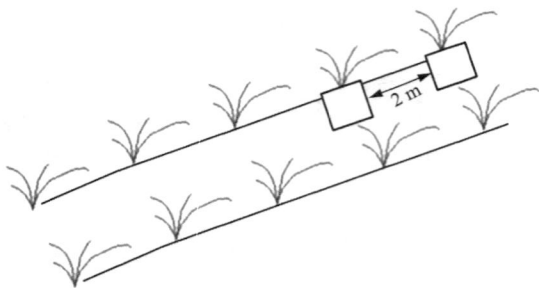

图 9-38　道路两侧绿化示意图

表土覆盖厚度根据当地的土质情况、气层候条件、种植种类及土源情况确定。一般用于复垦旱地时，可以大面积地覆土，覆土层不低于 30 cm，土源为外购土壤。复垦方向为林地时，采用穴栽的方式只在树坑里覆土。风井工业场地地面较平且面积较小采用面状覆土的方式。

②植被重建工程。

由于废石场清理后裸露的斜坡已无绿色植被，故在废石场挖树坑覆土种树。

2）生物技术措施。

复垦区植被选择应遵循以下原则：

①尽量选择乡土植物。

乡土植物是产地在当地或起源于当地的植物。这类植物在当地经历漫长的演化过程，最能够适应当地的生境条件，其生理、遗传、形态特征与当地的自然条件相适应，具有较强的适应能力。

②种植品种多样化。

在选择种植品种的过程中应尽量多选择一些种类，因地制宜，适地种树，尽量做到合理搭配，形成较为复杂的次生混交林，同时也应避免因搭配不当而损毁当地生态系统的完整。

③选择有利于改良土壤及环境的植物。

复垦植被的主要作用是修复已损毁的土地，改善土壤环境，提高土地肥力。因此在尽量选择成活率较高的乡土植物的前提下也应该注意选择一些有利于增加土壤肥力的植被种类。

3）植物的筛选。

采矿破坏土地后，原植被也遭到破坏，植被自然恢复困难，且周期较长，因此要结合矿区自身特点和所处地区气候条件选择适宜的植物品种。

①可供选择的适生乔木植物类：栎树、松树、刺槐、柏树、杨树等。

②可供选择的适生草本植物类：三叶草、狗牙根、黑麦草、结缕草、蒿草、苜蓿、羊草等。

③可供选择的适生灌木植物类：小叶女贞、黄杨球、紫穗槐、荆条、酸枣等。

④可供选择的藤本植物类：葫芦、茑萝、牵牛花、锦带花、扶芳藤、南蛇藤、伞花胡颓

子、爬山虎、紫藤等。

综合以上几点原则,坚持生态优先、因地制宜、适地种树,快速恢复植被的原则,根据当地政策的指导思想、村民提出的意见及现场调查情况,本方案确定选用乔木刺槐。

4)种植技术。

移栽的苗木较大,植株成活后封陇地面快,对于能固氮的植物和有菌根的植物,移栽时可把苗圃地内的有益菌带到新垦地内,促使植株健壮生长。可适当发展自己的苗圃,既可节省资金,又可提高移栽成活率,用不完的苗木还可出售。

外地购买来的苗木,不能堆放,要迅速种植起来,随栽植随挖取。栽植时幼苗根部要蘸上泥浆以减少根部在干燥空气中的暴露时间,增加根部土壤含水量。栽植时一定要除去树苗地周围快速生长的杂草,以免与树木争夺水分。购买苗木的地点最好选择与移栽地气候条件相近的地方。

(6)化学技术措施

通过土壤培肥措施,改善土壤环境,提高土壤肥力,包括利用微生物活化剂或微生物与有机物的混合剂。对复垦后的贫瘠土地进行熟化,以恢复和增加土地的肥力和活性,以便种植植被。矿区土壤培肥具体可采取下列措施。

1)加强土地平整,达到保土、保水、保肥的作用。

2)加深耕层,提高土壤通透性,活化土壤养分。栽培种必须突出"三早"即早播种,早移栽,早管理。

3)适当施肥,N,P,K 平衡施肥,磷钾肥作底肥要充足,氮肥作追肥要因时、因地、因作物而施用,同时还要补施中量和微量元素肥料。根据本项目具体情况,本方案施用农家肥。

4)减轻矿体中的重金属对农作物的危害,避免重金属离子进入人类食物链。

9.5　本章小结

嵩县金矿矿床地质条件复杂,矿体产状多变,产状类型较多,且开采年代久远。矿体赋存于 M1 构造蚀变带内,岩(矿)石破碎,稳定性较差。矿区原采用的采矿方法为浅孔留矿法,但随着采深的加大,矿区开采地质条件变化,原采矿方法不能满足井下生产能力及安全性等方面要求,经本项目研究过后,对原采矿方法进行了改进,采用进路充填法。对于井下采场采空区的处理,矿山一直以来采用普通硅酸盐水泥与尾砂进行胶结充填。但是,随着开采条件改变,矿区采场充填出现以下难题:

①采用普通硅酸盐水泥作为充填胶结材料时,由于充填体早期强度低、泌水性差,充填早期在矿石回采过程中部分充填体易被铲下混入其中,导致这部分矿石贫化率加大;②当这部分混有早期充填体的矿石溜放至溜矿井时,混入矿石中的充填体开始凝固硬化,从而导致这部分混有充填体的矿石在溜矿井中固化堵塞溜矿井,严重影响矿山的正常生产。③且由于采用分级尾砂充填,粒级相对粗的尾砂进入了井下,剩余部分自流至尾矿库,尾砂利用率不高,井下充填存在缺口;④矿石中金属矿物呈微细粒包裹嵌布,属难选冶矿石,磨矿粒度细,细粒级尾砂含量多,水泥无法发挥应有的固化作用,加之矿石本身就有一定程度泥化,影响了充填体强度。

因此有必要针对矿山开采现状,对矿山充填材料进行力学性质试验研究,确定矿山不同充填配比需求及优化管网参数,优化矿区充填系统,为实现矿山深部构造蚀变带内破碎矿体安全开采提供安全保障。鉴于此,本研究从国内外充填技术及充填材料应用现状研究开始,做了 C 料及普通硅酸盐水泥作为胶结充填骨料的性能、充填体强度及流动性试验,确定了最合适的充填胶凝材料,继而进行了充填系统管网参数的计算,最后进行了 C 料高浓度充填系统的设计,通过以上研究,得到如下结论:

(1)项目研究初期采用矿区充填站原一直使用的普通硅酸盐水泥作为胶凝材料进行室内充填体物理力学试验,通过优化配比及管网参数后在矿区采场进行试验应用。因普通硅酸盐水泥胶结充填体早期充填强度低,试验结果达不到预期;随即进行了充填胶凝材料的对比选择,通过调研同类型矿山充填材料应用情况,考虑到 C 料与传统充填胶结材料水泥相比具有流动性好、可泵性强用量省、充填体早期强度高、充填采矿成本底低等优点,提出采用 C 料作为充填胶凝材料,与普通硅酸盐水泥进行室内充填体试验。

(2)在常温下制浆,制浆水采用取自试验室内的自来水,模拟输送质量浓度:73%;质量灰料比(C 料:尾砂):1:6、1:8、1:15;质量灰料比(普通硅酸盐水泥:尾砂):1:4、1:8、1:10 标准养护期:3 d、7 d、28 d、60 d,进行了充填料浆流动性、泌水率及其强度的系列试验。充填料浆流动性测试结果表明,坍落度越大,流动性能越好,在配比相同的情况下,塌落度随浓度的增加而减小;当浓度增加到一定值后,塌落度急剧降低。尾砂胶结充填料浆在塌落度大于 22~24 时,流动性好,可实现自流输送。充填料浆泌水性能测定结果表明,浓度 73% 料浆泌水率在 15.58%~18.81% 之间,充填料浆配比越高,泌水率越低。

C 料与普通硅酸盐水泥分别作为胶凝材料时的不同配比充填体强度试验结果表明,C 料同等条件下早期胶结强度要高于普通硅酸盐水泥数倍,具有良好的胶结性能。根据试验结果及矿区生产要求,灰砂比 1:15 的 C 料胶结充填体既能满足井下采场采空区管理安全性要求,又能充分利用选厂尾砂。

(3)通过对嵩县金矿矿井下充填管道系统的计算分析并与同类矿山井下充填管道使用情况调查,推荐在主要输送段中选用内径 100 mm 的钢管。为充填管安装和架设方便,同时节约成本,在充填管接近充填下料端位置,改用聚乙烯塑料管,壁厚 10 mm。采用金川公式和长沙矿冶研究院公式对管道沿程阻力进行计算,并用折算法、估算法和公式法对管道局部阻力进行计算,最终得到管道总阻力。可知可利用原有巷道作充填管路,实现自流充填,并对充填管网敷设联接展开施工设计。

(4)根据矿区设计生产规模为 650 t/d,以及日所需充填量 303 m³/d,设计一套 C 料高浓度充填系统,充填站建在主工业场附近,地面标高 570 m。新建充填系统设 500 m³ 立式砂仓一座,改原水泥仓位一座 50 t 的 C 料仓。此外还有搅拌桶一个及相应辅助设施:砂仓防雷接地装置、清水池、事故池等。此外,对原充填系统进行了多方面优化改造,包括对充填搅拌桶进行了扩容,降低了充填造浆喷水嘴的出口压力和流量。解决了原搅拌桶容积小、搅拌时间短,搅拌强度不够等问题,降低了造浆喷嘴的磨损程度,降低了充填过程中水、电消耗。通过以上改造,充填浓度提高了 2%~4% 左右,稳定在 73.6% 以上。

(5)通过对全尾砂特性进行研究,进一步对矿山尾矿的无害化处置做出论证,制定了一系列资源的综合利用措施,创新性的将细粒级尾砂与当地黏土按 7:3 的配比,实现了细尾砂压滤制砖,达到了嵩县山金的无废开采。

参考文献

[1] 包东程. 红岭矿业充填尾砂粒级及真密度测定[J]. 采矿技术, 2019, 19(2): 26-27.

[2] 吴和平, 曹万宝, 张春鹏. 全尾砂浓密沉降规律试验研究[J]. 现代矿业, 2020, 36(4): 143-147.

[3] 黄晓鹏, 盖鹏艳. 煤矸石制充填材料配比试验探究[J]. 煤矿现代化, 2021, 30(6): 107-109.

[4] 周英烈, 宾峰, 王雁波. 全尾砂膏体充填连续搅拌均匀性评价方法[J]. 现代矿业, 2021, 37(1): 53-56.

[5] 李程程. 某矿山细尾砂充填脱水技术探讨[J]. 新疆有色金属, 2020, 43(2): 44-45.

[6] 佟磊, 徐进军, 肖益盖, 等. 某铅锌矿超细粒尾砂充填强度分析及优化措施[J]. 现代矿业, 2018, 34(10): 15-17.

[7] 李广华, 鲍军涛, 王琳青. 全尾砂充填技术在东际金矿采空区治理中的运用[J]. 世界有色金属, 2019(1): 43-46.

[8] 吴再海, 李成江, 齐兆军, 等. 减水剂在膏体充填管道输送的研究分析[J]. 矿业研究与开发, 2020, 40(3): 145-149.

[9] 顾生春, 李永辉. 全尾砂上向水平分层胶结充填采矿法在哈图金矿的生产及应用[J]. 湖南有色金属, 2018, 34(2): 1-3.

[10] 刘金生. 龙桥矿业全尾砂胶结充填降低灰砂比研究与实践[J]. 现代矿业, 2022, 38(10): 269-271.

[11] 李广波, 盛宇航, 宋泽普, 等. 某矿不同级配尾砂高浓度料浆流变特性研究及优化[J]. 矿业研究与开发, 2021, 41(4): 55-59.

[12] 朱庚杰, 齐兆军, 寇云鹏, 等. 分级细尾砂胶结充填强度和料浆流变性能试验研究[J]. 矿冶工程, 2020, 40(4): 18-22.

[13] 陈帮金, 赵晨阳, 瞿广飞, 等. 含重金属尾矿资源化利用研究进展[J]. 有色金属(矿山部分), 2022, 74(2): 116-125.

[14] 吴军辉, 熊有为, 刘晓静. 凡口铅锌矿高浓度尾砂充填材料特性试验研究[J]. 矿业研究与开发, 2021, 41(7): 135-139.

[15] 张帅. 似膏体材料巷式充填地表减沉试验分析[J]. 山东煤炭科技, 2021, 39(2): 182-184.

[16] 周胜, 李茂林, 崔瑞, 等. 提高某铅锌矿分级尾砂产率的工艺研究[J]. 矿业研究与开发, 2020, 40(1): 103-107.

[17] 石宏伟, 黄吉荣, 滕高礼, 等. 高浓度分级尾砂充填料浆管输阻力影响因素研究与分析[J]. 有色金属(矿山部分), 2019, 71(6): 89-94.

[18] 刘明荣. 某金矿分级尾砂充填系统工艺设计研究[J]. 湖南有色金属, 2019, 35(2): 7-10.

[19] 鲍军涛, 臧元东, 李广华. 高浓度全尾砂充填在上向水平分层胶结充填采矿法中的应用[J]. 世界有色金属, 2018(24): 27-29.

[20] 杨荣, 贺利民, 姚金福. 分级尾砂模袋堆坝在细颗粒尾矿库坝体加高中的应用[J]. 湖南有色金属, 2018, 34(6): 5-8, 25.

[21] 齐兆军, 宋泽普, 寇云鹏, 等. 某矿山全尾砂似膏体料浆L管试验研究[J]. 中国矿业, 2018, 27(10): 161-164.

[22] 郑广辉, 许金余, 王鹏, 等. 不同饱水度红砂岩静态本构关系及动态力学性能研究[J]. 振动与冲击, 2018, 37(16): 31-37.

[23] 秦洪岩, 题正义, 张峰, 等. 似膏体充填开采顶板裂采比的确定[J]. 煤炭技术, 2018, 37(4):

9-10.

[24] 齐兆军, 宋泽普, 寇云鹏, 等. 某矿山全尾砂似膏体充填配比试验研究[J]. 金属矿山, 2018(1): 68-72.

[25] 付玉华, 陈伟, 杨世兴. 紫金山金铜矿分级尾砂充填体强度参数试验研究[J]. 矿业研究与开发, 2017, 37(3): 74-76.

[26] 尾矿资源化利用制造绿色建材[J]. 居业, 2016, 8(10): 25-26.

[27] 赵英良, 邢军, 孙晓刚, 等. 黄金尾矿资源化利用研究现状与进展[J]. 有色金属(矿山部分), 2016, 68(3): 1-4, 8.

[28] 顾清恒, 刘学生, 宁建国, 等. 煤矸石似膏体充填材料配比优化研究[J]. 矿业研究与开发, 2016, 36(1): 33-37.

[29] 张钦礼, 刘奇, 赵建文, 等. 深井似膏体充填管道的输送特性[J]. 中国有色金属学报, 2015, 25(11): 3190-3195.

[30] 王峰举. 我国有色金属尾矿资源化利用现状与趋势[J]. 有色金属文摘, 2015, 30(5): 26-27.

[31] 陈圣锋. 似膏体充填开采工艺优化[J]. 山东工业技术, 2015(2): 90.

[32] 矿山尾矿资源化利用途径[J]. 冶金设备, 2014(S1): 125.

[33] 刘茜. 大宝山铜尾矿资源化处置与综合利用途径研究[J]. 广州化工, 2013, 41(23): 112-114.

图书在版编目(CIP)数据

区域构造内倾斜中厚破碎金矿床安全高效绿色开采技术
／王元民，彭康编著. —长沙：中南大学出版社，2023.8
　　ISBN 978-7-5487-5407-7

　　Ⅰ. ①区… Ⅱ. ①王… ②彭… Ⅲ. ①金矿床—金属矿
开采—无污染技术—研究—嵩县 Ⅳ. ①TD863

中国国家版本馆 CIP 数据核字(2023)第 108946 号

区域构造内倾斜中厚破碎金矿床安全高效绿色开采技术
QUYU GOUZAO NEIQINGXIE ZHONGHOU POSUI
JINKUANGCHUANG ANQUAN GAOXIAO LÜSE KAICAI JISHU

王元民　彭康　编著

□出 版 人	吴湘华	
□责任编辑	刘锦伟	
□责任印制	唐　曦	
□出版发行	中南大学出版社	
	社址：长沙市麓山南路	邮编：410083
	发行科电话：0731-88876770	传真：0731-88710482
□印　　装	长沙创峰印务有限公司	

□开　　本	787 mm×1092 mm 1/16	□印张 24.5	□字数 607 千字
□版　　次	2023 年 8 月第 1 版	□印次 2023 年 8 月第 1 次印刷	
□书　　号	ISBN 978-7-5487-5407-7		
□定　　价	76.00 元		